Andreas Gadatsch | Elmar Mayer

Masterkurs IT-Controlling

weitere Titel des Autors

Grundkurs IT-Projektcontrolling
von A. Gadatsch

Grundkurs Geschäftsprozess – Management
von A. Gadatsch

SAP®-gestütztes Rechnungswesen
von A. Gadatsch, D. Frick und U. G. Schäffer-Külz

Grundkurs SAP® ERP
von D. Frick, A. Gadatsch und U.G. Schäffer-Külz

Anwendungsorientierte Wirtschaftsinformatik
von P. Alpar, H. L. Grob, P. Weimann und R. Winter

Produktionscontrolling und -management mit SAP® ERP
von J. Bauer

IT-Management mit ITIL® V3
von R. Buchsein, F. Victor, H. Günther und V. Machmeier

Controlling von Projekten
von R. Fiedler

Controlling mit SAP®
von G. Friedl, C. Hilz und B. Pedell

Masterkurs IT-Management
herausgegeben von J. Hofmann und W. Schmidt

ITIL kompakt und verständlich
von A. Olbrich

www.viewegteubner.de

Andreas Gadatsch | Elmar Mayer

Masterkurs
IT-Controlling

Grundlagen und Praxis für IT-Controller und CIOs –
Balanced Scorecard – Portfoliomanagement –
Wertbeitrag der IT – Projektcontrolling – Kennzahlen –
IT-Sourcing – IT-Kosten- und Leistungsrechnung

4., erweiterte Auflage

Mit 269 Abbildungen

STUDIUM

**VIEWEG+
TEUBNER**

Bibliografische Information der Deutschen Nationalbibliothek
Die Deutsche Nationalbibliothek verzeichnet diese Publikation in der
Deutschen Nationalbibliografie; detaillierte bibliografische Daten sind im Internet über
<http://dnb.d-nb.de> abrufbar.

Das in diesem Werk enthaltene Programm-Material ist mit keiner Verpflichtung oder Garantie irgend-
einer Art verbunden. Der Autor übernimmt infolgedessen keine Verantwortung und wird keine daraus
folgende oder sonstige Haftung übernehmen, die auf irgendeine Art aus der Benutzung dieses
Programm-Materials oder Teilen davon entsteht.

Höchste inhaltliche und technische Qualität unserer Produkte ist unser Ziel. Bei der Produktion und
Auslieferung unserer Bücher wollen wir die Umwelt schonen: Dieses Buch ist auf säurefreiem und
chlorfrei gebleichtem Papier gedruckt. Die Einschweißfolie besteht aus Polyäthylen und damit aus
organischen Grundstoffen, die weder bei der Herstellung noch bei der Verbrennung Schadstoffe
freisetzen.

1. Auflage 2004
Die 1. Auflage erschien unter dem Titel „Grundkurs IT-Controlling"
2. Auflage 2005
3. Auflage 2006
4., erweiterte Auflage 2010

Alle Rechte vorbehalten
© Vieweg+Teubner Verlag | Springer Fachmedien Wiesbaden GmbH 2010

Lektorat: Christel Roß | Maren Mithöfer

Vieweg+Teubner Verlag ist eine Marke von Springer Fachmedien.
Springer Fachmedien ist Teil der Fachverlagsgruppe Springer Science+Business Media.
www.viewegteubner.de

Die Wiedergabe von Gebrauchsnamen, Handelsnamen, Warenbezeichnungen usw. in diesem Werk
berechtigt auch ohne besondere Kennzeichnung nicht zu der Annahme, dass solche Namen im
Sinne der Warenzeichen- und Markenschutz-Gesetzgebung als frei zu betrachten wären und daher
von jedermann benutzt werden dürften.

Umschlaggestaltung: KünkelLopka Medienentwicklung, Heidelberg
Gedruckt auf säurefreiem und chlorfrei gebleichtem Papier.
Printed in Germany

ISBN 978-3-8348-1327-5

Vorwort zur 4. Auflage

Neues in der 4. Auflage

Die sehr gute Akzeptanz der dritten Auflage hat die Autoren bewogen, das Buch weiterzuentwickeln und Wünsche der Leserschaft zu realisieren.

Die vierte Auflage wurde um mehrere neue Kapitel ergänzt, beispielsweise „IT-Offshoring", „IT-Assetmanagement", „Softwaretools für IT-Controller" und „Green IT".

Innerhalb existierender Kapitel wurden zahlreiche Aktualisierungen vorgenommen. Das einführende IT-Controlling-Konzept wurde um ein dreistufiges Life-Cycle-Modell erweitert, das die Planung, Steuerung und Überwachung aller Maßnahmen im IT-Controlling beschreibt. Das Kapitel zur IT-Kosten- und Leistungsrechnung wurde um mehrere Fallstudien und Praxisbeispiele erweitert. Die Ausführungen zum Projektcontrolling wurden ebenfalls erweitert. Ergänzungen erfolgten z.B. zur Meilensteintrendanalyse und zum Portfoliomanagement (Fallstudie). Die Inhalte der IT-Investitionsrechnung wurden neu strukturiert und ergänzt. Für die studierenden Lesen wurden weitere Übungsaufgaben und eine Musterklausur ergänzt. Um die Seitenzahl des Buches zu begrenzen, wurden einige in vorangegangenen Auflagen erschienene Abschnitte entfernt.

Online-Service

Ein kostenloser **Online-Service** bietet auch weiterhin die Möglichkeit, ergänzende Informationen (z. B. Abbildungen) zu beziehen. Sie finden ihn im Internet unter der Adresse des Verlages www.viewegteubner.de.

Praxis-Transfer

Zahlreiche **Praxisbeispiele** und **Fallstudien** (z. B. Open Source-Software im Mittelstand, Bewertung von IT-Sicherheitsprojekten, KPI-Einsatz für IT-Prozesse, IT-Outsouricing, Deckungsbeitragsrechnung) bieten den Wirtschaftspraktikern Anregungen für ihre Arbeit und Studierenden einen Einblick in praxisrelevante Fragestellungen.

Zusatznutzen

Im Anhang findet der Leser nützliche Hilfsmittel für den Berufsalltag im IT-Controlling. Hierzu gehören u.a. eine Musterklausur speziell für Studierende, ein Glossar der IT-Begriffe für „Nicht-IT-Fachleute".

Das Buch gliedert sich in sieben Kapitel:

1. *Leitbildcontrolling-Konzept in der Informationswirtschaft*
2. *IT-Controlling-Konzept*
3. *Einsatz strategischer IT-Controlling-Werkzeuge*
4. *Einsatz operativer IT-Controlling-Werkzeuge*
5. *Kostenrechnung für IT-Controller*
6. *Deckungsbeitragsrechnung für IT-Controller*
7. *Prozesskostenrechnung für IT-Controller*
8. *Anhang*

Danksagungen   Seit Erscheinen der ersten Auflage haben wir aus der Leserschaft zahlreiche konstruktive Rückmeldungen zum Buch erhalten. Die Autoren bedanken sich für die wertvollen Hilfestellungen und Verbesserungsvorschläge. Besonders gilt unser Dank Herrn Dipl.-Phys. Dipl.-Wirtsch.-Phys. Michael Kuckein von der Henkel KGaA, der uns uns zahlreiche und wertvolle Vorschläge übermittelt hat. Ein weiterer Dank geht an Herrn Daryoush Vaziri, Student der Betriebswirtschaftslehre an der Hochschule Bonn-Rhein-Sieg für seine Korrekturvorschläge.

Bensberg und Niederkassel, im März 2010

Elmar Mayer und Andreas Gadatsch

Vorwort zur 1. Auflage

Der Einsatz der Informationstechnik war bisher überwiegend technisch orientiert. Neue Innovationszyklen wurden von den Anwendern (kaufmännischen bzw. administrativen Verwaltungen) umgesetzt. Strategische und technologische Zwänge rangierten vor ökonomischen Analysen. Etwa seit 1990 betrachtet das Informationsmanagement die Informationstechnik als Produktionsfaktor, der mit dem Leitbildcontrolling-Konzept zu vernetzen ist.

Etablierte Client/Server-Architekturen mit dezentralisierten IT-Strukturen, (z. B. PCs in den Fachabteilungen) führten zu IT-Kosten, die entweder gar nicht oder in den Budgets der Fachabteilungen „versteckt" wurden. Erst die „Outsourcing-Welle" führte zu einer Nachfrage nach transparenten Abrechnungsbelegen für sämtliche Leistungen der IT-Dienstleister. Um dieser Anforderung gerecht zu werden, ist eine IT-Kostenrechnung auf Voll- und Grenzkostenbasis mit arteigenen IT-Kostenarten zu entwickeln, die in der Lage ist, den IT-Kostenblock möglichst verursachungsgerecht zu verteilen.

Viele Produkte und Dienstleistungen lassen sich ohne IT-Einsatz nicht mehr zeitgerecht bereitstellen. Die Anforderungen der Endanwender an Funktionalität, Ergonomie und Bedienungskomfort der IT-Produkte erhöhen sich. Selbst entwickelte Software sprengt oft den geplanten Zeit- und Kostenrahmen. Standardsoftware, als „Kostenkiller" propagiert, verursacht bei unsachgemäßer Einführung – bei Modifikationen und Abweichungen vom Standard – bekanntlich hohe Folgekosten.

Führungsinstanzen sind aufgrund der Rezession gezwungen, das IT-Budget an die wirtschaftlichen Zwänge anzupassen. Sie führen zur Auslagerung der IT-Abteilung oder wesentlicher Teile über „IT-Outsourcing". IT-Planungen und Entscheidungen gelten inzwischen als „Chefsache", da sie betriebswirtschaftlich fundiert sein müssen. Die Controllerdienste stehen IT-Managern als Ratgeber zur Verfügung. Gescheiterte IT-Projekte, nicht mehr funktionsfähige „IT-Ruinen" nebst erfolglosen Outsourcing-Maßnahmen führen zur Entwicklung eines IT-Controllerdienstes im Rahmen eines Leitbildcontrolling-Konzeptes.

Ein IT-Controllerdienst orientiert den IT-Einsatz an strategischen und operativen Unternehmenszielen, analysiert, berät und steuert. Er vernetzt dabei die Informationstechnik mit der Betriebswirtschaft über die vorhandenen strategischen und operativen Werkzeugkästen mit seinen Regelkreisen über die Module: Zielformulierung, Zielsteuerung und Zielerfüllung, vgl. dazu Kapitel Nr. 1. Das vorgestellte IT-Kostenrechnungskonzept der Autoren liefert der Planung, Steuerung und Kontrolle – IT-gerecht aufbereitet – die notwendigen Basisdaten.

Ein IT-Controllerdienst benötigt daher ein ausreichendes betriebswirtschaftliches Basiswissen in der Kostenrechnung für das Leitbildcontrolling-Konzept, für die Deckungsbeitragsrechnung und die Informationstechnologie.

Das Buch gliedert sich aufgrund dieser Überlegungen in sechs Kapitel:

1. Leitbildcontrolling-Konzept in der Informationswirtschaft

2. IT-Controlling-Konzept

3. Einsatz strategischer IT-Controlling-Werkzeuge

4. Einsaz operativer IT-Controlling-Werkzeuge

5. Kostenrechnung für IT-Controller

6. Deckungsbeitragsrechnung für IT-Controller

Bensberg und Niederkassel, im Januar 2004

Elmar Mayer und Andreas Gadatsch

Inhaltsverzeichnis

Abbildungsverzeichnis

Verzeichnis der Praxisbeispiele

1 Leitbildcontrolling-Konzept in der Informationsgesellschaft

1.1 Einführung

Controlling

Controlling ist als Führungskonzept für eine zukunftsorientierte Unternehmens- und Gewinnsteuerung zu verstehen, aber auch als Strategie für die Existenz- und Arbeitsplatzsicherung. Der Controllerdienst gibt über ein empfänger- und zukunftsorientiertes IT-gestütztes Berichtswesen wesentliche Entscheidungshilfen. Dabei helfen operative und strategische Werkzeuge, den Kurs des Unternehmens im Rahmen von Zielvereinbarungen unter Wahrung des finanziellen Gleichgewichts zu steuern. Die Controllerfunktion organisiert die Informations-, Kapital- und Controllerdienste als Entscheidungshelfer für die Führungsebenen gegenwarts- und zukunftsorientiert.

Controlling-Konzept

Ein Controlling-Konzept integriert das traditionelle Rechnungswesen und die Unternehmensplanung – gemeinsam mit dem Marketing – in ein ganzheitlich orientiertes Führungskonzept, d. h. Wirkungsketten- und Wirkungsnetzdenken werden koordiniert. Zielsteuerung und Zielerfüllung sind genau wie eine Arbeitsordnung allen Mitarbeitern in schriftlicher Form auszuhändigen, d. h. dokumentationsfähig aufzubereiten.

- ***Zielformulierung*** abhängig vom Vorstellungsvermögen und der Zielvereinbarung des operativen und strategischen Managements,

- ***Zielsteuerung*** abhängig vom Entscheidungsvermögen des operativen und strategischen Managements und

- ***Zielerfüllung***, abhängig vom Umsetzungsvermögen des operativen Managements und seiner Mitarbeiter

innerhalb eines sich selbst steuernden Regelkreises (vgl. Abbildung 1 und dazu Freidank/Mayer, 2003).

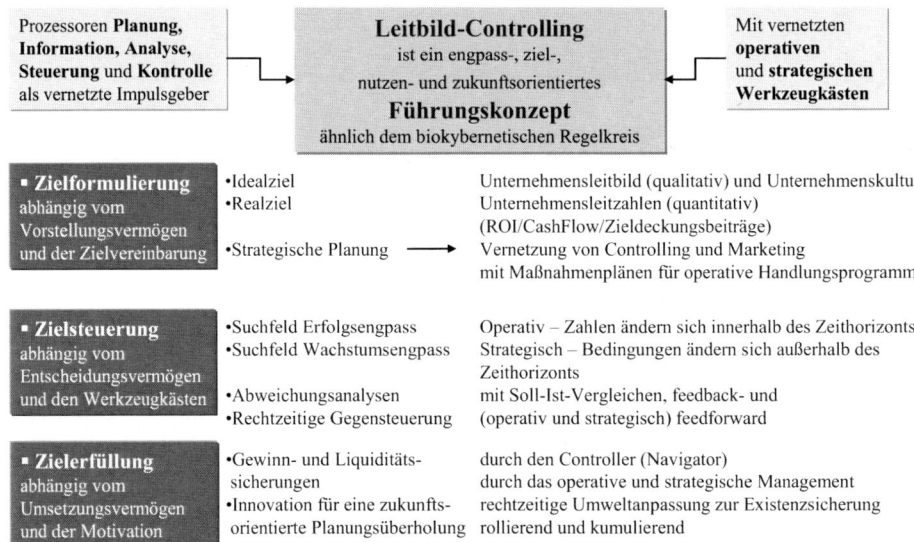

Abbildung 1: Führungskonzept Controlling (Mayer 2003)

Corporate Identity

Erst wenn die Führungspersönlichkeiten und Mitarbeiter sich freiwillig mit der dokumentierten Zielvereinbarung, z. B. „schneller bessere Engpassproblemlösungen als die Wettbewerber zu liefern", identifizieren, belohnt der Gewinn markt- und sozialgerechtes Verhalten. Freiwillige Identifikation mit dem Unternehmensleitbild der Strategie und der Unternehmenspersönlichkeit (Corporate Identity) erhöht die Motivationsbereitschaft im Beruf. Engpass-, ziel-, nutzen- und zukunftsorientiertes Denken und Handeln wird von der Regierung, den Unternehmern, Managern und Controllern (Verantwortungsträgern) erwartet.

Engpass

Engpassorientierung kennzeichnet das Suchen und Finden von operativen Erfolgs- und strategischen Wachstumsengpässen. Material-, Facharbeitermangel, fehlende Betriebsmittel kennzeichnen operative Erfolgsengpässe. Technologiesprünge (Kalter Laser, Infrarotlaser, Supra-Leiter, Biometrie mit Fingertip-Sensor, Nanotechnologie u.a.) und Klimaveränderungen führen zu strategischen Wachstumsengpässen, z. B. in der Wintersportindustrie.

Ziel

Zielorientierung bedeutet die Bündelung aller Aktivitäten (Zielvereinbarung, Zielsteuerung und Zielerfüllung) im sich selbst steuernden Regelkreis (= biokybernetisch arbeitenden Regelkreis) im Sinne F. Vesters für eine Gewinn-, Liquiditäts- und langfristige Existenzsicherung des Unternehmens. Unternehmensleitzahlen (RoI, Cash-Flow, Shareholder Value, Balanced Score-card, Zieldeckungsbeiträge u.a.) übernehmen die Funktion von Leuchtfeuern in Fahrrinnen.

Nutzen

Nutzenorientiertes Handeln des Unternehmens für den Markt, den Kunden und sich selbst ist ohne Beherrschung der Moderationstechnik, ohne Ergänzung der Vollkostendeckung durch eine maßgeschneiderte Deckungsbeitragsrechnung mit Kundendeckungsbeitragsrechnung, Orientierung aller Vertriebsaktivitäten an Zieldeckungsgraden nicht realisierbar. Service und Innovationen erhalten oder steigern den Kunden- und Eigennutzen.

Zukunft

Zukunftsorientiertes Denken und Handeln benötigt operative und strategische Werkzeugkästen mit Antennen für schwache und starke Früherkennungssignale, damit Regierungen, Unternehmen, Manager oder ihre Controller rechtzeitig Anpassungsprozesse einleiten können. Der Controllerdienst ist gehalten, seine Lektüre z. B. um IT-Fachzeitschriften wie „Wirtschaftsinformatik" oder „Information Management" zu erweitern, um u.a. die Bedeutung der Informationstechnik für das eignene Unternehmen einzuordnen.

IT-gestütztes Controlling-Konzept

Unter diesen Prämissen ***fördert ein IT-gestütztes Controlling-Konzept die Gewinnoptimierung für eine langfristige Arbeitsplatz- und Existenzsicherung***. Sie wiederum setzt Kräfte für Innovationen frei, motiviert die Arbeit von Qualitätszirkeln, verbannt den Frust vom Arbeitsplatz, die Flucht in die innere Emigration, fördert das Denken in Wirkungsnetzen und führt zu Erfolgserlebnissen. Mitbeteiligung stärkt das positive Denken und damit letztlich die Produktivität. Das hohe Leistungsniveau unserer Mitarbeiter – oft älter als 50 Jahre – und die Nutzung vernachlässigter immaterieller Werte (Fehlendes Intangible Asset Management) sind die Garanten für die Wettbewerbsfähigkeit unserer Unternehmen und Erhaltung des erreichten Lebensstandards im Strukturwandel und Globalisierungsprozess.

Ein zukunftsorientiertes Controlling-Konzept ermöglicht einem Unternehmen, Reagieren und Agieren im Markt zu verknüpfen, wenn das zukunftsbezogene Denken und Handeln durch eine vernetzte Feedback- und Feedforward-Planung mit rollierenden und kumulierenden Werten den Controllerdienst befähigt, den Leitspruch ***„Heute schon tun, woran andere erst morgen denken- denn nur beständig ist der Wandel"*** (Heraklit, gestorben 450 v. Chr.) permanent zu befolgen.

Feedforward-Plan-Ist-Vergleich

Ein Plan-Ist-Vergleich mit Abweichungsanalysen ermöglicht eine Feedback-Betrachtung. Sie versucht zu erklären, warum der Plan nicht erreicht werden konnte, mit zeitlichem Verzug, ohne Hinweise für zukünftige Aktivitäten. Oft löst die Feedback-Analyse eine Schuldigensuche aus, anstatt Gegensteuerungsmaßnahmen einzuleiten. Hier setzt die Bringschuld des Controllers ein, die Feedback-Analyse um eine Feedforward-Analyse mit rollierender Hochrechnung zu ergänzen. Sie soll die Maßnahmen aufzeigen, welche erforderlich sind, um trotz der Abweichungen noch das Jahresplanziel zu erreichen. Für einen zukunftsorientierten Plan-Ist-Vergleich eignet sich der Formularentwurf aus der Praxis in Abbildung 3.

	lfd. Monat 04/2010				2010	2009	Rückschau 2009				
	Plan	Ist	Abweichung abs.	%	Jahresplan (kum.)	Ist Vorjahr (kum.)	Plan - Ist 2009	Plan 04/2009	Ist 04/2009	Abweichung abs.	%
Bruttoumsatz											
Rohertrag											
Aufwendungen											
Betriebsergebnis											
Gesamtergebnis											

Abbildung 2: Plan-Ist-Vergleich (Vergangenheitsorientiert)

	Ist 2003	lfd. Monat 04/2010				Jahresplan 2010	Jahresvorschau 2009					
		Plan	Ist	Abweichung abs.	%		Plan 2010 kum.	Ist 2010 kum.	Erwartung 2010	Vorschau 2011	Abw. zum Jahresplan abs.	%
Bruttoumsatz												
Rohertrag												
Aufwendungen												
Betriebsergebnis												
Gesamtergebnis												

Abbildung 3: Feedforward-Plan-Ist-Vergleich

Feedback-Plan-Ist-Vergleich

Ein Feedback-Plan-Ist-Vergleich bestätigt abgelaufene Tatbestände wie eine Betriebsnachrechnung. Vorjahr, Plan und Ist des laufenden Jahres werden miteinander verglichen. Ein kombinierter Feedback- und Feedforward-Plan-Ist-Vergleich vernetzt dagegen die Erfahrungstatbestände der Vergangenheit, Gegenwart und Zukunft miteinander. Dadurch wird der Controllerdienst in die Lage versetzt, den Führungsebenen Informationen für zukunftsorientierte Entscheidungen zu liefern.

Die Entscheider bemühen sich, den Rahmen der Unternehmensphilosophie nicht zu verlassen. Man kann sie durch sechs W-Fragen eingrenzen, wie man das Erscheinungsbild, die Stellung und Funktion des Unternehmens in Gesellschaft und Wirtschaft gern sehen möchte.

- WER sind wir?

- WIE tun wir das?

- WO werden wir tätig?

- WAS sollen wir tun?

- WEM nutzen wir?

- WARUM tun wir das?

1.2   Normensystem des Unternehmens

Unternehmensphilosophie (Idealziel) und Unternehmenspersönlichkeit (Corporate Identity, vgl. Abbildung 4) liefern den Nährboden für die Entwicklung einer Unternehmenskultur. Sie erfasst historisch gewachsene und gegenwärtige Denkmuster, Verhaltensweisen, Ressourcen, Potenziale der Führungspersönlichkeiten und Mitarbeiter. Oft werden die Termini Unternehmenspersönlichkeit und Unternehmenskultur synonym definiert, wenn keine Diskrepanz zwischen Unternehmensverhalten, Unternehmenserscheinungsbild und Unternehmenskommunikation besteht.

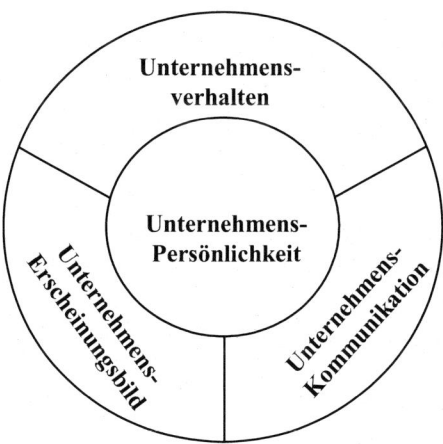

Abbildung 4: Corporate Identity

Unternehmens-verhalten

Folgende Fragen helfen, das eigene Unternehmensverhalten zu analysieren:

5

- Verhalten wir uns vorbildlich?

- Stimmen Aussagen und Verhalten überein?

- Handeln und entscheiden wir innerhalb der Bandbreite unserer veröffentlichten Unternehmensphilosophie?

- Orientieren sich unsere Verhaltensweisen an der Tradition, Gegenwart und den Zukunftserwartungen?

- Sind unsere Entscheidungen in sich widerspruchsfrei?

- Können wir unsere Handlungsweisen offen legen?

- Können wir unsere Versprechungen und Vorstellungen auch realisieren?

- Sind Selbstbild und Fremdbild deckungsgleich oder unterschiedlich?

Erscheinungs-bild

Das Unternehmenserscheinungsbild verstärkt die Unternehmenspersönlichkeit durch die Vernetzung von

- Marken-Design,

- Grafik-Design und

- Architektur-Design.

Ein unverwechselbares Erscheinungsbild, wie z. B. AWW Köln (1971), löst ein Unternehmen aus der Anonymität der Wettbewerber, profiliert und erhöht den Wiedererkennungswert.

Unternehmens-kommunikation

Unternehmenskommunikation hat die Aufgabe, eine Kommunikationsstrategie über das Selbst- und Fremdbild des Unternehmens zu entwickeln, denn eine aktive Informationsverpflichtung umfasst mindestens vier Bereiche:

1) Konfliktfreie oder –arme Kommunikation im Haus, mit den Markenpartnern, Wettbewerbern und der Öffentlichkeit,

2) unternehmensspezifische Problemlösungsangebote für die Kunden,

3) Fachkompetenz und Führungsqualifikation mit Vorbildverhalten,

4) hohe Informationsqualität zur Förderung de Glaubwürdigkeit.

Wir-Gefühl

Unternehmenskommunikation manifestiert sich intern und extern, und zwar in Geschäftsberichten, Personalanzeigen, Werbung, Pressearbeit, Kundenzeitschriften, E-Mails und Rundschreiben für Mitarbeiter und in der Mitarbeiterzeitschrift (Stärkung des Wir-Gefühls).

Die Unternehmenspersönlichkeit ergänzt die Unternehmensphilosophie, beide dokumentieren die Unternehmenspolitik im Selbst- und Fremdbild (vgl. Abbildung 4 auf S.5).

Erfolgskontrolle Eine Erfolgskontrolle der Wirkungen von Unternehmensphilosophie und Unternehmenspersönlichkeit umfasst neben den materiellen Kennzahlenanalysen eine zusätzliche Bewertung immaterieller Faktoren, z. B. Aussagen, Änderungen, Wirkungen von / auf

- Kundengruppen

- Motivationsbereitschaft

- Mitarbeiterqualität

- Verhalten zu Umfeld und Umwelt

- Übergang vom Reagieren zum Agieren.

Erfolgreiche Öffentliche und private Unternehmen (Deutsche Bahn, Deutsche
Unternehmen Post, Deutsche Lufthansa und erfolgreiche Groß- und mittelständische Unternehmen) haben ihre Unternehmensphilosophien durch eine bewusste Unternehmenspersönlichkeitsstrategie ergänzt, um die Weichen für die 1. Dekade im 21. Jahrhundert rechtzeitig zu stellen.

Wir-Person Die durch eine Zielvereinbarung erarbeitete Unternehmensphilosophie lässt die Unternehmenspersönlichkeit entstehen. Aus beiden erwächst im Zeitablauf eine Unternehmenskultur. Im Wettbewerb erfolgreiche Unternehmen begreifen ihr Fremd- und Eigenbild immer als „Wir-Person". Die Identifikation mit der „Wir-Person" motiviert die Mitarbeiter, Aufgaben selbstverantwortlich im Sinn der Unternehmensphilosophie zu lösen.

1.3   Denken in Wirkungsketten und Wirkungsnetzen

Nach Frédéric Vester (1980) hat das menschliche Handeln ökonomische, soziale und ökologische Vernetzungen zu respektieren, die biokybernetischen Grundregeln der Selbstregulation durch Mehrfachnutzung, Recycling und Symbiosen zu fördern statt zu missachten. *Vester warnt davor, durch kurzfristiges Profitdenken (in RoI-Quartalszyklen) nicht mehr reparable Eingriffe in die Umwelt, Lebensqualität und Handelsbilanzen auszulösen.*

Verstöße gegen das Gleichgewichtsprinzip innerhalb der Biosphäre führen

- zur Energieverschwendung,

- zur Vernichtung fossiler Ressourcen,

- zu Klima- und Bodenstrukturveränderungen,

- zum Zubetonieren der biologischen Strukturen,

- zu Reparaturdienstverhalten statt Vorbeugungsverhalten.

Die ***biokybernetischen Grundregeln*** sind als unverzichtbare Bestandteile von Unternehmensphilosophien, Volks- und Betriebswirtschaftslehren zu betrachten, denn:

- Isolierte Betrachtungen von Einzelbereichen unter Vernachlässigung der vielfältigen Wechselbeziehungen in der Natur und im Unternehmen führen zu Fehlentscheidungen. Das Denken in Wirkungsketten ist durch das Denken in Wirkungsnetzen mit Hilfe von Strategieportfolios, Energie- und Umweltbilanzen zu ergänzen.

- Die moderne Zivilisation kann als Teilsystem der Biosphäre nur überleben, wenn sie das Gleichgewichtsprinzip der Natur akzeptiert, d. h. biokybernetisch-orientiert denkt und handelt. Eine übertriebene Verkehrsberuhigung von Straßen in Wohngebieten zwingt die Kraftfahrzeuge zum Langsamfahren und Treibstoffmehrverbrauch. Das Denken in Wirkungsketten beschränkt sich auf die Geschwindigkeitsreduzierung, ohne die dadurch ausgelösten Nebenwirkungen zu beachten. Krankenfahrzeuge mit Schwerverletzten, Feuerlöschfahrzeuge, Straßenfegemaschinen können eine übertrieben beruhigte Verkehrsstraße nicht oder nur unter Schwierigkeiten durchfahren. Die Anwohner kehren jetzt nicht nur ihre Straßen selber, sondern sind in Notfällen (z. B. Herzinfarkt) nicht mehr zeitgerecht zu erreichen.

- Das ökologische System der Biosphäre beweist seine Lebensfähigkeit seit mehr als fünf Milliarden Jahren durch die ***Realisation des Gleichgewichtsprinzips***. Wenn wir nicht davon lernen, sondern es missachten, werden wir untergehen.

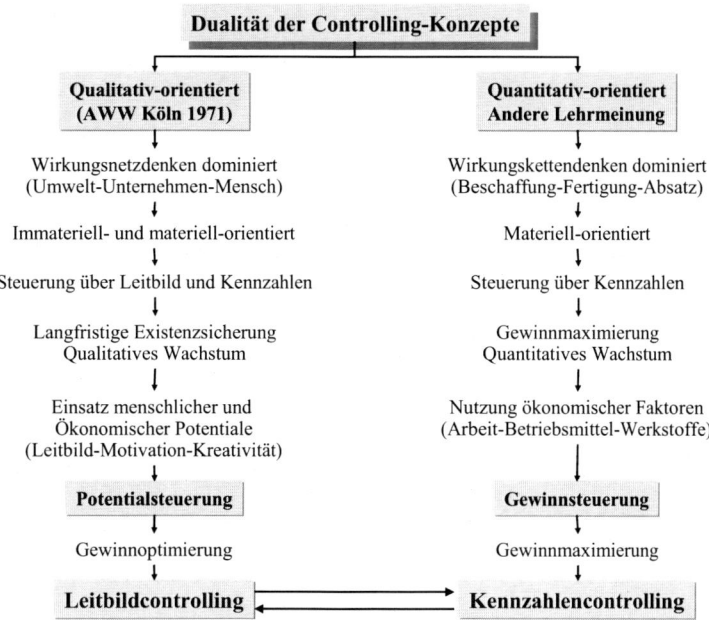

Abbildung 5: Leitbild- und Kennzahlen-Controlling

Wirkungsketten-Denken

Das vorherrschende Denken in Wirkungsketten (linearen Kausalitäten) für Einzelziele und –bereiche entspricht einem „Tunnelsehen und –denken" wie dem „Job-hopping" von Karrierestrategen, die „Cash-Cows" zu Lasten von Re- oder Neuinvestitionen ausmelken, um den höchsten finanziellen Erfolg (RoI) innerhalb eines Quartals oder Jahres für sich nachweisen zu können, ohne Rücksicht darauf, ob das „ausgemolkene" Unternehmen dadurch strategisch abstirbt und die Arbeitsplätze verloren gehen. Die „freie Marktwirtschaft" bevorzugt für die Gewinnmaximierung das EVA-, Shareholder Value-Prinzip, kombiniert mit dem Kennzahlen-Controlling (vgl. Abbildung 5, rechte Seite).

Wirkungsnetz-Denken

Die „sozialpflichtige Marktwirtschaft" unterstützt eine langfristige Existenzsicherung über die Gewinnoptimierung und Ausgabe von Belegschaftsaktien, orientiert sich am Leitbildcontrolling-Konzept (vgl. Abbildung 5, linke Seite).

Führungspersönlichkeiten und Mitarbeiter identifizieren sich mit der Unternehmenspersönlichkeit, wenn ihre beruflichen Einzelzielvorstellungen mit ihr übereinstimmen und sie sich in der Gruppe verwirklichen können. Dann wandelt sich das Arbeitsverhältnis für eine „Freizeitfinanzierung" wieder in eine „Berufung" zurück. Auf diesem Boden kann dann eine „Unternehmenskultur" wachsen, in Harmonie mit den Naturgesetzen und nicht im Kampf gegen das dominierende Naturgesetz, das Gleichgewichtsprinzip. Wir alle kennen Erich Gutenbergs Forderung nach der Erhaltung des „Finanziellen Gleichgewichts", das Streben einer sozialpflichtigen Marktwirtschaft nach dem Gleichgewicht zwischen Angebot und Nachfrage, Güter- und Geldmenge, um die sozial- und einkommensschwachen Bevölkerungsschichten auch im Strukturwandel zu schützen.

Unterschiede   Die Unterschiede zwischen „traditionellen" Denk- und Verhaltensweisen und dem biokybernetisch-analogen Denken F. Vesters lassen sich gegenüberstellen (vgl. Abbildung 6).

Wirkungsnetzdenken **Biokybernetisch**	Wirkungskettendenken **Traditionell**
Ganzheitliche Systembetrachtung unter Berücksichtigung ökonomischer, sozialpolitischer und ökologischer Faktorenverflechtung	Isolierte Betrachtung von Einzelfaktoren und Einzelbereichen
Gleichgewichtsorientierte, rollierende Zielvereinbarungen für eine langfristige Existenzsicherung	Dominanz kurzfristiger ökonomischer Ziele, z.B. Quartals- oder Jahres-RoI in einer Absahnstrategie
Verantwortlicher Technologieeinsatz durch Symbiose und Lernen von der Natur (Bionik)	Unverantwortlicher Technologieeinsatz gegen die Natur
Ergänzung der Handels- und Steuerbilanzen durch eine Strategiebilanz, Sozialbilanz, Energiebilanz und Umwelt-Bilanz (mit Recycling)	Ergänzung der Handels- und Steuerbilanzen durch eine ? ? ?
Gewinnoptimierung für Kapital und Menschen	Gewinnmaximierung primär für das Kapital, den Staat
Unterstützung des biokybernetischen Gleichgewichts der Biosphäre	Negierung des biokybernetischen Gleichgewichts der Biosphäre

Abbildung 6: Wirkungsnetz- und Wirkungskettendenken (Vester modifiziert)

Controller-
Funktion   Die Definitionen des Controller-Begriffs (vgl. Abbildung 7 und Abbildung 8) gelten gleichermaßen für Unternehmen, Manager und Controller in allen Führungsebenen, wenn sie als Problem- und Spannungsfeldlöser arbeiten (Albrecht Deyhle).

> Controller (Navigator) ist oder wird, wer mehr als andere lernt, erkennt und im Wirkungsnetz der Umwelt ziel- und zukunftsorientiert denkt und handelt, um ein Untenehmen erfolgreich zu steuern und zu sichern.

Abbildung 7: Definition Controller (nach Mayer, E.)

> Controller leisten betriebswirtschaftlichen Service für das Management zur zielorientierten Planung und Steuerung. Controller sind interne betriebswirtschaftliche Berater aller Entscheidungsträger und wirken als Navigator zur Zielerfüllung.

Abbildung 8: Controller Leitbild (Deyhle/International Group of
Controlling 1996)

Werkzeuge   Controller bemühen sich, mit Hilfe ihres Navigationsbestecks, den Werkzeugkästen, als betriebswirtschaftliche Navigatoren ihr Unternehmen in die Gewinnzone zu steuern. Dieser Versuch gelingt, wenn die erste Führungsebene zukunftsorientiert denkt und handelt, in „Sonnenscheinzeiten" die Blindflugeinrichtung (Deckungsbeitragsrechnung im operativen Werkzeugkasten) für „Schlechtwetterperioden" installiert, ein Leitbildcontrolling-Konzept akzeptiert und unterstützt. Die Installationszeiten für einen operativen und strategischen Werkzeugkasten (mit Portfolio) bewegen sich zwischen drei und fünf Jahren.

Es gibt in der letzten Zeit eine Vielzahl von Beispielen für strategisches Fehlverhalten erster Führungsebenen durch Unterschätzung technologischer Schübe, z. B. in der PC- und Laser-Entwicklung, der Nano-Technologien und Robotisierung. Die Verantwortungslast für die Sicherung der Arbeitsplätze erfordert auch in der ersten Führungsebene eine permanente Bereitschaft zur Weiterbildung im strategischen Bereich. Strukturelle Arbeitslosigkeit und Globalisierung bedingen ständig Innovationen und Problemlösungen.

Zukunfts-
beratung   Der Controllerdienst liefert Anwenderberatung für die Zukunftsentwicklung, ist also das Gegenteil vom „Management auf Zuruf" (A. Deyhle) wie in Unternehmen üblich, die sich auf den operativen Bereich konzentrieren, ohne zu bemerken, dass sie strategisch bereits tot sind. Typische Äußerung für diesen existenzgefährdenden Zustand ist z. B.: „Wir haben keinen Kapitalbedarf und keine Finanzierungsprobleme." Sie signalisiert eine fehlende

Zukunftserfahrung der Entscheidungsträger und Unverständnis für die Akzeptanz eines Controllerdienstes.

Controller-
Dienste

Wenn sich aus dem Rückwärtsbuchhalter durch Planbilanzen Vorwärtsbuchhalter, aus dem Betriebsnachrechner durch Plankosten Betriebsvorrechner entwickeln, werden Controllerdienste verrichtet. Die Vernetzung des bilanziellen mit dem betrieblichen Rechnungswesen und der Informationsverarbeitung liefert der ersten Führungsebene zukunftsorientierte Entscheidungshilfen für eine aktive Gewinn- und Verkaufssteuerung auf Deckungsbeitrags- und Vollkostenbasis. Die Koordination von Marketing-, Controller-, Treasurer- und Informationsdiensten lässt einen Management-Informationsdienst für die langfristige Existenzsicherung des Unternehmens entstehen (vgl. dazu ausführlich, Mayer, E. in Mayer/Weber 1990, S. 33-89).

1.4   Vernetzung von operativen und strategischen Controlling-Regelkreisen

Controlling-Führungskonzept für die Unternehmenssteuerung

Operative Controlling-Werkzeuge verlieren am Zeithorizont ihre Wirkung. Strategische Controlling-Werkzeuge entfalten sie jenseits des Zeithorizonts. Sie befähigen das strategische Management, früher als die mit traditionellen Instrumenten des Rechnungswesens ausgerüsteten Wettbewerber, jenseits des klassischen Prognosehorizonts von drei Jahren, die sich ankündigenden Nachfrageänderungen, Umweltprobleme, Ressourcenbeschränkungen und den Wandel heute noch gültiger Technologien, wenn auch nur in Bandbreiten und Tendenzen, zu erkennen, wie z. B. die Ablösung der Hebelmechanik durch die Elektronik, die Schlüsselrolle der Roboter, Biotechnik, Telekommunikation; Nanotechnologien und Telemedizin für die technologische Zukunft unseres Landes.

Das Controlling-Führungskonzept liefert im operativen Bereich (vgl. Abbildung 9) Steuerhilfen für Aktionspläne von drei bis fünf Jahren, die sich in einem vorwärts rollierenden Planungszeitraum realisieren lassen, wenn Prognosen und Wirtschaftswirklichkeit sich innerhalb einer Bandbreite decken.

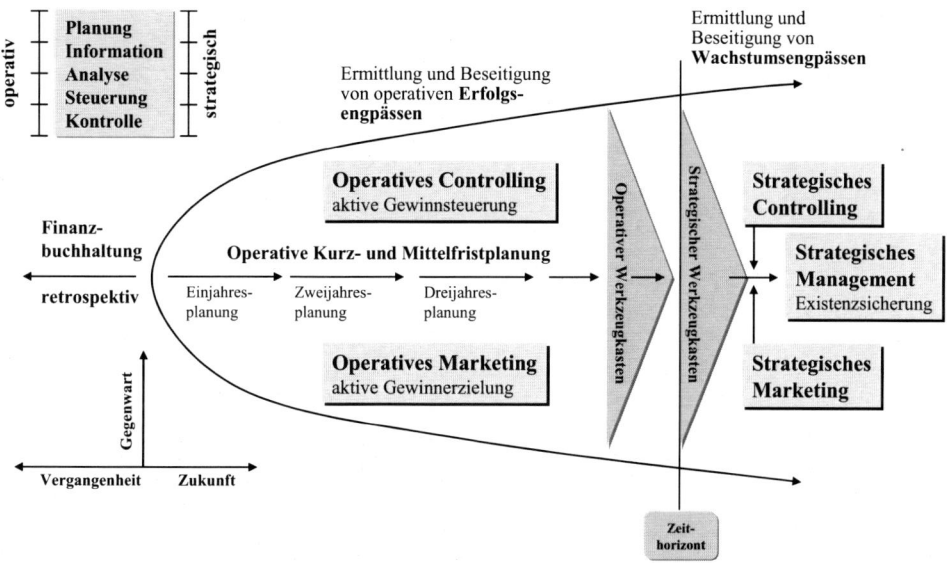

Abbildung 9: Controlling-Konzept als Wirkungsnetz (Elmar Mayer)

Zeithorizont als Grenze

Die Finanzbuchhaltung analysiert Substanzveränderungen von Aktiva und Passiva von der Vergangenheit bis zur Gegenwart, steuert über Aktiva und Passiva, um die Substanz zu vermehren oder zu erhalten.

Operatives Controlling

Operatives Controlling erlaubt eine aktive Gewinnsteuerung über den Solldeckungsgrad (Deckungsbeitrag in Prozenten), wenn eine ordnungsgemäße Deckungsbeitragsrechnung die Zielgröße definiert. Dann vergleicht die IT-gestützte Nachkalkulation den Soll- und Ist-Deckungsgrad je Auftrag und drückt die Abweichung in Prozenten aus (DG-Ist 37 % < DG-Soll 40 % = minus 3 %).

Operatives Marketing

Operatives Marketing realisiert eine aktive Gewinnsteuerung, wenn Produkte mit >= Solldeckungsgrad bevorzugt verkauft werden können. Produkt/Leistung < Solldeckungsgrad werden nur auf Kundenwunsch (bei Sortimentszwang) geliefert und nicht mehr beworben.

Operatives Controlling und Marketing beseitigen operative Erfolgsengpässe gemeinsam, planen und sichern Teilziele wie RoI, Cash-flow, Zieldeckungsbeitragsvolumina über das Artikelsortiment, steuern über Kosten- und Leistungsfaktoren die Gewinnsicherung bis zum Zeithorizont der rollierenden Planung.

Kunden-deckungsbei-tragsrechnung

Die Kundendeckungsbeitragsrechnung signalisiert über die Deckungsbeitragstiefenanalyse, welche Kunden zu fördern (DG-Ist >= DG-Soll) und welche zu vernachlässigen (DG-Ist < DG-Soll) sind. Die Kundendeckungsbeitragrechnung löst einen Umdenkprozess aus, alle Aktivitäten im Unternehmen auf eine schnellere Problemlösung für die Kunden als die Mitbewerber zu konzentrieren. Dadurch bildet sich unbewusst eine Brücke vom operativen zum strategischen Controlling, wenn Forschung und Entwicklung sich um Innovationen, um strategische Geschäftsfelder im Rahmen der Globalisierung und Technologiesprünge bemühen. Während sich im operativen Bereich bekanntlich Zahlen ändern, meldet der strategische Bereich die Änderung von Bedingungen in Umfeld und Umwelt als Auslöser für zukünftige Wachstumsengpässe.

Existenz-sicherung

Strategisches Controlling und Marketing entwickeln und gewährleisten gemeinsam Strategien für die nachhaltige Existenzsicherung des Unternehmens, sobald sich Bedingungen jenseits des Zeithorizonts zu ändern beginnen. Durch die Vernetzung der strategischen Unternehmensplanung mit strategischen Controlling- und Marketingwerkzeugen lassen sich Entscheidungshilfen entwickeln, die mehr als die traditionellen Hochrechnungen liefern. Die Aufheizung des Erdklimas durch Störung des biokybernetischen Gleichgewichts verändert die Bedingungen für den Wintersport und damit für die Wintersportindustrien. Die Skiindustrie hat die schwachen Frühwarnsignale empfangen und entwickelt schon heute neue Geschäftsfelder im Flugzeugbau, um von den zu erwartenden Wachstumsengpässen nicht mehr betroffen zu werden. Ein nachahmenswertes Beispiel für alle betroffenen Controllerdienste.

Strategisches Management

Fortwährende Struktur-, Umfeld- und Umweltänderungen schaffen neue Rahmenbedingungen für eine Gewinn- und Existenzsicherung, Wachstumsengpässe fluktuieren, Technologiesprünge beschleunigen sich, Führungskonzepte und Führungsstile sind gezwungen, sich permanent anzupassen.

Operative Werkzeuge und die strategische Planung wurden nach dem Jahr 1973 (Erdölkrise) durch strategische Werkzeuge ergänzt und miteinander vernetzt. Offener Führungsstil, unterstützt durch die Moderationstechnik, ermöglichte eine Potentialsuche, verstärkte die Kreativitätsschöpfung und Bereitschaft zur Mitverantwortung, mobilisierte die immateriellen Faktoren Motivation und Identifikation durch das gemeinsam erarbeitete Unternehmensleitbild.

Operative und strategische Werkzeuge fördern die Managemententfaltung für die Existenzsicherung. Der Terminus „Strategisches Management" symbolisiert die mentale Fähigkeit, früher als die Mitbewerber Wachstumsengpässe jenseits des Zeithorizonts aus eigener Kraft zu erkennen, d. h. mit Hilfe eines moderierten Strategie-Teams rechtzeitig Gegensteuerungsmaßnahmen einzuleiten.

Der Aufbau arbeitsfähiger operativer und strategischer Werkzeuge für die erste Führungsebene benötigt erfahrungsgemäß drei bis fünf Jahre. Es empfiehlt sich daher, die Blindfluginstrumente rechtzeitig zu installieren, in kritischen Zeiten fehlen oft liquide Mittel, Zeit und qualifizierte Mitarbeiter.

1.5 Controlling-Werkzeugkästen

Operativer Werkzeug kasten

Der operative Controlling-Werkzeugkasten (vgl. Abbildung 10 und Abbildung 11) dient dem Controller (in mittelständischen Unternehmen identisch mit dem Geschäftsführer oder Leiter des Finanz- und Rechnungswesens) zur aktiven Gewinnsteuerung, Ermittlung und Beseitigung von operativen Erfolgsengpässen im Beschaffungs-, Fertigungs-, Absatz- und Verwaltungsbereich.

Wenn man z. B. Gold durch Palladium, angelernte Mitarbeiter durch Fachkräfte ersetzt; das manuell geführte Rechnungswesen auf ein IT-gestütztes umstellt, das Wachstum des Fixkostenblocks bremst, von der Umsatz- auf die Nutzenprovision umsteigt, die nur verkaufte Deckungsbeiträge honoriert, den Übergang von den mechanischen zu den elektronischen Ingenieurwissenschaften vollzieht, aktiviert der Controller den operativen Werkzeugkasten.

Ohne einen leistungsfähigen operativen Controlling-Werkzeugkasten auf Vollkosten- und Deckungsbeitragsbasis ist kein erfolgswirksamer Einstieg in Innovationen, keine Umsetzung der strategischen Planung in operative Handlungsprogramme möglich. Die Module (Systemelemente), die in Abbildung 10 aufgezeigt sind, sollen in ihm zu finden sein.

Strategischer Werkzeug kasten

Der strategische Werkzeugkasten (vgl. Abbildung 10 und Abbildung 12) unterstützt den Controller beim Aufbau eines Informationsdienstes für die Früherkennung von zukünftigen Wachstumsengpässen. Der Einstieg in den strategischen Bereich erfolgt in der Regel erfolgreich nur über moderierte Klausursitzungen, um die latent vorhandenen Kreativitätspotenziale der leitenden Mitarbeiter auf die Engpassprobleme des Unternehmens zu fokussieren und sichtbar machen zu können. Der Stärken- und Schwächenanalyse folgen die Engpassanalysen (operativ und strategisch). Die Vernetzung des 9-Felder-Portfolios mit den Lebenszykluskurven und der Investitionsplanungsrechnung, ergänzt durch Risikoanalysen mit Risikosimulationen, unterstützen den strategischen Planungsprozess. Natürlich entwickelt jeder Controller-Dienst seine eigenen Vorgehensweisen anhand seiner erlebten Erfahrungstatbestände.

Lehrstühle für Controlling in Deutschland

Am 30. Juni 2003 exisilerten in Deutschland 78 Lehrstühle für „BWL, Controlling und Rechnungswesen" an Fachhochschulen, 58 an Universitäten, lt. einer Erhebung der WHU Vallendar bei Koblenz. Mittlerweile ist die Anzahl der Controlling-Lehrstühle an deutschen Universitäten auf 72 angestiegen (vgl. Binder/Schäffer 2004).

Gewinn- und Liquiditätssicherung — Operativer Werkzeugkasten		Zielformulierung Zielsteuerung Zielerfüllung — Zukunftsorientiertes Denken in Wirkungsketten und Wirkungsnetzen		Existenz- und Liquiditätssicherung — Strategischer Werkzeugkasten
Suchfeld Erfolgsengpass - mit Zeithorizont		**Unternehmensphilosophie**		**Suchfeld Wachstumsengpass - ohne Zeithorizont**
Operative Planung — Mittel- und kurzfristig		mit Soll-Ist-Vergleichen		Strategische Planung — im Managementteam mit Moderation
Erfolgsrechnungen	Schwachstellen und Organisationsanalyse	**Zielformulierung**	abhängig vom Vorstellungsvermögen	Potential- und Engpassanalyse
Erfolgsanalysen	Kostenspar- und Innovationsprogramme	**Zielsteuerung**	abhängig vom Entscheidungsvermögen	Qualitative und quantitative Zielformulierung (Leitbild, Kennzahlen)
Erfolgsplanungen	Wirtschaftlichkeits-Rechnungen und Verkaufssteuerung mit Hilfe der Deckungsbeitragsrechnung	**Zielerfüllung**	abhängig vom Umsetzungsvermögen	Wachstumskonzept
Erfolgssteuerungen		**Feedforward-Denken**	im biokybernetisch orientierten Regelkreis	Produkt-Markt-Strategien mit Portfolios
Erfolgskontrollen		**Strategischer Soll-Ist-Vergleich**	als Vergleich von Wollen und Können	Funktionsstrategien
Erfolgsengpässe	finden und beseitigen			Umsetzung in Projekte und Maßnahmen
Erfolgsmotivation	dokumentieren und vorleben			Fünf-Jahres-Eckwerte für Cash und Ergebnis
				Prämissen und Risiken im strategischen Soll-Ist-Vergleich
Operatives Management				**Strategische Planung & Strategisches Controlling = Strategisches Management**

Abbildung 10: Controlling-Werkzeugkästen (Elmar Mayer)

Erfolgsrechnung	Umsatzkostenverfahren auf Grenz- oder Leistungskostenbasis mit Deckungs-beitragsanalysen ermittelt Artikelerfolgsbeiträge mit Preis-, Mengen- und Kostenabweichung über Plan-Ist-Vergleiche
Erfolgsanalysen	nach Entscheidungsparametern mit ausführlichen Rangfolgebestimmungen und –analysen (für Unter-/Vollbeschäftigung)
Erfolgsplanungen	mit Alternativplänen nach Entscheidungsparametern, Zieldeckungsbeiträgen und Iso-Deckungsbeitragsverteidigungskurven
Erfolgssteuerungen	über Nutzenprovision, kombiniert mit dem Nutzentrapez (Planerfüllungs-prämie) und einer Kundendeckungsbeitragsrechnung
Erfolgskontrollen	über kumulierte Deckungsbeitragsanalyse, Solldeckungsbeiträge, Ziel-deckungsgrade mit Plan-Ist-Vergleichen, Kennzahlen
Erfolgsengpässe	über die Zieldeckungsgrade finden und über die Vorsteuergrößen Kosten und Leistungen beseitigen (Facharbeitermangel, Beschaffungshemmungen, Prämiensysteme)
Erfolgsmotivation	durch Identifikation mit der Unternehmensphilosophie auslösen! Wenn beruf-liche Einzel-Zielvorstellungen und bejahte Unternehmensziel-Vorstellungen übereinstimmen, erfolgt die Selbstverwirklichung in der Gruppe leichter
Grenz- und Schwellenwerte	erkennen und berücksichtigen! Mindestlosgrößen für den Mindermengenzu-schlag ermitteln, Mindestverkaufsmengen zur Deckung der auftragsfixen Kosten errechnen, Marginaldeckungsbeiträge zur Sicherung der Vollkosten-deckung festlegen

Abbildung 11: Operativer Werkzeugkasten mit Zeithorizont

Zielvereinbarung	durch Führungsebene mit Moderator erarbeiten, Fragen nach dem Sinn des Unter-nehmens, seinen Verpflichtungen gegenüber den Kunden, Mitarbeitern, Kapital-gebern u.a. Setzt ethische und moralische Wertmaßstäbe. Identifikationsprozess sichert Liquiditäts- und Existenzsicherung.
Zielsteuerung	über Frühwarnsysteme im operativen und strategischen Bereich, Plan-Ist-Ver-gleiche, die Abweichungen und Umweltänderungen rechtzeitig für Gegen-steuerungsmaßnahmen melden.
Zielerfüllung	durch Vernetzung der Controlling- und Marketing-Führungskonzepte mit Planungs-, Berichts-, Analyse-, Steuerungs- und Analyseinstrumenten, abge-stimmter Engpassorientierung, Zukunftsausrichtung und Feedforward-Denken
Potenzialanalysen	Schlüsselfaktorenwahl hilft bei der Stärken-Schwächen-Analyse, Festlegung von Maßnahmenplänen für die Verstärkung der Stärken und den Abbau der Schwachstellen, Engpassanalysen mit strategischer Bilanz
Zielvereinbarung	qualitativ (Leitbild) und quantitativ (RoI, Cash-Flow, Zieldeckungsbeitrags-Volumen) als Zielbündel
Wachstumskonzept	oder Erhöhung der Wertschöpfung bei gleichem Mengenvolumen in der Stagnation
Produkt-Marken-Strategien	mit Portfolio für die Artikelpolitik
Funktionsstrategien	zur Erfüllung der Produkt-Markt-Strategie
Plan-Ist-Vergleich	Umsetzung in Projekte und Maßnahmen mit Plan-Ist-Vergleich 5-Jahres-Eckwert-Planungen für Cash und Ergebnisprämissen, Chancen, Risiken im strategischen Plan-Ist-Vergleich

Abbildung 12: Strategischer Werkzeugkasten ohne Zeithorizont

1.6   Zielformulierung durch Zielvereinbarung

Die *Zielformulierung* – abhängig vom Vorstellungsvermögen und der *Zielvereinbarung* des Managements – fragt nach dem

Sinn des Unternehmens, seinen Verpflichtungen gegenüber den Kunden, Mitarbeitern, Kapitalgebern, Lieferanten und der Umwelt generell, setzt ethische und moralische Wertmaßstäbe für den Identifikationsprozess. Nur er setzt zusätzliche Kräfte für die Gewinn-, Liquiditäts- und Arbeitsplatzsicherung frei, realisiert die Soll-Unternehmensleitzahlen.

Das ist nur realisierbar, wenn alle Mitarbeiter sich voll mit dem Leitbild (der Zielformulierung) identifizieren. Entsprechend wird die Leitbild-Formulierung von einem Initiativkreis, bestehend aus fachkompetenten Mitarbeitern aller Führungsebenen und Funktionsbereiche sowie dem Betriebsrat mit Hilfe der Moderationstechnik erarbeitet, in Kernsätzen dokumentiert. Das Wirkungsketten- und Wirkungsnetzdenken wird dadurch auf die Problemfelder fokussiert.

Beispielhaft diskutierte der Arbeitskreis der MTU München folgende Themenkreise (Problemfelder):

- Welche Anforderungen stellt die Zukunft an die MTU?

- Wie stellt sich die globale Triebwerksindustrie im Jahr 2010 dar?

- Welche Organisationsform muss die MTU finden, um auch im globalen Wettbewerb weiterhin existieren zu können?

- Was muss sich dafür bereits heute ändern?

Aus den Antwortkarten der Führungsebenen entstanden 31 Cluster, aus ihnen 31 Kernsätze für das Leitbild (Vision) der MTU. Ihre Plausibilität mit den Maßnahmenplänen des Konzerns, der Wettbewerber und Forschungsinstitute wird rollierend überprüft. Erst dann werden die Kernsätze des Leitbilds in den Profitcentern vor Ort vorgestellt und umgesetzt, d. h. zum Leitbild für alle Mitarbeiter und die von ihnen realisierten strategischen und operativen Prozesse der Gegenwart und Zukunft.

PRAXISBEISPIEL: VISION UND LEITBILD DER MTU

Die MTU

- Wir sind ein weltweit tätiges Unternehmen im Daimler-Benz-Aerospace-Konzern und auf Flugantriebe spezialisiert.

- Hauptsitz der MTU ist München; unsere lokale Präsenz überall auf der Welt wird durch Markt und Wettbewerb bestimmt.

- Wir sind der Welt führender Subsystemanbieter und größter unabhängiger Instandhaltungsbetrieb für zivile Antriebe mit weitreichenden Dienstleistungen.

- Für den militärischen Bedarf bieten wir vollständige Antriebssysteme und eine umfassende Produkterhaltung an.

- Wir orientieren unser Handeln konsequent am Nutzen unserer Kunden. In Leistungsfähigkeit, Qualität und Ertragskraft gehören wir zu den Besten der Industrie. In unseren Kerngeschäften wachsen wir überproportional.

- Unsere Anteilseigner erhalten eine attraktive Verzinsung ihres eingesetzten Kapitals und nehmen an den Wertsteigerungen des Unternehmens teil.

Unsere Kunden

- Unsere Kunden sind weltweit Anwender und Hersteller von Flugantrieben und Industriegasturbinen.

- Sie schätzen unsere umfassende Urteilsfähigkeit zum Gesamtsystem Triebwerk, die zuverlässige, langfristige Zusammenarbeit sowie die Qualität unserer Produkte und Leistungen zu attraktiven Konditionen.

- Unsere Präsenz in allen Märkten mit eigenen Ressourcen oder im Verbund mit Partnern lässt uns unsere Kunden besser verstehen und rasch und flexibel handeln.

- Auch Kunden anderer Branchen nutzen unser Wissen und unsere Fähigkeiten.

Unsere Kompetenz

- Unsere innovative Technologie und unsere Fähigkeit zu ihrer schnellen und wirtschaftlichen Umsetzung im Markt sind die Grundlagen unseres Erfolges.

- Technologische Spitzenpositionen und die Fähigkeit zum Management vielgestaltiger Partner-, Kunden- und Lieferantenbeziehungen sichern die Überlegenheit unserer Produkte und Leistungen.

- Wir konzentrieren den Einsatz unserer Ressourcen auf unsere Kernkompetenz und arbeiten ständig an der Verbesserung unserer Prozesse.

- Bei der Definition und Umsetzung ehrgeiziger nationaler, europäischer und internationaler Technologieprogramme leisten wir Schrittmacherdienste.

- Wir sind der nationale Ansprechpartner in allen Angelegenheiten der Triebwerksindustrie und informieren, beraten und unterstützten Verbände, Medien und öffentliche Institutionen mit unserem Wissen und unserer Erfahrung.

*Unsere
Partner*

- In weltumspannenden Allianzen arbeiten wir mit leistungsfähigen Unternehmen zusammen.

- Unsere eigenen Kapazitäten und Fähigkeiten ergänzen wir in einem Verbund ausgewählter Partner und Zulieferer.

- Durch die Zusammenarbeit mit privaten und öffentlichen Erfahrungsträgern und wissenschaftlichen Institutionen gewährleisten wir einen ständigen Zustrom neuen Wissens und neuer Ideen für das Unternehmen.

*Unser Beitrag
für die Umwelt*

- Wir nehmen unsere Verantwortung für die Umwelt ernst.

- Mit unseren Produkten setzen wir Maßstäbe bei der Verminderung von Brennstoffverbrauch, Lärm- und Schadstoffemissionen.

- Die lange Lebensdauer unserer Erzeugnisse und die ständige Verbesserung unserer Instandsetzungsverfahren vermindern den Rohstoffbedarf.

- Wir sorgen für eine umweltschonende Arbeitsweise und gehen sparsam mit Material und Energie um.

*Unsere Mitarbeiterinnen und
Mitarbeiter*

- Die MTU lebt durch ihre Mitarbeiter. Ihr Wissen, ihre Erfahrungen und ihr Engagement bilden unsere Kompetenz.

- Maßstab für den Beitrag jedes Mitarbeiters ist die Zufriedenheit unserer Kunden und der Erfolg des Unternehmens. Die Mitarbeiter der MTU sind am wirtschaftlichen Ergebnis des Unternehmens beteiligt.

- Unsere Stärken sind Sensibilität und Handlungsfähigkeit gegenüber Veränderungen im Markt wie im Umgang mit unterschiedlichen Kulturen.

- Unser Handeln zeichnet sich durch Eigenverantwortung, Flexibilität und die Fähigkeit aus, im Team Erfolge zu erarbeiten.

- Unsere Zusammenarbeit ist von gegenseitigem Vertrauen, persönlicher Wertschätzung, Meinungsvielfalt und Toleranz geprägt.

- ***Wir stärken durch persönliches Vorbild*** eine Kultur der ständigen Verbesserung und der offenen Kommunikation im Unternehmen. Mitarbeiter in Führungspositionen haben dafür eine besondere Verantwortung.

- Einstellung und berufliche Förderung qualifizierter Frauen und Männer orientieren wir an ihren fachlichen, persönlichen und sozialen Fähigkeiten, ***unabhängig von nationaler Herkunft oder kulturellem Hintergrund***.

- In einer zukunftssicheren Industrie bietet die MTU anspruchsvolle Arbeitsplätze. Ihr unternehmerisches Handeln wird von Verantwortung gegenüber den Mitarbeitern geleitet.

- Das Unternehmen unterstützt seine Mitarbeiter in Ihrem politischen und gesellschaftlichen Engagement für das Zusammenwirken in einem demokratischen Gemeinwesen.

Zeppelin

Ein weiteres Beispiel für ein modernes Unternehmensleitbild liefert die Zeppelin Silo- und Apparatetechnik GmbH, Friedrichshafen. Sie hat als stiftungsgeführtes Traditionsunternehmen mit regionaler und sozialer Verantwortung einen Leitfaden formuliert, der das Denken und Handeln der Mitarbeiter im Unternehmen einschließlich seiner Tochterunternehmen beeinflusst (vgl. Zeppelin 2002). Kernbegriffe des Leitbildes sind Flexibilität und Leistungswille, Motivation und Qualifikation, Kundenorientierung, Kostenbewusstsein, Ganzheitliches Qualitätsverständnis, zielorientierte und kooperative Führung sowie Teamarbeit und Netzwerkdenken.

PRAXISBEISPIEL: UNTERNEHMENSLEITBILD DER ZEPPELIN SILO- UND APPARATETECHNIK GMBH (2002)

Leitsätze zur Unternehmens-strategie

- Weltweite Flexibilisierung der Fertigungskapazitäten sowie konsequente Ausrichtung auf zukünftige Märkte und Aufgaben.

- Strategische Partnerschaften zur Erweiterung der Wertschöpfungskette oder der Produktfelder.

- Ausbau des Standortes Friedrichshafen zum weltweiten Kompetenzzentrum für Vertrieb, Engineering und Fertigung zur Sicherung der weltweiten Aktivitäten.

Unternehmens-
leitbild

- Wir planen und liefern Anlagen für das Lagern, Fördern, Dosieren, Verwiegen und Mischen von hochwertigen Schüttgütern weltweit.

- Die herausragende Qualität und der Technologievorsprung unserer Produkte sichern unseren Markterfolg.

- Kernkompetenz ist das Engineering und die Fertigung von kundenspezifischen Komplettanlagen und Komponenten.

- Zum höchsten Nutzen unserer Kunden, sichern wir unsere unabhängige Marktstellung durch Wertorientierung. Dazu streben wir eine Rendite über dem Branchendurchschnitt an.

- Wir streben ein kontinuierliches Wachstum und eine stetige Entwicklung der Produkt- und Geschäftsfelder im Sinne maximaler Kundenorientierung an.

- In unseren Geschäftsfeldern haben wir eine führende Marktposition.

- Wichtigster Erfolgsfaktor sind hochqualifizierte, motivierte und leistungsorientierte Mitarbeiter.

- Die Wichtigkeit von Gesundheit und Sicherheit, sowie der Schutz der Umwelt sind integraler Bestandteil unserer Aktivitäten.

Unternehmens-
grundsätze

- Voraussetzung für die Erreichung der Unternehmensziele sind Flexibilität und Leistungswille. Diese Eigenschaften beweisen wir nicht nur unseren Kunden permanent, sondern auch unseren Vorgesetzten, Kollegen oder Mitarbeitern.

- Nur mit Motivation und Qualifikation können wir unseren hohen Ansprüchen gerecht werden. Diese zu sichern und stetig zu steigern ist nicht nur eine Führungsaufgabe - sondern auch eine Frage der Selbstkontrolle.

- Jede unserer Handlungen, dient ausschließlich unseren Kunden. Unsere Aufgabe ist es, unsere Kunden erfolgreicher zu machen. Kundenorientierung ist deshalb das oberste Motiv unseres Handels

- Jeder Mitarbeiter genießt das Vertrauen des Unternehmens, mit Vermögen - also Sach- oder Geldwerten - umzugehen. Deshalb ist jeder dazu aufgefordert, dies so zu tun, als wäre es sein Eigenes. Kostenbewußtes Denken und Handeln ist deshalb Voraussetzung für eine vertrauensvolle Zusammenarbeit.

- Wir setzen wir auf ein ganzheitliches Qualitätsverständnis, bei dem ausschließlich der zufriedene Kunde am Ende des Prozesses zählt. Der Begriff Qualität bedeutet nicht nur fehlerfreie Produkte, sondern ist der Maßstab für unsere gesamte Unternehmensleistung.

- Unseren Führungskräften kommt im besonderen Maße die Aufgabe zu, die genannten Werte einerseits vorzuleben und andererseits einzufordern. Führen bedeutet für uns zielorientiertes und kooperatives Handeln und Denken.

- Nur im Team können wir die maximale Schlagkraft am Markt erreichen - und zwar lokal, national und international. Durch Teamarbeit und globales Netzwerkdenken sichern wir unseren Kunden das Können von „Alle Spezialisten unter einem Dach - weltweit."

- Wir handeln verantwortungsbewußt gegenüber Gesellschaft und Umwelt und leisten durch unsere Produkte einen Beitrag zur Verbesserung der Lebensqualität. Die Sicherheit unserer Partner und Mitarbeiter hat bei der Ausführung unserer Leistung stets Priorität.

1.7   Zielsteuerung im Regelkreis

Die Zielsteuerung – abhängig vom Entscheidungsvermögen des operativen Managements – koordiniert die Controlling- und Marketing-Führungskonzepte mit Hilfe der gemeinsam genutzten Controlling-Prozessoren (Impulsgeber).

- Planung,

- Information,

- Analyse,

- Steuerung und

- Kontrolle (= rollierender Plan-Ist-Vergleich)

auf Vollkosten- **und** Deckungsbeitragsbasis.

Ordnungsgemäß arbeitende operative und strategische Controlling-Werkzeuge pendeln sich kompassartig auf ihre Erfolgs- bzw. Wachstumsengpässe ein, praktizieren das zukunftsorientierte Denken (= Feedforward-Denken), steuern sich selbsttätig wie ein Regelkreis, unterstützt durch Rentabilitäts- und Liquiditätskontrollen, abgesichert durch ein mit der Erfolgsrechnung und Erfolgsplanung vernetztes Cash-Management und Kennzahlensystem.

1.8   Zielerfüllung im Regelkreis

Die Zielerfüllung im selbst regelnden Steuerungssystem benötigt Werkzeuge, die sich einfach und wirtschaftlich aufbauen und anwenden lassen, sowohl im Groß- als auch im mittelständischen Unternehmen. Der in Abbildung 10 vorgestellte operative Werkzeugkasten entspricht in seiner systematisierten Form als Überblick der Wirtschaftswirklichkeit. In ihr sind die Erfolgsrechnung, Erfolgsanalyse und Erfolgsplanung eng miteinander vernetzt. Die Ist-Erfahrungstatbestände beeinflussen natürlich die Planungsvorstellungen (vgl. Abbildung 13).

Operative und strategische Regelkreise

Im operativen Bereich ändern sich Zahlenwerte z. B. aufgrund von Qualitätsmängeln. Die operativen Werkzeuge greifen bis zum Zeithorizont, helfen Erfolgsengpässe zu beseitigen und optimieren den Gewinn. Im strategischen Bereich ändern sich Bedingungen (Ölkrise 1973, Wiedervereinigung 1989, Produktion Megabitchip 1998, Zerstörung des World Trade Center 2001, Nanotechnologien). Die strategischen Werkzeuge wirken jenseits des Zeithorizonts, helfen Wachstumsengpässe beseitigen und erhöhen die Überlebenschancen im internationalen Wettbewerb (vgl. Abbildung 9).

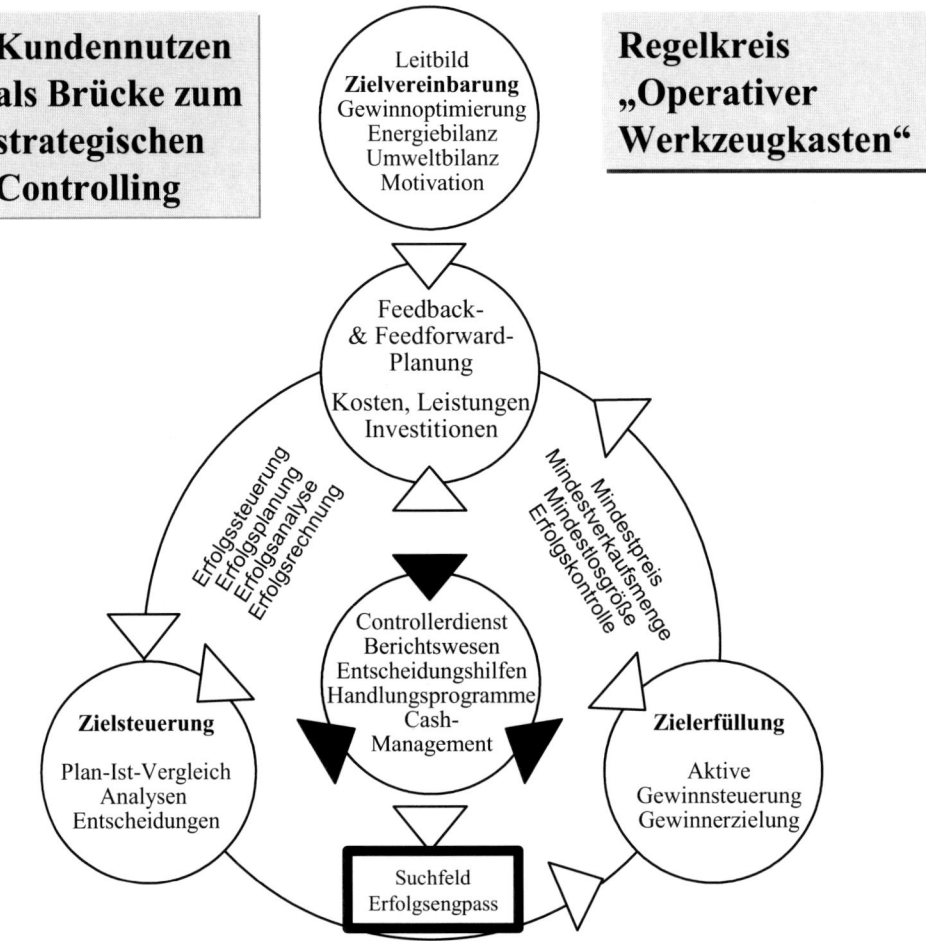

Abbildung 13: Regelkreis Operatives Controlling (Mayer 2003)

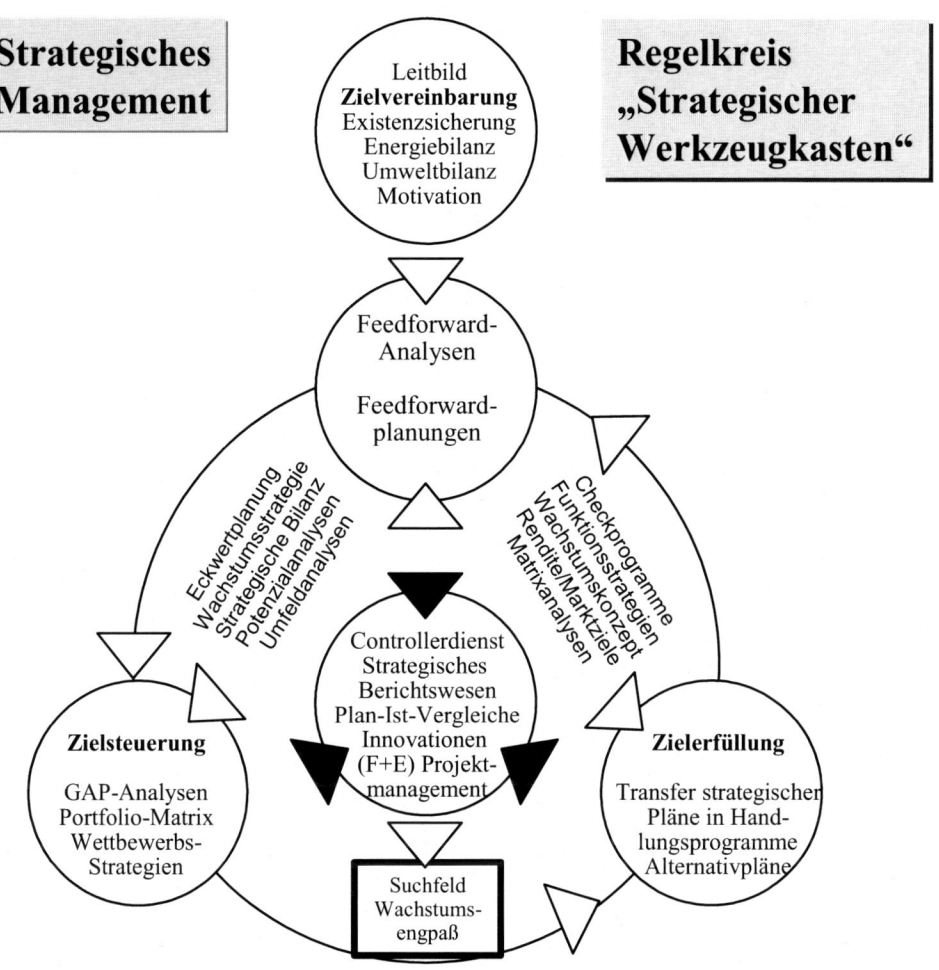

Strategisches Management

Regelkreis „Strategischer Werkzeugkasten"

Leitbild
Zielvereinbarung
Existenzsicherung
Energiebilanz
Umweltbilanz
Motivation

Feedforward-Analysen

Feedforward-planungen

Eckwertplanung
Wachstumsstrategie
Strategische Bilanz
Potenzialanalysen
Umfeldanalysen

Checkprogramme
Funktionsstrategien
Wachstumskonzept
Rendite/Marktziele
Matrixanalysen

Controllerdienst
Strategisches
Berichtswesen
Plan-Ist-Vergleiche
Innovationen
(F+E) Projekt-management

Zielsteuerung

GAP-Analysen
Portfolio-Matrix
Wettbewerbs-Strategien

Zielerfüllung

Transfer strategischer
Pläne in Hand-lungsprogramme
Alternativpläne

Suchfeld
Wachstums-engpaß

Abbildung 14: Regelkreis Strategisches Controlling (Mayer 2003)

1.9   Mindestbausteine für ein IT-gestütztes Controllingkonzept

Ein Controllingkonzept (vgl. Freidank/Mayer, 2003) ist arbeitsfähig mit Leitbild, einer:

* IT-gestützten Feedback- und Feedforward-Planung mit rollierendem und kumulierenden Plan-Ist-Vergleich (PIV),

- Selbstrückkopplung im IT-gestützten Regelkreis, sozial-, energie-, umwelt-, recyclingbewusst,
- günstigen Handels-, Energie- und Umweltbilanz,
- vernetzten Sensorenbank für rechtzeitiges Erkennen von Erfolgs- und Wachstumsengpässen,
- kombinierten Vollkosten- und Deckungsbeitragsrechnung,
- Aktivierung des Humanfaktors über Motivation, Identifikation mit der Unternehmensphilosophie,
- Aufbau eines Frühwarnsystems für Katastrophenfälle, Erfolgs- und Wachstumsengpässe, den rechtzeitigen Einstieg in Innovationen, neue Schlüsseltechnologien der Bionik-Informationswirtschaft, Nanotechnologie.

Ein Controlling-Konzept liefert Früherkennungssignale für Erfolgs- und Wachstumsengpässe und damit Hinweise für einen rechtzeitigen Einstieg in Innovationen und Schlüsseltechnologien:

- Elektrotechnik,
- Mikroelektronik,
- Sensorik,
- Telekommunikation,
- Digitaltechnik,
- Biocomputer,
- Software-Engineering,
- Raumfahrt,
- Plasma-Fusionsantrieb,
- Robotik,
- Hochleistungskeramik,
- Biotechnologie,
- Biokraft,
- Bionik,
- nachwachsende Rohstoffe und Organe bei Tieren und Menschen,
- Medizinaltechnik,
- Telemedizin
- Lasertechnik,
- Supraleiter,
- Lichtwellenleiter,
- Genetik,
- Genomprojekte,
- Biometrie,
- Nanotechnologie (vgl. dazu ausführlich: Jopp, K 2003).

Wiederholungsfragen

Nr.	Frage	Antwort Seite
1	Definieren Sie bitte den Terminus Controller-funktion!	1
2	Definieren Sie bitte den Terminus Controlling-konzept!	1
3	Was ist unter Zielformulierung, Zielsteuerung, Zielerfüllung zu verstehen?	1
4	Wie lautet der Leitspruch von Heraklit?	3
5	Erinnern Sie sich noch an die sechs W-Fragen?	5
6	Warum ist das „Wir-Gefühl" in einem Unternehmen so wichtig?	6
7	Wirkungsketten- und Wirkungsnetzdenken nach F. Vester als Denkansatz.	7
8	Lassen sich Leitbild- und Kennzahlendenkansätze kombinieren?	9
9	Warum „Controllerdienst" statt Controlling auf dem Türschild?	11
10	Warum unbedingt Controlling-Konzept und Marketing-Konzept vernetzen?	13
11	Zeichnen Sie bitte die Regelkreise für den operativen und strategischen Werkzeugkasten freihändig aus dem Gedächtnis!	26
12	Welche Mindestbausteine benötigt ein IT-gestütztes Controlling-Konzept?	27
13	Welche neuen Schlüsseltechnologien steuern unsere Wirtschaft im 21. Jahrhundert?	28

Übungsaufgaben

Abbildung	Text	Seite
Zeichnen Sie bitte die folgenden Abbildungen aus dem Gedächtnis auf. Vielen Dank.		
Abbildung 1	Führungskonzept Controlling	2
Abbildung 2	Plan-Ist-Vergleich (Vergangenheitsorientiert)	4
Abbildung 3	Feedforward-Plan-Ist-Vergleich	4
Abbildung 5	Leitbild- und Kennzahlen-Controlling	9
Abbildung 6	Wirkungsnetz- und Wirkungskettendenken (Vester modifiziert)	10
Abbildung 9	Controlling-Konzept als Wirkungsnetz	13
Abbildung 10	Controlling-Werkzeugkästen	17
Abbildung 11	Operativer Werkzeugkasten mit Zeithorizont	18
Abbildung 12	Strategischer Werkzeugkasten ohne Zeithorizont	18
Abbildung 13	Regelkreis Operatives Controlling	26
Abbildung 14	Regelkreis Strategisches Controlling	27

2 IT-Controlling-Konzept

2.1 Grundlagen

2.1.1 Definition IT-Controlling

Der Terminus IT-Controlling wird vielfältig angewandt. In der Literatur und Praxis tauchen zahlreiche Begriffe aus dem IT-Controlling-Konzept auf, z. B.:

- ADV-Controlling (Automatisierte Datenverarbeitungs-Controlling),

- DV-Controlling (Datenverarbeitungs-Controlling),

- EDV-Controlling (Elektr. Datenverarbeitungs-Controlling),

- INF-Controlling (Informatik-Controlling),

- Informationscontrolling,

- IV-Controlling (Informationsverarbeitungs-Controlling),

- IS-Controlling (Informationssystem-Controlling) und

- IT-Controlling (Informationstechnik-Controlling).

Daneben gibt es in jüngeren Veröffentlichungen weitere Begriffe, die Teilaufgaben des IT-Controllings bezeichnen. Als typisches Beispiel lässt sich der Terminus „IT-Sourcing-Controlling" aufführen, der das Controlling der Beschaffung von IT-Leistungen betrifft (vgl. Schelp et al., 2006, S. 96). Im englischen Sprachraum ist teilweise der Begriff „IT-Performance-Management" üblich, der im deutschen Sprachraum verwendete Begriff „IT-Controlling" wird dagegen nicht verwendet (vgl. hierzu ausführlich Strecker, 2008).

Die Auffassungen für den Aufgabenkatalog variieren stark. Eine enge Auffassung beschreibt IT-Controlling als Kontrolleur der IT-Abteilungen oder als computergestützte Kontrolle von IT-Projekten. Auf IT-Controlling angesprochen, verweisen Unternehmensleitungen gerne auf die IT-Leitung (vgl. Santihanser, 2004, S. 17). Diese Definitionen bzw. Auffassungen sind im Sinne eines Leitbildcontrolling-Konzeptes irreführend und nicht ausreichend. Trotz der unterschiedlichen Interpretation und Synonymen hat der Begriff IT-Controlling seinen festen Platz in der Betriebswirtschaftslehre erhalten und wird als Kerndisziplin der Wirtschaftsinformatik betrachtet (vgl. Krcmar/Son, 2004, S. 165). Definitionen jüngeren Datums betrachten IT-Controlling als Instrument zur Entscheidungsvorbereitung im Rahmen der Nutzung von IT-Ressourcen. IT-Controlling ist die „… Beschaffung, Aufbereitung und Analyse von Daten zur Vorbereitung zielsetzungsgerechter Entscheidungen bei Anschaffung, Realisierung und Betrieb von Hardware und Software …" (vgl. Becker/Winkelmann, 2004, S. 214). IT-Controlling wird in einer aktuellen Studie als „elementares Steuerungs- und Koordinationsinstrument" eingestuft (vgl. Son/Gladyszewski, 2005, S. 3).

Kosten-
orientierung

Unterschiedliche Erfahrungen verfälschen oft das Aufgabenfeld des IT-Controllerdienstes. Durch den gestiegenen Kostendruck wird der Terminus IT-Controlling oft mit Kostenreduktion im IT-Bereich verwechselt. Ursache dafür ist die stärkere IT-Durchdringung der Geschäftsprozesse und der hierdurch angestiegene IT-Kostenanteil. Mangelnde Transparenz dieses Kostenblocks führt bei der Unternehmensleitung oft zu dem Eindruck, dass die IT-Kosten reduziert werden müssen.

Stellvertretend für diese kostenorientierte Einstellung kann das Aufgabenfeld der Abteilung „DV-Controlling" eines deutschen Versicherungsunternehmens dienen:

- Ermittlung des EDV-Budgets im Rahmen der Jahresplanung,

- Mitzeichnung der Genehmigung von DV-Projekten in monetärer Hinsicht,

- Monatlicher Soll/Ist-Vergleich und Prognose der DV-Kosten,

- Verursachungsgerechte Zuordnung der DV-Kosten (Kostenrechnung und Leistungsverrechnung),

- Plan-Ist-Vergleiche der DV-Projektbudgets,

- Kontrolle der Projektplanung und des Projektfortschrittes in DV-Projekten sowie Aufzeigen von Überlastsituationen.

Der IT-Controller wird zum Kostenkontrolleur und Kostensenker degradiert.

Leistungs-
orientierung

Eine leistungsorientierte Sichtweise erkennt, dass der IT-Einsatz mit Leistungssteigerung und Effizienzverbesserung vernetzt ist. Vielfach mangelte es in der Vergangenheit an der Transparenz des Wertbeitrages der IT für das Unternehmen (vgl. Bienert,

2005, S. 26). Zunehmend wird in fortschrittlichen Unternehmen erkannt, dass die IT nicht eine „Handwerkerabteilung", sondern ein Kernelement zur Sicherstellung der Wettbewerbsfähigkeit des Unternehmens darstellt. Der IT-Controllerdienst unterstützt den IT-Einsatz im Unternehmen im Rahmen eines IT-Controlling-Konzeptes.

Stellvertretend für diese leistungs- und serviceorientierte Sichtweise kann die Definition für IT-Controlling eines deutschen Dienstleistungsunternehmens gelten: „IT-Controlling ist ein System der Unternehmensführung, das die Planung, Überwachung und Steuerung aller IT-Aktivitäten unterstützt und insbesondere die notwendige Transparenz herbeiführt".

Stellt man die beiden Ansätze gegenüber (vgl. Abbildung 15), erkennt man beim kostenorientierten Ansatz typische kostensenkende Maßnahmen wie z.B. die Auslagerung der Informationstechnik, Stellenkürzungen im Bereich des IT-Personals, Verteilung der IT-Kosten nach dem Umlageverfahren, Projektauswahl ausschließlich nach dem RoI (Return on Invest) oder die Festlegung des IT-Budgets nach einem festen Prozentsatz vom Umsatz des Unternehmens. Typische Maßnahmen des leistungsorientierten Ansatzes erhöhen die Leistungsfähigkeit des Unternehmens: Ausrichtung und Steuerung der IT an den Unternehmenszielen, Standardisierung von IT-Leistungen, Optimierung von IT-Prozessen, verursachungsgerechte IT-Kosten- und Leistungsverrechnung, Ermittlung des Beitrages zu den Unternehmenszielen als Maßstab für die Auswahl geeigneter IT-Projekte und Festlegung des IT-Budgets.

Typische Maßnahmen		Gewünschte Wirkung
Kosten-orien-tierter Ansatz	• **Auslagerung der IT-Abteilung (oder Teile)** • **Stellenkürzungen in der IT** • **IT-Kostenverrechnung per Gemeinkostenumlage** • **RoI als alleiniger Maßstab für Projekte** • **Festlegung IT-Budget als %-Satz vom Umsatz**	 **Senkung der IT-Kosten**
Leistungs-orien-tierter Ansatz	• **Ausrichtung und Steuerung der IT an Unternehmenszielen** • **Standardisierung von IT-Leistungen** • **Optimierung von IT-Prozessen** • **Verursachungsgerechte IT-Kosten- und Leistungsverrechnung** • **Beitrag zu Unternehmenszielen als Maßstab für IT-Projekte und IT-Budget**	 **Erhöhung der Leistungs-fähigkeit des Unternehmens**

Abbildung 15: Kosten- versus Leistungsorientierung

IT-Controlling-konzept

Das IT-Controlling-Konzept plant, koordiniert und steuert die Informationstechnologie und ihre Aufgaben für die Optimierung der Geschäftsorganisation (Geschäftsprozesse und Aufbauorgani-sation) bei der Zielformulierung, Zielsteuerung und Zielerfüllung mit dem Controllerdienst.

IT-Controller-dienst

Ergo: Der IT-Controllerdienst steuert und gestaltet den IT-Einsatz in der Gegenwart und für die Zukunft.

Die Schering AG hat einen vergleichbaren Ansatz unter dem Stichwort „Wertorientiertes IT-Controlling" konzipiert und umge-setzt. Sie sieht ihr IT-Controlling-Konzept als Ausgangsbasis zur Bewertung der Informationstechnik und verfolgt damit u. a. die Ziele: Erhöhung der Transparenz hinsichtlich IT-Kosten und der Leistungsfähigkeit der IT zur Steigerung des Geschäftsnutzens (vgl. Schröder, J.; Späne, A.; Schröder, G., 2005, S. 34). Sie un-terstützt damit den Wandel vom finanzorientierten zum potenzi-alorientierten IT-Controlling, da die kostenorientierte Sicht ihre Unternehmensziele nur partiell unterstützt (vgl. Schröder, J.; Schröder, G.; Späne, A., S. 329-330).

2.1.2   IT im Wandel

Der Einsatz der Informationstechnik begann ursprünglich als „betriebliche Datenverarbeitung (DV)". Die in den 60er Jahren des letzten Jahrhunderts zunächst von der DV erfassten betrieblichen Teilfunktionen waren eng begrenzt: Brutto-/Nettolohnabrechnung, Lagerbestandsführung, Fakturierung und Kundenbuchhaltung (vgl. Mertens, 2006, S. 13). Bei der Lösung der „DV-Aufgaben" standen technische Problemstellungen im Vordergrund. Die in der DV beschäftigten Mitarbeiter waren von ihrer beruflichen Ausrichtung als „Techniker" einzustufen, ein Bild, das teilweise bis in die heutigen Tagen als prägend für IT-Mitarbeiter gilt.

In der Wirtschaft und Verwaltung vollzieht sich allerdings seit Jahren ein stetiger Wandel weg von der Technik- hin zur Geschäftsorientierung. In den 1970er und 1980er-Jahren standen die regelbasierte Stapelverarbeitung (über Nacht) und Automatisierungen von Aufgaben mit Massendatenverarbeitung (z. B. Buchhaltung, Lagerhaltung, Gehaltsabrechnung) nach wie vor, allerdings technisch verbessert, im Vordergrund der Betrieblichen Datenverarbeitung. Die IT unterstützte dennoch weiterhin lediglich ausgewählte Einzelfunktionen.

IT-Kosten wurden der zentralen „IT-Kostenstelle" belastet und – wenn überhaupt – nur in Form einer Umlage auf nachgelagerte Kostenstellen verteilt. In dieser Zeit galt der Status der IT-Abteilung als exklusiv, z. B. als Ansprechpartner für Hardware- und Softwarelieferanten sowie Beratungsunternehmen.

Online-Verarbeitung statt Batch-Betrieb

Interaktive Onlinesysteme (z. B. die betriebswirtschaftliche Standardsoftware SAP® R/3®) lösten die zeitintensive Stapelverarbeitung eleganter ab. In den 1990er-Jahren wurden zahlreiche Projekte unter dem Schlagwort „Business Reengineering" (vgl. hierzu ausführlich Gadatsch 2004) durchgeführt, um Altsysteme unter Veränderung der betrieblichen Prozesse abzulösen. Ziel war die Optimierung des Geschäftes durch die Informationstechnik.

IT als „Waffe"

Um die Jahrtausendwende wurde die IT zur Waffe im Wettbewerb und als Basis für völlig neue Geschäftsmodelle entdeckt. Elektronische Marktplätze, elektronische Beschaffungssysteme (Electronic Procurement), zahlreiche Anwendungen in der Telekommunikation oder im Lieferantenmanagement (Supply-Chain-Management) sowie neuere Konzepte wie Software as a Service (SaaS) oder Cloud Computing sind in dieser Zeit entstanden bzw. weiter verfeinert worden. Unter SaaS ist die Bereitstellung von Applikationen als Services für bestimmte Aufgaben zu verstehen, ohne diese selbst zu betreiben. Cloud Computing betrifft die Beschaffungsform von SaaS. Die Services werden von mehreren, ggf. auch im Zeitablauf wechselnden Anbietern (intern oder extern) bezogen.

BEISPIEL DHL: „OHNE DEN EINSATZ VON IT KÖNNTEN WIR UNSER GESCHÄFT NICHT BETREIBEN"

Deutlich wird die aktuelle Situation in vielen Unternehmen durch zwei Aussagen des Chief-Information-Officers (CIO) des deutschen Logistikdienstleisters DHL beschrieben: *„Ohne den Einsatz von IT könnten wir unser Geschäft nicht betreiben"* und *„Vor rund 30 Jahren war in der Logistikbranche das Wichtigste das Abholen und Zustellen eines Pakets. Heute ist die Information über das Paket genauso wichtig wie das Paket selbst"* (vgl. Klostermeier 2004a, S. 69). Ein Statement, das stellvertretend für sehr viele Unternehmen mit starker IT-Unterstützung gilt.

*Informations-
management
löst Datenverar-
beitung ab*

Spätestens gegen Ende der 1990er-Jahre hat sich das „Informationsmanagement" als Führungsinstrument gegen die bisher dominante „Datenverarbeitung" durchgesetzt. Die Informationsgesellschaft ist etabliert (vgl. ausführlich Schink 2004). Zeitgleich entwickelte sich das IT-Controlling weiter.

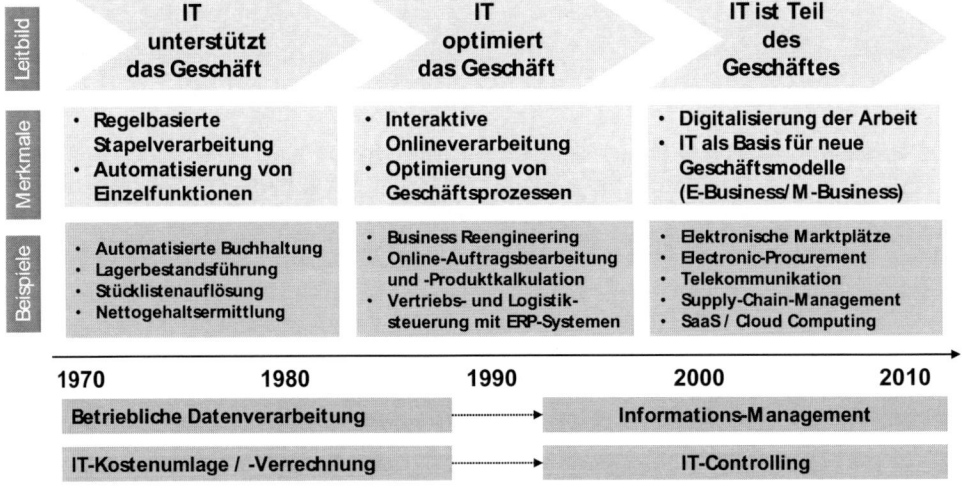

Abbildung 16: Von der Technik- zur Geschäftsorientierung

*Einordnung der
IT-Abteilung*

Die IT-Abteilung wird in zahlreichen Unternehmen deutlich höher positioniert, als vor 20-30 Jahren. Als Beispiel lässt sich die Einordnung der IT-Abteilung eines deutschen Automobilzulieferers (vgl. Abbildung 17) anführen. Die Informationstechnik wurde in früheren Jahren in diesem Unternehmen als Kostenfaktor eingestuft, heute zunehmend als Geschäftspartner und enabler für die Generierung strategischer Wettbewerbsvorteile (vgl. Petry 2004). Bei der Münchner Allianz-Versicherung sind sogar zwei Vorstandsmitglieder für IT-Aufgaben verantwortlich, da bei diesem Allfinanzunternehmen immer schneller neue Produkte auf dem Markt eingeführt und durch die IT abgebildet werden müssen (vgl. Klostermeier 2004b, S. 18). Diese Grundhaltung hat entsprechende Rückwirkungen auf die Aufgabeninhalte und den Stellenwert des IT-Controlling-Konzeptes.

IT ist Werkzeug   Allerdings betrachtet die Praxis die IT-Abteilung nicht als Selbstzweck oder eigenständige Aufgabe, sondern als wichtiges Werkzeug bzw. Dienstleister der Prozessunterstützung. Die Führungskräfte aus den Fachabteilungen nehmen viel mehr Einfluss auf IT-orientierte Entscheidungen, als in den 1970er/1980er-Jahren. Diesen Trend bestätigt die Aussage des Chief-Information-Officers (CIO) der Continental AG, nach der es dort keine IT-Projekte, sondern nur Business-Projekte gibt (vgl. Vogel 2004, S. 28).

Außerdem ist die Informationstechnik sehr viel stärker mit den Geschäftsaufgaben verwoben, als in den Jahrzehnten zuvor. Die Vielzahl der am Entscheidungsprozess beteiligten Personen koordiniert deshalb das IT-Controlling-Konzept, um die Bündelung und Koordination der verschiedenen Interessen zu sichern.

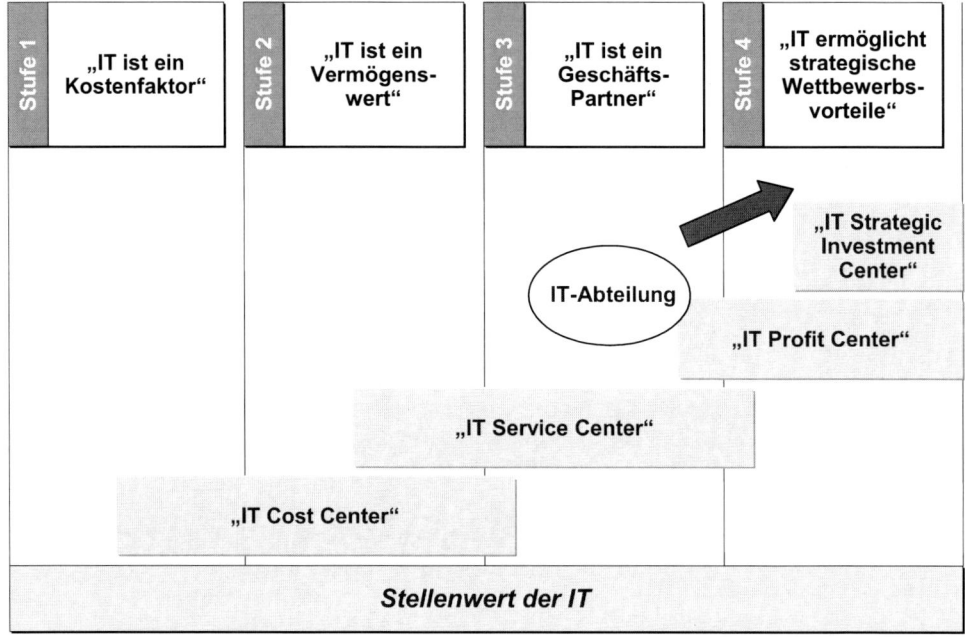

Abbildung 17: Positionierung der IT-Abteilung bei einem Automobilzulieferer

IT Doesn't Matter

Die Extremposition in der Diskussion um die „Wichtigkeit" der Informationstechnik wurde 2003 von N. C. Carr mit seinem Aufsatz „IT Doesn't Matter" in der Zeitschrift „Harvard business review" vertreten (vgl. Carr, 2003) und in mehreren Folgepublikationen (vgl. z. B. Carr 2004) weiter vertieft. Nach den Thesen von Carr hat die IT lediglich den gleichen Stellenwert wie typische Massengüter (z. B. Energie). Eine strategische Bedeutung der IT für die Unternehmen sieht der Autor dagegen nicht. Die IT wird zur „Commodity", zum standardisierten Massenartikel, der bei Bedarf beim günstigsten Lieferanten bezogen wird, analog dem Strom aus der Steckdose. Die oben aufgeführten Beispiele zeigen, dass diese Auffassung nicht allgemeingültig ist.

Typische Fragen

Einen praxisnahen Katalog typischer Fragestellungen, auf die das IT-Controlling-Konzept geeignete Antworten für das Management liefert, haben Müller et. al. (2005, S. 101-102) zusammengestellt:

• Welche Chancen eröffnen innovative IT-Systeme zur Steigerung der Wettbewerbsposition?

- Wie können die Risiken der zunehmenden Abhängigkeit von der IT beherrscht werden?

- Wie können die vielfältigen IT-Anwendungen priorisiert werden?

- Wie können die IT-Projekte in einem ganzheitlichen Programm-Management optimal aufeinander abgestimmt werden?

- Wie kann der Beitrag der IT zur Optimierung der Geschäftsprozesse beurteilt werden?

- Wie kann ex ante die Wirtschaftlichkeit der IT-Anwendungen beurteilt werden?

- Wie kann die Effizienz der Infrastruktur und der Leistungserbringung der IT beurteilt werden?

- Wie kann die Qualität der Zusammenarbeit mit internen und externen Partnern gemessen werden?

- Wie kann der Leistungsaustausch zwischen IT- und Fachabteilung effizient bewertet und gesteuert werden?

- Wie kann die Gesamtleistung der IT in einem ganzheitlichen System gemessen werden?

Schnelltest IT-Controlling

Nicht alle Unternehmen können den Nutzen eines IT-Controlling-Konzeptes nachvollziehen. Höhnel et al. (2005) haben einen praxisnahen „Schnelltest" zur Reifegradermittlung des Unternehmens in Bezug auf die Realisierung eines IT-Controlling-Konzeptes entwickelt, der relativ schnell die Schwachstellen eines Unternehmens offen legt. Sie gliedern die IT eines Unternehmens nach Prozess-Schritten (IT-Planung, IT-Entwicklung und IT-Betrieb) sowie nach IT-Ressourcen und IT-Leistungen. Hieraus resultiert eine Matrix, die mit typischen standardisierten Fragestellungen aus der täglichen Praxis ergänzt werden kann. Durch Addition der Aussagen (trifft nicht zu = 0, trifft zu = 1 usw.) ergeben sich Zellen-, Spalten- und Zeilensummen, die zu Punktwerten verdichtet werden können. Je nach Beantwortung der Fragen ergeben sich hieraus interessante Schlussfolgerungen für das weitere Vorgehen zum Aufbau bzw. Weiterentwicklung des IT-Controlling-Konzeptes. Die Struktur des Schnelltests und einige ausgewählte Standardfragen sind in der Abbildung 18 aufgeführt. Der ausführliche Fragebogen ist in Höhnel et al. (2005, S. 158-158) dokumentiert.

IT-Prozesse				
		IT-Planung	IT-Entwicklung	IT-Betrieb
IT-Ressourcen und IT-Leistungen	IT-Infrastruktur	Die Unternehmensplanung ist bekannt? …	Die Kosten der Infrastruktur sind bekannt? …	Die IT-Kennzahlen werden regelmäßig berichtet. …
	IT-Anwendungen	Ist die Altersstruktur der Anwendungen bekannt? …	Werden Anwendungen vor dem Einsatz systematisch getestet? …	Werden berichtete Fehler einer Anwendung systematisch überwacht? …
	IT-Mitarbeiter	Gibt es Stellenbeschreibungen für jeden IT-Mitarbeiter? …	Sind die Mitarbeiter entsprechend ihrer Aufgabenstellung angemessen ausgebildet? …	Kennen die IT-Mitarbeiter ihre Kunden? …

Abbildung 18: Schnelltest IT-Controlling (Höhnel et al. 2005, S. 157, modifiziert)

2.1.3   Einordnung in das Controlling-Konzept

In der betriebswirtschaftlichen Literatur wird die Zuordnung des Lehrgebietes IT-Controlling innerhalb der betriebswirtschaftlichen Disziplinen Controlling bzw. Wirtschaftsinformatik unterschiedlich gelöst (vgl. ausführlich Diedrich, 2005, S. 21 ff.). Eine Lehrmeinung betrachtet IT-Controlling als Teil des Teilgebietes Informationsmanagement, das der Wirtschaftsinformatik zugeordnet ist. Der Fokus des IT-Controllings liegt hier auf der Planung, Steuerung und Kontrolle der IT. Die andere Lehrmeinung betrachtet IT-Controlling als spezielle Ausrichtung innerhalb des Controllings. In diesem Fall ist die Informationstechnik das Untersuchungsobjekt. Die Autoren schlagen einen pragmatischen Ansatz vor: IT-Controlling wird als Controlling und Wirtschaftsinformatik vernetzende Disziplin betrachtet. Es beschäftigt sich mit der Steuerung und Gestaltung des IT-Einsatzes zur Erreichung

der Unternehmensziele (vgl. Abbildung 19 und die analoge Meinung von Diedrich, 2004, S. 21-22).

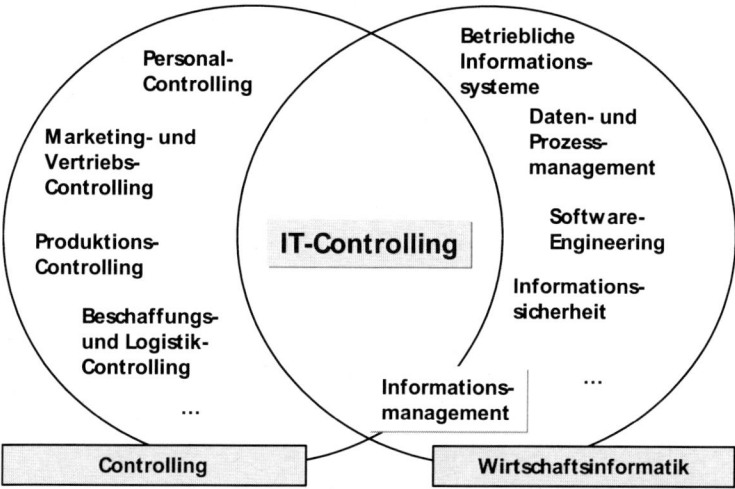

Abbildung 19: IT-Controlling im Kontext betriebswirtschaftlicher
            Disziplinen

In den vergangenen Jahren haben sich neue Sparten im Controlling-Konzept etabliert. Teilbereiche wie Logistik-, Produktions-
und Vertriebscontrolling u. a. sind auf einzelne Prozessbereiche
des Unternehmens und damit in ihrer Wirkung begrenzt. Das IT-
Controlling-Konzept bringt betriebswirtschaftliches Denken und
Handeln und angepasste Werkzeuge in den IT-Bereich (vgl. auch
Tiemeyer, 2005a, S. 4).

Vernetzung   IT-Controlling vernetzt Controlling-Sparten (vgl. Abbildung 20),
            wenn der IT-Einsatz alle Bereiche eines Unternehmens koordi-
            niert.

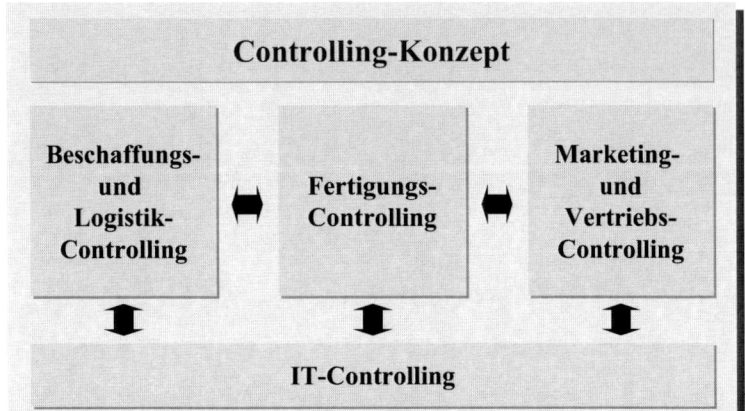

Abbildung 20: Vernetzung des IT-Controllerdienstes

2.1.4   Abgrenzung mit verwandten Ansätzen

IT-Governance   Im Zuge der Diskussion um den Begriff des „Corporate Gover-
nance", also die Frage der sinnvollen und verantwortungsvollen
Führung des Unternehmens und der Einhaltung von selbstgesetz-
ten und extern vorgegebenen Regeln für Führungskräfte und
Mitarbeiter wird zunehmend vor allem in der Praxis der Begriff
„IT-Governance" diskutiert. Es handelt sich um die ganzheitliche
Zusammenfassung von Grundsätzen, Verfahren, Vorschriften und
Maßnahmen zur Ausrichtung der Informationstechnik auf die
Geschäftstätigkeit eines Unternehmens (vgl. z.B. Masak, 2006, S.
25). Weitere Ziele sind der wirtschaftliche Einsatz der Informati-
onstechnik zur Verbesserung der Wettbewerbsfähigkeit eines
Unternehmens und die Minderung bzw. Vermeidung von Risi-
ken, die durch den IT-Einsatz ausgehen.

CobiT   Das Referenzmodell CobiT (Control Objectives for Information
and   Related   Technology)   des   IT-Governance   Instituts
(http://www.itgi.org) stellt eine methodische Grundlage für die
Einführung von IT-Governance in Unternehmen dar. Die
Schwerpunkte des Modells sind IT-Alignment (Ausrichtung der
IT auf die Geschäftstätigkeit des Unternehmens), Wertbeitrag der
IT und IT-Prozess- und Risikomanagement. Hierzu werden Prozesse in der Informationsverarbeitung beschrieben und Zielkata-
loge festgelegt.

Compliance   Zunehmend werden im Zusammenhang mit IT-Governance auch
Fragen aus dem Umfeld „Compliance", also der Einhaltung ge-
setzlicher Vorschriften und Einleitung wirksamer Maßnahmen an

den IT-Controller gerichtet. Brun und Jansen nennen hier mehrere komplexe Aufgabenfelder, die u. a. auch für IT-Controller von Relevanz sind (vgl. Brun/Jansen, 2006, S. 643 ff.):

- GDPdU: Grundsätze zum Datenzugriff und zur Prüfbarkeit digitaler Unterlagen,

- KonTraG: Gesetzt zur Kontrolle und Transparenz im Unternehmensbereich,

- Basel II: Regeln der Basler Bank für internationalen Zahlungsausgleich zur Sicherung ausreichender Stabilität im Bankensektor,

- Sarbanes-Oxley Act: Anforderungen der USA an Unternehmen, deren Werpapiere dort gehandelt werden hinsichtlich einer korrekten Unternehmensführung, Finanzberichterstattung und Verantwortung für betrügerische Aktivitäten.

IT-Controlling und IT-Governance IT-Controlling und IT-Governance sind einander ergänzende, zum Teil auch überlappende Konzepte. IT-Governance betont stärker die Vernetzung der IT mit der Unternehmensstrategie während IT-Controlling Methoden und Werkzeuge für die Steuerung der notwendigen strategischen und operativen Controlling-Prozesse in der IT bereitstellt.

2.2   Handlungsrahmen

2.2.1   Gestaltungsoptionen

Betrachtet man das IT-Prozessmodell, d. h. die Prozess-Schritte Strategische Planung, Entwicklung und Betrieb von Software, dann lassen sich die in Abbildung 21 aufgeführten Aufgaben des Informationsmanagements als Wirkungsnetz darstellen.

Im Rahmen des Prozess-Schrittes IT-Strategie wird zunächst eine umfassende IT-Strategie konzipiert, welche die Umsetzung und Überwachung von IT-orientierten Maßnahmen zur Erreichung der strategischen Unternehmensziele übernimmt. Die wesentlichen Inhalte der IT-Strategie umfassen:

- Formulierung eines zukünftigen **Sollzustandes** (Wohin wollen wir?)

- Aufzeigen des **Handlungsbedarfs** (Was müssen wir tun? Wo sind die Schwachstellen?)

- Ermittlung von **Handlungsoptionen** (Was haben wir für Alternativen?)

- Setzen von Zielen und definieren von **Maßnahmen** (Was soll konkret gemacht werden? Bis wann sollen die Ziele erreicht werden?)

- Festlegung der **Verantwortung** (Wer führt die Maßnahmen durch?)

- Bestimmung von **Messgrößen** für das Ziel-Monitoring (Wann haben wir die Ziele erreicht?).

Als ein Kernelement der IT-Strategie gilt die Entwicklung eines **IT-Bebauungsplans**. Er ist auch unter einer Reihe anderer Begriffe bekannt: Unternehmensbebauungsplan, Bebauungsplan, IS-Plan bzw. Informationssystemplan, IT-Masterplan oder Rahmenarchitekturplan. Der IT-Bebauungsplan beantwortet folgende Fragen:

- Welche Informationssysteme haben wir derzeit im Einsatz?

- Wer hat die Verantwortung für diese Informationssysteme?

- Wann wurde ein Informationssystem eingeführt und welchen aktuellen Releasestand benutzen wir?

- Wann wird das nächste Release produktiv und wann wird es abgelöst?

- Über welche Verbindungsstellen (Schnittstellen) werden die verschiedenen Informationssysteme im Unternehmen verknüpft?

- Welche Informationen werden an den Verbindungsstellen ausgetauscht?

- Welches Informationssystem ist das „führende" System, z. B. für Kundendaten oder Produktdaten?

- Durch welche Abteilung mit welchem Informationssystem werden unternehmensweite Daten (z. B. Kundendaten) erfasst und geändert?

- Wohin werden die Änderungen weitergeleitet?

- Wo (welche Organisationseinheiten) und wofür (welche Geschäftsprozesse) setzen wir im Konzern bzw. im Unternehmen Standardsoftware des Herstellers XYZ ein?

- Wo und wofür lässt sich Standardsoftware weiterhin einsetzen?

*Praxisfall: Un-
ternehmensak-
quisition*

Auf die Verwendungsmöglichkeiten von IT-Bebauungsplänen insbesondere bei Unternehmensakquisitionen weist Herold (2003) hin. Bei Unternehmenszusammenschlüssen wird regelmäßig auch nach Synergiepotenzialen durch Zusammenlegung der Informationssysteme gesucht. Der Abgleich der Bebauungspläne, soweit vorhanden, erleichtert diese Aufgabe erheblich (vgl. hierzu das Beispiel in Herold, 2003, S. 225).

Daneben sind eine Reihe von **Hardwarestandards** (z. B. Standard-PCs), **Softwarestandards** (z. B. Bürosoftware für Textverarbeitung und E-Mail) und **Sicherheitsstandards** (z. B. Verschlüsselungs- und Virenschutzprogramme) festzulegen und zu verabschieden.

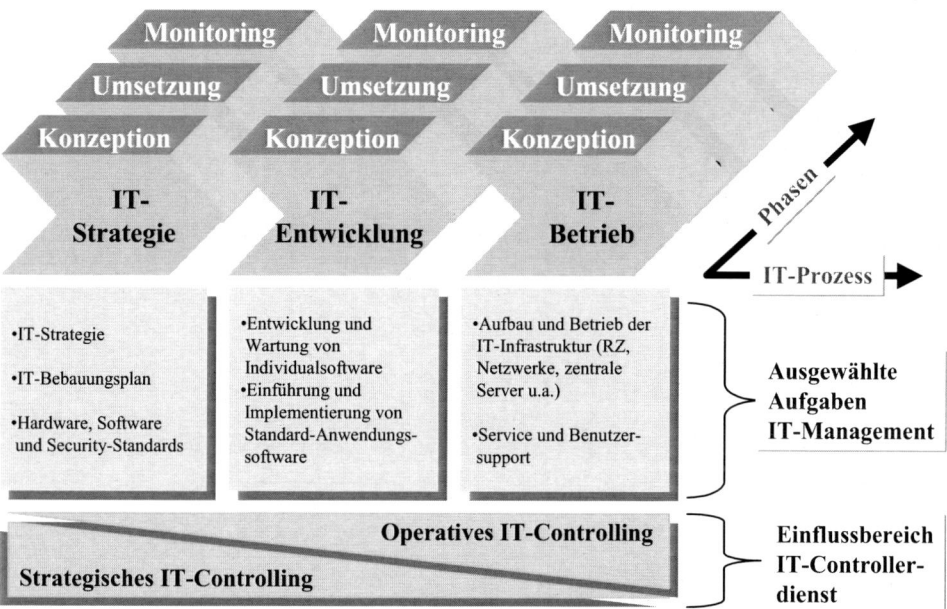

Abbildung 21: IT-Prozessmodell

*IT-Prozess-
Schritte*

Der Prozess-Schritt ***IT-Entwicklung*** unterstützt die Entwicklung und Wartung von Individualsoftware sowie die Einführung und Implementierung von Standard-Anwendungssoftware, wie etwa SAP® ERP®. Nach der Einführung der Individual- oder Standardsoftware folgt der Prozess-Schritt ***IT-Betrieb***. Hier stehen zum einen die Planung und der Aufbau der IT-Infrastruktur, also dem Rechenzentrum, Unternehmensnetz, zentralen Servern für die Datenhaltung u. a. an. Weiterhin ist die im Einsatz befindliche

Software zu betreiben und für einen regelmäßigen Service und Benutzersupport (Hotline etc.) zu sorgen.

Alle genannten Aufgaben durchlaufen die Phasen Konzeption, Umsetzung und Monitoring. In allen Phasen wird der IT-Controllerdienst gefordert. Der Übergang zwischen dem strategischen und operativen Controlling-Konzept ist vernetzt und fließend.

In größeren Unternehmen und Konzernen mit mehreren Geschäftsbereichen, Tochterunternehmen u. a. Gliederungen werden die strategischen Aufgaben im IT-Controlling-Konzept häufig zentral, die operativen Aufgaben dezentral angesiedelt.

BEISPIEL: DEUTSCHE LUFTHANSA

Ein Beispiel hierfür ist die Deutsche Lufthansa. Der jährliche Strategieprozess liefert auf Basis eines konzernweiten Kostenmodells die Grundlage für Entscheidungen über zukünftige Entwicklungen (vgl. Fahn/Köhler, 2008a, S. 928). Bis auf ein einheitliches Bewertungsschema für Projekte erfolgen kaum zentrale Vorgaben. Dezentral werden im operativen Bereich die Aufgaben Budgetplanung und – kontrolle, Produkt- und Projektcontrolling sowie Planung und Durchführung der IT-Leistungsverrechnung und IT-Projektportfoliomanagement durchgeführt (vgl. Fahn/Köhler, 2008a, S. 931).

2.2.2   Life-Cycle-Modell

Für die Planung, Steuerung und Kontrolle ist ein Regelkreismodell erforderlich (vgl. z.B. Kütz 2007, S. 7). In Abbildung 22 ist ein dreistufiges vernetztes Life-Cycle-Modell für das IT-Controlling dargestellt, das diese Anforderungen erfüllt.

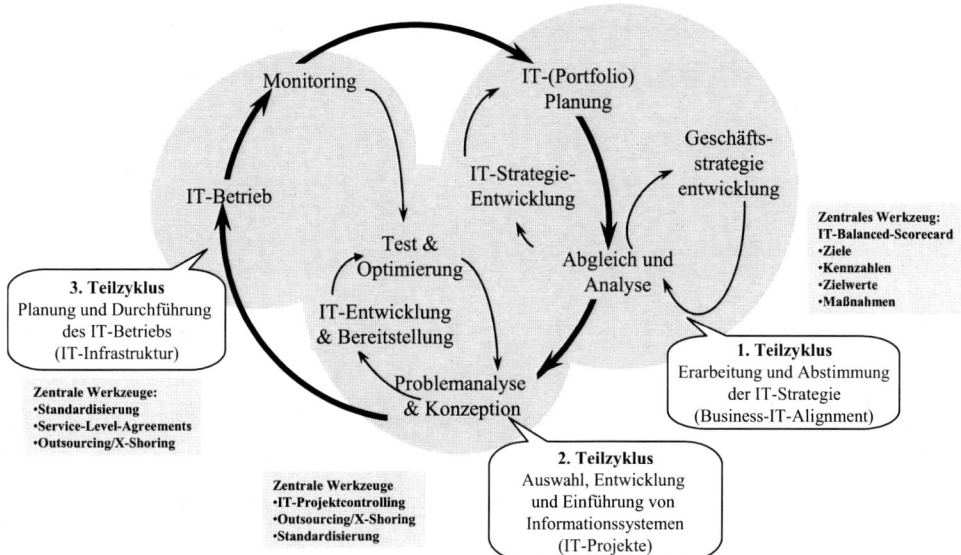

Abbildung 22: Life-Cycle-Modell für das IT-Controlling

1. Teilzyklus: Erarbeitung und Abstimmung der IT-Strategie

Im ersten Teilzyklus des Life-Cycle-Modells erfolgen die Erarbeitung und die Abstimmung der IT-Strategie mit der Geschäftsstrategie des Unternehmens. Dieser Schritt wird üblicherweise als Business-IT-Alignment bezeichnet. Er soll sicherstellen, dass das Ergebnis der IT-Planung, oder besser der IT-Portfolioplanung nur Ziele verfolgt, die der Geschäftsstrategie entsprechen.

Mit Hilfe der IT-Balanced-Scorecard-Methode werden Ziele, geeignete Kennzahlen, Zielwerte für die Erfolgssteuerung und Maßnahmen zur Zielerreichung festgelegt und deren Einhaltung überwacht.

Das Ergebnis dieser ersten Phase im Life-Cycle-Modell ist ein IT-Maßnahmenpaket, das nur solche Maßnahmen enthält, die für die Erfüllung der Unternehmensstrategie sinnvoll und erforderlich sind.

2. Teilzyklus: Auswahl, Entwicklung und Einführung von Informationssystemen

Nach der Festlegung der IT-Strategie und des zu realisierenden IT-Portfolios können Projekte durch Umsetzung definiert und initiiert werden. Gegenstand dieser Phase ist die fachliche Problemanalyse und die Konzeption, die Softwareentwicklung und Bereitstellung sowie Test und Optimierung der Informationssysteme. Die Aufgabe des IT-Controllings besteht darin, mit geeigneten Werkzeugen diesen Prozess zu unterstützen.

Das IT-Projektcontrolling unterstützt die Einhaltung von Zeiten, Ergebnissen und Budgets. Mit Hilfe der IT-Investitionsrechnung erfolgt die Wirtschaftlichkeitsanalyse von IT-Projekten.

Outsourcing und X-Shoring-Konzepte (Offshoring oder Nearshoring) erlauben die Verlagerung von Entwicklungstätigkeiten der Software in kostengünstigere Länder. Zur Risikominimierung und –Beherrschung ist der IT-Controller in diese Prozesse einzubinden.

IT-Standards (z.B. Standardsoftware, einheitliche Entwicklungsvorgaben u.a.) helfen, die Kosten der Entwicklung zu begrenzen. Der IT-Controller unterstützt die IT-Projektleiter bei der Durchsetzung von Standards im Unternehmen, u.U. auch gegen die Partialinteressen der Fachabteilungen zum Wohle des Gesamtunternehmens.

Das Ergebnis der zweiten Phase sind mit der Unternehmens- und IT-Strategie abgestimmte betriebsfertige Informationssysteme, die anschließend dem IT-Betrieb für die tägliche Nutzung übergeben werden können.

3. Teilzyklus: Planung und Durchführung des IT-Betriebs

Die letzte Phase stellt die IT-Infrastruktur bereit (Hardware, Netzwerke, Rechenzentrum, Betriebspersonal, u.a.).

Mit Hilfe von Service-Level-Agreements wird die Einhaltung und ggf. Sanktionierung von Verträgen zwischen dem IT-Leistungserbringer (z.B. Rechenzentrum) und dem IT-Kunden (z.B. Endbenutzer) überwacht.

IT-Standards helfen die Prozesse der IT-Leistungserbringung zu vereinheitlichen und hierdurch die Kosten für den Betrieb zu senken.

Outsourcing bzw. X-Shoring-Konzepte erlauben es, den Betrieb der Informationssysteme in die Hände Dritter zu legen.

Im Rahmen des Monitoring erfolgt der Abgleich mit den gewünschten Zielen. Im Falle von Abweichungen sind Optimierungsarbeiten im Rahmen des verabschiedeten IT-Portfolios möglich. Bei größeren Abweichungen ist eine Veränderung des IT-Portfolios denkbar oder auch die Anpassung der IT-Strategie.

*Aufgaben im
IT-Controlling*

Aus dem Gestaltungsrahmen und dem Life-Cycle-Modell resultieren die umfangreichen **Aufgaben des IT-Controllers**. Sie sind sehr vielschichtig. Schmid-Kleemann (2004, S. 30) hat die Aufgaben nach den Funktionen Planung, Steuerung, Information, Kontrolle und Instrumente systematisiert (vgl. Abbildung 23):

Funktionen	Aufgaben
Planung	• Unterstützung der IT-Strategieentwicklung und -umsetzung, • Koordination der strategischen mit der operativen IT-Planung, • Erstellung von Jahres- und Mittelfristplänen, • Aufstellung von Regelungen für den Ablauf der IT-Planung, • Unterstützung der Planung von IT-Ressourcen, • Erarbeitung interner Verträge (Service Level Agreements), • Konzeption und Implementierung eines IT-Kosten- und Leistungsverrechnungssystems, • Aufbau eines IT-Berichts- und Kennzahlensystems.
Steuerung	• Steuerndes Eingreifen in die Prozesse und Aktivitäten bei Soll-/Ist-Abweichungen, • Koordination und Überwachung der festgelegten Korrektur- und Verbesserungsmaßnahmen im IT-Bereich.

Information	• Analyse, Kommentierung, Plausibilisierung und Berichterstattung (Reporting) von Informationen des IT-Bereichs,
	 • Beratung in Bezug auf
	    • die Ausarbeitung der IT-Strategie,
	    • die IT-Kosten- und Leistungsverrechnung,
	    • alle Belange der strategischen und operativen IT-Planung,
	    • den Einsatz neuer Informationstechnologien,
	    • die Festlegung der IT-Architektur und IT-Grundsätze,
	    • die Zusammensetzung des IT-Portfolios hinsichtlich ihrer strategischen Relevanz.

Kontrolle	• Soll-Ist-Vergleiche in Bezug auf
	    • die IT-Projektabwicklung,
	    • den IT-Betrieb und IT-Support,
	    • die Einhaltung von Standards,
	    • die Kontrolle aller Maßnahmen im Rahmen des IT-Risikomanagements und der IT-Sicherheit,
	    • die Einhaltung der IT-Strategie und der IT-Portfolios.

Instrumente	• Entwicklung, Implementierung und Betrieb von Führungsinstrumenten im Bereich der IT-Strategie, der IT-Planung, der IT-Projektabwicklung und des IT-Betriebs.

Abbildung 23: Aufgaben des IT-Controllers (Schmid-Kleemann, 2004, S. 30, modifiziert)

2.2.3   Merkmale

*Strategisches IT-Controlling =
Steigerung der
Effektivität
(Wirksamkeit)*

Das strategische IT-Controlling (vgl. Abbildung 24) orientiert sich ohne Zeithorizont am Gesamtunternehmen. Es dient der Steigerung der Effektivität des Unternehmens. Die Kernfrage des Strategischen IT-Controlling lautet: Welche Aufgaben müssen wir für die Zukunft lösen? („to do the right things"). Die IT (als Wettbewerbsfaktor) unterstützt die Erreichung der Unternehmensziele als strategischer Baustein im Werkzeugkasten.

Abbildung 24: Merkmale des IT-Controlling-Konzeptes

Die richtige Werkzeugauswahl lässt sich langfristig am Unternehmenswert und der Wettbewerbsfähigkeit des Unternehmens messen (vgl. dazu Liessmann, 2001).

*Operatives IT-
Controlling
= Steigerung der
Effizienz
(Wirkkraft)*

Der operative IT-Controlling-Werkzeugkasten steigert die Effizienz der vom strategischen IT-Controlling vorgegebenen Maßnahmen. Die Kernfrage lautet: Wie lassen sich die Maßnahmen optimal durchführen („to do the things right")? Das operative IT-Controlling-Konzept (vgl. Abbildung 24) arbeitet innerhalb eines definierten Zeithorizontes und betrachtet ausgewählte Geschäftsprozesse, Informationssysteme oder einzelne Kostenstellen und dient der konkreten Prozessunterstützung (vgl. dazu Mayer, 2003).

*Messbarkeit
operativer
Werkzeuge*

Der Einsatz des operativen IT-Controlling-Werkzeugkastens wird am Gewinn, der Liquidität und der Rentabilität des Unternehmens gemessen.

2.2.4   Werkzeuge

Dem IT-Controllerdienst stehen mehrere Werkzeuge zur Verfügung. Strategische Werkzeuge dokumentiert Abbildung 25. Sie
unterstützten das IT-Management bei der Formulierung, Umsetzung und laufenden Überwachung (Monitoring) der IT-Strategie
des Unternehmens. Die IT-Strategie arbeitet mit IT-Standards (z.
B. bestimmten Betriebssystemen, Office-Produkten), die vom IT-
Management erarbeitet und für IT-Verantwortungsträger verbindlich vorgegeben werden. Der IT-Controllerdienst kann das IT-
Management wirkungsvoll unterstützen, wenn nur mit standard-
konformen Maßnahmen gesteuert wird.

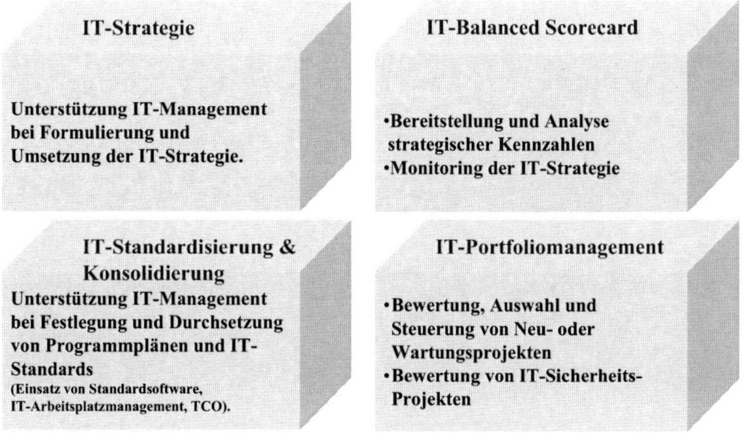

IT-Strategie

Unterstützung IT-Management
bei Formulierung und
Umsetzung der IT-Strategie.

IT-Balanced Scorecard

•Bereitstellung und Analyse
strategischer Kennzahlen
•Monitoring der IT-Strategie

**IT-Standardisierung &
Konsolidierung**
Unterstützung IT-Management
bei Festlegung und Durchsetzung
von Programmplänen und IT-
Standards
(Einsatz von Standardsoftware,
IT-Arbeitsplatzmanagement, TCO).

IT-Portfoliomanagement

•Bewertung, Auswahl und
Steuerung von Neu- oder
Wartungsprojekten
•Bewertung von IT-Sicherheits-
Projekten

Abbildung 25: Strategische IT-Controlling-Werkzeuge

Die Überwachung eingeleiteter strategischer Maßnahmen unterstützen die Balanced Scorecard-Methode, die für den IT-Bereich
zunehmend eingesetzt wird. Die Mitwirkung im IT-
Portfolioausschuss für strategisch wichtige IT-Projekte ist anzustreben. Dort werden langfristig wirkende Entscheidungen vorbe-
reitet, verabschiedet und im Rahmen des IT-Portfolio-Manage-
ments IT-Projekte priorisiert. Die zunehmende Bedeutung der IT-
Sicherheit erfordert spezielle Methoden, um deren wirtschaftliche
Bedeutung zu ermitteln.

*Operative
Werkzeuge*

Den operativen IT-Controlling-Werkzeugkasten dokumentiert
Abbildung 26.

IT-Kosten- und Leistungsrechnung	Geschäftspartner-Management	IT-Kennzahlen und Berichtswesen
•Kostenarten-, Kostenstellen-, und Kostenträgerrechnung, Deckungsbeitragsrechnung •Investitionsrechnung / Wirtschaftlichkeitsanalysen / Projektkalkulationen •Abweichungsanalysen / Soll-Ist-Vergleiche	•Vertragsmanagement •IT-Beratermanagement und -Benchmarking •Service Level Agreements (SLA)	•IT-Kennzahlensysteme •IT-Berichtswesen

IT-Projektcontrolling	IT-Prozessmanagement und -controlling
•Projektplanung und Aufwandsschätzung •Bewertung von Projektanträgen •Projektfortschrittsanalyse •Earned-Value-Analyse •Wirtschaftlichkeits- und Risikoanalysen •Berichtswesen und Dokumentation •Reviews/Audits	•IT-Sourcing •IT-Outsourcing / IT-Offshoring •Einsatz von IT-Referenzprozessen (ITIL / CoBiT) •IT-Asset-Management

Abbildung 26: Operative Controlling-Werkzeuge

IT-Kosten- und Leistungsrechnung

Hier stehen die klassischen Kosten- und Leistungsrechnungsmethoden zur Verfügung. Nur eine funktionierende Kosten- und Investitionsrechnung liefert dem IT-Controllerdienst detaillierte Analysen.

Geschäftspartnermanagement

Bei IT-Projekten ist es üblich, spezialisierte IT-Berater und IT-Dienstleister einzubinden. Ein funktionierender IT-Controllerdienst vernetzt ein umfassendes Vertrags- und Beratermanagement für ein zeitnahes Benchmarking der eingebundenen Geschäftspartner. Service-Level-Agreements sichern einen hohen Leistungsgrad der Geschäftspartner und erlauben es dem IT-Controllerdienst, bei Vertragsverletzungen rechtzeitig einzugreifen. Hierzu gehört auch eine Vertragsteuerung zur Sicherstellung der inhaltlichen, terminlichen, organisatorischen und finanziellen Ziele, die mit den IT-Verträgen verbunden sind (vgl. Klotz/Dorn, 2005, S. 98, Tab. 1). Auf der technischen Seite wird das Vertragscontrolling durch den Einsatz spezieller Vertragsmanagementtools ergänzt, um die Vielzahl der IT-Verträge (insbesondere Kauf-, Leasing, Miet-, Beratungsverträge) zu verwalten. Zahlreiche IT-Verträge werden nach Abschluss nicht systematisch überwacht. Als Folge hieraus werden Kündigungsfristen übersehen oder Gebühren für nicht mehr vorhandene Geräte bezahlt (vgl. hierzu den Praxisbericht in Köcher 2004).

IT-Kennzahlen und Berichts- wesen

Das IT-Berichtswesen basiert auf den Daten des Rechnungswesens und speziellen Berichten. Darin liefern IT-orientierte Kennzahlen ein umfassendes Bild über geplante, laufende und abgeschlossene IT-Projekte und den laufenden IT-Betrieb. Der Aufbau eines IT-Kennzahlensystems und die laufende Versorgung des IT- und Fachmanagements mit Kennzahlen und Analysen stellt eine der zentralen Aufgaben des IT-Controllers dar, da sie Grundlage für weitere Tätigkeiten (z. B. Entscheidungen über den Erfolg von Projekten) darstellt.

IT-Projekt- controlling

Die aktive Mitarbeit des IT-Controllers in IT-Projektteams erlaubt es, frühzeitig IT-Projekte beeinflussen zu können. Die Genehmigung von IT-Projekten wird durch ein formalisiertes Genehmigungsverfahren des IT-Controllerdienstes standardisiert. Es verhindert den Start riskanter und unwirtschaftlicher Projekte. Eine permanente Projektfortschrittsanalyse, die regelmäßige Ermittlung der geschaffenen Werte (Earned-Value-Analyse) und fallweise Reviews überwachen laufende Projekte, um frühzeitig Schwachstellen und Fehlentwicklungen zu korrigieren.

IT-Prozess- management und –controlling

Die effiziente Ausgestaltung der Beschaffung von IT-Leistungen (IT-Sourcing) sichert Einsparpotenziale für das Unternehmen. Der IT-Controller analysiert und beurteilt die Beschaffungsprozesse des Unternehmens, erarbeitet ggf. Optimierungsvorschläge und initiiert entsprechende Maßnahmen.

Die Kosten für den IT-Bereitstellungsprozess, also die Beschaffung, Installation, Betrieb und Entsorgung von IT-Arbeitsplätzen sind in das Prozessmanagement einzubeziehen. Sie benötigen oft hohe Anteile des IT-Budgets. Das Outsourcing von IT-Leistungen wird seit Jahren zur Vereinfachung der IT-Prozesse und deren Reduktion praktiziert. Zunehmend wird die Verlagerung in Niedriglohnländer (Offshoring) diskutiert und auch praktiziert. Der IT-Controller stellt durch Wirtschaftlichkeits- und Risikoanalysen den Erfolg derartiger Maßnahmen sicher.

Der Einsatz von Referenzprozessen für IT-Prozesse (z. B. Störungsbeseitigung, Bearbeitung von Benutzeranfragen, Einführung neuer Softwaresysteme) kann nachhaltig die Prozesskosten des Unternehmens reduzieren und die Prozessqualität steigern. Der IT-Controller identifiziert geeignete Referenzprozesse (z. B. ITIL [IT Infrastructure Library], Olbrich, 2008 und CoBiT [Control Objectives for Information and Related Technology], IT Governance Institute 2007) und initiiert Umsetzungsmaßnahmen zur Integration in bestehende IT-Prozesse.

Das IT-Assetmanagement übernimmt die Inventarisierung und Verwaltung der IT-Ressourcen im Unternehmen. Der IT-Controllerdienst kann auf die Bestands- und Analysedaten der Asset-Software zugreifen, eine Optimierung der IT-Bestände (z. B. Arbeitsplatzsysteme, Laptops, Drucker, Organizer) steuern.

Typisches Stellenangebot

Die typischen interdisziplinär ausgerichteten Aufgaben eines „IT-Controllers" gibt die modifizierte Stellenanzeige eines Dienstleistungsunternehmens wieder.

PRAXISBEISPIEL: STELLENANGEBOT IT-CONTROLLER

Für die Organisationseinheit IT-Management suchen wir zum nächstmöglichen Termin eine/n ***Referent IT-Controlling - m/w***

Hauptaufgaben:

- Vernetzung des IT-Kosten- und IT-Projektcontrollings in Abstimmung mit dem Bereich Projektmanagement,
- Planung, Nachhaltung und Analyse der gesamten IT-Kosten im Rahmen einer mittelfristigen Planung,
- Identifizierung von Kostentreibern und Plan-/Ist-Abweichungen sowie Erarbeitung von Maßnahmen zur Gegensteuerung,
- Konzeption und Umsetzung von Methoden und Verfahren zum Externen-, Vertrags- und SLA-Management (insbesondere Etablierung von Regularien / Steuerungsgrößen zur Messung interner/externer IT-Leistungen),
- Etablierung und Durchführung des IT-Controlling-Werkzeugkastens im Bereich Geschäftspartner-, Vertrags und SLA-Management,
- Kontinuierlicher Ausbau des IT-Berichtswesens,
- Erstellen, Durchführen, Bewerten und Verhandeln von Ausschreibungen für IT-Systeme,
- Planung, Analyse und Optimierung der externen Anwendungskosten,
- Die Position ist dem Leiter IT-Management unterstellt.

Fachliche Voraussetzungen:

- abgeschlossenes Hochschulstudium der Fachrichtungen Betriebswirtschaftslehre, Informatik oder vergleichbare Ausbildung,

- mehrjährige Berufserfahrung in entsprechender Funktion bei Softwarehäusern, Konzernen oder bei Beratungsgesellschaften,
- sehr gute Kenntnisse der IT-relevanten Planungs- und Steuerungsprozesse,
- fundierte Kenntnisse der inhaltlichen und rechtlichen Gestaltung von Service Level Agreements (SLA) ,
- fundierte Kenntnisse im Outsourcing-Bereich und Steuerung externer Dienstleistern.

Persönliche Voraussetzungen:

- Analytische und konzeptionelle Fähigkeiten,
- Engagement und Motivation,
- Verbindliches und sicheres Auftreten,
- Belastbarkeit und selbständige Arbeitsweise,
- Teamfähigkeit,
- Präsentations- und Moderationssicherheit,
- Verhandlungssicheres Englisch.

2.3   Zusammenwirken von IT-Controllerdienst und CIO

2.3.1   CIO-Konzept

Rollen

Oft wird in großen Unternehmen die Aufgabenverteilung zwischen dem Leiter IT-Controlling und dem Leiter des Informationsmanagements, dem CIO „Chief Information Officer", (treffender „Corporate Information Officer") diskutiert.

CORPORATE INFORMATION OFFICE (CIO) BEI SIEMENS

Das Corporate Information Office (CIO) repräsentiert bei Siemens die IT-Abteilung mit einem weltweiten Bezugsbereich (461.000 Mitarbeiter, fünf Kontinente, 190 Länder, 2000 Standorte). Ihre Aufgabe besteht darin, gemeinsam mit den Unternehmensbereichen und Konzerneinheiten eine „leistungsfähige, kostengünstige und sichere IT-Landschaft zu gestalten". Eine weitere Aufgabe besteht darin, durchgängige und standardisierte Geschäftsprozesse und Informationsflüsse einzuführen bzw. weiterzuentwickeln (2006a, S. 16).

Organisation

In Großunternehmen ist der IT-Controllerdienst entweder dem CIO unterstellt oder als gleichrangiger Partner im Unternehmen etabliert (Partnerschaftsmodell). Eine Erhebung unter 20 CIOs und IT-Verantwortlichen in Unternehmen zwischen 3.000 und 30.000 Mitarbeitern hat ergeben, das der CIO oft als „oberster IT-Controller" im Unternehmen fungiert (vgl. Stannat/Petri, 2004, S. 237). Im Mittelstand ist der IT-Controllerdienst dem Leiter Finanzen/Controlling unterstellt. Beide Modelle sind in der Praxis anzutreffen.

CIO-Konzept stammt ursprünglich aus den USA

Das **CIO-Konzept**, entwickelt in den USA, wird seit einigen Jahren von deutschen Großunternehmen adaptiert. Mittlerweile wurde das Modell bereits in den öffentlichen Sektor übertragen. Nordrhein-Westfalen plant z. B. die Benennung eines CIO, der die staatlichen IT-Aktivitäten koordinieren soll (vgl. Sietmann, 2004). Deutsche Unternehmen haben einen CIO eingestellt, um die Bedeutung des Informationsmanagements zu dokumentieren. Der CIO ist, anders als seine Controllerkollegen, in Deutschland i.d.R. nicht auf der Vorstandsebene, sondern in der zweiten Führungsebene zu finden. Im Finanz- und Versicherungswesen dagegen ist der CIO auf Vorstandsebene positioniert (vgl. Heinzl, 2001, Riedl et al. 2008, S. 119). Die Allianz AG hat beispielsweise zwei Vorstandsmitglieder mit IT-Aufgaben benannt, die dem Aufgabenumfang des CIO entsprechen (vgl. Klostermeier 2004b, S. 18). In den USA ist der CIO vielfach gleichrangig im „Management Board" mit dem CFO (Chief Finance Officer) oder COO (Chief Operating Officer) zu finden und kann die Interessen des Informationsmanagements stärker vertreten.

Abgrenzung zum IT-Leiter

Die Abgrenzung des CIOs zum klassischen IT-Leiter zeigt die enge Verbindung seiner Aufgaben mit dem IT-Controllerdienst. Der IT-Leiter ist Leiter der Datenverarbeitung. Sein Aufgabenbereich besteht in der Softwareentwicklung und dem RZ-Betrieb. Er ist schwerpunktmäßig mit der Bereitstellung **technischer Lösungen für aktuelle Geschäftsprozesse** betraut und verfügt vorwiegend über technisches IT-Know-how. Der CIO dagegen ist Leiter des Informationsmanagements. Er konzentriert sich auf das Informations-, Wissens- und Technik-Management, erarbeitet Visionen und Konzepte für zukünftige technische Möglichkeiten, berät die Fachbereiche bei der **Gestaltung ihrer Geschäftsprozesse**. Sein Berufsbild ist analog dem IT-Controller interdisziplinär strukturiert, erfordert vernetztes fachliches, technisches und Management-Know-how.

2.3.2   Aufgaben des Chief Information Officers

Der Aufgabenbereich des CIO umfasst:

- *Sicherstellung des IT-gestützten Geschäftsbetriebes,
  also die durchgängige Aufrechterhaltung des Tagesgeschäftes.*
  Diese Aufgabe kann als KO-Kriterium aufgefasst werden.
  Frank Annuscheit, CIO der Commerzbank bringt diesen Zu-
  sammenhang treffend auf den Punkt „Weil die Abhängigkeit
  von der IT so hoch ist, ist auch die Primärerwartung an den
  CIO, den Laden am Laufen halten" (vgl. Brenner/Witte, 2007,
  S. 99).

- *Entwicklung und Umsetzung einer IT-Strategie* für das
  Informationstechnik-, Wissens- und Informationsmanagement. Der IT-Controllerdienst unterstützt den CIO bei dieser
  Aufgabe im Hinblick auf die Erreichung der Unternehmensziele.

- *Erarbeitung, Festlegung und Durchsetzung von IT-
  Standards zur Sicherstellung kompatibler und integrierter Informationssysteme.* Der CIO unterstützt gemeinsam mit dem IT-Controllerdienst die Geschäftsprozesse
  durchgängig mit vernetzten IT-Lösungen.

- *Unterstützung der Fachbereiche bei der Entwicklung
  und Optimierung von Lösungen für deren Geschäftsprozesse*. Wichtig ist der ganzheitliche Fokus, d. h. Prozessanalyse und Prozessoptimierung sind wichtiger, als der
  reine Technikeinsatz. Der IT-Controllerdienst ist bei dieser
  Aufgabe beratend tätig, um die Wirtschaftlichkeit der IT-
  Projekte sicherzustellen.

- *Identifikation und Einführung von so genannten „Best
  Practices" für das Unternehmen.* Der CIO identifiziert
  bewährte State-of-the-Art Lösungen für das Auftragsmanage-
  ment oder die Kostenreduktion.

- *Kommunikation im IT-Umfeld anregen und moderieren:*
  Der CIO fördert den Informationsfluss zwischen allen Gruppen des Unternehmens, die an IT-Lösungen arbeiten bzw.
  mit diesen arbeiten. Der IT-Controllerdienst stellt sich hierbei
  als aktiver Gesprächspartner zur Verfügung und unterstützt
  den CIO bei der Erfüllung seiner Aufgaben.

- *IT-Budgets und IT-Kosten:* Planung, Überwachung und
  Analyse der IT-Budgets und IT-Kosten sowie Initiierung und
  Überwachung von Kostensenkungsprogrammen (z. B. TCO-

Analysen, Einführung von Service-Level-Agreements). Bei einer Aufgabentrennung zwischen CIO und IT-Controllerdienst fallen diese Aufgaben primär dem IT-Controllerdienst zu. Der CIO liefert Mengengerüste, der IT-Controllerdienst stellt Methoden und Werkzeuge sowie Kosteninformationen zur Verfügung.

Der CIO arbeitet in einem betriebswirtschaftlich-technisch-organisatorischem Umfeld (vgl. Abbildung 27). Er muss die Anforderungen des Managements nach einer Unterstützung der Geschäftsprozesse durch die IT erfüllen. In Zusammenarbeit mit dem IT-Controllerdienst gewährleistet er die Effizienz und Wirtschaftlichkeit der IT. Die Zufriedenheit der Endbenutzer im Umgang mit Arbeitsplatzcomputern stärkt den Rückhalt des CIO im Unternehmen.

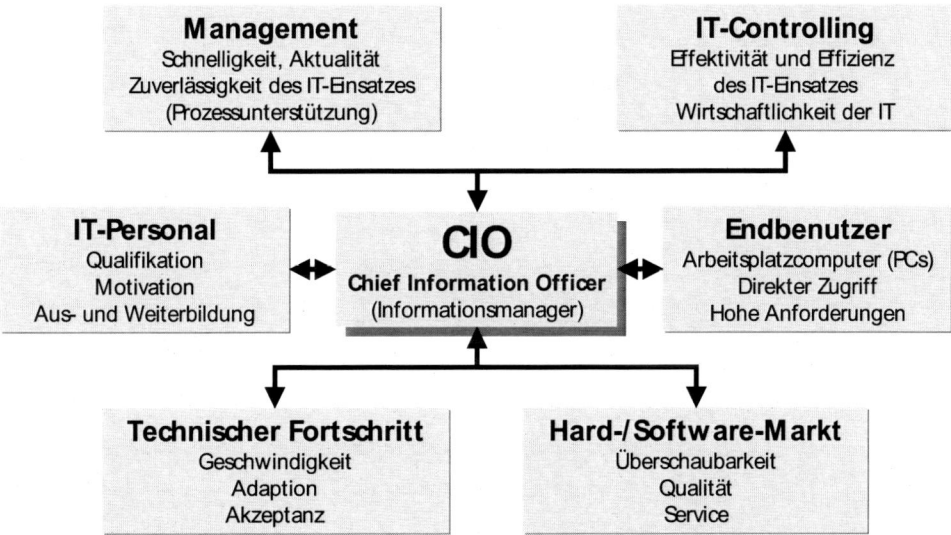

Abbildung 27: Spannungsfeld des CIO in Großunternehmen (in Anlehnung an Schwarze 2000, S. 359).

Weiterbildung des IT-Personals   Der CIO muss sicherstellen, dass sich Chancen und Risiken des technischen Fortschritts durch die permanente Weiterbildung des IT-Personals optimal nutzen lassen.

*Dynamische
Aufgaben-
verlagerung*

In den letzten Jahren haben sich die Aufgaben stark verschoben. Rein technische Aufgaben sind deutlich aus dem Blickwinkel gelangt. Der Fokus liegt stärker auf wachstumsgenerierenden Projekten und der weiteren Zusammenführung von Geschäft und IT. Eine Untersuchung der Gartner-Group hat über mehrere hinweg die zehn wichtigsten Aktivitäten von CIOs zusammengestellt (vgl. Abbildung 27 und o. V. 2006b).

CIO-Aufgaben	Rang 2004	Rang 2005	Rang 2006
Projekte starten, die Wachstum generieren	18	1	1
Business- und IT-Strategie zusammenführen	4	2	2
Business-Skills in der IT-Abteilung etablieren	1	9	3
Geschäftsnutzen der IT demonstrieren	2	3	4
Fachliche Qualifizierung des IT-Personals	-	-	5
Etablierung von Messmethoden für die IT-Abteilung und –Services	14	4	6
Anhebung der Qualität der IT-Dienstleistungen	3	7	7
Flexibilisierung der IT-Infrastruktur	-	-	8
Verbesserung der IT-Governance	11	10	9
Zusammenführen von IT-Organisation und Geschäftsbereichen	-	-	10

Abbildung 28: Priorisierung der zehn wichtigsten CIO-Aktivitäten (Quelle: Gartner, vgl. o. V. 2006b).

2.3.3   Zusammenarbeit zwischen CIO und IT-Controller

Eine sinnvolle Zusammenarbeit zwischen dem CIO und dem IT-Controllerdienst lässt sich wie folgt empfehlen:

*IT-Manager
(CIO)*

Der IT-Manager (CIO = Chief Information Officer) hat die Entscheidungs- und Umsetzungsverantwortung für IT-Maßnahmen. Er informiert und beteiligt den IT-Controllerdienst in wesentlichen Fragen.

IT-Controller-dienst

Der IT-Controller ist der **unabhängige** Berater des IT-Managers (CIO). Er liefert betriebswirtschaftliche Methoden und Werkzeuge, ist verantwortlich für die Steuerung des IT-Controllerdienstes und überwacht die IT-Projekte der Anwender.

Der IT-Controller muss die Transparenz herstellen, die der CIO benötigt, um die „richtigen" Entscheidungen in Bezug auf die IT-Strategie, IT-Planung und Steuerung der erforderlichen Maßnahmen zu treffen (vgl. hierzu die modifizierte Darstellung von Kütz, 2006, S. 9, in Abbildung 29).

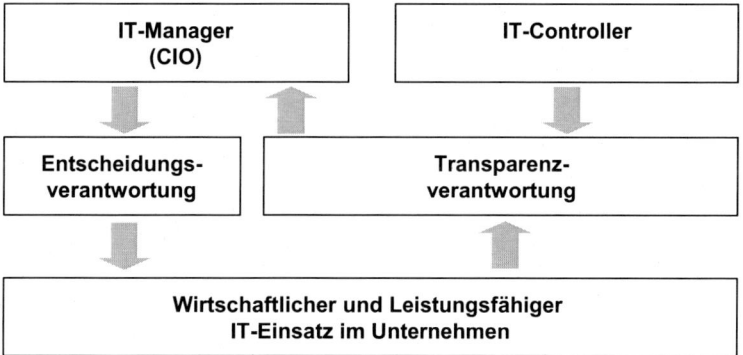

Abbildung 29: Rollenverteilung zwischen CIO und IT-Controller
(in Anlehnung an Kütz, 2006, S. 9)

Rollenkonflikte

In der Praxis tauchen häufig Rollenkonflikte zwischen dem IT-Controllerdienst und dem CIO auf, wenn die Frage der Unterstellung bzw. Gleichstellung beider Positionen im Organigramm nicht klar geregelt ist. Dies kann z. B. dann der Fall sein, wenn die Beurteilung der Wirtschaftlichkeit eines durchzuführenden strategisch wichtigen IT-Projektes ansteht und der IT-Controller zu anderen Ergebnissen kommt als der CIO. Gerade wenn es um eine „Go-or-Not-Go" Entscheidung geht, prallen Zuständigkeitsfragen aufeinander. Aus diesem Grunde ist eine präzise Rollenverteilung im Organigramm zwischen beiden Verantwortungsträgern zu dokumentieren.

Rollen-verteilung

Bei der Rollenklärung von CIO und IT-Controlling ist die folgende typische Situation in vielen Unternehmen zu berücksichtigen, die konsequente Trennung in Nachfrage (Demand) und Angebot (Supply) nach bzw. von IT-Leistungen (vgl. Abbildung 30).

Eine Vielzahl von IT-Nachfragern steht sich mehreren nachfragenden IT-Anbietern mit unterschiedlichen Interessenlagen gegenüber. Jede Fachabteilung, Unternehmenseinheit usw. mit Budgetverantwortung kann nach eigenem Ermessen IT-Leistungen nachfragen und ihre eigenen Ziele optimieren. Jeder IT-Anbieter (intern oder extern) möchte möglichst viele IT-Leistungen zu guten Konditionen verkaufen bzw. die Auslastung der eigenen Mitarbeiter und sonstigen Ressourcen verbessern und sichern. Hieraus resultieren zahlreiche Probleme:

- Wer „regelt" den internen IT-Markt?

- Wer setzt Standards für die Informationstechnik?

- Wer sorgt für Rahmenbedingungen?

- Wer legt die IT-Strategie fest?

- Wer optimiert die Gesamtleistung der IT im Sinne des Gesamtunternehmens?

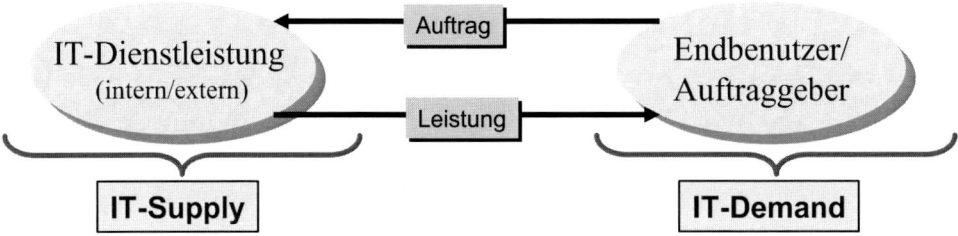

Abbildung 30: Trennung in Demand and Supply nach und von IT-Leistungen

Abbildung 31 informiert über die Rollenverteilung für Informationsflüsse und Beziehungen unter Einschluss des IT-Controllerdienstes und der Rolle des Chief Informatin Officers (CIO).

Der CIO erarbeitet die IT-Strategie und legt über Regeln und Standards den Entscheidungsrahmen für den „Internen IT-Markt" fest. Er erteilt hierzu Aufträge zur Umsetzung an interne und externe IT-Dienstleister. „Eigenes" operativ tätiges IT-Personal ist innerhalb des CIO-Bereiches nicht erforderlich.

Der IT-Controller unterstützt aktiv den CIO und wird in den Informationsprozess eingebunden. Er stellt sicher, dass der CIO über Kosten- und Leistungen der IT angemessen informiert wird (IT-Kosten- und Leistungstransparenz). Der IT-Controllerdienst überwacht das Gesamt-IT-Budget des CIOs und führt ein Kosten-

und Leistungs-Monitoring der IT-Projekte des Unternehmens durch. Es umfasst IT-Projekte des IT-Managements und IT-Projekte der Endbenutzer (Fachbereiche), die bei internen und externen Dienstleistern IT-Projekte vergeben können.

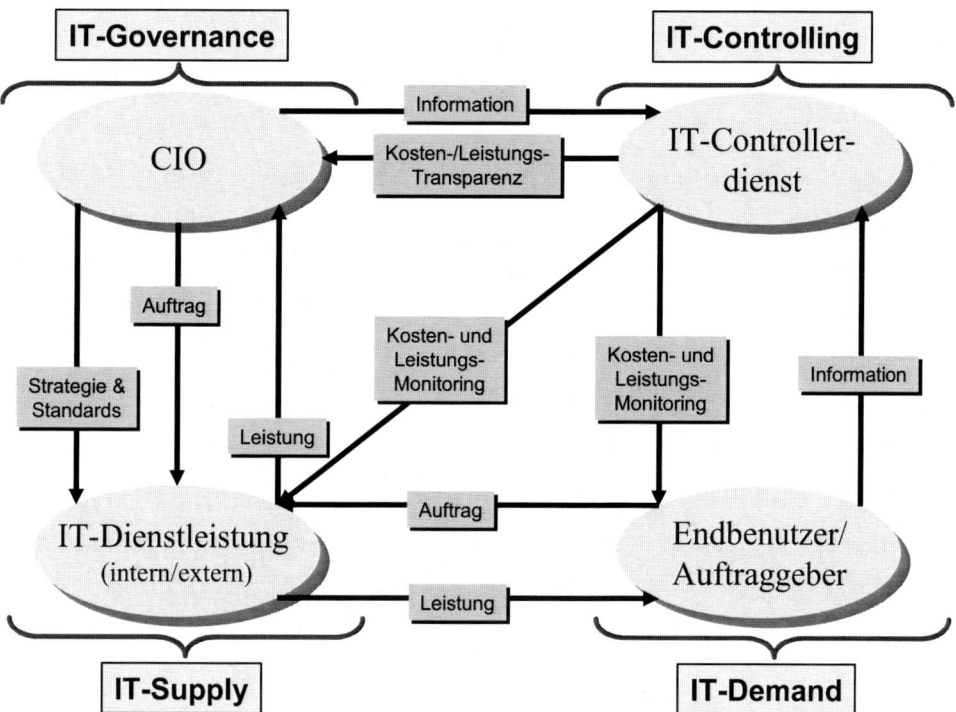

Abbildung 31: Rollenverteilung zwischen IT-Controllerdienst und CIO

Die Beziehungen der Abbildung 31 sind als Rollen- und nicht als Organisationsmodell zu verstehen. Diese Unterscheidung ist von Bedeutung, da sich in der Praxis die Aufgaben des IT-Controllerdienstes wegen der starken Vernetzung nicht immer von denen des IT-Managements trennen lassen. Häufig werden Aufgaben des IT-Controllerdienstes durch den CIO (IT-Management) wahrgenommen.

PRAXISBEISPIEL: IT-ORGANISATION IM MITTELSTAND

In der Abbildung 32 ist die IT-Organisation eines mittelständischen Unternehmens der Medizintechnik in Nord-Rhein-Westfalen (NRW) dokumentiert, die als typisch für diese Unternehmensklasse angesehen werden kann. In diesem Unternehmen werden operative IT-Controllingfragen durch das IT-Management wahrgenommen. Die Funktion des IT-Controllers wird nicht explizit ausgewiesen.

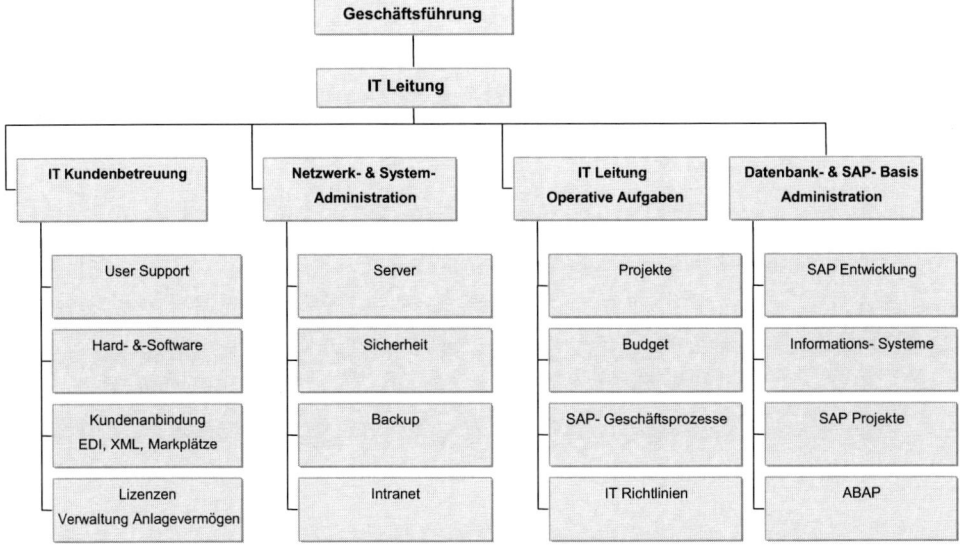

Abbildung 32: Praxisbeispiel: IT-Organisation im Mittelstand

PRAXISBEISPIELE: IT-ORGANISATION IN GROßUNTERNEHMEN

Ein weiteres Beispiel zeigt die IT-Organisation eines Großunternehmens, das als Tochter eines Dienstleistungskonzerns mit mehr als 100.000 Mitarbeitern weltweit agiert (vgl. Abbildung 33). Es verfügt über keine IT-Abteilung. Sämtliche operativen IT-Prozesse (Softwareentwicklung und –betrieb) wurden an externe Dienstleister übergeben. In diesem Beispiel wurde der IT-Controllerdienst in den Aufgabenumfang des Chief-Information-Officers integriert.

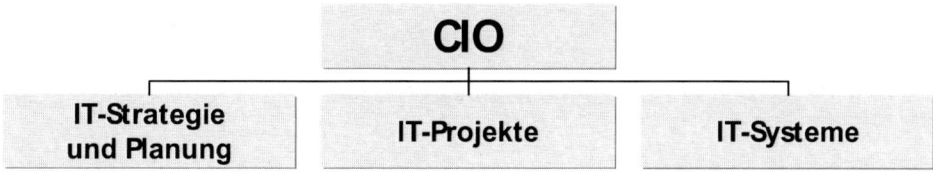

Aufgaben
*   Strategische Anwendungs-
    planung
*   Unterstützung bei Projekt-
    bewertung und
    Projektportfolio
*   Budgetierung
*   IT-Controlling

Aufgaben
*   Multiprojektmanagement
*   Projektmanagement
*   Steuerung der fachlichen
    Abnahme
*   Beratung und Unterstützung

Aufgaben
*   Management und Controlling
    der IT-Dienstleister
*   Vertragsmanagement
*   Steuerung von Betrieb,
    Wartung und Support
*   Rollout-Management

Abbildung 33: IT-Organisation in einem Großunternehmen

Ein anderes typisches Beispiel für die klassische Nachfrager-Liefe-
ranten-Trennung in großen Unternehmen zeigt die Abbildung 34. Der
CIO leitet aus der Unternehmensstrategie die IT-Strategie ab und setzt
diese in IT-orientierte Regelungen um. Er tritt als Teil der Nachfrageor-
ganisation auf, ist sozusagen derjenige, der den IT-Bedarf im Unternehmen bündelt und organisiert die Lieferbeziehungen mit IT-
Dienstleistern. Dies können interne Abteilungen oder externe Dienstleister sein. Größere Maßnahmen werden mit Rahmenverträgen unter-
legt (z.B. RZ-Outsourcing, Desktop-Services).

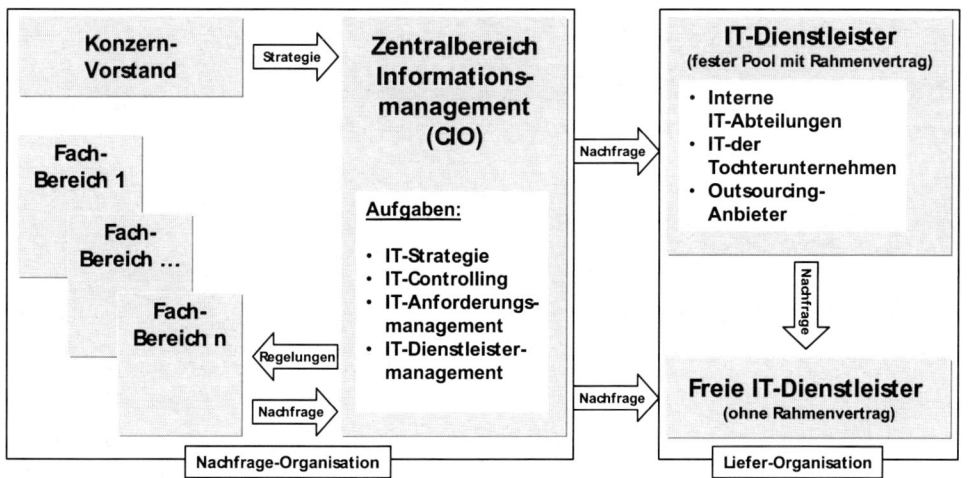

Abbildung 34: IT-Organisation als Nachfrage-Liefer-Beziehung

2.3.4   Organisatorische Einbindung

Die Einordnung des IT-Controllers in die Unternehmens-hierarchie ist sehr unterschiedlich geregelt. Folgende Grundva-rianten sind in der Praxis anzutreffen:

- Partnerschaftsmodell (IT-Controller gleichrangig mit CIO),

- CIO-Mitarbeiter-Modell (IT-Controller als CIO-Mitarbeiter),

- Controlling-Modell (Mitarbeiter im Controlling).

Beim Partnerschaftsmodell ist der Leiter IT-Controlling direkt der Unternehmensleitung unterstellt und damit auf der gleichen Hierarchiestufe, wie der CIO und Leiter Unternehmenscontrolling angesiedelt (vgl. Abbildung 35). Die in Abbildung 31 beschrie-bene Rollenverteilung zwischen CIO und Leiter IT-Controlling ist damit ideal realisiert und vollständig abbildbar.

Abbildung 35: Partnerschaftsmodell

PRAXISBEISPIEL: ZÜRCHER KANTONALBANK

Ein Beispiel aus der Praxis, das dem Partnerschaftsmodell sehr nahe kommt, ist das Führungsmodell der Zürcher Kantonalbank (vgl. Abbildung 36 und Betschart, 2005[1]). Es regelt die Zuständigkeiten in der IT und insbesondere für das IT-Controlling.

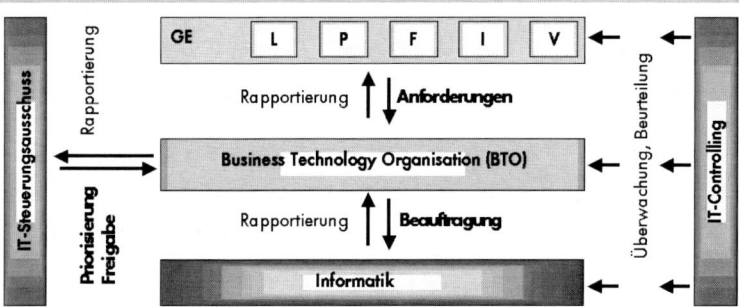

Abbildung 36: Führungsmodell der Zürcher Kantonalbank (Betschart, 2005)

Die Geschäftseinheiten (GE) definieren und führen ihre Geschäftsprozesse. Die abgeleiteten bankfachlichen Anforderungen an eine IT-Unterstützung sind durch die Fachbereiche zu formulieren. Dabei priorisieren sie ihre Anforderungen unter Berücksichtigung der regulatorischen, finanziellen und terminlichen Rahmenbedingungen, Vorgaben und Weisungen. Die GE stellen die fachliche Mitarbeit in der IT-Leistungserstellung, insbesondere in IT-Projekten sicher und leisten entsprechende Management-Unterstützung. Die fachliche Abnahme der erstellten IT-Leistungen obliegt der GE. Ebenso liegt es in ihrer Verantwortung, den geplanten Nutzen zu realisieren und auch den entsprechenden Nutzennachweis zu erbringen. Die GE beauftragen die Business Technology Organisation (BTO) mit der Umsetzung der bankfachlichen Anforderungen. Den GE sind funktional Ansprechpartner in der BTO zugewiesen. Die Abstimmung innerhalb der Prozessketten wird durch die BTO zusammen mit der GE im Rahmen der IT-Planung sichergestellt. Die BTO verwaltet und bewirtschaftet die in der IT-Planung zugewiesenen finanziellen Ressourcen. Sie definiert unter Hinzuziehung der Informatik die IT-Architektur, die IT-Methoden, die IT-Prozesse und das IT-Risikomanagement. Sie stellen den Vollzug sicher. Die BTO beauftragt die Informatik mit der Umsetzung der konkreten IT-Leistung. Sie überwacht das IT-Portfolio und nimmt steuernd Einfluss bei Abweichungen zu den beauftragten IT-Leistungen (Kos-

---

[1] Die Autoren danken Herrn Andreas Betschart, Leiter IT-Controlling der Zürcher Kantonalbank für die freundliche Bereitstellung der Unterlagen

ten, Termine, Funktionalität, Qualität). Die BTO informiert regelmäßig die GE und den IT-Steuerungsausschuss über das aktuelle IT-Portfolio sowie den Umsetzungsverlauf.

Die Informatik erbringt als Service-Center und Auftragnehmerin die vereinbarten Leistungen gemäß IT-Leistungserstellungsprozess. Die Leistungserstellung wird mittels Service Level Agreements (SLA) und Projektaufträgen zwischen der Informatik und der BTO vereinbart. Dabei sind den BTO Ansprechpartner in der Informatik zugewiesen. Die Informatik definiert die Systemarchitektur (SAR) und den IT-Grundschutz und stellt den Vollzug sicher.

Der IT-Steuerungsausschuss ist das oberste IT-Gremium. Er richtet die IT der ZKB auf die Gesamtbank- und Kundensegment-Strategien aus, erarbeitet dazu die IT-Strategie unter Einbezug der GE und stellt deren Vollzug sicher. Der IT-Steuerungsausschuss nimmt die IT-Planung ab und entscheidet im Rahmen der technologischen, regulatorischen und betriebwirtschaftlichen Rahmenbedingungen über die Mittelzuteilung und die gesamtbankliche Priorisierung der IT-Vorhaben. Er berücksichtigt dabei sowohl die strategische Relevanz als auch die Erfolgswirksamkeit der einzelnen IT-Vorhaben.

Im IT-Steuerungsausschuss-Gremium ist jede GE mit einer Stimme vertreten. Als ständige Mitglieder mit beratender Stimme nehmen die Leiter Informatik, IT-Controlling sowie BTO Einsitz. Der IT-Steuerungsausschuss wird vom Chief Executive Officer (CEO) geführt. Die Vorbereitung der Geschäfte obliegt dem Leiter BTO.

Das zentrale IT-Controlling gestaltet und begleitet den Managementprozess der finanziellen Zieldefinition, Planung, Steuerung und Abrechnung in der IT. Das IT-Controlling sorgt für Strategie-, Ergebnis-, Finanz- und Prozesstransparenz. Es definiert dazu die IT-Controlling-Prozesse und verantwortet die Gestaltung und Pflege der Controllingsysteme. Das zentrale IT-Controlling koordiniert die IT-Planung (Mittelfrist- und Jahresplanung) mit der Gesamtbankplanung. Es unterstützt die BTO und die Informatik in der Planung, Überwachung und Steuerung des IT-Portfolios. Das zentrale IT-Controlling stellt Informationen, Kennzahlen und Analysen bezüglich aller IT-Aktivitäten für die Geschäftsleitung, die BTO und den IT-Steuerungsausschuss bereit. Es organisiert und verantwortet das unternehmensweite IT-Berichtswesen. Das *zentrale IT-Controlling* ist eine vom IT-Steuerungsausschuss, der Informatik und der BTO *unabhängige Stelle*.

Das Mitarbeitermodell (vgl. Abbildung 37) ordnet den Leiter IT-Controlling dem CIO unter. Die in Abbildung 31 vorgestellte Rollenverteilung zwischen CIO und dem IT-Controllerdienst ist wegen der disziplinarischen Einordnung nur teilweise realisierbar.

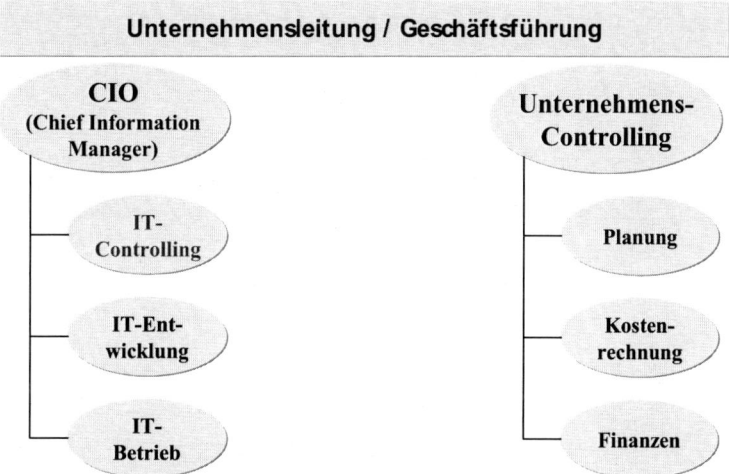

Abbildung 37: Mitarbeitermodell

Das Controlling-Modell (vgl. Abbildung 38) betrachtet IT-Controlling als Teilaufgabe des Unternehmens-Controlling. Der Leiter IT-Controlling berichtet an den Leiter Controlling. Er ist damit gegenüber dem CIO nicht weisungsgebunden.

Abbildung 38: Controlling-Modell

Auch in dieser Variante ist Rollenverteilung zwischen CIO und IT-Controller darstellbar. Ein Praxis-Beispiel für das „Controlling-Modell" aus einem mittelständischen Softwarehaus (etwa 250

Mitarbeiter) ist in Abbildung 39 dokumentiert. Das zentrale IT-Controlling wird hier durch die zentrale Abteilung „IT-Projektcontrolling" repräsentiert, welche für die kaufmännische Planung, Steuerung und Überwachung der IT-Projekte verantwortlich ist. Dezentrale IT-Projektcontroller sind den IT-Projektleitern disziplinarisch untergeordnet und arbeiten mit dem zentralen IT-Projektcontrolling zusammen.

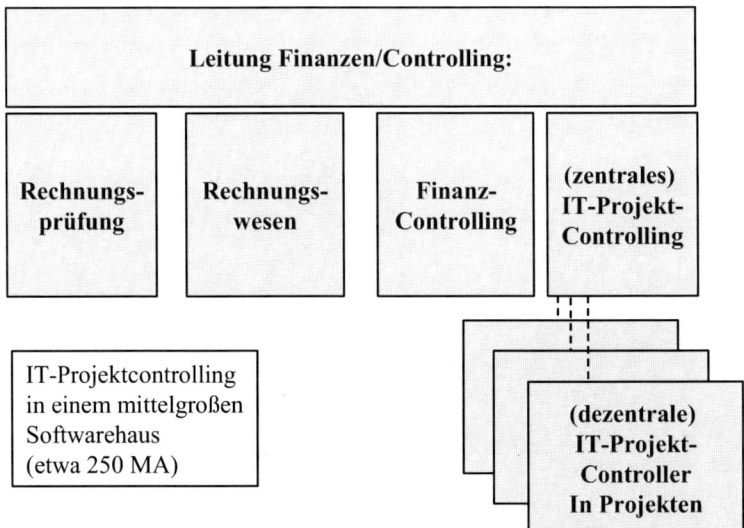

Abbildung 39: Praxisbeispiel für das Controlling-Modell

2.4   Warum IT-Controllerdienst?

Nachdem ein Controlling-Konzept in fast allen Unternehmen etabliert ist, erübrigt sich die Frage, ob ein IT-Controlling erforderlich ist. Empirische Untersuchungen zeigen, dass IT-Controlling-Konzepte in mittelständischen Unternehmen noch selten anzutreffen sind (vgl. z. B. Spitta, 1998, S. 431). Der Bedarf für einen IT-Controllerdienst ist unbestritten.

1. Grund   **Fehlgeschlagene IT-Projekte**

Oft werden bei der Einführung von Standardanwendungssoftware grundlegende Regeln des Projektmanagements und der Wirtschaftlichkeit nicht berücksichtigt, sondern Prestigeprojekte (E-Business ist „in") als teure „E-Commerce-Ruinen" hinterlassen.

Dies verwundert insbesondere vor dem Hintergrund, dass bereits 1964 erste Überlegungen zur Notwendigkeit der Betrachtung der

Wirtschaftlichkeit von „maschinellen Datenverarbeitungsanlagen" angestellt wurden (vgl. Littmann, 1964).

PRAXISBEISPIEL: FEHLGESCHLAGENES   IT-PROJEKT (ENERGIEVERSORGER)

Unter der Überschrift „SAP-Projekt bringt Stromversorger in Not" schilderte die Computerwoche (o.V. 2001) den Fall eines turbulenten SAP-Einführungsprojektes.

Ein großes Energieversorgungsunternehmen plante die Ablösung des bisher eingesetzten Host-Abrechnungssystems und die Einführung einer neuen Abrechnungssystematik, gekoppelt mit dem Aufbau eines integrierten Rechnungswesens und der Umstellung auf den EURO. Als Standardsoftware wurde die SAP®-Branchenlösung „IS Utilities/Customer Care and Services ausgewählt. Nach dem Produktivstart zum 01.09.2001 traten Störungen auf. In Teilbereichen des Unternehmens konnten längere Zeit keine Zahlungen abgewickelt werden. Verursacher war das Projektmanagement, welches das offensichtlich zu komplexe Migrationsprojekt nicht im Griff hatte.

Die Einführung von Standardsoftware ist meist mit hohen Risiken verbunden. Bei der Ablösung von Altsystemen werden aufwendige Schnittstellenprogramme notwendig. Die Auswahl einer geeigneten Migrationsstrategie (vgl. Abbildung 40) benötigt eine aktive Unterstützung des IT-Controllers, um die richtige Alternative für das Unternehmen auszuwählen. Die im Praxisbeispiel gewählte Big-Bang-Strategie enthielt möglicherweise umfangreiche Risiken, denen ein geringer Schnittstellenaufwand gegenüberstand. Risikoarme Strategien verursachen meist einen höheren Einführungsaufwand.

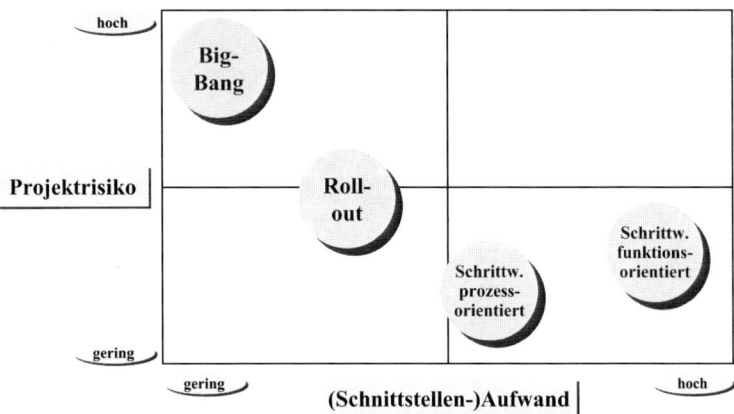

Abbildung 40: Standardsoftware-Einführungsstrategien

PRAXISBEISPIEL GROßRECHNERMIGRATION BEI DER BUNDESVERWALTUNG

Ein Beispiel für fehlgeschlagene Projekte aus dem öffentlichen Sektor ist der Versuch der Bundesverwaltung, Großrechner auf Client-Server-Architekturen zu migrieren. Das Projekt verursachte einen Schaden in Höhe von 25 Millionen Euro. Der Bundesrechnungshof bemängelte eine Reihe von Aspekten wie z. B. fehlende Wirtschaftlichkeitsanalyse, mangelnde Schulung der Mitarbeiter, keine Prüfung, ob Standardsoftware nutzbar ist, keine Meilensteinplanung (vgl. Kallus 2004).

2. Grund

Fehlende Transparenz der IT-Kosten

Häufig werden IT-Kosten gar nicht oder nur unzureichend über Pauschalierungsverfahren erfasst und „verursachungsgemäß" weiterverrechnet. Eine in 508 mittelständischen Unternehmen durchgeführte Untersuchung zeigte, dass 80% der Unternehmen ihre IT-Kosten nicht oder nur ungenau kennen (vgl. o. V. 2000). Die Ursachen sind i.d.R. leicht abzustellen, wenn keine Erfassung der IT-Kosten vorliegt. Leider hat sich diese Situation in den Jahren danach nicht verbessert. Eine im Februar 2004 von der Unternehmensberatung IBM und der Zeitschrift Informationweek durchgeführte Onlinebefragung von 419 leitenden IT-Managern bzw. Geschäftsführern unterschiedlicher Branchen und Größen (Paul-Zirvas/Bereszewski 2004) ergab folgendes Bild: In 60,4 % der befragten Unternehmen werden die angefallenen IT-Kosten nach Umlageschlüsseln oder im Gemeinkostenbestandteil verteilt, obgleich bekannt ist, dass das Umlageverfahren die Ziele der Kosten- und Leistungsverrechnung nicht unterstützen kann (vgl. z. B. Kesten, 2007, S. 250).

3. Grund

Rechtfertigung der IT-Budgets

Trotz sinkender Hardware- und z.T. auch Softwarekosten steigen die IT-Budgets wieder. Eine im Dezember 2003 durchgeführte Umfrage der Zeitschrift InformationWeek ergab, dass bei 23 % der befragten 496 deutschen Unternehmen die IT-Budgets im nächsten Jahr zunehmen werden (vgl. Bereszewski 2004, S. 30). Die IT-Budgets dienen Themen wie Enterprise Resource Planning, Server, Customer Relationship-Management, Software und IT-Sicherheit.

Praxisberichte zeigen zum Teil hohe Einsparungen auf, die sich durch ein IT-Controlling-Konzept erzielen lassen. So wird vom Versicherungsbereich berichtet, der über vergleichsweise hohe IT-Budgets verfügt (bis zu 10 % vom Umsatz), dass Einsparungen bis zu einem Fünfzigstel vom Umsatz realisierbar sind (vgl. Gora/Steinke, 2000).

4. Grund

Mangelnde Einflussnahme(-möglichkeiten) auf indirekte IT-Kosten

Nicht alle IT-Kosten werden budgetiert. Viele indirekte Kosten, wie Systemausfallzeiten durch fehlende Schulung oder Sicherheitsmaßnahmen werden nicht erfasst, so dass keine Einflussnahme durch das Management möglich ist. IT-Arbeitsplätze verursachen neben den transparenten direkten Kosten (z. B. Anschaffungskosten für Hardware und Software) enorme indirekte Kosten, (z. B. Fehlbedienungen durch mangelhafte Schulung) die sich der Kostensteuerung entziehen. So macht der Kaufpreis eines typischen Arbeitsplatzcomputers nur einen geringen Teil der gesamten Kosten aus, die er im Laufe seiner Lebensdauer insgesamt verursacht. Die restlichen Kosten verteilen sich auf unterschiedliche Positionen, die häufig nicht transparent werden, wenn sie im betrieblichen Rechnungswesen nicht im Budget erscheinen.

5. Grund

IT vernetzt und verstärkt Abteilungs- und Unternehmens-übergreifende Prozesse

Fachabteilungen bemühen sich um eine gute IT-Unterstützung ihrer abteilungsbezogenen Aufgaben. Eine effiziente IT-Unterstützung für den Gesamtprozess erfordert eine neutrale Beurteilung aus der Gesamtsicht im Sinne eines Prozessmanagements. Hier kann der IT-Controllerdienst wirksam eingreifen, um Abteilungsegoismen und kostenintensive IT-Inselsysteme (vgl. Abbildung 41) nicht entstehen zu lassen.

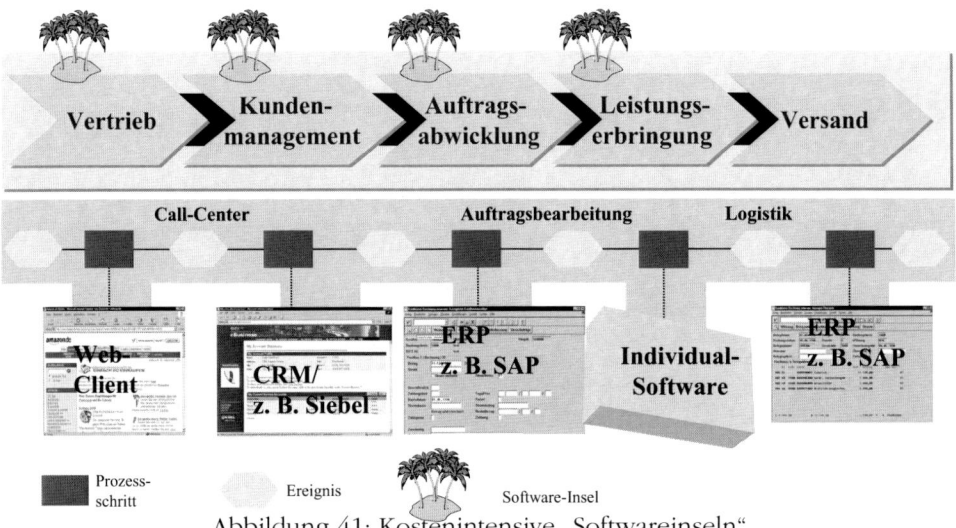

Abbildung 41: Kostenintensive „Softwareinseln"

6. Grund

Neue Herausforderungen aus dem Finanzwesen an die IT

Viele IT-Verantwortliche sind der Auffassung, dass gesetzliche Vorgaben aus dem Finanzbereich keine nennenswerten Auswirkungen auf die Informationstechnik haben. Gesetzliche Änderungen wie der Sarbanes-Oxley Act (SOX), die veränderte Kreditvergabepraxis der Banken resultierend aus den BASEL II-Anforderungen oder die Umstellung der Berichterstattung nach IAS/IFRS (International Accounting Standards/ International Financial Reporting Standards) betreffen zum Teil sehr stark die Anforderungen an zukünftige IT-Systeme, wie einige Veröffentlichungen der jüngsten Zeit zeigen (vgl. z. B. Oehler 2004, o. V. 2004a und Bauer 2006a).

SOX

Der **Sarbanes-Oxley Act (SOX)** ist eine Reaktion des US-Gesetzgebers auf die Finanzskandale vergangener Perioden. Das US-Gesetz soll das Vertrauen der Anleger in die Kapitalmärkte wieder herstellen. Direkt betroffen sind in Deutschland nur Unternehmen, die selbst an der US-Börse notiert sind sowie deutsche Töchter von börsennotierten US-Unternehmen. Indirekt tangiert sind noch weitere Firmen. Kein global agierendes Unternehmen kann es sich leisten, die US-Gesetze zur Steigerung der Unternehmens-Transparenz zu ignorieren. Die Auswirkungen auf die Informationstechnik sind beträchtlich. So muss der IT-Verantwortliche garantieren, dass die Geschäftsprozesse so implementiert und dokumentiert sind, dass ein Geschäftsprozess bis zu einem Ursprung zurückverfolgt werden kann, wenn er eine Finanztransaktion auslöst (vgl. o. V. 2004a). Von besonderer Bedeutung ist die Nachvollziehbarkeit von Berechtigungen für die Finanzberichterstattung. In den Fokus des öffentlichen Interesses ist die Section 404 SOX gerückt, nach der von den Unternehmen ein funktionsfähiges Dokumentations- und Kontrollsystem verlangt wird (vgl. Stadtmann/Wissmann, 2006, S. 559). Jeder Teilprozess zur Erstellung von Finanzberichten muss testiert und historisch nachvollziehbar sein (vgl. Bauer, 2006a, S. 264).

IAS

Die für börsennotierte europäische Unternehmen vorgeschriebene Berichterstattung nach den **IAS/IFRS (International Accounting Standards/ International Financial Reporting Standards)** erfordert z. B. dass immaterielle Vermögensgegenstände nach IAS zu aktivieren sind. Dies umfasst auch selbsterstellte Software (vgl. Oehler 2004, S. 210).

Basel II

Die veränderte Kreditvergabepraxis der Banken führt zu höherem Informationsbedarf der Finanzabteilung, die sich in Anforderungen an die Informationsqualität der IT-Systeme niederschlagen wird. Gute Überblicksinformationen zu den komplexen **Basel II**-Regelungen findet der Praktiker in Hoffmann (2001) oder auch Everling (2001) bzw. im Standardwerk des Autorenteams Becker/Gruber/Wohler (2004).

Nutzen des IT-Controlling-Konzeptes

Der Nutzen des IT-Controllings wird von Wirth mit folgenden Argumenten zusammengefasst (Wirth, 2003, S. 289 f.):

- Kostenoptimierung durch Kostentransparenz,

- Differenzierung des Leistungsangebotes,

- Optimierung der IT-Infrastruktur,

- Motivation zur Kostensenkung.

2.5   Software für IT-Controller

2.5.1   Funktionsumfang typischer IT-Controlling-Software

Die Auswahl von IT-Controlling-Tools wird dadurch erschwert, dass es kein allgemeines Verständnis über den Funktionsumfang gibt. Meist werden nur Teile des in der Abbildung 42 dargestellten Funktionsumfangs angeboten. Der Grund liegt darin, dass in den Unternehmen bereits Softwaresysteme im Einsatz sind, die Teile der aufgeführten Funktionen abdecken bzw. prinzipiell abdecken können. So kann ein Unternehmen mit einer ERP-Lösung neben der allgemeinen Kostenrechnung grundsätzlich auch die IT-Kostenrechnung unterstützen.

Das gleiche gilt für die Beschaffung von IT-Komponenten. Spezielle IT-Controlling-Tools bieten zwar mehr Komfort, induzieren aber zusätzliche Lizenzgebühren und Einführungs- und Wartungskosten.

Kategorie	Funktionen
IT-Finanzen und IT-Kostenrechnung	• IT-Budgetierung (Planung, Isterfassung und Analyse von IT-Budgets) • Leistungsdatenübernahme (z.B. Verbrauchsmengen des Rechenzentrums, Kommunikationsdaten, Internetgebühren, Störungsmeldungen) • Kostenarten, -stellen und -trägerrechnung (Plan, Ist, Abweichungsanalyse und Reporting) • IT-Kennzahlenmanagement (Planung, Istdatengenerierung, Reporting, Analyse von IT-Kennzahlen)
IT-Strategie	• IT-Strategie (Erfassung, Darstellung) und IT-Bebauungsplanung • Erstellung und Überwachung der Balanced-Scorecard
IT-Infrastruktur-Management	• Assetmanagement (Hardware, Komponenten) • Lizenzmanagement
Geschäftspartner-Management	• Geschäftspartnerdaten (Leistungsspektrum, Projekte, Qualitätsbeurteilungen, Standardkonditionen) • Kontrakte (Preise, Konditionen, Mindestabnahmemengen) • Verträge (z.B. Mietverträge für Rechenzentrum, Hardwaremiete/Leasing) • SLA-Management
IT-Prozess-Management	• Modellierung, Simulation, Analyse und laufende Überwachung von IT-Prozessen • Unterstützung ausgewählter IT-Prozesse (Incident- und Problem-Management, Change- und Configuration-Management, Procurement,

Abbildung 42: Funktionsumfang von IT-Controlling-Software

2.5.2   Marktübersicht

Die Marktübersicht in Tabelle 1 listet in alphabetischer Reihenfolge eine Reihe von Herstellern für IT-Controlling-Tools auf. Sie erhebt nicht den Anspruch auf Vollständigkeit. Anregungen für Erweiterungen nehmen die Autoren gerne entgegen.

Tabelle 1: IT-Controlling-Software (Auswahl)

Hersteller	Produkte	Funktionen
CATENIC AG, Bad Tölz www.catenic.de	CATENIC Anafee	Werkzeug für die Verrechnung und Dokumentation von IT-Leistungen.
Corporate Planning AG, Hamburg, www.corporate-planning.com	Corporate Planner, CP MIS/BSC u.a.	Werkzeuge für das allgemeine Unternehmenscontrolling, die aber auch für IT-Controllingaufgaben nutzbar sind, z.B. IT-Kennzahlensystem, Balanced Scorecard.
IDS Scheer AG, Saarbrücken www.ids-scheer.de	ARIS-Toolset mit zahlreichen Modulen	Werkzeuge für die Geschäftsprozessmodellierung und das Prozessperformance-Management. Die Komponente für die Balanced-Scorecard lässt sich für die IT-Balanced-Scorecard nutzen.
HP invent www.hp.com/de	HP Open View Management Solutions: Assetmanagement	U. a. Produkte für das IT-Assetmanagement und IT-Servicemanagement. Unterstützung der ITIL-Referenzprozesse.
Managesoft Deutschland GmbH, Frankfurt www.managesoft.de	ManageSoft®	Produktsuite für das Softwaremanagement (z.B. Softwareverteilung), Assetmanagement, Handheld-Management und Service-Desk.
Nicetec GmbH Osnabrück www.nicetec.de	NetInsight	Produkte für das IT-Controlling, insb. IT-Leistungsverrechnung nach dem ITIL-Standard.
Quadriga Informatik GmbH, Offenbach www.quadriga.de	Quadriga IT, Quadriga-Mobile, Web-IT	Basisfunktionen für die Unterstützung des IT-Controllers. Insb. Assetmanagement und Helpdesk.
SAP AG, Walldorf www.sap.com	mySAP® ERP SAP® SEM®"	Anbieter von Standardanwendungssoftware für Enterprise Resource Planning, Customer Relationship Management, Supply Chain Mana-

		gement u. a. Unternehmensfunktionen. Einige der Produkte können auch im Rahmen des IT-Controllings genutzt werden.
USU AG, Möglingen www.usu.de	Valumation	Umfassende Produktsuite mit einem „Komplettangebot" speziell für das IT-Controlling. Mehrere separat einsetzbare Module für • Infrastructure Management, • Service/Change Management • Finance Management. Die Unterstützung für das IT-Controlling ist sehr umfassend, vom Asset Management über die IT-Kosten- und Leistungsrechnung.
Völker Informatik AG Berlin www.voelcker.com	ActiveEntry	Integriertes Paket für das IT-Controlling mit Funktionen für Stammdatenverwaltung, Asset-Management, IT-Warenkorbverwaltung, Verbrauchsabrechnung u.a.

2.5.3   Funktionsbeschreibungen ausgewählter Softwareprodukte

Asset Center / Service Center (HP invent)

HP invent bietet seit 2006 die von der übernommenen Firma Peregrine Systems entwickelten IT-Controlling Lösungen zum IT-Assetmanagement und zum IT-Servicemanagement unter der Produktfamilie „HP OpenView Solutions" an. Die Produkte unterstützen die Best-Practice-Modelle der IT-Infrastructure Library (ITIL).

Das Unternehmen tritt als Anbieter von Lösungen, die zwischen dem Leistungsanbieter (Provider) und dem Endanwender liegen auf. Hierzu zählen u.a. folgende Einzelkomponenten: Network-Management, Storage-Management, Database-Management, Security-Management und Device-Management.

Der Begriff **Service-Management** wird sehr weit gefasst. Hierunter werden u. a. folgende Leistungen angeboten:

• Nutzung von Best Practices (Service Establishment),

- Prozessautomatisierung für Routineprozesse, z.B. als web-basierte Employee Self Service (Service Control),

- Service-Level-Management (Service Alignment),

- Management der Outsourcing-Beziehungen zum externen Provider (Outsourcing).

Die Produkte für das ***Asset-*** und ***Licence-Management*** unterstützen z. B. die Beantwortung folgender Fragen:

- Welche IT-Güter sind vorhanden?

- Wo sind sie?

- Wer nutzt sie?

bzw.

- Welche Software wurde beschafft? Wird sie genutzt?

- Welche Software wird genutzt? Wurde sie beschafft?

- Wie lassen sich Softwareverträge und -Lizenzen effizient verwalten?

- Wie lässt sich der Softwarebestand optimieren?

- Wie lassen sich Einsparungen bei Softwareeinkauf und -wartung erzielen?

Catenic AG (Anafee)

Die Bad Tölzer Catenic AG (www.catenic.de) bietet ein Produkt zur Abrechnung von Dienstleistungen an. Hierunter fällt insbesondere auch die detaillierte IT-Leistungsverrechnung und Dokumentation an. Auf Basis einzelner Transaktionen (z. B. „Kundenauftrag anlegen", „Kostenbericht erstellen" werden automatisiert Mengen erfasst und für eine Leistungsverrechnung bereitgestellt. Somit können auf Basis konkreter Geschäftsvorfälle in der Fachabteilung vereinbarte Preise verbrauchsabhängig bewertet werden. Das Produkt bietet Schnittstellen zu den Softwarelösungen der SAP AG an. Die Funktionalitäten des Produktes umfassen u.a. (vgl. www.catenic.de):

- Definition der IT-Services,

- Kalkulation der Stückkosten und Ermittlung der Preise,

- Abrechnung mit Details über Verbrauchsmengen und verrechneten Preisen,

- Verbrauchsmengen- und Kostenübernahmen aus Vorsystemen,

- Kosten- und Mengenplanung,

- Reporting mit Monitoring von Plan-Ist-Abweichungen,

- Dokumentation und langfristige Speicherung der Verrechnungspreise und deren Herleitung.

Ziel ist es, Abrechnungsgrößen zu nutzen, die nicht von technischen Detailgrößen geprägt sind, sondern sich an betriebswirtschaftlichen Anforderungen orientieren und deren Verrechnungsbasis für den Anwender verständlich sind, z.B. „Anlegen eines neuen Kunden" (vgl. Catenic, o. J.)

Corporate Planning AG (CP MIS/BSC)

Das Produkt „CP MIS/BSC" der Corporate Planning AG (www.corporate-planning.com), das sich speziell mit der BSC-Methode beschäftigt, ist auf die spezifischen Anforderungen kleinerer und mittlerer Unternehmen zugeschnitten.

IT-Kennzahlensysteme werden häufig auf Basis von Spreadsheet-Programmen erstellt, da diese flächendeckend an fast jedem Büroarbeitsplatz verfügbar und leicht zu bedienen sind. Allerdings sind auch einige Gefahren beim Einsatz von Spreadsheets zu bedenken. Da die Daten bei Aktualisierung meist überschrieben werden, fehlt oft eine Historisierung der Daten. Verschachtelte Formeln in Verbindung mit fehlenden Dokumentationen führen leicht zu Missverständnissen oder gar zu Fehlern, die zu falschen Entscheidungen führen können. Das Produkt „Corporate Planner", ist ein Planungs- und Analysewerkzeug für Controller, das sich in diesem Anwendungsbereich etabliert hat. Das Werkzeug lässt sich z.B. im IT-Controlling dazu einsetzen, ein IT-Kennzahlenschema zu erstellen. Hierzu können verschiedene Datenquellen wie ERP-Systeme, Eigenentwicklungen, PC-Datenbanken oder eigene Schätzungen genutzt werden.

IDS-Scheer AG

Die IDS Scheer AG aus Saarbrücken ist bekannt als Anbieter von Werkzeugen für die Modellierung und Analyse von Geschäftsprozessen. Ihr Produkt „ARIS-Toolset" wurde vor einiger Zeit um die Methode Balanced Scorecard ergänzt. Es kann daher auch im

Rahmen des IT-Controllings für die Nutzung der Balanced-Scorecard-Methode genutzt werden. Das Werkzeug bietet spezifische Modellierungsobjekttypen an, z. B. den Objekttyp „Perspektive", der sich einzeln oder in ein BSC-Ursache-Wirkungsdiagramm integrieren läßt.

Daneben stehen weitere Modellierungskonstrukte wie Organigramm, Wertschöpfungskettendiagramm oder Funktionsbaum für einen Einbau in die BSC-Darstellungen zur Verfügung.

Der Einsatz von Modellierungstools für die BSC-Erstellung ist dann interessant, wenn das Werkzeug bereits im Unternehmen im Einsatz ist, z. B. für die Prozessmodellierung.

ManageSoft Deutschland GmbH

Die deutsche Niederlassung des amerikanischen Unternehmens ManageSoft (www.managesoft.de) bietet unter dem Produktnamen ManageSoft® eine Produktreihe für zentrale Fragen des IT-Controllings an. Die Produkte umfassen Komponenten bzw. Einzelprodukte für folgende Aufgabenstellungen:

*   ***Softwareverteilung:*** Verteilen, Aktualisieren und Managen von Software auf Desktops, Servern und mobilen Endgeräten,

*   ***Servermanagement:*** Automatisierte Bereitstellung, Aktualisierung und Management von verteilten Serverumgebungen,

*   ***Fernsteuerung und Fehlerdiagnose*** für dezentrale Desktops, Server und mobile Geräte,

*   ***Management von mobilen Systemen***.

Die Softwareverteilung basiert auf zentralen Richtlinien, die mit den Endgeräten abgeglichen werden. Bei Abweichungen der lokalen Installationen von den Richtlinien erfolgt eine automatische Reparatur bzw. Neuinstallation fehlender Komponenten.

Nicetec GmbH

Die Osnabrücker Nicetec GmbH (www.nicetec.de) bietet u.a. Produkte für das IT-Controlling an. Inbesondere wird das Gebiet der IT Leistungsverrechnung und Service Management nach dem ITIL-Standard abdeckt.

Das Produkt „netinsight" bietet die Möglichkeit, IT-Dienstleistungen aus der Kundensicht in einem Servicekatalog mit Preisen und anderen Informationen abzubilden.

Das Produkt „flowscope" dient der Messung des IP-Netzverkehrs und damit der Datengewinnung für die IT-Leistungsverrechnung.

Quadriga Informatik GmbH

Die Offenbacher Quadriga Informatik GmbH (www.quadriga.de) bietet unter dem Produktnamen „Quadriga IT" und weiterer Produktbezeichnungen mehrere Werkzeuge für IT-Controller an. Unterstützt werden u. a. folgenden Aufgaben:

- IT-Ressourcenverwaltung (Quadriga IT),

- Mobiles Informationssystem (Quadriga-Mobile),

- IT-Helpdesk (Web-IT).

Das Produkt Quadriga-IT dient der Erfassung und Verwaltung von Software-Lizenzen, Anwenderdaten, Lieferantendaten und Verträgen sowie von Räumen und Standorten des IT-Equipments. Die Erfassung der Assets wird unterstützt durch ein „PCScan", die eine automatisierte Funktion zum Auslesen von PCs, Druckern u. a. Netzwerkkomponenten erlaubt.

Das Produkt Quadriga-Mobile bietet für IT-Service-Mitarbeiter die Möglichkeit, für den Einsatz relevante Informationen auf einen PDA herunter zu laden und vor Ort zur Problemlösung zu benuten. Über einen Barcode-Scanner wird die Erfassung von Geräteseriennummern etc. erleichtert.

Web-IT ist der intranetgestützte IT-Helpdesk des Anbieters. Anwender können neben der klassischen Telefonhotline über das Intranet Probleme melden. Der Fortgang der Störungsbearbeitung kann vom Anwender über den Helpdesk verfolgt werden, was zu einer Entlastung der Telefon-Hotline beiträgt.

SAP AG

IT-Controlling-Funktionen lassen sich zumindest teilweise durch in vielen mittleren und großen Unternehmen etablierte ERP-Systeme und Komponenten aus dem Business Intelligence-Umfeld des Herstellers unterstützen.

So ist eine IT-Kostenrechnung zu großen Teilen auch in Controlling-Modulen des Produktes SAP® ERP der Walldorfer SAP AG realisierbar, da sie als spezielle Form einer Kosten- und Leistungsrechnung angesehen werden kann. Darüber hinaus bietet der Hersteller das Werkzeug „SAP® SEM®" für die Unterstützung der Balanced-Scorecard-Methode an, das grundsätzlich auch für die IT-Balanced-Scorecard einsetzbar ist.

USU AG

Das Stuttgarter Unternehmen USU AG (www.usu.de) bietet ein speziell für Aufgaben im IT-Controlling konzipiertes modulares Anwendungspaket unter dem Produktnamen „Valuemation" (vgl. USU 2005) mit zahlreichen Funktionen an. Aus diesem Grund werden die Produkte ausführlicher dargestellt.

Das Softwarepaket besteht aus den drei Komponenten:

- Infrastructure Management,

- Service/Change Management,

- Finance Management.

Ein zentraler Baustein, die **Systems Management Suite**, stellt grundlegende Funktionen bereit. Ein Inventory System ist z.B. in der Lage, eine automatisierte Software- und Hardwareinventur aller am Unternehmensnetz angeschlossenen Komponenten durchzuführen. Änderungen an der Hardware- oder Softwarekonfiguration können so automatisiert erkannt und ggf. beseitigt werden. Ein Remote-Control System erlaubt die Fernwartung und Fehleranalyse von Komponenten. So kann z. B. ein Service-Mitarbeiter auf einem entfernten Rechner Fehleranalysen durchführen oder einen Bootvorgang initialisieren.

Infrastructure Management

Die Komponente **Infrastructure Management** unterstützt die Verwaltung des IT-Betriebs. Sie enthält die Module Asset Manager, Contract Manager und den Licence Manager.

Das Modul **Asset Manager** dient der Bestandsverwaltung von IT-Vermögensgegenständen, wie Desktops, Server, Mobilfunkgeräte, PDAs, Netzwerkkomponenten u. a.

Das IT-Assetmanagement beantwortet losgelöst vom hier betrachteten Produkt beispielsweise folgende Fragen:

- Wie viele Personal-Computer, Laptops, Drucker und weitere Endgeräte haben wir im Unternehmen bei welchen Anwendern an welchen Standorten im Einsatz?

- Welcher Anwender hat mehr als einen Personalcomputer bzw. Laptop?

- Welche Konfiguration wurde angeschafft?

- Welche Erweiterungen wurden aus welchem Grund ergänzt?

- Welche Geräte haben wir im letzen Jahr bei welchen Lieferanten beschafft?

- Ist das Gerät gekauft oder geleast?

- Wer ist Vertragspartner des Kauf- bzw. Leasingvertrages?

- Wie lauten die Vertragslaufzeiten, Kündigungsfristen, monatlichen Raten, Abschreibungsbeträge etc.?

- Wie hoch ist die Anzahl unserer Office-Lizenzen?

Durch das Assetmanagement erlangt der Nutzer einen detaillierten Überblick über seine IT-Ressourcen und deren Nutzung bzw. Zuordnung zu Anwendern.

Das Modul **Contract Manager** dient der Verwaltung von Kontrakten, also Kauf-, Miet- oder Leasingverträgen für IT-Produkte oder Dienstleistungen. Das Modul speichert z.B. Bindungsfristen für Verträge und Zahlungsverpflichtungen und unterstützt die Vertragsüberwachung.

Das Modul **Licence Manager** unterstützt die Ausnutzung der Lizenzvereinbarungen mit Softwarelieferanten. Ein Abgleich von Bestandsdaten mit automatisch erzeugten Inventurdaten ermöglicht dem Anwender einen detaillierten Überblick über abgeschlossene Verträge und ausgeschöpfte Lizenzen.

Service/Change Management Die Komponente **Service/Change Management** dient der Unterstützung der Beschaffung von IT-Produkten und IT-Leistungen sowie deren Support und Wartung. Sie enthält die Module Service/Change Manager und den Procurement Manager.

Das Modul **Service/Change Manager** dient auf Basis der IT Infrastructure Library (ITIL) einer Unterstützung des Problemmanagements, also der Verwaltung und Beseitigung von Störungs- und Fehlermeldungen (Tickets). Durch die Abbildung von SLAs kann auch deren Einhaltung in der täglichen Praxis unterstützt werden.

Der **Procurement Manager** ist ein Werkzeug zur Unterstützung des IT-Beschaffungsprozesses, ausgehend von der Bedarfsmeldung bis hin zum Wareneingang und zur Bezahlung. Ein Warenkorb und mehrstufiger Genehmigungsprozess unterstützt die individuelle intranetgestützte Gestaltung der Geschäftsprozesse. Eine Schnittstelle zur SAP®-Software erlaubt es, dort Bestellanforderungen anzulegen und Wareneingangsmeldungen zu übernehmen und weiterzuverarbeiten.

Finance Management

Die Komponente **Finance Management** unterstützt schwerpunktmäßig die Verrechnung von IT-Kosten und IT-Leistungen sowie deren Planung und Analyse. Sie enthält die Module Risk Manager, Costing/Charging Manager und den Planning/Budgeting Manager.

Das Modul **Costing/Charging Manager** unterstützt die klassische IT-Kosten- und IT-Leistungsverrechnung. Mengen- oder Wertdaten können von typischen „Vorsystemen" wie z. B. Host, Personalmanagement, Telefonabrechnungssystemen übernommen und weiterverarbeitet werden. Einfache Kosten-Umlagen, Leistungsorientierte Verrechnungen auf Basis von Service Levels sowie wertorientierte Verrechnungen (%-Satz vom Umsatz) sind in Abhängigkeit vom IT-Kostrenrechnungsmodell des Unternehmens möglich.

Das Modul **Planning/Budgeting Manager** unterstützt die Planung und Überwachung von IT-Budgets und IT-Investitionen. Es ist ein an IT-Controller bzw. Controller adressiertes Werkzeug, mit dem eine dezentrale Kostenplanung und Überwachung unterstützt werden kann. Das Werkzeug unterstützt eine reine Kostenplanung und eine Mengenorientierte Planung sowie eine IT-Produktkalkulation. Über eine Schnittstelle zur SAP®-Software lassen sich Ist-Daten übernehmen und mit den Plandaten rollierend abgleichen.

Wiederholungsfragen

Nr.	Frage	Antwort Seite
1	Skizzieren Sie Ziele und Aufgaben des IT-Controlling-Konzeptes.	31
2	Ordnen Sie das IT-Controlling-Konzept in das allgemeine Controlling-Konzept ein.	40
3	Kennzeichnen Sie den Einflussbereich des IT-Controlling-Konzeptes im IT-Prozess.	45
4	Differenzieren Sie anhand wesentlicher Merkmale das Strategische vom Operativen IT-Controlling-Konzept.	51
5	Beschreiben Sie kurz strategische und operative Werkzeuge im IT-Controlling-Konzept.	52
6	Grenzen Sie die Aufgabe des CIO vom klassischen IT-Leiter ab.	56
7	Erläutern Sie die unterschiedlichen Rollen, die im IT-Controllerdienst wahrgenommen werden.	63
8	Begründen Sie die Notwendigkeit für einen IT-Controllerdienst.	70
9	Beschreiben Sie die Hauptaufgaben von IT-Controlling-Werkzeugen.	77

Übungsaufgaben

Aufgabenstellung: Beschreiben Sie kurz die beiden Hauptansätze für mögliche IT-Controlling-Konzepte.

Lösungshinweis: Der kostenorientierte Ansatz verfolgt einseitig das Ziel der Reduzierung der IT-Kosten, da diese dem Management of zu hoch und intransparent erscheinen. Er diskriminiert den IT-Controller als „Kostenkiller".

Der leistungsorientierte Ansatz versucht die Leistung und Effizienz der IT zu steigern, um das Unternehmen möglichst gut zu unterstützen. Der IT-Controller agiert als Leistungs- und Effizienzmanager im Sinne eines Dienstleisters.

Übung 1: IT-Controlling-Konzepte

Aufgabenstellung: Beschreiben Sie kurz das leistungsorientierte IT-Controlling-Konzept..

Lösungshinweis: Das IT-Controlling-Konzept dient der Planung, Steuerung und Koordination der IT zur Optimierung der Geschäftsorganisation.

Übung 2: IT-Controlling-Konzept

Aufgabenstellung: Vergleichen Sie das IT-Controlling-Konzept mit anderen Controlling-Sparten.

Lösungshinweis: Das IT-Controlling-Konzept vernetzt Controlling-Sparten (z. B. Personalcontrolling, Fertigungscontrolling, Vertriebscontrolling), da der IT-Einsatz für sämtliche Bereiche eines Unternehmens relevant ist.

Übung 3: IT-Controlling-Konzept

Aufgabenstellung: Differenzieren Sie das strategische IT-Controlling-Konzept vom operativen IT-Controlling-Konzept.

Lösungshinweis: Strategisches IT-Controlling orientiert sich am Gesamtunternehmen ohne einen Zeithorizont zu beachten. Die zentrale Frage lautet: Welche Aufgaben müssen wir für die Zukunft lösen. Das operative IT-Controlling steigert die Effizienz der vom strategischen IT-Controlling vorgegebenen Maßnahmen. Die Kernfrage lautet: Wie lassen sich die Maßnahmen optimal durchführen. Das operative IT-Controlling arbeitet innerhalb eines definierten Zeithorizontes und betrachtet ausgewählte Geschäftsprozesse, Informationssysteme oder einzelne Kostenstellen und dient der konkreten Prozessunterstützung.

Übung 4: Strategisches versus Operatives IT-Controlling?

Aufgabenstellung: Skizzieren Sie kurz die These von N.C. Carr, die er in seinem Aufsatz „IT doesn't matter" aufgestellt hat.

Lösungshinweis: Nach Carr hat die IT lediglich den Stellenwert eines austauschbaren Massengutes (z. B. Strom, Wasser) und daher keine strategische Bedeutung für die Unternehmen. IT-Leistungen können daher bei Bedarf beim günstigsten Lieferanten bezogen werden, analog dem Strom aus der Steckdose.

Übung 5: IT doesn't matter?

Aufgabenstellung: Welche Gründe haben dazu geführt, dass zahlreiche Unternehmen eine Abteilung oder einen Bereich für „IT-Controlling" eingerichtet haben?

Lösungshinweis: Zahlreiche fehlgeschlagene IT-Projekte habe die Aufmerksamkeit der Unternehmensleitung auf den IT-Bereich gelenkt. Häufig werden die nach Meinung vieler Manager intransparenten IT-Kosten hinterfragt. Die starke Vernetzung der Informationssysteme erfordert eine bereichsübergreifende und unabhängige Meinungsbildung, wenn neue Informationssysteme eingeführt werden sollen oder Wartungsaufgaben bewertet werden müssen.

Übung 6: Gründe für IT-Controlling-Abteilungen

Aufgabenstellung: Beschreiben Sie die wichtigsten Aufgabenbereiche des CIO.

Lösungshinweis: Der CIO (Chief Information Officer) hat folgende Hauptaufgaben:
- Entwicklung der IT-Strategie,
- Festlegung von IT-Standards,
- Optimierung der Geschäftsprozesse,
- Identifizierung von Verbesserungspotenzialen,
- Förderung der Kommunikation zu IT-Themen,
- Planung und Überwachung der IT-Budgets.

Übung 7: CIO-Aufgaben

Aufgabenstellung: Wie arbeiten der CIO und der IT-Controller zusammen?

Lösungshinweis: Der CIO ist verantwortlich für die Umsetzung der Maßnahmen. Der IT-Controller ist der unabhängige Berater des CIOs und unterstützt ihn bei seinen Aufgaben. Er sorgt für einen reibungslosen Ablauf des IT-Controlling-Prozesses.

Übung 8: CIO-Aufgaben

Aufgabenstellung: Nennen Sie kurz in Stichworten einige Aufgaben, die für eine Stellenbeschreibung eines IT-Controllers relevant sind.

Lösungshinweis:

Aufbau und Weiterentwicklung des IT-Controlling-Werkzeugkastens (z. B. Soll-Ist-Vergleich der IT-Kosten, IT-Projektcontrolling, Kostentreiberanalyse und Erarbeitung von Gegensteuerungs-Maßnahmen, IT-Vertragsmanagement, IT-Berichtswesen)..

Übung 9: Stellenbeschreibung eines IT-Controllers

Aufgabenstellung: Grenzen sie die Konzepte des IT-Governance und IT-Controlling voneinander ab.

Lösungshinweis:

IT-Governance bestimmt die strategische Ausrichtung der Informationstechnik mit dem Ziel, den Wert des Unternehmens nach-haltig zu steigern. IT-Controlling unterstützt dies durch geeignete Methoden, Werkzeuge und das Monitoring der entsprechenden Prozesse.

Übung 10: IT-Governance versus IT-Controlling

Aufgabenstellung: Beschreiben Sie, welche Aufgaben des IT-Controllers von IT-Controlling-Software typischerweise unterstützt werden.

Lösungshinweis:

Am Markt gibt es derzeit sehr unterschiedlich ausgeprägte Softwareprodukte, die den IT-Controller sehr unterschiedlich unterstützen. Meisten werden von den Produkten allgemeine finanz- und kostenorientierte Planungs- und Analysetätigkeiten, die strategische Steuerung des IT-Bereiches sowie Spezialaufgaben wie die Lizenzverwaltung unterstützt.

Der folgende Aufgabenkatalog gibt einen groben Überblick über das gesamte Spektrum:

Finanzmanagement (IT-Budgetierung, IT-Kosten- und Leistungsverrechnung, Projektkalkulation, IT-Kennzahlen),

IT-Strategie und IT-Balanced Scorecard,

Asset- und Lizenzmanagement,

Geschäftspartnermanagement (Partnerdaten, Rahmenverträge, Preise und Konditionen, Bewertungen bisheriger Projekte, Verträge, Kennzahlen),

IT-Prozessmanagement (Prozessmodellierung und –analyse).

Übung 11: Funktionsumfang von IT-Controlling-Software

3   Einsatz strategischer IT-Controlling-Werkzeuge

3.1   IT-Strategie

3.1.1   Begriff

Historischer Strategiebegriff

Der Begriff Strategie leitet sich vom altgriechischen Wort „Strategeia" ab, das mit Kriegsführung oder Kriegskunst übersetzt werden kann. Heute wird der Strategiebegriff oft in unterschiedlicher Bedeutung verwendet, um Begriffe „aufzuwerten". Eine Strategie liefert eine vorausschauende Planung zukünftigen Handelns. Ergo: ***Heute schon tun, woran andere erst morgen denken – denn nur beständig ist der Wandel***" (Heraklit, gestorben 480 v. Chr.). Ohne den gezielten und wirtschaftlichen Einsatz der Informationstechnik (IT) sind operative und strategische Unternehmensziele im 21. Jahrhundert nicht mehr planbar.

IT-Strategie

Die IT-Strategie ist ein elementarer Bestandteil der Unternehmensstrategie. Sie dient der Umsetzung und dem Monitoring geeigneter IT-orientierter Maßnahmenbündel zur Realisierung strategischer Unternehmensziele. Wesentliche Inhalte der IT-Strategie sind:

- Formulierung eines zukünftigen Sollzustandes (Wohin wollen wir?)

- Auflistung des Handlungsbedarfs (Was müssen wir tun? Wo sind Schwachstellen?)

- Aufzeigen von Handlungsoptionen (Was haben wir für Alternativen?)

- Setzen von Zielen und Definieren von Maßnahmen (Was ist konkret zu tun? Wann sollen die Ziele erreicht werden?)

- Benennung der Verantwortungsträger (Wer führt die Maßnahmen durch?)

- Bestimmung von Messgrößen für das Ziel-Monitoring (Wann haben wir die Ziele erreicht?)

IT-Bebauungs-plan

Ein Element der IT-Strategie ist die Entwicklung eines IT-Bebauungsplans (vgl. die Prinzipdarstellung in Abbildung 43). Er ist auch bekannt als: Unternehmensbebauungsplan, Bebauungsplan, IS-Plan bzw. Informationssystemplan, IT-Masterplan oder Rahmenarchitekturplan.

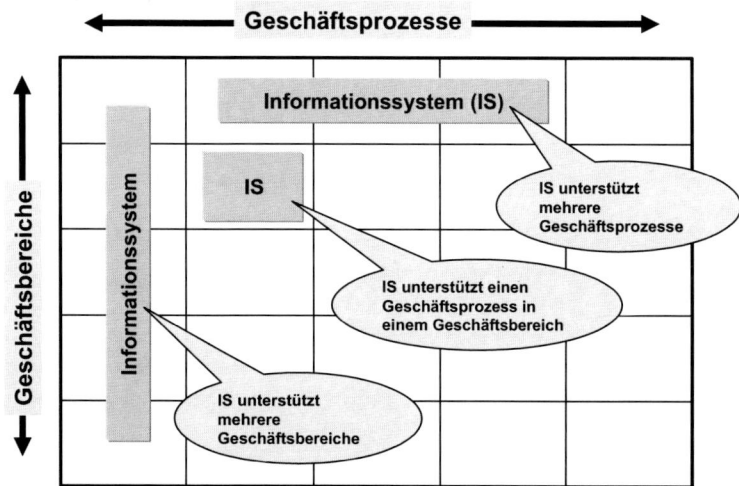

Abbildung 43: Schema eines IT-Bebauungsplanes

Der IT-Bebauungsplan gibt Antworten auf folgende Fragen:

- Welche Informationssysteme haben wir derzeit im Einsatz?
- Welchen Releasestand haben die im Unternehmen eingesetzten Informationssysteme?
- Wann wurde ein Informationssystem eingeführt?
- Wann wird das nächste Release produktiv?
- Wann wird das Informationssystem abgelöst?
- Über welche Verbindungsstellen (Schnittstellen) werden die verschiedenen Informationssysteme verknüpft?
- Welche Informationen werden ausgetauscht?
- Welches Informationssystem ist das „führende" System, z. B. für Kundendaten?
- Wo werden z. B. Kundendaten erfasst und geändert?
- Wohin werden die Änderungen der Kundendaten weitergeleitet? (z. B. muss eine Änderung der Kundenanschrift wegen

Umzug des Kunden im Vertriebssystem <u>und</u> in der Finanz-
buchhaltungssoftware bekannt sein)

- Wo (welche Organisationseinheiten) und wofür (welche
  Geschäftsprozesse) setzen wir im Konzern bzw. Unternehmen Standardsoftware des Herstellers XYZ ein?

- Wo und wofür lässt sich die Standardsoftware weiterhin
  einsetzen?

Abbildung 44 zeigt die Übersicht eines Zielbebauungsplans einer
Versicherung.

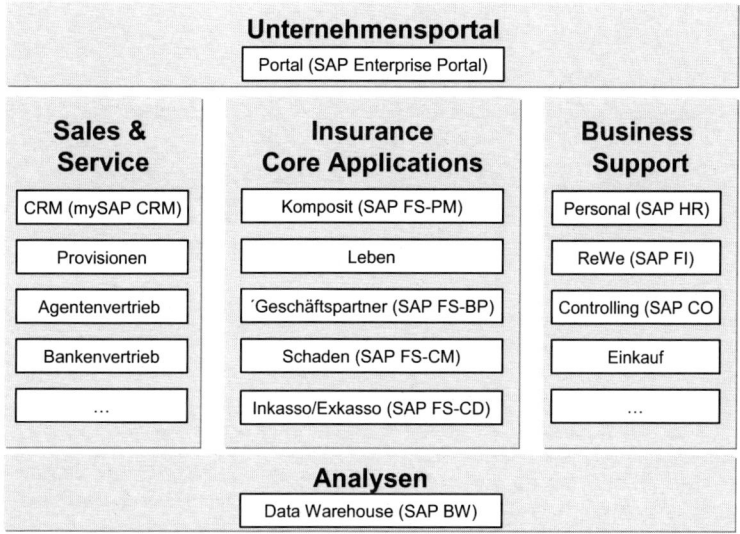

Abbildung 44: Zielbebauungsplan eines Versicherers

Aus dem Bebauungsplan ist ersichtlich, dass sämtliche Softwarefunktionen über ein Unternehmensportal erreichbar sein sollen.
Hierzu möchte man sich des SAP Enterprise Portals, einem Standardprodukt der Firma SAP AG, bedienen. Weiterhin ist erkennbar, dass die Vertriebsprozesse weitgehend mit Eigenentwicklungen (Provisionen, Agentenvertrieb, Bankenvertrieb) unterstützt
werden sollen. Lediglich für das Customer-Relationship-Mana-
gement (Kundenbeziehungsmanagement) wird ein Standardprodukt der Firma SAP (mySAP CRM) eingesetzt, dass branchen-
unabhängig genutzt werden kann. Die Querschnittsprozesse
(Business Support) der Versicherung werden durch Standard-
SAP-Systeme (Module FI für Finanzen, HR für Human Ressource
Management usw.) abgedeckt. Die Besonderheit dieses Be-
bauungsplans besteht darin, dass das Unternehmen seine Kern-

prozesse (Insurance Core Applications:) mit Standardsoftware abdecken möchte, was für die Versicherungsbranche sehr ungewöhnlich ist. Hierzu gehört z.B. der Prozess Geschäftspartnermanagement, der durch das Produkt „SAP FS-BP" unterstützt wird. Lediglich der Bereich „Leben" wird durch ein selbst entwickeltes Softwareprodukt abgedeckt. Betriebswirtschaftliche Analysen werden unternehmenseinheitlich über das Data Warehouse von SAP unterstützt.

Zu einem IT-Bebauungsplan gehört auch die zeitliche Perspektive. Abbildung 45 dokumentiert den zum IT-Bebauungsplan zugehörigen Terminplan. Der Terminplan zeigt die langfristige Vorgehensweise der Umsetzung. Zu Beginn der Umsetzung stehen grundlegende Prozesse wie Rechnungswesen, In- und Exkasso sowie das Geschäftspartnermanagement. Hierauf aufbauend werden Kernprozesse der Versicherung (z.B. Lebensversicherung) realisiert. Gegen Ende der Umsetzung erfolgt der analytische Teil des Plans mit dem Customer Relationship-Management und dem Data Warehouse.

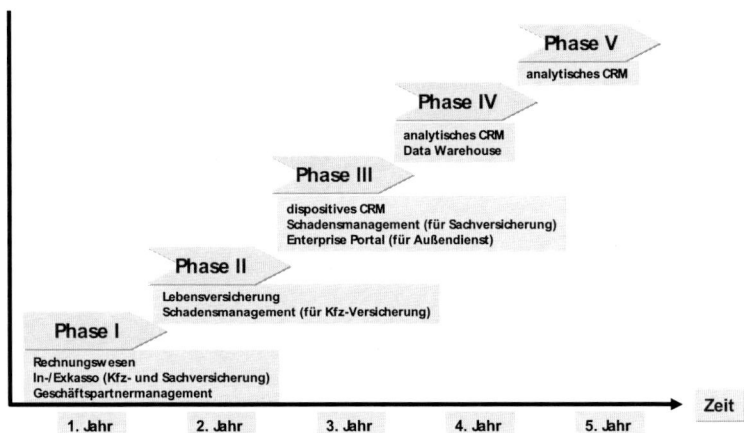

Abbildung 45: Terminplanung für den IT-Bebauungsplan des Versicherers

3.1.2   Entwicklung einer IT-Strategie

Die Vorgehensweise zur Entwicklung einer IT-Strategie dokumentiert Abbildung 46.

Abbildung 46: IT-Strategiefindung (Heinrich, 1992, S. 135)

Oft werden in der „IT-Strategie" nur geplante IT-Projekte aufgelistet, ohne dass gegenüber der Unternehmensstrategie ein eigenständiger Mehrwert zu erkennen ist. Notwendig ist es, eine aus der Unternehmensstrategie abgeleitete IT-Strategie zu erstellen, welche die Grundlage für folgende Maßnahmen liefert (vgl. Jaeger, 2000):

- Ausgangsbasis für die operative IT-Planung (z. B. Ressourcenverteilung für laufende IT-Projekte, Bemessung von IT-Investitionen, Planung von IT-Schulungen),

- Anpassung der IT-Organisation,

- Gestaltung computerunterstützter Geschäftsprozesse (z. B. Einführung eines neuen ERP-Systems wie SAP® R/3®),

- Festlegung und Priorisierung zukünftiger IT-Projekte (z. B. Aufbau eines Kundeninformationssystems).

Damit unterstützt die IT-Strategie den Strategiefindungsprozess des Unternehmens, der sich an betriebswirtschaftlichen Zielen orientiert. Zur Steuerung des in Abbildung 46 skizzierten Prozesses ist eine moderierte Strategiediskussion des IT-Controllerdienstes für die Abstimmung der IT-Strategie mit dem Management notwendig.

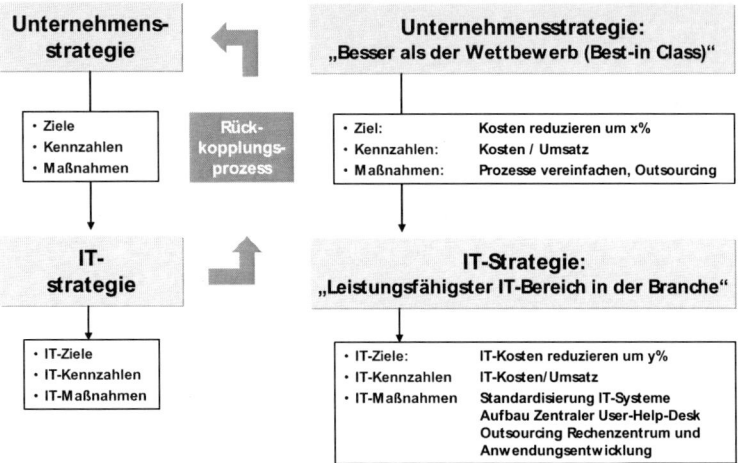

Abbildung 47: Abstimmung der IT-Strategie (Praxisbeispiel eines
        Logistikdienstleisters)

Der Rückkopplungsprozess gemäß Abbildung 47 klärt Fragen,
die eine Rückwirkung der IT-Strategie auf die Unternehmensstrategie, Kennzahlen und Maßnahmen haben können. Fragen des
Rückkopplungsprozesses liefern Impulse:

- Wie kann die IT genutzt werden, um interne Geschäftsprozesse zu beschleunigen und kostengünstiger zu gestalten?

- Wie können zwischenbetriebliche Geschäftsprozesse mit
  Hilfe der IT verbessert werden (z. B. Einbindung der Zulieferer durch IT-gestütztes Supply-Chain-Management)?

- Wie kann die IT genutzt werden, um die Wettbewerbsfähigkeit des Unternehmens zu steigern?

- Wie können mit Hilfe der IT neue Kundengruppen erschlossen werden (z. B. durch Nutzung neuer Technologien)?

3.1.3   Praxisbeispiele

Die Ziele und Inhalte der IT-Strategien werden nur selten in der
Öffentlichkeit offen gelegt und diskutiert. Die Fachzeitschrift
CIO-Magazin hat in einer Sonderausgabe die wichtigsten Elemente der IT-Strategien der deutschen DAX30-Unternehmen veröffentlicht und einander gegenüber gestellt (vgl. CIO-Magazin
2004).

Ziele

Wichtige und häufig genannte Ziele der IT-Strategien der untersuchten Aktiengesellschaften sind die Standardisierung von IT-

Anwendungen und vor allem von Geschäftsprozessen. Auf den Punkt gebracht hat die Deutsche Telekom die Ziele der IT-Strategie mit der Vorgabe: „Steigerung des Konzernwertes".

Projekte

Die Unternehmen wurden nach den **wichtigsten IT-Projekten** gefragt, welche die IT-Strategie unterstützen sollen. Entsprechend der Zielsetzung arbeiten sehr viele Firmen daran, in Standardisierungsprojekten die Möglichkeiten für optimierte Prozesse zu schaffen. Hierzu gehört auch der verstärkte Einsatz von Branchenpaketen und Standardsoftware, hier insbesondere der SAP AG. Einen weiteren Schwerpunkt bilden Anstrengungen, gesetzliche Vorgaben aus der Finanzwelt bzw. Bilanzierungsvorschriften (z. B. US GAAP) in IT-Systeme zu implementieren. Auffällig häufig werden auch rein technische Projekte, wie etwa die Migration auf das Betriebssystem Windows XP genannt.

IT-Ausrichtung

Auf die Frage nach der Ausrichtung der IT, d. h. nach dem Grad des IT-Outsourcing (viel/wenig Outsourcing) und der Zentralisierung (zentral/dezentral) gab es sehr uneinheitliche Antwort-Kombinationen. Nahezu alle möglichen Antwort-Kombinationen wurden gewählt (vgl. hierzu das Portfoliodiagramm in Abbildung 48). Der Outsourcing-Trend der vergangenen Jahre scheint allerdings zu verlangsamen. Viele IT-Manager präferieren partielles Outsourcing. Dies lässt sich so interpretieren, dass häufig nur diejenigen Teile der IT aus der Hand gegeben werden sollen, die nicht wettbewerbskritisch sind. Deutlich wird dies z. B. beim Versorger Eon AG, der die "Integrationsverantwortung und Entscheidungsgewalt" im Hause behalten möchte.

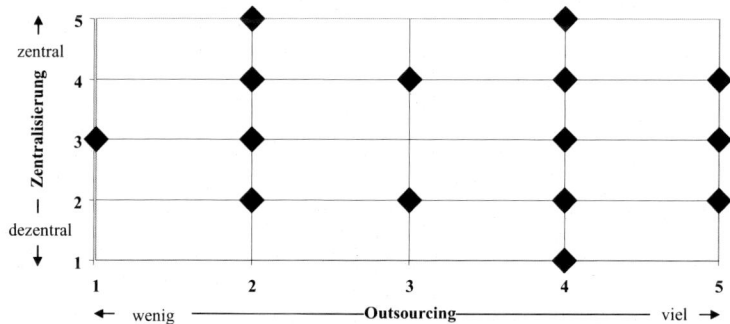

Abbildung 48: IT-Ausrichtung der DAX30-Unternehmen (Daten: CIO-Magazin 2004)

Eine Zusammenstellung der auf Basis der in CIO-Magazin (2004) bereitgestellten Daten findet sich in Abbildung 49 wieder. Die Angaben wurden teilweise etwas gekürzt oder modifiziert.

Unternehmen	Ziele der IT-Strategie	Wichtigste laufende Projekte
Adidas-Salomon	Anwendungen und Organisation konsolidieren; leistungsfähige Lieferkette	Produktdaten-Management, SAP-Branchensoftware sowie Supply-Chain-Management (SAP APO)
Allianz	Gruppenweise Standards etablieren, Ressourcen schonen, Lösungen gruppenweit nutzen	Smartcard-System für Außendienst, Migration auf Windows XP, IT-Unterstützung für Basel II und US-GAAP
Altana	k.A.	weltweiter SAP-R/3-Rollout, Einführung einer Pharma-spezifischen SCM-Simulationslösung
BASF	Flexible und leistungsfähige IT-Strukturen zur Unterstützung der Geschäftsprozesse schaffen	SAP-Konsolidierung, Standardisierung von Daten, Prozessen und Systemen (Clients), Ausbau E-Commerce
BMW	Geschwindigkeit, Flexibilität, Leistungstiefe	Materialversorgung just in time und just in sequence, Standardisierung der produktionsbezogenen Systeme
Bayer	Bedarfsgerechte Leistungen zu marktkonformen Preisen, Standardisierung, Technologie weiterentwickeln	Unterstützung der Gründung der Tochter Lanxess, Projekte zur Reduktion von Komplexität
Commerzbank	Kostenoptimierte Produktion, Komplexitätsreduktion der Anwendungen, selektives Sourcing	SAP, Vorbereitung auf Basel II und MAK, Migration auf Windows XP
Continental	Wertgenerierung, Business-Orientierung, Kostenreduzierung, IT als Business-Consulting-Bereich	Standardisierung der 220 Standorte
DaimlerCrysler	Realisierung globaler Prozesse, Unterstützung markenübergreifender Aktivitäten, Technologieführerschaft	Digitale Fabrik, Expansion in China, Konsolidierung der Infrastruktur
Deutsche Bank	IT auf Geschäftsprozesse ausrichten, Systeme global homogenisieren, Kostenvariabilisierung durch Outsourcing von Nicht-Kernkompetenzen	Harmonierung von Architekturen und Plattformen
Deutsche Post	Kerngeschäft unterstützen, wettbewerbsfähige IT-Lösungen und -Services erstellen, konzernweit integrierte Services und Geschäftsprozesse unterstützen	Konzernweite SAP-Implementierung, Rollout Windows XP, Integration des Paketdienstes DHL

Deutsche Börse	Unterstützung strategischer Geschäftsziele, Kostensenkung und Effizienzsteigerung	Verbindung der Terminmärkte in USA und Europa zur Abwicklung und Sicherung
Deutsche Lufthansa	Konvergenz von Technologie und Service, Veränderung und Innovation stützen, Bedürfnisse der Geschäftsfelder mit Konzernoptimium zusammenführen	Ausbau des Mitarbeiterportals
Deutsche Telekom	Steigerung des Konzernwertes	Maut, Standardisierung der Infrastruktur, Integration von Netzwerk- und IT-Plattform
Eon	Wiederverwendbarkeit, Infrastruktur-Konsolidierung, Einkaufssynergien bei Hard- und Software	Konzern-Applikationsstrategie, Konzern-Infrastrukturstrategie, Shared-Service-Konzept
Fresenius Medical Care	k.A.	Migration auf DB2-Datenbank
Henkel	Wirtschaftlichen Mehrwert schaffen, IT-Standards definieren und kontrollieren, optimalen Service liefern	Standardisierung der Lieferkette und der Finanzprozesse, Data Warehouse für Marktinformationen
Hypovereinsbank	Gemeinsame Plattform, Architekturmanagement, Optimierung von Prozessen und IT-Ressourcen	Umsetzung Basel II, Migration auf Windows XP, Plattformkonzept für den Darlehnsprozess
Infenion Technologies	k.A.	Update auf die Module Supply-Chain-Management-Software der Firma I2
Linde	Geschäftsnutzen generieren, positive Differenzierung gegenüber dem Wettbewerb, IT professionell managen	Einführung und Roll-out von SAP, Gründung der "Linde Infrastruktur Services" als zentraler Dienstleister
MAN Technologies	k.A.	Weiteres Roll-out E-Commerce-System, Roll-out einer SAP-Logistikplattform, Großrechner-Ablösung
Metro	Unterstützung der internationalen Expansion, Vereinheitlichung der Systeme, Entwicklung strategischer Anwendungssysteme, Betrieb der Infrastruktur, Fortschreibung der IT-Strategie	Internationalisierung des Warenwirtschaftssystems und des Data Warehouses, unternehmensweite Prozess-Standardisierung, Ausbau der internationalen MGI-Serviceorganisation
Münchner Rück	wettbewerbsfähige Konditionen anbieten, Einsatz innovativer Technologien, gesteuert durch Geschäftsbereiche, zentrale Datenbasis, einmalige Erfassung, Standardapplikationen, wenn	Global Insurance Application, Enterprise Consolidation, Grundbausteine für "Fast-Close" im Rechnungswesen, Bürokommunikation auf Basis Office 2003 mit integriertem Dokumentenarchiv, Netzwerk-

	verfügbar, Eigenentwicklung wenn Wettbewerbsvorteil	migration auf neuen Provider
RWE	Synergien nach den Unternehmenszukäufen, Steigerung der Effektivität	Standardisierung von Prozessen, Roll-out des E-Procurement auf My-SAP-Basis, gemeinsame Beschaffung und Infrastrukturnutzung
SAP	Senkung der TCO bei gleicher Qualität, Projekt-Priorisierung durch Portfolio-Management, Steigerung der internen Kundenzufriedenheit	Produktentwicklung Enterprise-Portals, Produktentwicklung (CRM, Strategic Enterprise Management)
Schering	k.A.	Standardisierung der Hardwarebeschaffung und Einsatz von SAP und Lotus Notes
Siemens	Geschäftsprozessoptimierung durch Optimierung der IT-Landschaft und "Shared IT-Services"	RZ-Konsolidierung in Europa, Unternehmensportal
ThyssenKrupp	Effizienz und Effektivität durch Standardisierung von Hard- und Software und Prozesse, Konsolidierung der Systeme und Anwendungen	Harmonisierung der ERP-Systeme, E-Mail-Systeme und des Weitverkehrsnetzes
TUI	Ein konsistentes IT-System für alle Konzernunternehmen	Touristische Kernsysteme und Komponenten vereinheitlichen, Systemvielfalt reduzieren
Volkswagen	Wertschöpfungsbeitrag, Prozessintegration über Regional- Gesellschafts- und Markengrenzen hinaus	Konsolidierung der IT-Infrastruktur, Produktdaten-Management, Fertigungs-Informations- und Steuerungssystem, Originalteilsystem, Virtuelles Fahrzeug/Digitale Fabrik

Abbildung 49: IT-Strategien der DAX30-Unternehmen (Daten: CIO-Magazin 2004)

3.2   IT-Standardisierung

3.2.1   Einführung

Die Standardisierungsökonomie beschäftigt sich mit der Entwicklung und Durchsetzung von Standards sowie des Nutzens und der Auswahl der richtigen Standards (Krcmar, 2005, S. 223 f.). Standards sind demnach Netzeffektgüter, d. h. ihr Nutzen hängt stark von ihrer Verbreitung ab. Ein bekannter IT-Standard ist das

Internetprotokolls „http", welches die Regeln für den Datenaustausch zwischen verschiedenen Rechnern beschreibt. Dieser Standard brachte für die ersten Nutzer keinen großen Nutzen, erst durch die weltweite Verbreitung der Technologie entstand ein Nutzen für die an das Internet angeschlossenen Teilnehmer.

Man kann direkte und indirekte Nutzeffekte unterscheiden (Krcmar, 2005, S. 224). Bei direkten Netzeffekten steigt der Nutzen proportional mit der Teilnehmeranzahl an (z. B. Skype-Telefonie, Chat-Rooms, Soziale Netzwerke wie XING). Bei indirekten Netzeffekten hängt der Nutzen von der Verfügbarkeit von Komplementärgütern oder Komplementärdienstleistungen ab (z. B. setzt die Nutzung von Elektro-Autos eine ausreichede Anzahl von „Stromtankstellen" voraus).

IT-Standards haben eine hohe Bedeutung für die IT-Praxis. Sie wirken u. a. als Kaufanzreiz, da IT-Produkte, die üblichen Standards entsprechen, einfacher einzusetzen sind (z. B. Personal-Computer). Andererseits besteht die Gefahr einer Fehlinvestition, wenn ein Standard ausgewählt wird, der sich später nicht erfolgreich im Markt platzieren kann.

Beim Wechsel eines gewählten Standards muss der Nutzen des neuen Standards die Umstellungskosten dauerhaft kompensieren. Typische Beispiele in Unternehmen sind Wechsel von Bürosoftwarepaketen (Textverarbeitung, Mail, Tabellenkalkulation) oder ERP-Systemen.

Standardisierungsfelder

Eine historisch gewachsene IT-Infrastruktur mit zahlreichen Lösungen für gleichartige Problemstellungen (z. B. Nutzung unterschiedlicher ERP-Systeme, E-Mail-Programme oder Betriebssysteme, Einsatz unterschiedlicher PC-Typen, Einkauf bei verschiedenen PC-Herstellern) führt zu hohen Kosten für die Aufrechterhaltung der Betriebsbereitschaft. Viele Unternehmen stehen vor der Herausforderung, die Anzahl der unterschiedlichen Lösungsvarianten zu reduzieren. Im Rahmen der IT-Strategieentwicklung sind zu Fragestellungen des Informationsmanagements (IT-Prozesse, IT-Projektmanagement, Qualitätsmanagement, IT-Sicherheit) aus zahlreichen, teilweise auch konkurrierenden externen Standards (Hersteller-Standards, Standards von Normierungsgremien und gesetzlichen geregelten Standards) hausinterne IT-Standards auszuwählen, ggf. anzupassen und anzuwenden (vgl. Abbildung 50).

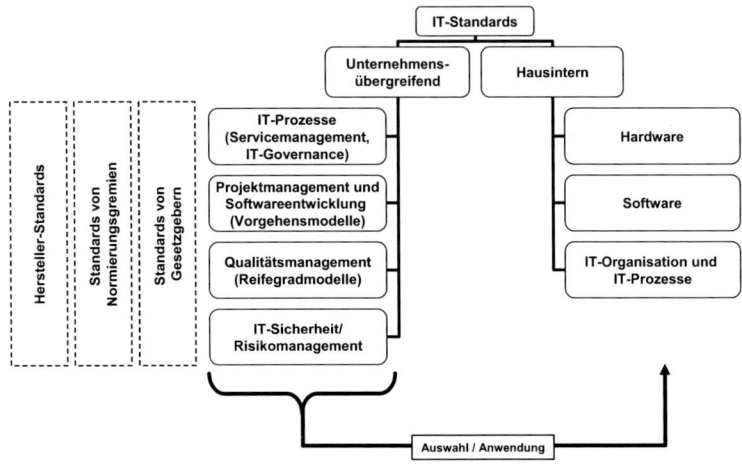

Abbildung 50: IT-Standards

Die Esslinger Firma Festo sieht z. B. in der Standardisierung von IT-Leistungen ein strategisches Ziel (vgl. Ilg, 2005) für Ihr Unternehmen. Im operativen IT-Controlling-Konzept ist die Einhaltung der Standards, z. B. die Genehmigung von Projektanträgen oder bei Revisionen zu überprüfen. Das Ziel der Standardisierung besteht darin, eine angemessene und sinnvolle IT-Ausstattung für den Großteil der IT-Anwender im Unternehmen festzulegen und nicht die IT-Anforderungen eines einzelnen Benutzers umfassend abzudecken (vgl. Buchta et al. 2004, S. 152). Durch einheitliche Informationssysteme und IT-Prozesse sinken die Kosten für Einführung, Betrieb und Wartung in erheblichem Umfang. Beispiele für Standardisierungsfelder sind in Abbildung 51 dokumentiert.

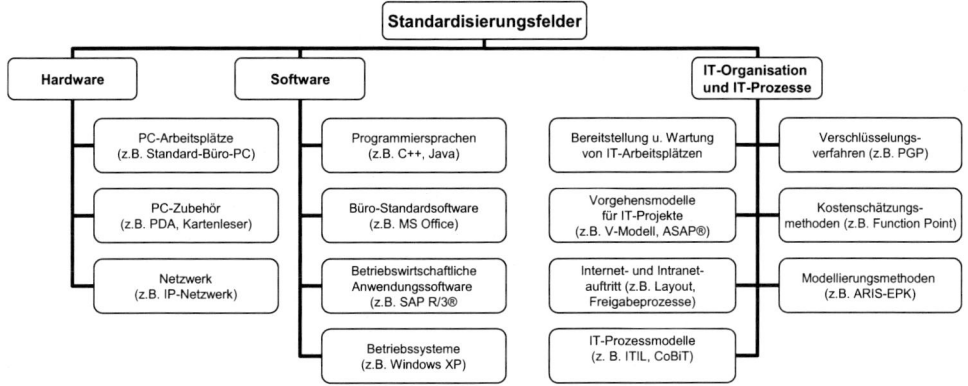

Abbildung 51: Standardisierungsfelder der IT

Hardware   Im Bereich der IT-Hardware sind intelbasierte Arbeitsplatzcomputer weit verbreitet. Innerhalb des Unternehmens ist darauf zu achten, dass möglichst nur standardisierte Komplettsysteme mit der im Unternehmen üblichen Softwaregrundausstattung zum Einsatz kommen. Hierzu sind Standard-IT-Arbeitsplätze zu definieren, die an unterschiedlichen Einsatzszenarien (Büroarbeitsplatz, mobiler Arbeitsplatz) orientiert sind.

Software   Im Bereich der Softwareentwicklung hat die Verwendung von Standards durch Nutzung standardisierter Programmiersprachen wie COBOL, C++ oder Java eine lange Tradition. Hinzu kommt die Nutzung von weit verbreiteten Industriestandards, wie z. B. die Programmiersprache ABAP® der SAP AG.

Häufig verwenden Unternehmen betriebswirtschaftliche Standardsoftwarepakete, wie etwa das Produkt SAP® R/3® und definieren die Nutzung für den abgedeckten Bezugsbereich (z. B. Vertrieb, Produktion, Finanzen und Personal) als obligatorisch.

PRAXISBEISPIEL: IT-STANDARDISIERUNG (HEIDELBERGER DRUCK)

Wie wichtig die Standardisierung von IT-Arbeitsplätzen sein kann, zeigt das Beispiel der Heidelberger Druck AG (vgl. Vogel, 2003, S.31). Das Unternehmen verfügt über etwa 19.500 Clients, auf denen bei einer Stichprobe unter 6150 Geräten über 5984 verschiedene Softwarepro-

dukte installiert waren. Nach einer Reihe von Standardisierungsmaß-
nahmen konnte die Anzahl der Softwareprodukte auf etwa 300 reduziert werden.

Ein Beispiel für technische Standards im Hause der deutschen
ALBA-Gesellschaften, einem Beratungsunternehmen, zeigt Abbildung 52.

Client-Oberfläche/ Präsentation **Anwendungssoftware**	Windows 95, Power Builder, SAP R/3 (Version 4.08)
Programmiersprachen/ **Entwicklungswerkzeuge**	Power Builder, C, C++, ABAP-Werkzeuge
Client-OS **Server-OS**	Zugang: Web-Hosting mit Internet-Explorer Instranet: Windows NT, Doktoris (debis)
Abfragewerkzeuge **Datenbanken, Schnittstellen**	Oracle Werkzeuge, Info-Maker Oracle Datenbank, V. 7.34
Netzwerke und **Router**	TCP/IP Glasfaser und ISDN zwischen den Standorten sowie Cisco-Router
Hardware **(Server)**	HP LX und LH

Abbildung 52: ALBA-IT-Standards (Heinrich/Bernhard, 2002, S.
108)

Die Standardisierung heterogener Informationssysteme ist eine
Aufgabe, die regelmäßig im Umfeld von Unternehmenszusammenschlüssen zu bewältigen ist. Kratz (2003) berichtet von insgesamt 27 Großrechnersystemen, die im Rahmen des Zusam-
menschlusses des Debis Systemhauses mit verschiedenen Tele-
kom-Tochterfirmen zur T-Systems International zu konsolidieren
waren. Darüber hinaus besaß jede Einheit eigene Kundenstamm-
daten, die zu einer gemeinsamen Kundendatenbank integriert
wurden (vgl. Kratz, 2003).

Die gestiegene Bedeutung der Standardisierung hat beispielsweise die Degussa AG dazu bewogen, in Anlehnung an die bekannte Bedürfnispyramide nach Maslow eine Standardisierungspyra-
mide abzuleiten (vgl. Abbildung 53). Sie zeigt, dass die Standar-
disierungsaufgaben oberhalb der technischen IT-Infrastruktur vor
allem durch die Fachseite getrieben werden müssen: Daten,
Funktionen und Prozesse sind Objekte, die aus dem Geschäft
eines Unternehmens heraus betrachtet werden müssen. Der

Hauptaufwand sowie -nutzen der Standardisierung ist in diesen
Ebenen zu realisieren.

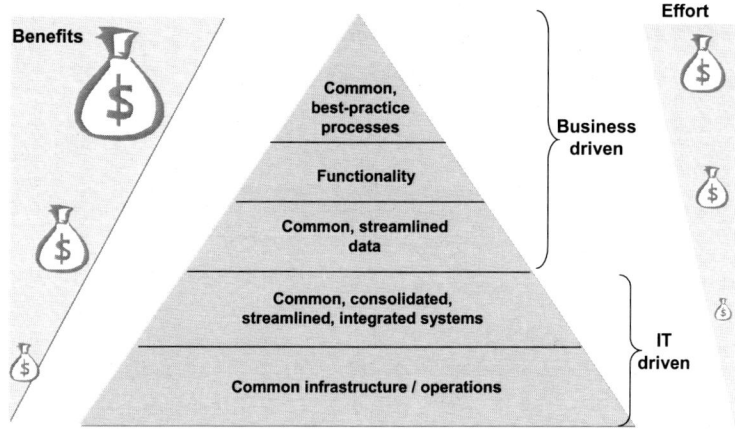

Abbildung 53: Harmonization Pyramid »Maslow« der Degussa AG
(Neukam 2004)

IT-Organisation
und Prozesse

Standards für die IT-Organisation und Prozesse in der IT nehmen
an Bedeutung zu. Hinzu kommt, dass Marktstandards, wie sie
aus den Bereichen Hard- und Software bekannt sind, hier weniger stark auftreten. Deshalb lassen sich zahlreiche Beispiele für
die Standardisierung finden. So sind z. B. die Prozesse für die
Bereitstellung, Wartung und Entsorgung von Computerarbeits-
plätzen Aufgaben, die häufig nicht in standardisierter Form vorliegen und vergleichsweise hohe Kosten verursachen (vgl. hierzu
das Kapitel IT-Arbeitsplatzmanagement).

Vorgehensmodelle für die Softwareentwicklung und deren Dokumentation sind in Softwarehäusern und größeren Unternehmen vorzufinden, in kleineren Unternehmen jedoch weniger
stark verbreitet. Das gleiche gilt für Methoden der Kostenschätzung, die in den Projekten zum Einsatz kommen sollen. Bei
Unternehmen mit hoher Eigenentwicklungsquote findet man z.
B. häufig die Function-Point-Methode, bei SAP-Anwendern wird
meist die von der SAP AG bereitgestellte ASAP®-Methode eingesetzt (vgl. hierzu Gadatsch 2004).

Nutzt ein Unternehmen die Möglichkeit, E-Mails und weitere
elektronische Dokumente verschlüsselt auszutauschen, so sind
selbstverständlich einheitliche Verschlüsselungsmethoden einzuhalten. Die Vielzahl der innerhalb der in Unternehmen aufgebau-
ten Intranet-Server und vor allem der nach außen gerichteten

Internetserver müssen mit einheitlichen Layoutvorschriften und Freigabeprozessen standardisiert werden, um einem „Wildwuchs" hinsichtlich der Inhalte und Gestaltung entgegenzuwirken. Werden im Unternehmen Geschäftsprozessmodelle erstellt, so ist es sinnvoll, dass die hierfür verwendeten Modellierungsmethoden (z. B. die häufig genutzten ereignisgesteuerten Prozessketten, EPK) einheitlich verwendet werden (vgl. zur Methodik der Geschäftsprozessmodellierung: Gadatsch 2004).

Nutzen der Standardisierung

Der Nutzen der Standardisierung liegt in der kostengünstigeren Beschaffung, einfacheren Administration, Anwendung und Vernetzung von IT-Komponenten. IT-Standards senken u. a. die Kommunikationskosten, da weniger Medienbrüche anfallen (z. B. bei Einsatz von Emailsystemen basierend auf dem pop3-Standard) und schützen Investitionen von Systemen, die auf der Offenheit von Standards basieren (z. B. Workflow-Managementsysteme, die den Standard der Workflow-Management-Coalition unterstützen). Sie senken die Einarbeitungs- und Einführungszeiten (z. B. Standardsoftware wie MS Office, SAP® ERP) und vermeiden bilaterale Vereinbarungen zwischen Unternehmen (z. B. für den Datenaustausch) (vgl. auch Krcmar, 2005, S. 223 f.). Darüber hinaus wird die Durchgängigkeit der IT-Infrastruktur verbessert (vgl. Buchta et al. 2004, S. 152), da weniger Schnittstellen und Systemübergänge zu versorgen sind.

3.2.2   Total Cost of Ownership (TCO) von Informationssystemen

IT-Arbeitsplätze und Informationssysteme verursachen neben den **direkten Kosten** (z. B. Anschaffungskosten für Hardware und Software), die für die Verantwortlichen transparent und sichtbar sind, enorme **indirekte Kosten**, (z. B. durch Fehlbedienung und/oder mangelhafte Schulung) die sich der Beeinflussung entziehen.

Kaufpreis < Gesamtkosten

Der Kaufpreis eines typischen Arbeitsplatzcomputers beträgt nach Analysen nur etwa 14-15 % der gesamten Kosten, die er im Laufe seiner Lebensdauer insgesamt verursacht. Die restlichen Kosten werden häufig nicht transparent, wenn sie dem betrieblichen Rechnungswesen nicht zu entnehmen sind (vgl. Abbildung 54).

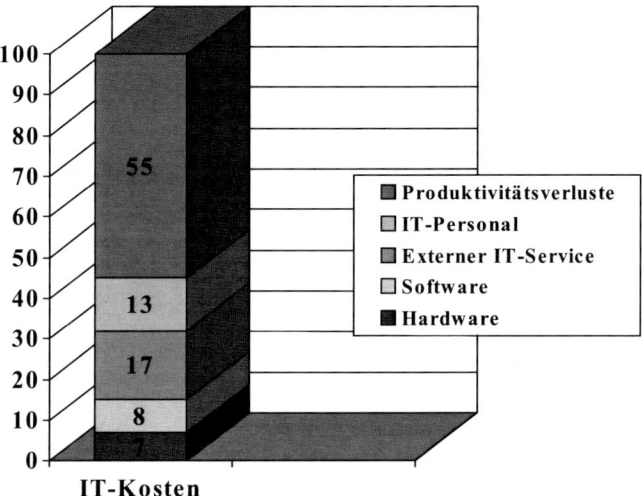

Abbildung 54: IT-Kosten-Struktur (Conti, 2000)

Direkte Kosten

Direkte Kosten entstehen bei der Beschaffung und dem Betrieb von Hard- und Software. Hierzu zählen die Anschaffungskosten und Prozesskosten der Beschaffungsprozesse, der Aufwand für die Installation von Hardware und Software, die Schulung der Mitarbeiter, Wartung und Support, Betrieb von Help-Desks, Netzwerkbetrieb und Raumkosten.

Indirekte Kosten

Neben den direkten Kostenbestandteilen fallen nicht direkt sichtbare Kostenblöcke an, die sich dem Einflussbereich des Managements entziehen. Diese **indirekten Kosten** entstehen durch Produktivitätsverluste der Mitarbeiter (z. B. fehlende Ausbildung) und Ausfallzeiten bei unzureichender Wartung oder Fehlfunktionen. Weitere Beispiele für indirekte Kosten sind Opportunitätsverluste durch Nichtnutzung von technologischen Möglichkeiten (z. B. Datensicherungskonzept, Laufwerke im Netz), deren Nicht-Nutzung höhere Kosten verursacht, als ihr konsequenter Einsatz. Ein *fehlendes Datensicherungskonzept* kann zu einem Datenverlust führen, wenn ein Mitarbeiter Unternehmensdaten auf einem Laptop aufbewahrt und diesen verliert. Der Ausfall eines zentralen E-Mailservers, ein Virenangriff auf das Unternehmensnetz oder nur ein nicht korrekt eingespieltes Upgrade eines Textverarbeitungsprogramms verursachen Arbeitszeitausfälle und Folgekosten durch nicht erfasste Aufträge.

Diese nicht transparenten Kosten lassen sich mit einem Schiff im Wasser vergleichen, dessen Rumpf unterhalb der Wasserlinie nicht sichtbar ist (vgl. dazu Abbildung 55). Der Anteil der direkten Kosten erreicht etwa 45 % der Gesamtkosten, während die nicht durch das Management beeinflussbaren Kosten bis zu 55 % betragen können.

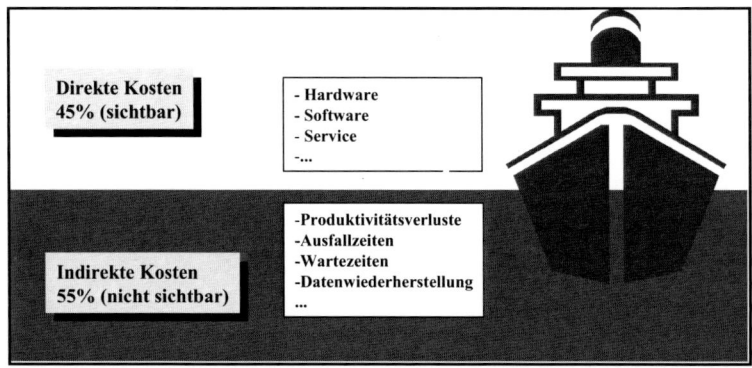

Abbildung 55: Direkte versus Indirekte IT-Kosten

TCO

Zur Beschreibung dieses Phänomens wurde von der Gartner-Group und anderen führenden Beratungsunternehmen der Begriff TCO (Total Cost of Ownership) geprägt, der alle Kosten eines IT-Arbeitsplatzes umfasst (vgl. Wolf/Holm, 1998, S. 19). Verwandte Konzepte sind Real Cost of Ownership (RCO) und Lowest Cost of Ownership (LCO). Ein aktueller Vergleich mehrerer TCO-Konzepte ist in Treber et al (2003) dokumentiert. Trotz der in den letzten Jahren gestiegenen Veröffentlichungszahlen zur TCO-Konzeption werden von der Praxis noch eine einheitliche Methodik und nachvollziehbare Praxisstudien vermisst (vgl. z. B. Lubig 2004, S. 301). Steinke nennt sieben Anbieter von TCO-Modellen (Compass, Gartner, Forrester, IBM u.a.) die unterschiedliche Kostenkategorien nutzen, die selbst bei Namensgleichheit unterschiedlich zu interpretieren sind Steinke (2003, S. 251).

TCO-Modell der SAP AG

Die SAP AG hat als Anbieter betriebswirtschaftlicher Standardsoftware ein speziell auf den Betrieb ihrer Software zugeschnittenes TCO-Modell entwickelt (vgl. Siemers 2004, S. 32). Es behandelt schwerpunktmäßig direkte und indirekte Kosten, die durch die Anschaffung, Implementierung und den Betrieb entstehen.

Die TCO-Definition umfasst nicht nur die Kosten der Anschaffung, der Installation der Hard- und Software, die Wartung und den Betrieb, sondern auch die Anschaffung und Wartung von Servern und Netzwerken, Benutzersupport, Schulung und Training, Entwicklung spezieller Anwendungen sowie die Kosten für den Systemausfall.

Ziele des TCO-Ansatzes

Der TCO-Ansatz analysiert die IT-Kostenstrukturen durch eine vollständige Erfassung der Kosten, die im Rahmen der Beschaffung, Bereitstellung und Entsorgung von IT-Komponenten entstehen. Der IT-Controller strebt nach der Bereitstellung von ganzheitlichen Kosteninformationen zur Beurteilung von IT-Investitionsentscheidungen und die Ergänzung klassischer RoI-Kennzahlen (Return-on-Investment).

Eine TCO-Analyse gliedert die IT-Kosten in direkte Kosten, sichtbar im klassischen Rechnungswesen, und in indirekte Kosten, die im Rechnungswesen nicht ermittelbar sind (vgl. Abbildung 56).

Direkte Kosten (im Rechnungswesen sichtbar)	Indirekte Kosten (im Rechnungswesen unsichtbar)
• Hardware (Anschaffung, Leasing) • Software (Lizenzen, Updates) • IT-Infrastruktur (Netzwerk, Telefongebühren)	• Versteckte dienstliche Endbenutzer-Kosten (Arbeitszeitverlust durch Kollegenschulung [Hey Joe-Effekt], Trial-and-Error-Schulung)
• IT-Entwicklung von Firmen-Add Ons (z. B. Schriftarten, Makros für Geschäftsbriefe, Funktionstest, Anwenderdokumentation) • Schulung und Support (Grundlagenkurse, Telefonhotline, Individualtraining)	• Produktivitäts- und Arbeitszeitverluste durch technische Probleme (Zusammenbruch des Netzwerks, nicht nutzbarer Endbenutzerarbeitsplatz, Druckerprobleme, Serverausfall etc.)
• Verwaltung- und Wartung (Eigene Mitarbeiter, Fremdfirmen bei Outsourcing)	• Versteckte private Endbenutzerkosten (Arbeitszeitverlust durch private Internetnutzung, sog. Futzing)

Abbildung 56: Direkte und indirekte IT-Kosten

TCO-Analysen dokumentieren übersichtlich die für Arbeitsplatzsysteme anfallenden hohen Kosten. So zeigen Untersuchungen der Gartner Group und der Melbourne University über 4676 Apple- und 5338 Wintel-Rechner, dass die TCO für unterschiedliche Arbeitsplatzrechnertypen sehr weit auseinander liegen können (vgl. Abbildung 57, vgl. o.V. 2002a). Praxisberichte zeigen immer wieder, dass gerade im Bereich des so genannten Desktop-Managements hohe Einsparpotentiale liegen (vgl. z. B. Gora/Steinke, 2002). Aber auch durch Einsatz moderner Großrechner (Mainframes) lassen sich Einsparungen erzielen, wenn diese z. B. für die Konsolidierung von vorhandenen Servern verwendet (vgl. hierzu Friedrich, 2008).

Gründe für unterschiedliche TCO

Die Gründe für die TCO-Unterschiede liegen in den niedrigeren Kosten für Hardware, Software und Supportbedarf. Untersucht werden hierbei nicht nur direkte Kosten (Hardware, Software, Upgrades, Service, Support, Wertverlust, Server, Peripherie), sondern auch die vielfach höheren indirekten Kosten (Helpdesk, Schulungen, nichtproduktive Ausfallzeiten).

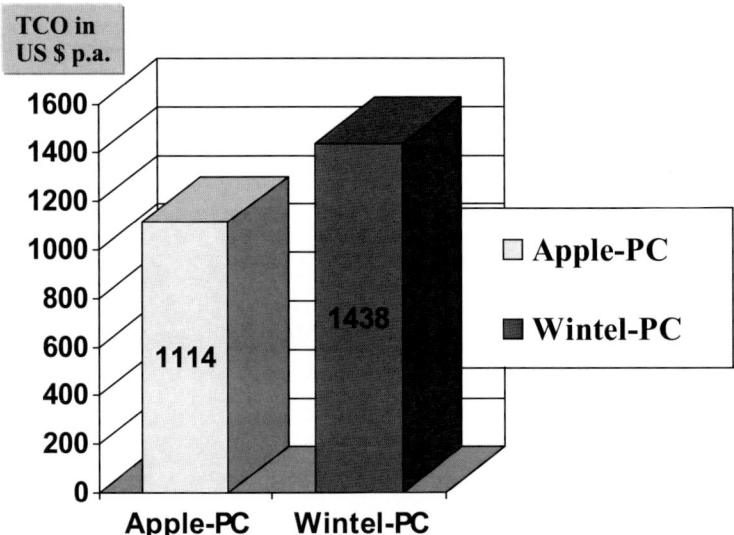

Abbildung 57: TCO-Analyse der Gartner-Group (o.V. 2002).

Im Anschluss an die Ermittlung der direkten und indirekten IT-Kosten werden Empfehlungen zur Reduzierung der indirekten Kosten erarbeitet, die in den Unternehmen meist übersehen werden. Hierzu zählen **technische Verbesserungen**, die **Standardisierung** von IT-Komponenten und **organisatorische Veränderungen**.

Technische Verbesserungen

- Einsatz von ***Thin-Clients*** (kostengünstige Personalcomputer ohne Festplatte, Disketten- und CD-Laufwerk usw., die über einen Netzanschluss betrieben werden)

- Einsatz von Tools zur Ferninstallation und -wartung

- IT-Assetmanagement

Standardisierung von IT-Komponenten

- Hardware (z. B. ein Desktop-PC und ein Laptop-Modell)

- Software (z. B. Office, E-Mail)

- Services (z. B. SLAs)

Organisatorische Verbesserungen

Zu den organisatorischen Verbesserungen zählen die Geschäftsprozessoptimierung im IT-Umfeld oder das Outsourcing von IT-Prozessen, hier insbesondere die Bereitstellung und Wartung von IT-Komponenten.

FRAUNHOFER-STUDIE: THIN-CLIENTS VS. PC

Eine Studie des Fraunhofer-Instituts UMSICHT (vgl. Knermann, 2006) hat ergeben, das Thin-Clients bereits zu deutlich geringeren Gesamtkosten führen können, als manuell gepflegte bzw. über Softwareverteilungssysteme gepflegte PCs. Demnach hängt die Vorteilhaftigkeit insbesondere von der Anzahl der zu betreuenden Geräte ab.

Die Gesamtkosten für manuell gepflegte PCs betragen bei einem Betrachtungszeitraum von fünf Jahren etwa 4600 €. Bereits ab 15 Arbeitsplätzen lohnen sich Softwareverteilungssysteme, über die Updates etc. automatisiert eingespielt werden können.

Ab 150 Arbeitsplätzen sinken bei Einsatz von Softwareverteilungssystemen die Gesamtosten auf 2800 € je PC. Bei Einsatz von Thin-Clients sinken die Gesamtkosten nochmals um 44 % bis 48 %, was verglichen mit dem Ausgangswert bei manuell gepflegten PCs bis zu 70 % Kostenvorteil bedeutet.

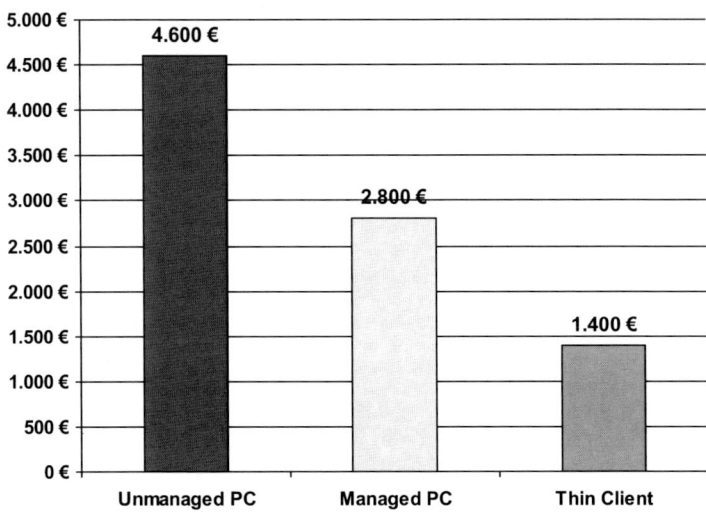

Abbildung 58 Gesamtkosten für PCs sowie Thin-Clients (vgl. Knermann, 2006)

Vorteile des TCO-Modells

Die Vorteile des TCO-Ansatzes bestehen in einer vollständigeren Erfassung der IT-Kosten, als dies in der klassischen Kostenrechnung möglich ist und hierauf aufbauenden Konzepten, z. B. RoI. Das TCO-Konzept ist stärker an den Anforderungen eines IT-ausgerichteten Rechnungswesens orientiert. Die höhere Kostentransparenz erleichtert eine deutliche Kostenreduktion.

Nachteile des TCO-Modells

Die Nachteile sind darin zu sehen, dass vor allem Nutzen bzw. Erlöse nicht betrachtet werden. Das TCO-Konzept ist im Vergleich zu dynamischen Verfahren der Investitionsrechnung eine rein statische Rechnung, welche die Zeitpunkte der Zahlungen nicht berücksichtigt. Nachteilig ist die rein technikzentrierte Sichtweise, da sie Personalkosten von IT-gestützten Prozessen nicht berücksichtigt.

TBO Total Benefit of Ownership

Abhilfe schaffen prozessorientierte Ansätze, wie z. B. die Prozesskostenrechnung. Verbesserungen des TCO-Konzeptes werden durch Einbeziehung von Nutzenkomponenten diskutiert. So erweitert die Gartner-Group das TCO-Modell durch ihr TBO-Konzept (Total Benefit of Ownership). Einzubeziehende Benefits für drahtlose PDAs (Personal Digital Assistent) sind z. B.:

• geringere Fehlerquote bei der Datenerfassung,

- beschleunigte mobile Prozesse durch permanenten Zugriff auf Unternehmensdaten (z. B. beim Kunden),

- höhere Erreichbarkeit der Mitarbeiter steigert Entscheidungsprozesse,

- höhere Mitarbeiterzufriedenheit.

Ein spezielles TCO-Modell für SAP®-Systeme beschreibt Ullerich (2004) am Beispiel des Customer-Relationship-Managements.

3.2.3 IT-Arbeitsplatzmanagement (Desktop-Management)

Begriff

IT-Arbeitsplatzmanagement (auch „Desktop-Management" oder „Managed Desktop Services") gilt als strategisch wirksames Querschnittskonzept zur Integration mehrerer IT-Controlling-Werkzeuge, die sich mit der Qualität und den Kosten von IT-Arbeitsplätzen beschäftigen. Der strategische Werkzeugkasten standardisiert IT-Produkte und Dienstleistungen als Voraussetzung für ein Arbeitsplatzmanagement. Der operative IT-Controlling-Werkzeugkasten bündelt Werkzeuge des IT-Prozessmanagements, Prozessbenchmarking, IT-Bereitstellungsprozesses, IT-Assetmanagement und IT-Outsourcing für anfallende Problemlösungen.

Bereitstellung und Betrieb von IT-Arbeitsplätzen

Eine unzureichende Qualität, zu hohe Kosten für die Bereitstellung und den Betrieb von IT-Arbeitsplätzen beklagen viele Unternehmen. Endanwender beanstanden qualitative Mängel in der Bereitstellung und im Betrieb von IT-Arbeitsplätzen. Engpässe sind:

- Unzureichende IT-Schulung der Mitarbeiter und hierdurch verursachte Folgeprobleme (z. B. Zeitverlust durch Ausprobieren, Fehlersuche),

- umständliche Bestellprozesse und unzureichende Beratung bei der Beschaffung von IT-Hardware und Software,

- zu lange Reaktionszeiten des IT-Servicepersonals bei Störungsmeldungen und daraus resultierende Zeitverluste durch Warten oder Kollegenselbsthilfe (z. B. eigene Fehlersuche, probeweise Neu-Installation eines Programms),

- Mängel in der IT-Arbeitsplatzausstattung (veraltete Hardware, unzureichender Speicherplatz u.a.) und hieraus resultierender Mehraufwand bei der Bearbeitung von Geschäftsvorfällen,

- unzureichende Standardisierung der verwendeten Hard- und Software (z. B. unterschiedliche Releasestände von Textverarbeitungssoftware und damit verbundenen Probleme beim Datenaustausch),

- Ausfallzeiten durch technische Mängel (z. B. Drucker fällt aus, Rechner fährt nicht hoch, Programmabbruch mit unklarer Ursache).

Die Ursachen sind in einer dezentralen Verantwortung für IT-Arbeitsplätze und fehlenden Steuerungs- und Controllingmechanismen zu suchen.

Bezugsbereich und Ziele

Betriebliche Informationssysteme unterscheiden sich in prozessunterstützende und prozessneutrale Anwendungen. Prozessunterstützende Anwendungen unterstützen den Mitarbeiter aufgabenspezifisch bei seiner Arbeit im Vertrieb, in der Fakturierung, im Rechnungswesen, in der Gehaltsabrechnung, im Controllerdienst u.a.

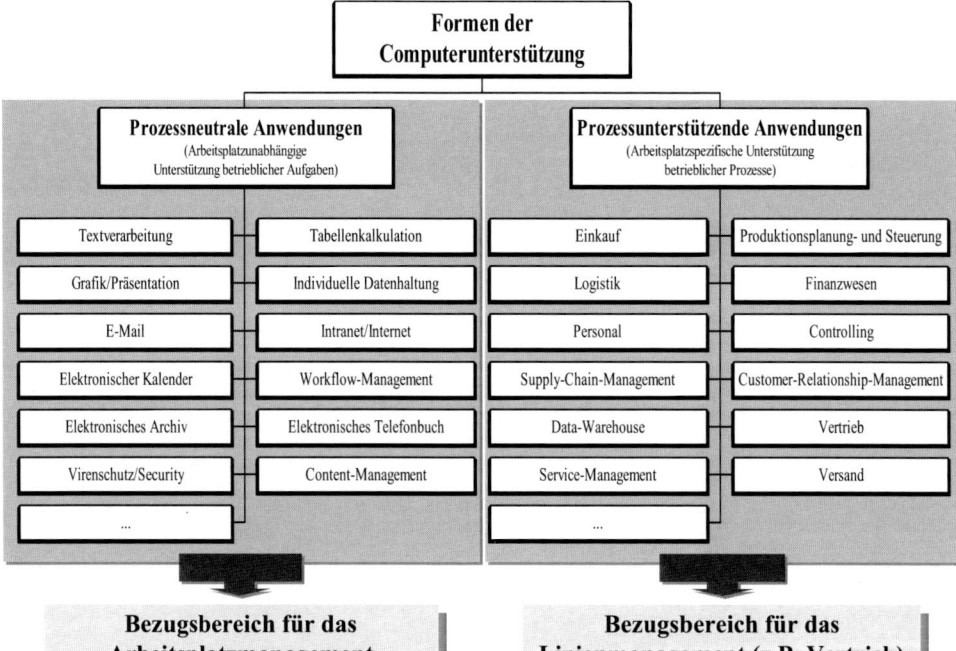

Abbildung 59: Formen der Computerunterstützung

Im Gegensatz zu Systemen, die sich an den Anforderungen der Arbeitsplätze orientieren, unterstützen prozessneutrale Anwendungen alle Büroarbeitsplätze unabhängig von der Art der jeweils ausgeführten Tätigkeit (vgl. Abbildung 59). Sie bilden damit das Rückgrat eines Unternehmens, indem Sie den Informationsaustausch sicherstellen. Die strategisch ausgerichtete Planung, Konzeption, Einführung und der Betrieb von prozessneutralen Anwendungen zählen zum Aufgabenbereich des Arbeitsplatzmanagements.

Nach einer Untersuchung des Beratungshauses Centracon bereitet das Arbeitsplatzmanagement den Unternehmen nach wie vor große Schwierigkeiten. Lediglich ein Drittel der befragten 338 Unternehmen mit über 50 Mio Euro Jahresumsatz gaben an, mit der Administration dezentraler IT-Systeme keine Probleme zu haben. Außerdem glauben die Unternehmen auch nicht daran, dass sich die Situation schnell verbessern wird (vgl. Pütter 2007).

Standardisie-rung

Die Anforderungen an die Verfügbarkeit und den Standardisierungsgrad prozessneutraler Anwendungen unterscheiden sich deutlich von den prozessunterstützenden Systemen. Prozessneutrale Anwendungen werden grundsätzlich unternehmens- oder konzernweit eingesetzt. Hierdurch wirken sich Veränderungen von Rahmendaten durch neue Technologien und steigende Kosten (z. B. ein Upgrade auf ein neues E-Mail-Programm) grundsätzlich auf das ganze Unternehmen aus. Fehlentscheidungen können zum Stillstand der gesamten Unternehmenskommunikation führen (z. B. durch einen nicht entdeckten und rechtzeitig beseitigten Virenangriff) und damit auch alle anderen Geschäftsprozesse beeinträchtigen. Oft sind die Verantwortungsträger, anders als bei prozessunterstützenden Systemen, die sich eindeutig dem Linienmanagement (Vertrieb, Finanzen usw.) zuordnen lassen, nicht bekannt. Wegen der strategischen Bedeutung prozessneutraler Anwendungen erfordern Planung, Einführung und Betrieb einen besonders hohen Aufmerksamkeitsgrad.

Ziel

Arbeitsplatzmanagement steigert die Qualität der Leistungserbringung und senkt die TCO für prozessneutrale Anwendungen auf ein mit anderen Unternehmen vergleichbares Niveau.

Verantwortungsbereich

Kompetenzen und Verantwortung eines IT-Arbeitsplatzmanagements gelten für:

- Die Erarbeitung und Fortschreibung eines verbindlichen Katalogs von IT-Leistungen, die den überwiegenden Teil des Bedarfs decken. Die Bedarfsträger sind zur Mitwirkung berechtigt und verpflichtet.

- Die regelmäßige Berichterstattung an den Konzern-CIO (Chief Information Officer) über die Entwicklung der TCO, die Qualität der IT-Leistungen und die Zufriedenheit der Benutzer.

- Die Initiierung und Überwachung von Projekten zur Senkung der TCO und Sicherung der Qualität.

- Die Bündelung des Bedarfs und die Abstimmung mit den IT-Lieferanten.

- Das IT-Arbeitsplatzmanagement übernimmt die Rolle des zentralen Bedarfsträgers (Mengen, Qualität, Preise, Funktionen) gegenüber dem Einkauf, internen und externen IT-Lieferanten,

- Die Auswahl der Lieferanten in Zusammenarbeit mit dem Einkauf.

Managementsystem aus Auftraggebersicht

Ein IT-Arbeitsplatzmanagement erfordert eine Restrukturierung der Geschäftsorganisation beim Auftraggeber. Die Komponenten des empfehlenswerten Managementsystems lauten:

1	Anforderungs-Management	Zentraler **IT-Katalog** mit allen IT-Leistungen und –IT-Produkten schafft unternehmensweite Preis- und Leistungstransparenz
2	Vertrags-Management	**Zentrale Verhandlung der IT-Verträge** schafft Konditionen-Sicherheit und wettbewerbsfähige Preise
3	Mengen-Management	**Nachfragebündelung** aller Unternehmenseinheiten reduziert die Kosten durch Mengenrabatte
4	Preis-Management	**Druck auf IT-Lieferanten** über **Preise** und **Margenvorgaben** führt zur Kostenreduktion durch das Marktpreisniveau
5	Technologie-Management	**Druck auf IT-Lieferanten** im Bereich **Technologie Push** senkt die Kosten durch Ausnutzung moderner IT-Komponenten
6	Qualitäts-Management	**Druck auf IT-Lieferanten** durch Befragungen der Bedarfsträger und Qualitätsbenchmarks ermöglichen Prozessverbesserungen

Abbildung 60: Komponenten des Managementsystems

1. Anforderungsmanagement

Als Kern des Managementsystems gilt das zentrale Anforderungsmanagement. Ein im Intranet einzustellender IT-Katalog enthält sämtliche standardisierten IT-Arbeitsplatzsysteme (z. B. Standard-Büro-Arbeitsplatz, Standard-Mobil-Arbeitsplatz) und Komponenten (Drucker). Dadurch entsteht eine hohe Preis- und Leistungstransparenz für die Bedarfsträger des Unternehmens.

*2. Vertrags-
management*

Ein zentrales Vertragsmanagement führt zu einer langfristigen Konditionen-Sicherheit und liefert dem Endbenutzer transparente und wettbewerbsfähige Preise. Der vom Arbeitsplatz-Management abgeschlossene Rahmenvertrag sollte für alle Unternehmenseinheiten gelten.

*3. u. 4. Mengen-
und Preisma-
nagement*

Eine nachhaltige Kostenreduktion lässt sich durch mehrere abgestufte Maßnahmen erreichen: Ein koordiniertes Mengenmanagement fasst die Nachfragemengen im Gegenstromverfahren (top-down / bottom-up) für alle Unternehmenseinheiten zusammen und führt zu einer Nachfragebündelung. Zur Unterstützung dieses Konzeptes wird der Planungsprozess dem IT-Controlling-Konzept angepasst und verfeinert. Anstelle pauschaler Plandaten lassen sich nunmehr detaillierte Planungen mit Soll-Ist-Vergleichen entwickeln.

*5. Technologie-
management*

Durch massiven und nachhaltigen Druck auf die Verrechnungspreise und Margenvorgaben der IT-Lieferanten lässt sich eine weitere Kostenreduktion erzielen. ASP-Dienstleister werden vom Arbeitsplatzmanagement permanent mit Marktpreisen konfrontiert, welche die Preisobergrenze darstellen.

Der Einsatz innovativer Technologien kann die TCO weiter senken. Ein weiteres Druckpotential auf den IT-Lieferanten wird im Bereich „Technologie Push" praktiziert. Der IT-Lieferant wird vom Arbeitsplatz-Management mit der Bereitstellung der jeweils kostengünstigsten und effizientesten Technologie beauftragt. Hierdurch wird vermieden, dass beim Auftraggeber veraltete Technologien im Einsatz bleiben, bis diese aus Sicht des Lieferanten „abgeschrieben" sind.

Eine deutliche Reduktion von Betriebskosten erzielt der Einsatz von Thin-Clients, wenn diese anstelle von Standard-PCs mit vollständiger Ausstattung (Festplatte, Software, CD-ROM usw.) eingesetzt werden. Eine weitere kostengünstige Alternative sind webbasierte Arbeitsplatzportale. Alternativ werden für enge bzw. durch Emissionen (z. B. Schmutz, Wasser, Dampf) belastete Unternehmensumgebungen (z. B. Call-Center, Praxisräume bzw. Produktionshallen, Krankenhäuser) platzsparende Blade-PCs vorgeschlagen. Hierunter sind kompakte Desktop-PCs zu verstehen, die zentral in speziellen Racks untergebracht und per Kabel über einen Adapter mit Bildschirm und Tastatur verbunden werden. Der Vorteil von Blade-PCs gegenüber Thin-Clients und webbasierten Lösungen liegt darin, dass sie jede PC-Software unterstützen, da sie vollständige Desktops sind. Die Betriebskosten sind wegen der höheren Komplexität höher.

*6. Qualitätsma-
nagement*

Eine Verbesserung der Prozessqualität im Rahmen der Bereitstellung und Wartung von Arbeitsplatzsystemen lässt sich durch regelmäßige Befragungen der Benutzer und ihrer Qualitätsbenchmarks durch das Arbeitsplatzmanagement erzielen.

Der IT-Lieferant muss deshalb ein komplementäres Managementsystem bereitstellen, das die Anforderungen des Auftraggebers erfüllt. Es soll die zu einer Leistungserbringung üblichen Komponenten wie Marketing, Vertrieb, Leistung und Fakturierung enthalten. Aus der Sicht des Auftraggebers ist darauf zu achten, dass der Lieferant eine brauchbare Kundenbestandsführung aufbaut, die es ihm erlaubt, jeden einzelnen Endkunden anzusprechen. Unter Kenntnis seiner Historie des Bestands an IT-Hardware, Software und Leistungsmerkmalen kann er seine Kunden optimal versorgen.

Mietmodell als Steuerungsinstrument

Häufig werden IT-Produkte (Hardware, Standardsoftware) gekauft, bilanziert und abgeschrieben. Damit verbunden sind administrative Geschäftsprozesse zur Erfassung und Verwaltung der Anlagen und Softwarelizenzen.

*Miete von IT-
Arbeitsplätzen*

Der Grundgedanke „Miete statt Kauf" lässt sich bei entsprechender organisatorischer Vorbereitung auch auf die Beschaffung, Wartung und Entsorgung von IT-Arbeitsplätzen übertragen. Die Vorteile sind nicht nur unter finanziellen oder steuerlichen Gesichtspunkten, sondern auch im Hinblick auf die Delegation der Verantwortung auf einen IT-Lieferanten zu sehen. Unter dem Stichwort ASP (Application Service Providing) werden Mietmodelle für IT-Leistungen in vielen Unternehmen bereits erfolgreich eingesetzt.

Standardisierung von Benutzeranforderungen

Wenn es gelingt, die Benutzeranforderungen sinnvoll zu standardisieren, erhalten IT-Lieferanten die Basis für kostengünstige Produktentwicklungen. Die Anforderungsprofile beschreiben für einen relevanten IT-Arbeitsplatztyp sämtliche fachlichen Anforderungen.

TYPISCHE IT-ARBEITSPLÄTZE

Call-Center-Arbeitsplatz, Manager-Arbeitsplatz,

Sekretariats-Arbeitsplatz

Unternehmens- bzw. konzernweit standardisiert werden prozess-neutrale IT-Komponenten, wenn sie die Kommunikationsfähig-keit des Unternehmens verbessern. Hierzu zählen Hardware-Anforderungen (z. B. mobiler Arbeitsplatz); Software-Anforde-rungen (z. B. Synchronisationssoftware) und Zugangsmerkmale (z. B. Account für Großrechner-Zugang).

Vorgehens-weise

Den ersten Schritt zur Standardisierung liefern Anforderungspro-file der betroffenen Konzerneinheiten mit aktiver Unterstützung durch das Arbeitsplatzmanagement im Sinne des Controllerdiens-tes. Es bedient sich zur Unterstützung ggf. auch interner oder externer IT-Experten. Anschließend wird der IT-Dienstleister mit der Entwicklung und Definition von konkreten IT-Produkten beauftragt. Hierunter ist jedoch keine einfache 1:1-Umsetzung von Anforderungen in IT-Produkte zu verstehen, sondern eine baukastenorientierte Produktdefinition. Dieser Prozess ist ver-gleichbar mit der Produktentwicklung in anderen Branchen, wie z. B. der Automobilindustrie. Nach Verfügbarkeit der IT-Produkte (Angebote durch den ASP-Dienstleister) erfolgt deren Aufnahme und Freigabe im IT-Katalog. Er enthält die für Endbenutzer be-stellbaren Produkte. Abbildung 61 stellt einen hierarchischen Katalog mit Anforderungsprofilen vor.

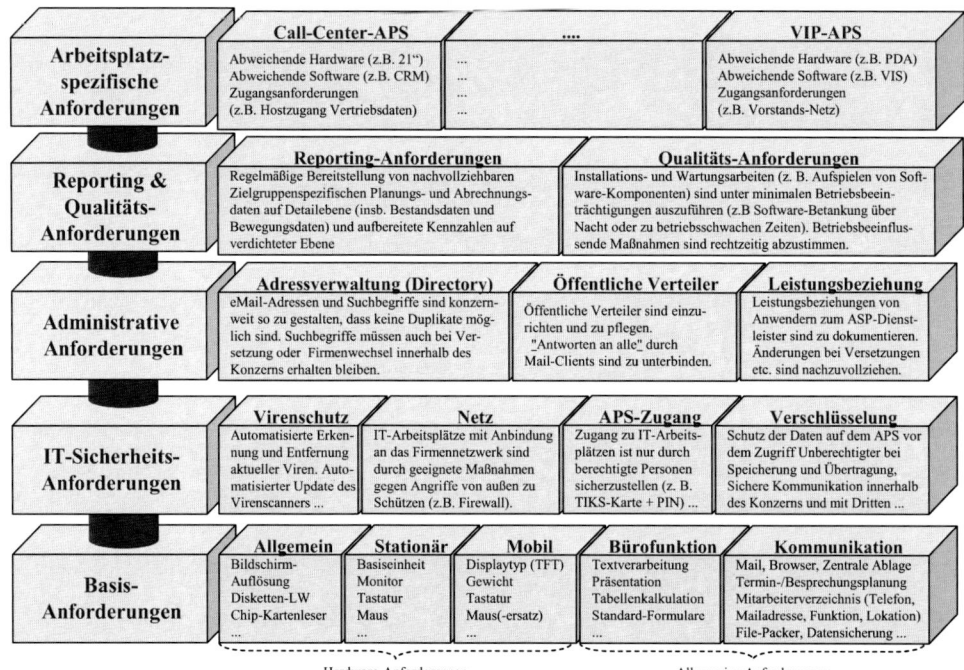

Abbildung 61: Anforderungsprofile

Basisanforde-
rungen

Die Grundlage für einen standardisierten IT-Arbeitsplatz bilden Basisanforderungen. Sie lassen sich in Hardware- und allgemeine funktionale Anforderungen gliedern. Auf dieser Ebene werden grundlegende Leistungsmerkmale definiert. Sie bilden die Grundlage für die Angebotsbildung durch den IT-Lieferanten.

IT-Sicherheits-
anforderungen

Die zweite Ebene baut auf den Basisanforderungen auf. Sie wird durch IT-Sicherheitsanforderungen gebildet, die für jeden Standardarbeitsplatz, ggf. differenziert nach Sicherheitskategorien (z. B. Mitarbeiter, Führungskraft, Vorstand) Gültigkeit haben.

Administrative
Anforderungen

Administrative Anforderungen haben für viele IT-Arbeitsplätze Gültigkeit. So wird festgelegt, in welcher Form E-Mail-Adressen vergeben werden, welche Daten im zentralen Adressbuch (Directory) für jeden Mitarbeiter erfasst werden müssen. Von besonderer Bedeutung ist die Historisierung der Leistungsbeziehung zu jedem Endkunden durch den IT-Lieferanten. Diese Anforderung stellt sicher, dass ein Endbenutzer beim Anruf im Support-Center identifizierbar ist und seine Hardware/Software-Konfiguration einschließlich der Vergangenheitsdaten für Beratungszwecke verfügbar ist. Damit ist eine individuelle Anwenderbetreuung möglich:

- „Welche Produkte benutzt der Anwender derzeit?",

- „Womit hatte der Anwender früher Probleme?",

- „Welche Serviceeinsätze wurden durchgeführt?".

Reporting & Qualitäts-Anforderungen

Das IT-Arbeitsplatzmanagement und der Endbenutzer sind auf Informationen zur Beurteilung ihrer Leistungsbeziehung mit dem IT-Lieferanten angewiesen. Der Endbenutzer benötigt einen detaillierten Nachweis der von ihm bezogenen Leistungen und Bestandsübersichten, um eine Rechnungsprüfung durchzuführen. Für einen Kostenstellenleiter ist es wichtig zu wissen, welche IT-Kosten auf seiner Kostenstelle für welchen Arbeitsplatz anfallen. Das IT-Arbeitsplatzmanagement benötigt verdichtete Planungs- und Qualitätsinformationen. Hierzu gehören z. B. Kennzahlen über die vereinbarten Service-Level (Wann und wo gab es Störungen? Wie lange wurde der Betrieb unterbrochen?).

Arbeitsplatzspe-zifische Anfor-derungen

Die Spitze der Anforderungspyramide bilden arbeitsplatzspezifische Anforderungen, welche die Anforderungen von einzelnen Personengruppen (Sekretärin, Manager, Vertriebs-Mitarbeiter, Mobiler Arbeitsplatz u.a.) bündeln. Die Erfassung dieser Anforderungskategorie erfordert eine Mitwirkung der Endbenutzer.

IT-Katalog

Um den Leistungsaustausch zwischen Auftraggeber und –nehmer zu regeln, werden zunehmend IT-Kataloge zur Spezifizierung der IT-Leistungen und Konditionen eingesetzt (vgl. z. B. Ennemoser, 2000, S. 515). Der IT-Katalog ist auch für das IT-Arbeitsplatz-management ein unverzichtbares operatives Controlling-Werkzeug, weil es die Leistungs- und Kostentransparenz erhöht und zugleich den Bezug zum Endanwender fördert. Das IT-Arbeitsplatzmanagement definiert Anforderungen an die vom IT-Lieferanten bereitzustellenden Produkte. Je höher der Standardisierungsgrad der Anforderungen ist, desto höher sind die erzielbaren Kostenvorteile durch standardisierte IT-Produkte. Die durchschnittliche Nutzungsdauer der IT-Arbeitsplatzsysteme ist auf einen vom Auftraggeber gewünschten Wert zu fixieren. Hierdurch wird ein Technology-Refresh durch den IT-Lieferanten möglich. Der Auftraggeber erhält regelmäßig einen Austausch seiner IT-Arbeitsplatz-Ausstattung auf den neuesten technischen Stand. Die Entsorgung erfolgt durch den IT-Lieferanten. Muster eines IT Kataloges listet Abbildung 62 auf.

Allgemeine Hinweise zur Bestellung von IT-Arbeitsplatzsystemen	**Desktop-Services, Produktportfolio, Bestellprozess, Projekte, Budgetplanung, Inbetriebnahme**
Allgemeine Hinweise zur Nutzung von IT-Arbeitsplatzsystemen	**Erstmalige Bereitstellung eines IT-APS, Helpline- und Vor-Ort-Services, Regelmäßiger Austausch (Refresh), Verbrauchsmaterial**
Bestellpakete und optionale Komponenten für Aufgabenprofile	**Vorkonfigurierte Bestellpakete** (z.B. Außendienst-PC, Standard-Büro-APS), **Optionale Komponenten für Bestellpakete** (z.B. Drucker, Monitore), **Bestellpakete Netzwerkdrucker, Bestellpakete Pocket PC**
Dienstleistungs-komponenten	**Datensicherung, Fax, SMS, Internetzugang, IT-Remote, Mail-, File- und Printservice, Öffentliche Ordner, Postfacherweiterung, Umzug, T-Online-Zugang, Großrechnerzugang (MVS), Kabelloser Netzzugang im Büro**
Komponenten zur Selbstkonfiguration	**Individual-PC** (z.B. als Basispaket Desktop-PC), **Optionale Komponenten für Basiskomponenten** (z.B. Monitor, Drucker)
Technische Artikel für besondere Zwecke	**Hardware** (z. B. Artikel für Desktops, Notebooks, Druckerkabel) **Software** (z.B. Standardsoftware)
Sonstige Dienst-leistungen nach Aufwand	**z.B. Installation und Inbetriebnahme spezieller Software auf einem Individual-PC**
Leistungsbeschreibung IT-Arbeitsplatz	**Liefermengen, Einzelbeauftragung, Service-Level-Agreement (SLA) der Bereitstellung, Virenschutz, Wizard, Service-Level-Agreements (SLA) für Problem Management, HelpLine u.v.m.**

Abbildung 62: Inhalt eines IT-Kataloges

IT-Kataloge können noch hinsichtlich der Zielgruppe untergliedert werden. Die HUK-COBURG Versicherung unterscheidet beispielsweise in ihrem IT-Katalog in primäre und sekundäre Produkte. Primäre Produkte dienen werden außerhalb der IT angeboten, z. B. eine Schadensanwendung oder die Finanzbuchhaltung. Sekundäre IT-Produkte finden nur innerhalb der IT-Abteilung Verwendung, wie z. B. die Rechnerleistung einer Hardwareplattform (vgl. Niekut/Friese, 2008, S. 914).

Implementierung

Die notwendigen Vorarbeiten für die Einführung eines Arbeitsplatzmanagements werden häufig unterschätzt. Die Abbildung 63 zeigt ein vereinfachtes Vorgehensmodell für die Implementierung des IT-Arbeitsplatzmanagements.

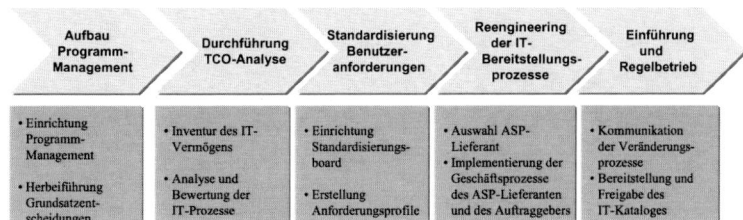

Aufbau Programm-Management	Durchführung TCO-Analyse	Standardisierung Benutzer-anforderungen	Reengineering der IT-Bereitstellungs-prozesse	Einführung und Regelbetrieb
• Einrichtung Programm-Management • Herbeiführung Grundsatzent-scheidungen	• Inventur des IT-Vermögens • Analyse und Bewertung der IT-Prozesse	• Einrichtung Standardisierungs-board • Erstellung Anforderungsprofile	• Auswahl ASP-Lieferant • Implementierung der Geschäftsprozesse des ASP-Lieferanten und des Auftraggebers	• Kommunikation der Veränderungs-prozesse • Bereitstellung und Freigabe des IT-Kataloges

Abbildung 63: Implementierung des IT-Arbeitsplatzmanagements

Aufbau Prog-
ramm-
Management

Hier steht die Sensibilisierung der Unternehmensleitung hinsichtlich der Arbeitsplatzthematik im Vordergrund. Relevante Kostenstrukturen und Nutzenfaktoren, die realistischen Kosteneinsparungen und Effizienzsteigerungen sind aufzuzeigen. Ein zentrales Programm „Arbeitsplatz-Management" ist mit einer konzernweiten Gesamtverantwortung einzurichten.

Organisation
des Arbeits-
platzmanage-
ments

Das Arbeitsplatzmanagement wird als reine Managementaufgabe in Form eines Programm-Managements (vgl. zur Methodik des Programm-Managements Dobiéy et al. 2004) von einer kleinen Gruppe Mitarbeiter gestaltet und durchgeführt Der Leiter Arbeitsplatzmanagement berichtet direkt an den CIO bzw. an das verantwortliche Vorstandsmitglied. In dieser Phase sind auf höchster Ebene eine Reihe von wichtigen Grundsatzentscheidungen zu treffen und auch konzernweit zu kommunizieren. Im Rahmen der Programmorganisation ist die notwendige aktive Einbindung der Bedarfsträger im Konzern sicherzustellen. Dies erfordert in der Regel auch eine Anpassung der Planungsprozesse (z. B. Investitionsplanung für IT-Projekte, Kostenstellenplanung für dezentrale IT-Budgets) sowie der Beschaffungsprozesse. Der Controllerdienst und Einkauf sind daher durch ein ständiges Mitglied in der Programmorganisation vertreten.

Durchführung
TCO-Analyse

Nach der Einrichtung der Programmorganisation ist es notwendig, im eigenen Unternehmen eine umfassende TCO-Analyse durchzuführen. Führende Beratungshäuser verfügen über operative Verfahren, zum Teil mit Softwareunterstützung entwickelt. Zu erwähnen sind die TCO-Modelle der Gartner-Group, Forrester Research und der META-Group, die sich nur in Details unterscheiden. Sämtliche Methoden verfolgen das Ziel, dem Management eine fundierte Aussage über Kosten und Prozesse zu liefern. Erfasst werden direkte und indirekte IT-Kosten sowie die zugrunde liegenden Prozesse. In der Form einer Bestandsaufnahme, der eine computerunterstützte Datenanalyse folgt, werden in Kurzprojekten (etwa 50-60 Personentage für einen Großkonzern) erste Handlungsempfehlungen für Prozessänderungen und hieraus resultierende Kostensenkungspotentiale erarbeitet.

Prozess-analyse

Die Prozessanalyse erfasst IT-Aufgaben, die durch die Informationsverarbeitung (Rechenzentrum, Entwicklungsabteilung, Benutzerservice) entstehen und durch die Endanwender (Kollegenhilfe bei Softwareproblemen, Beseitigung von Druckerproblemen) wahrgenommen werden. Durch stichprobenartige Befragungen von Endanwendern und gezielte Befragungen relevanter Personengruppen (z. B. IT-Leiter, Controllerdienst, Einkauf) werden Informationen über die Art und Qualität der durchgeführten IT-Aufgaben und den hier ablaufenden Geschäftsprozessen (z. B. wie erfolgt die Bearbeitung einer PC-Bestellung oder wie wird eine Störung bearbeitet?) gesammelt und bewertet. Zufriedenheitsanalysen der Endbenutzer sind empfehlenswert, um die Qualität der Service-Prozesse beurteilen zu können.

Inventur des IT-Vermögens

In der Regel erfolgt eine (auch stichprobenartige) IT-Inventur, die wesentliche Aussagen über die Höhe und Struktur des IT-Vermögens liefert. Neben statischen Fragen des Vermögensbestandes wird auch untersucht, ob und wie eine IT-Bestandsführung erfolgt und in welcher Form administrative Abläufe unterstützt werden. Hierbei erkennt das Management nicht transparente Informationen, wie z. B. eine in Teilbereichen zu üppige IT-Ausstattung, veraltete Hardware, beliebige Software-Release-Kombinationen, nicht dokumentierte IT-Bestände. Auch nach Einleitung von kostensenkenden und qualitätssteigernden Maßnahmen ist es erforderlich, die TCO-Analyse zur Kontrolle in regelmäßigen Abständen zu wiederholen.

Standardisierung von Benutzeranforderungen

Die Standardisierung von Benutzeranforderungen erfolgt als unternehmensweite Teamarbeit. Der Erfolg des gesamten Konzeptes hängt davon ab, dass die Rollen im Konzern neu verteilt und aktiv gelebt werden (vgl. Abbildung 64). Neben der formalen Einrichtung einer Organisationseinheit „Arbeitsplatzmanagement" ist auf der Arbeitsebene ein „Standardisierungsboard" einzurichten, das als permanente Arbeitsgruppe mit Vertretern der Bedarfsträger besetzt wird. Unter der aktiven Mitwirkung und Koordination werden fachliche und qualitative Anforderungen an IT-Arbeitsplätze definiert und verbindlich verabschiedet. Die Vertreter der Bedarfsträger sind zur Information und Durchsetzung dieser Standards verpflichtet. Das Arbeitsplatzmanagement ergänzt die konsolidierten fachlichen Anforderungen um IT-Standards und beauftragt den ASP-Dienstleister mit der Definition von „bestellbaren" Produkten für den IT-Katalog.

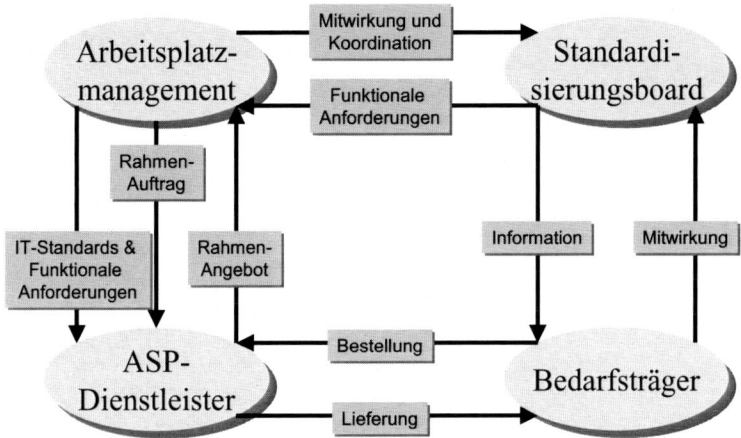

Abbildung 64: Rollenverteilung im Arbeitsplatzmanagement

Reengineering der Bereitstellungsprozesse

Basierend auf den konsolidierten fachlichen und qualitativen Anforderungen sowie den vom Arbeitsplatzmanagement vorgegebenen IT-Standards definiert der vom Arbeitsplatzmanagement ausgewählte ASP-Dienstleister bestellbare Produkte. Beim ASP-Dienstleister sind ein Produktentwicklungsprozess zu starten und der IT-Katalog aufzubauen.

Beim Auftraggeber sind die Geschäftsprozesse der IT-Kostenplanung, Beschaffung und Bereitstellung von IT-Leistungen an das veränderte Geschäftsmodell anzupassen. Die Prozesse sind für die Rechnungsprüfung und das Beschwerdemanagement zu definieren.

IT-Kostenplanung

Gravierende inhaltliche Änderungen ergeben sich bei der Planung und Abrechnung von IT-Produkten und –Leistungen im Rahmen der innerbetrieblichen Leistungsverrechnung bzw. Kostenstellenrechnung. Für den Controllerdienst ist der Planungsprozess so umzustellen, dass anstelle der kostenstellenbezogenen Planung von

- Investitionen und Abschreibungen für Hardware und Software,

- Sachkosten für IT-Schulung, Wartung und Support,

- Kalkulatorischen Zinsen für Vermögensgegenstände,

eine Budgetierung von Mieten für die Inanspruchnahme von IT-Produkten erfolgt, die über den IT-Katalog bestellt werden können. Bei der Aktivitätenplanung ist zu berücksichtigen, dass die Umstellung des Planungs- und Abrechnungsprozesses nur zu bestimmten Stichtagen flächendeckend erfolgen kann, meist zum Beginn einer Planungsperiode (i.d.R. Geschäftsjahr).

Beschaffung und Logistik

Veränderungen der Beschaffungsprozesse benötigen den Einsatz des IT-Kataloges als zentrales Informations- und Bestellmedium. Bestellungen laufen grundsätzlich nur über den Katalog und ein vom ASP-Lieferanten oder Auftraggeber bereitzustellendes E-Procurement-System. Die Bestellungen werden vom ASP-Lieferanten direkt in sein Informationssystem übernommen. Die hierzu notwendigen Änderungen der Bestellprozesse auf der Seite des Auftraggebers sind mit dem Einkauf und der Logistik abzustimmen und zu implementieren.

Rechnungsprüfung und Reklamationsmanagement

Kostenverantwortliche benötigen zur effektiven Leistungs- und Kostenkontrolle ein Instrument, das es ihnen erlaubt, gezielt auch einzelne Rechnungspositionen des ASP-Lieferanten zu hinterfragen und u. U. für die Zahlung zu sperren. Grundsätzlich ist es hierzu notwendig, mit dem ASP-Lieferanten zu vereinbaren, dass nur „freigegebene" Rechnungen bzw. Rechnungspositionen bezahlt werden, um Anreize für fehlerfreie Fakturen durch den ASP-Lieferanten zu bieten. Dies erfordert die Implementierung eines toolgestützten Reklamations- und Rechnungsfreigabeprozesses, der jeden einzelnen Kostenverantwortlichen einbindet.

Einführung und Regelbetrieb

In der Einführungsphase sind die veränderten Geschäftsprozesse sukzessive einzuführen und alle Veränderungen frühzeitig zu kommunizieren. Spätestens hier ist ein Rahmenvertrag mit dem ASP-Lieferanten abzuschließen. Der Einführungsprozess kann sich u.U. in Abhängigkeit von der Unternehmensgröße durchaus auf mehrere Jahre erstrecken. In dieser Phase kommt es aus Gründen der Benutzerakzeptanz darauf an, rasch sichtbare kleine Erfolge zu erzielen. Hierzu gehört z. B. eine an den Anforderungen der Benutzer orientierte Intranetpräsenz des Arbeitsplatzmanagements mit einer ersten Version des IT-Kataloges.

Praxiserfahrungen

Führende Großanwender setzen vergleichbare Konzepte ein, um Ihre IT-Kosten in den Griff zu bekommen und gleichzeitig die Qualität der Leistungsprozesse zu erhöhen.

PRAXISBEISPIEL: IT-DESKTOP-MANAGEMENT BEI DER DEUTSCHEN TELEKOM

So berichtet Niroumand (2002) über ein Entscheidungsmodell der Deutschen Telekom, bei dem für 180.000 IT-Arbeitsplätze sämtliche Desktop-Services an einen externen Dienstleister übertragen wurden.

Zentrale IT-Entscheidungen, Hard- und Software-Standards werden jedoch weiterhin vom IT-Management des Konzerns festgelegt.

3.2.4   Fallstudie zur IT-Standardisierung

Ausgangssituation

Gegenstand der Fallstudie ist ein Maschinen- und Anlagenbaukonzern mit einem Jahresumsatz von etwa 10.000 Mio. EUR/Jahr und etwa 50 Konzerneinheiten, die weitgehend rechtlich selbständig sind. Das Unternehmen ist weltweit mit Schwerpunkten in Europa und USA vertreten. Produktions- und Vertriebsstandorte befinden sich in allen Kontinenten. Etwa 60 % des Jahresumsatzes werden im Anlagenbau erzielt. Weitere umsatzstarke Konzernbereiche sind im Spezialfahrzeugbau und der Elektrotechnik angesiedelt. Die Zahl der Mitarbeiter beträgt weltweit etwa 40.000.

IT-Organisation Die gesamte IT-Organisation ist dezentral organisiert. Die IT-Verantwortlichen des Konzerns kennen sich untereinander häufig nicht. Kontakte kommen eher zufällig zustande.

Die IT-Budgets sind dezentralisiert und wegen des fehlenden zentralen IT-Controllings nicht genau spezifizierbar. Ein CIO ist nicht vorhanden.

Jede Konzerneinheit plant und steuert ihre IT-Projekte eigenständig. Synergien durch gemeinsame Rechenzentren, gemeinsame Rahmenverträge bei IT-Dienstleistern werden nicht genutzt. Selbst Standleitungen in Länder mit gemeinsamen Vertretungen werden doppelt und mehrfach von verschiedenen Providern angemietet.

Handlungsbedarf

Fehlende IT-Standards Durch die fehlende Abstimmung der IT-Aktivitäten werden zahlreiche gleichartige Produkte unterschiedlicher Hersteller verwendet (z. B. mehrere ERP-Systeme von Herstellern wie SAP, Oracle und Infor sowie mehrere E-Mail-Systeme wie MS Exchange oder Lotus Notes). Konzerneinheiten mit gemeinsamen Kunden, Produkten oder überlappenden Geschäftsprozessen stimmen ihre Informationssysteme bilateral ab, sofern die Geschäftsprozesse es erfordern.

Zahlreiche „Schnittstellen" Über zahlreiche Schnittstellen werden Daten zwischen den Konzerninformationssystemen ausgetauscht. Ein zentrales Repository hierüber existiert nicht. Bei Releasewechseln einzelner Software-systeme tauchen immer wieder Probleme mit inkompatiblen Schnittstellenprogrammen der beteiligten Informationssysteme anderer Konzerneinheiten auf. Datenredundanzen und wider-sprüchliche, inkonsistente Datenbestände sind häufig anzutref-fen. Selbst Gesellschaften mit gleichartigen Produkten (z. B. SAP® R/3® als ERP-System, MS Outlook als E-Mail-Client) müs-sen mangels abgestimmter Customizing-Einstellungen (z. B. un-einheitliche Produktgruppenschlüssel) oder unterschiedlicher E-Mail-Verzeichnisse individuelle Abstimmungen herbeiführen.

Kein gemein-sames Erschei-nungsbild

Externe Auftritte im Internet fallen durch unterschiedliche Layouts und Inhalte auf. Gemeinsame Portale mit zentralen Suchmaschinen, Verzeichnissen und Verzweigungen auf Einzel-Angebote sind nicht vorhanden. Auch innerhalb des Intranets herrscht eine unüberschaubare Vielfalt vor. So ist z. B. der Ver-sand verschlüsselter und signierter E-Mails innerhalb des Unter-nehmens mangels gemeinsamer Sicherheitsstandards und man-gels eines integrierten Unternehmensnetzes nicht ohne Zusatz-aufwand möglich. Eine Reihe kleinerer Unternehmen des Konzerns sind nicht ins Firmennetzwerk integriert. Die Kommu-nikation läuft – ungeschützt – über das Internet oder über Fax und Post.

Überkapazitä-ten

Die Konzerneinheiten betreiben bis auf sehr wenige Ausnahmen keine gemeinsamen Rechenzentren. Sie nutzen zahlreiche ver-schiedene externe Provider oder betreiben eine eigene Infrast-ruktur. Hierdurch sind an einigen Stellen im Konzern ungenutzte Kapazitäten entstanden, die man versucht, am externen Markt anzubieten.

Aufgabenstellung

Entwerfen Sie eine Strategie zur Lösung der geschilderten Prob-leme des Unternehmens.

Lösungsvorschlag

CIO (Chief In-formation Offi-cer)

Der Konzernvorstand beschließt die Einrichtung und Etablierung eines CIO für den Gesamt-Konzern mit weitreichenden Kompe-tenzen: Strategie, Planung und Controlling der IT-Aktivitäten des Konzerns in gleichberechtigter Abstimmung mit allen Konzern-einheiten.

Der neu eingestellte Konzern-CIO richtet eine zentrale Strategie- und Steuerungsgruppe mit für den Start etwa 20-25 Mitarbeitern ein. Sie ist für die Abstimmung der Geschäftsprozesse und IT-

Anwendungen verantwortlich, die mehr als zwei Konzerneinheiten betreffen. Hinzu kommt die Verantwortung für die IT-Infrastruktur in übergreifenden Fragen.

Die operative Durchführung von Maßnahmen kann durch externe Dienstleister oder beauftragte Konzerneinheiten erfolgen. Der IT-Controllerdienst übernimmt Wirtschaftlichkeitsanalysen und Prüfungen von IT-Projekten, unterstützt und berät projektbegleitend die verantwortlichen IT-Projektmanager.

IT-Board

Es empfiehlt sich, die Abstimmung von IT-Projekten gemeinschaftlich durchzuführen und ein IT-Board einzurichten, in dem die IT-Chefs der zentralen Konzerneinheiten und der CIO gemeinsam mit dem IT-Controllerdienst gleichberechtigt vertreten sind. Der CIO hat die Aufgabe, dieses Gremium zu führen und den Entscheidungsprozess zu moderieren. Entscheidungen sind einvernehmlich zu treffen.

Budgetierung

Der Konzern-CIO erhält ein IT-Budget für konzernweite Maßnahmen. Es beträgt nur etwa 5 % des gesamten IT-Budgets aller Konzerneinheiten. Die wesentlichen Ausgaben werden also dezentral geplant und überwacht, unterliegen aber der gemeinsamen Verantwortung für den Konzern. Synergien durch Standardisierung und gemeinsame Verwendung von Ressourcen sind zu nutzen. Dezentrale Projekte zu ausgewählten Themen (z. B. Einführung oder Erweiterung von ERP-Systemen) oder vorgegebener Größenordnungen (über 250.000 EURO) sind im IT-Board einvernehmlich abzustimmen.

IT-Strategie und Standardisierungsprojekte

Primäre Aufgabe des CIO ist die Erarbeitung einer Konzern-IT-Strategie, aus der mehrere Standardisierungsprojekte resultieren.

- **IT-Standards und Rahmenverträge:** Aufbau einer zentralen Gruppe mit operativer Unterstützung durch Mitarbeiter der Konzerneinheiten zur Erarbeitung und Festlegung von IT-Standards (z. B. ERP-Systeme, Betriebssysteme, Office-Produkte) und IT-Rahmenverträgen (z. B. mit Hardware und Softwarelieferanten, Beratern).

- **RZ-Konsolidierung:** Aufbau einer zentralen Organisation zum gemeinsamen Betrieb der bisher mehr als 20 Einzelrechenzentren und Rückführung der an Provider ausgelagerten Applikationen. Ziel ist der Aufbau von weltweit drei Standorten für Rechenzentren (Europa, USA und Asien). Die Rechenzentren unterliegen einheitlichen Qualitätsnormen und werden nach üblichen Standards (ISO9000, EFQM, ITIL) zertifiziert.

- **Kommunikations-Competence-Center:** Die Aufgabe des neu einzurichtenden Competence-Centers ist der Aufbau eines leistungsfähigen Konzern-Netzwerkes mit einheitlichen Kommunikationsapplikationen (E-Mail, Telefon, Intranet, Portale, Directory, Verschlüsselung, Signatur).

- **Konzern-Competence-Center Standardsoftware:** Aufbau eines Competence-Centers für die Unterstützung der Einführung und Wartung von betrieblichen Standardsoftwaresystemen (z. B. SAP, Oracle, Microsoft). Die Mitarbeiter dieser Einheit werden rekrutiert aus Spezialisten der Konzerneinheiten sowie externen Einstellungen. Die Nutzung des Competence-Centers dient dem Abbau von nicht ausgelasteten dezentralen IT-Spezialisten und der Reduzierung von externen Beratungsaufwänden.

3.2.5   Fallstudie zum Open-Source-Einsatz im Mittelstand

Ausgangssituation

Die Fallstudie betrachtet ein mittelständisches Unternehmen mit etwa 200 Mitarbeitern. Davon arbeiten etwa 80 % am Stammsitz in Deutschland. Weitere Mitarbeiter arbeiten in den europäischen Niederlassungen. Der Jahresumsatz beträgt etwa 60 Mio. Euro.

IT-Organisation Die Unternehmens-IT wird von zwei fest angestellten Mitarbeitern und einer Reihe freier Mitarbeiter, die regelmäßig für Spezialaufgaben benötigt werden, betrieben. Im Unternehmen sind etwa 120 Bildschirmarbeitsplätze (Desktop-PC) auf Basis von Windows in Betrieb. Ein großer Teil der Bürorechner ist nicht vernetzt. Daneben sind etwa 30 mobile Arbeitsplätze im Einsatz, überwiegend im Vertriebsaußendienst.

Handlungs-
bedarf Auf den Rechnern sind zahllose unterschiedliche Hardwarekomponenten und Softwarelizenzen in verschiedenen Versionen zu finden. Sowohl die Betriebssystemversionen, als auch die Releases der Anwendungssoftware sind nicht einheitlich. Eine stichprobenartig durchgeführte Bestandsaufnahme ergab, dass kaum ein Rechner dem anderen gleicht. Die kollegiale Selbst-Administration der Anwender ist üblich, d. h. „IT-kundige" Endanwender installieren selbständig Hardwarekomponenten (z. B. Bildschirme, Drucker, Festplatten), Software (Anwendungs- und z. T. auch Systemsoftware) oder verändern Systemeinstellungen

(vom Hintergrundbild über Bildschirmschoner bis hin zu Virenschutzprogrammen). Vereinzelt sind kaufmännische Mitarbeiter stundenlang mit Installationsarbeiten oder Fehlersuche gebunden.

Regelmäßige Schulungen der Mitarbeiter finden selten statt. „Training on the Job" und „Trial and Error" sind bevorzugte Einarbeitungs- und Weiterbildungsmaßnahmen im IT-Umfeld.

Zahlreiche Abstürze des instabilen Betriebssystems und viele weitere Störungen beeinträchtigen das Tagesgeschäft erheblich. Zum Teil werden tagelang „Papierbuchführungen" erstellt, um Kundenaufträge bearbeiten zu können.

Zahlreiche Virenattacken beinträchtigen den reibungslosen Betrieb. Der Datentransfer zwischen nicht vernetzten Rechnern über Disketten, CD-ROMs und ähnliche Medien ist zeitaufwendig und fehleranfällig.

Unternehmenskritische Daten werden z. T. dezentral auf Endanwenderfestplatten gespeichert. Kundendaten befinden sich auf Laptops der im Außendienst arbeitenden Mitarbeiter. Zentrale Datensicherungen werden nicht durchgängig durchgeführt. Gelegentliche Datenverluste haben bereits zu mehreren wiederholten Datenerfassungen geführt.

Aufgabenstellung

Entwerfen Sie eine Strategie zur Lösung der geschilderten Problemstellung des Unternehmens.

Lösungsvorschlag

Open-Source-Strategie

Der kaufmännische Geschäftsführer beschließt, von der Windows-Umgebung auf eine Linux-Umgebung zu migrieren. Mit Hilfe eines externen IT-Dienstleisters wird ein Konzept erarbeitet, um von der dezentralen Windows-Umgebung auf eine zentrale „Thin-Client-Architektur" zu wechseln. Kern der Strategie ist der Aufbau mehrerer zentraler Linux-Server-Systeme und kostengünstiger zentral administrierter Thin-Clients auf der Anwenderseite.

Der IT-Dienstleister ist für Installations- und Wartungsarbeiten verantwortlich und fallweise im Einsatz. Die beiden fest angestellten IT-Mitarbeiter kümmern sich übergreifend um sämtliche Anwendungen des Unternehmens sowie organisatorische Umsetzungsarbeiten und Datensicherungen. Spezielles Know-how wird fallweise beim IT-Dienstleister (z. B. Installation oder Reparatur von Hardware, Wechsel von Softwareversionen) oder beim Hersteller der ERP-Software zugekauft.

Linux-Server

Im Unternehmen werden mehrere Linux-Server installiert, die die gesamte Anwendungsfunktionalität bereitstellen. Neben dem ERP-System für die Bereiche Einkauf, Lager, Produktion, Verkauf sowie Rechnungs- und Personalwesen werden auch die Büro- und Internetanwendungen für die Thin-Clients aller Büroarbeitsplätze bereitgestellt. Lokale Installationen auf den Client-Rechnern sind nicht mehr notwendig.

Thin-Clients

Als Thin-Client können Rechner mit minimalen Hardwareanforderungen (Prozessor, Hauptspeicher) genutzt werden. Aufgrund der geringen Anforderungen ist deren durchschnittliche Nutzungsdauer mit etwa sechs Jahren deutlich höher, als bei herkömmlichen Windows-Rechnern üblich.

Die Thin-Clients werden über den Linux-Server mit den für einen typischen Büroeinsatz notwendigen Programmen versorgt. Der auf dem Server hinterlegt Standard-Büroarbeitsplatz umfasst Star-Office und Openoffice für Büroanwendungen (Textverarbeitung, Tabellenkalkulation usw.), Mozilla für E-Mail und Internetanwendungen, Acrobat-Reader, Winzip und einige kleinere Tools. Als Desktop-Oberfläche kommt KDE 3.x zum Einsatz.

Die Systemeinstellungen für den Desktop-PC können vom Endanwender nicht verändert werden. Lokal werden keine Dateien gespeichert. Sämtliche Anwenderdaten befinden sich auf ausfallsicheren und mehrmals täglich gesicherten Servern.

Für die Endanwender wird eine Basisschulung konzipiert, die bei Updates der Hardware oder Software regelmäßig aktualisiert wird.

Durch dieses Konzept kann eine sehr stabile Arbeitsumgebung sichergestellt werden. Die Wartungskosten sinken um einen enorm hohen Wert. Die Anzahl der Störungen wird deutlich reduziert.

*Windows-Rest-
anwendungen*

Eine vollständige Umstellung auf das Linux-Betriebssystem war nicht möglich. Einige wenige Spezialanwendungen können nicht unter dem Linux-Betriebssystem betrieben werden. Hierfür und für die Außendienstmitarbeiter werden weiterhin einige Windows-Desktops bzw. Laptops betrieben. Die gemeinsam genutzten Bürodokumente (Textverarbeitung, Tabellenkalkulationen) können über Filter ausgetauscht werden.

Fazit

Die Administrations- und Betriebskosten der neuen IT-Architektur sind nach Aussagen des Unternehmens deutlich geringer. Die eingeschränkte „Freiheit" der Endanwender hat zunächst zu einiger Unruhe geführt. Die Mitarbeiter hatten zwar nur geringe Probleme mit dem Wechsel auf eine neue Oberfläche und die veränderte Funktionalität. Der Wegfall der Möglichkeit der individuellen Eingriffsmöglichkeit in Systemparameter (Bildschirmschoner etc.) hat allerdings zu einigem Unmut geführt. Nach einiger Zeit erkannten die Anwender jedoch die für sie nutzbringenden Vorteile der neuen IT-Architektur:

- Die Mitarbeiter können sich jederzeit an jedem PC unter ihrer gewohnten Arbeitsumgebung anmelden.

- Alle Standard-Anwendungen laufen stabil und sicher.

- Anwendungs- und persönliche Daten werden regelmäßig gesichert.

- Probleme mit Viren und Würmern gehören der Vergangenheit an, da Linux-Systeme deutlich seltener Angriffen ausgesetzt sind.

3.3 IT-Balanced Scorecard

3.3.1 Grundlagen der Balanced-Scorecard-Methode

Historische Entwicklung

Die Einseitigkeit der Aussagekraft von IT-Einzelkennzahlen hat zu IT-Kennzahlensystemen geführt, die vorwiegend finanzielle und technische Fragen abdecken. Das Konzept der Balanced Scorecard (BSC) wurde Anfang der 1990er Jahre von R. S. Kaplan und D. P. Norton als neues Instrument für das Standard-Controlling-Konzept entwickelt. Seine rasche Verbreitung in der Praxis des Standardcontrollings hat zu einer Übertragung des Konzeptes in das IT-Controlling-Konzept geführt.

Grundidee

Grundlage der Balanced Scorecard-Entwicklung waren langjährige Forschungen mit 12 Partnerunternehmen. Bis dahin verfügbare Kennzahlen des Performance Measurement (Leistungsbeurteilung) waren unzureichend, da sie nur finanzielle Größen betrachteten und damit das Management unzureichend informieren. Die BSC dagegen ist ein strategisch-operatives Kennzahlensystem für eine ausgewogene Unternehmenssteuerung.

Die Grundidee der Balanced Scorecard verknüpft die Unternehmensstrategie und die operative Maßnahmenplanung über Ursache-Wirkungsketten, um das finanzielle Gleichgewicht schaffen und erhalten zu können (vgl. das Beispiel in Abbildung 65).

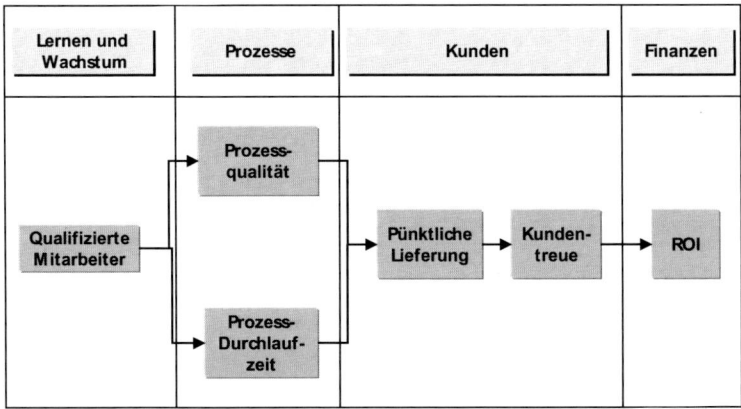

Abbildung 65: Ursache-Wirkungskette (Appel et al., 2002, S. 88).

Die Ursache-Wirkungskette in Abbildung 65 verknüpft Mitarbeiterqualität, Kundenorientierung und Finanzziele:

- Qualifizierte Mitarbeiter verbessern die Prozessqualität und reduzieren die Durchlaufzeiten.

- Die Kunden werden pünktlicher beliefert, sie bleiben dem Unternehmen treu, die Gesamtkosten reduzieren sich.

- Stammkunden sichern einen ausreichenden RoI (Return on Invest).

Ziele

Die BSC ersetzt eine rein finanzielle Betrachtungsweise, vernetzt operative und strategische Maßnahmen für zukunftsorientierte Aktivitäten.

Strategisch orientierter Handlungsrahmen

Traditionelle Kennzahlen waren oft vergangenheitsorientiert. Die BSC liefert ein zukunftsorientiertes vernetztes Kennzahlensystem und koordiniert die im Unternehmen eingesetzten Führungssysteme. Eine permanente feedforward- und feedback-Kommunikation lässt den Scorecard-Führungskreislauf entstehen (vgl. Abbildung 66 und z. B. Gabriel/Beier, 2002).

136

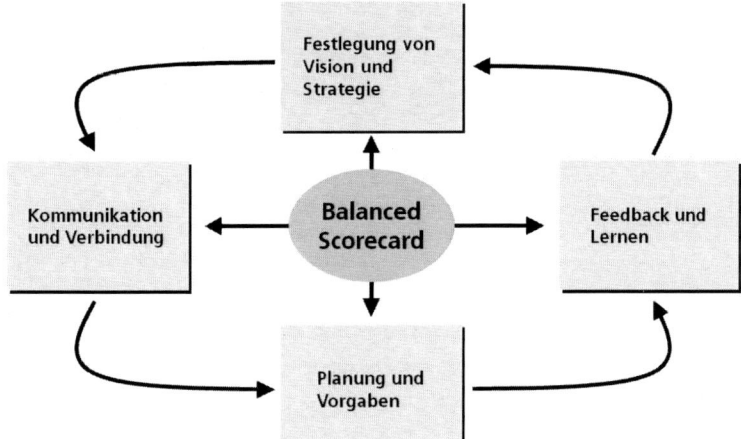

Abbildung 66: Balanced Scorecard-Führungskreislauf

Mit Hilfe der Moderationstechnik lassen sich Vision und Strategiefindung verknüpfen und dokumentieren.

„Feedback-Kontrolle und Lernen" unterstützen die operative Durchführungskontrolle, strategische Prämissenkontrolle und den Abgleich von Vision und Strategie.

Die Phase „Planung und Vorgaben" bestimmt die Vorgaben, vernetzt einzelne Maßnahmen mit der Ressourcenverwaltung und legt die Meilensteine fest.

Die „Kommunikation und Verbindung" verknüpft die übergeordneten Ziele, dokumentiert Teilziele und Anreize, um die Zielerfüllung zu fördern.

Aufbau der BSC

Je Teilbereich der Balanced Scorecard (Perspektive) werden Ziele, Kennzahlen, Vorgaben und Maßnahmen mit aussagefähigen Grunddaten festgelegt. Hierdurch entsteht ein komplexes Kennzahlensystem, das die wichtigsten unternehmerischen Steuerungsbereiche darstellt, vgl. Abbildung 67.

Finanzielle Perspektive

Für finanzielle Perspektiven sind die Geschäftsprozesse zu optimieren, durch Kennzahlen inner- und außerbetrieblich zu dokumentieren.

Prozessperspektive

Die Prozessperspektive dokumentiert die kundenorientierten Anforderungen an die Erzeugnisse für den Verkauf bzw. das Niveau von Dienstleistungen.

Lern- und Entwicklungsperspektive

Eine ständige Weiterentwicklung der Leistungsfähigkeit des Unternehmens und seiner Mitarbeiter bildet den Grundstein für den zukünftigen Erfolg. Er ist ohne permanente Weiterentwicklung nicht realisierbar.

Markt-/
Kunden-
Perspektive

Bei der Markt- und Kundenperspektive steht die Frage im Vordergrund: Wie sieht uns der Kunde und wie verhalten wir uns kundengerecht?

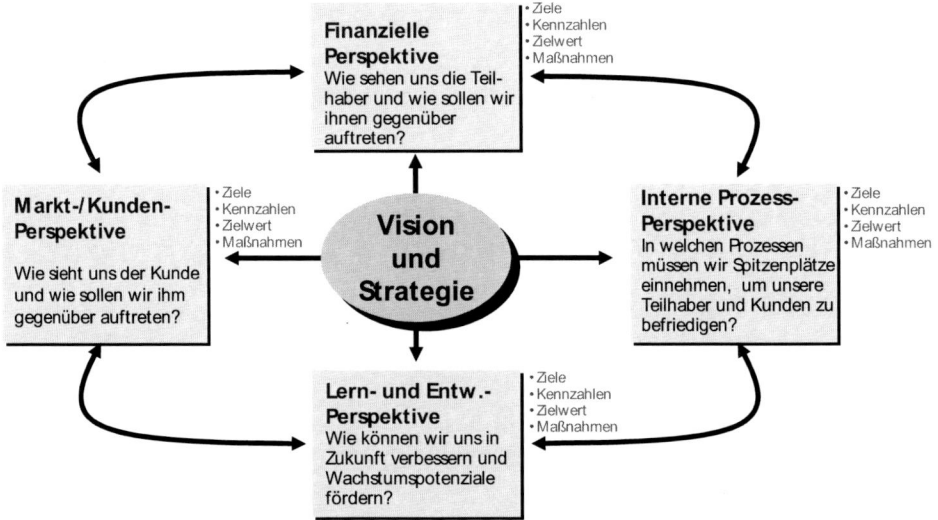

Abbildung 67: Schematischer Aufbau der Balanced Scorecard

Für die praktische Durchführung wird empfohlen, etwa 20-25 Ziele mit den zugehörigen Maßnahmen in der Scorecard festzulegen (vgl. z. B. Kaufmann, 2002, S. 38), um die Übersicht nicht zu gefährden.

3.3.2   Einsatz der Balanced Scorecard im IT-Controlling-Konzept

BSC im IT-
Controlling-
Konzept

Die BSC wurde ursprünglich für das Standard-Controlling-Konzept entwickelt. Eine Anpassung des IT-Controlling-Konzeptes ist sinnvoll und wird in vielen Unternehmen praktiziert, wobei die Anzahl der Perspektiven variiert. Der Einsatz erfolgt nicht nur in Großbetrieben, sondern auch in kleineren Unternehmen, wie z. B. dem mittelständischen Familienbetrieb Festo (vgl. Ilg, 2005). Buchta et al. (2003, S. 279) schlagen sechs Perspektiven für eine Anpassung an die Anforderungen des IT-Controlling-Konzeptes vor:

* IT-Mitarbeiter,

- Projekte (in der Informationstechnik),

- Kunden (der Informationstechnik),

- Infrastruktur (Hardware, Software, Netzwerk),

- Betrieb (von IT-Systemen),

- Finanzen.

Die Prozessperspektive hat in der Unternehmenspraxis eine sehr große Bedeutung, wie die ausführliche Zusammenstellung von Perspektiven in Schmid-Kleemann (2004, S. 141) nachweist.

Neben dem Einsatz der Balanced Scorecard für den gesamten IT-Bereich wird zunehmend die Steuerung von IT-Projekten mit Hilfe der Balanced Scorecard vorgeschlagen (vgl. Engstler/Dold 2003, Groening/Toschläger 2003, Simon, A. 2004) bzw. als Instrument zur Beurteilung von IT-Investitionen (Balanced IT-Decision-Card, vgl. Jonen et al. 2004a) vorgeschlagen.

Voraus-
setzungen
Als Voraussetzung für die Implementierung einer IT-Balanced Scorecard als Werkzeug im IT-Controlling-Konzept ist der Aufbau eines kaskadierten Systems von IT-Scorecards mit folgenden Bestandteilen zu empfehlen (vgl. Abbildung 68):

- Eine Konzern-Scorecard,

- die Ableitung von Unternehmens-Scorecards (z. B. für jede Tochtergesellschaft),

- die Ableitung von Bereichs-Scorecards (z. B. für den IT-Bereich),

- eine weitere Untergliederung, z. B. nach Abteilungen, Prozessen und IT-Projekten.

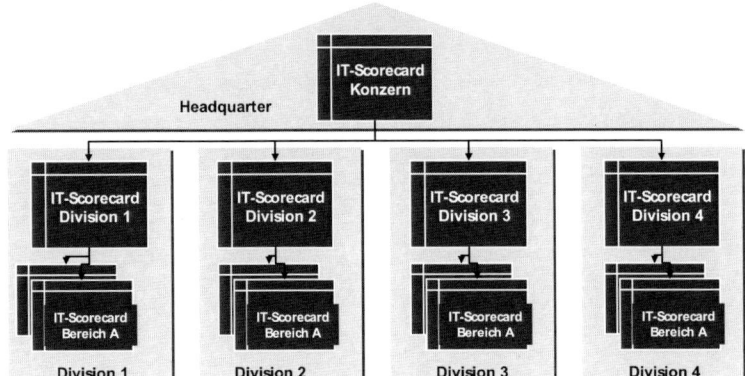

Abbildung 68: Kaskadierte Scorecards im IT-Controlling-Konzept

Wichtig für die erfolgreiche Implementierung einer IT-Balanced Scorecard ist eine intensive Abstimmung aller BSCs im Gesamtunternehmen bzw. Konzern. Dann lassen sich Zielkonflikte vermeiden und ganzheitliche Effekte für ein ausgewogenes Kennzahlensystem erreichen (vgl. Abbildung 69).

Organisationseinheiten, die eine Balanced Scorecard erstellen, sollen über ein hohes Maß an Verantwortungsautonomie verfügen, damit sie über Strategien und daraus abzuleitende Maßnahmen entscheiden können (vgl. Form/Hüllmann, 2002, S. 692).

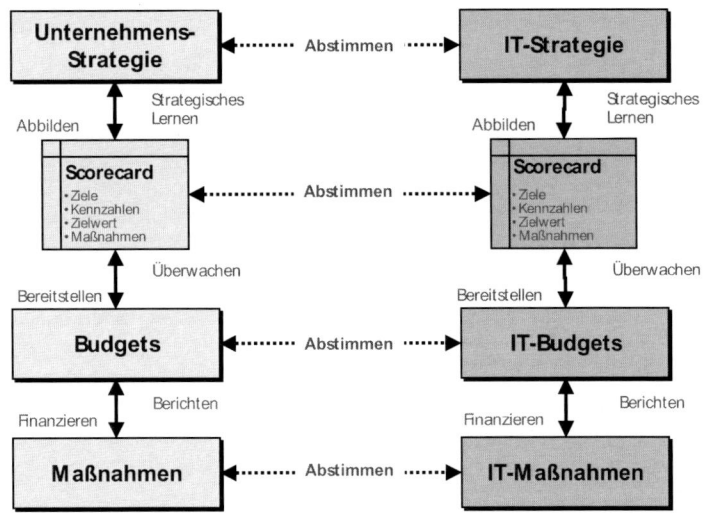

Abbildung 69: Integration der IT-Balanced Scorecard

Ein Beispiel für Kernfragen einer IT-Balanced Scorecard enthält Abbildung 70 (in Anlehnung an: Gabriel, R.: Beier, D., 2002). Die konkrete Ausgestaltung ist unternehmensspezifisch zu modifizieren.

Finanzielle Perspektive

Die **Finanzielle Perspektive** klärt z. B. die Fragen:

- Welchen Beitrag kann die IT zum Finanzerfolg des Unternehmens leisten?

- Wie lassen sich die TCO für PCs reduzieren?

- Wie kann man IT-Prozesskosten reduzieren?

Als Kennzahlen der finanziellen Perspektive sind empfehlenswert:

- IT-Kosten je Mitarbeiter,

- IT-Projektkosten und –nutzen,

- Rentabilitätszuwachs nach IT-Projektdurchführung (z. B. nach Einführung eines ERP-Systems),

- Anzahl der Arbeitsplatzsysteme je Mitarbeiter,

- TCO je IT-Arbeitsplatz / je Mitarbeiter,

- Anteil der IT-Kosten am Umatz/Absatzmenge/Gesamtkosten.

Interne Prozess-Perspektive

Eine **interne Prozess-Perspektive** beantwortet z. B. die Fragen:

- Wie verbessert der Informationstechnikeinsatz die Prozessqualität?

- Wie lassen sich IT-Prozesse (z. B. Einführung einer Standardsoftware, Beseitigung von Störungen an Personalcomputern) durch Outsourcing beschleunigen?

Als Kennzahlen der Prozess-Perspektive gelten:

- Anzahl der Beschwerdefälle, Reklamationen, Eskalationen ins Top-Management,

- Anzahl der Eingriffe von Führungskräften in operative IT-Prozesse,

- Anzahl der Prozessinnovationen durch eigene Mitarbeiter,

- Durchlaufgeschwindigkeit eines IT-Prozesses vom Prozesseingang bis -ausgang.

Lern- und Ent-
wicklungs-
perspektive

Lern- und Entwicklungsperspektive lassen sich durch folgende Fragen erfassen und klären:

- Über welche Potenziale verfügen unsere IT-Fachleute?
- Wie lassen sich die Fach- und Sozialkompetenzen unserer IT-Mitarbeiter erhöhen?
- Wodurch lässt sich das Wissensmanagement verbessern?
- Welchen Grad erreicht die Mitarbeiterzufriedenheit?
- Lassen sich Motivation und Identifikation im Unternehmen messen und steigern?

Kennzahlen für eine Lern- und Entwicklungsperspektive liefern folgende Daten:

- Fluktuations-, Überstunden- und Krankenquote im IT-Bereich,
- Anzahl der Verbesserungsvorschläge (absolut/je IT-Mitarbeiter),
- Anzahl von Veröffentlichungen durch IT-Mitarbeiter (absolut/je Mitarbeiter),
- Anzahl der IT-Mitarbeiter mit tätigkeitsbezogenen Nebenaktivitäten (Lehraufträge an Hochschulen, als Referent bei externen oder internen Schulungen, Mitgliedschaft in Forschungs- Arbeitsgruppen),
- Anzahl der Teilnehmer an Weiterbildungsveranstaltungen, Betriebsfesten oder Betriebsversammlungen,
- Grad der Termineinhaltung von Zeitvorgaben.

Markt- und
Kunden-
Perspektive

Eine **Markt-/Kunden-Perspektive** sucht Antworten auf folgende Fragen:

- Welche Produkte erstellt die IT für ihre Kunden?
- Wie lässt sich durch SLAs (Service Level Agreements) die Kundenzufriedenheit steigern?
- Wie beurteilen Kunden unsere Leistungen im Vergleich zu anderen Dienstleistern (Benchmarking)?

Kennzahlen der Markt- und Kundenperspektive liefern folgende Daten:

- Anzahl der Besucher auf Fachmessen, Hausmessen und ähnlichen Veranstaltungen,

- Anzahl der Kundengespräche,

- Anzahl der Kundenveröffentlichungen (Produktinfos, Newsletter, u.a.)

- Zugriffshäufigkeit auf vertriebsorientierte Webseiten,

- Bearbeitungsdauer von Anfragen, Kundenaufträgen, Reklamationen, Störungsbeseitigung etc.

- der Anteil von Neukunden am Gesamtkundenbestand,

- das Verhältnis von Standardbestellungen zu Individualaufträgen,

- Anteil der termingerechten Lieferungen,

- die Anzahl von SLA-Verletzungen.

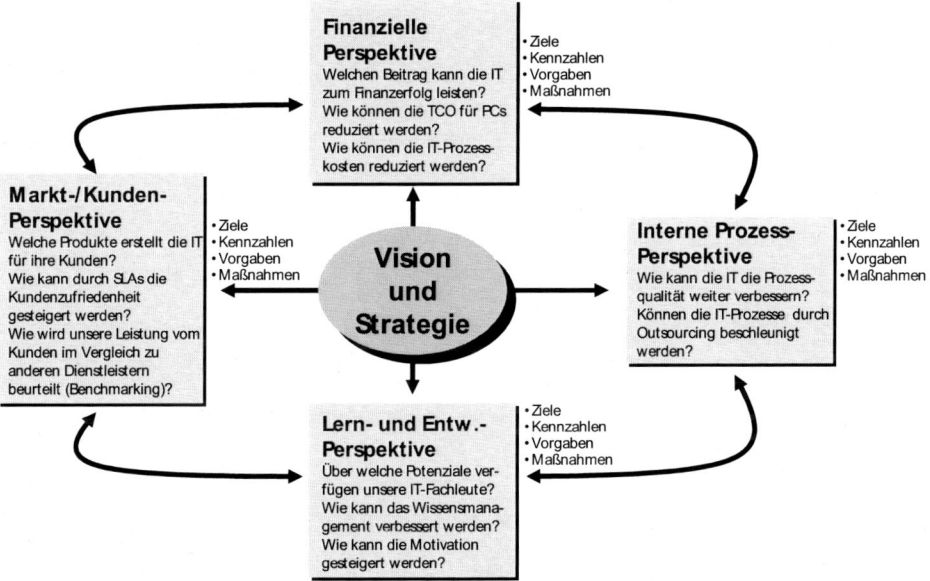

Abbildung 70: Schema einer IT-Balanced Scorecard (erweiterte Abbildung 67)

Die Abbildung 71 dokumentiert anhand von vier Beispielen, welche Perspektiven und Ziele für den IT-Bereich sich mit Hilfe der IT-Balanced Scorecard formulieren lassen. Die Kundenperspektive wird durch die Benutzerorientierung dargestellt, der Unternehmensbeitrag repräsentiert die interne finanzielle Perspektive. Die Prozessperspektive ist von der Ausführungskapazität abhängig. Die Lern- und Entwicklungsperspektive wird durch den Unternehmensbeitrag sichtbar.

Benutzerorientierung **Wie sehen die Benutzer die IT-Abteilung?**	**Unternehmensbeitrag** **Wie sieht das Management die IT-Abteilung?**
Auftrag Vorzugslieferant für IKS zu sein und optimale Ausnutzung der Geschäftsmöglichkeiten durch IT **Ziele** • Vorzugslieferant für Anwendungen • Vorzugslieferant für den Betrieb • Partnerschaft mit Benutzern • Benutzerzufriedenheit	**Auftrag** Akzeptabler Beitrag von Investitionen in der IT **Ziele** • Kontrolle der IT-Kosten • Verkauf von IT-Produkten und –Dienstleistungen an Dritte • Geschäftswert neuer IT-Projekte • Geschäftswert der IT-Funktion
Ausführungskapazität **Wie leistungsfähig sind die** **IT-Prozesse?**	**Unternehmensbeitrag** **Ist die IT-Abteilung für zukünftige Herausfor-** **derungen gut positioniert?**
Auftrag Effiziente Fertigstellung von IT-Produkten und Dienstleistungen **Ziele** • effiziente Softwareentwicklung • effizienter Betrieb • Beschaffung von PCs und PC-Software • Problemmanagement • Benutzerausbildung • Management der IT-Mitarbeiter • Benutzung der Kommunikationssoftware	**Auftrag** Entwicklung der Fähigkeiten, um auf zukünftige Herausforderungen reagieren zu können **Ziele** • ständige Aus- und Weiterbildung der IT-Mitarbeiter • Expertise der IT-Mitarbeiter • Alter des Anwendungsportfolios • Beobachtung neuer IT-Entwicklungen

Abbildung 71: IT-BSC (van Grembergen/van Bruggen 2003, modifiziert)

Ein einfaches Beispiel für eine IT-Balanced Scorecard dokumentiert Abbildung 72.

M a r k t / K u n d e			
Ziel	Kenn-zahlen	Ziel-werte	Maßnahmen
IT-Vorzugs-lieferant im Konzern werden	Umsatzanteil am IT-Volumen	Anteil > 75%	Kunden befragen Anforderungen analysieren
	Anteil betreuter IT-Anwen-dungen	Anteil > 80%	Preise auf Marktniveau Leistungen auf Marktniveau

I T - P r o z e s s e			
Ziel	Kenn-zahlen	Ziel-werte	Maßnahmen
Leistungs-fähigkeit der IT-Prozesse auf Markt-niveau steigern	Anteil zeitnah behobene Störungen / Gesamtzahl	Anteil > 95%	Prozessanalyse und Bench-marking mit Wettbewerbern durchführen
	Anzahl Beschwerden	Anteil < 10%	IT-Prozesse auf ITIL-Basis standardidieren

P e r s o n a l / L e r n e n			
Ziel	Kenn-zahlen	Ziel-werte	Maßnahmen
IT-Personal anfor-derungs-gerecht ausge-bildet und einsatz-bereit	Anzahl Weiterbil-dungstage / Mitarbeiter	10 Tage pro Jahr	Stellenbeschrei-bungen aktua-lisieren Anforderungen mit Ausbildungs-stand abgleichen
	Einhaltung von Termin-verein-barungen	Anteil > 95%	Schulungsplan erstellen

F i n a n z e n			
Ziel	Kenn-zahlen	Ziel-werte	Maßnahmen
Beitrag jeder IT-Maßnah-me zum Unter-nehmens-erfolg ist trans-parent	TCO je IT-Arbeitsplatz	TCO < xxxx TEUR	TCO Analyse durchführen ROI in Geneh-migungsverfah-ren integrieren
	Wirtschaft-lichkeit (ROI)	ROI > 10%	ROI monatlich je IT-Maßnahme erheben

Abbildung 72: Einfaches Beispiel einer IT-Balanced Scorecard

Praxisbeispiel Die durchgängige Verzahnung der allgemeinen Bereichsscorecards mit der IT-Balanced Scorecard anhand eines Praxisbeispiels aus einem Versicherungskonzern dokumentiert Abbildung 73. Sie zeigt einen Auszug aus einer Bereichs-BSC (linke Seite) bzw. der IT-BSC des Unternehmens (rechte Seite). Die Pfeile geben an, welche Einflussfaktoren der Bereichsscorecard auf den IT-Bereich wirken. Für diese Einflussfaktoren werden durch den IT-Bereich Messgrößen mit Zielwerten und Maßnahmen definiert.

Die hierdurch erreichte Integration der Bereichssicht mit der IT-Sicht stellt sicher, dass von der IT durchgeführte Maßnahmen einen konkreten Bezug zu Geschäftszielen der betroffenen Bereiche aufweisen.

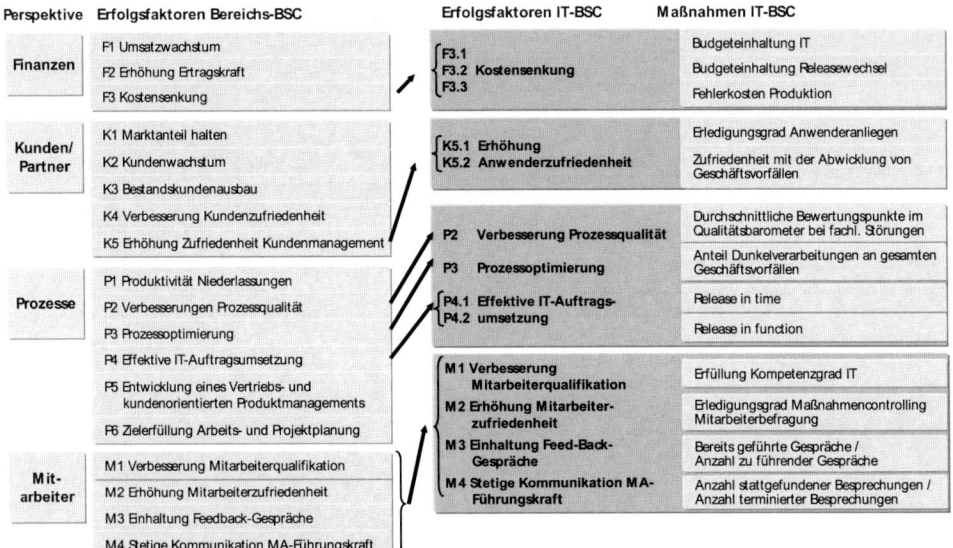

Abbildung 73: Zusammenhang zwischen Bereichs- und IT-BSC (vgl. Kudernatsch, 2002, S. 59, modifiziert)

Eine Projekt-Scorecard für den gezielten Einsatz im Projektcontrolling wurde von Barcklow (2008, S. 21) vorgestellt. Sie enthält je vier spezielle Projektperspektiven mit je vier projektbezogenen Zielen:

Perspektive	Ziel
Kommunikation im Team	Kommunikationsstil
	Feedback / Erfahrungsaustausch
	Informationszugang
	Kundenorientierung
Perspektiven im Team	Zielkonformität
	Entwicklungsperspektiven
	Fehlerkultur
	Gruppenzusammenhalt
Aufgabendeckung im Team	Klarheit der Rollen / Verantwortlichkeiten
	Empowerment / Führung
	Qualifikation
	Nutzung von Fähigkeiten
Wachstum im Team	Risikobereitschaft
	Arbeitsklima
	Umgang mit Problemen
	Innovation / Kreativität

Abbildung 74: Projekt-Scorecard (Barcklow, 2008)

3.3.3   Bewertung der Balanced Scorecard im IT-Controlling-Konzept

Vorteile

- *Unternehmerische Sicht:* Die IT-Balanced Scorecard bietet im IT-Controlling-Konzept eine ganzheitliche unternehmerische Sicht.

- *Integration:* Durch eine ganzheitliche Verknüpfung von Unternehmensstrategie, IT-Strategie und Maßnahmen des Informationsmanagements erfolgt eine enge Verzahnung des Unternehmens mit dem IT-Controlling-Konzept. Der IT-Einsatz dient der Unternehmensstrategie.

- ***Investitionsschutz:*** Eine Vernetzung vorhandener Führungsinstrumente und Kennzahlensysteme integriert bewährte Lösungen in das IT-Controlling-Konzept.

Nachteile

- ***Interne Sicht:*** Die Balanced Scorecard konzentriert sich beim Planungsprozess auf interne Problemlösungen. Zwischenbetriebliche Fragen werden unterbewertet.

- ***Komplexität:*** Viele Wechselwirkungen sind oft nicht über Ursache-Wirkungsbeziehungen nachweisbar und daher nicht Gegenstand der Betrachtung. Viele Zielvorstellungen, Kennzahlen usw. lassen sich im praktischen Einsatz nur schwer auf einzelne Bereiche, Abteilungen und Personen differenzieren.

- ***Aufwand:*** Einführung und Nutzung der IT-Balanced Scorecard verursachen einen hohen Zeitaufwand für die unteren Führungsebenen. Ohne den Einsatz der IT mit spezieller Software wird die Einführung einer IT-Balanced Scorecard problematisch.

3.3.4   Softwaretools für die Balanced Scorecard

Der Softwaremarkt in Deutschland bietet zahlreiche Softwaretools, die eine Nutzung der Balanced Scorecard unterstützen. Allerdings werden häufig Tabellenkalkulationsprogramme eingesetzt, da die Anzahl der zu erstellenden BSCs zu gering ist (vgl. Samtleben et al., 2006, S. 403). Jonen et al. (2004b) schlagen wegen der Komplexität des Auswahlprozesses und der Hetegorenität der verfügbaren Produkte ein Softwaretool vor, dass auf der Grundlage individuell erfasster Entscheidungskriterien und Gewichte eine Vorauswahl unterstützt. Die Anbieterzahl in diesem jungen Marktsegment lässt inzwischen eine Konsolidierung vermuten. Bislang haben sich drei Kernkategorien von Werkzeugen entwickelt, die Unterstützungen für den Aufbau von Balanced Scorecards liefern.

1. Kategorie: Produkte für große Unternehmen

Die erste Kategorie von Werkzeugen liefert als Bestandteil von Business-Intelligence-Lösungen Unterstützung für umfassende Planungs- und Steuerungssysteme eines Unternehmens. Sie bieten in diesem Zusammenhang neben anderen Funktionen und Kennzahlensystemen auch die Balanced Scorecard als Methode an. Als konkretes Produktbeispiel ist die Software „SAP® SEM®" der SAP AG anzuführen. Derartige Produkte sind auf den Markt für größere Unternehmen bzw. Konzerne fixiert.

2. Kategorie:
Produkte für
den Mittelstand

Das Produkt „CP MIS/BSC" der Corporate Planning AG, das sich speziell mit der BSC-Methode beschäftigt, ist auf die spezifischen Anforderungen kleinerer und mittlerer Unternehmen zugeschnitten (vgl. Hahn/Zwerger, 2002, S. 100). Abbildung 75 zeigt die Darstellung einer Balanced Scorecard mit dem Werkzeug CP MIS/BSC, das überwiegend in mittelständischen Unternehmen zur webbasierten Erstellung und Verwaltung von Scorecards eingesetzt wird (vgl. Corporate Planning AG, 2003).

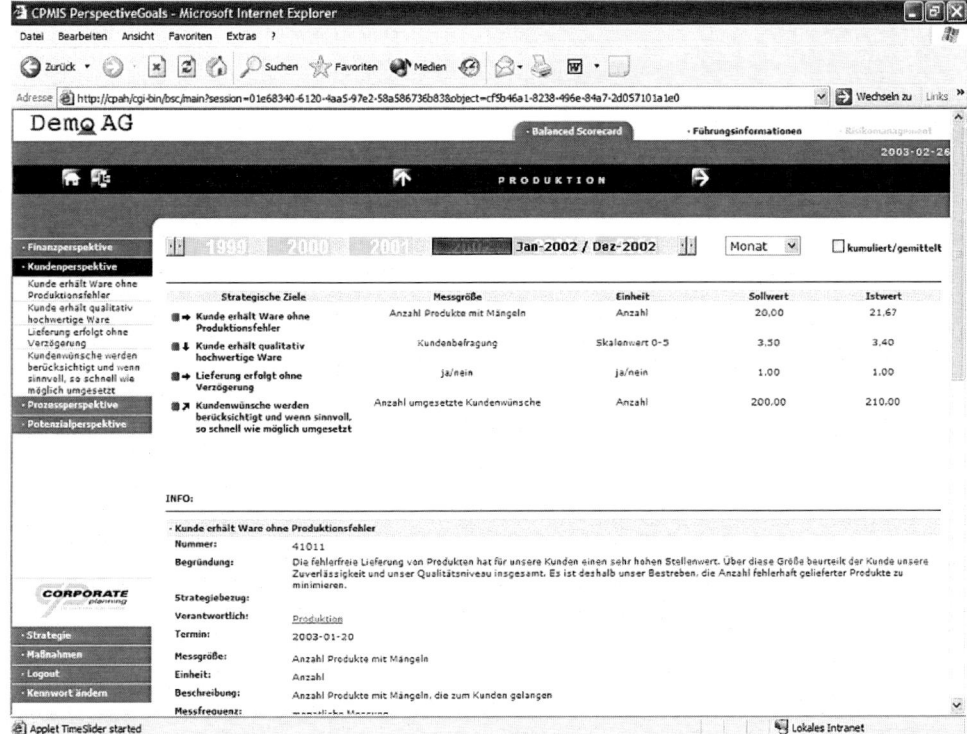

Abbildung 75: BSC-Darstellung mit dem CP MIS/BSC (Corporate Planning AG, 2003)

3. Kategorie:
Prozessmana-
gement-Tools

Die dritte Kategorie ergänzt Werkzeuge für die Modellierung und Analyse von Geschäftsprozessen. Einige der Produkte wurden um die Methode Balanced Scorecard ergänzt. Als Beispiel gilt hier das „ARIS-Toolset" der Firma IDS Scheer AG, welches als marktführendes Produkt über eine Zusatzkomponente zur Entwicklung von Balanced Scorecards verfügt. Das ARIS-Werkzeug lässt sich in Unternehmen aller Größenklassen einsetzen.

Das ARIS-Toolset bietet spezifische Modellierungsobjekttypen an, z. B. den Objekttyp „Perspektive", der sich einzeln oder in ein BSC-Ursache-Wirkungsdiagramm integrieren lässt.

Daneben stehen weitere Modellierungskonstrukte wie Organigramm, Wertschöpfungskettendiagramm oder Funktionsbaum für einen Einbau in die BSC-Darstellungen zur Verfügung.

Abbildung 76 enthält ein Beispiel für ein BSC-Ursache-Wirkungsdiagramm, das mit dem ARIS-Toolset (Version 6.1 Collaborative Suite) erstellt wurde.

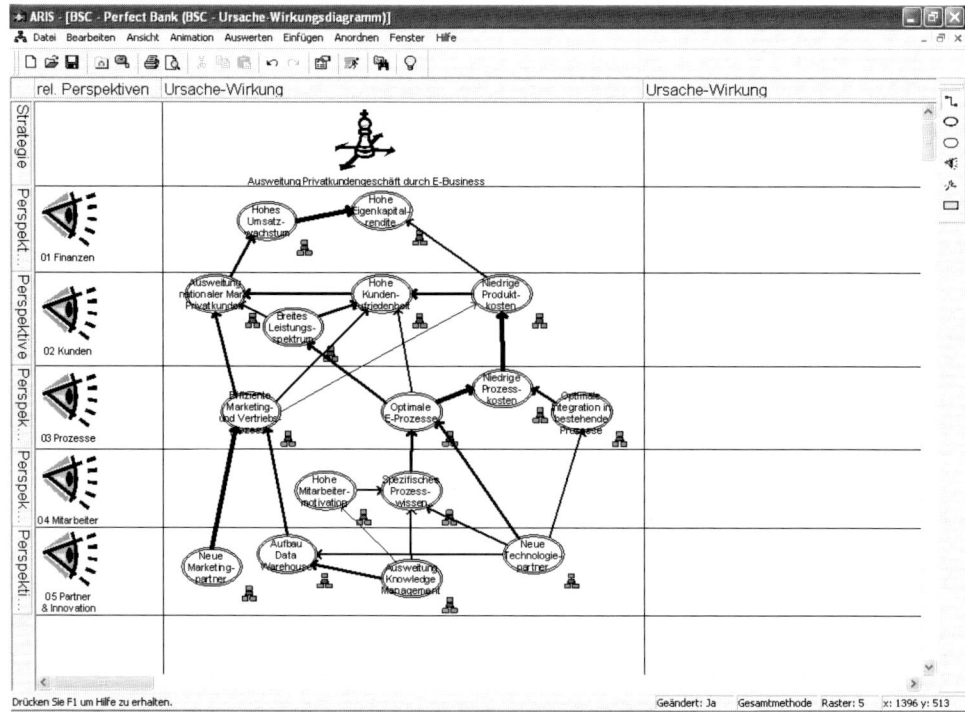

Abbildung 76: ARIS Ursache-Wirkungsdiagramm (IDS Scheer AG, 2003)

Der Einsatz von Modellierungstools für die BSC-Erstellung ist dann interessant, wenn das Werkzeug bereits im Unternehmen im Einsatz ist, z. B. für die Prozessmodellierung.

3.4   IT-Portfoliomanagement

3.4.1   Life-Cycle-Modell

Üblicherweise werden in Unternehmen zahlreiche IT-Projekte parallel in unterschiedlichen Fortschrittsgraden (z. B. in Planung, im Genehmigungsverfahren, in der Fachkonzeption, in der Entwicklung, in Einführung, im Probebetrieb, in der Wartung, Ablösung) bearbeitet. Da die finanziellen und sonstigen Ressourcen (z. B. Spezialpersonal) begrenzt sind, muss regelmäßig über die Zusammensetzung des Projektportfolios entschieden werden. Diese Problematik ist vor allem in Unternehmen mit zahlreichen, voneinander abhängigen IT-Projekten bedeutsam (vgl. Herbolzheimer 2002, S. 26). Die Berücksichtigung wechselseitiger Abhängigkeiten wird in der Praxis oft vernachlässigt, obgleich hierfür in den letzten Jahren neue Konzepte entwickelt wurden (vgl. hierzu ausführlich Wehrmann et al., 2006, S. 235).

Portfoliomanagement

Portfoliomanagement ist die systematische und nachvollziehbare Festlegung der im Planungszeitraum zu realisierenden Projekte bzw. Vorhaben zur Unterstützung der Unternehmensziele unter Beachtung mehrerer objektivierter Kriterien:

- Wirtschaftlichkeit / RoI (der Projekte)
- Beitrag zur Unternehmens- oder IT-Strategie (der Projekte)
- Realisierungswahrscheinlichkeit / Projekt-Risiko
- Dringlichkeit (der Projekte)
- Sicherheitsrelevanz (der Projekte)
- Amortisationsdauer (der Projekte)
- Risikobereitschaft (des Unternehmens)
- …

Im Rahmen des Portfoliomanagements sind aus Sicht der Notwendigkeit einer Bewertung drei Projekttypen zu unterscheiden:

- Soll-Projekte,
- Muss-Projekte und
- Standard-Projekte.

Soll-Projekte

Soll-Projekte sind vom Vorstand bzw. der Unternehmensleitung aus unternehmenspolitischer Sicht gewünschte Projekte, die nicht einer Bewertung unterzogen werden sollen bzw. müssen. Sie gelten für das Projektportfolio als „gesetzt".

Muss-Projekte

Muss-Projekte sind aus operativen oder gesetzlichen Gründen unausweichlich. Als allgemeine Beispiele lassen sich die Jahr2000-Umstellung (faktisch notwendig) oder die Euro-Umstellung (Gesetz) der IT-Systeme anführen.

Standard-IT-Projekte

Standard-IT-Projekte durchlaufen einen standardisierten Bewertungsprozess, z.B. hinsichtlich ihres Kapitalwertes und Risikos oder ihres Beitrages zur Unternehmensstrategie (Nutzwertanalyse). Als Beispiel lassen sich die Einführung eines neuen Logistiksystems oder die Umgestaltung des Rechnungswesens incl. einer Softwareumstellung anführen.

Life-Cycle-Modell

Das IT-Portfoliomanagement umfasst die Bewertung und Auswahl von neuen IT-Projekten oder Wartungsprojekten und deren Steuerung in einem standardisierten Bewertungsprozess. Die Bewertung geschieht aus Sicht des IT-Controllerdienstes in Form eines Life-Cycle-Modells durch eine an der IT-Strategie des Unternehmens orientierte IT-Projektauswahl (IT-Projekt-Portfoliomanagement) und die Steuerung der Projekte durch Beteiligung in den Lenkungsgremien der IT-Projekte (vgl. Abbildung 77).

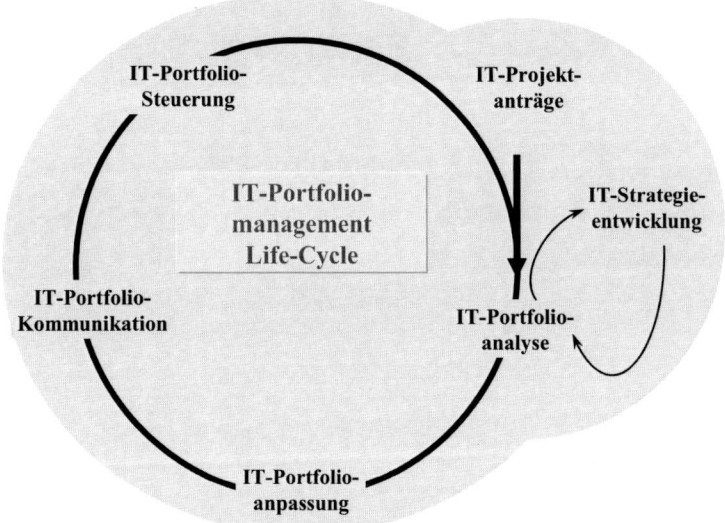

Abbildung 77: IT-Portfoliomanagement als Life-Cycle-Modell

Ein alternatives Life-Cycle-Modell beschreibt Schwarze (2006). Es detailliert den Gesamtprozess in weitere Schritte und gliedert den

Prozess des Portfoliodesigns sowie die Portfolioumsetzung aus dem Life-Cycle aus (vgl. Schwarze, 2006, S. 55 f.).

Ein wirksames Portfoliomanagement erfordert in der Praxis vor allem standardisierte Verfahren, die für alle Beteiligten transparent und nachvollziehbar auf die vielfältigen IT-Projektanträge angewendet werden (vgl. Albayrak/Olufs, 2004, S. 116). Im Rahmen des Portfoliomanagements stellt sich insbesondere die Frage des Wertbeitrages der IT zum Unternehmenserfolg (vgl. Müller et al. 2005).

IT-Projekt-anträge

IT-Projektanträge für Neu- und Wartungsprojekte der Fachabteilungen werden laufend mit dem aktuellen IT-Portfolio und der IT-Strategie abgeglichen, denn Änderungen der IT-Strategie wirken sich auf das IT-Projektportfolio aus. Vorschläge für IT-Projekte, die nicht mit dem laufenden Portfolio kompatibel sind, bewirken Veränderungen der IT-Strategie. Der IT-Projektantrag soll folgende Informationen zur Beurteilung der Aufnahmefähigkeit in das IT-Portfolio enthalten:

* Projektbezeichnung,

* Ansprechpartner und Auftraggeber, ggf. Sponsor in der Geschäftsführung / Vorstand,

* Art des Projektes (Neuprojekt, Wartungsprojekt, Verlängerung eines bestehenden Projektes),

* Zielsetzung des Projektes (Was soll erreicht werden?),

* Vorgehensweise (Wie soll die Aufgabe gelöst werden?),

* Geltungsbereich (Konzern, Unternehmen, Abteilungen, weitere IT- oder sonstige Projekte, IT-Systeme),

* Zeitplanung und geplante Lebensdauer (Wie lange soll das System genutzt werden?),

* Ggf. Migrationsplanung bei Ablösung vorhandener Systeme,

* Kosten- und Nutzenanalyse (RoI-Ermittlung),

* Alternativvorschlag, falls das Projekt nicht genehmigt werden kann,

* Realisierungswahrscheinlichkeit mit Begründung.

Die Auswahl geeigneter IT-Projekte erfordert die Festlegung von Entscheidungskriterien. Abbildung 78 zeigt einen beispielhaften Katalog mit Kriterien, die unternehmensindividuell anzupassen und zu gewichten sind (in Anlehnung an Buchta et al. 2004, S.

115). Hauptkriterien sind Nutzen und Risiken des Projektes. Neuere Ansätze verwenden die Fuzzy-Technik um auch die unscharfe Wertermittlung von IT-Projekten zu ermöglichen (vgl. Nissen/Müller, 2007, S. 55 ff.).

In der Praxis wird die Priorisierung überwiegend anhand der Ersteinführungsprojekte durchgeführt, obwohl Wartungsprojekte über 70 % des gesamten IT-Budgets ausmachen können (vgl. Zarnekow et al. 2004, S. 181).

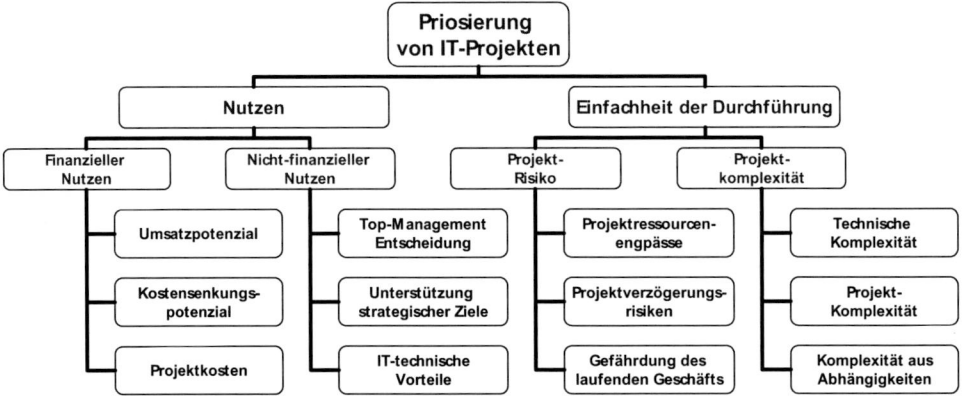

Abbildung 78: Priorisierungsbaum für IT-Projekte (Buchta et al. 2004)

IT-Portfolio-analyse und -anpassung

Knappe IT-Budgets erfordern eine Auswahl von IT-Projekten aus dem gültigen IT-Projektportfolio. Es enthält die Wartungs- und Neuentwicklungsprojekte des Unternehmens, orientiert an der IT-Strategie. Auswahlkriterien orientieren sich am „Return on Investment" und dem Beitrag der IT-Projekte zur Erreichung der Unternehmensstrategie (vgl. Abbildung 79).

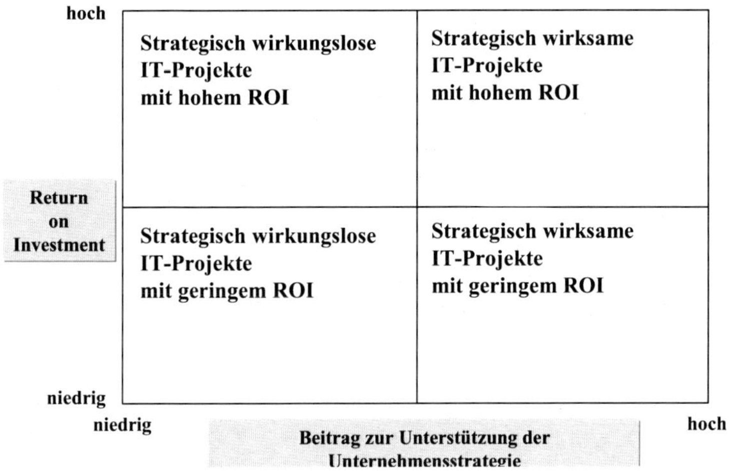

hoch		
	Strategisch wirkungslose IT-Projekte mit hohem ROI	**Strategisch wirksame IT-Projekte mit hohem ROI**
Return on Investment	**Strategisch wirkungslose IT-Projekte mit geringem ROI**	**Strategisch wirksame IT-Projekte mit geringem ROI**
niedrig		
	niedrig **Beitrag zur Unterstützung der Unternehmensstrategie**	hoch

Abbildung 79: Nutzen- und strategieorientiertes IT-Portfolio

In der Praxis wird bei der Erstellung eines IT-Projektportfolios häufig das Risiko eines Fehlschlages, mit dem viele IT-Projekte behaftet sind, vernachlässigt. Vor dem Hintergrund häufig scheiternder IT-Projekte ist es empfehlenswert, neben dem Nutzen auch die Realisierungswahrscheinlichkeit der vorgeschlagenen IT-Projekte zu bewerten (vgl. Abbildung 80).

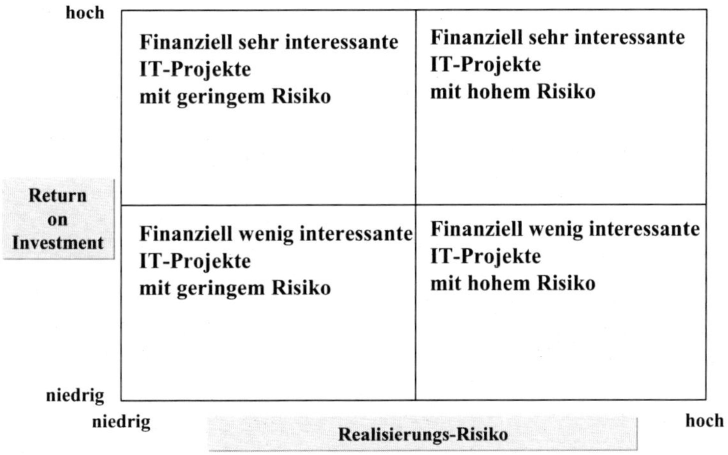

hoch		
	Finanziell sehr interessante IT-Projekte mit geringem Risiko	**Finanziell sehr interessante IT-Projekte mit hohem Risiko**
Return on Investment	**Finanziell wenig interessante IT-Projekte mit geringem Risiko**	**Finanziell wenig interessante IT-Projekte mit hohem Risiko**
niedrig		
	niedrig **Realisierungs-Risiko**	hoch

Abbildung 80: Nutzen- und risikoorientiertes IT-Portfolio

In Kombination der beiden Alternativen ist es möglich, alle genannten Kriterien darzustellen. So kann z. B. der „Strategiefit", also der Beitrag zur Unterstützung der Unternehmensstrategie in

Form unterschiedlich großer Markierungen dargestellt werden (vgl. Abbildung 81).

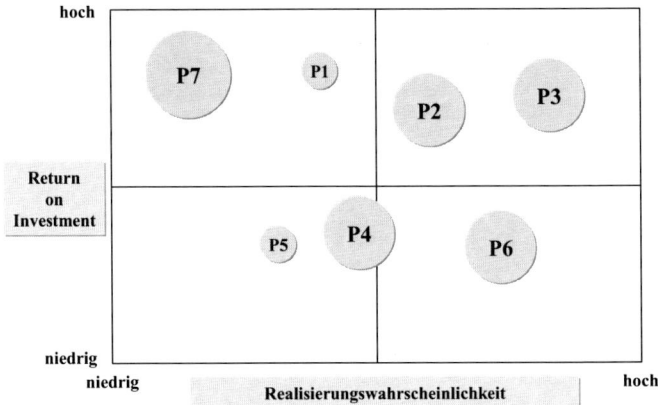

Abbildung 81: Nutzen-, risiko- und strategieorientiertes IT-Portfolio

Neuere For-schungsansätze

In der letzten Zeit wurden neue Vorschläge zum IT-Portfoliomanagement veröffentlicht (Wehrmann/Zimmermann, 2005 und Zimmermann, 2008).

Neuere Forschungsansätze haben auch zur mathematischen Ermittlung eines integrierten Nutzenwertes auf bewährte klassische Verfahren zur Bewertung von Finanzinvestitionen zurückgegriffen und spezielle Bewertungsfunktionen für IT-Projekte vorgestellt (vgl. Wehrmann/Zimmermann, 2005, S. 247 ff.). Die von Wehrmann und Zimmermann entwickelte Nutzenfunktion berücksichtigt den erwarteten Kapitalwert des Projektes, das geschätzte Projektrisiko sowie die individuelle Risikoeinstellung des Entscheiders gemäß dem Bernoulli-Prinzip. Die Nutzenfunktion für ein IT-Projekt lautet (vgl. Wehrmann/Zimmermann, 2005, S. 249):

$$V_i = v(z_i, \sigma_i) = z_i - \frac{\alpha}{2} \sigma^2{}_i$$

V_i ist der integrierte Nutzenwert des Projektes. Der Parameter z_i gibt den erwarteten Kapitalwert des Projektes und σ^2 die geschätzte Varianz als Maß für das Risiko des Eintretens des Kapitalwertes an. Der Wert eines sicheren Projektes $\sigma^2 = 0$ entspricht seinem Kapitalwert. Der Parameter α ist der Risikoaversionsgrad des Entscheiders. Nimmt α den Wert „0" an, entspricht der Wert des

Projektes ebenfalls dem Kapitalwert. Für eine Anwendung solcher Nutzenfunktionen in der Praxis sind nach Aussage der Autoren allerdings noch weitere Forschungsarbeiten erforderlich, da z. B. von normalverteilten Kapitalwerten ausgegangen wurde (vgl. Wehrmann/Zimmermann, 2005, S. 246).

Das Rahmenkonzept von Zimmermann (2008) fordert vom IT-Portfoliomanagement die Erfüllung zentraler Anforderungen:

- Die Zielerreichung des IT-Portfolios wird durch den Beitrag zur Steigerung des Unternehmenswertes (Wertbeitrag) gemessen.

- Die Ermittlung des Wertbeitrages muss intra- und intertemporale Abhängigkeiten berücksichtigen. Dies ist z. B. der Fall, wenn Spezialkenntnisse einer Person zeitgleich in mehreren Projekten benötigt werden oder Projekt A für Projekt B die Voraussetzungen für den Einsatz und den Projektnutzen von B schafft.

- Bei der Wertbeitragsermittlung müssen die individuelle Risikoeinstellung des Entscheiders sowie der strategische Fit des IT-Portfolios berücksichtigt werden.

Auf Basis dieser Anforderungen und mit Hilfe individueller Nutzenfunktionen erstellen die Autoren ein Modell einer Effizienzfläche, auf der mit Hilfe von Iso-Nutzenlinien Entscheidungen über ein optimales, den Anforderungen des Entscheidern entsprechendes Portfolio, getroffen werden können (Zimmermann, 2008, S. 466).

3.4.2   Praxisbeispiele zum Projektportfoliomanagement

Verbreitung

IT-Portfoliomanagement ist in der Praxis weit verbreitet. Nach einer Studie des Beratungshauses Bearingpoint setzen zwei Drittel der befragten deutschen Unternehmen Portfoliomanagement zur Projektauswahl ein (vgl. Bearingpoint 2003). Mehr als 80 % der antwortenden Unternehmen mit mehr als 1 Mrd. Euro Jahresumsatz sowie alle Unternehmen mit mehr als 50 IT-Projekten oberhalb 50.000 Euro-Projektbudget wenden IT-Portfoliomanagement an.

Eine nicht nur am Break-Even-Punkt, sondern auch an der Realisierungswahrscheinlichkeit ausgerichtete 6-Felder-Portfoliomatrix ist in Abbildung 82 dargestellt. Sie zeigt, unter welchen Bedingungen Projekte eingestellt, überprüft oder realisiert werden.

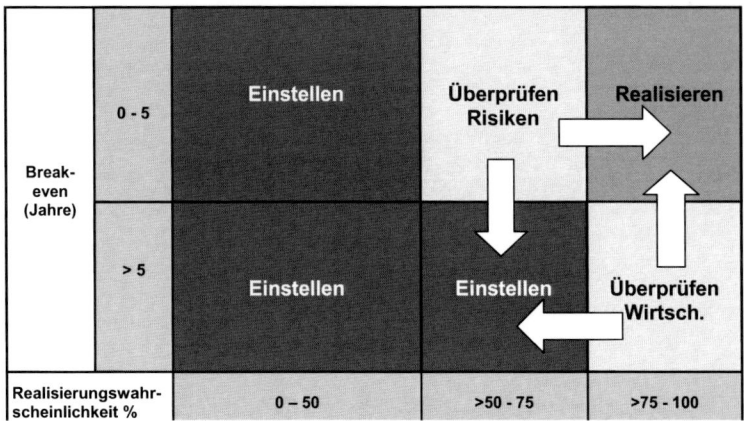

Abbildung 82: Portfoliogestützte Projektauswahl (Kramer 2002)

In der Unternehmenspraxis stellt sich neben der Frage der Rentabilität bzw. des strategischen Wertbeitrages eines IT-Projektes noch die Frage, ob das Projekt bereits läuft und nur die Fortsetzung oder Folgestufen zu entscheiden sind bzw. vertragliche Bindungen die Fortsetzung des Projektes faktisch erzwingen.

Dies ist besonders in kritischen Situationen, z. B. bei notwendigen Budgetkürzungen von besonderer Bedeutung.

PRAXISBEISPIEL DEUTSCHE LUFTHANSA

Diesen Aspekt hat die Deutsche Lufthansa in ihrem Konzept der Projektpriorisierung berücksichtigt und unterscheidet in Ihrem Portfolio die Kriterien Strategischer/Monetärer Nutzen und Dispositionsfähigkeit (vgl. Abbildung 83).

Nicht laufende Projekte, die nur eine geringe strategische Bedeutung aufweisen oder einen zu langen Amortisationszeitraum haben, werden gestrichen. Projekte mit hoher strategischer Bedeutung und kurzer Amortisationsdauer werden verschoben. Bereits angelaufene Projekte werden je nach Einordnung und den vertraglichen Möglichkeiten reduziert bzw. unverändert durchgeführt (vgl. Beißel et al 2004).

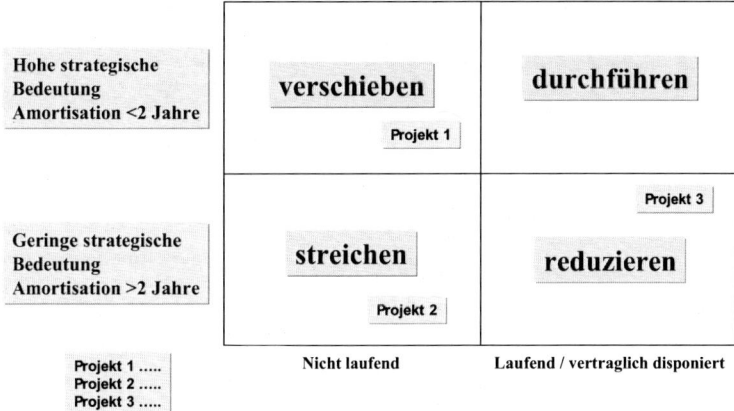

Abbildung 83: Projekt-Priorisierung bei der Deutschen Lufthansa
(Beißel et al. 2004, S. 60)

Portfolioaus-
schuss

Die Bewertung des IT-Portfolios wird als bereichsübergreifende Teamaufgabe vom IT-Controllerdienst moderiert und gesteuert. Vom IT-Controllerdienst ist ein Portfolioausschuss zu konstituieren, besetzt mit verantwortlichen Führungspersönlichkeiten der betroffenen Geschäftseinheiten. Die Bereichsegoismen bei der Projektrangfolgebestimmung kann der IT-Controllerdienst nur über Sachargumente (Kosten, Nutzen, Laufzeit, Projektrisiko u.a.) steuern.

Bei einer Projektrangfolgebestimmung empfiehlt sich folgende Vorgehensweise:

1) Bestandsaufnahme notwendiger Projekte (bei erstmaliger Portfolioanalyse),

2) Erfassung von Projektvorschlägen anhand der IT-Projektanträge mit Projektkosten, -nutzen und Realisierungswahrscheinlichkeit,

3) Portfoliogestützte Projektauswahl durch das Bewertungsteam anhand mit Hilfe der Moderationstechnik gemeinsam erarbeiteter Kriterien,

4) Kommunikation des angepassten Portfolios an die Verantwortlichen der Geschäftsbereiche, Informationstechnik und Controlling,

5) Portfoliosteuerung über regelmäßige Berichterstattung der Projektleiter an den Portfolioausschuss.

PRAXISBEISPIEL PROJEKTBEWERTUNG DEUTSCHE POST EURO EXPRESS

Ein dreifach gewichtetes Bewertungsschema wird bei der Deutschen Post zur Bewertung von IT-Projekten eingesetzt (vgl. Albayrak/Olufs 2004, S. 119 f.). Das Schema nutzt die Kriterien *„Risikovermeidung"*, *„Nutzen"* und *„Strategiefit"*. Die Gewichtungsfaktoren werden von der Geschäftsleitung vorgegeben.

Projektideen werden zunächst hinsichtlich Ihres **Gesamtrisikos** bewertet. Hierdurch soll vermieden werden, dass z.B. Projekte einfach deshalb scheitern, weil sie zu groß sind oder länger laufen, als eine Neuorganisation Bestand hat.

Die *„Nutzenbewertung"* zerfällt in mehrere Subkomponenten. Hierbei steht insbesondere der monetäre Wertbeitrag des Projektes im Vordergrund. Daneben werden qualitative Nutzenaspekte wie Imagesteigerung oder Kundenbindung berücksichtigt.

Das Kriterium *„Strategiefit"* beantwortet die zentrale Frage, ob ein Projekt in die IT-Strategie des Unternehmens passt. Da die IT-Strategie aus der Unternehmensstrategie abgeleitet wird, ist sichergestellt, dass alle IT-Projekte einen geschäftlichen Wertbeitrag liefern.

3.4.3   Einführung und kritische Erfolgsfaktoren

In Abbildung 84 ist ein grobes Vorgehensmodell für die sukzessive Einführung des Portfoliomanagements dargestellt.

| Ist-Erhebung Projekte | Ist-Erhebung Prozesse | Typisierung Projekte | Aufbau Projekt-DB | Design Prozesse | Schulung & Rollout |

Abbildung 84: Vorgehensmodell Portfoliomanagement

1. **Ist-Erhebung Projekte:** Im ersten Schritt ist eine Erhebung der Projekte im Unternehmen durchzuführen. Projekte sind gegliedert nach ihrem Projektstatus (Idee liegt vor, Projekt ist beantragt, Projekt ist eingeplant, Projekt läuft u.a.) zu dokumentieren. Daneben sind die wichtigsten Projekt-Inhalte zu erfassen, insb. Thema, Ziel, Leitung, Laufzeit, und Budget. Ein sehr wichtiger Aspekt ist die Identifikation von Querbeziehungen, um Synergien zu nutzen und Behinderungen zu vermeiden.

2. **Ist-Erhebung Prozesse:** In der zweiten Phase sind ggf. vorhandene Freigabemechanismen und Priorisierungsverfahren bzw. Anforderungen zu identifizieren.

3. **Typisierung Projekte:** Hier erfolgt eine Klassifizierung der Projekte anhand des gewählten Schemas (Muss, Kann, Soll-Projekte o.ä.).

4. **Aufbau Projekt-Datenbank (DB):** In dieser Phase werden die erhobenen Informationen in einer Datenbank für die spätere operative Nutzung hinterlegt. Hierzu gehört auch die Erhebung und Erfassung weiterer Projektinformationen.

5. **Design der Soll-Prozesse:** Festlegung des gewünschten Portfolio-Life-Cycles (Prozessmodell für das Portfoliomanagement) und des Priorisierungsverfahrens

6. **Schulung und Rollout**

Kritische Erfolgsfaktoren

Für die Einführung ist eine Reihe von kritischen Erfolgsfaktoren von hoher Bedeutung. Hierzu zählen wie bei allen Projekten die Rückendeckung durch die Geschäftsführung bzw. Unternehmensleitung. Ein weiterer wichtiger Faktor ist die vollständige Einhaltung der Regeln für alle Projekte, d.h. es führt kein Weg am Portfolio-Algorithmus vorbei. Das Projektmanagement und die Auftraggeber müssen die Notwendigkeit des Portfoliomanagements akzeptieren und sich den Regeln „unterwerfen". Je nach Unternehmensgröße ist auch eine passende Softwareunterstützung erforderlich. Beim Start reichen u. U. Bordmittel aus (Tabellenkalkulationsprogramme), bei einem wachsenden Portfolio ist allerdings der Einsatz spezialisierter Tools sinnvoll. Ein Projektbüro als zentrale Anlaufstelle für Antragsteller, Projektleiter, Projektcontroller erleichtert zudem das operative Tagesgeschäft. Es dient der zentralen Ressourcenwaltung und als Informationsdrehscheibe eines Projektes (vgl. auch Herzwurm und Pietsch, 2009, S. 246).

3.4.4   Fallsbeispiel IT-Projektportfolio

Aufgabenstellung

Sie erhalten in Ihrer neuen Position als Junior-IT-Controller vom Leiter Informationsmanagement (CIO) den Auftrag, die geplanten Projekte mit IT-Bezug für das nächste Geschäftsjahr zusammenzustellen und eine Rangfolge vorschlagen, da das Gesamtbudget vermutlich nicht ausreichen wird, sämtliche Projekte zu realisieren.

Ihre Recherche ergab die in Abbildung 85 aufgeführten Ausgangsdaten. Alle Projekte sind aus Sicht der Geschäftsführung „Kann-Projekte". Ziel des Unternehmens ist ein möglichst angemessener Gewinn. Schlagen Sie einen RoI-gestützten Algorithmus für eine Projektrangfolge vor und erstellen sie hieraus einen Entscheidungsvorschlag für das Management.

- Welcher u.U. unerwünschte Effekt kann hierbei auftreten?

- Was kann ggf. unternommen werden, um das Problem zu lösen.

Nr.	Projekt	Abgezinster Aufwand (T€)	Abgezinster Nutzen (T€)	RoI (%)	Realisierungs-wahrschein-lichkeit
A	Einführung eines unternehmensweiten ERP-Systems	2.000	500	25%	0,7
B	Einführung eines Contentmanagement-Systems	500	10	2%	0,9
C	Update der Firewallsoftware auf den neues Stand	100	0	0%	1
D	Reorganisation der Vertriebsabwicklung im Außendienst	300	50	17%	0,7
E	Bau eines Hochregallagers mit automatisierter Lagerhaltung	1200	500	42%	0,9
F	Weiterentwicklung der Fuhrparkmanagement-Software	200	2	1%	0,9
	Gesamtaufwand	4.300			
	Verfügbares IT-Budget	4000			
	Defizit	300			

Abbildung 85: Fallstudie Portfoliomanagement - Ausgangsdaten

Lösungsvorschlag

Die Projekte könnten in eine Rangfolge nach dem gewichteten RoI gebracht werden. Projekte, die noch finanzierbar sind, werden realisiert.

Nr.	Projekt	Abgezinster Aufwand (T€)	Aufwand (Kumuliert)	RoI (%)	Realisierungs-wahrschein-lichkeit	RoI (%) gewich tet
E	Bau eines Hochregallagers mit automatisierter Lagerhaltung	1200	1200	42%	0,9	37,5%
A	Einführung eines unternehmens-weiten ERP-Systems	2.000	3.200	25%	0,7	17,5%
D	Reorganisation der Vertriebsabwicklung im Außendienst	300	3500	17%	0,7	11,7%
B	Einführung eines Contentmanage-ment-Systems	500	4000	2%	0,9	1,8%
F	Weiterentwicklung der Fuhrparkmanage-ment-Software	200	4200	1%	0,9	0,9%
C	Update der Firewallsoftware auf den neues Stand	100	4300	0%	1	0,0%
	Gesamtaufwand	4.300				
	Verfügbares IT-Budget	4000				
	Defizit	300				

Abbildung 86: Fallstudie Portfoliomanagement - Rangfolge

Die klassische RoI-Rangfolge führt dazu, dass das Projekt C wegen des nicht quantifizierbaren Nutzens (RoI = 0%) nicht realisiert werden kann. Das Problem kann z. B. wie folgt gelöst werden:

- Kennzeichnung des Projektes C als Mussprojekt. Es wird daher bevorzugt eingeplant.

- Ermittlung eines Nutzenwertes auf Basis des wahrscheinlich vermiedenen Schadens. Würde z.B. ein möglicher „Hackerangriff" zu einem Gesamtschaden von 10.000.000 Euro führen, wäre dies bei einer Eintrittswahrscheinlichkeit von 2% ein Nutzen von 200.000 Euro, der in die RoI-Rangfolge einbezogen werden kann.

- Ermittlung eines mehrdimensionalen Nutzenwertes (Nutz-wertanalyse). Kritische Projekte wie Projekt C erhalten einen unendlich hohen Nutzwert.

3.4.5   Bewertung von IT-Sicherheitsprojekten

Nutzen der IT-Sicherheit

Die Bewertung von IT-Sicherheitsprojekten (z. B. Aufbau und Betrieb von Verschlüsselungssystemen, Einsatz digitaler Signaturen zur Authentisierung von Personen) ist unter rein wirtschaftlichen Gesichtspunkten problematisch, da häufig kein direkter Nutzen messbar ist. Dennoch ist sicherzustellen, dass ausreichende Budget-Mittel für IT-Sicherheitsmaßnahmen bereitgestellt werden, damit diese nicht von Projekten aus dem IT-Projektportfolio verdrängt werden, die einen höheren RoI aufweisen.

Rechtfertigung der IT-Sicherheit

Wie rechtfertigt der IT-Controller Investitionen in IT-Sicherheit? Diese wichtige Frage muss bei der jährlichen IT-Budgetierung konkret beantwortet werden. Nach einer Umfrage der IT-Fachzeitung Informationweek (vgl. Gerbich, 2002) wird hierfür als Argumentationshilfe auf folgende Aspekte hingewiesen, um die Höhe der IT-Sicherheitsbudgets zu rechtfertigen:

- Potentielle Haftung/mögliche Risiken (54,4 %),
- Potentielle Auswirkung auf die Einnahmen (33 %),
- Forderung der Behörden / der Gesetze (32,5 %),
- Übliche Branchenpraxis (29,8 %),
- Anforderungen von Partnern/Händlern (23,1 %),
- Wirtschaftlicher Return on Investment (15,3 %).

Anhand ausgewählter Praxisbeispiele soll dargestellt werden, welche Möglichkeiten der Bewertung für IT-Sicherheitsprojekte bestehen (vgl. ausführlich Gadatsch/Uebelacker 2004). Anschließend wird der RoSI-Ansatz der University of Idaho vorgestellt.

BEISPIEL 1: DATENSICHERUNG (DESASTER RECOVERY) UND VIRENSCHUTZ

In der Praxis wird selten nach dem RoI eines Desaster-Recovery-Konzeptes (Organisatorische und technische Datenwiederher-stellungsmaßnahmen im Rechenzentrum) oder Virenschutz-Projekts gefragt, solange die Schutzmaßnahmen noch nicht etabliert waren, da die Notwendigkeit unumgänglich erscheint. Wurde die Lösung dagegen bereits implementiert, kann durch einen „Technologie Refresh" (Aktualisierung einer IT-Lösung an den aktuellen Stand der Technik) mit entsprechend reduzierten Betriebskosten ggf. durch das Projekt ein positiver RoI realisiert werden.

Deshalb stellt sich die Frage: Weshalb investieren Unternehmen in IT-Sicherheits-Projekte? Idealerweise führen sie eine Risikoabwägung durch. Entweder trägt das Unternehmen das Risiko und unternimmt weiter nichts oder es hält das Risiko für untragbar und wird aktiv, z. B. durch Installation einer Virenschutzsoftware oder eines Backupsystems. IT-Sicherheits-Projekte wirken sich absichernd auf die Investitionen des Unternehmens aus. Verschlüsselungs-, Virenschutz- und Firewallprojekte sind typische Beispiele dafür. Der Geschäftsprozess als solcher wird jedoch nicht „optimiert", sondern lediglich durch die IT-Security-Maßnahme „abgesichert". Diese Projekte erhöhen aufgrund der notwendigen Investition und der laufenden Wartungskosten die Kosten der Infrastruktur. Das aber bedeutet, dass hier ein positiver RoI nicht darstellbar ist.

BEISPIEL 2: SINGLE SIGN ON (SSO)

Passwörter sollen schwer zu erraten sein und sind periodisch zu wechseln. Zahlreiche Mitarbeiter verwalten Passwörter für unterschiedliche von Ihnen genutzte IT-Systeme (E-Mail, SAP® R/3®, Reisekostenabrechnung u.v.m.) und benötigen Hilfe wenn Störungen auftreten (z. B. Passwort-Reset). Eine Lösung zur Vereinfachung dieser Problematik sind Single Sign-On-Systeme (SSO). Sie sorgen dafür, dass sich ein Anwender nur einmal authentisieren muss. Dies geschieht entweder durch ein Passwort oder eine Chipkarte (Smartcard). Das SSO-System hat die Passwörter für alle benötigten Ziel-Anwendungen gespeichert.

Eine große Schweizer Bank konnte nachweisen, dass bei der Einführung eines SSO-Systems ein positiver RoI möglich ist (vgl. Gadatsch/Uebelacker 2004). Die Bank führte ein SSO-System mit 30.000 Anwendern ein. Vor der Einführung des SSO-Systems hatte der Helpdesk viele passwortbezogene Anrufe zu verzeichnen. Diese Zahl ließ sich kurzfristig um mehr als ein Drittel senken. Jeder Anruf war mit einem Produktivitätsausfall von durchschnittlich 20 Minuten verbunden. Damit ergab sich bei einem internen Stundensatz von 60 Euro ein Einsparungspotential von 2,4 Millionen Euro pro Jahr. Zusätzlich zu den Einsparungen stellt sich ein Nebeneffekt ein, der in die RoI-Berechnung nicht einfließt: die Zufriedenheit der Anwender mit ihrer IT steigt dann erheblich.

BEISPIEL 3: KFZ-MOTORSTEUERUNG

Die Mikroprozessortechnologie hat die Kraftfahrzeuge deutlich verändert. Antiblockiersysteme, Stabilitätsprogramme, Fahrererkennung werden von einem zentralen Fahrzeugcomputer (Motorsteuerung) überwacht. Leistungssteigerungen lassen sich neben „klassischen" mechanischen Veränderungen einfacher durch ein „Chiptuning" realisieren, d. h. durch eine Manipulation der Software im Fahrzeugcomputer. Unautorisiertes Chiptuning verursacht bei den Automobilherstellern jährlich hohe Verluste durch stärkeren Verschleiß und erhöhtem Wartungsaufwand in der Garantiezeit. Die Automobilindustrie versucht durch den Einsatz von Digitalen Signaturen (elektronische Unterschriften) unerwünschte Manipulation in den Motorsteuerungsgeräten zu unterbinden, was durch einen positiven RoI sichtbar wird.

BEISPIEL 4: ELEKTRONISCHE STEUERERKLÄRUNG (ELSTER)

Grundlage von ELSTER ist die Beobachtung, dass immer mehr Bürger ihre Steuererklärungen am Computer erstellen. Dabei werden die Daten für den Ausdruck der Steuererklärungsformulare dezentral elektronisch erfasst. Die Idee liegt nun darin, die erfassten Daten der Steuerverwaltung über das Internet zur Weiterverarbeitung zur Verfügung zu stellen. Damit spart die Steuerverwaltung die Kosten der Datenerfassung und kann den Prozess beschleunigen. Ein positiver RoI kann unterstellt werden.

Allerdings bezieht sich der RoI auf den gesamten Geschäftsprozess. Im Gegensatz zum Motorsteuerungsprojekt spielt die IT-Sicherheit eine andere Rolle. Wurden im Motorsteuerungsprojekt die Optimierungspotentiale ausschließlich durch die innovativen Sicherheitsmechanismen hervorgerufen, so ist dies bei ELSTER nicht der Fall. Die

den RoI positiv bestimmenden Faktoren liefert hier primär die einges-
parte elektronische Datenerfassung. Die implementierten Sicherheits-
Mechanismen wirken „lediglich" als „Enabler" zur Implementierung des
Optimierungspotentials.

BEISPIEL 5: DIGITALE SIGNATUR IN WORKFLOWGE-
STÜTZTEN GESCHÄFTSPROZESSEN

Beim Einsatz digitaler Signaturen in Workflows (Workflows sind automatisierte Geschäftsprozesse, vgl. ausführlich Gadatsch 2005b, S. 221
ff.) geht es darum, repetetive Geschäftsprozesse elektronisch zu unterstützen und mit Hilfe von Authentisierungsmechanismen [2] Teilschritten nachzuweisen. So kann z. B. die Freigabe einer Bestellung, die
Genehmigung eines Urlaubsantrages oder einer Dienstreise ein solcher Teilschritt sein. Workflow-Management-Systeme setzen häufig
ein hohes Optimierungspotential frei. Ein RoI ist i.d.R. darstellbar.

Das Deutsche Signaturgesetz (SigG) bietet grundsätzlich die Möglichkeit, händische Unterschriften durch zertifizierte Digitale Signaturen
(elektronische Unterschriften) zu ersetzen. Das erfordert Investitionen
in Unternehmen, denen für den Nachweis einer positiven RoI-
Kennzahl ein Nutzen nachzuweisen ist. Der Nutzen kann nur aus Pro-
zessverbesserungen generiert werden. Die Prozessoptimierung mit
der Freisetzung des Einsparpotentials resultiert nicht direkt aus einem
Sicherheitsprojekt, sondern aus der Ablösung papiergebundener Prozesse durch elektronische Systeme.

Projekttypen

Klassifiziert man die vorgestellten Projekte, so lassen sich nach
Uebelacker (vgl. Gadatsch/Uebelacker 2004) drei Projekttypen
ableiten: das Versichererprojekt, das Enablerprojekt und das
Einsparerprojekt (vgl. Abbildung 87):

* *Versichererprojekt (insurer)*

Ziel dieser Projekte ist es, die Eintrittswahrscheinlichkeiten und
das Risiko von ungewünschten Ereignissen zu minimieren. Das
primäre Ziel ist es nicht, Einsparpotentiale zu realisieren. Ein RoI

---

[2] Sicherstellung, dass es sich beim „Unterzeichner" um die betreffende
Person handelt, z. B. durch eine elektronische Unterschrift

ist im Regelfall nicht darstellbar. Zahlreiche IT-Sicherheitsprojekte sind Versichererprojekte (z. B. Firewall, Virenschutzprogramm, Zugangskontrollsysteme)

- **_Ermöglicherprojekt (enabler)_**

Haben neue Geschäftsprozesse Sicherheitsanforderungen, handelt es sich oft um Enablerprojekte. Die IT-Sicherheitsmaßnahmen haben unterstützenden Charakter. Die Einsparung wird primär von der Anwendung erzielt, nicht von den Sicherheitsbausteinen. Ein typisches Beispiel sind PIN-TAN-Verfahren beim Internetbanking, ohne die keine Bankgeschäfte über das Internet möglich sind. Auch Firewallsysteme zählen hierzu, die durch die Abschottung des Unternehmensnetzes nur ausgewählte Transaktionen ermöglichen (z. B. Sicherer Zugriff von Kunden auf seine Bestelldaten im Firmenrechner). RoI-Überlegungen sind bei enabler-Projekten von nachgeordneter Bedeutung.

- **_Optimiererprojekt (optimizer)_**

Dieser Projekttyp ist selten anzutreffen. Durch eine Sicherheitsanwendung lassen sich Einsparungspotentiale realisieren. Ein Beispiel ist die digitale Bürgerkarte (digitales Ausweissystem), die als Identifikationsmedium eine Vielzahl von wirtschaftlichen Nutzenpotenzialen anbietet.

Abbildung 87: Projekttypen in der IT-Sicherheit (nach Uebelacker)

Fazit

Bei der Beurteilung eines IT-Sicherheitsprojektes ist zu ermitteln, worauf das Einsparungspotential basiert. Typischerweise ist die Anwendung verantwortlich, da sie den Geschäftsprozess auf IT-Systeme abbildet. Bei ELSTER steht das vom Bürger ausgefüllte elektronische Formular für diese Anwendung. Untersucht man Projekte mit Einsparungspotential, so fällt auf, dass die Anwendungen in den seltensten Fällen „reine" Security-Anwendungen sind. Single-Sign-On und das skizzierte Motorsteuerungsprojekt sind Ausnahmen. Deutlich wird, dass zahlreiche Anwendungen IT-Sicherheits-Funktionen erfordern, damit sie ihren Mehrwert generieren können. Als klassisches Beispiel gilt Internet-Banking, das ohne sicheren Datenaustausch mit dem PIN-TAN-Verfahren zwischen Kunden und Bank nicht möglich ist.

Dennoch bleibt als wichtiges Ergebnis festzuhalten: Für viele IT-Security-Projekte ist kein positiver RoI darstellbar.

RoSI

Die University of Idaho hat vor dem Hintergrund der geschilderten Problematik ein am Return on Investment orientiertes Rechenmodell zur Ermittlung eines RoSI (Return on Security Investment) ermittelt (vgl. Keller, 2002). Die Größe RoSI ist die Differenz aus dem Nutzen, der durch IT-Sicherheitsmaßnahmen erzielt wird und den Kosten für die Implementierung und den Betrieb der notwendigen IT-Sicherheitstools (z. B. Firewall, Verschlüsselungssoftware). RoSI berücksichtigt neben den Implementierungskosten auch die durch Schäden verursachten Kosten. Die Formeln zur Berechnung der RoSI-Kennzahl sind in Abbildung 88 dokumentiert.

$\underline{RoSI} = R - ALE$	R	Jährliche **Kosten der Schadensbeseitigung** durch Angriffe auf IT-Systeme.
	ALE	Annual Loss Expectancy (Jährliche **Verlusterwartung** durch verbliebene Schäden).
$ALE = (R-E) + T$	E	Ersparnis (**Nutzen**) durch Reduzierung der Schadensbeseitigungskosten (R) durch IT-Sicherheitsmaßnahmen.
	T	(Tool-)**Kosten für Sicherheitsmaßnahmen**
$\underline{RoSI} = E - T$		

Abbildung 88: Return on Security Investment (vgl. Keller 2002)

Ein einfaches Rechenbeispiel ergibt folgendes Bild:

RECHENBEISPIEL

Der Kauf und Betrieb einer Firewall (T = 30.000 €) sorgen für einen Sicherheitsgrad von 95 %. Das Gesamtrisiko möglicher Schäden bei Verzicht auf eine Firewall wird mit 100.000 € geschätzt.

Die Bruttoersparnis durch den Einsatz der Firewall beträgt E = 95.000€.

Nach Abzug der Toolkosten von T= 30.000 € verbleibt eine Netto-Einsparung von RoSI = 65.000$.

RoSI = E − T [65.000 € = 95.000 € -30.000 €]

Ein Beispiel aus der Bankenpraxis wurde in (Sowa, 2007) veröffentlicht. Eine Bank möchte das bisher eingesetzte klassische PIN/TAN-Verfahren, das über einige Schwächen verfügt durch modernere Verfahren ablösen. Favorisiert wird von den technischen Experten der Bank das HBCI-Verfahren, da es derzeit als das sicherste, aber auch teuerste Verfahren gilt. Eine Zusammenstellung aller möglichichen Alternativen (vgl. xxx) bietet einen

Kompromiss zwischen Kundenfreundlichkeit und der Wirtschaftlichgekeit (gemessen mit der Kennzahl ROSI). Es wird eine Empfehlung für das iTAN oder eTAN-Verfahren gegeben.

Ver-fahren	Erläuterung	Wirksam-keit	Investion für Bank / Kunde €	ROSI €	Ranking nach ROSI	Ranking Kunden-freundlichkeit
HBCI	Phishing und Pharming nicht mehr möglich Risiken: Lesegeräte und Karten oder Mobiltelefon können dem Besitzer entwendet werden.	90%	60.000 / 70	3.000	5	4
mTAN	Phishing und Pharming nicht mehr möglich, weil die mobile TAN nur für die in der SMS genannten Kontonummer und Betrag gültig ist.	90%	50.000 / 17	13.000	2	3
eTAN	TAN wird im Rahmen des Überweisungsauftrages direkt erzeugt, wirksam gegen Phishing.	75%	35.000 / 10	17.500	1	2
iTAN	Phishing nur mit erhöhtem Aufwand möglich (Abfrage von mehreren iTANs)	60%	30.000 / 0	12.000	3	1
PIN TAN	Verfahren ist in dem Beispiel-Kreditinstitut bereits im Einsatz	10%	0 / 0	7.000	4	1

Abbildung 89: Bewertung von Sicherheitsmaßnahmen im Online-Banking mit ROSI

Die Berechnung von RoSI bei vorliegenden Daten ist vergleichsweise einfach. Als zusätzliches, aber nicht ausreichendes Argument ist es einsetzbar, um Sicherheits-Investitionen zu untermauern. Ein praxisnahes Beispiel zur Berechung der RoSI-Kennzahl für den Verlust von Laptops hat Pohlmann (2006, S. 30 f.) veröffentlicht. Sein Beispiel zeigt, dass sich Sicherheitsinvestitionen durchaus mit Hilfe von RoSI ermitteln lassen. Die Berechnung der RoSI-Kennzahl kann allerdings scheitern, wenn sich nicht ausreichend Daten beschaffen lassen, denn die Höhe der eingetretenen Schäden ist nicht immer bekannt. Potentielle Schäden lassen sich oft nicht quantifizieren.

Fazit: Der ROSI-Ansatz ist einfach und bei guter Datenlage grundsätzlich einsetzbar, wegen der problematischen Datenerhebung leider aber nicht in allen Fällen geeignet (vgl. z. B. auch Matousek et al. 2004, S. 37).

3.5   Wertbeitrag der IT

3.5.1   Problematik

Die Eigentümer eines Unternehmens interessieren sich für seinen Wert und den Ertrag den es abwirft. Die im Unternehmen eingesetzte Informationstechnik liefert hierzu einen Beitrag, dessen Bestimmung für das Management von Bedeutung ist. Es muss Kosten- und Nutzen abwägen, wenn es über Investitionen entscheidet. Letztlich muss jede IT-Maßnahme einen Mehrwert erwirtschaften können.

Der Stellenwert der IT wird branchenabhängig differenziert beurteilt, wie Umfrageergebnisse zeigen (vgl. Abbildung 90).

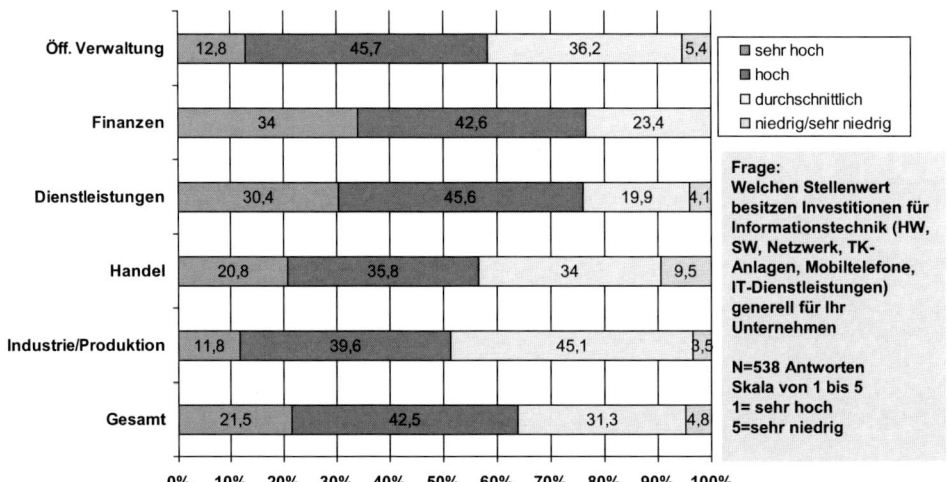

Abbildung 90: Stellenwert der Informationstechnik nach Branchen (Bräuer, 2006)

Auf die Frage „Welchen Stellenwert besitzen Investitionen für Informationstechnik (Hardware, Software, Netzwerk, Telekommunikationsanlagen, Mobiltelefone und IT-Dienstleistungen) generell für Ihr Unternehmen?" antworteten 563 deutsche IT-Manager bzw. IT-Verantwortliche höchst unterschiedlich (Bräuer, 2006, S. 22). Unternehmen aus dem Finanzsektor bemessen der IT demnach überwiegen einen sehr hohen bzw. hohen Stellenwert, während Industrie- und Produktionsunternehmen der IT nur zur Hälfte einen hohen bzw. sehr hohen Wert einräumen.

Die Bemühungen, den „Wert der Informationstechnik", „Business Value" oder „Wertbeitrag der IT" zu ermitteln, sind für Führungsebenen wertvoll. Die Versuche, den Begriff des „Wertbeitrages der IT" zu definieren, waren daher sehr zahlreich, aber leider bisher wegen der Diversität der Interpreationen weitgehend erfolglos (Strecker, 2009, S. 28).

Der Wert der IT resultiert primär aus den im Unternehmen eingesetzten IT-Applikationen, den IT-Prozessen und den dort produzierten IT-Services sowie IT-Projekten (vgl. Klasen/Zimmermann, 2005, S. 80). Hinzu kommen die organisatorischen Aspekte, also der Mehrwert des menschlichen Wirkens. IT-Applikationen (z. B. ERP-Systeme) unterstützen die Kern- und Querschnittsprozesse eines Unternehmens, sorgen für einen reibungslosen Ablauf im Tagesgeschäft (z. B. Wareneingang, Verkauf) sowie der Unterstützung strategischer und analytischer Aufgaben (z.B. Unternehmensplanung, Controlling). Die von der IT-Abteilung bereitgestellten IT-Services (z. B. Störungsbeseitigung, Bereitstellung von PCs) werden in IT-Prozessen (IT-Strategie, IT-Entwicklung, IT-Betrieb) bereitgestellt und dienen dem Tagesgeschäft und langfristig wirkenden Aufgaben. IT-Projekte stellen neue Funktionen und Innovationen für das Unternehmen bereit. Sie erhöhen die langfristige Wettbewerbsfähigkeit und den Bestand des Unternehmens. Oft ist der Anteil innovativer IT-Projekte wegen des hohen Wartungsanteils geringer, als von der Unternehmensleitung gewünscht.

Sehr eindrucksvoll haben Buchta et al. (2004) diesen Zusammenhang dargestellt (vgl. Abbildung 91). Die Darstellung zeigt, dass eine Steigerung der Profitabilität kaum durch die Senkung der IT-Kosten zu erreichen ist, sondern vielmehr vom sinnvollen Einsatz der IT abhängt.

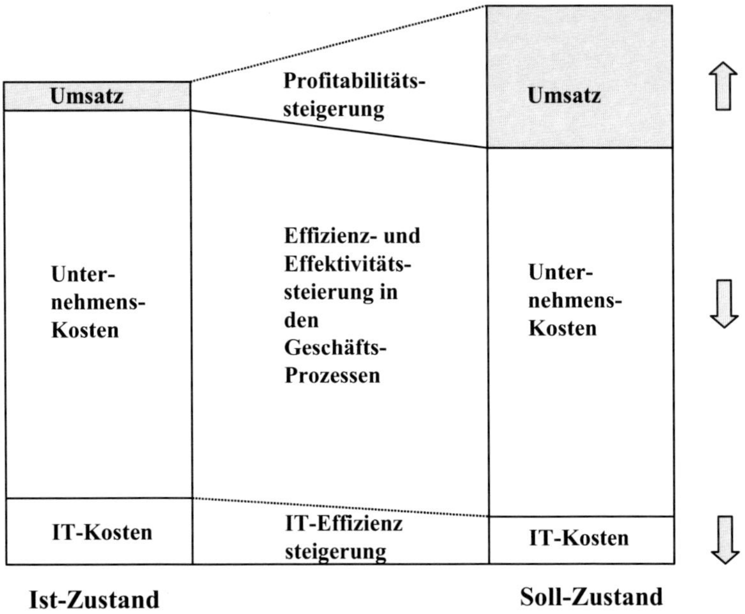

Umsatz	Profitabilitäts-steigerung	Umsatz	⇧
Unter-nehmens-Kosten	Effizienz- und Effektivitäts-steierung in den Geschäfts-Prozessen	Unter-nehmens-Kosten	⇩
IT-Kosten	IT-Effizienz steigerung	IT-Kosten	⇩

Ist-Zustand   **Soll-Zustand**

Abbildung 91: Wertbeitrag der IT (Buchta et al. 2004, modifiziert)

3.5.2   Methoden zur Wertermittlung der IT

Die geschilderten Zusammenhänge werden in der Praxis selten in Abrede gestellt. Problematisch wird es, wenn der Wert der Applikationen und Projekte gemessen werden soll, und wenn alternative Maßnahmen um die erforderlichen Budgetmittel konkurrieren. Von daher verwundert es nicht, dass die Diskussion um die Frage nach der Methodik zur Wertermittlung der IT noch im Fluss ist (Goeken und Patas, 2009). Oft wird auf die IT-Balanced Scorecard-Methode verwiesen, die eine Vernetzung zwischen Geschäftszielen und Maßnahmen in der IT herstellen kann. Sie hat sich in der Praxis bewährt. Neue Lösungsansätze werden zur Klärung dieser Frage gesucht.

Vgl. dazu die vom Fraunhofer ISST entwickelte ITEM-Methodik (IT Evaluation Management, Stemmer 2003 und 2005).

ITEM   ITEM geht von der Balanced Scorecard aus und stellt einen Ansatz zur Steuerung der Unternehmens-IT vor. Er orientiert sich an ihrem Geschäftswert. Die Methode stellt Kennzahlen und Messzahlensysteme bereit, die es erlauben, den Nutzen der IT zu quantifizieren. Als typische Maßstäbe gelten die:

- Auswahl geeigneter Partner für IT-Prozesse,

- Bewertung des Leistungsgrades der IT-Prozesse,

- Portfoliosteuerung von IT-Projekten,

- Bewertung von IT-Projekten.

Die ITEM-Methodik arbeitet in fünf Schritten:

1. Im ersten Schritt erfolgt das **Audit IT** des Unternehmens. Es wird geprüft, ob interne und externe Vorgaben (z. B. ITIL-Anforderungen für das IT-Servicemanagement) erfüllt sind. Das Audit liefert als Ergebnis festgestellte Schwachstellen und mögliche Gegenmaßnahmen.

2. Im zweiten Schritt erfolgt das **Review**. Interne und externe Experten beurteilen in Form einer subjektiven Einschätzung den Geschäftswert der IT auf qualitativer Basis. Das Review liefert weiterhin Ideen und Vorschläge zur weiteren Steigerung des Geschäftswertes der IT.

3. Das **Assessment** leitet als dritter Schritt zu einer formaleren Bewertung über. Es liefert quantitative Ergebnisse zu einzelnen Maßnahmen und IT-Investitionsentscheidungen. Ziel ist es, den Geschäftswert quantitativ zu bestimmen und den Beitrag von einzelnen Maßnahmen im Detail zu ermitteln. Zur Unterstützung der Visualisierung von Werttreibern stehen PC-Tools zur Verfügung. Sämtliche Daten stehen in einem zentralen Repository für Analysen und Dokumentationen zur Verfügung.

4. Anschließend erfolgt ein **Monitoring** der Unternehmens-IT auf der Grundlage von Kennzahlen. Im Rahmen des Monitoring erfolgen externe Vergleiche mit anderen Unternehmen (Benchmarking) sowie Zeitreihenanalysen, die z. B. Verhaltensänderungen aufdecken.

5. Den Abschluss bildet der letzte Schritt, das **Continuous Control**. Die Unternehmens-IT wird kontinuierlich weiterentwickelt auf der Grundlage der erarbeiteten Informationen und Bewertungen.

3.5.3   Praxisbeispiele

Das Problem der Wertermittlung der IT wird zwar in vielen Praxisvorträgen thematisiert. Allerdings finden sich nur wenige Veröffentlichungen von praktikablen Lösungsansätzen in der einschlägigen Fachliteratur wieder.

Hierzu haben Baumöl et al. (2007) ein sehr interessantes Praxisbeispiel veröffentlicht. Sie berichten über den Lösungsansatz der Swiss Life AG. Das Unternehmen misst den Wert der IT am wahrnehmbaren „Kundennutzen". Hierunter wird die in den Fachabteilungen spürbare „Wirksamkeit der IT" verstanden.

Zur Steuerung wird eine entsprechend ausgerichtete IT-Balanced Scorecard verwendet, die in Abbildung 92 auszugsweise dargestellt ist (vgl. Baumöl et al. 2007, S. 261).

Scorecard	Kennzahl
Leistungen (der IT)	• Liefertreue (Zeit und Funktionalität) • Kundenzufriedenheit • Anteil eingeführter und genutzter Applikationen • Zielerreichungsgrad (Anteil der Projekte, die den Busienss Case erreicht haben) • Anteil offener Change Request • Durchschnittliche Verfügbarkeit der Applikationen u.a.m.
Ressourcen	Mitarbeitende: • Mitarbeiterzufriedenheit, Fluktuationsrate • Ausbildungsgrad (In Anspruch genommene Ausbildung / geplanter Ausbildung) Hard- und Software: • Wartungskosten • Betriebskosten u.a.m.
Prozesse	• Standardisierungsgrad • Druchlaufzeiten • Prozesskosten u.a.m.
Projekte	• „Big 5" (Kennzahlen der wichtigsten fünf Projekte:

	Kostenentwicklung, Meilensteineinhaltung, Risiko-entwicklung, Ressourcenverfügbarkeit) • Projektrisiko (Anteil Projekte mit Status gelb oder rot) • Lieferqualität bei Übergabe an den Betrieb (Anteil Rückfragen bei Übergabe) • Kennzahlen des Earned Value u.a.m.
Organisation	• Budgeteihaltungsgrad • Kostenanteil „Run" • Investitionsrate (Anteil der „Change"-Investitionen an den Gesamtinvestitionen" u.a.m.

Abbildung 92: Auszug aus dem Kennzahlensystem der Swiss Life AG (gekürzt aus Baumöl et al., 2007, S. 261)

3.6   Green IT – Ein Thema für IT-Controller!

3.6.1   Zentrale Begriffe

Die Chancen von Green IT für IT-Controlling-Konzepte wurden bisher kaum beachtet, obwohl hohe Einsparpotenziale erzielbar sind. Hierzu müssen jeodoch vorhandene Steuerungsinstrumente, wie die Balanced Scorecard, modifiziert werden (Gadatsch, 2010a, 2010b). Green IT wird häufig mit technischen Konzepten in Verbindung gebracht, obwohl der Bezugsrahmen deutlich weiter gefaßt ist und in geschäftliche Aktivitäten hineinreicht (vgl. Abbildung 93).

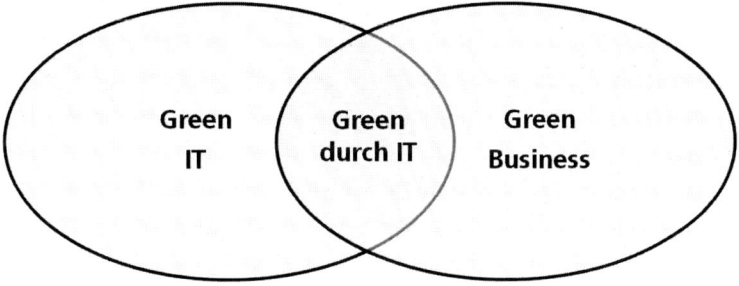

Abbildung 93: Green IT – Begriffsabgrenzung

*Begriffs-
abgrenzungen*

Green Business betrachtet den sparsamen Umgang mit Rohstoffen und Energie aus Unternehmenssicht, z.B. durch Energiesparbauweise für Bürogebäude. **Green IT** bezieht dieses Konzept auf den Einsatz von Informationstechnik im Unternehmen. Hierzu gehört z.B. der Einsatz energiesparender Prozessoren. Der Überlappungsbereich **Green durch IT** beschreibt geschäftliche Maßnahmen, die erst durch den Einsatz von Informationstechnik möglich werden. Die Informationstechnik wird in diesem Fall als Katalysator für energiesparende Innovationen verstanden. Dieser Ansatz umfasst z.B. den Einsatz von Energiesparfunktionen in PKWs (Start-Stop-Automatik).

*Green IT
Maßnahmen*

Im Bereich **Green IT** sind direkte und indirekte Maßnahmen zu unterscheiden. Direkte Maßnahmen umfassen den Einsatz energiesparender Hard- und Software sowie die energiesparende Konstruktion und Gestaltung von Gebäuden einschließlich der Kühlungstechnik für Hardware. Indirekt wirkende Maßnahmen sind ebenfalls geeignet, den Energieverbrauch zu senken. Hierzu gehören z.B. der Einsatz von E-Paper anstatt realem Papier, Videokonferenzen anstatt Dienstreisen und Telearbeit anstatt konventioneller Büroarbeitsplätze (Buhl et. Al, 2009, S. 261).

3.6.2   Direkte Maßnahmen

Virtualisierung ist die Simulation realer Computer mit Hilfe einer speziellen Virtualisierungssoftware auf zentralen Servern. Mit der Virtualisierungssoftware können mehrere Computer simuliert werden. Die Virtualisierung kann beispielsweise zur Zusammenlegung mehrerer Server (Lagerdatenserver, Produktionsrechner, Mailserver o.ä.) oder zur Unterstützung von Endbenutzerarbeitsplätzen (Personal Computer) genutzt werden. Die Einsparpotenziale (Wartung, Energie u.a. Kosten) sind sehr hoch (UMSICHT, 2008).

Thin-Clients

Typischerweise kommen in Büroumgebungen Desktop-Arbeitsplätze (Personalcomputer mit Festplatte und Peripherie wie Tastatur, Monitor und Drucker) zum Einsatz. Eine energiesparendere Alternative besteht im Einsatz von **Thin Clients**. Hierunter ist ein kompaktes Endgerät zu verstehen, das eine Verbindung zum zentralen Server bereitstellt und lokal nur Bildschirm, Tastatur und ggf. weitere Endgeräte ansteuert. Thin Clients benötigen keine Festplatte, keinen Lüfter und keinen Hauptspeicher. Die notwendige Hardware stellt der zentrale Server bereit, an den jeder Thin Client angeschlossen wird. Hierdurch sinken der lokale Strombedarf und der CO_2-Ausstoß. Weiterere Vorteile sind der geringere Wartungsaufwand, da Programmupdates nur an einer zentralen Stelle erfolgen müssen und der geringere Platzbedarf. Hinzu kommt die Möglichkeit der zentralen Datensicherung und der damit verbundenen höheren Datensicherheit. Ein zusätzlicher Nutzeffekt ist die höhere Flexibilität aus Sicht der Arbeitsorganisation. Innerhalb eines Firmennetzes können sich Mitarbeiter an beliebigen Geräten anmelden und finden ihre – zentral gespeicherten Einstellungen und Daten – aktuell vor. Somit ist bei einem Umzug eines Mitarbeiters innerhalb des Unternehmens an einen anderen Arbeitsplatz beispielsweise kein Hardwareumzug notwendig.

Drucktechniken   Neben dem Einsatz von aktuellen energiesparenden Druckern kommt insbesondere der Druckorganisation eine steigende Bedeutung zu. Unternehmen versuchen das Druckvolumen mit durch verschiedene Maßnahmen zu reduzieren. Hierzu gehören der Wegfall lokaler Arbeitsplatzdrucker zugunsten von Abteilungs- oder Etagendruckern mit Kostenkontrolle und die Erarbeitung von verbindlichen Verhaltensregelungen. Daneben wird versucht, den Papierdruck durch innovative Lösungen (z.B. Onlineversand von Rechnungen) zu reduzieren.

Serverkühlung und Gebäudetechnik   In den vergangenen Jahren ist u.a. wegen der gestiegenen Rechnerleistungen der Aufwand für die Kühlung der Geräte stark angestiegen. Weitere Gründe waren dichter montierte Prozessoren innerhalb der Geräte und Bündelung von Geräten innerhalb von sogenannten „Racks". Zudem wurden häufig immer mehr Geräte in den Rechenzentren aufgestellt, ohne die Folgewirkungen auf das Raumklima und den Kühlungsbedarf zu bedenken. Die Senkung des Energieverbrauchs ist durch unterschiedliche technische und organisatorische Maßnahmen möglich.

Softwaregestützte Energiesparfunktionen   Im Softwareumfeld hat die Bereitstellung energiesparender Softwarefunktionen eine große Bedeutung. Hierunter fallen automatisiertes Herunterfahren von nicht genutzten Desktops oder Servern, Standby-Betrieb bei Endgeräten, Optimierung der Lastverteilung zwischen verschiedenen Servern. Die Gebäudetechnik stellt Konzepte der Wärmerückgewinnung, Spezielle Kühlungsverfahren, Wärmedämmung u.a. Maßnahmen bereit. Derzeit dominieren noch technische Einzelmaßnahmen.

3.6.3   Indirekte Maßnahmen

Personelle Maßnahmen   Ganzheitliche Ansätze, die unmittelbar bei der Geschäfts- und IT-Strategie der Unternehmen ansetzen und weitere Bereiche (z.B. Personalmanagement) einbinden, gehören ebenfalls zu Green IT.

Technische Konzepte können nur wirken, wenn die Mitarbeiter diese auch nutzen. Daher kommt der Mitarbeiteraufklärung (z.B. über den Energieverbrauch und Einsparmöglichkeiten), geeigneten Schulungsmaßnahmen (z.B. Onlineschulung), aber auch konsequent umgesetzten Dienstanweisungen (z.B. Abschalten von Geräten nach Ende der Arbeitszeit, Einschalten des Energiesparmodus bei temporärer Abwesenheit vom Arbeitsplatz) eine hohe Bedeutung zu.

Prozess-innovationen

Ein hohes Potenzial bieten Prozessinnovationen an, die den Energieverbrauch durch alternative Konzepte senken. So lassen sich Dienstreisen zumindest zum Teil durch internetbasierte Konferenztechnologien (Videokonferenz) minimieren.

Prozess-auslagerung

Auch unter dem Gesichtspunkt Green IT kann IT-Outsourcing sinnvoll sein. Größere Rechenzentren sind aufgrund von Skaleneffekten in der Lage, die für den Betrieb von Hard- und Software notwendige Energie effizienter einzusetzen. Sie können Leerkapazitäten besser ausgleichen (Buchta et al., 2009, S. 86).

Arbeitsorganisa-torische Maß-nahmen

Im arbeitsorganisatorischen Umfeld sind vielfältige Maßnahmen denkbar, die eine Verdrängung von energieintensiven Arbeiten ermöglichen. So gehören hierzu Telearbeitsplätze anstatt konventionelle Arbeitsplätze, die softwareunterstützte Gruppenarbeit (z.B. durch den Einsatz von Konferenzsystemen für Besprechungen), der Einsatz von Wikis für die Erarbeitung von Konzepten in Gruppen. Nicht zuletzt der zunehmende Einsatz von Web 2.0-Technologien erlaubt es, die Arbeitsproduktivität zu erhöhen, ohne einen stärkeren Energieeinsatz in Kauf nehmen zu müssen. Aber auch konventionelle Maßnahmen, wie Bewegungssensoren zur Lichtsteuerung, Einsatz von Energiesparlampen an Arbeitsplätzen, wirkungsvolle Lüftung von Arbeitsräumen, Ausschaltung von Elektrogeräten bei Nichtnutzung (Kaffeeautomaten u.a.m.) gehören im weitesten Sinne hierzu.

3.6.4   Organisatorische Umsetzung

Die wirkungsvolle organisatorische Einbindung ist ein wichtiger Aspekt für den Umsetzungserfolg von Green IT. In der Praxis werden verschiedene Ansätze verfolgt. Eine häufig diskutierte Idee besteht in der Einrichtung eines „Beauftragten für Green IT", der die Gesamtverantwortung für alle Aktivitäten mit Bezug zur Nachhaltigkeit im Unternehmen hat. Er wird in den operativen Geschäftsbereich eingegliedert, da dort der Energieverbrauch sehr hoch ist. Dieser Bereich wird von einem Chief Operating

Officer (COO) geleitet, dem der „Green IT Beauftragte" dann zugeordnet wird.

3.6.5   Aktueller Stand in der Praxis

Zur Klärung der Situation in der Praxis hat die Hochschule Bonn-Rhein-Sieg eine Expertenbefragung im deutschen Sprachraum durchgeführt Die beiden Hauptziele von Green IT sind demnach Energieeinsparung und Kostenreduktion. Über 80% der Firmen gaben an, diese Ziele in Zukunft weiter zu verfolgen.

Verantwortung   Green IT ist in erster Linie (65%) eine Aufgabe für die IT-Leitung bzw. den Chief Information Officer (CIO). Leider wird dem IT-Controlling keine Verantwortung für Green IT zugeordnet. Dem steht ein hoher Handlungsdruck gegenüber, da die Potenziale noch nicht ausgeschöpft sind.

IT-Energiekosten   Die Energiekosten für den IT-Betrieb sind nur teilweise bekannt (46%), z. B. nur im Rechenzentrum, nicht aber für Personalcomputer. Etwa 1/3 der Unternehmen kennen ihre Energiekosten nicht (30%). Die Verantwortung für die Energiekosten der IT-Systeme ist uneinheitlich geregelt. Ein sehr hoher Anteil der Unternehmen ordnet die Verantwortung der IT-Leitung bzw. dem CIO zu (60%) oder aber der Fachabteilung (42%). In wenigen Fällen wird die Verantwortung beim Controlling bzw. IT-Controlling gesehen (14%).

Maßnahmen
zur Energieein-
sparung
Zahlreiche Unternehmen haben in energiesparende Maßnahmen investiert bzw. konkrete Planungen. Zu den Favoriten gehören mit 76% Investitionen in energiesparende Hardware oder virtualisierte Hardware. An zweiter Stelle stehen energiesparende Gebäude bzw. entsprechende Gebäudetechnik. Zu den Standardmaßnahmen gehören daneben Softwareanpassungen, wie z. B. Standby-Regelungen oder energiesparende Kühlsysteme.

3.6.6   Integration in das IT-Controlling-Konzept

Das IT-Controlling-Konzept muss erweitert werden, um die Ziele von Green IT zu unterstützen. Insbesondere sind spezifische Ziele und Maßnahmen im Rahmen der genutzten Steuerungsinstrumente zu definieren. Die Abbildung 94 zeigt mögliche Green IT-relevante Ziele auf, die auf den einzelnen Ebenen des IT-Controllings zum Einsatz kommen können.

Ebene	Werkzeug	„Green IT-Ziele" für das IT-Management
Strate-gisch	IT-Strategie	Senkung Energieverbrauch und CO_2 Ausstoß, Alternativen-prüfung (z.B. Standortwahl von Rechenzentren), Einsatz innovativer Technologien (z.B. Brennstoffzellen), Bau „grüner" Rechenzentren
	Balanced Scorecard	Berücksichtigung von Energieverbrauchs- und CO_2-Zielen, Maßnahmen, Kennzahlen und Messgrößen
	Standardi-sierung	Energieverbrauchssenkung durch technische Standards wie Servervirtualisierung, Desktop Virtualisierung (Thin Client), Videokonferenzen, Büroraum- und Geräteteilung (Shared Desk), Energiespar-Modus, „Remote Shut Down" von Endgeräten (Vermeidung von Übernachtbetrieb nicht ausgeschalteter Geräte), Kühlsysteme, Druckerzentralisierung
	IT-Portfolio-management	Kriterienerweiterung zur Berücksichtung von Green IT-relevanten Projekten im IT-Portfolio, Erhöhung der Kosten- und Energieverbrauchstransparenz
Ope-rativ	IT-Kosten- und Leistungs-rechnung	Ermittlung und Weiterverrechnung von Energiekosten und CO_2-Verbrauch
	Geschäfts-partner-Management	Audits in Bezug auf Einhaltung der „Green IT-Strategie" beim Lieferanten, Umfragen
	IT-Berichts-wesen und Kennzahlen	Bereitstellung, Analyse und Gegenmaßnahmen in Bezug auf Energieverbrauch und CO_2-Ausstoß nach IT-Kunden, Systemen, Projekten u.a. Kriterien
	IT-Projekt-controlling	Einhaltung der Energieverbrauchs- und CO_2-Ziele durch die Projekte, Frühzeitige Aufklärung der Projektleiter und Auftraggeber
	IT-Prozess-management	Internes Marketing für Green IT Ziele, Information und Training der Mitarbeiter, Beschaffungsprozesse anpassen (Energiesparende Produkte, Lieferanten), Rücknahmeprozesse für Altgeräte und Verbrauchsmaterial (Tonerkartuschen, Batterien von Endgeräten), Reduktion Energieverbrauch in Prozessen, Echtzeitmonitoring des Energieverbrauchs / Automatische Abschaltung bei Nichtnutzung

Abbildung 94: Grüne Ziele für das IT-Controlling

Zur Überwachung „grüner" IT-Ziele sind geeignete Instrumente erforderlich. Hierzu bietet sich das Instrument der Balanced Scorecard zur Unterstützung der Planung und Überwachung von Geschäftsstrategien an. Die Methode ist seit Jahren als effizientes Werkzeug etabliert, um auch die IT Strategiesteuerung zu unterstützen. Sie erlaubt es aufgrund ihres flexiblen Ansatzes auch individuelle Sichten, z.B. eine „Ökologische Sicht", zu integrieren (Hahn & Wagner, 2001). In Abbildung 95 ist das Beispiel einer Balanced Scorecard dargestellt, die ökologische (grüne) Ziele in klassische kommerzielle Sichten (Finanzen, Kunden, Prozesse, Personal) integriert.

M a r k t / K u n d e

Ziel	Kenn-zahlen	Ziel-werte	Maßnahmen
Unternehmensimage im Hinblick auf Ökologie verbessern	Umsatzanteil bei umweltbewußten Kunden	Steigerung > 10%	Kunden-Anforderungen analysieren Umweltkampagne
	Anteil energiesparender IT-Produkte	Anteil > 50%	IT im Hinblick auf Energieverbrauch auf State-of-the-Art-Niveau bringen

I T - P r o z e s s e

Ziel	Kenn-zahlen	Ziel-werte	Maßnahmen
Kosten für den IT-Betrieb nachhaltig senken „Green IT" Reifegrad erhöhen	Energieverbrauch je Arbeitsstunde	KW/h < xxx	Serversteuerung Virtualisierung Sparsame Endgeräte (mit Zertifikat)
	Energieverbrauch je Rechnerstunde	KW/h l < xxx	Abteilungsdrucker Automatischer Shut down Energieverbrauchs-überwachung

P e r s o n a l / L e r n e n

Ziel	Kenn-zahlen	Ziel-werte	Maßnahmen
Etablierung einer Nachhaltigkeitskultur bei den eigenen Mitarbeitern	Energieverbrauch je Mitarbeiter	X KW/h je Jahr	Schulungen Selbst-verpflichtungen Gehaltssystem anpassen
	Verbesserungsvorschläge je Mitarbeiter (prämiert)	Anzahl > 2	Vorschlagssystem anpassen

F i n a n z e n

Ziel	Kenn-zahlen	Ziel-werte	Maßnahmen
Energieeinsparung für Kunden transparent machen Gewinnsteigerung durch Green IT Produkte	Energiekosten je IT-Arbeitsplatz / Arbeitsstunde	Energiekosten < X EUR	Energiekostenanalyse durchführen Energiekostenerfassung in Kosten- und Leistungsrechnung integrieren
	ROI	ROI > 10%	ROI monatlich je IT-Maßnahme erheben

Abbildung 95: Green IT Balanced Scorecard (Beispiel)

Wiederholungsfragen

Nr.	Frage	Antwort Seite
1	Erläutern Sie die Inhalte einer IT-Strategie!	93
2	Wozu wird ein IT-Bebauungsplan benötigt?	93
3	Welche Vorarbeiten sind zur Erarbeitung einer IT-Strategie erforderlich?	97
4	Welche Bereiche eignen sich für die Standardisierung von IT-Leistungen?	97
5	Nennen Sie Gründe für die Einführung eines IT-Arbeitsplatzmanagements!	115
6	Erklären Sie die Begriffe „direkte und indirekte Kosten" für IT-Arbeitsplätze?	109
7	Definieren Sie den Begriff „TCO"!	110
8	Skizzieren Sie Formen der IT-Unterstützung!	116
9	Beschreiben Sie den Verantwortungsbereich des IT-Arbeitsplatzmanagements!	117
10	Beschreiben Sie die Management-Komponenten des IT-Arbeitsplatzmanagements.	118
11	Wozu dient ein IT-Katalog?	123
12	Erklären Sie die Balanced Scorecard.	135
13	Welche Ziele lassen sich mit der Balanced Scorecard realisieren?	136
14	Erklären Sie den Zusammenhang zwischen IT-Strategie, Balanced Scorecard und Unternehmensstrategie	140
15	Wie kann für IT-Sicherheitsprojekte ein ROI ermittelt werden?	164
16	Klassifizieren Sie unterschiedliche Projekttypen in der IT-Sicherheit!	169
17	Weshalb ist die Wertermittlung der IT von besonderem Interesse?	172
18	Wieso ist Green IT für IT-Controller wichtig?	181

Übungsaufgaben

Aufgabenstellung: Skizzieren Sie die Notwendigkeit und die Aufgaben des IT-Arbeitsplatzmanagements.

Lösungshinweis: Viele Unternehmen beklagen mangelnde Qualität und hohe Kosten für die Bereitstellung und den Betrieb ihrer Arbeitsplatzrechner (Desktops, Laptops, PDA, Drucker, Netzzugang).

Die Ursachen sind vielfältig: z. B. nicht standardisierte Prozesse in der IT, mangelnde Schulung der Mitarbeiter.

Das Arbeitsplatzmanagement bündelt die Anforderungen der IT-Anwender und standardisiert Hardware, Software und Prozesse im Zusammenhang mit der Nutzung von IT-Arbeitsplatzsystemen. Eine zentrale Aufgabe ist die Bereitstellung eines IT-Kataloges, der die aus Anwendersicht bestellbaren IT-Leistungen enthält.

Übung 12: Arbeitsplatz-Management

Aufgabenstellung: Bewerten Sie kurz die Balanced Scorecard (BSC) als Steuerungsinstrument für ein IT-Controlling-Konzept.

Lösungshinweis: Die BSC fördert unternehmerisches Denken und verknüpft die Unternehmens- mit der IT-Strategie.

Sie stellt sicher, dass IT-Projekte sich mit der Unternehmensstrategie vernetzen und damit den Geschäftserfolg des Unternehmens steigern. Vorhandene Steuerungssysteme (z. B. Kennzahlen) lassen sich integrieren. Allerdings konzentriert sich die BSC überwiegend auf interne Fragestellungen.

Zwischenbetriebliche Aspekte aus E-Business-Anwendungen lassen sich zusätzlich einbinden. Die Komplexität der Ursache-Wirkungsbeziehungen und die Einführungskosten einer BSC im IT-Bereich werden oft unterschätzt.

Übung 13: BSC-Bewertung

Aufgabenstellung: Charakterisieren Sie die Softwarewerkzeuge zur Unterstützung der Einführung der BSC-Methode.

Lösungshinweis: Der Markt bietet drei Kategorien Werkzeuge an: für größere Unternehmen, für den Mittelstand und Prozessmanagement-Tools.

1. Werkzeuge für Großunternehmen unterstützen den gesamten Planungs- und Steuerungsprozess. Die BSC-Methode ist ein Teil des gesamten Funktionsumfangs.

2. Werkzeuge für den Mittelstand sind kompakter und auf eine webbasierte Erstellung von Balanced Scorecards zugeschnitten.

3. Prozessmanagement-Tools (Modellierungswerkzeuge) haben einige Hersteller um die BSC-Methode erweitert. Diese Produkte eignen sich nur, wenn das Werkzeug im Unternehmen, z. B. für die Modellierung von Prozessen bereits im Einsatz ist.

Übung 14: BSC-Tools

Aufgabenstellung: Hardware- und Software-Standards in der IT helfen die Kosten zu senken. Weshalb kann der Einsatz standardisierter Hardware oder Software auch Nachteile mit sich bringen?

Lösungshinweis: Die Dimensionierung der Hardwareleistungsfähigkeit bzw. der Softwarefunktionalität wird sich eher am durchschnittlichen Anwender orientieren. Anwender mit hohen Anforderungen erhalten u.U. zu geringe Unterstützung.

Andererseits besteht die Gefahr, dass Anwender mit „überdimensionierter" Hardware arbeiten und diese nicht sinnvoll ausnutzen können.

Weiterhin könnte es sein, dass sie mit „überladener" Software überfordert sind und evtl. Fehler machen oder mehr Zeit für die Einarbeitung benötigen, als für die Aufgabenerfüllung nötig wäre.

Übung 15: Standardisierung

Aufgabenstellung: Ein Beratungshaus stellt für einen Klienten ein Kostensenkungsprogramm auf. Unter anderem empfiehlt es die Verlängerung der Nutzungsdauer von PCs von vier auf fünf Jahre sowie den weitgehenden Verzicht auf IT-Schulungen für alle Mitarbeiter. Wie beurteilen Sie diesen Vorschlag?

Lösungshinweis: Die vorgeschlagenen Maßnahmen reduzieren zunächst die direkten IT-Kostenarten Abschreibungen bzw. Schulungskosten. Diese Kosten werden durch die IT-Kosten- und Leistungsrechnung transparent.

Die vorgeschlagenen Maßnahmen können weiterhin dazu führen, dass andere direkte IT-Kostenarten steigen und nicht sichtbare, versteckte Kosten steigen.

Die Verlängerung der PC-Nutzungsdauer kann u. a. folgende Konsequenzen haben: Anstieg der direkten Kosten, insb. Wartungskosten durch Verschleiß und Ausfall von Komponenten.

Anstieg der indirekten Kosten. Beispielsweise kann der Stillstand des Arbeitsplatzrechners dazu führen, dass Arbeitszeit verloren geht oder ein wichtiger Kundenauftrag nicht bearbeitet werden kann.

Der Verzicht auf Schulungen kann indirekte, nicht sichtbare Kosten erhöhen. So können Mitarbeiter verstärkt auf Kollegenhilfe zurückgreifen (Hey-Joe-Effekt), was zu Arbeitszeitverlusten führt. Die Einarbeitungszeit neuer Mitarbeiter wird verlängert, was deren Arbeitsproduktivität reduziert. Durch Fehlbedienung entstehen Fehler, können Daten versehentlich gelöscht werden.

Fazit: Die Maßnahmen sind insgesamt gesehen untauglich zur Reduzierung der Total Cost of Ownership der IT-Systeme.

Übung 16: TCO

Aufgabenstellung: Begründen Sie die Notwendigkeit von Anforderungsprofilen im Rahmen der Standardisierung von IT-Arbeitsplatzsystemen.

Lösungsvorschlag: Standardisierte IT-Arbeitsplätze sind nicht auf spezielle Bedürfnisse zugeschnitten, sondern auf die Bedürfnisse des Unternehmens insgesamt. Deshalb muss versucht werden, die Anforderungen der Anwender in verschiedene Komponenten zu zerlegen, für die bei der Beschaffung und Beladung der IT-Systeme mit Software gezielt Optionen wählbar sind. So kann ein Standard-PC für einen Vertriebssachbearbeiter bei gleicher technischer Grundlage anders mit Software beladen bzw. Zusatzkomponenten (z. B. Headset) ausgestattet werden, als für einen Sekretariatsarbeitsplatz.

Übung 17: Notwendigkeit von Anforderungsprofilen

Aufgabenstellung: Erläutern sie beispielhaft Möglichkeiten der Standardisierung von IT-Leistungen und -Produkten.

Lösungsvorschlag: Standardisierungsmöglichkeiten bieten sich bei der Beschaffung und dem Einsatz von Hardware, Software sowie der Nutzung von Dienstleistungen an. Im Bereich Hardware ist es i.d.R. sinnvoll, die Anzahl der im Unternehmen eingesetzten Hardwareprodukte zu begrenzen. Hierdurch lassen sich Einsparungen im Einkauf sowie der Wartung erzielen. Gleiches gilt im Bereich Software, wo durch gleichartige Standardsoftware ähnliche Effekte erzielt werden können. Schwieriger ist es meist, die internen Prozesse der Beschaffung, Wartung und Entsorgung zu standardisieren, da diese oft dezentral durchgeführt werden. Dennoch lassen sich auch hier Einsparungen erzielen, da standardisierte Prozesse zu günstiger Personal- und Abwicklungskosten bei höherer Leistungsqualität führen.

Übung 18: Möglichkeiten der IT-Standardisierung

Aufgabenstellung: Welche wesentlichen Inhalte werden vom IT-Projektantrag abgedeckt.

Lösungsvorschlag: Der IT-Projektantrag muss dem IT-Controller die für die Bildung der Rangfolge notwendigen entscheidungsrelevanten Daten liefern. Dies sind insbesondere die Projektbezeichnung und eine Beschreibung der geplanten Maßnahmen, die verantwortlichen Ansprechpartner, die Auftraggeber und weitere relevante Ansprechpartner, die Zielsetzung des Projektes sowie Zeit- und Kostenpläne sowie eine Risikoeinschätzung des Projektleiters.

Übung 19: Inhalte eines Projektantrages

Aufgabenstellung: Beschreiben Sie ein einfaches Prozessmodell für das IT-Portfoliomanagement.

Lösungsvorschlag: Eingehende Projektanträge der Nachfrager nach IT-Leistungen (Fachabteilungen wie Einkauf, Fertigung u.a.) werden vom IT-Controlling mit der IT-Strategie und den bereits im Portfolio befindlichen Projekten abgeglichen. Mit der IT-Strategie konforme Projektanträge in das IT-Portfolio aufgenommen werden. Die Rangfolge richtet sich nach unternehmensindividuellen Kriterien. Es sind aber auch Rückwirkungen auf die IT-Strategie denkbar, die eine Änderung der IT-Strategie erfordern. Anschließend wird das Portfolio an die Nachfrager nach IT-Leistungen (Fachabteilungen) und die bzw. den IT-Dienstleister (IT-Abteilung, externe Unternehme) kommuniziert. Daran schließt sich die Portfoliosteuerung an, d. h. alle Maßnahmen müssen hinsichtlich Termin- und Kosteneinhaltung sowie Erreichung der inhaltlichen Ziele überwacht werden. Ggf. muss das Portfolio angepasst werden (z.B. Stopp von Projekten, Neuaufnahme von weiteren Projekten).

Übung 20: Prozessmodell IT-Portfoliomanagement

4   Einsatz operativer IT-Controlling-Werkzeuge

4.1   IT-Kosten- und Leistungsrechnung

*Bearbeitungs-
hinweis*

Dieses Kapitel enthält die Zielsetzung und den Nutzen einer speziellen IT-Kosten- und Leistungsrechnung, wie sie in Unternehmen eingesetzt wird. Die Ausführungen setzen Grundkenntnisse der Kosten- und Leistungsrechnung voraus (vgl. hierzu ggf. Kapitel 5-7).

4.1.1   Notwendigkeit einer IT-Kosten- und Leistungsrechnung

*Steigender
IT-Kosten-
Anteil*

Der Anteil der direkten und indirekten IT-Kosten an den Gesamtprozesskosten vieler Unternehmen und Verwaltungen steigt kontinuierlich. Die Ablösung traditioneller Verfahren der Prozessunterstützung reduziert die „Papierabwicklung" bei klassischen Massenprozessen wie „Bestellabwicklung", „Auftragsbearbeitung", „Fakturierung", oder den zahlreichen „Antragsverfahren" in der Verwaltung. Innovationen der Informationstechnologien finden Eingang in die Geschäftsprozesse durch „Electronic Business", die elektronische Unterstützung von Geschäftsprozessen im Internet. Oft erreichen IT-Kosten prozentual bereits einen wesentlichen Anteil der Prozesskosten, wie z. B. der Betrieb von Online-Shops, Dienste der Telekommunikation, Bankdienstleistungen oder Online-Auktionen. Weitere Anwendungen in der Tele-Medizin (Telematik) erfolgen bereits.

*Verrechnung
von IT-Kosten
notwendig*

Viele Unternehmen erkennen, dass eine Verrechnung von IT-Kosten notwendig ist. Knapp 50 % der im Rahmen einer im Jahr 2002 durchgeführten IDC-Untersuchung befragten deutschen Unternehmen – mit mehr als 500 Mitarbeitern – verrechnen IT-Kosten noch über Gemeinkostenschlüssel (o.V. 2002c). Nur 36 % der befragten Unternehmen verfügen demnach über eine verursachungsgerechte innerbetriebliche Leistungsverrechnung auf Grenzkostenbasis, wie sie z. B. in der Fertigung üblich ist.

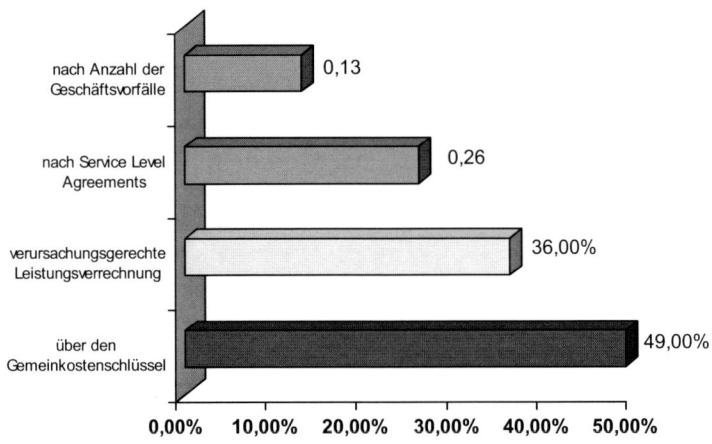

Abbildung 96: Verrechnung von IT-Leistungen in Deutschland
(o.V. 2002c)

Ursachen

Entweder werden die IT-Kosten nicht erfasst, nicht verteilt oder auf die Kostenstellen geschlüsselt. Das Ergebnis ist in beiden Fällen identisch: Eine Planung, Kontrolle und Steuerung der IT-Kosten entfällt. Ein Umlageverfahren signalisiert allenfalls, dass IT-Leistungen nicht kostenlos erhältlich sind, d.h. das Kostenbewustsein der Fachabteilung wird tendenziell gesteigert. Eine Kostensteuerung ist allerdings nicht möglich, vor allem wenn die IT-Kostenstellen stets voll entlastet werden (vgl. Schröder/Kesten/Harwich, 2007, S. 53).

Keine Kosten-
steuerung
möglich

Ergo: Die betroffenen Unternehmen verfügen über kein IT-Kostenmanagement und sind nicht in der Lage, ihre IT-Kosten zu steuern (vgl. Abbildung 97).

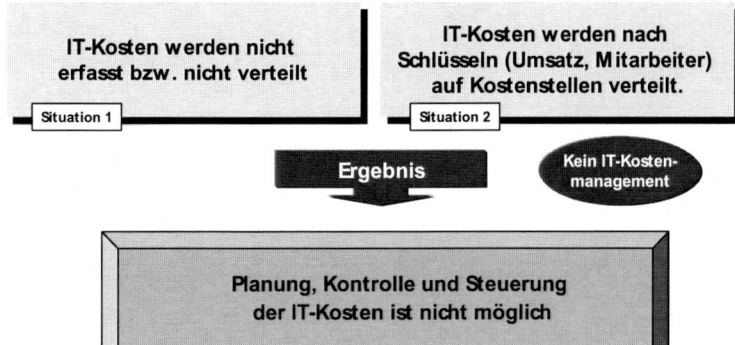

Abbildung 97: Situation in Unternehmen ohne IT-KLR

Für die Bedarfsträger ist ein Soll-Zustand anzustreben, der IT-Kosten und IT-Leistungen über Bezugsgrößen plant, kontrolliert und steuert. Die IT-Kostenbelastung und –steuerung erfolgt auf der Basis von SLA-Vereinbarungen (SLA = Service Level Agreement) über die IT-Abteilung gemeinsam mit dem Bedarfsträger.

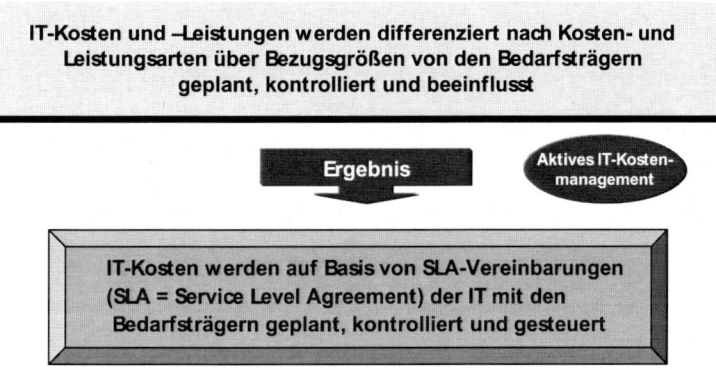

Abbildung 98: Situation in Unternehmen mit IT-Kosten- und
Leistungsrechnung

PRAXISBEISPIEL: INNERBETRIEBLICHE IT-LEISTUNGS-VERRECHNUNG (DEUTSCHE BAHN)

Der Konzern-CIO der Deutschen Bahn AG formuliert dazu: „Es ist gut zu überlegen, was man mit der Weiterverrechnung von IT-Kosten erreichen will und ob der Nutzen den Aufwand rechtfertigt. Im Grunde sollte die Verrechnung von IT-Kosten nach den gleichen Regeln erfolgen wie die innerbetriebliche Leistungsverrechnung im Allgemeinen" (vgl. Grohmann, 2003, S. 21).

Ergo: Die Erfassung und Verrechnung von IT-Kosten kann mit den Standardwerkzeugen der Kosten- und Leistungsrechnung erfolgen.

PRAXISBEISPIEL: IT-KOSTENMANAGEMENT BEI INTEL

Die Bedeutung der Kostenmanagements zeigt sich auch in Praxisbeispielen. So empfiehlt der "Global Director of IT Innovation and Research" Martin Curley der Firma Intel ein mehrstufiges Vorgehen, das ausgehend vom Chaos (IT-Kosten sind nicht bekannt!) zunächst den Aufbau einer IT-Kostenrechnung vorsieht, um die IT-Kosten zu identifizieren und deren finanzielle Auswirkungen für das Unternehmen nachzuvollziehen. Im dritten Schritt erfolgt eine systematische IT-Kostenreduktion die im vierten Schritt in eine Suche nach weiteren Verbesserungspotenzialen übergeht. Erst im fünften Schritt erzielt man ein nachhaltig wirksames Geschäftsmodell für die IT (vgl. Abbildung 99).

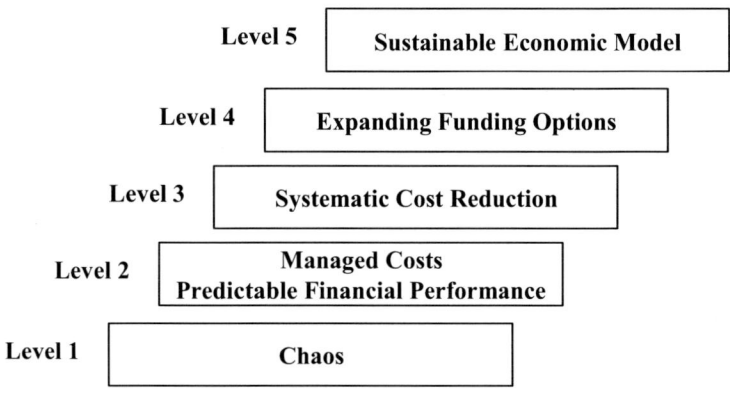

Abbildung 99: IT-Kostenmanagementprozess bei Intel (Curley, 2004)

4.1.2   Gestaltungsebenen im IT-Kostenmanagement

IT-Kostenmanagement umfasst strategische und operative Aufgaben. Das ***strategische IT-Kostenmanagement*** dient der Gestaltung der Kostenstrukturen, der Kostenhöhe und des Kostenverlaufs durch Beeinflussung der IT- und Geschäftsstrategie mit dem Ziel, die IT-Kapazitäten an die Zielsituation anzupassen. Einflussbereiche sind die Kostenhöhe, die Kostenstruktur und der Kostenverlauf.

Das **operative IT-Kostenmanagement** steuert die Höhe und den Verlauf der IT-Kosten bei gegebener Geschäfts- und IT-Strategie und IT-Kapazitäten (Hardware, Software, Personal, Dienstleistungen).

Kostenhöhe

Der Einfluss des strategischen IT-Kostenmanagements auf die Kostenhöhe betrifft die Beeinflussung der Handlungsparameter: **Menge x Preis** (vgl. Abbildung 100). Die Zielsetzung besteht in der Reduzierung des Verbrauchs an IT-Leistungen und der Beschaffungspreise.

BEISPIELE

- Erhöhung der IT-Kostentransparenz durch den Aufbau einer IT-Kosten- und Leistungsrechnung,

- Anpassung der IT-Ausstattung an marktübliche Standards,

- Einsatz kostengünstiger Gebraucht-Lizenzen für Software,

- Reduzierung bzw. Minimierung von Software-Lizenzen durch Einführung eines IT-Assetmanagementsystems,

- Benchmarking der IT-Lieferanten.

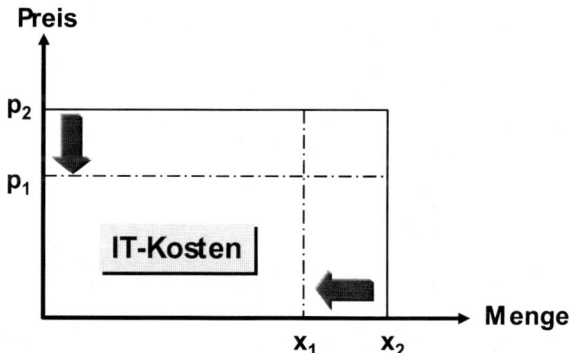

Abbildung 100: Einflussbereich: Kostenhöhe

Kostenstruktur

Die Beeinflussung der Struktur der IT-Kosten umfasst die gezielte Veränderung des Verhältnisses von fixen und variablen IT-Kosten. Häufig genanntes Ziel ist die Umwandlung von fixen in variable IT-Kosten um die Flexibilität bei Absatz- und Ertragsschwankungen zu erhöhen.

195

BEISPIELE

- Outsourcing von IT-Prozessen (z. B. Beschaffung und Wartung von Arbeitsplatzsystemen) oder des gesamten IT-Bereiches,

- Leasing von Hardware und Software,

- Ersatz von IT-Angestellten durch externe Berater,

- Reduzierung indirekter IT-Kosten durch verbesserte Anwenderschulung.

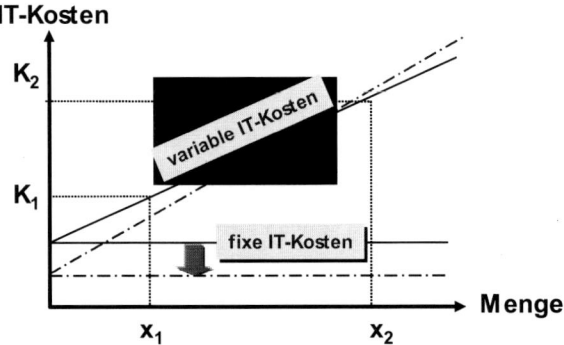

Abbildung 101: Einflussbereich: Kostenstruktur

Kostenverlauf   Die Beeinflussung des Verlaufs der IT-Kosten besteht insbesondere in der Gestaltung von sprungfixen Kosten und der Vermeidung von Leerkosten.

TYPISCHES BEISPIEL AUS DER PRAXIS

Der IT-Leiter einer Versicherung mit hohem Kfz-Umsatzanteil berichtete auf einer Fachkonferenz für IT-Management von folgender Situation in seinem Hause: Die Hardware-Kapazitäten im zentralen Rechenzentrum sind auf den Spitzenmonat November ausgerichtet, da zu dieser Jahreszeit ein sehr hohes Belegvolumen aufgrund der zahlreichen „Versicherungswechsler" in der Kfz-Branche zu bewältigen ist. Den Rest des Jahres über wird der zentrale Server praktisch nicht ausgelastet.

Ziel des Kostenmanagements ist die Vermeidung von Kostenremanenzen durch nicht abbaubare Fixkosten bei Beschäftigungsrückgang.

BEISPIELE

- Abschluss von nutzungsintensitätsabhängigen Lizenzverträgen für Großrechner-Betriebssysteme, Datenbanksoftware oder ERP-Systemen,

- Vermeidung von Überstundenzuschlägen für IT-Personal durch Einsatz von Zeitkonten,

- Beschäftigung von „festen freien" Mitarbeitern anstelle von fest Angestellten.

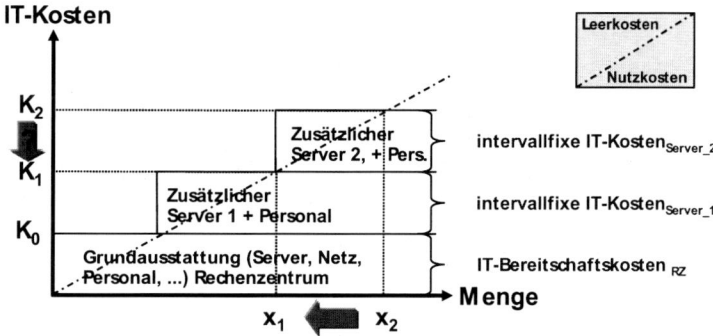

Abbildung 102: Einflussbereich: Kostenverlauf

IT-Kosten =
Gemeinkosten

IT-Kosten sind „besondere" Kostenarten. Sie sind häufig Gemeinkosten und steigen durch den verstärkten IT-Einsatz an, was zu immer höheren Gemeinkostenblöcken führt. IT-Kosten sind nicht ausschließlich zentral (z. B. im Rechenzentrum), sondern sie entstehen zum großen Teil in den Geschäftsprozessen wieder. Aus diesem Grund ist die Prozesskostenrechnung von großer Bedeutung.

Wer beeinflusst
die IT-Kosten?

Für steigende IT-Kosten wird häufig die IT-Abteilung bzw. der CIO verantwortlich gemacht. Diese eindimensionale Denkweise widerspricht der Realität der Kostenverursachung in der Informationstechnik. IT-Kosten werden nicht nur von der IT-Abteilung verursacht, sondern durch Entscheidungen und das Verhalten der Fachabteilungen maßgeblich und in steigendem Ausmaß beeinflusst. Deshalb ist eine ***verursachungsgemäße*** Verrechnung von IT-Kosten und Leistungen zwingend erforderlich.

IT-Kosten werden üblicherweise in Hardware, Software und weitere Aspekte gegliedert (vgl. z. B. die umfangreiche Tabelle in Saleck 2004, S. 26.). Die Kategorisierung von IT-Kosten ist nicht überschneidungsfrei möglich. So fallen z. B. Hardwarekosten in der Planung (Einsatz eines Laptops), in der Entwicklung (Test- und Entwicklungsrechner) und im IT-Betrieb (Großrechner mit Echtdaten) an.

IT-Kostenwürfel   Der IT-Kostenwürfel in Abbildung 103 beschreibt mehrere Dimensionen der Kostenentstehung, die sich in der Praxis überlagern können. Je nach Sichtweise kann in Anlehnung an das IT-Prozessmodell in Abbildung 21 die Entstehung der IT-Kosten nach Prozess-Schritten (IT-Strategie, IT-Entwicklung, IT-Betrieb) und Phasen (Planung, Steuerung, Monitoring) unterschieden werden. Hinsichtlich der Kostenkategorie werden die Hauptkategorien Hardware, Software und IT-Prozesse unterschieden. Der Kostenwürfel kann als Grundlage für die unternehmensindividuelle Strukturierung der IT-Kosten sowie für Analysezwecke genutzt werden.

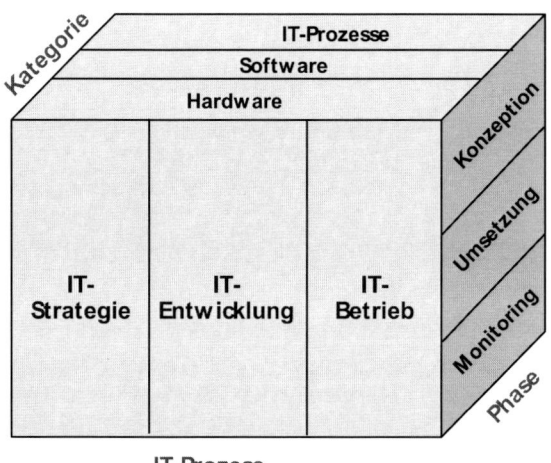

Abbildung 103: Dimensionen der IT-Kostenentstehung
(IT-Kostenwürfel)

Die tabellarische Darstellung in Abbildung 104 enthält für jede Dimension des IT-Kostenwürfels ausgewählte Beispiele für IT-Kosten.

Dimension	Beispiele für IT-Kosten	
Kategorien	Hardware	Zentralrechner (Großrechner) Dezentrale Rechner, Arbeitsplatz-Systeme
	Software	Betriebssystem, Backupsoftware, Virenscanner, Firewall, Intrusion Detection, Monitoring, Job-Sheduling Betriebswirtschaftliche Anwendungssoftware Prozesssteuerung (Workflow-Management) Bürosoftware (Text, Tabelle, Grafik, E-Mail, Internet)
	IT-Prozesse	Software-Entwicklung, RZ-Betrieb Anforderungs- und Störungsmanagement Gebäudemanagement (Miete, Klima, Sicherheit)
IT-Prozess	IT-Strategie	Personal (Geschäftführung, CIO, IT-Controller, Berater), Hardware (Laptop) Software (Präsentation, Planungstools)
	IT-Ent-wicklung	Personal (IT, Fachabteilung, Berater) Hardware (Entwicklungsrechner, Software (CASE-Tools, Testwerkzeuge, Programm-generatoren)
	IT-Betrieb	Personal (Operatoren, Systemprogrammierer, Hotlinepersonal) Hardware (Server, Personal-Computer, Drucker, Cassettenroboter, Netzwerk) Software (Betriebssystem, Backup und Archivierung, Virenscanner, Intrusion Detection)
Phase	Konzeption	Erstellung eines Fach- / IT-Konzeptes Ist-Aufnahme und Modellierung von Prozessen Gestaltung von Soll-Prozessen Daten- und Funktionsmodellierung Spezifikation von Softwaremodulen
	Umsetzung	Individual-Programmierung und Test Customizing einer Standardsoftware
	Monitoring	Monatliche Erstellung von IT-Kennzahlen Verrechnung von IT-Kosten und IT-Leistungen

Abbildung 104: Beispiele im IT-Kostenwürfel

4.1.3   Zielsetzung und Nutzen

Die IT-Kosten- und Leistungsrechnung liefert dem internen IT-Kunden als Kostenstelle (Einkauf, Personalwesen, Vertrieb) Hinweise zur Kosteneinsparung und Optimierung der Geschäftsprozesse. Dadurch ist der Leistungserbringer (IT-Abteilung) in der Lage, seine Kostenstruktur und Leistungen zu optimieren.

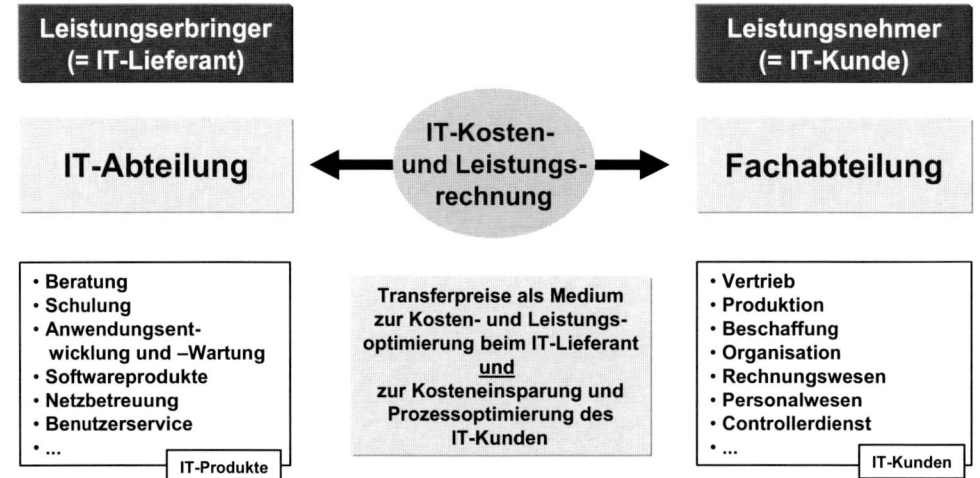

Abbildung 105: Funktion der Transferpreise

Steuerliche Vorschriften beachten

Werden die Transferpreise nicht als Marktpreise, sondern als intern gebildete Verrechnungspreise angewendet, sind u. U. steuerliche Aspekte zu beachten. So berichtete der Teilnehmer einer IT-Controlling-Konferenz darüber, dass die Finanzbehörden gegenüber seinem Unternehmen ein gewisses Potenzial an Gewinnverschiebungsmöglichkeiten sah. Daher ist bei der Bildung der Verrechnungspreise auf die Einhaltung der einschlägigen gesetzlichen Vorschriften zu achten, damit die Verrechnungspreise auch steuerlich anerkannt werden (vgl. zu den steuerlichen Auswirkungen der Verrechnungspreise ausführlich Vögele et al. 2004).

Umlageverfahren nicht geeignet

Umlageverfahren bieten dem IT-Kunden keine Transparenz über Auswirkungen seiner Entscheidungen und auch keinen Anreiz für Kostensenkungen. Es geht darum, Kostenbewusstsein bei den IT-Kunden zu schaffen:

• Welche Kosten verursachen die vom IT-Kunden in Anspruch genommenen IT-Leistungen? (z. B. Kosten einer 3-stündigen

Entstörung eines Druckerproblems, Update eines Textverarbeitungsprogramms auf eine neue Version),

- Welche Auswirkungen haben Serviceänderungen auf die IT-Kosten des Kunden (z. B. Einsatz eines Laptops anstelle eines Desktop-PCs, 24h-Betreuung anstelle 8h-Tagesbetreuung),

- Welche Kosten und welcher Nutzen entstehen bei der Anschaffung neuer IT-Systeme wie bei der Erweiterung und Verbesserung bestehender Systeme (z. B. Prozessoraustausch, Hauptspeichererweiterung, Verkürzung der Servicezeiten)?

- Wie können IT-Kunden (Fachabteilung) Leistungen und Kosten der eigenen IT-Abteilung mit Marktleistungen vergleichen (Benchmarking)?

Nutzen

Eine IT-Kosten- und Leistungsrechnung:

- steigert die Kosten- und Leistungstransparenz für Anwender und IT-Dienstleister,

- erhöht das Kostenbewusstsein bei Anwendern und IT-Dienstleistern,

- fördert eine marktwirtschaftliche Kunden-Lieferanten-Kultur (Anwender = Kunde, interner oder externer IT-Dienstleister = Lieferant)

- liefert die Grundlage für ein aktives IT-Kostenmanagement,

- beeinflusst die Struktur und Höhe der IT-Kosten durch den IT-Bedarfsträger,

- schafft die Grundlage für Benchmarking der internen IT-Abteilung mit externen IT-Dienstleistern und damit für Outsourcing-Entscheidungen,

- steigert das kostenorientierte Denken in der IT-Abteilung,

- verbessert die Leistungs- und Kostenstrukturen der IT-Abteilung.

4.1.4   Struktur der IT-Kosten- und Leistungsrechnung

Aufbau

Abbildung 106 dokumentiert den schematischen Aufbau der IT-Kosten- und Leistungsrechnung im IT-Controlling-Konzept.

201

Die Darstellung (Sender) zeigt verschiedene datenliefernde Systeme, wie sie in der Praxis häufig anzutreffen sind. Aus der Finanzbuchhaltung gelangen z. B. Eingangsrechnungen, aus der Materialwirtschaft Materialentnahmen (z. B. Austausch einer Tastatur) und aus der Personalwirtschaft Personalkosten und ggf. Leistungsmengen (z. B. angefallene Stunden der Softwareentwickler für IT-Projekte) in die IT-Kostenartenrechnung.

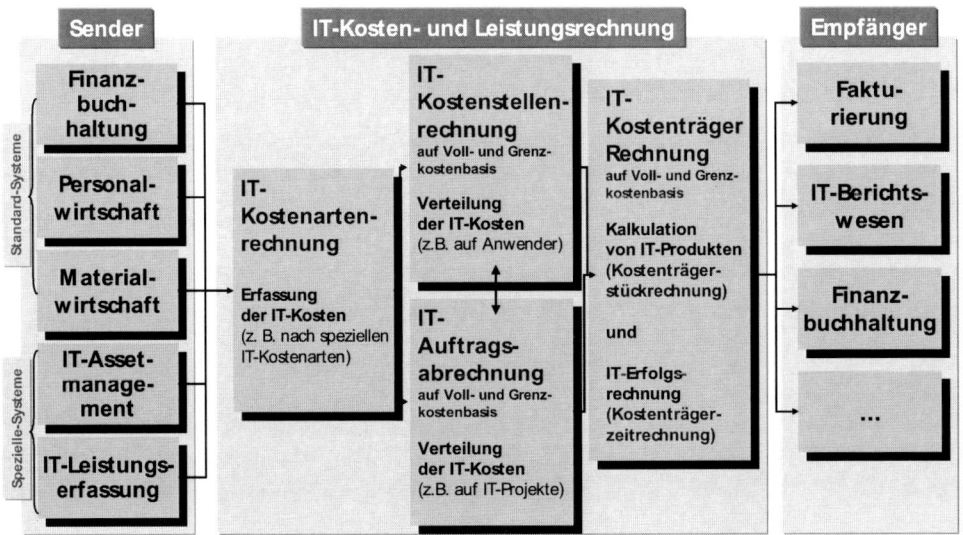

Abbildung 106: Schematischer Aufbau der IT-KLR

Spezielle Softwaresysteme

Spezielle Softwaresysteme, wie das IT-Assetmanagement oder eine IT-Leistungsverrechnung liefern Bestandsdaten und Bewegungen über IT-Assets (Hardware, Software, Zubehör) und Zeitverbräuche für IT-Projekte oder Störungsbeseitigungen.

Die IT-Kostenstellenrechnung verteilt die angefallenen IT-Kosten verursachungsgerecht auf empfangene Kostenstellen. Eine IT-Auftragsabrechnung dient der Sammlung und Verteilung von länger laufenden oder besonders wichtigen Maßnahmen, insbesondere von IT-Projekten oder Lizenzkosten für ERP-Systeme.

Die IT-Kostenträgerrechnung ermittelt die Kalkulationen für die IT-Produkte der IT-Abteilung, z. B. den Preis für eine Beraterstunde etc. In der IT-Erfolgsrechnung wird der Ergebnisbeitrag der IT zum Gesamterfolg des Unternehmens ermittelt. Der IT-Leiter erkennt, welchen Anteil seine Leistung an den Ergebnissen des Unternehmens erreicht. Datenempfänger der IT-Kosten- und

Leistungsrechnung sind neben dem Berichtswesen die Fakturie-rung (wenn die IT-Abteilung auch externe Umsätze außerhalb des eigenen Unternehmens erzielt) und die Finanzbuchhaltung.

Das IT-Berichtswesen entnimmt Daten, bereitet diese empfän-gergerecht auf und verteilt Sie an die Führungskräfte im Unter-nehmen.

Software Die Abbildung der IT-Kosten- und Leistungsrechnung kann mit marktgängigen ERP-Systemen, wie z. B. der Standardsoftware SAP R/3® erfolgen.

Abbildung 107 dokumentiert die bei Verwendung des SAP®-R/3®-Systems verfügbaren Softwaremodule, vgl. dazu die Erläu-terungen der Abkürzungen im Glossar (Gadatsch, 2001a, b, c und d sowie Gadatsch/Frick, 2005).

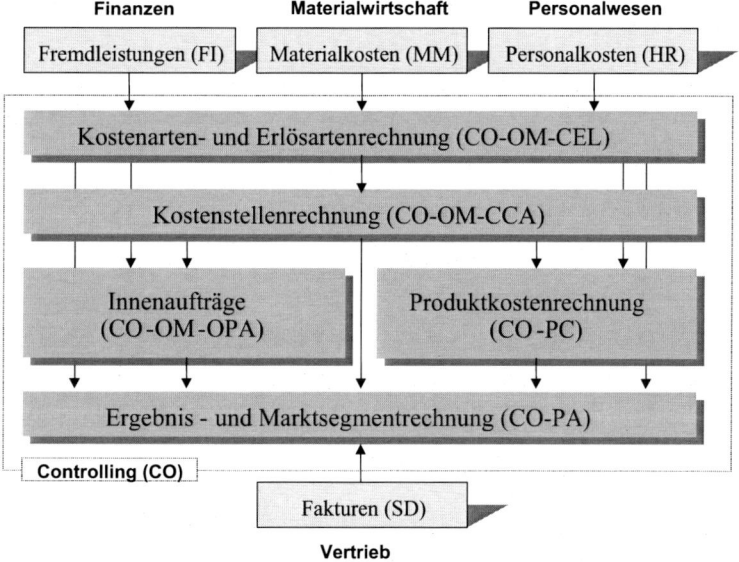

Abbildung 107: IT-KLR mit SAP-Software

IT-Asset-management Das IT-Assetmanagement ist die mengen- und ggf. auch wertmä-ßige Bestandsführung von IT-Komponenten (Hardware und deren Einzelkomponenten wie Speichererweiterungen, Software und Services wie z. B. Benutzerkennungen) aus Sicht des End-benutzers.

Da die Unterlizenzierung zivil- und strafrechtliche Konsequenzen für das Unternehmen bzw. seine verantwortlichen Mitarbeiter nach sich ziehen kann, sind rechtzeitig geeignete Maßnahmen einzuleiten:

- Erarbeitung von Beschaffungsrichtlinien für IT-Assets, insbesondere Regelungen im Umgang mit Softwarelizenzen,

- Regelmäßige und möglichst IT-gestützte Durchführung von Inventuren der IT-Assets (Hardware, Software, Lizenzen),

- Dokumentierte Aufbewahrung der Lizenzunterlagen,

- Technische Maßnahmen zur Verhinderung der Möglichkeit zur Installation nicht autorisierter Software auf Unternehmensrechner durch Endanwender.

Systeme für das IT-Assetmanagement unterstützen die detaillierte Inventarisierung von Hardware- und Software-Komponenten. Sie bilden den gesamten Lebenszyklus von Hard- und Software ab, von der Beschaffung bis zur Entsorgung. Die verschärfte Gesetzgebung bei Nichtbeachtung von Softwarelizenzbedingungen, komplexe Lizenzmodelle führender Hersteller (Microsoft, SAP u.a.) und steigende Lizenzkosten bei sinkenden bzw. stagnierenden IT-Budgets haben dazu geführt, das der Einsatz von Assetmanagement-Systemen in der Vergangenheit zugenommen hat, wenngleich noch viele Unternehmen eine manuelle Erfassung praktizieren. Da viele Unternehmen überlizensiert sind, d. h. wegen fehlender Transparenz zu viele Softwarelizenzen besitzen, wird Unternehmen ab etwa 100 Endgeräten der Einsatz von IT-Assentmanagement-Software empfohlen (vgl. Gerick/Wagner, 2003). Teilweise werden die Aufgaben der IT-Inventarisierung direkt mit der IT-Leistungserfassung gekoppelt, so dass neben der verbesserten Transparenz zusätzliche Nutzeffekte bei nachgelagerten IT-Prozessen entstehen.

IT-Leistungs-erfassung

Für die Realisierung der IT-Leistungserfassung stehen am Markt spezialisierte Softwaresysteme zur Verfügung, welche u.a. über folgende Detailfunktionen verfügen:

- Übernahme von Daten aus Vorsystemen (z. B. Mobilfunkrechnungen für mobile Datenkommunikation, Mengeninformationen wie CPU-Zeiten, Online-Zeiten, Batch-Zeiten) und deren Aufbereitung,

- Redundanz- und Plausibilitätsprüfung (z. B. Prüfung ob Daten mehrfach übergeben wurden, ob die angegebene Kostenstelle existiert) und Klassifizierung der Datensätze, z. B. nach Kostenarten und Bereichen,

- Rechnungsprüfung und Zuordnung zu Kostenstellen oder Aufträgen,

- Übergabe in nachgelagerte Systeme, d. h. in die Kostenartenrechnung (z. B. nach SAP®R/3® in das Modul Controlling).

Anbieter	Ort	URL	Produkte
uni-X Software	Osnabrück	www.uni-x.de	• OpenInformer for Corporates • SiteInformer
USU Openshop	Möglingen	www.usu-ag.de	• Valuemation • Value Suite • Safir Suite
Ascertech	Köln	www.Ascertech.de	• BillingWare
Nicetec	Osnabrück	www.Nicetec.de	• NetInsight
Acent	Berlin	http://www.acent.de/	• Acent Corporate Billing

Abbildung 108: Anbieter von IT-Leistungsverrechnungssoftware

Nutzen von IT-Tools

Den Nutzen verschiedener IT-Tools für das „IT-Kostencontrolling" untersucht Siebertz (2004). Er kommt dabei zu dem Ergebnis, dass auf Grund der hohen Anschaffungs- und Einführungskosten der Einsatz der Werkzeuge im Einzelfall zu überprüfen ist, da nicht alle betriebswirtschaftlichen Anforderungen von den Werkzeugen erfüllt werden können (vgl. Siebertz, 2004, S. 93).

4.1.5   IT-Kostenarten-, IT-Kostenstellen- und IT-Auftragsabrechnung

IT-Kostenarten

Die Gliederung der IT-Kostenarten hängt von der Organisationsform der Informationsverarbeitung (eigene IT-Abteilung oder Outsourcing, Einsatz von Standard- oder Individualsoftware u.a.) und vom gewünschten Detaillierungsgrad ab. Grundsätzlich sind alle Buchungen durch geeignete IT-Kostenarten zu erfassen, die einen IT-Bezug haben:

- Beschaffung von Hardware (Personal-Computer, Personal Digital Assistents, Drucker, u.a.), Software (Standardsoftware, Individualsoftware).

- Beschaffung von IT-Dienstleistungen (Beratung, Programmierung, Wartung).

- Beschaffung von Verbrauchsmaterial (Druckpatronen, Papier, CD-Rohlinge, Disketten u.a.).

- Abschreibungen auf Hardware und Software.

IT-Haupt-kostenarten

Zu unterscheiden sind primäre Kostenarten (z. B. Rechnung eines Softwarehauses über Programmier- und Beratungsleistungen, Rechnung eines Hardwareanbieters über einen neuen Server, Rechnung eines Telekommunikationsanbieters über Standleitung zur Filiale nach USA) und sekundäre Kostenarten für die interne Leistungsverrechnung (z. B. Weiterbelastung der Projektkosten an die beteiligten Fachbereiche, Weiterbelastung der RZ-Nutzung, Weiterbelastung von Internetnutzungszeiten). Der folgende Musterkostenartenplan dokumentiert für die Hauptkostenarten **IT-Material, IT-Entwicklung, IT-Betrieb, IT-Abschreibungen und IT-Miete/Leasing** in der Praxis[3] übliche IT-Kostenarten, die an individuelle Anforderungen anzupassen sind.

Kostenart	Name	Kontierungshinweise
1	**IT-Material** *(IT-Material)*	**Kosten für Verbrauchsmaterialien der Informationstechnik**
1.1	Papier, Formulare, Etiketten, Tinte *(Paper, forms, label and ink)*	Papier, Spezialformulare (z. B. für Schecks, Wechsel, Geschäftsbriefe), Etiketten, Druckertoner /-tinte u.a.
1.2	Datenträger *(data carrier)*	Disketten, Compact Discs (CD), Magnetbänder und –cassetten, Festplatten, Speicherchips, USB-Sticks, u.a.
1.3	Sonstiges Material *(other IT-Material)*	Hierzu zählen sonstige IT-Materialien wie z. B. Tastaturen, Mäuse, Verbindungskabel, Hubs, WebCams.

Abbildung 109: Musterkostenartenplan IT-Material

---

[3] Mit freundlicher Unterstützung der Herren Bertram Kaup, Bayer AG, Christian Voelckers, Bayer Business Services und Hans-Henning Wibelitz, Bayer Business Services (vgl. Kaup et al. 2003).

Kostenart	Name	Kontierungshinweise
2	**IT-Entwicklung**	**Kosten der Entwicklung, Einführung, Wartung und Pflege von Software**
2.1	Anwendungsentwicklung *(Application Development)*	Kosten für die Entwicklung von selbst entwickelten Anwendungssystemen bzw. dem Customizing von Standardsoftware.
2.2	Anwendungssupport *(Application Support)*	Kosten für die Unterstützung der Anwender bei der Nutzung der Anwendungssoftware (z. B. Hotline).
2.3	Anwendungswartung *(Application Maintenance)*	Kosten für die Fehlerbeseitigung und Weiterentwicklung von Anwendungssystemen. Hierzu gehören auch Modifikationen und Erweiterungen von Standardsoftware.
2.4	Standardsoftware *(Standard Software Products)*	Lizenzen und Wartungsgebühren der Hersteller von Standardsoftware (z. B. SAP®).
2.5	IT-Beratung *(IT-Consulting)*	Kosten für Analyse-, Planungs- und Beratungsaufgaben im IT-Umfeld. Hierzu zählen auch Vorstudien, Machbarkeitsstudien und Systemvergleiche.
2.6	Schulung *(Training)*	Kosten für den Besuch von IT-Seminaren, Kongressen und ähnlichen Veranstaltungen.
2.7	Sonstige Kosten IT-Entwicklung *(Other Cost IT-Application Development)*	Sonstige Kosten der IT-Entwicklung.

Abbildung 110: Musterkostenartenplan IT-Entwicklung

Kostenart	Name	Kontierungshinweise
3	**IT-Betrieb** *(IT-Operations)*	**Kosten des IT-Betriebs**
3.1	Hosting und Serverbetrieb *(Hosting-Services and Server-Services)*	Kosten für die Nutzung von Rechnerleistungen für Anwendungen, File-, Print-, und E-Mail-Server sowie Datensicherung.
3.2	Gerätewartung *(Maintenance IT-Equipment)*	Wartungsgebühren für IT-Geräte (z. B. Server, Drucker).
3.3	IT-Arbeitsplatzkosten *(Desktop-Services)*	Einrichtung, Wartung, Störungsbeseitigung und Entsorgung von IT-Arbeitsplätzen.
3.4	E-Mail- und Groupware-Services *(E-Mail and Collaborative Services)*	Betrieb von E-Mail- und Groupware-Services (z. B. MS Exchange, Lotus Notes) (soweit nicht in 2.1 enthalten).
3.5	Netzwerk-Services *(Network-Services)*	Kosten für den Aufbau, Betrieb und Wartung des Netzwerkes einschließlich der Firewall und von Virenschutzprogrammen.
3.6	Carrier-Gebühren für Netzwerke *(Carrier Fees for Networks)*	Kosten für Standleitungen, Datenleitungen einschließlich Internet.
3.7	Carrier Gebühren für Sprachkommunikation *(Carrier Feec Voice & Video)*	Gebühren von Telekommunikationsdienstleistern für Telefon-, Fax, Mobilfunk und Videokonferenzen.
3.8	Sonstige IT-Betriebskosten (Other Cost for IT-Operations)	Sonstige Kosten des IT-Betriebs, soweit diese nicht in 2.1 bis 2.8 fallen.

Abbildung 111: Musterkostenartenplan IT-Betrieb

Kostenart	Name	Kontierungshinweise
4	**Abschreibungen, Miete, Leasing und kalk. Zinsen**	**Abschreibungen, Miete, Leasing und kalkulatorische Zinsen auf Hard- und Software**
4.1	AfA Softwarelizenzen *(Depreciation Software-Licences)*	Abschreibungen auf Softwarelizenzen.
4.2	AfA Beratungskosten Standardsoftware *(Depreciation Consulting Standard-Software)*	Abschreibungen auf Beratungskosten für Standardsoftware (z. B. SAP®).
4.3	AfA IT-Hardware *(Depreciation IT-Equipment)*	Abschreibungen auf IT-Hardware.
4.4	Aufwand für immaterielle GWG der IT [Software] *(Low Value IT Intangible Assets [Software])*	Aufwand für immaterielle geringwertige Wirtschaftsgüter der Informationstechnik (Software), derzeit in Deutschland < 409,- .
4.5	Aufwand für immaterielle GWG [Hardware] *(Low Value IT Tangible Assets [Expense])*	Aufwand für immaterielle geringwertige Wirtschaftsgüter der Informationstechnik (Hardware), derzeit in Deutschland < 409,- .
4.6	Außerplanmäßige Abschreibungen auf Softwarelizenzen *(Unplanned Depreciation Software-Licences)*	Außerplanmäßige Abschreibungen auf Softwarelizenzen.
4.7	Außerplanmäßige Abschreibungen auf Beratungskosten Standardsoftware *(Unplanned Depreciation Standard-Software)*	Außerplanmäßige Abschreibungen auf Beratungskosten für Standardsoftware (z. B. SAP®).
4.8	Außerplanmäßige Abschreibungen auf IT-Hardware *(Unplanned Depreciation IT-Equipment)*	Außerplanmäßige Abschreibungen auf IT-Hardware.
4.9	Leasing IT-Geräte *(Leasing IT-Equipment)*	Operate Leasing von IT-Geräten (Laufzeit < 75 % der Abschreibungsdauer, d. h. max. 27 Monate

		in Deutschland, keine Übernahmeoption, Summe der Barwerte der Leasingraten < 90 % des Anschaffungswertes.
4.10	Miete IT-Geräte *(Rental IT-Equipment)*	Mietaufwand für IT-Geräte, incl. evtl. Wartungsgebühren und sonstiger Services.
4.11	Miete Software *(Rental Software)*	Mietaufwand für Software von Dritten, incl. evtl. Wartungsgebühren und sonstiges Services.
4.12	Kalk. Zins (Calculated interest)	Kalkulatorische Zinsen auf Hard- und Software.
4.13	Versicherungen (Insurances)	Spezielle IT-Versicherungen (z. B. für das Rechenzentrum oder Folgeschäden durch Rechnerstillstand)

Abbildung 112: Musterkostenartenplan Abschreibungen u.a.

Ein alternativer Kostenartenplan wurde von Kütz (2005, S. 101-102) vorgestellt, der dem Produktionsfaktorenprinzip folgt. Er gliedert in „Personal- und Arbeitskosten", „Sachkosten", „Fremdleistungskosten", „Kapitalkosten", „Steuern/Gebühren/Beiträge" und „Sonstige" (vgl. Abbildung 113). Der Einsatz ist z. B. dann sinnvoll, wenn in die drei Hauptkostenblöcke Personal, Sachkosten und Fremdleistungen unterschieden werden soll.

Kostenart	Name
1	**Personal- und Arbeitskosten**
1.1	Altersversorgung
1.2	Vergütung für Festangestellte und Auszubildende
1.3	Vergütung für Aushilfen und Leiharbeitnehmer
1.4	Provisionen & Tantiemen
1.5	Schulung
1.6	Sozialabgaben
1.7	Sonstige
2	**Sachkosten**

2.1	Abschreibungen auf Hardware
2.2	Abschreibungen auf Software
2.3	Abschreibungen auf sonstige Geräte
2.4	Aufwand für geringwertige materielle Wirtschaftsgüter
2.5	Aufwand für geringwertige immaterielle Wirtschaftsgüter
2.6	Betriebsmittel (Kfz. u.a.)
2.7	Bürobedarf (Toner, Papier, Briefumschläge, u.a.)
2.8	Datenträger
2.9	Formulare und Etiketten
2.10	Sonstige Materialien
3	**Fremdleistungen**
3.1	Carrier-Gebühren (Netzwerke, Sprach- und Datenkommunikation)
3.2	Externe Leistungen (IT-Outsourcing, u.a.)
3.3	Leasing/Miete für Hardware
3.4	Leasing/Miete für Software
3.5	Leasing/Miete für Kfz
3.6	Leasing/Miete Sonstige
3.7	Porto
3.8	Raummiete
3.9	Rechts- und Beratungskosten
3.10	Reinigungskosten
3.11	Reparaturen / Wartung Hardware
3.12	Reparaturen / Wartung Kfz.
3.13	Wartung Software (Lizenzgebühren)
3.14	Wartung Sonstige
3.15	Versicherungen
4	**Kapitalkosten**
4.1	Kalkulatorische Zinsen
5	**Steuern/Gebühren/Beiträge**
5.1	Kfz.-Steuern

5.2	Wasser/Abwasser
5.3	Müllbeseitigung
5.4	Prüfungsgebühren
5.5	Bußgelder
5.6	Beiträge Fachorganisationen und Berufsgenossenschaften
6	**Sonstige Kosten**
6.1	Bewirtungskosten
6.2	Reisekosten
6.3	Werbung

Abbildung 113: Kostenartenplan nach Kütz (2005 modifiziert)

IT-Kostenstellen und -Aufträge

Bevor auf die Merkmale von IT-Kostenstellen und -aufträgen eingegangen wird, soll die Verrechnungssystematik der IT-Kostenrechnung kurz skizziert werden (vgl. Abbildung 114).

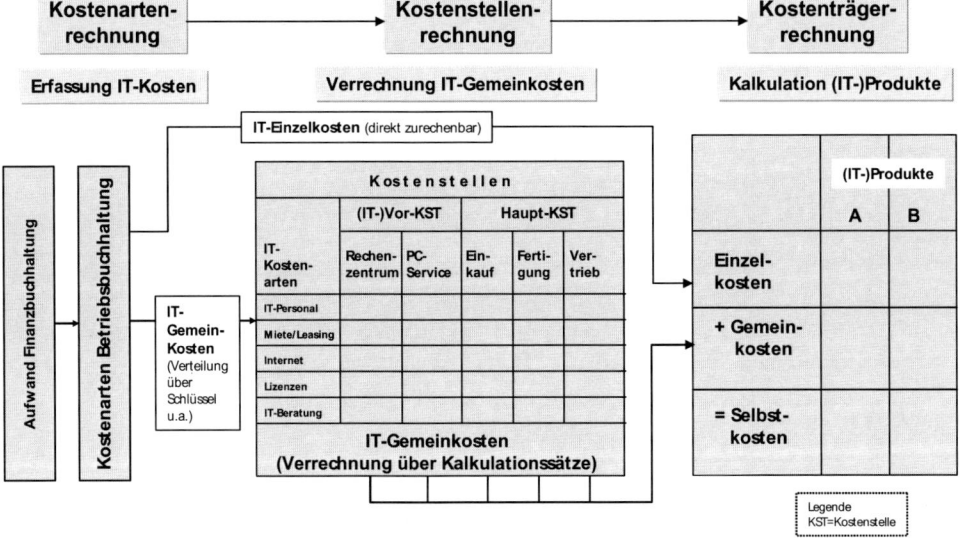

Abbildung 114: Verrechnungssystematik der IT-Kostenrechnung

Ausgehend von der Kostenartenrechnung werden die IT-Kosten in IT-Einzelkosten und IT-Gemeinkosten gesplittet. IT-Einzelkosten lassen sich direkt einzelnen Produkten zurechnen. Dies können Produkte eines Industrieunternehmens sein (z. B. Softwarelizenzen für die Motorsteuerungssoftware bei einem Motorenhersteller) oder IT-Produkte eines Softwarehauses oder IT-Beratungsunternehmens (z. B. Rechnung eines externen Beraters für ein im Kundenauftrag entwickeltes Softwaresystem sind IT-Einzelkosten für das IT-Produkt „Softwaresystem").

Nicht direkt zurechenbare IT-Gemeinkosten werden über die IT-Kostenstellenrechnung nach unterschiedlichen Verfahren auf die IT-Produkte verteilt. So nutzen z. B. Softwareentwickler der IT-Abteilung das Internet für Recherchen und downloads von Software. Die hierfür anfallenden Gebühren lassen sich aber im Normalfall nicht auf einzelne Projekte der Entwicklerarbeit zuordnen. Sie sind nach geeigneten Kriterien zu verteilen. Hierzu wird die Kostenstellenrechnung genutzt. Zunächst werden die IT-Kosten der IT-Vorkostenstellen (z. B. Rechenzentrum, PC-Service, Anwendungsberatung) gesammelt und auf die Hauptkostenstellen (auch Endkostenstellen genannt) verteilt. Hauptkostenstellen sind die Endabnehmer der IT-Leistungen, z. B. Vertrieb, Fertigung, Personal u.a. Über Kalkulationssätze lassen sich die Gemeinkosten auf Produkte verrechnen.

IT-Abteilungs-struktur   In kleineren Unternehmen wird die IT-Abteilung – sofern vorhanden – auf einer Kostenstelle geführt. Die kontierten Kosten werden mit einem einfachen Schlüssel (Anzahl Mitarbeiter o.ä.) auf die Nutzer im Unternehmen verteilt. Größere Unternehmen mit komplexeren organisatorischen Strukturen in der Informationsverarbeitung versuchen differenziertere Kostenverrechnungen vorzunehmen. Die Übertragung der typischen IT-Abteilungsstrukturen (vgl. Abbildung 115) in eine IT-Kostenstellenstruktur ist meist nicht ausreichend, um Kosten und Leistungen der IT verursachungsgerecht steuern zu können.

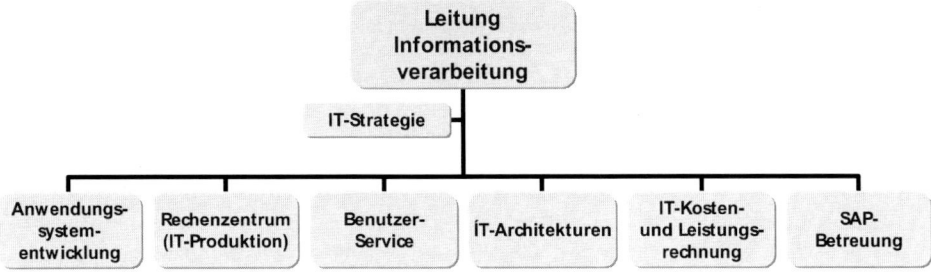

Abbildung 115: Typische Struktur einer IT-Abteilung

Kostenstellen für kritische IT-Kostenblöcke

Es ist erforderlich, für besonders kritische Kostenblöcke spezielle Kostenstellen zu bilden. Beispiele hierfür sind Applikationskostenstellen, welche für intern weiter zu belastende Lizenzen (z. B. ERP-Lizenzen, E-Mail-Lizenzen u.a.) zu bilden sind. Daneben sind Service-Kostenstellen für kostenintensive Bereiche, wie z. B. ERP-Betreuung, Internet/Intranet-Betreuung u.a. notwendig. Das aufwendige IT-Equipment (Server, Leitungen, Router, RZ-Gebäude mit Sicherheitstechnik u.a.) wird in Equipment-Kostenstellen zusammengefasst.

Projektkostenstellen

Daneben gibt es Projektkostenstellen, sofern sie nicht innerbetrieblich abgerechnet werden. Hilfskostenstellen, die z. B. der Verrechnung von Konzernumlagen oder Leitungskosten dienen, zählen ebenfalls dazu.

Abbildung 116: Typische IT-Kostenstellenstruktur

Innenaufträge

Innerbetriebliche Aufträge (Innenaufträge) werden zur gezielten Kostenüberwachung für unterschiedliche Zwecke verwendet, üblich sind:

- Gemeinkostenaufträge für die Überwachung von Maßnahmen im Gemeinkostenbereich (z. B. Messeauftritt).

- Investitionsaufträge für die Überwachung aktivierungsfähiger Kosten, (z. B. selbst erstelltes RZ-Gebäude).

- Abgrenzungsaufträge für Kosten, die in der Finanzbuchhaltung mit effektiven Werten gebucht und in der Kostenrechnung kalkulatorisch belastet wurden (z. B. kalk. Sozialkosten für IT-Mitarbeiter).

- Erlösaufträge für die Überwachung von Aktivitäten außerhalb des normalen Kerngeschäftes (z. B. Erlöse beim Betriebsfest).

- Musteraufträge als Schablone beim Anlegen neuer Aufträge.

Eine IT-Kostenrechnung sammelt Gemeinkosten und Projektkosten auf Innenaufträgen für eine verursachungsgerechte Weiterbelastung (vgl. dazu Abbildung 117).

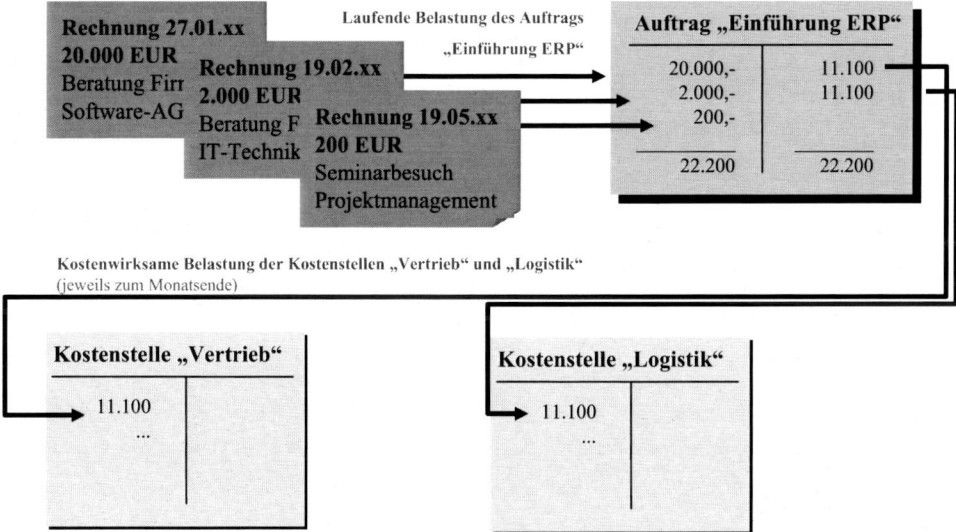

Abbildung 117: Innenaufträge als Kostensammler für IT-Projekte

Jede IT-Kostenstelle benötigt eine oder mehrere Bezugsgrößen bzw. Leistungsarten als Basis für die Leistungsverrechnung (vgl. dazu Abbildung 118).

Bereich	Beispiele für IT-Leistungen
Personenaufwand (Personentage/-stunden)	• IT-Projekte für Einführung, Wartung und Weiterentwicklung von Informationssystemen
Rechenzentrums-leistungen	• CPU-Verbrauch (Online- bzw. Batch-Verarbeitung) • Datenbanknutzung, Plattenspeicherplatzbelegung, Fileserver für PC-Arbeitsplätze • Archivierung (intern/extern) • Personenaufwand (Systemadministration, Hotline)
Druckleistungen	• Entwicklung, Wartung und Weiterentwicklung von Informationssystemen zur zentralen Druckaufbereitung und Versandabwicklung • Laserdruck auf zentralen Rechnern • Materialaufwand für Papier, Formulare und Kuverts • Sortierung, Kuvertierung und Verteilung des Schriftgutes
Bereitstellung, Wartung und Entsorgung von IT-Arbeitsplätzen	• Beschaffung, Installation und Konfiguration von Hard- und Software • Beratung, Reparatur und Wartung (z. B. Softwareupdates einspielen) • Erarbeitung, Abstimmung und Festlegung von Standards (z. B. Datenaustausch, Verschlüsselung, Virenschutz) • Bereitstellung und Aktualisierung von Virenschutzsoftware • Datensicherung und Drucken über das Unternehmensnetzwerk • Schulungen (Durchführung und Koordination) • Verleih von Komplettsystemen (z. B. Laptop) oder Systemkomponenten (z. B. Brenner, Beamer)

Abbildung 118: Beispiele für typische IT-Leistungen

Die Erfassung von IT-Leistungen ist ein ähnlich komplexes Aufgabenfeld, wie eine Betriebsdatenerfassung im Fertigungsbereich, um Werker- und Maschinenstunden für Betriebsaufträge direkt zurechnen zu können.

Personenauf-
wand

Relativ gut – durch betriebswirtschaftliche Standardsoftware unterstützt – lässt sich der IT-Personalaufwand ermitteln. Die unterschiedliche Erfassung der Mengengerüste und ihre Zuordnung pro IT-Mitarbeiter auf Kostenstellen bzw. IT-Aufträge erfolgen laufend über betriebswirtschaftliche Standardsoftware (z. B. SAP R/3®) oder spezielle Leistungserfassungssysteme.

Eine Wertermittlung erfolgt durch die Multiplikation der Gesamtstundenzahl mit dem jeweiligen Stundenverrechnungssatz der IT-Kostenstellenrechnung. Eine Leistungsdifferenzierung übernimmt die IT-Auftragsabrechnung, wenn IT-Aufträge von mehreren End-Kostenstellen abzurechnen sind, z. B. wie die Kosten der Einführung eines ERP-Systems. Sie wird über einen Innenauftrag den Hauptkostenstellen Vertrieb, Produktion, Personal und Rechnungswesen belastet. Die Aufbaukosten einer zentralen Firewall lassen sich über den Schlüssel „Anzahl Mitarbeiter je Bereich mit IT-Arbeitsplatz" weiterbelasten.

RZ-Leistungen

Problematisch wird die Erfassung von RZ-Leistungen, wenn das Mengengerüst sich nur über spezielle Auswertungsprogramme ermitteln lässt. Üblich sind eine getrennte Ermittlung und Weiterbelastung von Online- und Batch-Verarbeitungszeiten.

- Online-Verarbeitung: Erfassung nach Anzahl der Transaktionen je User (Zuordnung über „Stamm-Kostenstelle" der User).

- Batch-Verarbeitung: Direkte Belastung der Kostenstellen je Batch-Job (z. B. Rechnungsdruck) oder bei Querschnittsfunktionen (Sicherung aller Datenbanken) über Verteilungsschlüssel.

Die Wertermittlung erfolgt durch eine Multiplikation des Gesamtwertes der Bezugsgröße (Online-Zeit je Nutzer) mit dem Soll-Verrechnungssatz der Bezugsgröße aus der IT-Kostenstellenrechnung.

Druck-
leistungen

Druckleistungen verursachen in vielen Unternehmen hohe Kosten, die eine differenzierte Kostenverteilung erfordern. Beispiele finden sich in der Telekommunikation, der öffentlichen Verwaltung oder der Versicherungsbranche. Der monatlichen Erfassung des Mengengerüstes über die Anzahl der Druckseiten der Kostenstellen folgt eine Wertermittlung, in dem der Gesamtwert der Bezugsgröße (Druckseiten) mit dem ermittelten Verrechnungssatz der Bezugsgröße aus der IT-Kostenstellenrechnung multipliziert wird. Ggf. ist auch eine direkte Zuordnung externer Einzelrechnungen bei Sonderaufträgen üblich.

IT-Arbeitsplatz   Die Kosten für einen IT-Arbeitsplatz entstehen aus unterschiedlichen Gründen. Als Grundlage der Verrechnung dient die Anzahl der vorhandenen IT-Arbeitsplätze bzw. der einzeln bewerteten Produkte je Kostenstelle/User. Erfasst werden Zugänge, Umbuchungen, Abschreibungen und Abgänge. Zur Bestandsführung eignen sich spezielle IT-Assetmanagement-Systeme, welche die erforderlichen Mengengerüste bereitstellen. Eingangsrechnungen liefert die Finanzbuchhaltung. Zusätzlich sind ggf. innerbetriebliche Aufwendungen für Servicearbeiten zu erfassen.

Die Gesamtwerte der Bezugsgrößen (Anzahl Standard-PC, Anzahl Brenner, Anzahl Softwarelizenzen, Anzahl in Anspruch genommener Service-Stunden je Monat u.a.) werden mit dem ermittelten Verrechnungssatz der Bezugsgröße aus der IT-Kostenstellenrechnung multipliziert.

Eine gute Übersicht über Kostenstellen und Bezugsgrößen im IT-Bereich liefert Britzelmaier (1999, S. 121) in der Abbildung 119, die allerdings in einigen Punkten angepasst wurde. So ist z.B. die Verrechnung der Kosten für ERP-Systeme von Softwarekostenstellen pauschal nach Mitarbeitern (bzw. entsprechenden Zeitäquivalenten) oder differenziert nach Transaktionsaufrufen möglich. Allerdings besteht bei zu granularer Verrechnung der Softwarekosten die Gefahr, dass die Veranwortlichen Kostenstellenleiter der Anwendungsseite ihren Mitarbeitern nahelegen, nur die allernotwendigsten Arbeiten mit der Standardsoftware zu lösen.

Leichsenring (2007, S. 610) präzisiert dies anschaulich am typischen Beispiel des SAP ERP-Systems. Er berichtet von Verantwortlichen, die aus vermeintlichen Kostengründen Arbeiten, die innerhalb des SAP-Systems problemlos verarbeitbar sind, außerhalb des Systems bearbeiten lassen. Aus falsch verstandenem Kostenbewustsein (Reduzierung der SAP-Verrechnungsbeträge) werden höhere Kosten für das Unternehmen erzeugt.

Kostenstellen (nach vorherrschendem Ressourceneinsatz)	Mögliche Bezugsgrößen
Personalintensive Kostenstellen • Softwareentwicklung und Anwendungsbetreuung • System- und Datenbankadministration • IT-Benutzerservice • IT-Leitung	• Personenstunden • Personentage
Anlageintensive Kostenstellen (Hardware) • Zentrale Rechnernutzung • Intranet/Internet-Server • Zentrale Druckserver • Netzwerknutzung • Sicherungsdienste (z. B. Netzlaufwerke für PCs)	• CPU-Nutzung (CPU-Sek.) • Speicherplatzbelegung • Druckseiten oder Druckvolumen (in MB/GB) • Datenübertragungsvolumen (in MB/GB)
Software-Kostenstellen • Systemsoftware • ERP- und E-Mail-Lizenzen • Tool-Lizenzen (z. B. Virenscanner, Zentrales Telefonbuch, Komprimierungstools)	• CPU-Nutzung • Mitarbeiter • Anzahl Transaktionen • Transaktionsvolumen (z.B. Anzahl Geschäftsvorfälle)
Hilfskostenstellen • Gebäude • Strom (z. B. für Server)	• m^2 • kWh

Abbildung 119: IT-Kostenstellen und Bezugsgrößen (Britzelmaier 1999, S. 121, modifiziert)

4.1.6   IT-Kostenträgerrechnung

Begriff

Als Kostenträger gelten Leistungen der IT-Abteilung. Diese können materieller Natur (z. B. ein Benutzerhandbuch) sein, oder als immaterielle Produkte (Software, Beratungsleistung) erscheinen. Die IT-Kostenträgerrechnung ermittelt den Preis für IT-Produkte, der sich aus unterschiedlichen internen oder externen Kostenkomponenten zusammensetzen kann. Interne Kosten sind z. B. Personalkosten für Softwareentwickler. Externe Kosten fallen häufig an, z. B. als Gebühren für Standleitungen, Beratungshonorare, Anschaffungskosten für Hardware und Softwarelizenzen, Wartungsgebühren, Datensicherungskosten).

Innerbetriebliche Leistungen

Je nach Verwendung der IT-Leistungen lassen sich zwei Kostenträgertypen unterscheiden. Werden die IT-Leistungen für das Unternehmen erbracht, stellen sie ***Innerbetriebliche Leistungen*** dar. Sie werden zu Transferpreisen verrechnet. Innerbetriebliche Leistungen sind entweder Gemeinkostenleistungen (z. B. Störungsbeseitigung bei Druckerproblemen durch eine interne Servicekraft) oder aktivierbare Leistungen (z. B. Entwicklung einer PPS-Software mit 15 Jahren Mindestnutzungsdauer).

Markt-leistungen

Kostenträger können ***Marktleistungen*** (Endprodukten) entsprechen, wenn IT-Leistungen ganz (z. B. bei einem Softwarehaus) oder teilweise am externen Markt verkauft werden. Absatzleistungen werden zu Verkaufspreisen fakturiert. In der Praxis mischen sich innerbetriebliche Leistungen und Marktleistungen. Bei Outsourcing-Projekten oder Versuchen, durch externes „Drittgeschäft" vorhandene Ressourcen der IT-Abteilung besser auszulasten, ist der Marktleistungsanteil deutlich erkennbar.

Kostenträger-kategorien

IT-Leistungen fallen für unterschiedliche Kategorien an:

- Hardware (IT-Arbeitsplatz, Netzwerk),

- Software (z. B. Personalwirtschaftssystem, Lagerbestandsführung, Verschlüsselungssoftware),

- Dienstleistungen (z. B. Endbenutzer-Beratung, Erstellung IT-Strategie).

Typische IT-Produkte

Beispiele für typische IT-Produkte sind:

- Betrieb unternehmensweiter ERP-Systeme (z. B. SAP®),

- Betrieb zentraler IT-Anwendungen (z. B. Citrix-Windows Based Terminal, E-Mail, Intranet/Internet, File- und Printservices, Datensicherungen im Netzwerk),

- Betrieb und Wartung von Standard-IT-Arbeitsplatzsystemen (Desktop, Laptop, PDA, Remote-Zugänge incl. Software),

- Betrieb abteilungsspezifischer Anwendungen (CAD-Anwendungen),

- Endbenutzer-Hotline (Call Annahme, First Level-Support, Second-Level-Support),

- E-Mailserverbetreuung,

- Internet- und Intranetbereitstellung und –betreuung,

- Zentrales Asset-Management (Inventarisierung und Verwaltung der IT-Vermögenswerte wie PCs, Laptops, PDAs, Netzwerkleitungen, Server, Zusatzgeräte),

- Betrieb eines IP-basierten Telefonnetzes.

IT-Katalog IT-Produkte informieren in einem IT-Katalog die Fachabteilungen mit IT-Produktstücklisten über bestellbare Produkte. Der IT-Katalog stellt einen Leistungskatalog der IT-Abteilung mit Rechnungspreisen dar, wie in einem Waren- und Dienstleistungskatalog.

Ziel Innerhalb einer internen IT-Abteilung ermittelt die IT-Kostenträgerrechnung Transferpreise, um die Kostentransparenz zu erhöhen. Die Anteile der IT-Kosten an den gesamten Prozesskosten des Unternehmens werden dann sichtbar. Die Deutsche Telekom ermittelt beispielsweise im Rahmen einer Prozesskostenrechnung die für diese Branche typischen hohen IT-Kostenanteile (vgl. Scherf, 2002).

4.1.7 Fallstudie zum IT-Kostenmanagement

Ausgangssituation und Aufgabenstellung

Die IT-Kosten eines Elektronikhandelsunternehmens liegen deutlich über dem Branchendurchschnitt. Das Unternehmen verfügt über ein zentrales Rechenzentrum, eine zentrale IT-Entwicklungsmannschaft und in einigen Fachabteilungen über IT-Fachleute. IT-Kosten werden vom Rechnungswesen auf drei Kostenarten (Hardware, Software, Sonstige IT-Kosten) erfasst, wenn der Rechnungstext eine eindeutige Zuordnung erlaubt. Sämtliche IT-Kosten verbleiben auf der Kostenstelle „Rechenzentrum". IT-Leistungen werden ohne schriftliche Vereinbarung, jedoch nach Absprache mit der Fachabteilung, realisiert, jedoch nicht im Rahmen der Betriebsabrechnung weiterbelastet. Eine große Anzahl der Anwendungen wurden über Jahre hinweg selbst entwickelt.

Der neue Leiter „IT-Controlling" erhält die Aufgabe, die IT-Kosten im Unternehmen zu optimieren und die Kostentransparenz nachhaltig zu verbessern. Das Management erwartet kurzfristige Erfolge im Hinblick auf die Kostenreduktion (Quick Wins), da die Ertragslage des Unternehmens sehr angespannt ist, sowie eine nachhaltige Optimierung der IT-Kostenstruktur.

Lösungsvorschlag

Der IT-Controller schlägt nach einer kurzen Analyse der Situation einen dreistufigen Maßnahmenplan vor:

- *M1:* Kurzfristige Reduzierung der IT-Kosten durch kostengünstigere Erbringung der IT-Leistungen und Verbesserung der IT-Kostenstruktur durch Verzicht auf nicht geschäftskritische IT-Leistungen.

- *M2:* Verbesserung der Kostentransparenz durch Aufbau einer IT-Kosten- und Leistungsrechnung.

- *M3:* Dauerhafte Optimierung der IT-Leistungserbringung durch Veränderungen der Leistungsstruktur.

M1: Reduktion der IT-Kosten

Der für die Akzeptanzsicherung notwendige Katalog von Sofortmaßnahmen enthält Vorschläge, welche zwar die Kostenstruktur verbessern, nicht aber das Leistungsniveau reduzieren, sowie Vorschläge, die IT-Leistungen verringern, wenn hierdurch keine Beeinträchtigung des Geschäfts erfolgt.

- *Vorschlag 1: Lizenzen und Hardware reduzieren*

Fehlendes Management von Softwarelizenzen kostet viele Unternehmen große Anteile am IT-Budget. Ein wesentliches Element eines wirksamen IT-Kostenmanagements ist die Anpassung des Lizenzvolumens an den tatsächlichen Bedarf. Die gleichen Aussagen treffen für das Bestandsmanagement der IT-Hardware zu. Zur Verbesserung der Situation ist eine Bestandsaufnahme (Inventur) der im Unternehmen befindlichen Hard- und Software notwendig. Die Daten sollen weitgehend automatisiert mit Hilfe eines neuen IT-Assetmanagement-Systems erfasst werden (vgl. hierzu S. 76 ff.). Anschließend erfolgen der systematische Abbau nicht mehr notwendiger Hardware- und Softwarelizenzen.

- *Vorschlag 2: Nutzungsdauer überprüfen*

Vielfach werden Harwarekomponenten (Personalcomputer, Laptops) von Mitarbeitern der Fachabteilungen nach „Budgetlage" ausgetauscht. Dies führt dazu, dass bei ausreichendem IT-Budget Beschaffungen vorgezogen werden, die bei näherer Betrachtung nicht sinnvoll erscheinen. Im Rahmen des Sofortprogramms werden Nutzungsdauern überprüft und verbindliche Austauschzyklen entwickelt, an denen die Budgetfreigabe zu koppeln ist. Bei der Festlegung der Nutzungsdauer ist zu beachten, dass mit steigender Nutzungsdauer indirekte IT-Kosten (z.B. Ausfall von Komponenten: Ausfallzeit; Unverträglichkeit von Komponenten: Programmabstürze) steigen.

- *Vorschlag 3: Software-Releasewechsel überprüfen*

Vielfach werden Software-Releasewechsel in Übereinstimmung mit der Herstellerpolitik vollzogen: Sobald der Softwarehersteller ein neues Release auf den Markt bringt, wird ein Updateprojekt gestartet. Begründet werden die Projekte mit eher technischen Argumenten, ohne dass für Mitarbeiter der Fachabteilung ein erkennbarer Nutzen sichtbar wird.

Software-Releasewechsel müssen in Zukunft als Projekt beauftragt werden und vor dem Projektstart eine Wirtschaftlichkeitsbetrachtung nachweisen, aus der hervorgeht, dass der Releasewechsel für das Unternehmen einen Nutzen erbringt. Der Nutzennachweis kann auch aus dem zugrundeliegenden Geschäft erfolgen, wenn kein direkter Nutzen ermittelbar ist (z.B. Update einer ERP-Software führt durch neue Bearbeitungsfunktionen zu schnelleren Reaktionszeiten bei der Auftragserfassung, hierdurch ist ein steigender Umsatz möglich).

- *Vorschlag 4: Projektarbeiten optimieren*

Ein hoher Anteil des IT-Budgets wird für Dienstreisen, Besprechungen, Projektsitzungen, Schulungen, Übernachtungen u.a. verbraucht.

Die Kosten hierfür sollen durch Einsatz moderner Kommunikationslösungen (z. B. Videokonferenz, Telefonkonferenz, Chat-Rooms) und Schulungskonzepte (z. B. Blended-E-Learning) reduziert werden.

- **Vorschlag 5: IT-Verträge neu verhandeln**

Ein leistungsfähiges IT-Vertragsmanagement verhandelt insb. in Krisensituationen IT-Verträge mit Lieferanten regelmäßig neu aus und bündelt Einzelverträge zur Erzielung von Mengenrabatten.

Die Honorare von externen IT-Beratern sind nach Tätigkeitsgruppen zu standardisieren (z.B. Management-Beratung, Fach-Beratung, Anwendungsprogrammierung, Standardschulungen ...) und ggf. auf Marktniveau zu reduzieren.

- **Vorschlag 6: IT-Projekte neu terminieren**

Ziel des Vorschlages ist es, nicht notwendige IT-Projekte zu streichen oder zu verschieben. Hierzu bedarf es langristig eines IT-Portfoliomanagements. Zur kurzfristigen Einsparung sind Projekte zu identifizieren, auf die eine Zeitlang oder generell verzichtet werden kann. Hier bieten sich insbesondere Projekte an, bei denen noch keine vertraglichen Verpflichtungen eingegangen wurden bzw. Kündigungsmöglichkeiten bestehen.

- **Vorschlag 7: Standards forcieren**

Die Fokussierung auf IT-Standards hilft kurzfristig und dauerhaft, IT-Kosten zu reduzieren. Im vorliegenden Fall bietet es sich an, Projekte mit Standardsoftware zu fördern und die Nutzung von Standardfunktionen, die sich über Customizing-Möglichkeiten realisieren lassen, zu bevorzugen.

Weiterhin ist der Bestand an Hardwaretypen und Softwarelizenzen auf Redundanz zu überprüfen und zu standardisieren.

- **Vorschlag 8: IT-Leistungsniveau gezielt reduzieren**

Vielfach werden aus Projektsituationen heraus hohe Leistungsniveaus im Regelbetrieb beibehalten. So können z.B. Hotlinebesetzungszeiten, die in der Einführungsphase eines Projektes sehr intensiv ausgeweitet wurden, im Regelbetrieb auf Kernzeiten (z.

B. Montag bis Freitag 08.00 Uhr bis 17.00 Uhr, Samstag auf Anforderung) zurückgeführt werden.

Reaktionszeiten für Störungen sollten an Servicelevels und Tätigkeitsmerkmale geknüpft werden, die vom internen Kunden budgetwirksam bezahlt werden müssen (Standard-Level für die Störungsbeseitigung: 1 Tag zum Normalpreis für Standardbüroarbeitsplätze, Premium-Level: 1 Stunde zum erhöhten Preis für geschäftskritische Arbeitsplätze).

M2: Verbesserung der Kosten- und Leistungstransparenz

Grundvoraussetzung für transparente IT-Kosten- und IT-Leistungen sind ein Transferpreissystem in Verbindung mit einer verursachungsgerechten IT-Kosten- und Leistungsrechnung.

Der IT-Controller schlägt daher die Einführung einer IT-Kosten- und Leistungsrechnung in folgenden Teilschritten vor:

- Erarbeitung eines IT-Produkt- bzw. IT-Leistungskataloges und Festlegung des IT-Produktportfolios.

- Verabschiedung von Leistungsvereinbarungen für jedes IT-Produkt zwischen IT-Abteilung und IT-Kunden (Service-Level-Agreements, vgl. S. 247 ff.).

- Analyse der Berichtsanforderungen des Managements (z.B. Kennzahlen, Kostenanalysen) und der IT-Endkunden (z. B. für Kostenstellenberichte).

- Erarbeitung einer Kostenartenstruktur mit den IT-Hauptkostenarten IT-Material, IT-Entwicklung, IT-Betrieb, IT-Abschreibungen und IT-Miete/Leasing.

- Erarbeitung einer differenzierten IT-Kostenstellenstruktur unter Berücksichtung spezieller IT-Kostenstellen für Applikations-, Verrechnungs-, Projekt-, Service- und Equipmentkostenstellen.

- Integration der IT-Kostenarten und IT-Kostenstellen sowie der Verrechnungssystematik über Customizing-Funktionen in den Controllingbaustein des ERP-Systems.

- Verursachungsgerechte Planung der IT-Kosten (Bestimmung der IT-Leistungsarten und Leistungsmengen je Leistungsart/Kostenstelle, Planung der primären und sekundären Kostenarten).

- Konzeption der Ist-Erfassung von Leistungsdaten und Kosten unter Berücksichtigung vorhandener Informationssysteme (Finanzbuchhaltung, Logistik) sowie spezieller Leistungserfassungssysteme (z. B. für Rechnerleistungen, Telekommunikationsgebühren).

M3: Optimierung der Kosten- und Leistungsstruktur

Nachdem durch die Maßnahmenbündel M1 und M2 kurzfristige Verbesserungen der Kostenstruktur herbeigeführt und die Qualität der Analysen sichergestellt worden ist, können langfristig wirksame Optimierungen der IT-Struktur in Angriff genommen werden. Der IT-Controller schlägt hierfür folgende Einzelmaßnahmen vor:

- ***Vorschlag 1: Standardisierung von Anwendungen***

Analyse der gesamten Prozessunterstützung des Unternehmens mit dem Ziel, verstärkt Individualanwendungen durch Standardsoftware abzulösen.

Weiterin sind Überschneidungen von Standardsoftwarepaketen bzw. unterschiedliche Hersteller zu identifizieren und zu bereinigen. Hierdurch können Lizenz- und Betriebskosten gesenkt und Schnittstellen reduziert werden.

- ***Vorschlag 2: Ressourcenbündelung***

Häufig werden dezentrale IT-Ressourcen vorgehalten, um mehr Flexibiltät zu erzielen. Redundanzen und verfälschte IT-Kosten sind jedoch die Folge solcher Maßnahmen. Beispiele hierfür sind dezentrale Rechenzentren / IT-Abteilungen je Standort oder „versteckte" IT-Mitarbeiter in Fachabteilungen (z.B. für Reportprogrammierung, dezentrale Datenverwaltung), die im IT-Budget nicht auftauchen. Derartige Situationen sind im Rahmen einer Analyse zu identifzieren und in die normale IT-Organisation zu überführen.

- ***Vorschlag 3: Standardisierung und Optimierung der IT-Prozesse***

Analyse der IT-Prozesse und Restrukturierung anhand eines Best-Practice Modells um Erfahrungen anderer Unternehmen zu nutzen. Hierfür bietet sich derzeit z.B. das ITIL-Konzept an, das von vielen Unternehmen verstärkt genutzt wird.

- ***Vorschlag 4: Outsourcing-Analyse***

Die Leistungen der IT-Abteilungen sollten im Rahmen eines Benchmarks mit Marktleistungen verglichen werden. Hierzu kann die formale Ausschreibung eines Outsourcing-Projektes dienen, bei der sich die eigene IT-Abteilung ebenfalls als Leistungsanbieter bewerben kann.

- ***Vorschlag 5: IT-Bebauungsplan mit Migrationskonzept***

Erstellung eines Migrationskonzeptes zur möglichst raschen Ablösung der Altanwendungen bzw. redundanten Standardsoftwaresysteme.

In diesem Zusammenhang soll ein IT-Bebauungsplan helfen, den Überblick über die Vielzahl von IT-Anwendungen, Releaseständen und Verantwortlichkeiten zu verbessern.

4.1.8   Fallbeispiel zur IT-Leistungsverrechnung (Glasklar AG)

Das Fallbeispiel beschreibt den Aufbau einer computergestützten IT-Leistungsverrechnung bei einem fiktiven mittelständischen Unternehmen auf der Grundlage realistischer Daten (vgl. ausführlich Bauer 2005a).

Ausgangssituation

Bisher wurden die gesamten IT-Plankosten nach der Anzahl der Arbeitsplätze auf die Fachbereiche „umgelegt". Hierbei wurden die Arbeitsplätze nach einem Punktesystem gewichtet. Sämtliche IT-Kosten wurden auf einer zentralen Kostenstelle gebucht.

Die IT-Kosten wurden in grobe Funktionsbereiche untergliedert (z.B. Lotus Notes, SAP®) und über eine einfache Divisionskalkulation mit MS Excel auf ein Punktesystem abgebildet. Insgesamt wurden etwa zehn IT-Leistungen definiert (vgl. Abbildung 120), deren Gewichtung nach Anschaffungswert und IT-Serviceaufwand vorgenommen wurde. So erfolgte die Belastung für einen Laptop mit drei Punkten und für einen Desktop mit zwei, da Betrieb und Wartung des Laptops aufwändiger sind, als bei einem Desktop oder Network-Computer. Der Preis für einen Punkt ergab sich dann aus der Division der IT-Gesamtplankosten durch die Summe aller Punkte.

Menge	IT-Leistung	Gewichtung	Summe
395	Desktop	2 Punkte	790 Punkte
165	Laptop	3 Punkte	495 Punkte
506	Mailbox	1 Punkt	560 Punkte
70	Network Computer	1 Punkt	70 Punkte
205	SAP-Arbeitsplatz	5 Punkte	1250 Punkte
		Summe	**3165 Punkte**

Planbudget = 250.725 Geldeinheiten (GE)= 65 GE / Punkt

IT-Leistung	Geldeinheiten (Einheit)
Desktop	130 GE
Laptop	195 GE
Mailbox	65 GE
Network Computer	65 GE
SAP-Arbeitsplatz	325 GE

Abbildung 120: Pauschale IT-Kostenverrechnung (Auszug)

Handlungsbedarf

Auf der Grundlage des bisherigen Verfahrens waren die „umgelegten" IT-Kosten für die Kostenstellenverantwortlichen nicht nachvollziehbar. Die Kostentreiber blieben unerkannt. Vor dem Hintergrund des steigenden Kostendrucks ergaben sich im Unternehmen intensive Diskussionen mit folgenden Inhalten:

- Weshalb wird allen SAP®-Anwendern trotz unterschiedlicher Nutzung gleich viel berechtet?

- Welcher IT-Kostenanteil kann für die Prozesskosten der Fachbereiche angesetzt werden? (Beispiele: Was kostet die Erstellung von Buchungsjournalen, Summenlisten etc.)

- Wie können die Kostenstellenverantwortlichen IT-Kosten sparen, die IT-Kostenplanung beeinflussen und unterstützen?

Die Problematik des Abrechnungsverfahrens zeigte z. B. die folgende Fehlentwicklung: Weil viele Kostenstellenverantwortliche nur wenige Reports nutzten, gaben einige ihren SAP-Zugang zurück, um IT-Kosten zu sparen. Die notwendigen Auswertungen wurden anschließend von deren Mitarbeitern abgerufen. IT-Kosten wurden aus Sicht des Unternehmens nicht eingespart.

Praktische Konsequenzen

Nach Kosteneinsparungen in den vorangegangenen Jahren, die vor allem über Systemkonsolidierungen und Standardisierungen erreicht worden waren, ließen sich weitere Kostensenkungen nur noch mit Unterstützung der Fachbereiche realisieren. Um die Mitarbeiter für den Kosten sparenden Umgang mit IT-Ressourcen zu sensibilisieren und zu wirksamen Entscheidungen zu motivieren, entschied sich das Unternehmen für die Einführung der Software-Lösung Catenic Anafee zur Unterstützung einer verursachergerechten Leistungsverrechnung. Das Projekt sollte unter anderem Antwort auf folgende Kernfragen geben:

- Welche IT-Leistungen müssen definiert werden, um eine gemeinsame Sprache mit den Fachabteilungen zu finden und die Leistungen nachvollziehbar abrechnen zu können?

- Wie kann die Kostenstruktur wirtschaftlich und automatisiert abgebildet werden, um die Kosten der Leistungen berechnen und laufend verfolgen zu können?

- Wie können Basisleistungen wie die Datensicherung oder die Erhöhung der IT-Sicherheit (z. B. durch eine Firewall) auf prozessnahe IT-Produkte abgebildet werden?

- Wie können die Kosten konsolidierter Serverplattformen auf die darauf befindlichen Anwendungen und geschäftsrelevanten Funktionen abgebildet werden?

Einführung einer verursachungsgerechten Leistungsverrechnung

In einem ersten Schritt wurde die Übernahme von Stammdaten wie z. B. Organisationsstruktur und Useridentifikationen eingerichtet. Danach wurden die laufenden Kostenbelege aus der SAP®-Lösung für das Controlling und die Verbrauchsinformationen pro Geschäftssystem und Organisationseinheit in die Anafee-Datenbank eingelesen (z. B. Transaktionen aus dem SAP-System). Die Softwarelösung unterstützte folgende Schritte:

- Definition eines Servicekataloges und hierauf aufbauend eine Mengenplanung der Fachbereiche.

- Preiskalkulation auf Basis von Plankosten und Planmengen im Rahmen einer Kostenträgerrechnung.

- Zuordnung der Verbrauchsmengen im „IST". Daraus resultierend Belastung der Fachbereiche und Entlastung der IT-Kostenstellen.

- Automatische Verbuchung in SAP per Batch-Input.

- Rechnungsversand per E-Mail im PDF-Format.

- Präsentation der Ergebnisse im Intranet: Fachbereichsleiter und IT-Verantwortliche können hier entsprechend der hinterlegten Berechtigung interaktiv und detailliert Einblick in die Verrechnung erhalten.

- Weiterverarbeitung der Ergebnisse in MS Excel.

Auswirkungen der IT-Leistungsverrechnung

ROI

Durch den kostenbewussten Umgang mit IT-Ressourcen und die verbesserte Planung konnte die Glasklar AG einen positiven Return on Invest (ROI) und eine Amortisationsdauer von deutlich unter einem Jahr erzielen.

Prozessoptimierung

Neben Kosteneinsparungen in der IT verhilft die neue Leistungsverrechnung zur allgemeinen Verbesserung der Geschäftsprozesse: Durch die Abrechnung signifikanter Transaktionen wird deutlich, wenn in der Praxis Abläufe vom optimalen Pfad abweichen und beispielsweise Teilschritte wie „Bestellung ändern" im Verhältnis zu „Bestellung anlegen" zu häufig durchgeführt werden. In solchen Fällen birgt der Geschäftsprozess vermutlich Optimierungspotenzial.

Kosten-
bewusstsein

Darüber hinaus ist es möglich, die Kosten des IT-Einsatzes in den verschiedenen Geschäftsprozessen zu identifizieren und zu optimieren. Werden Mitarbeiter beispielsweise für die Nutzung einer kostspieligen Online-Datenbank zur Kasse gebeten, achten sie verstärkt darauf, ob sie diese weiterhin eifrig nutzen oder auf die billigere Variante des Archivs umsteigen. Durch das gesteigerte Kostenbewusstsein der Mitarbeiter lassen sich Investitionen, die für die Erweiterung der Online-Datenbank anfallen würden, verzögern oder sogar vermeiden.

Ähnlich positive Effekte bewirkt die Abrechnung nach verschiedenen SAP®-Transaktionen, zu denen etwa das Aufrufen von Reports, das Anlegen von Debitoren oder das Vorhalten bestimmter Stammdaten gehören. Da das Erstellen von SAP®-Reports jetzt etwas kostet, können Abteilungsleiter auf die Anwender einwirken, die Aufrufe auf das notwendige Maß zu reduzieren. Auch können durch Verlagerung in weniger nutzungsintensive Tageszeiten Lastspitzen vermieden werden, die eine Erweiterung der IT-Infrastruktur wie Rechner, Server oder Netzkapazitäten erfordern würden.

Strategische
Entscheidungen

Das Fallbeispiel zeigt deutlich, dass eine transparente IT-Leistungsverrechnung eine wichtige Grundlage für strategische Entscheidungen ist.

4.1.9   Praxisbeispiel zur IT-Leistungsverrechnung (AGIS GmbH)

Das Praxisbeispiel beschreibt den Aufbau einer IT-Leistungsverrechnung bei der AGIS Allianz Dresdner Informationssysteme GmbH (vgl. ausführlich Gadatsch/Gerick/Rauh, 2005).

Ausgangssituation und Handlungsbedarf

Durch den Zusammenschluss der IT-Gesellschaften der Allianz und der Dresdner Bank im Jahr 2003 entstand mit der AGIS ein großes IT-Systemhaus im Finanzdienstleistungssektor. In beiden IT-Unternehmen stellte sich bereits in den 90er Jahren die Herausforderung, vielfältige IT-Leistungen genau und verursachergerecht zu verrechnen.

Bei der Dresdner Bank wurde bis Mitte der 90er Jahre eine allgemeine IT-Kostenverteilung anhand von Durchschnittswerten durchgeführt, welche auf der Zahl der Mitarbeiter oder dem jährlichen Budget basierte. Es existierte lediglich eine geringe Anzahl von definierten Leistungsarten. Ein spezielles Verrechnungs-Werkzeug gab es nicht. 1997/98 wurde im Projekt IPLUS (Integrierte Planung und Steuerung) ein Konzept für eine verbesserte und insbesondere verursachergerechte bankinterne Leistungsverrechnung der IT-Infrastruktur entwickelt. Nach der Evaluierung geeigneter Werkzeuge entschied sich die Bank 1999 für das auf IT-Controlling spezialisierte Softwarehaus USU AG mit seinem Produkt ValueControl. Die Bank setzte das System im Großrechner-Umfeld ein. Dabei waren umfangreiche Informationen aus zahlreichen Datenquellen im Zugriff, insbesondere die klassischen Mainframe-Anwendungen oder Asset Management-Systeme. Im Einzelnen wurden zentrale Druckleistungen, Batches, das Storage-Management, der User Help Desk oder Projektstunden verrechnet. Mit der Ausgliederung der IT, 1999 zunächst in das Geschäftsfeld DREGIS und Mitte 2000 in die GmbH, und der Erwartung, als eigenes Profit Center zu agieren, war eine Neudefinition und Strukturierung des IT-Serviceangebots und der anschließenden verursachergerechten Verrechnung durch DREGIS notwendig geworden. Zusätzlich zu den schon vorhandenen Leistungsdefinitionen wurden über eine Multi-Schnittstelle die Leistungen von etwa 1.700 Servern anhand von Anwendungsprofilen zugeordnet. Weitere Leistungen aus dem Netzwerk- und Client/Server-Bereich sowie auftragsbezogene Leistungen insbesondere aus dem UNIX-Bereich wurden in das Leistungsspektrum der DREGIS integriert. Auf dieser Basis entstanden gut 100 Leistungsarten mit definierten Preisen. Die Kontinuität der Leistungsverrechnung für die Bank wurde gewahrt, indem ein zweiter Mandant speziell für die DREGIS-Leistungsverrechnung eingerichtet wurde, der aber systemseitig in 2000 noch von der Bank betreut wurde und ab 2001 mit allen Verantwortlichkeiten und Pflichten, auch operativ, komplett zu DREGIS überging.

Auch die AGIS analysierte im Rahmen einer Vorstudie im Sommer 1998 den Bedarf und definierte entsprechende Ziele. Es galt u.a., einheitliche Dienstleistungsprodukte zu paketieren, einheitliche Verfahren für die Kalkulation der AGIS Preise zu erarbeiten oder Schnittstellen zu den bestehenden LV-Verfahren der Kunden zu schaffen. Dabei war eine Reihe wichtiger Faktoren stets zu berücksichtigen: Wirtschaftlichkeit, gute Handhabung, Transparenz, Revisionssicherheit, Flexibilität, Verursachergerechtigkeit sowie Plan- und Beeinflussbarkeit. Auch hier kam die Anwendung ValueControl für IT-Leistungsverrechnung zum Einsatz. Sie löste das seit 1992 laufende großrechner-basierte Altsystem ab. Im November 1998 startete das Projekt mit der Entwicklung und Umsetzung einer konzernweit einheitlichen Leistungsverrechnung. Es galt, ein Verfahren zu implementieren, welches Altlösungen integriert und Verrechnungsverfahren transparent und flexibel für zukünftige Anforderungen gestaltet. Hierfür wurde ein Konzept erarbeitet und mit der IT-Leistungsverrechnung umgesetzt. Umfangreiche Leistungsarten-Kataloge wurden für die Bereiche IT (Server-, PC-Kosten- und Service-Pauschalen), Telefon (Anschlüsse, Modelle & Funktionen sowie Gesprächsgebühren), Mainframe (CPU-Verbrauch, Platten- bzw. Kassettenplatz, Druckseiten in verschiedenen Ausführungen, Porti etc.) und Services (Projektunterstützung, Schulungen etc.) entwickelt. Sie bilden die Grundlage für die Leistungsverrechnung an die Kunden und stellen die abgerechneten Mengeneinheiten für die Preisermittlung und die Kostenverteilung auf die Produkte bereit.

Konsolidierung

Nach der Übernahme der Dresdner Bank durch die Allianz im Frühjahr 2001 ergab sich die Herausforderung, die Leistungsverrechnung der IT-Töchter AGIS und DREGIS zu konsolidieren. Hierfür wurde ein zweistufiges Projekt in 2002 aufgesetzt. Man strebte eine Harmonisierung der verschiedenen Einsatzszenarien und die sukzessive Integration in eine einzige Anwendung mit einer DB2-Datenbank an. Zuvor musste man die wichtigsten Kriterien, z.B. das gemeinsame Rollenmodell und Berechtigungskonzept definieren, die auf beiden Seiten bestehenden Leistungskataloge zusammenführen sowie einen einheitlichen Leistungsverrechnungs-Prozess festlegen. Eine zusätzliche DB2-Datenbank und Batch-Komponenten wurden eingerichtet. Nach einer Anpassungs- und Testphase wurde das erste Etappenziel einer gemeinsamen IT-Leistungsverrechnung Anfang 2003 mit der Einführung der vollen Funktionalität erreicht. Die Anwendung lief seitdem im parallelen Betrieb als „USU Bank" (ehemals DREGIS) und „USU Versicherung" (alte AGIS).

Die Stufe 2 des Projekts zielte dann darauf ab, ab dem Verrechnungsjahr 2004 auf Basis einer gemeinsamen Tabellenstruktur und gemeinsamer Debitorenschlüssel die Leistungsverrechnung konzernweit einheitlich und im Detail zu verrechnen. Dabei wird der Leistungsartenkatalog auf die durch das SAP®-System generierten Materialnummern umgestellt.

Die AGIS führt in den Vorsystemen auch kundenrelevante Informationen (z.B. die Kunden-Kostenstelle) mit, die in die Anwendung übernommen werden. Dadurch können den Kunden Schnittstellen-Sätze für deren Buchhaltungs- und Kostenverteilungssysteme zur Verfügung gestellt werden. Dies verhindert unterschiedliche Daten in den Kunden- und AGIS-Systemen und reduziert den Aufwand durch einen vollmaschinellen Prozess.

Die Allianz Dresdner Informationssysteme verrechnet heute die ganze Palette ihrer IT-Services an die Kunden und macht damit ihren Wertschöpfungsbeitrag innerhalb des Konzerns transparent. Wurden bis Mitte der 90er Jahre die IT-Kosten und -Leistungen noch weniger differenziert gesehen, genießt die verursachergerechte und revisionssichere Verrechnung dieser IT-Produkte und -Services heute einen sehr hohen Stellenwert.

4.2   IT-Kennzahlen

4.2.1   Überblick

IT-Kennzahlen liefern Maßgrößen für IT-relevante Aspekte. Sie dienen zwei Zielen: Information des Managements, der Informationsverarbeitung und der Endbenutzer sowie der Steuerung von IT-Projekten und Ressourcen (z. B. Rechenzentrum, Mitarbeiter). IT-Kennzahlen beurteilen IT-Bereiche und die von ihnen erbrachten IT-Leistungen. Sie ermöglichen eine Ursachenanalyse bei Abweichungen zwischen Soll- und Istwerten und zeigen signifikante Veränderungen auf. Über IT-Kennzahlen lassen sich Zielwerte für organisatorische Einheiten, Projekte oder Maßnahmen formulieren. Soll-Ist-Vergleiche überprüfen die Einhaltung der Zielwerte.

Struktur von IT-Kennzahlen   IT-Kennzahlen unterscheiden sich nach der Struktur in absolute und Verhältnis-Kennzahlen (vgl. Abbildung 121). Verhältnis-Kennzahlen differenzieren sich in Gliederungs-, Beziehungs- und Indexkennzahlen.

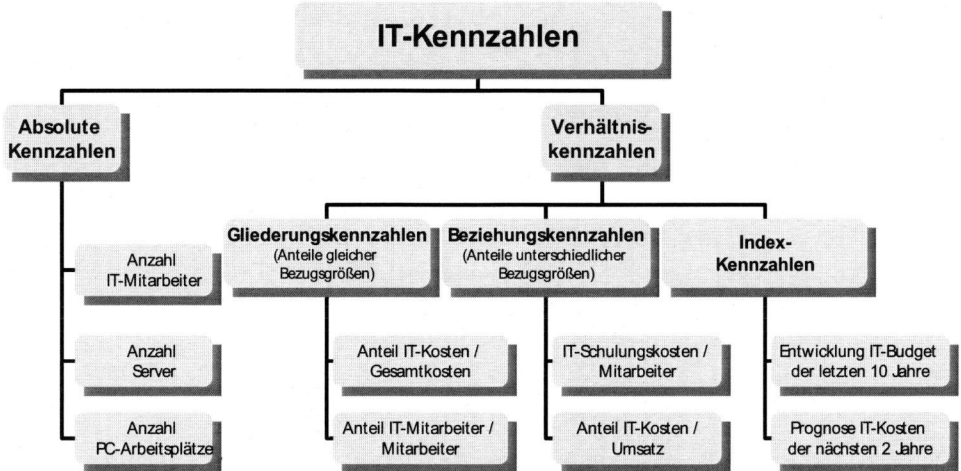

Abbildung 121: Struktur von IT-Kennzahlen

Kosten-
reduktion

Die Reduktion von IT-Kosten gelingt über die Einbindung der Endanwender, d. h. der „IT-Verbraucher". Häufig kennen diese die IT-Kosten oder die Wirtschaftlichkeit von Projekten nicht, da ihre Kosten nicht transparent sind. In diesen Fällen wird der Aufbau eines Planungs-, Steuerungs- und Berichtssystems mit geeigneten IT-Kennzahlen für entscheidungsrelevante Analysebereiche erforderlich. Nur eine kausalgerechte Ermittlung und Zurechnung der IT-Kosten kann eine elementare Grundlage für ein leistungsfähiges IT-Controlling-Konzept liefern. Als wichtige Analysebereiche für IT-Kennzahlen gelten:

- Wirtschaftlichkeit (Was kostet, was nützt die Durchführung eines IT-Projektes?),

- Innovationsgrad der IT (Investieren wir in die Wartung von Altsystemen oder in neue IT-Systeme?),

- Prozessqualität (Wie unterstützt das IT-System den Geschäftsprozess?),

- Ressourcenauslastung in der IT (Wie qualifiziert sind die IT-Mitarbeiter, wie viel IT-Personal setzen wir ein?).

Begrenzte
Aussagekraft

Die Aussagekraft von isolierten IT-Kennzahlen ist kritisch zu hinterfragen. Die in der Praxis sehr häufig verwendete Kennzahl „IT-Kosten/Umsatz" (vgl. z. B. die Umfrage eines Unternehmens aus Österreich, Zischg/Franceschini, 2006, S. 328) lässt sich stellvertretend für die mangelnde Aussagekraft anderer Kennzahlen heranziehen. Kütz verweist auf folgendes Beispiel (vgl. Kütz, 2003, S. 20-21):

PRAXISBEISPIEL: IT-KENNZAHLEN (IT-KOSTEN/UMSATZ)

Ein Vergleich zweier Handelsunternehmen ergab, dass die IT-Kostenanteile vom Umsatz bei Unternehmen A 0,8 % und bei Unternehmen B 1,2 % IT-Kostenanteil betrugen. Hieraus folgte ein Entscheidungsvorschlag für einen Übernahmeplan: Unternehmen B sollte die IT-Systeme von A übernehmen, um seine IT-Kosten zu reduzieren. Die weitere Detailanalyse ergab unter anderem:

Unternehmen A besitzt eine veraltete IT-Architektur, die seit Jahren nicht mehr gepflegt wurde. Die IT-Kosten bestanden im wesentlichen aus Kosten für die Wartung der Altsysteme. Unternehmen B hat eine moderne, weitaus leistungsfähigere IT-Architektur. Die Übernahme der IT-Systeme wurde daraufhin verworfen.

Ein weiteres Problem ist die fehlende Primärkostenauflösung von IT-Kosten, insbesondere in größeren Konzernen mit umfangreicher Leistungsverrechnung. So weist z. B. der Finanzbereich eines Industrieunternehmens einen hohen IT-Anteil auf, weil moderne Softwarelösungen eingesetzt werden. Die Leistungsverrechnung an andere Konzerneinheiten erfolgt unter der Leistungsart „Rechnungswesen-Services". Die primären IT-Kostenanteile sind in den Berichten der Konzerneinheiten nicht mehr transparent. Zu ähnlichen Ergebnissen gelangt man bei der Betrachtung vergleichbarer Kennzahlen, wie z. B. der häufig verwendeten Kennzahl „IT-Kosten/Mitarbeiter". Da die IT-Durchdringung der Arbeitsplätze häufig sehr unterschiedlich ist, sagt die Kennzahl sowohl im innerbetrieblichen Vergleich von Organisationseinheiten, als auch in der überbetrieblichen Analyse wenig aus.

4.2.2   IT-Kennzahlensysteme

IT-Kennzahlen gelten als typische Führungsinstrumente in der IT-Managementpraxis (vgl. Jäger-Goy, 2002, S. 127). Sie sind in Kennzahlensysteme eingebunden, da Einzelkennzahlen nur begrenzt aussagefähig sind.

Ein Kennzahlensystem stellt Einzelkennzahlen in einen sachlogischen Zusammenhang und unterstützt das ganzheitliche IT-Controlling-Konzept. Einzelkennzahlen messen quantitativ messbare Zusammenhänge. Jede Einzelkennzahl hat immer nur eine begrenzte Aussagekraft. Erst im Zusammenspiel mit anderen

Kennzahlen wird die Konsistenz der gewünschten Wirkungen der Einzelkennzahlen sichergestellt. Allgemeine Anforderungen an Kennzahlensysteme nennt z. B. Gladen (2008, S. 92-93):

- ***Objektivität und Widerspruchsfreiheit***, d. h. ein geeigneter Aufbau der Kennzahlen unterstützt widerspruchsfreie Aussagen.

- ***Einfachheit und Klarheit***, d.h. der einfache Aufbau unterstützt die Verbreitung und Nutzung im Unternehmen.

- ***Informationsverdichtung***, d. h. die Kennzahlen sollen nach Managementebenen gestaffelt sein und top-down bzw. bottom-up Analysen erlauben. Die Einzelwerte der untergeordneten Kennzahlenwerte ergeben den Summenwert der nächsten Stufe.

- ***Multikausale Analyse***, d. h. übergeordnete Kennzahlen sollen auf unteren Ebenen in verschiedene Sichten gespalten werden können. Die IT-Kosten des Unternehmens werden durch verschiedene Kostenkategorien und Mengen der untergeordneten Ebenen (Projekte, Maßnahmen) erklärt.

Allgemeine Kennzahlensysteme haben sich im Standard-Controlling-Konzept als klassisches Steuerungswerkzeug bewährt. Häufig wird z. B. das Kennzahlensystem der Firma DuPont verwendet (vgl. z. B. Dinter (1999, S. 259 ff.), welches als Spitzenkennzahl den Return-on-Investment (RoI) verwendet (vgl. den Auszug in Abbildung 122).

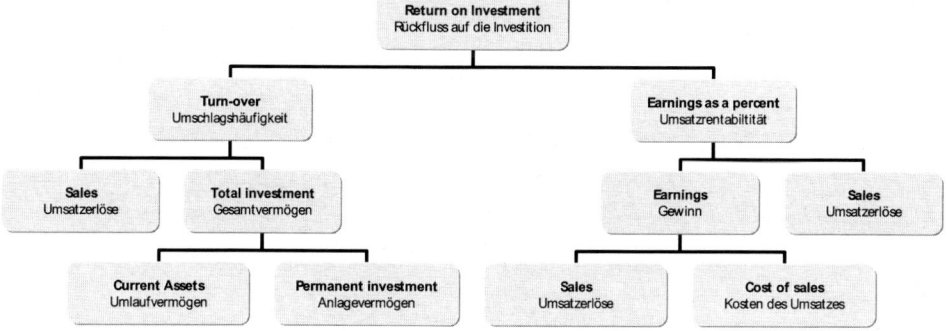

Abbildung 122: DuPont-Kennzahlensystem (vgl. Dinter, 1999, S. 260)

Diebold-Kennzahlensystem

Das Diebold-Kennzahlensystem (vgl. Diebold, 1984) ist ein hierarchisches Rechensystem mit der Spitzenkennzahl „IT-Kosten in % des Umsatzes" (vgl. Britzelmaier, 1999, S. 194). Es wurde zur

Planung, Steuerung und Kontrolle der IT entwickelt. Es umfasst zwei Kennzahlenbereiche: Wirkung des IT-Einsatzes auf die Unternehmungsleistung und Wirtschaftlichkeit der Leistungserstellung der IT (Rechenzentrum, IT-Entwicklung). Die Struktur des Diebold-Kennzahlensystems dokumentiert Abbildung 123 .

Abbildung 123: Diebold-Kennzahlensystem (Biethahn, et al., 2000, S. 313)

Der Aufwand zur Bildung der Kennzahlen ist hoch und die Erweiterung und Anpassung an unternehmungsindividuelle Bedürfnisse ist schwierig. Die einseitige Fokussierung auf die Spitzenkennzahl verursacht einen hohen Kostendruck ohne Rücksicht auf qualitative Aspekte. So findet in einem finanzorientierten Schema die Frage: „Welchen Nutzenbeitrag liefern Investitionen in IT-Sicherheit" nur wenig Raum. Zudem ist die Höhe der Spitzenkennzahl abhängig von der Umsatzgröße. Schwankungen im Umsatz bewirken eine Änderung der Spitzenkennzahl, ohne dass sich etwas in der Leistungsfähigkeit der Informationsverarbeitung geändert haben muss.

SVD-Kennzahlen-system

Das SVD-Kennzahlensystem (SVD = Schweizerische Vereinigung für Datenverarbeitung) verzichtet auf eine Spitzenkennzahl (vgl. Schweizerische Vereinigung für Datenverarbeitung, 1980). Seine Zielsetzung liegt in der Unterstützung von Planung, Kontrolle und Steuerung der Wirtschaftlichkeit von IT-Anwendungen (vgl. Biethahn, 2000, S. 313 ff.) unter Einbindung des Managements, der Benutzer und der Informationsverarbeitung. Es besteht aus etwa 30 Kennzahlen, die sich an verschiedenen Kriterien orientieren und in Leistungs-, Kosten-, Struktur- und Nutzenkennzahlen differenzieren. Die Angaben zur Ermittlung der Leistungs-,

Kosten- und Strukturkennzahlen lassen sich weitgehend aus dem internen Rechnungswesen und der Personalwirtschaft ermitteln. Der Nutzen einer Anwendung wird durch Gegenüberstellung des Nutzens ermittelt, der sich ohne die IT-Anwendung erzielen läßt. Durch die Bestimmung von Kennzahlen für verschiedene Anwendungen sowie den zentralen IS-Bereich entsteht ein ganzheitliches Kennzahlensystem. Der strukturelle Aufbau ist in Abbildung 124 dokumentiert. Abbildung 125 enthält die Kennzahlen des SVD-Systems.

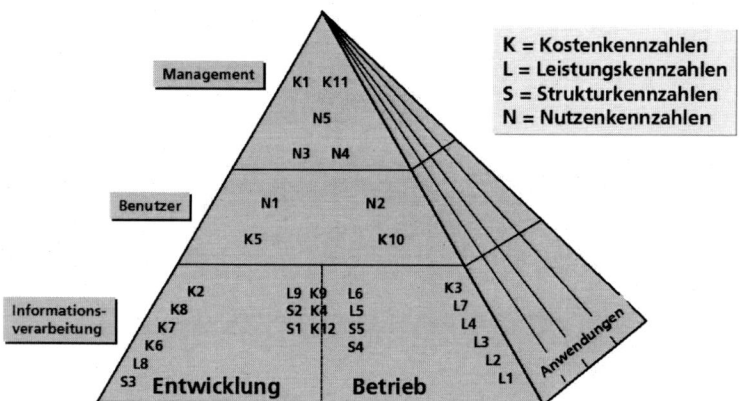

Abbildung 124: SVD-Kennzahlensystem (Biethahn 2000, S. 314).

	Bezeichnung	Berechnung
L1	Verfügbarkeit	$\dfrac{\text{Sollstunden} - \text{Ausfallstunden}}{\text{Sollstunden}}$
L2	Zuverlässigkeit	$\dfrac{\text{Sollstunden}}{\text{Anzahl Ausfälle}}$
L3	Durchschnittliche Reparaturzeit	$\dfrac{\text{Reparaturzeit}}{\text{Anzahl Reparaturen}}$
L4	Servicegrad	$\dfrac{\text{Termingerechte Ablieferungen}}{\text{Geplante Ablieferungen}}$
L5	Durchschnittliche Verspätungen	$\dfrac{\text{Summe Verspätungen}}{\text{Anzahl Verspätungen}}$
L6	Durchschnittliche Antwortzeit	$\dfrac{\text{Summe Antwortzeiten}}{\text{Anzahl Transaktionen}}$
L7	Auslastung	$\dfrac{\text{Erbrachte Leistung}}{\text{Nennleistung}}$
L8	Arbeitstage je Programm	Anzahl Arbeitstage je Programm
L9	Re-Run-Quote	$\dfrac{\text{Wiederholungen}}{\text{Produktive Verarbeitungsstunden}}$
S1	Anzahl DV-Mitarbeiter	Anzahl der DV-Mitarbeiter
S2	Altersstruktur	Lebensalter, Dienstalter, Jahre DV-Erfahrung
S3	Ausbildungskennzahlen	$\dfrac{\text{Ausbildungsaufwand}}{\text{Anzahl Mitarbeiter}}$
S4	Anzahl Programme, Statements	Anzahl Programme, Statements
S5	Terminaldichte	$\dfrac{\text{Anzahl Terminals}}{\text{Anzahl Mitarbeiter}}$
K1	%-Anteil je Kostenart	$\dfrac{\text{DV-Kosten je Kostenart}}{\text{Kosten je Kostenart}}$
K2	Personalabhängiger Verrechnungssatz	$\dfrac{\text{Personalkosten}}{\text{Geplante verrechenbare Personalstunden}}$
K3	Maschinenabhängiger Verrechnungssatz	$\dfrac{\text{DV-Betriebskosten}}{\text{Geplante verrechenbare Maschinenstunden}}$
K4	%-Verteilung der Ausgaben	Nach Hardware, Systemsoftware, Anwendersoftware
K5	%-Anteil des Anwendungsgebietes	$\dfrac{\text{Betriebskosten je Aufgabengebiet}}{\text{DV-Betriebskosten}}$
K6	Kostenverhältnis Anwendersoftware	$\dfrac{\text{Entwicklungs-, Systembetreuungs-, Änderungskosten}}{\text{Gesamtkosten für Anwendersoftware}}$
K7	Systembetreuung, Entwicklungsquote	$\dfrac{\text{Systembetreuungskosten}}{\text{Neuentwicklungskosten}}$
K8	Wert des Programmportefeuilles	L8 * Kostensatz * Anzahl Programme
K9	Systembetreuungsquote	$\dfrac{\text{Kosten für Systembetreuung pro Jahr}}{\text{K8} * 100}$
K10	DV-Kosten pro Produkt	$\dfrac{\text{DV-Gesamtkosten je Arbeitsgebiet}}{\text{Leistungseinheit}}$
K11	% DV-Kosten am Umsatz	$\dfrac{\text{DV-Gesamtkosten}}{\text{Umsatz}}$
K12	DV-Umsatz pro Mitarbeiter	$\dfrac{\text{DV-Gesamtumsatz}}{\text{Anzahl DV-Mitarbeiter}}$
N1	Nutzenpunkte	Nutzenpunkte einer (aller) Anwendungen
N2	Nutzen-Mengen-Punkte	Nutzenpunkte gewichtet mit Verarbeitungsmengen
N3	Nutzen-Kosten-Kennzahl	$\dfrac{\text{Nutzen-Mengen-Punkte} * 1000}{\text{DV-Kosten}}$
N4	Computerisierungsgrad	$\dfrac{\text{erreichte Punkte}}{\text{max. Punkte bei vollständiger Computerisierung}}$
N5	Nutzen-Kosten	$\dfrac{\text{Computerisierungsgrad}}{\text{K11}}$

Abbildung 125: SVD-Kennzahlen (Biethahn, 2000, S. 314 f.)

Die deutsche Lufthansa verwendet im Rahmen ihres strategischen IT-Controlling-Konzeptes u.a. die in Abbildung 126 aufgeführten Kennzahlen.

Kennzahl	Nutzen aus Praxissicht
IT-Kosten zu Umsatz	Liefert in (auch konzerninternen) Benchmarks erste Indikationen für den Bedarf weiterer Analysen
IT-Kosten nach Phasen/ Services	Transparenz über die Möglichkeiten zur Umlenkung von Mitteln
Sourcing-Profil der IT-Kosten	Transparenz über interne Fertigungstiefe der IT-Bereiche und Positionierung der IT-Provider
IT-„Stückkosten" (IT-Kosten zu Produktionskennzahlen)	Indikation über Korrelation der IT-Kosten mit dem Geschäftsverlauf bzw. Flexibilität der IT-Kosten in Bezug auf den Geschäftsverlauf
Zuordnung der IT-Kosten zu Geschäftsprozessen	Stellt einen Bezug zwischen IT-Unterstützung und dem Geschäft her; kann Entscheidungen zum Mitteleinsatz auf oberster Ebene unterstützen
Durchdringung mit webfähigen Applikationen	Indikation über weltweite Verfügbarkeit von Applikationen bzw. den Aufwand, um diese herzustellen

Abbildung 126: Ausgewählten IT-Kennzahlen des Lufthansa-IT-Controllings (Fahn/Köhler, 2008b, S. 539)

Bislang hat sich in der IT-Controlling-Praxis noch kein Standard-IT-Kennzahlenschema etabliert, obwohl zahlreiche Konzepte entwickelt wurden. Weitere IT-Kennzahlensysteme wurden z. B. von Baumöl/Reichmann (1996), Kargl (1996), Lippold (1985), Zilahi-Szabó (1988) vorgeschlagen. Offensichtlich sind die Anforderungen der Unternehmen an ein Kennzahlensystem sehr individuell.

Als pragmatischer Vorschlag kann das von Kütz entwickelte Statuskonzept für Kennzahlen empfohlen werden, da es leicht auf unternehmensspezifische Belange angepasst werden kann (vgl. Kütz, 2003, S. 291 ff.). Kütz empfiehlt den Einsatz von Kennzahlen für einen Tagesstatus, jeweils einen Satz von Kennzahlen für einen Monatsstatus IT-Betrieb und für IT-Projekte sowie einen Quartalsstatus mit verdichteten Kennzahlen.

TAGESSTATUS

In den Tagesstatus sind Kennzahlen aufzunehmen, die der Darstellung der Nichtverfügbarkeit der wichtigsten Informationssysteme des Unternehmens sowie der Termintreue der wichtigsten Projekte und Maßnahmen dienen. Daneben können weitere wichtige Größen wie z. B. Anzahl von Störungsmeldungen oder der Krankenstand der IT-Mitarbeiter eingearbeitet werden. Für den Tagesstatus empfiehlt sich ein Ampelsystem der aktuellen Werte zur Indikation kritischer Situationen.

MONATSSTATUS IT-BETRIEB BZW. IT-PROJEKTE

Der Monatsstatus informiert über einen abgelaufenen Zeitraum in Bezug auf die Situation im IT-Betrieb bzw. die wichtigsten IT-Projekte. Hier sind folgende Informationen von hohem Interesse:

IT-Betrieb: Aussschöpfungsgrad des IT-Budgets, Anzahl Change Requests, Anzahl produktiv gesetzter neuer IT-Produkte bzw. Versionen bestehender Produkte, Reklamationsquote der Fachabteilungen mit Angaben über den Bearbeitungsstand, Mitarbeiterstand und Überstundenanteil.

IT-Projekte: Fertigstellungsgrad aus fachlicher, zeitlicher und kostenorientierter Sicht, Auftragsreichweite für eigene IT-Mitarbeiter, Krankenstand bzw. Personalverfügbarkeit nach Projekten.

Für den Monatsstatus empfiehlt sich ebenfalls ein Ampelsystem der aktuellen Werte und Durchschnittswerte der letzten ein bis zwei Quartale.

QUARTALSSTATUS

Der Quartalsstatus stellt analytische Informationen zur Verfügung. Hier sind vor allem Strukturgrößen wie z. B. IT-Kosten / Gesamtkosten, Eigenpersonalquote, Qualifikationsstruktur der Mitarbeiter, Umsatzanteil neue IT-Produkte oder Marktanteile von Interesse. Projekte können hinsichtlich wichtiger Kenngrößen betrachtet werden. Hierzu dienen Angaben wie die durchschnittliche Projektgröße in Personentagen oder die durchschnittliche Projektdauer.

4.2.3   Implementierung

Kennzahlen-Steckbrief

Die Implementierung von IT-Kennzahlensystemen erfordert vor allem in größeren Unternehmen die detaillierte Beschreibung der Kennzahlen durch einen Steckbrief (vgl. Kütz 2003, S. 47). Der Steckbrief regelt die Verantwortlichkeiten zwischen dem Ersteller und den Empfängern einer Kennzahl und legt alle wesentlichen Merkmale fest (vgl. Abbildung 127).

Beschreibung der Kennzahl	Datenermittlung
Bezeichnung der Kennzahl	Datenquellen
Beschreibung	Datenqualität (Abweichung, Validität)
Adressat	Verantwortlicher
Zielwert	
Sollwert	**Datenaufbereitung**
Toleranzwert	Berechnungsweg
Eskalationsregeln	Verknüpfung (mit anderen Kennzahlen)
Gültigkeit	Verantwortlicher
Erstellungsfrequenz	**Präsentation**
Quantifizierbarkeit (harte und weiche Ziele)	Darstellung
Verantwortlicher	Aggregationsstufen
	Archivierung
Bemerkung	Verantwortlicher

Abbildung 127: Inhalte eines IT-Kennzahlensteckbriefs (vgl. Kütz 2004)

Ein Beispiel für einen Kennzahlensteckbrief ist in Abbildung 128 dargestellt. Die dort beschriebene Kennzahl betrifft die Quote der sofort gelösten Probleme, die mit dem Betrieb einer Standardsoftware (z. B. SAP® R/3®) auftreten können.

Bezeichnung der Kennzahl:	Erstlösungsrate bei Standard-Software
Aussage der Kennzahl:	Abweichungen zwischen der vereinbarten Erstlösungsrate mit dem IT-Outsourcer und der erzielten Erstlösungsrate
Masseinheit der Kennzahl:	in %
Zielwert:	80 %
Kennzahlkorridor:	70 % - 80 %
Berechnung der Kennzahl:	$$\text{Erstlösungsrate} = \frac{\text{Anzahl gelöster Probleme}}{\text{Anzahl aller bearbeiteten Tickets}}$$
Erfassung:	permanente Erfassung aller Tickets in einem Ticketing System > durch User-Help-Desk
Berichtzyklus:	monatlich durch Operation Manager
Einflüsse auf die Kennzahl:	Erreichbarkeit und Kompetenz des User-Help-Desk
Sonderfälle:	Rollouts oder Releasewechsel

Abbildung 128: IT-Kennzahlensteckbrief (Son 2004, modifiziert)

In der Praxis werden die verwendeten Kennzahlen idealerweise einheitlich in einer Kennzahlendatenbank beschrieben, wie sie beispielsweise das Beratungsunternehmen KPMG vorschlägt (vgl. Abbildung 129).

Für die Berichterstattung gegenüber dem IT-Management sind am Softwaremarkt verschiedene Werkzeuge verfügbar, mit deren Hilfe ein Managementinformationssystem aufgebaut werden kann (vgl. hierzu das Beispiel in Abbildung 130).

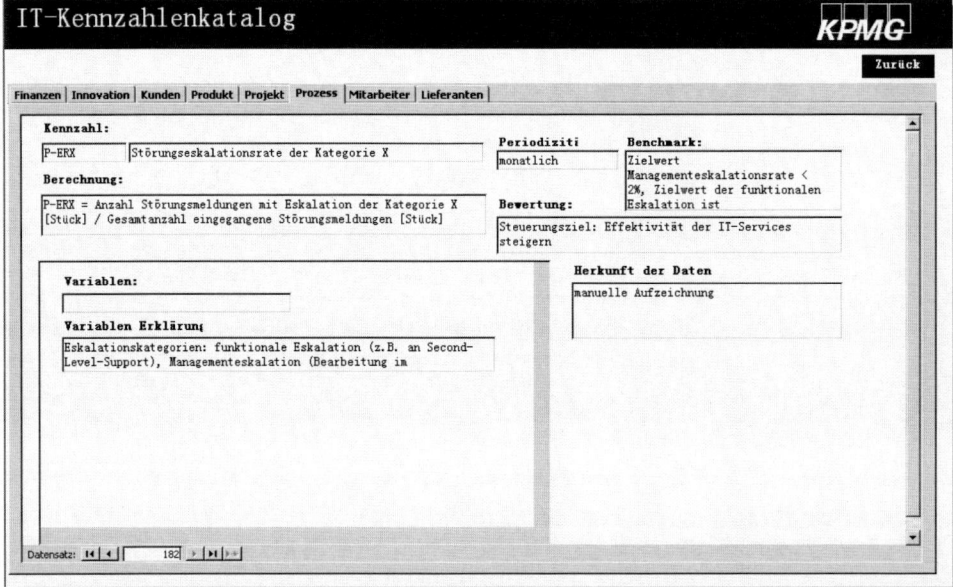

Abbildung 129: IT-Kennzahlendatenbank (Asma 2004)

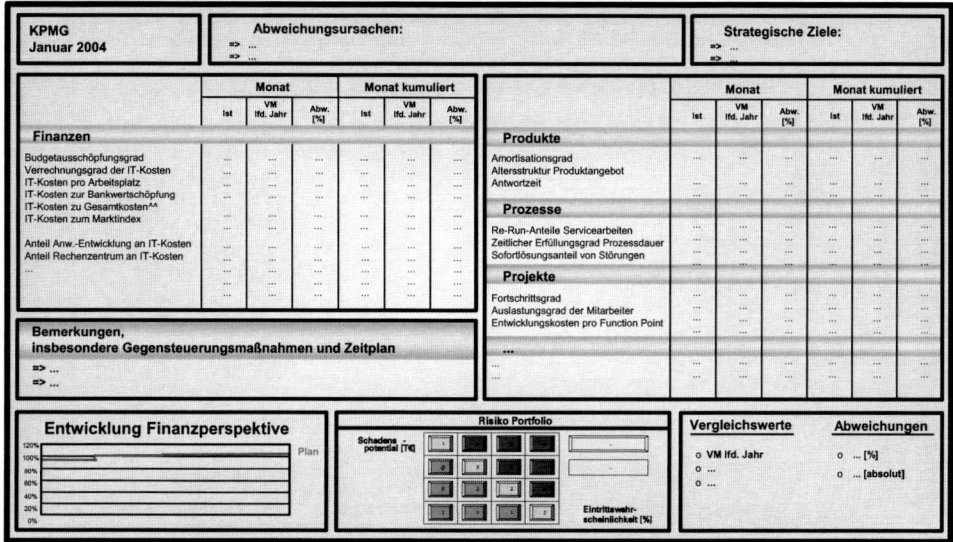

Abbildung 130: IT-gestütztes Kennzahlenreporting (Asma 2004)

4.2.4   Nutzen von IT-Kennzahlen

Der Nutzen von IT-Kennzahlen bzw. IT-Kennzahlensystemen kann aus unterschiedlichen Sichten betrachtet werden. Wichtige Blickwinkel sind das IT-Projektmanagement, der IT-Betrieb und die Perspektive der Fachabteilung, d. h. dem „Endkunden" der IT.

*IT-Projekt-
management*

Der IT-Controller profitiert im Rahmen der Entscheidungsphase (Projektauswahl) durch Projektkalkulationen, Wirtschaftlichkeitsberechnungen von rendite- und risikoorientierten Kennzahlen, die ihn bei der Auswahl des „richtigen" Projektes unterstützen (vgl. Abbildung 131). Im Rahmen der Projektsteuerung kann ein laufender Soll-Ist-Vergleich dazu beitragen, die Erreichung der Projektziele sicherzustellen. Ein nachträglicher Soll-Ist-Vergleich wichtiger Kennzahlen bietet die Möglichkeit, Erfahrungen aus abgeschlossenen Projekten für die Planung von Folgeprojekten zu verwenden.

Projektauswahl	Projektsteuerung	Projektanalyse
Auswahl der „richtigen" Projekte	**Laufender Soll-Ist-Vergleich** von:	**Nachträglicher Soll-Ist-Vergleich** von:
-Projektkalkulationen -Nutzwertanalyse -RoI-Berechnungen ...	-**Zielerreichung** (Meilensteinanalyse) -**Bearbeitungszeiten** (Netzplantechnik) -**Projektkosten** (Mitlaufende Projekt-Kalkulation) Anm.: Soll = Aktualisierter Plan	-**Zielerreichung** (Meilensteinanalyse) -**Bearbeitungszeiten** (Netzplantechnik) -**Projektkosten** (Nachkalkulation) **Wichtig:** **Nutzung für Folgeprojekte** **(z.B. Kostenschätzungen)**

Abbildung 131: Nutzen von IT-Kennzahlen für das IT-Projektmanagement

IT-Betrieb

Eine Vielzahl von Kennzahlen wird für den Betrieb von Informationssystemen ermittelt und genutzt. Betrachtungsgegenstand sind Leistungen der IT-Abteilung, Kosten und die Auslastung der Ressourcen (vgl. Abbildung 132). Eine wichtige Datenquelle für IT-Kennzahlen ist die bereits beschriebene IT-Kosten- und Leistungsrechnung.

Leistungen	Kosten	Kapazitäten
Leistungsmanagement	**Kostenmanagement**	**Kapazitätsmanagement**
-**Laufende Überwachung der Leistungsqualität** -**Abgleich mit SLA-Planwerten**	-**Dokumentation des Leistungsverbrauchs** (Basis für Nachkalkulation) -**Dokumentation des Kostenanfalls** (Basis für Nachkalkulation) **Verbrauchsorientierte Kosten- und Leistungsrechnung** (Basis für Fakturierung / Weiterbelastung)	-**Freie Kapazitäten identifizieren** - **Nicht notwendige Leistungen eliminieren**

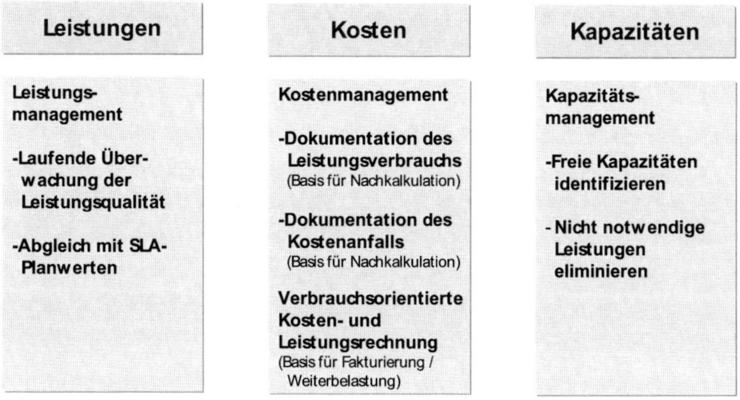

Abbildung 132: Nutzen von IT-Kennzahlen für den IT-Betrieb

Fachseite

Nicht nur die IT-Abteilung, sondern auch die Fachseite profitiert von IT-Kennzahlen, sofern sie diese bereitgestellt bekommt. Ein detaillierter Leistungs- und Kostennachweis ermöglicht Vergleiche mit anderen IT-Anbietern (Benchmarking) und bietet die Möglichkeit der Kostenkontrolle (vgl. Abbildung 133).

Leistungen	Kosten	Abrechnung
Verbesserte Leistungstransparenz -Detaillierter Nachweis der Kostenstrukturen -Vergleiche mit externen Anbietern	**Verbesserte Kostentransparenz** -Detaillierter Nachweis der Kostenstrukturen -Vergleiche mit externen Anbietern	**Grundlage für die Kontrolle** von: Abrechnungen bzw. Rechnungen über IT-Leistungen

Abbildung 133: Nutzen von IT-Kennzahlen für die Fachabteilung

4.3   Leistungsvereinbarungen (Service Level Agreement)

4.3.1   Begriff

Voraussetzung für kostensenkende Maßnahmen wie beim TCO-Konzept ist ein gut strukturierter IT-Katalog (vgl. hierzu S. 123 ff.). Er beschreibt die IT-Produkte eines internen oder externen IT-Anbieters analog dem Warenkorb mit Produktbeschreibungen, Konditionen und Preisen. Er entfaltet nur dann seine volle Wirkung, wenn die Leistungsbeziehung zwischen dem IT-Bereich (IT-Anbieter) und seinen Kunden durch klare und messbare Vereinbarungen über

• Leistungsinhalt,

• Leistungsqualität und

• Kosten

geregelt wird.

Definition SLA   Ein Service Level Agreement (SLA) ist eine Vereinbarung über die termingerechte Erbringung von (IT-)Leistungen in einer vereinbarten Qualität zu festgelegten Kosten (vgl. Abbildung 134), meist als Anlage bzw. Ergänzung zu einem Vertrag. Service-Level-Agreements sind ein vergleichsweise neues Konzept, das überwiegend in Dienstleistungsbereichen (insbesondere in der Informations- und Kommunikationstechnik) Anwendung findet und noch wenig in der wissenschaftlichen Literatur behandelt wurde (vgl. Burr 2002, S. 510). Interne SLAs regeln das Verhältnis zwischen dem IT-Bereich (Auftragnehmer) und der Fachabteilung (Auftraggeber). Externe SLAs regeln das Verhältnis zwischen der IT-Abteilung oder der Fachabteilung, die beide als Auftraggeber agieren können und externen IT-Lieferanten bzw. Dienstleistern, die als Auftragnehmer agieren.

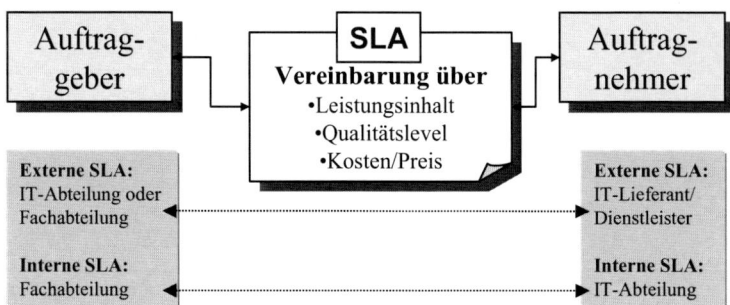

Abbildung 134: SLA-Konzept

Grundidee

Nach der Grundidee des SLA-Konzeptes betrachtet der Auftragnehmer nur die für ihn erbrachte Leistung. Detailprobleme, die der Auftragnehmer während der Leistungserbringung zu bewältigen hat, sollen und brauchen den Auftraggeber nicht zu interessieren. Hierdurch reduziert er die Komplexität und damit die Kosten seiner Geschäftsprozesse. Service-Level-Management wird zunehmend als wichtiger Baustein für das Management von IT-Kosten betrachtet (vgl. die Ausführungen von Spitz/Kammerer, 2006, S. 332 zum Einsatz bei der Hugo Boss AG).

Im IT-Umfeld finden sich überall Beispiele für einen sinnvollen SLA-Einsatz, wenn unterschiedliche Partner für die Leistungserbringung benötigt werden, d. h. eine Aufteilung der Arbeiten auf mehrere Geschäftspartner möglich ist. Typische Beispiele sind: Application Service Providing (Miete von Software über das Internet), Vergabe der Dokumentenerfassung (z. B. Eingangsrechnungen) an externe Unternehmen, Externer Massendruck (z. B. Ausgangsrechnungen), Outsourcing des gesamten Rechenzentrums, PC-Benutzerservice durch ein externes Softwarehaus.

Beispiele

Zahlreiche konkrete SLA-Beispiele hat z. B. Jäger-Goy (2002, S. 106) zusammengestellt:

- „Verfügbarkeit: z. B. 96 % jeden Tag, von Montag bis Freitag von 7-20 Uhr für jedes Call-Center;

- Zuverlässigkeit: z. B. nicht mehr als drei Ausfälle pro Zeiteinheit;

- Servicefähigkeit: z. B. 96 % aller Netzwerkausfälle in jeder Arbeitswoche werden innerhalb von 30 Minuten nach Fehlermeldung behoben;

- Mindestabnahmemengen: z. B. die vereinbarte Anzahl von 180 R/3-Power-Usern gilt für mindestens ein Jahr;

- Zeiten: (Antwort-, Wiederanlauf-, Durchlaufzeiten), z. B. 66 % aller Telefonanrufe werden spätestens nach dem vierten Klingeln angenommen;

- Kundenzufriedenheit: z. B. zweimal jährlich wird eine Kundenzufriedenheitsmessung durchgeführt, um die Help-Desk-Service-Leistung zu messen".

In der Abbildung 135 ist das Grundschema eines IT-Service-Desks als typischer Anwendungsfall für SLAs dargstellt. Der IT-Anwender konaktiert per Telefon oder Intranet den 1st Level Support des Unternehmens. Dieser versucht die Anfrage zu klären. Dies gelingt in den meisten Fällen als Soforthilfe in Standardfragen, wie z.B. „Kennwort vergessen". Sofern er innerhalb der in der SLA vereinbarten Zeit eine Lösung finden kann, ist die Anfrage bearbeitet. Andernfalls leitet der Mitarbeiter die Anfrage an interne oder externe Fachexperten weiter. Das können Mitarbeiter in der Fachabteilung (Key-User) sein oder Experten der IT-Abteilung des Unternehmens. Können diese Mitarbeiter das Problem ebenfalls nicht zeitgerecht lösen, erfolgt eine Weiterleitung an den Entwickler der Software, d. h. die eigene Entwicklungsabteilung oder ein Softwarehaus. Für jeden Bearbeitungsschritt werden Qualitäts- und Zeitvorgaben in einer SLA vereinbart.

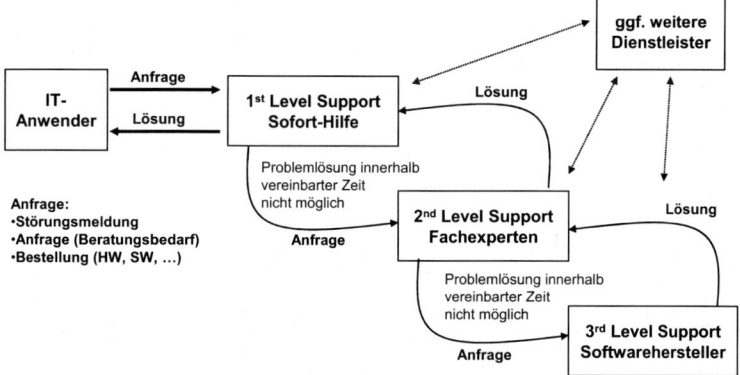

Abbildung 135: Grundschema eines IT-Service-Desks

Zweck-mäßigkeit   Bei der Festlegung von SLAs ist vor allem auf die Zweckhaftigkeit der Vereinbarungen zu achten. Ein häufiger Fehler wird in der Praxis beim „Desktop-Outsourcing" gemacht, wenn die Service-Hotline, die Benutzeranfragen bearbeitet, in die Hände eines externen Dienstleisters gegeben wird. Wird die Hotline nach der Anzahl der Benutzeranfragen oder der benötigen Arbeitszeit bezahlt, besteht die Gefahr, dass Anwender die Hotline meiden und zur Selbsthilfe greifen. Die steigende Selbsthilfe unter den Kollegen kann jedoch dazu führen, dass indirekte IT-Kosten (Arbeitszeitverlust, Folgefehler) deutlich steigen. Daher sind Computer-Hotlines möglichst über eine monatliche Pauschale zu honorieren. Um dennoch zu erreichen, dass der IT-Dienstleister an einer hohen Serviceleistung Interesse zeigt, sollte die zugehörige SLA z.B. vorsehen, dass 80% der Erstanrufe zu einer Problemlösung führen. Denn nur Anwender, denen überwiegend sofort geholfen wird, werden eine Hotline langfristig nutzen.

Weitere typische Problemfälle sind die rechtssichere Gestaltung von Verfügbarkeitsregelungen, die in der Praxis sehr häufig anzutreffen sind. Verfügbarkeitsregeln sollten Angaben zur konkreten Ermittlung und Messung der Verfügbarkeit möglichst über Berechnungsformeln enthalten (vgl. Huppertz, 2006, S. 37).

4.3.2   Inhalte

SLA-Inhalte

Eine SLA steuert als komplexes Vertragswerk über viele Regelungen das Zusammenspiel zwischen den Vertragsparteien.

- *Leistungsspezifikation*

Hierunter ist die exakte Beschreibung der Art und des Umfangs der zu erbringenden Leistung (z. B. Einführung, Betrieb und Wartung einer Standardsoftware) zu verstehen.

- *Termine, Fristen*

Leistungen sind zu bestimmten Zeitpunkten (z. B. Report über erbrachte Leistungen am 10. des Folgemonats) oder innerhalb festgelegter Fristen (Störungsbeseitigung innerhalb von acht Arbeitsstunden) zu erbringen. Idealerweise werden diese in Bezug zu Prioritäten gesetzt, z. B. der Beseitigung von kritischen Störungen (Serverstillstand) innerhalb von zwei Stunden, Beseitigung von weniger kritischen Störungen (Ausfall eines Druckers) innerhalb von einem Arbeitstag.

- **Konditionen**

Vergütungen und Vertragsstrafen sind in der Höhe und Berechnung (z. B. Rabattstaffeln) sowie Rechnungsstellung (z. B. Monatsrechnung) zu spezifizieren.

- **Organisatorische Rahmenbedingungen**

Hier sind Regelungen über die Abwicklung der Leistungsbeziehung zu treffen. Insbesondere ist zu klären, welche Arbeits- und Bereitschaftszeiten zu erbringen sind. Festzulegen ist, wie ein Auftrag zustande kommt (z. B. Meldung der Störung per Telefon, per E-Mail?)

- **Nachweis der Leistungserbringung**

Hier gilt der Grundsatz, der Auftragnehmer hat die Leistungserbringung nachzuweisen. Er muss nachprüfbare Aufzeichnungen über Art und Umfang der erbrachten Leistungen führen. Bei Streitfällen entscheidet ein partnerschaftlich besetztes Gremium. Für die Abrechnung der Leistungen sind nur messbare Kriterien gültig.

- **Zulässige Ausreißerquote**

Maximaler Anteil der Leistungseinheiten, die außerhalb des vereinbarten Qualitäts- / Terminrasters liegen dürfen.

- **Konsequenzen von SLA-Verletzungen**

Solange die vereinbarte Ausreißerquote nicht überschritten wird, liegt keine SLA-Verletzung vor. Für den Auftraggeber bedeutet dies, dass er bei ärgerlichen Einzelfällen keine Sanktionierung gegenüber dem IT-Lieferanten erhält. Erst wenn die zulässige Ausreißerquote überschritten wird, können Maßnahmen eingeleitet werden.

- **Maßnahmen bei SLA-Verletzungen**

Eine Malusregelung erlaubt dem Auftraggeber, für entstandene Schäden, die durch die SLA-Verletzung eingetreten sind, den Leistungspreis zu reduzieren. Da der Malus den Deckungsbeitrag des Auftragnehmers aufzehrt, ist er daran interessiert, die Service-

Level-Vereinbarung einzuhalten. Allerdings sollte die folgende Grundregel beachtet werden: Die „Strafe" soll wehtun, darf den Dienstleister jedoch nicht in den Konkurs zwingen.

Auf die Relevanz des Bezugszeitraumes einer SLA im Hinblick auf die Rechtsfolgen weist z. B. Rittweger hin (vgl. Rittweger 2003, S. 19). Die normale Vergütung für den Service wird fällig, wenn die Leistung im vereinbarten Normalbereich liegt. Eine Vereinbarung über eine 99,5 %-ige Verfügbarkeit eines Daten-bankservers bei einer Betriebszeit von 24h an sieben Tagen in der Woche bedeutet eine maximal zulässige Ausfallzeit von 7,2 Minuten bei einem Bezugszeitraum von einem Tag oder einer Ausfallzeit von etwa zwei Tagen bei einem Bezugszeitraum von einem Jahr. Dies bedeutet, dass der Rechner die angegebenen Zeiten stillstehen darf, ohne dass der Vertrag verletzt wird. Sinkt die Leistung unterhalb eines vereinbarten Mindestlevels, wird eine Strafe (Malus, auch Pönale genannt) fällig. Bei einer Übererfüllung des Vertrages ist dagegen eine Zusatzvergütung (Bonus) zu zahlen. Fällt die Leistung sehr weit unter einen im Vertrag festgelegten Level ab, besteht Anspruch auf Schadenersatz und die Möglichkeit der Vertragskündigung. Abbildung 136 verdeutlicht diesen Zusammenhang.

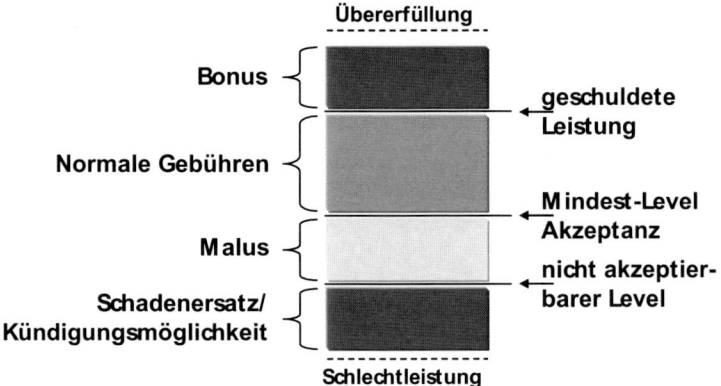

Abbildung 136: Konsequenzen Service-Level-Verletzung (Rittweger, 2003)

Die Aufgabe der Pönale besteht in der teilweisen oder vollständigen Kompensation des durch die Nichterfüllung des Vertrages entstandenen Schadens. Allerdings übernehmen in der Praxis nur die wenigsten Anbieter gegenüber dem Auftraggeber größere Unternehmensrisiken. Sofern vertragliche Vereinbarungen nichts anderes vorsehen, bleibt daher normalerweise der gesetzliche

Schadenersatzanspruch bestehen. Weiterhin dient die Pönale als Druckmittel gegenüber dem Provider. Allerdings empfiehlt es sich, im Vertrag ein Sonderkündigungsrecht zu vereinbaren, falls die SLA-Vereinbarungen besonders schwer unterschritten oder häufiger nicht eingehalten werden. Dies dürfte im Zweifelsfall ein stärkeres Druckmittel gegenüber dem Provider darstellen.

Bezug zum IT-Controlling

Der Einsatz von SLAs hat einen hohen Bezug zum IT-Controlling-Konzept. SLAs liefern einen Beitrag zur Planung und Kontrolle des Einsatzes der IT und damit zur Verbesserung der Wirtschaftlichkeit. Sie unterstützen die Vertrags- und Leistungsbeziehungen zu internen und externen Lieferanten und tragen durch die verbesserte Transparenz von Kosten und Leistungen zu einer Leistungsverbesserung bei. Der IT-Controllerdienst sollte sich stets in die Entwicklung und Vereinbarung von SLAs einschalten und die Fachabteilungen bzw. IT-Abteilung aktiv unterstützen.

Grundlage für eine SLA ist stets eine aussagekräftige Leistungsbeschreibung für die zu erbringende Leistung. Ein Beispiel für eine Leistungsbeschreibung als Grundlage für eine SLA zum Einsatz und Betrieb von Business-Personalcomputern der K+S-Gruppe ist in Schröder/Kesten/Hartwich (2007, S. 59) dokumentiert:

LEISTUNGSBESCHREIBUNG „DESKTOP BUSINESS PC" (K+S-GRUPPE)

Jeder IT-Anwender erhält auf Anforderung einen aktuellen PC für mindestens 48 Monate. Der PC wird über den gesamten Lebenszyklus von data process betreut. Dazu gehören:

- Produktauswahl (Marktbeobachtung, Spezifikation, Lieferantenauswahl gemeinsam mit dem Einkauf)
- Beschaffungsmanagement
- Genehmigungsmanagement
- Standardisierung bzw. Integrationstest
- Automatisierte Erstinstallation
- Aufstellung bzw. Einweisung beim Anforderer
- Equipmentverwaltung mittels SAP PM
- Betreuung während des Betriebes durch unser Customer-Service-Center, sowohl durch Remote-Einsätze als auch Vor-Ort-Einsätze

- Abholung

- Datenvernichtung nach dem betrieblichen Einsatz

- Fachgerechte Entsorgung

Ein weiteres Beispiel für eine SLA zum Betrieb eines Rechenzentrums ist in Abbildung 137 dargestellt. Die SLA unterscheidet drei Qualitätslevel: „Sehr hohe Verfügbarkeit" (schnelle Reaktionszeiten und lange Servicezeiten), „Hohe Verfügbarkeit" und „Standard Verfügbarkeit" mit Basisabsicherung ohne Komfort im Problemfall.

SLA-Level	Level 1 Sehr hohe Verfügbarkeit	Level 2 Hohe Verfügbarkeit	Level 3 Standard Verfügbarkeit
Betriebszeit	Mo - So 00.00 – 24.00 Uhr	Mo - So 00.00 - 24.00 Uhr	Mo – So 00.00 - 24.00 Uhr
Wartungsfenster	2 h pro Monat nach Vereinb., zusätzlich 5 h Quartal	3 h pro Monat, nach Vereinb., zusätzlich 10 h Quartal	5 h pro Monat, nach Vereinb., zusätzlich 20 h Quartal
Servicezeiten (Hotline)	Mo – Fr. 06.00-22.00 Uhr, Sa 08.00-14.00 Uhr So 60 h p.a. nach Vereinb. Restliche Zeit (7* 24h) Rufbereitschaft	Mo – Fr. 06.00-22.00 Uhr, Restliche Zeit (7* 24h) Rufbereitschaft	Mo – Fr. 06.00-22.00 Uhr, Restliche Zeit (7* 24h) Rufbereitschaft
Ausfallhäufigkeit / max. Ausfalldauer	1x Monat / jeweils max. 1 h	2x Monat / jeweils max. 1h	4x Monat / jeweils max. 3 h
Max. Dauer bis zur Erreichbarkeit im Servicefall	20 min nach Meldung per Telefon / Telefax / E-Mail	60 min nach Meldung per Telefon / Telefax / E-Mail	90 min nach Meldung per Telefon / Telefax / E-Mail
Datensicherung	Tägliche Onlinesicherung 15 Generationen	Tägliche Onlinesicherung 8 Generationen	Tägliche Onlinesicherung 5 Generationen

Abbildung 137: SLA für den RZ-Betrieb

Ein Beispiel für eine SLA zur Netzwerkbetreuung beschreibt Tepker (2002, S. 58) mit einer SLA für den Service „Netzwerkanbindung" (vgl. Abbildung 138).

1	**Servicebeschreibung**:
	• Betrieb und Betreuung des zentralen Netzwerkes zur unternehmensweiten Kommunikation
	• Erbringung von Serviceleistungen zur Unterhaltung und Weiterentwicklung des Netzwerkes
	• U.a.m.
1.1	**Serviceinhalte**

	• Bereitstellung der zentralen technischen Netzeinrichtungen zur Kommunikation • Bereitstellung, Einrichtung und Administration einer Netzwerk-User-ID • Laufende Information/Beratung und Schulung der IT-Administratoren bei Neuerungen • Bereitstellung und Einrichtung des Zugriffs auf gemeinsame und zentrale Datenbereiche/Laufwerke für die im Netzverbund befindlichen User • Bereitstellung eines ständig aktuellen Virenscanners auf den im Netzwerkverbund befindlichen Netzwerk-Servern • Bereitstellung, Betrieb, Administration zentraler Firewalls zum Schutz vor unbefugten Zugriffen • Allgemeine Problemannahme für die aufgeführten Leistungen durch den User Help Desk • Kontinuierliche Überwachung der Verfügbarkeit und Sicherstellung der Leistungsfähigkeit des zentralen Equipments • U.a.m.
3	**Service-Kenngrößen** • **Service-Zeiten (außer an Feiertagen)** Montags-freitags innerhalb der regulären Bürozeiten (08.00 - 16.00 Uhr), Bereitschaft von 16.00 – 08.20 Uhr sowie an Sonn-/Feiertagen 24 Std. Bereitschaft gilt für die zentralen Netzkomponenten • **Verfügbarkeit zentraler Netzwerk-Komponenten** → 95 % bezogen auf den Monat • **Wartungsfenster (eingeschränkte Verfügbarkeit)** Regelmäßige Wartung – Donnerstag 16.45 - 21.00 Uhr Unregelmäßige Wartung – nach Absprache • **Reaktionszeiten bei Ausfällen** Ausfall der Produktion – sofort

	Ausfall einzelner Arbeitsplatz – 4 Stunden Eingeschränkte Funktion – 12 Stunden • U.a.m.
4	**Service-Ausprägungen** • Vom Standard abweichende Service-Kenngrößen sind gesondert zu kalkulieren und zu bepreisen. • Anbindung von Home-Office/mobilen Systemen erfordert höheren Einrichtungsaufwand, eigene Produktkalkulation erforderlich. • U.a.m.
5	**Mitwirkungspflichten** • Als Ansprechpartner empfiehlt sich ein IT-Administrator vor Ort • Für Leistungserstellung und Anlage der User-IDs gelten vereinbarte Policies und Guidelines • U.a.m.

Abbildung 138: SLA-Beispiel (Tepker, 2002, S. 58, modifiziert)

4.3.3   Einführung und Bewertung

Einführung

Die Einführung von Service Level Agreements ist ein zeitaufwendiger Prozess, der sich wegen organisatorischer Veränderungen erfolgreich nur sukzessive durchführen lässt.

• Anforderungen definieren

   Zunächst sind die geschäftlichen Anforderungen des Kunden zu ermitteln, z. B. die Art der Leistung (z. B. PC-Störung beseitigen), der gewünschte Servicelevel (z. B. Wiedereintritt der Arbeitsfähigkeit nach Störungsmeldung innerhalb von zwei Stunden). Ein wichtiger Punkt ist das zu erwartende Mengenvolumen, das im Unternehmen durch Abfragen ermittelt werden kann.

• IT-Katalog erstellen

Danach ist vom IT-Dienstleister (intern oder extern) ein IT-Katalog zu erstellen, der die Produkte enthält, die vom Kunden benötigt werden.

• Preisverhandlungen durchführen

Anschließend können die Vertragspartner in Preisverhandlungen treten. Der IT-Dienstleister ermittelt seine Kosten, der Kunde holt Vergleichsangebote für den Preisvergleich ein. Vertragsstrafen bei Nichteinhaltung der vereinbarten Service-Levels sind vorsorglich zu vereinbaren.

• Vertrag abschließen

Nach dem Abschluss des SLA-Vertrages ist eine Einschwingphase notwendig und sinnvoll. Kurze Vertragslaufzeiten sind empfehlenswert, um dauerhafte Abhängigkeiten zu vermeiden.

Ein detailliertes Modell zur Einführung von Service-Level-Agreements haben Weber et al. (2006, S. 51 ff) vorgestellt (vgl. Abbildung 139). Es umfasst sechs Stufen, von der Bedürfnisanalyse und deren Beschreibung bis hin zur Prozessmodellierung und Dokumentation des Abrechnungs- und Buchungsprozesses.

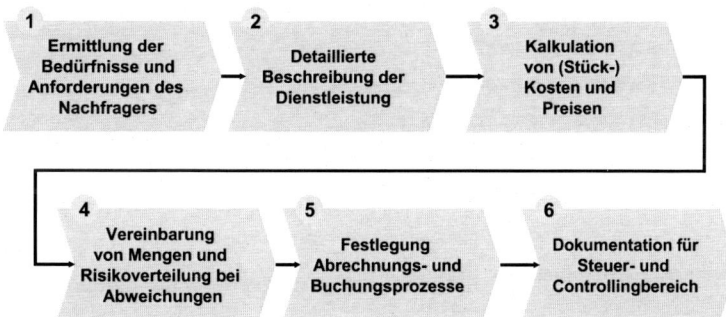

Abbildung 139: Einführung Service-Level-Agreements (Weber et al. 2006, S. 51)

Vorteile von SLAs

SLAs schaffen Transparenz über die Leistungen des IT-Anbieters. IT-Kunden können den Service-Grad nach ihren Wünschen individuell wählen. SLAs können zu einer Win-Win-Situation führen. Sie helfen dem IT-Anbieter zu einer kundenorientierten Ausrichtung seiner Prozesse und bieten eine fixierte Rechtsgrundlage in Streitfällen. Als Unterstützung für Kosten senkende Maßnahmen, wie dem TCO-Konzept, empfehlen sie sich als Instrument des IT-Controlling-Konzeptes.

Nachteile von SLAs

Die Entwicklung von SLAs ist ein Prozess mit einer Einschwing-phase. Während dieser Anlaufzeit lassen sich die SLAs nicht an-wenden, haben allenfalls statistischen Wert. Langfristig besteht die Gefahr einer Fixierung der Leistungsbemühungen des Liefe-ranten auf die Erfüllung der SLAs. Außerdem bietet sich die „Chance" durch „Schönrechnen" eine erhöhte Leistungsfähigkeit vorzutäuschen.

4.4   IT-Projektcontrolling

4.4.1   Projektarbeit als Standard-Organisationsform im IT-Umfeld

IT-Aufgaben werden meist in Form der Projektarbeit durchge-führt. Typische Aufgaben, wie die Einführung eines neuen Pro-duktionsplanungs- und Steuerungssystems, die Installation einer neuen Version der bereits eingesetzten Textverarbeitungssoft-ware, die Schulung der betroffenen Mitarbeiter und vieles mehr werden als Projekt bearbeitet. Nur wenige Aufgaben stellen Re-gelaufgaben bzw. Routineaufgaben dar. Für IT-Mitarbeiter ist die Leitung von Projekten bzw. die Mitarbeit in IT-Projekten der Normalfall. Für die betroffenen Mitarbeiter der Fachabteilungen sind die IT-Projekte oft eine Zusatzaufgabe, die neben dem „Ta-gesgeschäft" zu leisten ist. Hieraus ergeben sich zahlreiche He-rausforderungen für den IT-Controllerdienst.

Eine zentrale Aufgabe des IT-Controlling-Konzeptes ist das IT-Projektcontrolling. Es stellt durch Ausrichtung der IT-Projektziele an den Unternehmenszielen deren Erreichung sicher. Hierzu werden klassische Controlling-Werkzeuge, wie der Soll-Ist-Vergleich, die Abweichungsanalyse und Einleitung von Korrek-turmaßnahmen eingesetzt. Typische Aufgaben eines Projekt-controllers sind:

- Projektplanung: Unterstützung bei der Erstellung der Pro-jektplanung und der Projektbeschreibung,

- Projektpflege zur Konsistenzsicherung mit der Planung und Prüfung auf Vollständigkeit der Leistungskontierungen,

- Unterstützung bei der Erstellung der Präsentationen und Überwachung der Aufträge aus dem Lenkungsausschuss,

- Erstellung von Auswertungen zur Steuerung des Projekts,

- Berichtswesen: Vorbereitung und Prüfung der Statusberichte,

- Risikomanagement: Führen der Risikoliste,

- Überwachung der Projektkosten,

- Unterstützung bei der Erstellung des Projektabschlussberichts.

Ein Praxisbeispiel für die Stellenbeschreibung eines Projektcontrollers ist in Abbildung 140 dargestellt.

Stellenbeschreibung Projektcontroller

Stelleninhaber	Bernd Meier
Vorgesetzter Stellvertreter	Leiter Controlling Funktionsbezogen: Stellvertreter des Leiters Controlling Projektbezogen: Stellvertretung des Projektleiters hinsichtlich Projektplanung und Steuerung (Termine, Kosten, Arbeitsfortschritt)
Direkt unterstellte Mitarbeiter	Hilfskraft Projektassistenz

Vollmachten	Weisungsbefugnis gegenüber dem Projektleiter in
	folgenden Fragen:
	- Informationsherausgabe (z.B. über den Status des
	     Projektes oder einzelner Arbeitspakete
	- Finanzhoheit (insb. Gegenzeichnung von
	     projektbezogenen Ausgaben)

Zielsetzung der Stelle	Wirtschaftliche Planung, Steuerung und Kontrolle der betreuten Projekte. Unterstützung des Projektleiters durch Bereitstellung von geeignete Methoden, Instrumenten, Planungen und Analysen.
Verantwortlichkeiten	Sicherstellung der Transparenz des Projektverlaufs gegenüber den Kontrollgremien durch Bereitstellung und Nutzung der hierfür erforderlichen betriebswirt- schaftlichen Methoden, Instrumente und Analysen.
Aufgaben	Unterstützung des Projektleiters durch die Bereitstellung betriebswirtschaftlicher Methoden und Instrumente: - Erstellung von Wirtschaftlichkeits- und Risikoanalysen - Erstellung von Projektstruktur- und Zeitplänen - Erstellung von Projekt-Kostenplänen - Erstellung von mitlaufenden Projektkalkulationen - Ursachenanalyse bei Abweichungen - Erarbeitung von Vorschlägen für Gegenmaßnahmen Information der Mitglieder des Projektlenkungsaus- schusses, insbesondere bei Abweichungen gegenüber dem Plan.
_____ Ort	_____ Datum
_____ Leiter Controlling	_____ Projektcontroller

Abbildung 140: Stellenbeschreibung Projektcontroller

Projektphasen

Phasenmodell   IT-Projekte werden in Phasen zerlegt, um fachlich unterschiedliche Tätigkeiten zu trennen und die Steuerung zu vereinfachen. Abbildung 141 zeigt ein Phasenmodell für IT-Projekte, das unter Berücksichtigung des Projektcontrollings entworfen wurde. Es enthält die Kernphasen eines Projektes (Vorstudie, Projektantrag, Projektstart, Ist-Aufnahme, Soll-Konzeption, Umsetzung und Projektabschluss) sowie die projektbegleitende Querschnittsphase des Projektcontrollings.

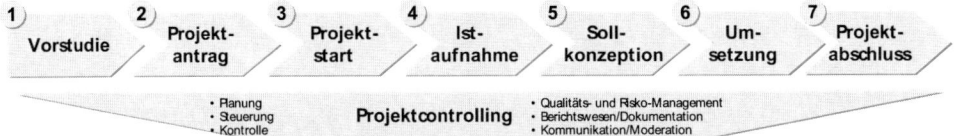

Abbildung 141: Phasenmodell für Projekte

Vorstudie   Die Vorstudie versetzt den Projektleiter in die Lage, einen Projektantrag zu stellen. Sie klärt beispielsweise folgende Fragen:

- Wird das richtige Problem verfolgt?

- Kann es mit einer Standardsoftware gelöst werden oder ist eine Eigenentwicklung erforderlich?

- Müssen externe Berater eingesetzt werden oder reicht das eigene Know-how aus?

- Wie lange wird die Projektdurchführung dauern?

- Welche Kosten müssen veranschlagt werden?

- Wie hoch ist der voraussichtliche Projektnutzen?

Projektantrag   Der Projektantrag ist eine formale Aufforderung an das Management, ein Projekt zur Durchführung freizugeben und die erforderlichen Ressourcen bereitzustellen. Ein genehmigter und freigegebener Projektantrag ist der „Projektauftrag", also die Handlungsgrundlage für den Projektleiter. Er enthält üblicherweise folgende Angaben: Projektname und –ziel, Start und Endetermine, Hauptaufgaben, Budget, Auftraggeber, Projektleiter (soweit bekannt), Projektteammitglieder, Betroffene Organisationseinheiten, inhaltlicher oder zeitlicher Zusammenhang zu anderen Projekten.

Abbildung 142 zeigt ein Formularmuster für einen Projektantrag bzw. –auftrag, der aus Hölzle/Grünig, (2002) entnommen wurde.

Projektauftrag

Projektname:	IT-Kennzahlensystem	Projektnummer:	2004/017A
Auftraggeber:	Dr. H. Becker, Leiter Finanz- und Rechnungswesen G. Seidel, Leiterin Informationstechnik	Projektleiter:	Bernd Müller
Datum:	17.12.2003		

Problemstellung: Was ist der Grund für das Projekt, welches der strategische Zweck?

Die IT-Kosten sind in den vergangenen Jahren stark angestiegen. Die Ursachen hierfür sind nur ansatzweise bekannt. Ein Kennzahlensystem mit einem Focus auf die Informationstechnik exi stiert nicht

Projekt-Ziel: *Was soll das Ergebnis sein/nicht sein, welchen Nutzen soll es für wen stiften?*

Entwurf und Einführung eines Kennzahlensystems zur Planung, Steuerung und Kontrolle der IT - Projekte.

Organisation: Wer ist wofür verantwortlich und hat welche Kompetenzen?

Auftraggeber:	G. Seidel, IT: Bereitstellung Budget. Definition Projektziel. Abnahme der Ergebnisse H. Becker, F: Integration in Finanz-Kennzahlensystem
Ausschüsse:	Führungskreis A (Geschäftsführung, Bereichsleitungen)
Projektleiter:	Bernd Müller, IT-1
Projektteam:	Wird noch bestimmt, temporäre Mitarbeit aus IT und F, ggf. weitere Bereiche

Termine: Wann beginnt bzw. endet was?

Start Phase:	01.01.04
Meilensteine:	Vorlage Projektplan 15.1.04
	Vorlage 1. Entwurf 28.2.04
	Vorlage Umsetzungskonzept 31.03.04
	Abstimmung mit vorhandenen Kennzahlensystemen F 31.10.04
	Inbetriebnahme Kennzahlensystem: 1.1.05
Ende Projekt:	31.01.05

Ressourcen: *Welche Ressourcen stehen zur Verfügung?*

Projektbudget:	100.000 €		
Personelle Ressourcen:	• 1 MA aus IT (30 %)	•	•
	• 1 MA aus F (30 %)	•	•
	• 1 Sekr. Aus IT (20%)	•	•
	•	•	•
Sonstige Ressourcen:	Projektbüro im Hauptgebäude, Laptop, weitere Ressourcen nach Bedarf		

Restriktionen: *Welche Randbedingungen/Auflagen/Schnittstell en sind zu berücksichtigen?*

Kennzahlensystem muss in das F -Berichtswesen integriert werden.

Abbildung 142: Formular Projektantrag (Hölzle u. Grünig, 2002)

Projektstart

Zum Projektstart wird ein „Kick-Off-Meeting" durchgeführt, bei dem alle wesentlichen Beteiligten zusammengerufen und die weiteren Schritte festgelegt werden. Die Ziele des Meetings sind:

- Inititialisierung des Projektes und der Projektorganisation,

- Vorstellung der benannten Personen und Rollen,

- Festlegung und Klärung von Verantwortlichkeiten,

- Identifikation aller wesentlichen Partner,

- Identifikation der Teilnehmer für den Projektlenkungsausschuss,

- Schaffung eines „Wir-Gefühls",

- Sicherung der Unterstützung des Top-Managements (u.a. durch deren Teilnahme),

- Festlegung von organisatorischen Grundfragen (Projektbüro, Telefonummern, E-Mail-Adressen, Budget, Reisekostenabrechnung, Zeitaufschreibungen für Projektmitarbeiter, u.a.),

- Informelle Gespräche.

Das **Kick-Off-Meeting** ist ein Motivations- und Marketinginstrument. Darüber dient es der Klärung offener Fragen an einen großen Personenkreis, der selten in dieser Konstellation noch einmal zusammen kommt. Die Schaffung persönlicher Beziehungen ist für die spätere Teamarbeit unabdingbar. Nicht bekannte Schwachstellen in der bisherigen Projektvorbereitung werden transparent.

Ist-Aufnahme

Die Zielsetzung der Phase Istaufnahme besteht in der Erhebung des Ist-Zustandes. Hierzu zählen die betriebliche Aufbauorganisation, die Arbeitsabläufe, der IT- und Personaleinsatz sowie eine detaillierte Wirtschaftlichkeitsanalyse. Ein weiterer wichtiger Aspekt ist die Analyse hinsichtlich Schwachstellen und Verbesserungspotentialen der vorgenannten Bereiche.

Soll-Konzeption

In der Sollkonzeption wird ein fachlicher Lösungsentwurfs auf der Basis der Ist-Analyse erarbeitet. Das Sollkonzept umfasst folgende Inhalte:

- **Zielsetzung:** Welches Ziel soll unter Beachtung der realen Restriktionen verfolgt werden?

- **Aufgabenumfang**: Welche Aufgaben sollen im Einzelnen realisiert werden?

- **Lösung**: Vorschlag von Lösungsmöglichkeiten, um die Aufgaben zu erfüllen.

Umsetzung

Bei der Umsetzung eines IT-Projektes erfolgt die Einführung einer Standardsoftware oder die Entwicklung und Einführung einer Individualsoftware.

Projekt-abschluss

Zum Projektabschluss gehört die ordnungsgemäße Übergabe des Projektergebnisses an den Auftraggeber, z. B. die Übergabe des fertigen Softwaresystems an die Fachabteilung. Nach der Durchführung des Projektes ist die Erstellung und Analyse der Nachkalkulation eine wichtige Aufgabe. Sie dient dazu, das durchgeführte Projekt zu bewerten und Erfahrungen für zukünftige Projekte zu sammeln. Ggf. können Maßnahmen eingeleitet werden, wie z.B. eine Verbesserung der im Unternehmen verwendeten Kostenschätzmethoden. Die letzte Aufgabe ist die formelle Auflösung des Projektteams. Aus personalwirtschaftlicher Sicht ist dies verbunden mit der Beschaffung von Nachfolgepositionen für die Projektmitarbeiter und den Projektleiter. Dazu gehört auch die Auflösung von Räumen und Rückgabe von Ressourcen (Fahrzeuge etc.).

Einzel- und Multiprojekt-management

Zu unterscheiden ist die Steuerung eines Einzelprojektes oder eines Projektbündels (Multiprojektcontrolling), also von mehreren unabhängigen oder thematisch zusammengehörenden Projekten. Im ersten Fall konzentriert sich der IT-Controller auf ein einzelnes – meist ein strategisch bedeutsames – Projekt. Im anderen Fall, auch als Programm-Management bezeichnet, geht es darum, eine Vielzahl von Projekten auf die Unternehmensziele hin auszurichten (vgl. ausführlich Dobiéy et al. 2004). Dies können mehrere Kleinprojekte sein oder auf der Ebene einer Konzernholding mehrere strategisch relevante Projekte der nachgelagerten Tochtergesellschaften des Konzerns.

Werkzeuge

Im Regelfall steuert das IT-Projektcontrolling der Projektleiter, der diese Aufgabe an einen IT-Controller delegiert. Seine Werkzeuge sind:

- der Projektstrukturplan, der den Gesamtumfang eines IT-Projektes in einzelne Aufgabenpakete zerlegt,

- der Projektorganisationsplan (Organigramm), der die Gremien (Projektleitung, Lenkungsausschuss) und die einzelnen Arbeitsgruppen/Projektgruppen darstellt und

- die Ablauf-, Zeit- und Terminpläne, mit der logischen Abfolge der Arbeitsschritte, Abhängigkeiten und dem Zeitbedarf.

Auf die Erläuterung von Einzelheiten zu diesen Standardwerkzeugen des Projektmanagements wird verzichtet und auf die umfangreiche Literatur verwiesen (vgl. z. B. Fiedler, 2001; Henrich, 2002; Litke, 1995; Wischnewski, 2001 und die dort genannte Literatur). Stattdessen wird auf praxisnahe Aspekte eingegangen, die für den IT-Controller wichtig sind.

80:20-Regel beachten

Bei der Planung konkreter IT-Projekte ist der altbekannte Grundsatz der Betriebswirtschaftslehre, das „Pareto-Prinzip" alias „80:20-Regel" zu beachten (vgl. Abbildung 143). Also: Nicht versuchen, alle Anforderungen der Fachabteilung zu realisieren, sondern nur das Wesentliche. 80 % der Anforderungen werden mit 20 % des Aufwandes erreicht, die restlichen 20 % der Anforderungen benötigen 80 % weiteren Aufwand. Daher ist es wichtig, Aufgaben zu identifizieren, die sich nicht realisieren lassen und Aufgaben, die realisierbar sind. Die Konzeption einer perfekten Lösung verbraucht zu viel Zeit, während sich im Zeitablauf die Bedingungen wieder ändern. Eine termingerechte 80 %-Lösung führt zu mehr Zufriedenheit bei den Endanwendern, als eine nie fertige 100 %-Lösung. Erfahrungsgemäß ist es für IT-Projektleiter schwierig, die Anforderungen der Fachabteilung zu begrenzen. Hier kann der IT-Controller durch Wirtschaftlichkeitsanalysen Anforderungsrangfolgen empfehlen.

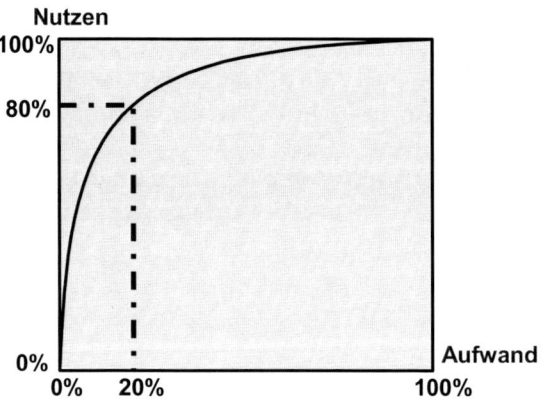

Abbildung 143: Pareto-Prinzip (80:20-Regel)

Meilensteine festlegen

Für IT-Projekte liefert das Meilensteincontrolling durch Überwachung und Steuerung wichtige Projektzwischenergebnisse (Meilensteine). Ein Meilenstein liefert ein termingebundenes und zeitkritisches Ergebnis in der Projektarbeit. Es ist erreicht, wenn das Projektziel vollständig und termingerecht vorliegt.

IT-Projekte dauern oft Monate, zum Teil auch Jahre. Meilensteine dienen der permanenten Fortschrittskontrolle und zerlegen ein IT-Projekt in überschaubare Teile. Für jedes IT-Projekt sind wichtige Meilensteine zu planen und mit dem Projektlenkungsausschuss bzw. dem Auftraggeber festzulegen. Der Controllerdienst achtet darauf, dass der IT-Projektleiter zu jedem Meilenstein einen formalisierten Bericht (Meilensteinbericht) vorlegt, der über den Stand der Arbeiten informiert. Beispiele für typische Meilensteine in Softwareprojekten liefert Abbildung 144.

Aufgaben

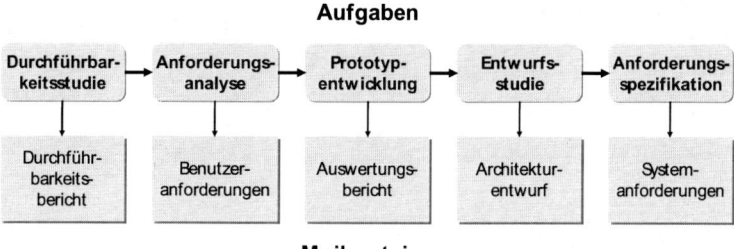

Meilensteine

Abbildung 144: Meilensteine in Softwareprojekten (Sommerville 2001, S. 289)

Meilenstein-trendanalyse

Die Meilensteintrendanalyse, auch Termintrendanalyse oder Zeit/Zeitdiagramm genannt, stellt ein wichtiges und einfach anzuwendendes Instrument für die Überwachung wichtiger Projekttermine (Meilensteine) dar. Sie liefert einen Überblick, wie sich wichtige in der Zukunft liegende Termine entwickeln und gibt Informationen über die Stabilität der Terminprognosen durch die Projektverantwortlichen. Das Grundprinzip der Meilensteintrendanalyse ist in Abbildung 145 dargestellt.

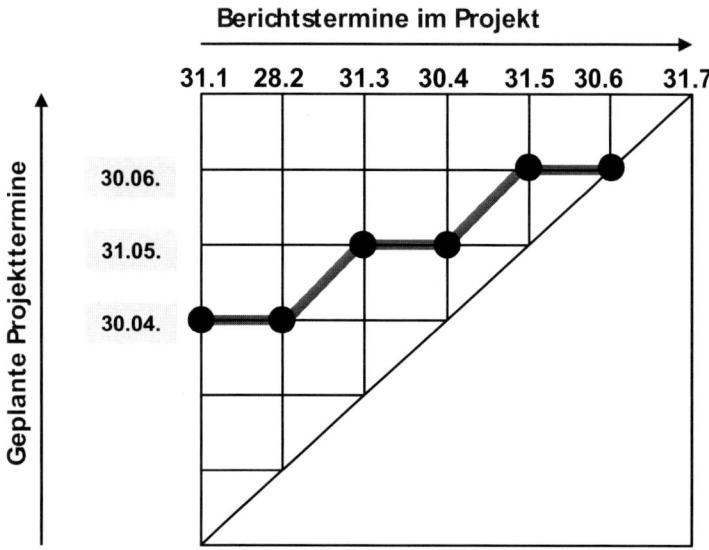

Abbildung 145: Meilensteintrendanalyse

Zum Berichtstermin 31.1. und zum 28.2 war der geplante Fertigstellungstermin für einen Meilenstein im Projekt der 30.4. Zum Berichtstermin 31.3 musste der Termin für die Fertigstellung des Meilensteins auf den 31.5. verschoben werden. Zum übernächsten Berichtstermin 31.5. war eine erneute Verschiebung auf den 30.6. notwendig. Zum 30.6. konnte dann schließlich die Fertigstellung zum gleichen Tag gemeldet werden.

Verhaltens-muster

In der Praxis werden je Chart nur wenige Meilensteine verfolgt, um die Übersichtlichkeit zu gewähren. Typischerweise sind in realen Projekten drei unterschiedliche Verhaltensmuster anzutreffen (vgl. hierzu auch Hindel et al., 2006, S. 90):

• Typ A: Idealverlauf (flache Kurve)

• Typ B: Pessimistenschätzung (fallende Kurve)

• Typ C: Optimistenschätzung (steigede Kurve)

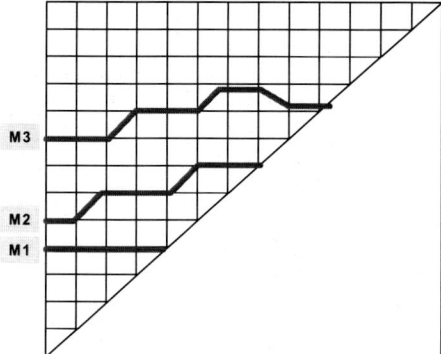

Abbildung 146: Meilensteintrendanalyse: Idealverlauf

Der in Abbildung 146 dargestellte flache Kurvenverlauf von drei Meilensteinen stellt eine ideale Situation dar. Die Termine werden nicht (M1) oder nur wenig korrigiert.

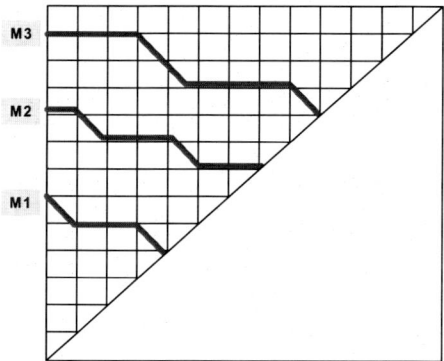

Abbildung 147: Meilensteintrendanalyse: Pessimistenschätzung

Der in Abbildung 147 dargestellte fallende Kurvenverlauf der drei Meilensteine M1, M2 und M3 signalisiert, dass die Termine werden früher als erwartet realisiert wurden. Ursache hierfür können zu pessimistische Schätzungen oder zu hohe Zeitpuffer in den Planansätzen sein. Möglich sind auch unerwartete Umfeldänderungen, die zur Verkürzung der Laufzeit führen, z.B. Reduzierung der Anforderungen.

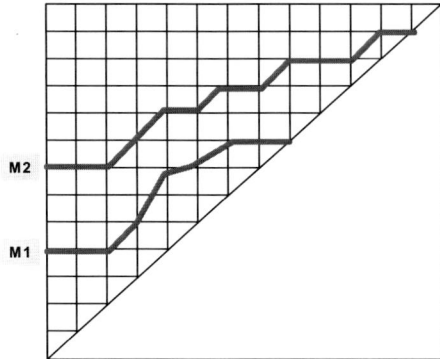

Abbildung 148: Meilensteintrendanalyse: Optimistenschätzung

Der in Abbildung 148 dargestellt Sachverhalt ist leider in vielen Fällen in der Praxis anzutreffen. Termine werden mehrfach nach hinten korrigiert. Als Ursache sind zu optimistische Schätzungen oder Fehleinschätzungen der Aufgabenkomplexität sowie unerwartete Störungen, für die keine Ausweichstrategie möglich ist, anzutreffen.

4.4.2   Planung von IT-Projekten

Die IT-Projektplanung vollzieht sich für mittlere und größere Projekte in mehreren Schritten:
1.   Schritt: Zielfindung,
2.   Schritt: Projektstrukturplanung,
3.   Schritt: Arbeitspaketplanung,
4.   Schritt: Terminplanung,
5.   Schritt: Kapazitätsplanung.

Die Planung von Klein- und Kleinstprojekten wird in der Praxis oft nur rudimentär vorgenommen.

1. Schritt: Zielfindung

Ein Ziel ist ein gedanklich vorweggenommener Zustand in der Zukunft, der erreicht werden soll und unter realistischer Betrachtung der Gesamtsituation erreicht werden kann. Häufig sind Ziele zu Beginn eines Projektes in der Praxis nur grob definiert. Ziele sind daher in den frühen Projektphasen zu präzisieren, da sie für die Projektmitarbeiter sie unabdingbar sind. Zu Projektbeginn ist es sinnvoll, eine *Zielhierarchie* (vgl. Abbildung 149) festzulegen. Ziele sind in Grobziele, Zielgruppen und Detailziele zu gliedern. Häufig wird hier auch von Ober- und Unterzielen gesprochen.

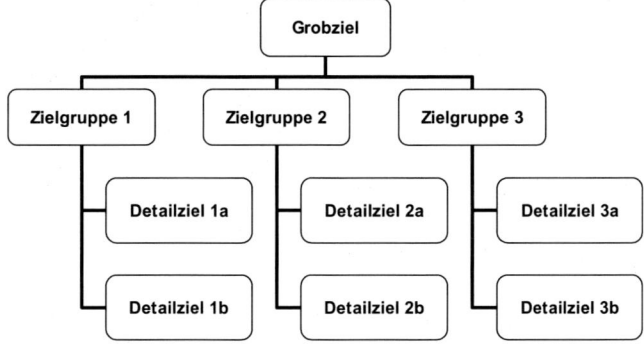

Abbildung 149: Zielhierarchie

2. Schritt: Projektstrukturplanung

Der **Projektstrukturplan (PSP)** ist eine übersichtliche Darstellung der Projektstruktur. Ziel ist es, das Projekt in überschaubare Aufgaben zu zerlegen um die Übersichtlichkeit über das Projekt zu erhöhen. Vor der Erstellung eines PSP müssen die Anforderungen (Pflichtenheft, Anforderungskatalog) aus der Istaufnahme vorliegen.

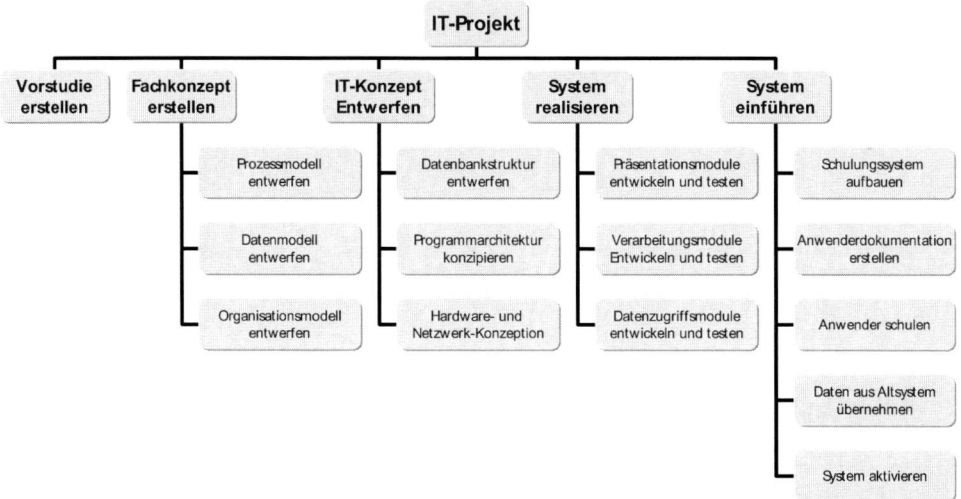

Abbildung 150: Projektstrukturplan (PSP) für ein typisches IT-
Projekt

Die Gliederung des Projektstrukturplanes kann nach unterschiedlichen Kriterien erfolgen (vgl. Litke, 1995, S. 98): Objektorientiert
(aufbauorientiert, erzeugnisorientiert), Funktionsorientiert (ver-
richtungsorientiert), Gemischt orientiert (abhängig von der
Zweckmäßigkeit).

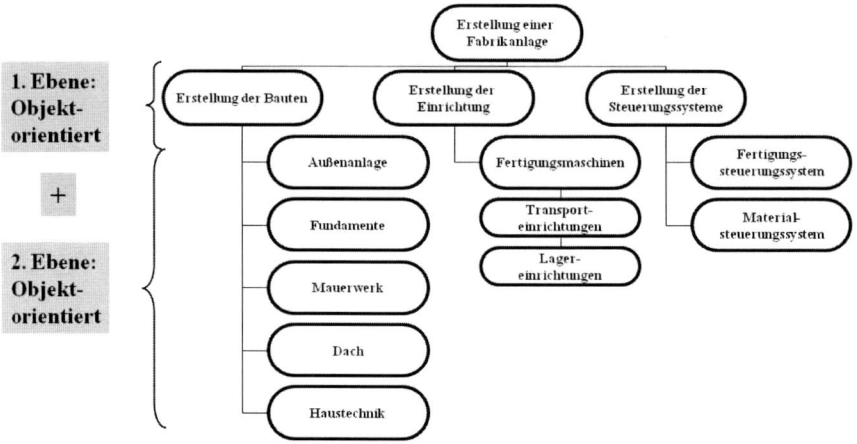

Abbildung 151: Objektorientierter PSP (Wienhold, 2004, S. 209,
modifiziert)

Die Abbildung 151 zeigt ein Beispiel für einen objektorientierten PSP auf allen Gliederungsebenen. Der gleiche Projektplan wird in Abbildung 152 aus funktionsorientierter Sicht dargestellt.

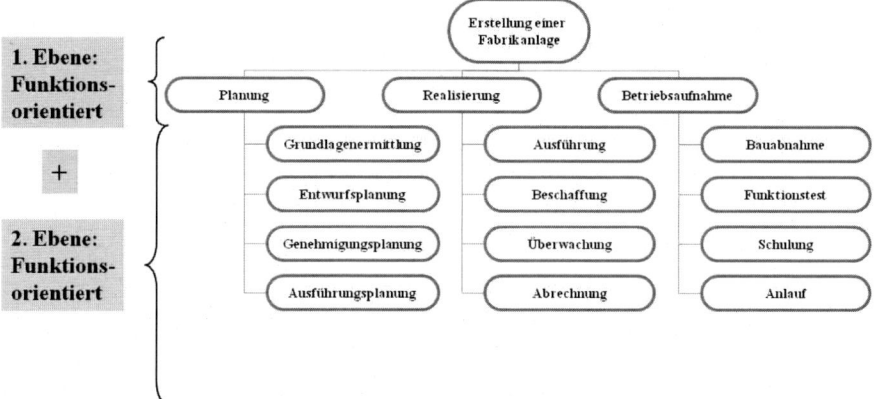

Abbildung 152: Funktionsorientierter PSP (Wienhold, 2004, S. 211, modifiziert)

Oft kombiniert die Unternehmenspraxis beide Konzepte der PSP-Strukturierung. Auf der oberen Gliederungsebene wird häufig die objektorientierte Gliederung gewählt, während die unteren Gliederungsebenen funktionsorientiert dargestellt werden.

Der bereits dargestellte Projektplan ist in Abbildung 153 objektorientiert (1. Ebene) in Kombination mit einer funktionalen Feingliederung (2. Ebene) dargestellt.

Der *objektorientierte PSP* ist dann vorteilhaft, wenn das Projekt in die Gegenstände, die es erstellen soll, zerlegt werden soll. Typische Projektbeispiele sind: Hausbau, Anlagenbau, Softwareentwicklung. Die *funktionsorientierte Gliederung* ist dann vorteilhaft, wenn über den zu erstellenden Gegenstand (Objekt) hinaus weitere wichtige Aspekte zu betrachten sind. Beispiele sind: Erschließung von Beschaffungsmärkten, Markteinführung eines neuen Produktes, Abschluss eines Kooperationsvertrages. Die *gemischte Gliederung* ist abhängig von der Zweckmäßigkeit. Sie wird häufig in der Praxis eingesetzt, in dem in hohen Gliederungsebenen: objektorientiert, in den niedrigeren Gliederungsebenen funktionsorientiert unterteilt wird.

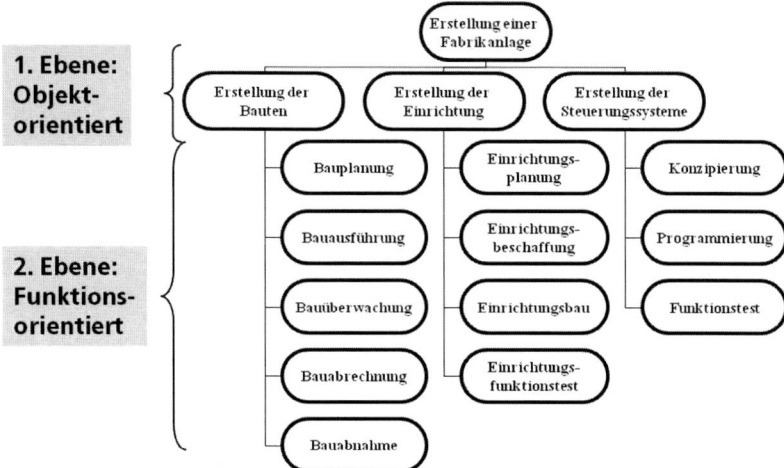

1. Ebene:
Objekt-
orientiert

2. Ebene:
Funktions-
orientiert

Abbildung 153: Gemischt strukturierter PSP (Wienhold, 2004, S. 213, modifiziert)

Der **Nutzen eines Projektstrukturplanes** liegt in der Darstellung des gesamten Projektes in übersichtlicher Form. Er dient als Grundlage für die Vollständigkeitsprüfung aller Aufgaben und die nachfolgende Zeitplanung und Ressourcenzuordnung. Er eignet sich auch als Basisgliederung für die Projektdokumentation.

Arbeitspaketplanung

Ein *Arbeitspaket (AP)* ist Teil des Projektes, der im Projektstrukturplan (PSP) nicht weiter aufgegliedert ist und auf einer beliebigen Gliederungsebene liegen kann. Zu einer Arbeitspaketplanung gehören die Leistungsbeschreibung, die verantwortliche Organisationseinheit, Termine, Kostenschätzung, zugeordnete Ressourcen und spezielle Risiken.

Leistungsbe-
schreibung

Die Leistungsbeschreibung gibt an, welche Leistungen zu welchem Zeitpunkt zu erbringen sind. Ein Arbeitspaket sollte möglichst komplett von einer Organisationseinheit, einer Arbeitsgruppe oder einer einzelnen Person ausgeführt werden können, um eine eindeutige Verantwortungszuordnung zu erreichen. Unterschiedliche Tätigkeiten sollen in verschiedenen Arbeitspaketen berücksichtigt werden. der verantwortlichen Stelle oder Person muss ein ausreichender Handlungsspielraum zugestanden werden, damit Aktivitäten eigenverantwortlich durchgeführt werden können. Jedem Arbeitspaket sind Ressourcen und Kosten (Plan/Ist) zuzuordnen.

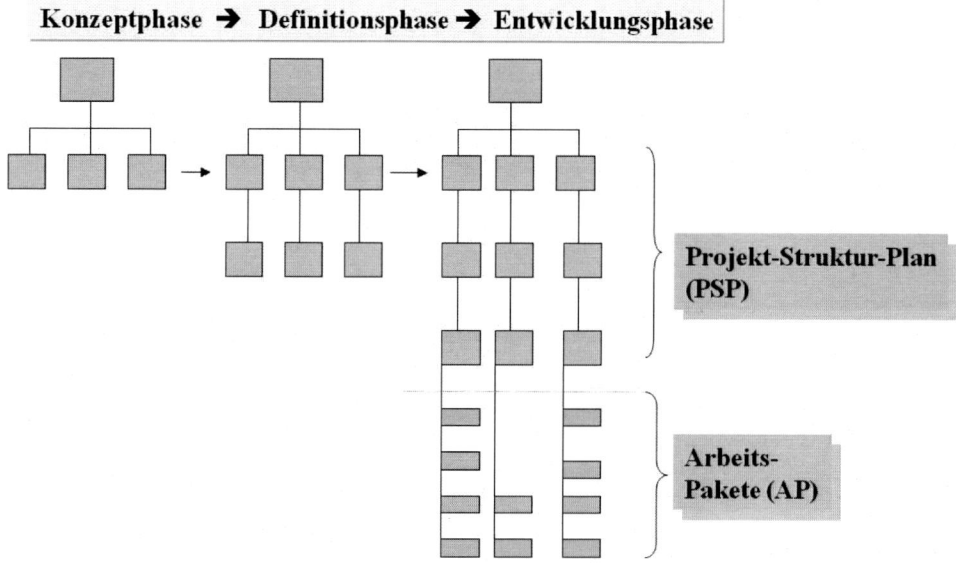

Abbildung 154: Arbeitspakete als kleinste Einheit eines PSP

Terminplanung

Ein zentraler Punkt der Projektplanung ist die Terminplanung, also die **Schätzung des Zeitbedarfs** für jede einzelne Projektaktivität. Für die Terminplanung werden in Abhängigkeit vom Projektumfang Schätzungen in Personenmonaten (PM) oder Arbeitsstunden vorgenommen. Erste Grobschätzungen erfolgen z.T. in Personenjahren. Die Schätzung erfolgt auf Basis von Vollzeitmitarbeitern. Teilzeitstellen werden anteilig in Vollzeitmitarbeiter umgerechnet. Für jede Projektaktivität ist zu klären, wie viele Personen für ein Arbeitspaket einzusetzen sind. Weiterhin ist zu klären, mit welcher Kapazität (Vollzeit, sporadisch) die Personen zum Einsatz kommen sollen:

Vorwärtsterminierung

Bei der **Vorwärtsterminierung** (vgl. Abbildung 155) werden ausgehend vom geplanten (= vorgegebenen) Starttermin die Projektaktivitäten geplant. Als Ergebnis erhält man den frühesten Endtermin des Projektes. Der Einsatz der Vorwärtsplanung ist möglich, wenn der Endtermin offen ist.

273

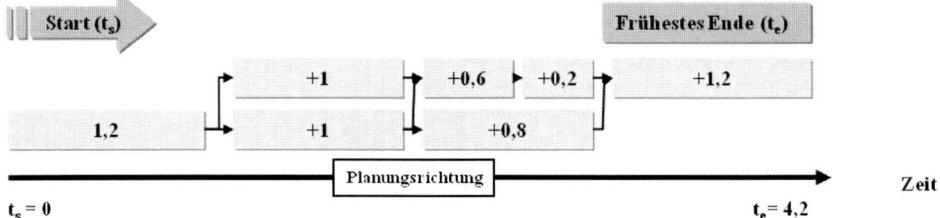

Abbildung 155: Vorwärts-Terminplanung

Rückwärtster-
minierung

Bei der **Rückwärtsterminierung** (vgl. Abbildung 156) wird ausgehend vom geplanten (=vorgegebenen) Endtermin die Projektaktivitäten rückwärts geplant. Als Ergebnis erhält man den spätesten Starttermin des Projektes. Der Einsatz ist notwendig, wenn der Endtermin (z. B. von der Geschäftsführung oder durch Gesetzgeber) vorgegeben ist.

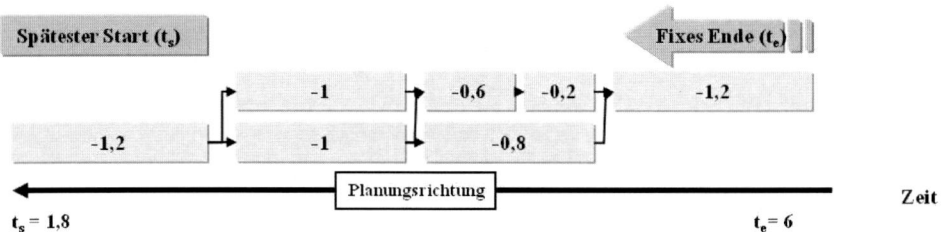

Abbildung 156: Rückwärts-Terminplanung

Als Planungstechniken kommen Terminpläne, Balkendiagramme oder Netzpläne zum Einsatz.

Terminpläne

Terminpläne sind einfache tabellarische Darstellungen der Aktivitäten mit Start- und Ende-Termin, Dauer und Abhängigkeiten (vgl. Abbildung 157). Es handelt sich um eine einfache Technik, die schnell zu erlernen ist und keiner Hilfsmittel oder spezieller methodischer Vorkenntnisse bedarf. Das Verfahren ist nur für einfache Projekte sinnvoll und für größere Projekte im Regelfall ungeeignet. Es besteht keine Möglichkeit der übersichtlichen Darstellung von Abhängigkeiten. Ein Terminplan wird schnell mit steigendem Umfang unübersichtlich (vgl. Litke, 1995, S. 108-112).

Nr.	Vorgang	Vor-gänger	Nach-folger	Dauer (AT)	Anfang	Ende
1	Schwachstellenanalyse Auftragsabwicklung	-	3	10	28.09.	09.10.
2	Schwachstellenanalyse Lagerwesen	-	4	6	28.09.	05.10.
3	Anforderungsdefinition Auftragsabwicklung	1	5	10	12.10	23.10.
4	Anforderungsdefinition Lagerwesen	2	5	6	06.10	13.10.
5	Entwicklung Rahmenkonzept	3 + 4	6	20	26.10	20.11.
...	...	...	...	...	...	...

Abbildung 157: Einfacher Terminplan (Quelle: Schulte-Zurhausen, 2002, S. 548)

Balken-Diagramme

Balken-Diagramme (vgl. Abbildung 158) sind grafische Darstellung des Terminplans in Balkenform (vgl. Litke, 1995, S. 108-112). Die Vorgangsdauer spiegelt sich in der Balkenlänge wieder. Sie sind sehr weit verbreitet und leicht verständlich. Die Methode ist für kleine und mittelgroße Projekte mit wenigen Abhängigkeiten und für Überblicksdarstellungen großer Projekte geeignet. Zeitliche Parallelen sind leicht erkennbar. Allerdings ist der Änderungsaufwand ohne spezielle Planungstools hoch. Gegenseitige Abhängigkeiten sind nur begrenzt darstellbar.

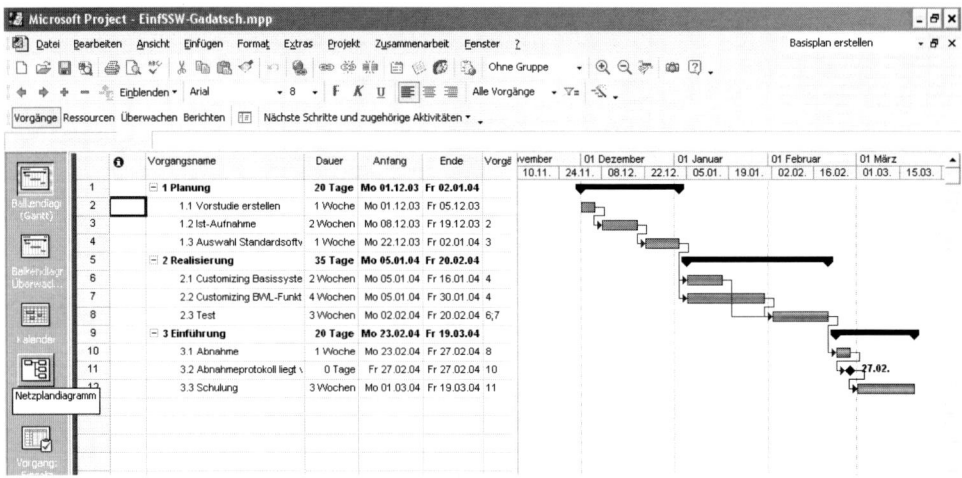

Abbildung 158: Balkendiagramm (Beispiel mit dem Produkt MS Project®)

Netzplan

Ein ***Netzplan*** ist eine detaillierte graphische Darstellung von zeitlichen und logischen Verknüpfungen für die Analyse, Beschreibung, Planung und Steuerung von Abläufen. Netzpläne sind vor allem für komplexe Projekte mit vielfältigen Abhängigkeiten von Einzelvorgängen zur Verbesserung der Planungsqualität erforderlich. Allerdings sind Tools erforderlich, die einen gewissen Schulungsaufwand erforderlich machen. Für kleinere und mittlere Projekte sind Netzpläne vielfach zu aufwendig.

Kapazitätsplanung

Ziel der Kapazitätsplanung ist es, Ressourcen-Engpässe frühzeitig zu erkennen um Gegenmaßnahmen einzuleiten. Engpässe treten insbesondere auf beim Personaleinsatz, aber auch bei sonstigen Ressourcen (technische Hilfsmittel, Fahrzeuge etc.). Sind keine Engpässe feststellbar, so hilft die Kapazitätsplanung, die Personal- und sonstigen Ressourcen gleichmäßiger auszulasten. Der Ablauf der Kapazitätsplanung vollzieht sich in mehreren Teilschritten:

- 1. Klärung der notwendigen Kapazitätsarten (Mitarbeiter, PC, Fahrzeug ...) je Vorgang,

- 2. Feststellung des Kapazitätsbedarfs je Vorgang (Menge, z.B. Personentage),

- 3. Abgleich der Soll-Kapazität (Anforderungen) mit der Ist-Kapazität,

- 4. Kapazitätsanpassung.

Kapazitätsanpassungsmaßnahmen (vgl. Abbildung 159) können finanzielle, zeitliche oder qualitative Wirkungen haben. Finanziell wirksame Maßnahmen erhöhen die Projektkosten, z. B. Arbeitszeiterhöhungen durch Überstunden, Neueinstellung von festen Mitarbeitern oder Zeitpersonal. Zeitlich wirksame Maßnahmen führen zu Terminverschiebungen, z.B. Dehnen der Bearbeitungsdauer durch Halbierung des Personals.

Maßnahmen mit ...

finanzieller Wirkung	zeitlicher Wirkung	qualitativer Wirkung
➔ erhöhen die Projektkosten	➔ führen zu Terminverschiebungen	➔ führen zu Qualitätsveränderungen
Arbeitszeit vorhandener Mitarbeiter verlängern, z. B. Überstunden/Samstagsarbeit	Verschiebung oder zeitliche Dehnung von nicht kritischen Vorgängen innerhalb der Pufferzeiten	Streichung von Projektaktivitäten unter Inkaufnahme eines geringeren Zielerreichungsgrades
Einstellung von Personal		
Einsatz von Zeitarbeitern	Verschiebung oder zeitliche Dehnung von kritischen Vorgängen unter Inkaufnahme von Verschiebungen des Projekt-End-Termins	Beispiele: Reduzierung von Schulungen Minimal-Dokumentation Verkürzung der Softwareauswahl (z. B. keine Testinstallation) ...
Personalumsetzung innerhalb des Projektteams / Unternehmens		
Externe Vergabe		

Abbildung 159: Kapazitätswirksame Maßnahmen

4.4.3   Aufwandsschätzung von IT-Projekten

Trotz gestiegener Kostensensibilität wird der Aufwand für IT-Projekte oft zu niedrig veranschlagt. Viele IT-Projektleiter wissen nicht, wie man Schätzungen erstellt (vgl. Henselmann/Wenzel, 2002, S. 39), obwohl verlässliche Aufwandsschätzungen zu den zehn wichtigsten Erfolgsfaktoren für Softwareprojekte gezählt werden (vgl. Moll et al. 2004, S. 424).

Die deutlich zunehmende Tendenz zu Festpreisprojekten verschärft für den Leistungserbringer (i. d. R. ein Softwarehaus, die interne IT-Abteilung) den Druck, eine ax-ante Kostenschätzung durchzuführen sowie aus einer ex-post Analyse Rückschlüsse für spätere Projekte zu ziehen (vgl. hierzu den Beitrag von Jantzen, 2008, S. 48).

Parkinson beachten

Ein bekanntes Problem taucht immer wieder in der Praxis vieler IT-Projekte auf. Parkinson stellte vor Jahrzehnten bereits fest, dass sich der Arbeitsaufwand für Projekte an der zur Verfügung stehenden Zeit orientiert. Kosten werden nach verfügbaren Ressourcen und nicht nach konkreten Schätzungen ermittelt (vgl. Sommerville, 2001, S. 526). Wenn ein Softwaresystem innerhalb von 12 Monaten zu liefern ist und fünf Mitarbeiter zur Verfügung stehen, wird der erforderliche Aufwand auf 60 Personenmonate geschätzt.

Neben üblichen Problemen der Planungsunsicherheit, die mit Aufwandsschätzungen verbunden sind, gibt es bei IT-Projekten einige Besonderheiten, die der IT-Controllerdienst zu beachten hat.

Kostentreiber

Vor der Aufwandsschätzung von IT-Projekten sind die Kostentreiber für die unterschiedlichen IT-Projekttypen zu identifizieren und zu bewerten. Je nach Projekttyp (Eigenentwicklung von Software oder Implementierung von Standardsoftware) und Projektumfang (Klein-, Mittel- oder Großprojekt) verändern sich die Kostentreiber und es kommen unterschiedliche Schätzmethoden zum Einsatz.

Ziele und Einsatzbeispiele

Als primäres Ziel der Aufwandsschätzung gilt die Ermittlung des Aufwands für die Durchführung eines inhaltlich festgelegten IT-Projektes. Die zu bestimmenden Aufwandsgrößen sind vor allem Personalkosten und der Aufwand für die zu beschaffende Hard- und Software. Als Voraussetzung für die Aufwandsschätzung ist der Projektrahmen zu fixieren. Ein je nach Projektphase detailliertes Anforderungsprofil ist zu erstellen.

Aufwandsschätzungen erarbeitet die Praxis für folgende Situationen:

- **Auswahlentscheidungen:** Auswahl des günstigsten Projektes aus mehreren Alternativen, z. B. häufig zur Klärung der Make- oder Buy-Entscheidung (Individualentwicklung oder Standardsoftware).

- **Durchführungsentscheidungen:** Wird ein Projekt durchgeführt oder nicht? Die Projektkosten liefern die Entscheidungsgrundlage für die Wirtschaftlichkeitsanalyse.

- ***Plandatengewinnung für das Projektcontrolling:*** Die Entscheidung für ein bestimmtes Projekt ist dann bereits erfolgt.

- ***Angebotserstellung:*** Für Softwarehäuser, IT-Abteilungen großer Unternehmen.

- ***Aktualisierung vorhandener Schätzungen:*** Muss nach jeder Projektphase oder aufgrund veränderter Rahmenbedingungen erfolgen.

Abbildung 160 dokumentiert wichtige Schätzzeitpunkte im Projektverlauf. Die **Projekt-Vorkalkulation** dient der groben Schätzung der Projektkosten. Das Ergebnis der Vorstudie erfordert als Input die grobe Projektstruktur (Aufgaben), notwendige Ressourcen und Ecktermine. Für den Projektantrag ist eine detaillierte **Projekt-Plankalkulation** erforderlich. Sie benötigt detaillierte Angaben. Die **Projekt-Plankalkulation** ist die Grundlage für die Projektfreigabe. Die **mitlaufende Projektkalkulation** gibt dem IT-Controller die notwendigen Steuerungsinformationen zum Stand und zur Entwicklung der Projektkostensituation. Sie erfordert detaillierte Rückmeldungen über Ist-Kosten (Lizenzgebühren, Berater-Rechnungen, Stundenerfassungen der Mitarbeiter u.a.). Nach dem Projektabschluss empfiehlt es sich, eine Projektnachkalkulation zu erstellen, die als Basis für eine abschließende Betrachtung der Wirtschaftlichkeit des Projektes und Grundlage für spätere Projekt-Vorkalkulationen dient.

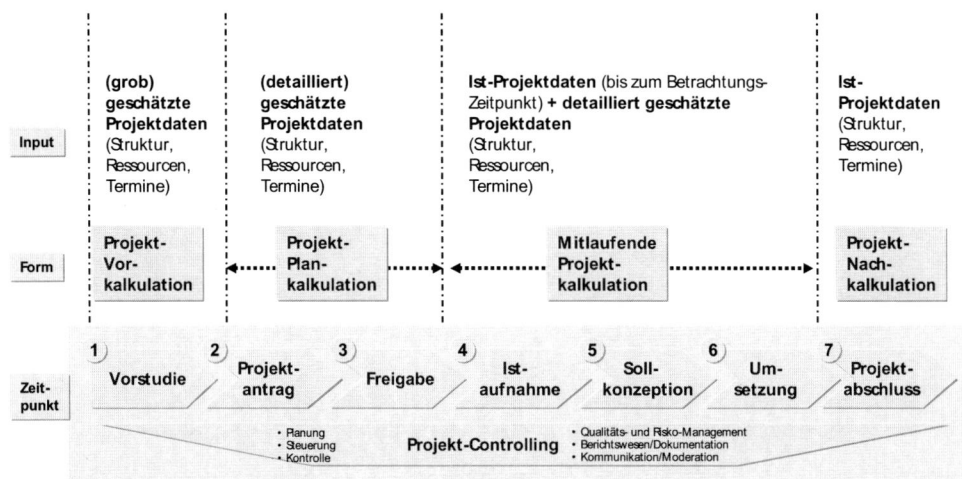

Abbildung 160: Schätzzeitpunkte im Projektverlauf

Organisation

In größeren Unternehmen, z. B. in Versicherungen und Banken, werden teilweise hauptamtliche „IT-Kostenschätzer" beschäftigt, deren Aufgabe es ist, als unabhängige Berater die IT-Projektteams zu unterstützen. In kleineren und mittleren Unternehmen wird die Kostenschätzung in der Regel durch Mitarbeiter der Projektteams durchgeführt. Tiemeyer (2005a, S. 117) empfiehlt die Durchführung einer „Schätzklausur", bei der das Projektteam, ggf. unterstützt durch externe Berater, jede Projektaktivität im Detail analysiert und bewertet.

Grundprinzipien der Aufwandsschätzung

Unabhängig vom Einsatz spezieller Schätzmethoden gelten allgemeine Grundprinzipien, die bei der Aufwandschätzung von Softwareprojekten zu beachten sind. Sie liefern wichtige Voraussetzungen für eine erfolgreiche Aufwandsschätzung.

- Stets methodisch und für Dritte nachvollziehbar vorgehen!

  Jede Aufwandsschätzung muss für Dritte nachvollziehbar sein. Vergleichbare Projekte eines Unternehmens sind jeweils nach der gleichen Methode zu schätzen. Nur dann lässt sich eine Analyse und Bewertung der Abweichungsursachen vornehmen.

- Projekt untergliedern und über kleine Objekte schätzen.

  Es ist einfacher, kleine Einheiten zu schätzen. Projekte in überschaubare Einzelpakete gliedern.

- Normalen Projektverlauf voraussetzen.

  Bei der Schätzung ist zunächst ein normaler Projektablauf zu unterstellen. Besondere Engpässe, wie fehlende Mitarbeiter-qualifikation, Zeitdruck, Einsatz eines neuen Datenbank-systems, anstehende Unternehmensrestrukturierungen etc. lassen sich in der Form von Risikozuschlägen berücksichtigen.

- Aufwandsschätzung regelmäßig wiederholen.

  Eine Aufwandsschätzung zu Beginn eines Projektes ist zu wiederholen. Es empfiehlt sich, je Projektphase eine aktualisierte und detailliertere Schätzung durchzuführen. Oft wird gegen diesen Grundsatz in der Praxis verstoßen und nur eine einzige Schätzung zu Beginn des Projektes durchgeführt. Wichtig: Zum Abschluss eines Projektes gehört stets eine Nachkalkulation.

- Alternativschätzung durchführen lassen.

  Die Schätzung ist nicht nur vom verantwortlichen Projektleiter, sondern auch von Dritten durchzuführen, z. B. einem anderen Projektmitarbeiter.

- Vertraute Methoden und Instrumente einsetzen.

  Setzen Sie für die Aufwandsschätzung möglichst bereits bekannte Methoden und IT-Tools ein. Die Einarbeitung in neue Methoden während des Projektes ist zwar reizvoll und wird vielfach praktiziert. Sie führt zu Mehraufwand und liefert unnötige Fehlerquellen für die Qualität der Schätzung. Einheitliche Checklisten und Formulare erleichtern die Projektplanung und -kontrolle.

Methoden-überblick

Als Grundlage für die verschiedenen Verfahren der Aufwandsschätzung gelten Basismethoden, die sich einzeln oder kombiniert verwenden lassen. Man unterscheidet zwischen berechnenden Methoden und der Analogie-Methode. Berechnende Methoden verwenden Prozentsätze, Multiplikatoren oder mathematische Gleichungen zur Errechnung des Aufwandes. Die Analogie-Methode schließt von ähnlichen, bereits abgeschlossenen Projekten auf den Aufwand des zu planenden Projektes.

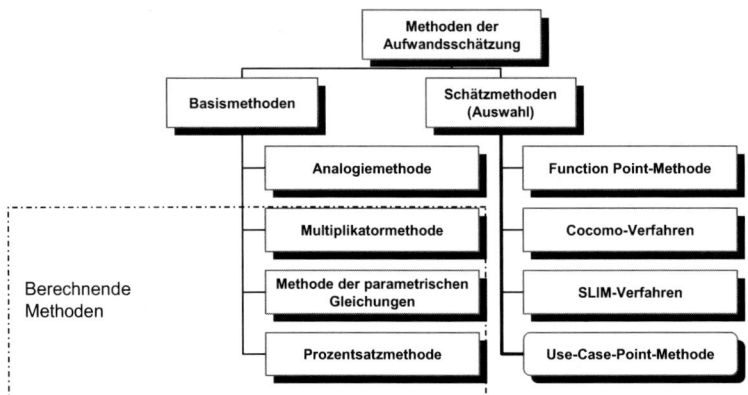

Abbildung 161: Methoden der IT-Aufwandsschätzung

*Analogie-
Methode*

Bei der Analogie-Methode schließt der Projektleiter vom Aufwand für ein bereits abgeschlossenes, ähnliches Projekt auf den Aufwand für das zu planende Projekt. Anhand von Ähnlichkeitskriterien wird versucht, die Unterschiede zum geplanten Projekt herauszuarbeiten und zu bewerten. Beispiele für solche Kriterien sind:

- Art der Datenorganisation (Dateiverarbeitung oder Datenbankeinsatz),

- Verarbeitungsart (Online- oder Batchbetrieb, Abfragen oder Datenbank-Updates),

- zum Einsatz kommende Programmiersprache,

- fachliches Anwendungsgebiet (Logistik, Rechnungswesen),

- Erfahrung und Qualifikation des eingesetzten Personals.

Die Analogie-Methode wird sehr häufig in der Praxis verwendet, da sie einfach einsetzbar ist und das Erfahrungswissen der Experten im Unternehmen nutzt. Sie kann in allen Projektphasen eingesetzt werden, erfordert jedoch Daten über abgeschlossene vergleichbare Projekte.

*Multiplikator-
methode*

Bei diesem Verfahren werden die Mengen für quantifizierbare Kostentreiber (z. B. Lines of Code, Online-Masken, Ein-/Ausgabe-Vorgänge) ermittelt und mit bekannten Aufwandsfaktoren (z. B. pro Line of Code) multipliziert. Das Problem besteht in der Ermittlung der Kostentreiber. Zur Unterstützung muss man unter Umständen auf andere Methoden (z. B. Analogiemethode) zurückgreifen. Die Multiplikatormethode liefert je nach verwendetem Kostentreiber nicht für alle Projektphasen unmittelbare

Schätzwerte. So lässt sich über den Kostentreiber „Lines of Code" der Aufwand für Programmierung und Test ermitteln, aber nicht für vorangegangene Phasen.

Parametrische Gleichungen

Die Methode der „Parametrischen Gleichungen" verwendet mathematische Gleichungen, welche die Abrechnungsdaten bereits durchgeführter Projekte zur Aufwandschätzung berücksichtigen. Eine solche Gleichung hat z. B. folgenden Aufbau:

$$K = 20 + 30\ x_1 + 20\ x_2\ ....\ 50\ x_n.$$

Sie ist eine Regressionsfunktion, die aus den Einflussfaktoren früherer Projekte (x_1, x_2, ..., x_n) den Projektaufwand K berechnet.

Prozentsatz-Methode

Auf Basis einer aus Erfahrungswerten bekannten oder hypothetisch angenommenen Verteilung der Projektkosten auf einzelne Projektphasen werden Prozentsätze für die Kosten je Phase ermittelt. Unter Verwendung der Kosten bereits durchgeführter Projektphasen (z. B. Problemanalyse) rechnet man die restlichen Phasen (z. B. Anforderungsdefinition...) hoch. Dieses Verfahren kann darüber hinaus zur Plausibilitäts-Überprüfung anderer Schätzmethoden verwendet werden.

Spezielle Methoden für IT-Projekte

Aus den skizzierten Basismethoden zur Aufwandsschätzung wurden eine Reihe spezieller Schätzmethoden entwickelt. Viele Methoden haben jedoch gemeinsam, dass sie selten zum Einsatz kommen. Sie sind meist formal anspruchsvoll, erfordern einen mehr oder weniger hohen Verwaltungsaufwand und sind oft nicht in allen Projektphasen und nicht für jede Art von IT-Projekten einsetzbar. Teilweise wird noch durch die Verwendung mathematischer oder statistischer Basismethoden eine in der Praxis nicht realisierbare Scheingenauigkeit suggeriert.

Im Folgenden wird die Function-Point-Methode skizziert. Zur Vertiefung wird auf die Spezialliteratur verwiesen, z. B. Knöll/Busse 1991, S. 45 ff. oder Gruner et al. 2003, S. 158 ff.

Function-Point-Methode

Die Function-Point-Methode wurde 1979 von Allan J. Albrecht (vgl. 1979) entwickelt, zunächst für IBM und später bei anderen Firmen. Im Jahr 1986 wurde deshalb die „International Function Point Users Group" (IFPUG) gegründet. Im deutschsprachigen Raum bietet die DASMA („Deutschsprachige Anwendergruppe für Software-Metrik und Aufwandsschätzungen") Seminare und Qualifizierungen für Praktiker zum „Certified Function Point Specialist (CFPS)" an. Die hohe Verbreitung der Methode hat zu einer Empfehlung durch den IEEE Standard for Software Productivity Metrics geführt (vgl. IEEE 1993). Eine praxisorientierte umfassende Einführung mit realitätsnahen Beispielen liefern Poensgen/Bock (2005).

Bei der Multiplikator-Methode ist der Aufwand für ein Softwareprojekt von den für die Benutzer nutzbaren Systemfunktionen abhängig.

Aus den Anforderungen der Benutzer (z. B. Bereitstellung eines Dialogprogramms zur Eingabe von Rechnungsdaten mit grafischer Oberfläche) werden standardisierte Recheneinheiten (Function-Points) ermittelt. Die Informationen stehen als Ergebnis des Grobentwurfes eines Anwendungssystems zur Verfügung. Die ermittelten Function-Points werden um die Faktoren korrigiert, die den Aufwand beeinflussen. Dies kann z. B. der Einsatz eines Datenbanksystems sein, wenn es die Programmierarbeiten erheblich vereinfacht. Alle Function-Points werden addiert und anhand einer unternehmensindividuellen Erfahrungskurve, ggf. differenziert nach Projekttypen, in Personen-Tage umgerechnet (vgl. Abbildung 162). Der geschätzte Aufwand wird allerdings nur für das Gesamtprojekt bestimmt, eine Unterteilung nach Phasen ist nicht vorgesehen.

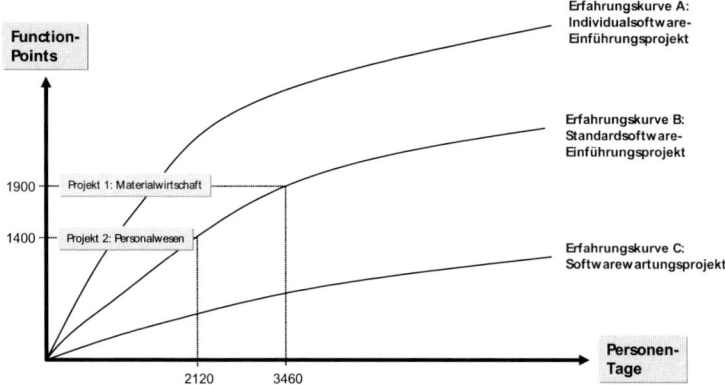

Abbildung 162: Erfahrungskurven der Function-Point-Methode

Prämisse für die Ermittlung der Function-Points ist eine detaillierte Beschreibung des zu realisierenden IT-Systems.

Wichtiger Einsatzschwerpunkt der Function-Point-Methode ist die Aufwandsschätzung bei größeren Individualentwicklungen in Anwenderunternehmen oder bei Softwarehäusern. Der Schätzumfang umfasst nur den Aufwand in der IT-Abteilung. Der Aufwand im Fachbereich lässt sich als pauschaler Zuschlag schätzen. Es empfiehlt sich, diese anspruchsvolle Methode nur über spezialisierten IT-Mitarbeiter (Methodenberater) anzuwenden, um die gleichmäßige und einheitliche Anwendung sicherzustellen. Dem kritisierten hohen Verwaltungsaufwand steht ein vergleichsweise großer Nutzen durch gute Schätzergebnisse entgegen (vgl. Bundschuh, 2005, s. 28). Vorteilhaft ist die Möglichkeit, die Schätzergebnisse im Detail nachzuvollziehen, vgl. dazu die Praxiserfahrungen.

Use-Case-Point-Methode

Allerdings wird z. T. auch empfohlen, die klassische Function-Point-Methode den Veränderungen der letzten Jahre entsprechend anzupassen bzw. sie durch neue Methoden zu ersetzen. Sneed (2007) begründet seine dahin ausgerichtete Kritik an der Function-Point-Methode u.a. damit, dass sie aus der Großrechnerzeit stammt, in der die Softwareentwicklung nach anderen Vorgehensmodellen (z.B. funktionale Dekomposition der Aufgaben, Batchverarbeitung als häufig anzutreffendes Verarbeitungsprinzip) erfolgte. Er empfiehlt daher, die Use-Case-Point-Methode zu verwenden, die sich an neueren Entwicklungskonzepten der Softwareentwicklung (Objektorientierte Software) orientiert. Die Use-Case-Point-Methode wertet zur Aufwandsschätzung Use-Case-Diagramme aus, die im Rahmen der Softwareentwicklung in einer relativ frühen Projektphase zur Verfügung stehen. Über ein Gewichtungsverfahren wird ähnlich der Function-Point-Methode ein Punktwert errechnet, der in monetäre Größen transferiert werden kann (vgl. Sneed, 2007 und die dort angegebene weiterführende Literatur).

4.4.4   Earned-Value-Analyse

Die Earned-Value-Analyse ist ein erstmals in den 1960er Jahren vom US Militär für das Projektcontrolling eingesetztes Instrument, das mittlerweile in der US-amerikanischen Praxis, nicht aber in Deutschland, weite Verbreitung gefunden hat und in den Vereinigten Staaten für Projekte des Verteidigungsministeriums als Standardverfahren für Statusberichte vorgeschrieben ist (vgl. Stelzer, et al., 2007a, S. 6). Sie wird auch als Ertragswert- oder Arbeitswertanalyse bezeichnet (vgl. Stelzer, et al., 2007b, S. 251).

Grundidee

Die Grundidee des Verfahrens ist einfach: Ein Vergleich der Ist-Kosten eines Projektes mit den Plankosten führt zu falschen Ergebnissen, da Proportionalität unterstellt wird. Stattdessen ermittelt die Earned-Value-Analyse als Vergleichsbasis Sollkosten, die den erreichbaren Kostenwert und damit den Projektwert angeben und vergleicht diese mit den Istkosten. Sie misst also die Projektleistung auf Basis der ursprünglich geplanten Kosten

(Werkmeister, 2008, S. 171). Daneben werden eine Reihe von Kennzahlen für die Analyse und den Projektvergleich gebildet (vgl. Kesten/Müller/Schröder, 2007, S. 101 ff. und Linssen, 2008, S. 87ff.).

Die Earned-Value-Analyse beantwortet mit diesem Ansatz z.B. folgende Fragen (vgl. Fiedler, 2005, S. 157ff):

- Wie hoch sind die tatsächlichen Kosten (Istkosten)?
- Wie hoch dürften die Kosten bei planmäßigem Verlauf sein (Plankosten)?
- Verläuft das Projekt wirtschaftlich (Ist-Soll)?
- Wird die geplante Leistung erbracht (Soll-Plan)?

Folgende Grundzusammenhänge lassen sich dem Projektverlauf entnehmen:

- Plankosten (PC planned cost)

  Planmenge x Planpreis

- Istkosten (AC actual costs)

  Istmenge x Istpreis

- Leistungswert (EV earned value)

  Istmenge x Planpreis

Der Leistungswert (earned value) entspricht dem tatsächlichen Wert der erbrachten Leistung, den Sollkosten des Projektes. Der Earned Value entspricht also der Höhe der Kosten, wie sie nach dem Planungsstand des Projektes sein dürften (Linssen, 2008, S. 89. Zur Analyse des Projektes lassen sich mehrere Abweichungsgrößen ermitteln:

- Planabweichung (SV shedule variance)

  Leistungswert (EV) – Plankosten (PC)

- Kostenabweichung (CV cost variance)

  Leistungswert (EV) – Istkosten (AC)

Kennzahlen   Schließlich sind hieraus Kennzahlen ermittelbar, die für die Beurteilung der Projektsituation verwendbar sind.

- Zeiteffizienz (SPI shedule performance index)

  Leistungswert (EV) / Plankosten (PC)

Ist der Wert der Kennzahl größer als 1 ist der Projektverlauf schneller als geplant.

- Kosteneffizienz (CPI Cost performance index)

  Leistungswert (EV) / Istkosten (AC)

Liegt der Wert dieser Kennzahl oberhalb von 1 handelt es sich um ein kostengünstiges Projekt.

Voraus-
setzungen

Die Earned-Value-Analyse ist nur einsetzbar wenn folgende Voraussetzungen erfüllt sind (vgl. Stelzer/Bratfisch, 2007, S. 69):

- eine vollständige und detaillierte Projektplanung liegt vor (Struktur, Termine, Kosten),

- die Projektplanung erfolgt sehr detailliert auf der Ebene von Teilaufgaben bzw. Arbeitspaketebene,

- es liegen realistische Aufwandsschätzungen vor.

Als „KO-Kriterien" kommen insbesondere folgende Indikatoren in Betracht, d. h. die Earned-Value-Analyse ist unter diesen Rahmenbedingungen nicht mehr einsetzbar:

- Projektfortschritt wird nicht gemeldet,

- Mitarbeiter „buchen" auf Projekte, für die nicht gearbeitet wurde bzw. kontieren falsche Tätigkeiten,

- Termine werden nicht eingehalten oder oft verschoben,

- keine IT-Unterstützung (Projektmanagement-Software) verfügbar ist.

Als Vorteile der Earned Value Analyse werden insbesondere die folgenden Argumente angeführt (Linssen, 2008, S. 100):

- Möglichkeit zum Aufbau eines Frühwarnsystems,

- Kennzahlen ermöglichen rasche Information von Aufsichtsgremien (Projektlenkungsausschuß),

- Entlastung der Führungskräfte durch Management by Execption Systeme (Definition von Schwellwerten, die Handlungsbedarf für Führungskräfte anzeigen).

4.4.5   **Ermittlung des Projektfortschritts**

Die **Messung des Fertigstellungsgrades** ist eine für die Earned Value-Analyse wichtige Aufgabe. Hierzu stehen unterschiedliche Methoden zur Verfügung, die hier kurz vorgestellt werden. Die Abbildung 163 zeigt beispielhaft drei einfache Ansätze, die häufig in der Praxis verwendet werden.

Methode	Skala				
3-Stufen-Methode	0% Noch nicht begonnen		50% In Arbeit		100% Fertig
5-Stufen-Methode	0 % Noch nicht begonnen	20% Angefangen	50% Halb fertig	80% Fast Fertig	100% Fertig
10-Stufen-Methode	0 % Noch nicht begonnen	10% Soeben angefangen	...	90% So gut wie fertig	100% Fertig

Abbildung 163: Messung des Fertigstellungsgrades (Wischnewski, 2001, S. 261).

Bei der Anwendung der Verfahren ist zu beachten: Jeder Vorgang ist unbedingt **einzeln** zu **bewerten** und die Bewertung sollte **unabhängig** von der vorigen Bewertung durchgeführt werden. Diese Vorgehensweise ist auch bei einem Irrtum im Vormonat wichtig, ggf. erfolgt eine Rückstufung der Bewertung des Fertigstellungsgrades. Neben der numerischen Bewertung sollten auch Kommentare erfasst werden, insbesondere bei Stagnation oder Rückstufung des Fortschrittes. Außerdem sollte das 4-Augen-Prinzip beachtet werden, d.h. Schätzungen sollten von zwei Personen durchgeführt werden.

Die **3-Stufen-Methode** ist sehr ungenau, denn sie hat einen hohen Schätzfehler (+-50%). Die **5-Stufen-Methode** gilt als akzeptabler Kompromiss für die Praxis. Die **10-Stufen-Methode** spiegelt eine sehr hohe Genauigkeit vor. Allerdings sind die 10%-Schritte in der Praxis oft nicht ermittelbar, was die Einsetzbarkeit deutlich einschränkt.

Das **Kernproblem** der Messung des Fortschrittgrades ist jedoch die konkrete **Ermittlung** des prozentualen **Fortschrittsgrades**. Verschiedene Ansätze zur Berechnung sind in

Abbildung 164 zusammengefasst.

Methode	Formel / Berechnung	Einsatzbeispiele / Bemerkung
Mengenproportionaler Fortschrittsgrad	$FG\% = \dfrac{\text{Ist-Leistungsmenge}}{\text{Plan-Leistungsmenge}} * 100$	$FG\% = \dfrac{5.700\ LoC}{10.000\ LoC} * 100$ **Beispiele: Technische Berechnungen, Programmier- und Testarbeiten, Fahrleistungen, Transportleistungen**
Zeitproportionaler Fortschrittsgrad	$FG\% = \dfrac{\text{Ist-Zeitdauer}}{\text{Plan-Zeitdauer}} * 100$	$FG\% = \dfrac{120\ Programmier\text{-}Std}{250\ Programmier\text{-}Std} * 100$ **Beispiele: Projektleistung, Bauleitung, Programmierung und Beratung**
Meilensteinorientierter Fortschrittsgrad	$FG\% = \dfrac{\text{Anzahl erreichter Meilensteine}}{\text{Gesamtzahl Meilensteine}} * 100$	**Beispiele: Statusorientierte Vorgänge,** z. B. Hausbau (Aushub, Rohbau, Innenausbau)
(geschätzter) qualitativer Fortschrittsgrad	$FG\% = \text{subjektiv geschätzter FG}$	**Beispiele: Komplexe Vorgänge,** z. B.: Erstellung einer Unternehmens- oder Marketingstrategie

Abbildung 164: Berechnung des Fortschrittsgrades

Mengen- und zeitproportionale Ansätze versuchen realistische Messgrößen zu finden, anhand derer der Projektfortschritt ermittelt werden kann. Dies können z. B. Transportleistungen (Projekt: Umzug einer Firma von Standort A nach Standort B) oder Programmierzeilen (Lines of Code) bei einem Softwareprojekt sein. Bei der Ermittlung des *mengen- oder zeitproportionalen Fertigstellungsgrades* kann es sinnvoll sein, die noch zu bearbeitenden *(Rest-) Mengen bzw. Zeiten abzufragen*, um realistischere Schätzwerte zu erhalten:

BEISPIEL 1: VERGANGENHEITSORIENTIERTE SCHÄTZUNG DES FERTIGSTELLUNGSGRADES

Geplante Projektstunden	200 h
Bereits abgearbeitet (lt. Aufschreibung)	170 h
FG% = 170/200 * 100 =	85%

BEISPIEL 2: ZUKUNFTSORIENTIERTE SCHÄTZUNG DES FERTIGSTELLUNGSGRADES

Geplante Projektstunden	200 h
Noch zu bearbeiten (Schätzung des Mitarbeiters)	40 h
FG% = (200-40) / 200 * 100 =	80%

4.4.6   Rentabilitätsanalyse von IT-Projekten (IT-Investitionsrechnung)

IT-Projekte sind Investitionen von hohem Wert. Deshalb empfiehlt es sich, jedes IT-Projekt vor seinem Start und während der Laufzeit mehrmals einer Wirtschaftlichkeitsanalyse zu unterziehen.

Rentabilitätsanalysen unterscheiden zwischen kurz laufenden und mehrjährigen Projekten (Laufzeit über einem Jahr). Bei kurz laufenden Projekten genügt es, die Einnahmen den Ausgaben gegenüberzustellen bzw. bei fehlenden Einnahmen die Kosten zu vergleichen. Mehrjährige Projekte sind einer Investitionsrechnung zu unterziehen, um die Zinseffekte zu berücksichtigen. Dies kann mit Hilfe der Kapitalwertmethode erfolgen. Als Datenbasis für die Berechnung des Kapitalwertes ist ein Projektkostenplan jährlich aufzustellen. Vgl. dazu die Abbildung 165 für Individual- und die Abbildung 166 für Standardanwendungssoftware.

Zeitraum	Aufwand				
Projektphasen	Projekt-leitung	Personal (intern)	Personal (extern)	Sonstiger Aufwand	Summen
1 Problemanalyse					
2 Anforderungsdefinition					
3 Systementwurf					
4 Modulentwurf					
5 Implementierung					
6 Test und Einführung					
Summen					

Abbildung 165: Projektkostenplan (Eigenentwicklung)

Die Besonderheit bei der Einführung von Standardanwendungssoftware liegt in einer anderen Einteilung der Projektphasen und der zusätzlichen Aufwandskategorie für die Softwarelizenzen.

Zeitraum	Aufwandsarten					
Projektphasen	Projekt-leitung	Personal (intern)	Personal (extern)	Soft-ware-lizenzen	Sonstiger Aufwand	Sum-men
1. Problemanalyse						
2. Anforderungsdefinition						
3. Schnittstellenentwurf und -implementierung						
4. Customizing Standardsoftware						
5. Test und Einführung						
Summen						

Abbildung 166: Projektkostenplan (Einführung Standardsoftware)

Der detaillierte Projektkostenplan nach Tiemeyer (2005a, S. 188), lässt sich als Basis-Checkliste für die Projektkostenschätzung einsetzen (vgl. Abbildung 167).

Projektkostenart	Beispiele
Projekteinzelkosten	
Personalkosten	Gehälter, Prämien, Aus- und Weiterbildung
Materialkosten	Büromaterial, Moderationsmaterial
Reisekosten	Kilometergeld, Bahn- und Flugreisen, Mietwagen, Spesen, Übernachtung, Gästebewirtung
Fremdleistungen	Beratung, Seminare (z.B. Projektmanagementtechniken), Software-Lizenzen (z.B. Projektmanagementsoftware)
Versicherungen	Unfallversicherungen, Haftpflichtversicherungen
Gemeinkosten	
Verwaltungskosten	Geräteumlagen (Kopierer, Computer), Kommunikations-kosten (Telefon, Fax), Büros
Raumkosten	Miete für Projektbüro, Lagerräume, Schulungsräume, etc.; Heizkosten, Strom, ggf. Nebenkosten für Bewachung etc.
Sonstige Kosten	Personalmanagement, Finanz- und Rechnungswesen

Abbildung 167: Projektkostenartenplan (Tiemeyer, 2005a, S. 118, modifiziert)

Kapital-wertformel

Die Summenzeilen der Projektkostenpläne sind für die Kapital-wertermittlung jahresweise zu verdichten und in das Formular-muster der Abbildung 169 einzutragen. Daraus lässt sich der Kapitalwert des IT-Projektes anhand der Kapitalwertformel be-rechnen:

$$C_0 = -I_0 + \sum_{t=0}^{n} (E_t - A_t)(1+i)^{-t}$$

C_0 = Kapitalwert zum Zeitpunkt 0

I_0 = Investitionsausgabe zum Zeitpunkt 0

E_t = Einnahmen in der Periode t

A_t = Ausgaben in der Periode t

i = Kalkulationszinsfuss

t = Periode

n = Nutzungsdauer

Abbildung 168: Kapitalwertformel

Die Jahressalden (jährliche Projekteinnahmen abzüglich der Ausgaben) werden auf den heutigen Zeitpunkt zu einem Kalkulationszinssatz abgezinst.

Jahr Kategorie	2004	2005	2006	2007	2008	Summe
Projekt-Erträge	0	0	250	100	200	550
Aufwand	-170	-200	-80			450
Überschuss/-Defizit	-170	-200	170	100	200	100
Kapitalwert(i=0,08)						17

Abbildung 169: Berechnung des Kapitalwertes für ein IT-Projekt

Ist der Kapitalwert wie in Abbildung 169 positiv, ist das Projekt aus finanzieller Sicht lohnenswert. Unberücksichtigt sind bei dieser Betrachtung natürlich nichtmonetäre Aspekte, z. B. strategische Nutzenpotentiale, die durch das Projekt freigesetzt werden.

Werden im Rahmen von Auswahlentscheidungen mehrere Projekte verglichen, so ist das Projekt mit dem höchsten Kapitalwert vorzuziehen. Da in solchen Fällen nicht nur monetäre Gründe für die Projektentscheidung maßgebend sind, ebenfalls qualitative Verfahren wie die Nutzwertanalyse zum Einsatz.

Nutzwert-
analyse

Die Nutzwertanalyse ist eine Methode zur Bewertung von nicht quantitativ beschreibbaren Alternativen. Hierzu werden die Alternativen und deren Nutzenwerte in einer Matrix gegenübergestellt. Die Alternative mit dem höchsten Nutzenwert ist die „optimale" Alternative. Das Verfahren ist einfach zu ermitteln und leicht nachvollziehbar, täuscht aber eine nicht vorhandene quantitative Messbarkeit der Bewertungskriterien vor, die zu Fehlinterpretationen führen können. Der Grund liegt in der Festlegung der Gewichte der Entscheidungskriterien, die das Ergebnis stark beeinflussen. Auf keinen Fall darf das Ergebnis einer Nutzwertanalyse kritiklos übernommen und umgesetzt werden.

Merkmal	Ge-wicht	Bewertung A	Summe A	Bewertung B	Summe B	Bewertung C	Summe C
Benutzer-freundlich-keit	20	3	60	5	100	4	80
Wart-barkeit	30	2	60	3	90	5	150
Zuverläs-sigkeit	50	1	50	3	150	2	100
Summe	100		170		340		330
Rang			3		1		2

Bewertungs-Skala: 0,1...,5   (0 = Nicht vorhanden   5 = sehr gut)

Abbildung 170: Beispiel einer Nutzwertanalyse (IT-Softwareauswahl)

Alternatives Abrechnungs-verfahren

Ein Nachteil der klassischen Wirtschaftlichkeitsanalyse ist die häufig in der Praxis geforderte kurze Amortisationsdauer von teilweise bis zu 12 oder 18 Monaten, die von vielen Projekten nicht erreicht werden können. Dies kann dazu führen, dass wichtige Projekte nicht in Angriff genommen werden. Bauer (2005b) schlägt hierzu ein alternatives Abrechnungsverfahren vor, das sich an den Transaktionsmodellen von Outsourcing-Anbietern orientiert (Zahlung nach Transaktionen, z.B. je durchgeführter Gehaltsabrechnung, je Ein-/Auslagerung).

Nach dem Vorschlag von Bauer wird von der IT-Abteilung zunächst das gesamte IT-Projekt vorfinanziert und später nutzungsabhängig an die Fachabteilung verrechnet. Die Entscheidung über die Durchführung und die gesamte Steuerung des Projektes obliegt der IT-Abteilung. Sie tritt damit als interner „Unternehmer" auf. Die Refinanzierung des IT-Projektes erfolgt durch die Berechnung von „Wahrnehmungspunkten der Nutzung" durch die Fachabteilung (vgl. Bauer, 2005b, S. 91). Die Wahrnehmung der IT geschieht insbesondere dann, wenn der Anwender bei seiner Arbeit unterstützt und entlastet wird, z. B. beim Erfassen eines Auftrages oder der Erstellung einer Kalkulation. Voraussetzung für das Verfahren ist eine aussagefähige IT-Kosten- und Leistungsrechnung, da für die Wahrnehmungspunkte Mengen und Preise ermittelt werden müssen.

4.4.7   **Risikomanagement in IT-Projekten**

Da die Realitäten sich nicht immer nach den Prognosen richten (Norbert Blüm, dt. Politiker, geb. 1935, vgl. Fichtl 2001, S. 100), muss das IT-Controlling-Konzept Risiken reduzieren. Typische immer wieder kehrende Risiken ergeben sich aus folgenden Situationen:

- Ausfall wichtiger Mitarbeiter während der Projektlaufzeit durch Unfall, Krankheit oder Kündigung,

- Mehrbedarf in anderen Projekten / Unternehmensbereichen,

- Nichteinhaltung zugesagter Termine durch eigene Mitarbeiter oder mit der Durchführung der Aufgaben beauftragte Dritte,

- Mangelnde Akzeptanz und Arbeitsdisziplin der Projektmitarbeiter und hierdurch verursachte Spät- oder Nichtleistungen,

- Verzögerungen durch unklare Verantwortungs- und Aufgabenzuweisungen.

Grundrisiken in IT-Projekten   Eine Liste von Projektrisiken lässt sich auf drei Grundrisiken zurückführen:

- Nicht-Einhaltung von Terminen: Ein Vorgang wird zu spät abgeschlossen.

- Nicht-Einhaltung von Kosten: Ein Vorgang wird zwar termingerecht abgeschlossen, verursacht aber zu hohe Kosten.

- Nicht-Einhaltung der Qualitätsanforderung: Ein Vorgang hält zwar Termine und Kosten ein, die erbrachte Leistung ist aber nicht ausreichend. Hieraus können Folgerisiken entstehen.

Typische Risiken lassen sich nach Fiedler (2001, S. 27) in folgende Kategorien unterteilen:

- ***Technische Risiken***

    - Sind alle Komponenten technisch kompatibel?

    - Besitzen wir die notwendige Ausrüstung?

    - Haben wir bereits Erfahrung mit der Entwicklungsumgebung?

- **Betriebswirtschaftliche Risiken**

  - Ist die Bonität des Kunden in Ordnung?

  - Gibt es Währungsrisiken?

  - Ist die Liquidität gesichert?

  - Gibt es genügend Puffer in der Kalkulation?

- **Personelle Risiken**

  - Besitzen die Mitarbeiter die notwendige Qualifikation?

  - Haben wir genügend Mitarbeiter zur Verfügung?

  - Können wir auf externe Mitarbeiter zurückgreifen?

- **Umwelt-Risiken**

  - Steht das Management hinter dem Vorhaben?

  - Gibt es Einwände des Betriebsrates?

  - Gibt es wichtige Mitarbeiter, die gegen das geplante Projekt sind?

  - Sind nationale Mentalitäten zu berücksichtigen?

- **Zulieferungs-Risiken**

  - Haben wir zuverlässige Lieferanten?

  - können wir kurzfristig auf andere Lieferanten ausweichen?

- **Zeitrisiken**

  - Haben wir genügend Puffer eingeplant?

  - Gibt es Einwirkungen, die wir nicht planen oder beeinflussen können (Streik, schlechtes Wetter)?

KonTraG   Für große Softwareprojekte gelten Maßnahmen des Risikomanagements für Aktiengesellschaften im Rahmen des Gesetzes zur Kontrolle und Transparenz im Unternehmensbereich" (KonTraG) als Pflichtaufgabe (vgl. Grauer et al. 2004, S. 62). Darüber hinaus sind auch sonstige Gesellschaften betroffen, wenn sie zwei der drei folgenden Kriterien erfüllen (vgl. Versteegen, 2003, S. 5):

- Bilanzsumme > 3,44 Mio EUR

- Umsatz > 6,87 Mio EUR

- Mitarbeiterzahl > 50.

Die Leitung der erfassten Unternehmen ist nach dem KonTraG verpflichtet, für die Implementierung eines Risiko-Früherkennungssystems zu sorgen und besondere Auskünfte über die zukünftige Risikoentwicklung im Lagebericht des Unternehmens zu geben.

Testat

Die Umsetzung der KonTraG-Bestimmungen wird durch unabhängige Wirtschaftsprüfer im Rahmen der normalen Jahresabschlussprüfung überwacht. Die Abschlussprüfer testieren, ob die Risiken der künftigen Entwicklung korrekt dargestellt sind und geben im Prüfungsbericht eine Stellungnahme zur Beurteilung der Risiken im Lagebericht ab.

Um Projektrisiken vorzubeugen und den gesetzlichen Anforderungen zu genügen, muss der IT-Controller ein Risikomanagementsystem aufbauen, das aus mehreren Komponenten besteht (vgl. Henrich 2002, S. 380 ff.):

Komponenten des Risikomanagements

- **Risiko-Identifizierung.**

  Diese Komponente prüft, ob und welche potentiellen Risiken bestehen. Dies geschieht unter dem Einsatz von Kreativitätstechniken wie z. B. der Moderationstechnik.

- **Risiko-Bewertung.**

  Sie ermittelt den potentiellen Schaden und dessen Eintrittswahrscheinlichkeit. Die Darstellung kann als Risikoportfolio erfolgen (vgl. Abbildung 171)

- **Risiko-Vermeidung/ Reduktion**

  erfolgt über Einleitung von Maßnahmen für Risiken im rechten Bereich des Risikoportfolios (vgl. Abbildung 171).

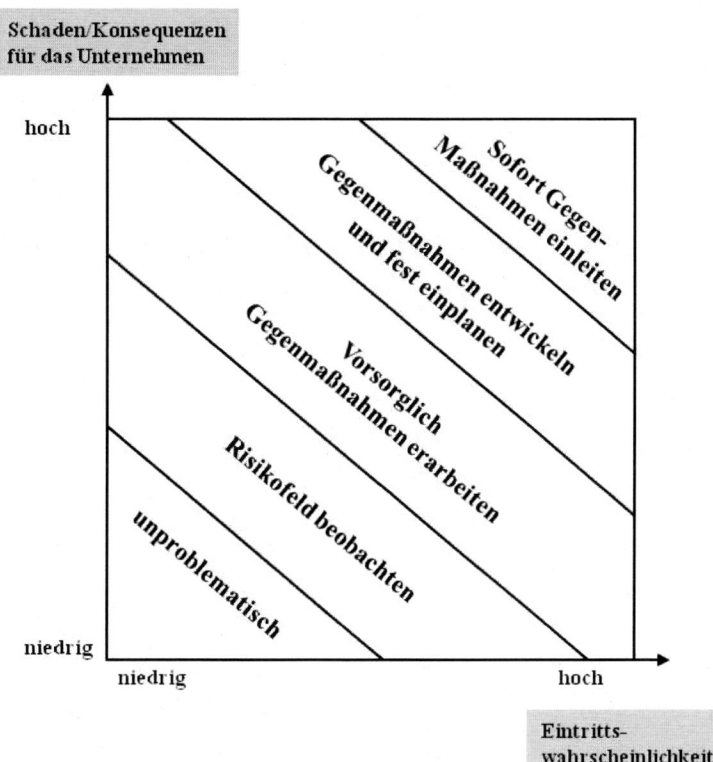

Abbildung 171: Risikoportfolio (Henrich 2002)

Die Konkretisierung des in Abbildung 171 dargestellten Risiko-portfolios kann mit Hilfe von Risikobereichen erfolgen, denen konkrete Aktivitäten im Projekt zugeordnet werden (vgl. Abbildung 172). Für Risiken im Bereich A sind Gegenmaßnahmen durch das Projektteam zu erarbeiten. Deren Umsetzung ist im Lenkungsausschuss des Projektes zu überwachen. Für Risiken der Risiko-Bereiche B und C sind ebenfalls Gegenmaßnahmen im Projektteam zu erarbeiten. Die Überwachung der Umsetzung erfolgt durch den Projekt-Controller. Risiken des Bereiches B sind dem Lenkungsausschuss mitzuteilen. Für den Risiko-Bereich D sind keine Gegenmaßnahmen erforderlich, sie obliegen der Überwachung durch den Projekt-Controller.

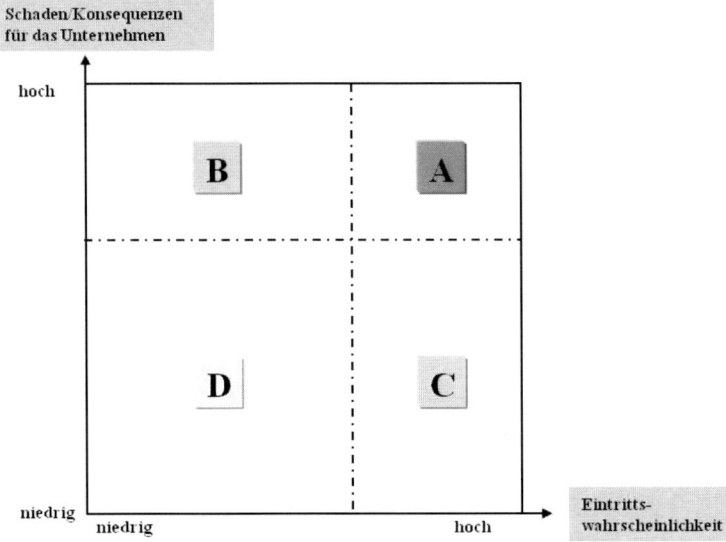

Abbildung 172: Risikobereiche im Projektcontrolling

Risiko-Liste   Die Risiko-Identifizierung übernimmt ein Beauftragter für das Risikomanagement. Er führt eine Liste mit den wichtigsten Risiken des IT-Projektes und dem Status der eingeleiteten Maßnahmen (vgl. Henrich 2002, S. 380).

Nr. diese Woche	Nr. letzte Woche	Anz. Wochen auf der Liste	Risiko	Fortschritt der Maßnahmen zur Risikobekämpfung
1	1	5	Ansteigende Anforderungen	❑ Erstellung eines Prototyps zur Validierung der Anforderungen ❑ Das Benutzerhandbuch wurde einer ausdrücklichen Versionskontrolle unterstellt. ❑ Die Auslieferung der Software wird in mehreren Schritten mit ansteigender Funktionalität vorgesehen
2	5	3	Analysemodell ufert aus	...
...	...	...	...	...

Abbildung 173: Liste zur Überwachung von Projektrisiken

Net Present Value   Das Risikomanagement ermittelt die diskontierten Projektwerte. Die BASF Pharma AG berechnet zur Beurteilung von Entwicklungsprojekten den diskontierten Net Present Value (NPV), der große Ähnlichkeit mit der Kapitalwertmethode hat (vgl. Fiedler 2001, S. 38 und die drei Darstellungen ab Abbildung 174). Für den Planungszeitraum von 15 Jahren wird der NPV je Projekt-szenario ermittelt, abgezinst und anschließend mit der Eintritts-wahrscheinlichkeit gewichtet. Der NPV eines Projektszenarios ermittelt sich aus der Differenz von Umsatz und Kosten (pro Jahr) abzüglich der Investitionssumme. Die Summe aller NPV soll positiv sein.

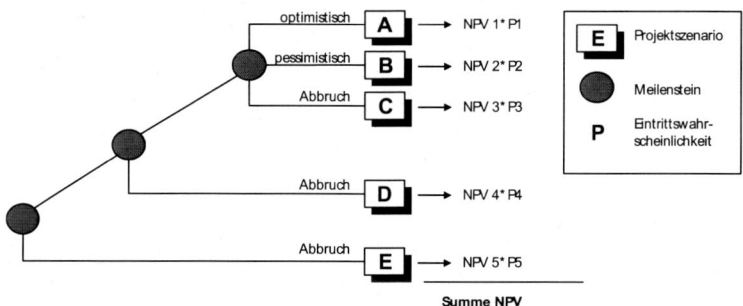

Abbildung 174: Schema zur NPV-Berechnung (Fiedler 2001)

Projekt-szenario	Einnahmen (abgezinste Summe)	Ausgaben (abgezinste Summe)	NPV	Wahrschein-lichkeit
A (opt.)	20.000	10.000	10.000	30%
B (pess.)	15.000	10.000	5.000	10%
C (Abbr.)	10.000	10.000	0	5%
D (Abbr.)	5.000	17.000	-12.000	25%
E (Abbr.)	0	6.000	-6.000	30%

Abbildung 175: Daten zur NPV-Berechnung (Fiedler 2001)

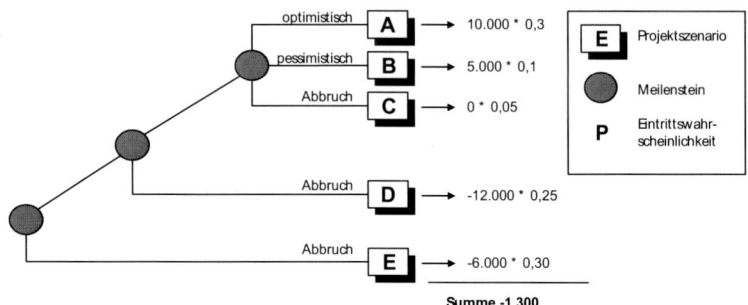

Abbildung 176: Beispiel zur NPV-Berechnung (Fiedler 2001)

Praktiker-
methode

Eine in der Praxis anzutreffende Methode der Kostenschätzung ist die Gewichtung von pessimistischen, optimistischen und wahrscheinlichen Schätzwerten (vgl. z. B. Hölzle/Grünig, 2002, S. 199) mit Hilfe der folgenden bzw. ähnlicher Formeln:

$$Aufwand = \frac{A_o + A_p + 4A_w}{6}$$

A_o =   Optimistischer Aufwand, der unter besten Bedingungen erreicht werden kann,

A_p =   Pessimistischer Aufwand, der unter besonders ungünstigen Bedingungen erwartet wird,

A_w =   Wahrscheinlicher Aufwand, der unter normalen Bedingungen zu erwarten ist.

Als weitere Maßnahmen zur Risiko-Vermeidung und -Reduktion gelten:

- Verbesserung der Planungssicherheit (Risikominderung)

  Einsatz der Simulation zur dynamischen Analyse von Alternativentscheidungen mit Sensitivitätsanalysen zur Überprüfung einer Rangfolge von Alternativen auf ihre Robustheit gegenüber Änderungen von Parameterwerten.

- Planung vorbeugender Maßnahmen zur Risikominderung

  Zeitpuffer einbauen, z. B. zusätzliche Mitarbeiter, Finanzreserven oder Rückfallszenarien planen, z. B. altes Softwaresystem zurückladen, alten Arbeitsablauf reaktivieren.

- Korrektivmaßnahmen (Problembeseitigung im Schadensfall)

  Vorbereitung eines Maßnahmenkataloges zur Problembeseitigung, z. B. Ersatzlieferanten identifizieren, falls ein Lieferant ausfällt oder nicht termingerecht liefert, z. B. über einen Vertrag mit einer Leiharbeitsfirma für die Bereitstellung von Personal mit bestimmten Qualifikationsprofilen.

4.4.8   Einsatz von Realen Optionen im Projektcontrolling

Die Ermittlung von Kosten- und Nutzenwerten führt in der Praxis oft nicht zu den gewünschten Ergebnissen. So ermittelt z.B. die häufig genutzte Kapitalwertmethode einen abgezinsten Barwert für das gesamte IT-Projekt. Leider lässt sich die für IT-Projekte typische Dynamik nicht in die Entscheidungsfindung einbeziehen. Dies ist von Nachteil für die Qualität der Entscheidungsfindung, denn häufig ändern sich die Rahmenbedingungen eines IT-Projektes mehrfach bereits während der Projektlaufzeit. In diesem Zusammenhang wird versucht, mit dem Konzept der „Realen Option" die Entscheidungen in IT-Projekten zu dynamisieren. Allerdings werden Reale Optionen sehr selten als Werkzeug für das Projektmanagement genutzt (vgl. z.B. bei Standardsoftwareprojekten in: Bernroider/Koch, 2000, S. 335 oder allgemein im Projektcontrolling in: Gadatsch/Juszczak/Kütz/Theisen, 2010, S. 19).

Option

Eine Option ist das Recht, aber nicht die Pflicht, eine bestimmte Handlung auszuführen. So ist die Kaufoption einer Aktie ab einem bestimmten Aktienkurs sinnvoll, wenn mit Kurssteigerungen gerechnet wird. Allerdings bestehen bezüglich der zukünftigen Kursentwicklung noch Unsicherheiten, die abzuwägen sind.

Reale Optionen

Prinzipiell lässt sich jedes IT-Projekt als Bündel mehrerer realer Optionen ansehen. Der Projektleiter hat sich im Rahmen der Projektsteuerung permanent auf veränderte Umwelt- oder Rahmenbedingungen einzustellen. Als Realoptionen von IT-Projekten gelten:

- *Erweiterungsoption:* Erweiterung des geplanten Funktionsumfangs des Informationssystems, z.B. wenn nach erfolgtem Test der Standardsoftware zusätzliche für den Auftraggeber bisher unbekannte Funktionen entdeckt werden, die im ursprünglichen Projektvolumen nicht bekannt waren.

- *Verzögerungsoption:* Projektverzögerung, bei der Einführung eines neuen Vertriebsabwicklungssystems, da das Vorprojekt „Hochregallager" nicht rechtzeitig fertig gestellt wurde. Das Projekt wird fortgeführt, wenn das Hochregallager in Betrieb ist.

- *Abbruchoption:* Projektabbruch wegen Wechsel der Rahmenbedingungen, z.B.: Der Auftraggeber benötigt wegen eines Unternehmenskaufs das geplante Rechenzentrum nicht mehr, die gekauften Kapazitäten sind zunächst zu nutzen.

- *Wiederanlaufsoption:* Projekt, dass zuvor verzögert oder gestoppt wurde, wird wie vorgesehen in Gang gesetzt, z.B. Rollout der fertigen Software, nachdem sie wegen zahlreicher Qualitätsmängel ausgesetzt wurde.

Kombiniert man die Einzeloptionen mit klassischen Instrumenten der Wirtschaftlichkeitsanalyse, also z.B. der häufig genutzten Kapitalwertmethode, erhält man keine statische Größe für das gesamte IT-Projekt sondern angepasste Kapitalwerte für jede Option.

BEISPIEL: EINSATZ REALER OPTIONEN IN IT-PROJEKTEN

Ausgangsprojekt: Ein Maschinenbauunternehmen plant die Einführung einer betriebswirtschaftlichen Standardsoftware. Zunächst sollen die Bereiche Logistik und Vertrieb die neue Software nutzen. Die Geschäftsprozesse des Unternehmens sind an die vorgesehenen Abläufe der Standardsoftware anzupassen. Ziel des Projektes ist es, nur Standardfunktionen der Software zu nutzen.

Nach drei Monaten Projektarbeit steht fest, dass die logistischen Prozesse sehr stark mit den finanzwirtschaftlichen Prozessen vernetzt sind. Außerdem reichen die Standardprozesse der Software bei weitem nicht aus, um die Anforderungen der Produktion und des Vertriebs zu befriedigen. Folgende Optionen werden dem Lenkungsausschuss für den weiteren Verlauf des Projektes vorgeschlagen:

Projektabbruch: Sofortiger Stopp des Projektes und Neuausschreibung der Standardsoftware, da die ausgewählte Software die notwenigen Lösungen nicht als Standardlösung bereitstellen kann. Hierdurch entstehen erhebliche Zusatzkosten, die nicht geplant worden sind.

Projekterweiterung (technisch): Die fehlenden Funktionen werden über Zusatzprogramme (Add Ons) entwickelt und über Schnittstellenprogramme mit der Standardsoftware verknüpft. Auch diese Alternative führt zu zusätzlichen Kosten, allerdings lässt sich die gekaufte Software nutzen.

Projekterweiterung (organisatorisch): Einbeziehung der Bereiche „Finanzbuchhaltung und Controlling" in das Projekt, um eine integrierte Gesamtlösung zu implementieren.

Nachdem die Option „Projektabbruch" zugunsten der Option „technische Projekterweiterung" gestoppt wurde, werden die Optionen „technische und organisatorische Projekterweiterung" gemeinsam realisiert.

Nach fünf weiteren Monaten werden Verzögerungen im Teilprojekt „Logistik" transparent. Deshalb sind die Teilprojekte „Fertigung", „Vertrieb" sowie „Finanzwirtschaft" zu verzögern, da sie auf die Daten des Teilprojektes „Logistik" angewiesen sind. Hieraus ergibt sich eine weitere Option:

Projektverzögerung: Stopp der vom Logistikprojekt abhängigen Teilprojekte, bis die Voraussetzungen für eine Wiederaufnahme wieder erreicht worden sind.

Das Beispiel dokumentiert den Vorteil realenr Optionen. Anstelle einer starren Projektplanung zu Beginn des Projektes und einer hierauf aufbauenden Wirtschaftlichkeitsanalyse lässt sich die Bewertung des Projektes der aktuellen Situation anpassen.

4.4.9   Berichtswesen und Dokumentation

Berichte und Dokumentationen des Projektes richten sich an unterschiedliche Empfänger. Sie sind daher an den Bedürfnissen der Empfänger auszurichten, sonst verfehlen sie ihre Wirkung. Grundsätzlich gilt für alle Projektberichte: Kurz, sachlich, übersichtlich und präzise schreiben. Beispiele für Merkmale typischer Projektberichte sind:

- ***Bericht / Entscheidungsvorlage für den Projektlenkungsausschuss:*** Entscheidungsbedarf hervorgehoben mit Empfehlung des Projektleiters, keine unnötigen Details, angemessenes Sprachniveau, hohe Qualität des Layouts.

- ***Bericht für die Unternehmenszeitung:*** einfache und klare Sprache, so dass alle Mitarbeiter im Unternehmen erreicht werden, Bezug des Projektes zum typischen Arbeitsumfeld für den Leser aufzeigen.

Aus formaler Sicht sollten bei der Erstellung von Projektberichten folgende Aspekte beachtet werden:

- ***Berichtsstil:*** flüssig, sachlich und leicht lesbar.

- ***Verteiler:*** je Bericht einen Verteiler pflegen, zentrale Verteilerpflege im Projektbüro).

- *Abkürzungen:* sparsam verwenden, ggf. Glossar und Abkürzungsverzeichnis verwenden.

- *Zielgruppe:* Berichte für die Zielgruppe aufbereiten, z.B. Berichte für die Fachabteilung nicht mit IT-Fachbegriffen überfrachteten.

- *Grafik:* Grafische Darstellungen sollten den Text auflockern.

- *Bereitstellung:* Medium (E-Mail, Papier) der Unternehmenskultur anpassen.

Ziel von *Entscheidungsvorlagen für den Projektlenkungsausschuss* ist die Bereitstellung aller notwendigen Informationen, um den Führungskräften eine Entscheidung zu ermöglichen. Die Bereitstellung aller Unterlagen muss unbedingt rechtzeitig vorher erfolgen (i.d.R. wenn nichts anderes vereinbart 1-2 Wochen). Wichtige Inhalte der Dokumente sind:

- Situationsbeschreibung mit Problemen und Konsequenzen,

- Entscheidungsalternativen mit Kosten, Zeit- und Ressourcenbedarf sowie Konsequenzen aufzeigen,

- Entscheidungsvorschlag mit Begründung,

- ergänzende Unterlagen (Gutachten etc.).

Protokolle

Protokolle dienen dazu, die Ergebnisse von Projekt-Sitzungen, Projektleiter-Runden, Projektlenkungsausschuss-Sitzungen und vergleichbaren Veranstaltungen festzuhalten. Protokolle sind ein wichtiger Bestandteil der Projektarbeit und –dokumentation. Die Art der Protokollierung (Protokolltyp) ist zu Beginn einer Sitzung vom Projektleiter oder Einladenden zu vereinbaren.

- *Ergebnisprotokolle* beschreiben nur Gegenstand und Ergebnis der Besprechung. Sie sind der Standardfall für normale Projektsitzungen mit formalem Charakter. Wichtige Protokolle sind von den Betroffenen zu genehmigen und zu unterschreiben.

- Bei *Ablaufprotokollen* werden neben dem Inhalt auch wesentliche Meinungsäußerungen (insb. abweichende Meinungen) einzelner Teilnehmer festgehalten. Wegen des hohen Aufwands finden sie nur im Ausnahmefall Verwendung.

- *Kurzprotokolle* sind in Projekten üblich. Sie werden bei normalen Arbeitssitzungen geführt und enthalten nur wesentliche Punkte ohne Begründungen und Details. Häufig sind auch E-Mails mit Stichpunkten üblich.

Ein wichtiges Dokument ist der **Projektstatusbericht**, der meist wöchentlich oder monatlich erstellt wird. Er enthält die folgenden wesentlichen Inhalte (vgl. auch das Muster in Abbildung 177):

- **Management Summary:** Zusammenfassung der wesentlichen Aspekte.

- **Stand des Projektes:** Erreichter Stand bei wichtigen Arbeitspaketen und Meilensteinen.

- **Planabweichungen:** Zeitliche Veränderungen wie z.B. Verzögerungen, Verschiebungen oder Vorziehen von Arbeitspaketen.

- **Probleme:** Situationsbeschreibung und notwendige Maßnahmen sowie Stand bereits eingeleiteten Maßnahmen.

- **Finanzen:** Kosten-/Ressourcensituation, Plan-Ist-Vergleich, Ursachen für Abweichungen.

- **Personelle Veränderungen:** Kündigungen oder Einstellung von Projektmitarbeitern.

- **Next Steps:** Information über das weitere Vorgehen in der nächsten Berichtsperiode.

Zeitplan

Liegt das Teilprojekt im Zeitplan?	Ja	Nein			Kritikalität der Verspätung		
Falls nein ⇨ Ausmaß der Verspätung in Wochen					Grün	Gelb	**Rot**
⇨ Maßnahmen zur Sicherstellung							
Maßnahmen			Verantwortlich				

Ressourcen

Standen die Ressourcen in ausreic hender Kapazität und Qualifikation zur Verfügung ?	Ja	Nein
Falls nein ⇨ Waren nicht ausreichend Ressourcen zugesagt?		
Wurden Zusagen nicht eingehalten (ohne Wertung!)?		

Stimmungslage

Stimmungslage im Teilprojekt	☺		☹		☹

Kritische Punkte im Teilprojekt

Kritischer Sachverhalt	Auswirkung

Notwendige Unterstützungen

Notwendige Unterstützung	zum Termin	gemeldet an

Abbildung 177: Projektstatusbericht (Hölzle/Grünig, modifiziert)

4.4.10   Einführung von Software

4.4.10.1   Phasenmodelle

IT-Projekte beschäftigen sich mit der Einführung von individuell für ein Unternehmen zu entwickelnder Software (Individualsoftware) oder mit der Einführung von Standardanwendungssoftware. Beide Projekttypen unterscheiden sich stark im Ablauf und der Struktur. Zur Bearbeitung komplexer Problemstellungen wie der Entwicklung von Produkten und Diensten sowie der Softwareentwicklung haben sich Phasen- oder Life-Cycle-Modelle durchgesetzt. Diese Konzepte zerlegen ein komplexes Problem in mehrere Teilaufgaben nach vordefinierten Regeln. Sie führen zu festgelegten Ergebnissen in einer vorgeschriebenen Dokumentation.

Klassischer Software-Life-Cycle

Die Vorgehensmodelle beschreiben in Abbildung 178 Phasen und Ergebnisse eines Software-Entwicklungsprozesses, auch als klassischer Software-Life-Cycle bekannt.

Problemstellung

Aus den Anforderungen ergibt sich die Aufgabenstellung für eine Erstellung oder Erweiterung eines vorhandenen Softwaresystems, die in einer Idee für einen groben Lösungsansatz mündet.

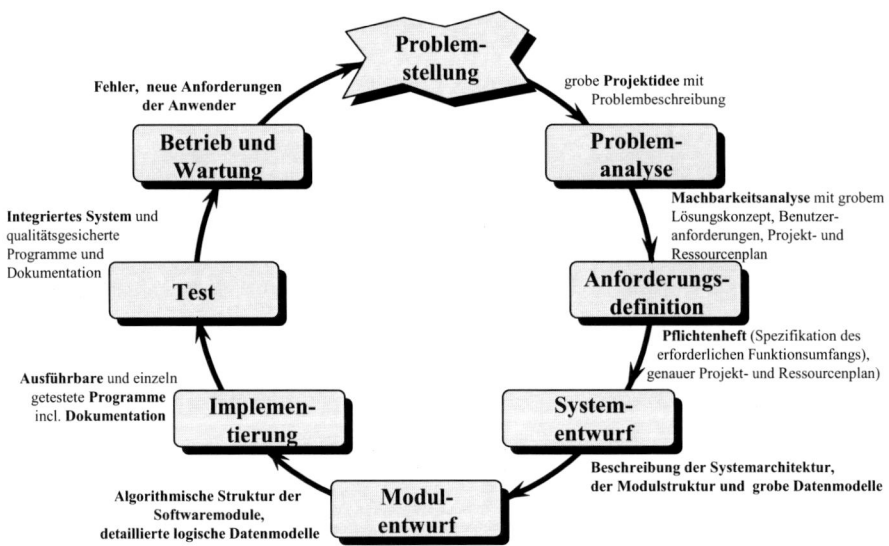

Abbildung 178: Software-Life-Cycle (Pomberger/Blaschek, 1993, S. 218)

Problemanalyse   Die Lösungsidee wird in der Problemanalyse abgegrenzt, detailliert und untersucht. Es folgt die Beschreibung des Ist-Zustandes mit Hilfe von Datenflussplänen, Vorgangskettendiagrammen oder anderen Techniken. Von der Machbarkeitsanalyse hängt der weitere Fortgang des Projektes ab. Eine detaillierte Beschreibung des Lösungskonzeptes dient der späteren Realisierung der Anwenderwünsche. Dieses Soll-Konzept beschreibt die gewünschte Funktionalität des Softwaresystems. Modellierungstechniken zur Prozess-, Funktions- und Datenmodellierung kommen zum Einsatz. Die Lösungsanalyse beantwortet die Frage, ob das Softwaresystem auf der Basis von Standardanwendungssoftware oder als Individualentwicklung zu entwickeln ist.

Anforderungs-definition   Eine Anforderungsdefinition legt fest, was das Softwaresystem mit Grundannahmen und Voraussetzungen leisten soll. Ein Pflichtenheft beschreibt die Spezifikationen. Der Projektplan legt Folgeschritte, deren Zeitansatz und die notwendigen Ressourcen fest. Fehler dieser Phase fließen sonst in Folgephasen ein und erhöhen die Kosten.

Systementwurf   Das Lösungskonzept definiert, „was" das Softwaresystem leisten soll, im Systementwurf wird festgelegt „wie" dies geschehen soll, aus welchen Systemkomponenten das Softwaresystem besteht, welche Teilaufgaben zu erbringen sind und wie das Zusammenspiel der Teilkomponenten erfolgt.

Modulentwurf   Der Modulentwurf konkretisiert den Systementwurf, verfeinert grob beschriebene Komponenten, beschreibt ihre innere Logik, die in der Phase des Systementwurfs noch nicht Gegenstand der Betrachtungen war. Spezifikationsobjekte sind die Prozeduren und Algorithmen innerhalb der Module sowie interne Datenstrukturen und Schnittstellen. Die Datenstrukturen werden als logisches Datenmodell mit Techniken zur Datenmodellierung (z. B. Entity-Relationship-Modell) spezifiziert. Prozeduren werden mit über einen Pseudocode (semiformale Beschreibung der Programmlogik mit an Programmiersprachen angelehnten Sprachkonstrukten wie z. B. IF – THEN – ELSE) beschrieben.

Implementie-rung   Eine Implementierung schlägt auf Basis der vorangegangenen Phasenergebnisse ausführbare Programme vor, die in der gewünschten Zielsprache zu programmieren und testen sind. Die erstellten Algorithmen sind so zu verfeinern, dass Sie sich mit Hilfe einer Programmiersprache spezifizieren lassen. Die Programm- und Benutzerdokumentation ist gleichzeitig zu erstellen.

Weiterhin ist in der Implementierungsphase auf der Grundlage eines logischen Datenmodells für die Ausführung ein physisches Datenmodell für das Datenbank-Managementsystem zu erstellen.

Test

Die entwickelten und bisher isoliert getesteten Systemkomponenten sind einem Integrationstest zu unterziehen, um die erforderliche Systemqualität sicherzustellen. Die Programm- und Benutzerdokumentation sind auf Querverträglichkeit zu überprüfen.

Betrieb und Wartung

Nach dem Testverfahren wird die Software für den Einsatz durch die Anwender freigegeben. Beim Betrieb der Software werden in der Regel noch nicht entdeckte Fehler sichtbar. Die Mitarbeiter der Fachabteilungen lernen das System im praktischen Einsatz kennen und können noch Verbesserungsvorschläge unterbreiten. Änderungsvorschläge für das Computersystem führen zu einem erneuten Durchlauf des Software-Life-Cycle.

Phasenmodelle bedingen, dass vor dem Beginn der Folgephase die Vorphase abgeschlossen sein muss. Da dieser Grundsatz in der Praxis nur selten durchzuhalten ist, wurden Varianten entwickelt, die einen „Rücksprung" in vorherige Phasen erlauben. Bekannte Konzepte zur Lösung dieses Problems bietet das Wasserfall-Modell oder der Prototyping orientierte Ansatz.

Wasserfall-modell

Die Erfahrungen des klassischen Software-Life-Cycle führten zu Versuchen, für die Praxis taugliche Vorgehensmodelle zu entwickeln. Einer davon ist das Wasserfallmodell (vgl. Abbildung 179). Es wurde in den 70er-Jahren entwickelt. Im Vergleich zum klassischen Ansatz sind Rückkopplungen zwischen zwei aufeinander folgenden Phasen und die Einbindung einer experimentellen Validierung der einzelnen Phasenergebnisse entwickelt worden.

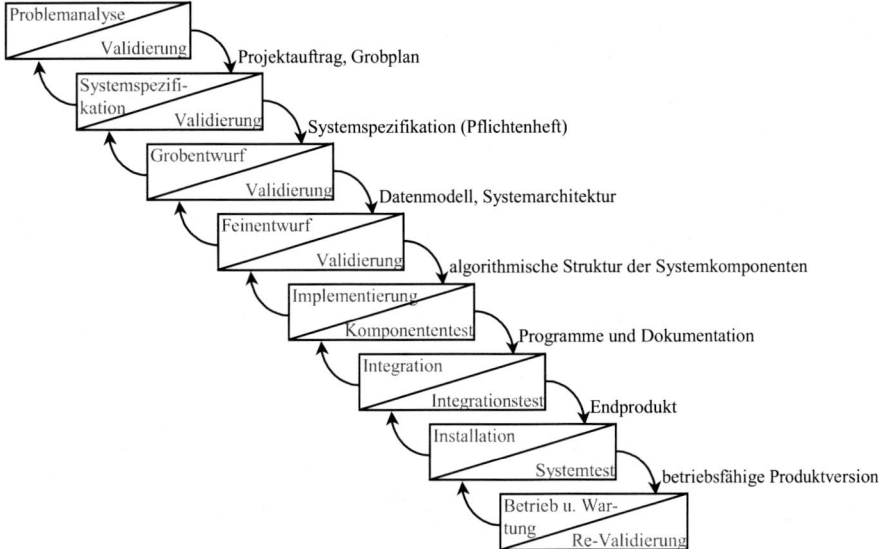

Abbildung 179: Wasserfallmodell (Pomberger/Blaschek 1993, S. 23).

Der Projektauftrag und hieraus erstellte Grobplan ergeben die „Problemanalyse. Wenn in der Phase „Systemspezifikation" sich zeigt, dass wichtige Teilbereiche nicht im Projektauftrag berücksichtigt worden sind, wird das Ergebnis der abgeschlossenen Phase „Problemanalyse" überarbeitet und korrigiert. Deutlicher wird dieser Zusammenhang beim Durchlauf der Phasen „Feinentwurf", „Implementierung" und „Integration". So ist es für Praxis-Projekte durchaus typisch, dass erst beim Integrationstest wichtige Details (wie z. B. fehlende Euro-Umrechnung im Fakturierungsprogramm) auffallen, die bereits im Feinentwurf hätten berücksichtigt werden müssen. Das Wasserfallmodell sieht im Gegensatz zum klassischen Ansatz vor, dass für den betrachteten Bereich ein Rücksprung zur Phase „Feinentwurf" erfolgen kann, damit sich die notwendigen Änderungen auf die folgenden Phasen „Implementierung" und „Integration" auswirken.

Sequentielle Vorgehensweise

Die streng sequentielle Vorgehensweise des klassischen Ansatzes wird durch das Wasserfallmodell gelockert. Die Doppelstrategie, zuerst einen Prototyp in der Systemspezifikation zur Validierung zu entwickeln und diesen in der Systemarchitektur als Phasenprodukt weiterzuentwickeln, soll das Risiko unvollständiger Systemspezifikationen reduzieren (vgl. Pomberger/Blascheck, 1993, S. 23 f.). Die Praxis kritisiert das Wasserfallmodell, weil es zu wenig Flexibilität aufweist (vgl. z. B. Herrmann/Falk, 2003, S. 4). Trotz der Schwächen wird es noch oft eingesetzt. Eine Untersuchung des Fraunhofer-Instituts Informations- und Datenverarbeitung (IITB), Karlsruhe in Kooperation mit der Gesellschaft für Projektmanagement (GPM) ergab, dass das Wasserfallmodell noch in 41 % der befragten Unternehmen (Zeitraum der Erhebung: Herbst 2003) genutzt wird (vgl. Kalthoff 2004, S. 33).

V-Modell

Für den öffentlichen Bereich wurde auf Basis des Wasserfallmodells das V-Modell entwickelt (vgl. Balzert 1998, S. 101ff.). Es ist das herstellerneutrale Standardvorgehensmodell für die Planung und Durchführung von IT-Vorhaben für IT-Systeme des Bundes. Es wurde ursprünglich von den Bundesministerien der Verteidigung und des Innern entwickelt. Mittlerweile wird es von Behörden, dem Militär und auch vielen Industrieunternehmen angewendet und permanent weiterentwickelt (vgl. IABG 2004).

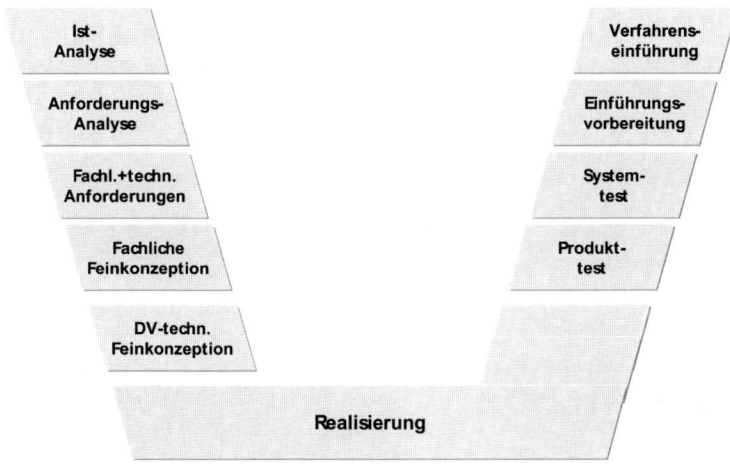

Abbildung 180: V-Modell (angepasst)

Neben dem Vorgehensmodell, das die Aktivitäten und Softwareprodukte beschreibt, werden die einzusetzenden Methoden (z. B. Schätzverfahren, Planungsverfahren, Daten- und Prozessmodellierung, Testverfahren) festgelegt sowie spezifiziert, welche Eigenschaften die einzusetzenden Softwaretools erfüllen müssen.

Spiralmodell

Das Spiralmodell (vgl. Abbildung 181) versucht die bisherigen Vorgehensmodelle als Sonderfälle zu integrieren und für jedes Projekt eine individuelle Vorgehensweise zu finden (vgl. Pomberger/Blascheck, 1993, S. 26-28). Die radiale Ausdehnung dokumentiert den Gesamtaufwand des Projektes. Die Winkeldimension zeigt den Projektfortschritt in den einzelnen Spiralzyklen.

Das Spiralmodell lässt sich auf die Entwicklungs- und Wartungsphase anwenden. Jeder Zyklus enthält die gleiche Schrittfolge. Eine Verfeinerung der Analysen und Spezifikationen erfolgt im Projektverlauf. Im ersten Quadrant werden Ziele und Anforderungen definiert, danach Lösungsalternativen entworfen. Anschließend sind Nebenbedingungen und Einschränkungen (Kosten, Termine etc.) für den weiteren Projektverlauf zu identifizieren. Der zweite Quadrant bewertet die Lösungsvarianten im Hinblick auf Projektziele und Restriktionen. Die Risikoanalyse wird durch Prototyping unterstützt. Im dritten Quadrant erfolgt eine Detaillierung, Implementierung und Integration mit einem Test im Sinne des klassischen Vorgehensmodells. Im vierten Quadrant erfolgt die Planung der nächsten Aktivitäten. In der Praxis ist es nach der oben erwähnten Untersuchung ebenfalls noch vergleichsweise häufig (19 %) im Einsatz (vgl. Kalthoff 2004, S. 33).

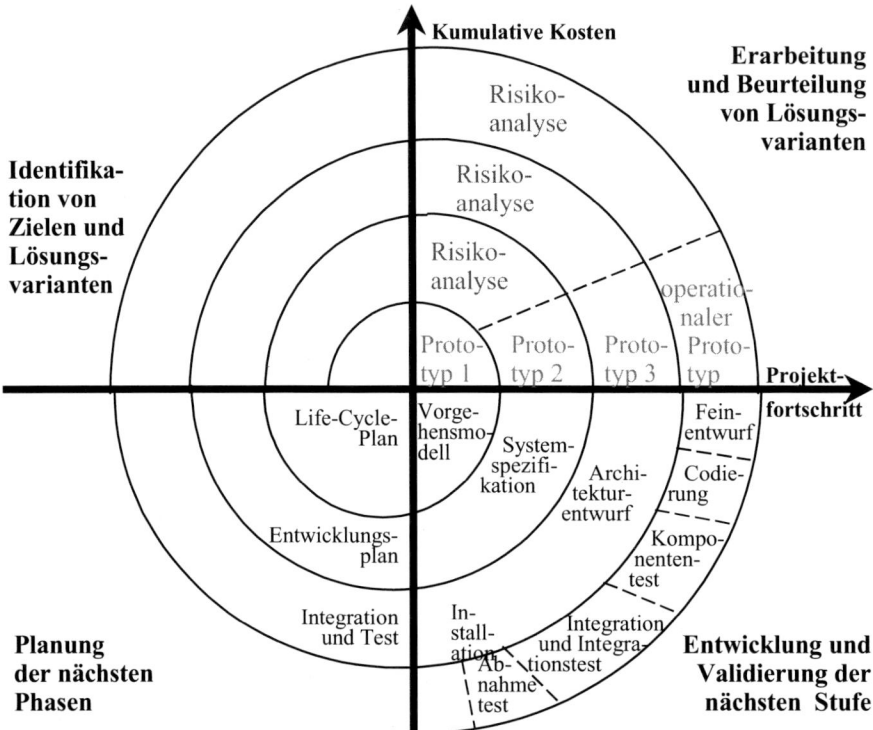

Abbildung 181: Spiralmodell (Pomberger/Blaschek 1993, S. 27)

Prototyping orientiertes Vorgehensmodell

Das Phasenmodell bleibt prinzipiell erhalten, wird jedoch mehr iterativ, als linear angesehen. Die Problemanalyse und System-spezifikation laufen zeitlich überlappt ab. Entwurf, Implementie-rung und Test verschmelzen ineinander. Man spricht nicht mehr von Phasen, sondern von Aktivitäten, weil es keine Trennung der Teilaufgaben mehr gibt, wie es das klassische Life-Cycle-Modell erfordert. Die Erstellung des Prototypen ist ein iterativer Prozess, d. h. der Software-Prototyp wird spezifiziert, hergestellt und anschließend wird mit ihm experimentiert, was wiederum zu einem neuen (erweiterten) Prototypen führt, mit dem wiederum experimentiert wird. Diese Iteration wird solange fortgeführt, bis der Prototyp durch den Benutzer fachlich-inhaltlich und hinsicht-lich der Benutzerführung akzeptiert ist.

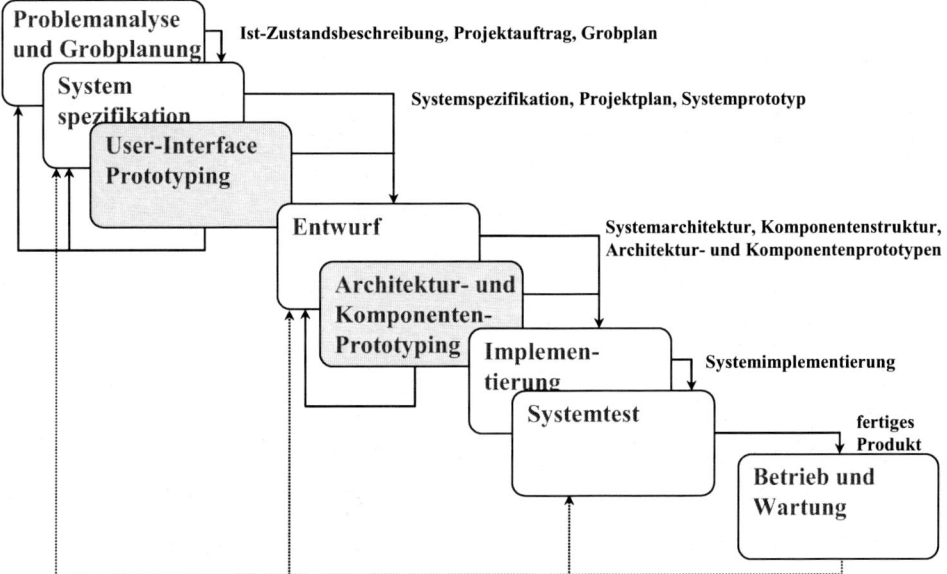

Abbildung 182: Prototyping orientierter Ansatz

Die Anwendung klassischer Vorgehensmodelle ist sehr verbreitet. Zahlreiche Großunternehmen haben eine Vielzahl von mehr oder weniger stark voneinander abhängigen Softwareprojekten zu planen, zu steuern und zu dokumentieren. Die Anzahl der Projektmitarbeiter beträgt häufig mehrere hundert Personen. Für diese Unternehmen besteht daher die Notwendigkeit, einheitliche Entwicklungsmethoden und -werkzeuge einzusetzen, um parallele Entwicklungen zu verhindern, Doppelanschaffungen zu vermeiden und Einsparungen zu realisieren. Sie haben auf der Basis klassischer Ansätze eigene Vorgehensmodelle entwickelt, die den unternehmensindividuellen Besonderheiten Rechnung tragen sollen.

4.4.10.2   Besonderheiten bei der Einführung von Standardsoftware

Standardsoftware als langfristig wirkende Investition in Technik (Hardware, Software) und Humankapital (Schulung, Einführung neuer Prozessabläufe) stellt hohe Anforderungen an die IT-Mitarbeiter. Neben fachlich-betriebswirtschaftlichen Fragestellungen entstehen neue Anforderungen an die Zusammenarbeit der Mitarbeiter durch die vernetzte Zusammenarbeit der Abteilungen im Unternehmen. Moderne Softwaresysteme sind prozessorientiert konzipiert und kennen keine Abteilungsgrenzen mehr.

Schon die Wahl einer falschen Einführungsstrategie kann irreversible Folgen für das Unternehmen auslösen, wie Beispiele aus der Praxis zeigen (Gadatsch 2004).

Ergo:

Deshalb muss sich der IT-Controllerdienst aktiv an der Einführung einer Standardsoftware beteiligen.

Einführung von Standardsoftware

Für die Einführung betriebswirtschaftlicher Standardanwendungssoftware haben sich in der Praxis zwei Grundstrategien herausgebildet: Big-Bang- und Sukzessiv-Strategie. Beim Big-Bang wird die Software in einem Zug eingeführt. Dies geschieht durch Abschalten des Altsystems nach vorheriger Übertragung der Daten und Aktivierung des neuen Systems. Bei der Sukzessiv-Strategie werden aus dem Altsystem stufenweise Funktionen oder Prozessteile herausgelöst und durch das neue Softwaresystem unterstützt. Beide Vorgehensweisen haben spezifische Vor- und Nachteile, auf die hier nur kurz eingegangen wird. Für weitergehende Ausführungen wird auf Gadatsch (2004) verwiesen.

Big-Bang

Die Big-Bang-Strategie ist eine theoretisch ideale Lösung, da keine Schnittstellenprobleme (Verbindung alter und neuer Softwarekomponenten zum Datenaustausch) auftreten und die Softwarelösung sofort nach der Umstellung zur Verfügung steht. Nachteilig ist das hohe Projektrisiko, dokumentiert durch viele Praxisfälle. Bei Totalausfall des neuen Systems kann die Unternehmung in ihrer Existenz gefährdet sein. Aus diesem Grunde ist die Einbindung des IT-Controllers zur Abschätzung der Projektrisiken im Zuge der Vorbereitung obligatorisch.

Sukzessiv-Strategie

Die Sukzessivstrategie birgt in der Summe geringere Risiken, da für eine Übergangszeit die Funktionen des Altsystems weiter zur Verfügung stehen. Die Gesamtaufgabe lässt sich in mehrere Einzelprojekte zerlegen, die einfacher zu handhaben sind. Hierdurch sinkt das Gesamtprojektrisiko. Andererseits steigen wegen der notwendigen Schnittstellen in der Übergangszeit (Datenaustausch zwischen der Altsoftware und dem neuen System) die Projektkosten. Erst nach dem Abschluss des Projektes steht wieder ein integriertes voll funktionsfähiges System zur Verfügung.

Aufgaben für den IT-Controllerdienst

Einführungsprozess

Abbildung 183 zeigt im vereinfacht dargestellten Einführungsprozess für Standardanwendungssoftware, welche Aufgaben durch den IT-Controllerdienst wahrzunehmen sind.

Einführungsprozess für Standardanwendungssoftware

Vorunter-suchung	Organisation und Konzeption	Detaillierung und Realisierung	Produktions-Vorbereitung	Produktiver Betrieb
FA+IT	FA +IT	FA +IT	FA +IT	FA +IT
Handlungsalternativen Strategische Softwareauswahl Realisierungsplan	Projekt vorbereiten Funktionen und Prozesse festlegen Projektteam schulen Schnittstellen und Add Ons entwerfen	Funktionen und Prozesse abbilden (Customizing) Add Ons und Schnitt-stellen realisieren	Anwenderdokumen-tation erstellen Anwenderschulung Altdaten übernehmen Produktivsystem aktivieren	Online-Nutzung Batchbetrieb Regelmäßige Arbeiten Releasewechsel Customizing von Erweiterungen
Wirtschaftlichkeits-Analyse, Risikobe-wertung. Projektantrag-Genehmigung. Ermittlung Beitrag zur Geschäftsstrategie	Sicherstellung der Nutzung von Standard-Funktionen der SW Wirtschaftlichkeits-Nachweis von Add-Ons und Modifikationen	Aufbau eines IT-Controlling-Berichtswesens zum Monitoring des späteren Systems	Aktualisierung der Risikoanalyse (insb. bei Big-Bang-Strategien)	Bereitstellung von IT-Kennzahlen und Berichten Wirtschaftlichkeit und Risikobewertung von Releasewechseln

FA + IT / IT-Controllerdienst (Seitenbeschriftung)

Phasenübergreifend:	Teilnahme Projektlenkungsausschuss, Reviews/Audits, Lfd. Soll-/Ist-Vergleich und Kennzahlen zur Wirtschaftlichkeit, Projektrisiken und –fortschritt, Beratermanagement, ...

Abbildung 183: IT-Controllerdienst im Standardsoftware-
einführungsprozess

Voruntersu-chung

Im Rahmen der **Voruntersuchung** erarbeitet das Projektteam strategische Handlungsalternativen (z. B. Einsatz von Standard-software, Eigenentwicklung, Outsourcing) und bewertet sie für eine Entscheidung durch den Lenkungsausschuss. Die Auswahl des ggf. einzusetzenden Softwareproduktes gehört ebenfalls in diese Phase.

Bereits in der ersten Phase fallen zahlreiche Aufgaben für den IT-Controllerdienst an. Der zunehmend auf IT-Projekten lastende Kostendruck erfordert eine fundierte **Wirtschaftlichkeitsana-lyse** des Softwareprojektes. Im Regelfall ist sie um eine **Nutz-wertanalyse** und **Risikobewertung** zu ergänzen. Die ab-schließende **Genehmigung des Projektantrages** beantragt der IT-Controller. Sie ermittelt auch den **Wertbeitrag** des Projektes zur Geschäftsstrategie. Der IT-Controller unterstützt den IT-Projektmanager als betriebswirtschaftlichen Berater.

Organisation und Konzeption

In der Phase **Organisation und Konzeption** erfolgen die Vor-bereitung des Projektes und der durch die Standardsoftware abzudeckenden Funktionen und Prozesse. Da Daten aus vorge-lagerten Softwaresystemen zu übernehmen bzw. an nachgelager-te Systeme zu übergeben sind, sind Schnittstellenprogramme für den Datentransport zu entwerfen. Selten lassen sich alle Anforde-rungen durch die ausgewählte Standardsoftware abdecken. Add

Ons sind als individuelle Erweitungen zu konzipieren. In extremen Fällen kommen Modifikationen der Software in Betracht (Veränderung des Programmcodes durch den Kunden). Häufig werden Standardfunktionen nicht genutzt, sondern für historisch gewachsene Lösungen aufwendige Erweiterungen der Standardsoftware vorgenommen. Schnittstellenprogramme, Add Ons und Modifikationen verursachen neben den Einmalkosten für die Konzeption, Entwicklung und Inbetriebnahme häufig nicht kalkulierbare Folgekosten bei Releasewechseln, die regelmäßig durchzuführen sind, um die Gewährleistungsansprüche des Softwareherstellers nicht zu verlieren.

Der IT-Controllerdienst sorgt in dieser Phase dafür, dass viele der von der Software angebotenen Standardfunktionen genutzt werden. Als ausgleichende Instanz stellt der IT-Controllerdienst sicher, dass überzogene Anforderungen der Fachbereiche gegenüber der Projektleitung an wirtschaftlich günstigere in der Standardfunktionalität bereitstehende Lösungen angepasst werden. Für gewünschte Add Ons und Modifikationen des Systems muss der Antragsteller (Fachabteilung oder IT-Abteilung) einen detaillierten langfristigen Wirtschaftlichkeitsnachweis mit Abschätzung der Folgekosten bei späteren Releasewechseln erbringen.

Detaillierung und Realisierung

Nach den konzeptionellen Vorbereitungen werden in der Phase **Detaillierung und Realisierung** die Geschäftsprozesse des Unternehmens mit Hilfe der Standardsoftware abgebildet. Die Parametrisierung der Software übernehmen spezielle Tabellen und Programmeinstellungen (**Customizing**). Für die nicht darstellbaren Anforderungen werden Add Ons entwickelt und Schnittstellenprogramme zur Datenüberleitung programmiert.

Der IT-Controllerdienst beschränkt sich in diesen technisch geprägten Phasen auf den Aufbau eines Berichtswesens für das spätere Monitoring des geplanten Systems.

Produktionsvorbereitung

Die Phase **Vorbereitung der Produktion** erstellt notwendige Unterlagen für den Betrieb, wie z. B. Anwender- und RZ-Dokumentationen, führt Schulungen für Endanwender durch und aktiviert das Produktivsystem.

Spätestens zu diesem Zeitpunkt wird der IT-Controllerdienst die zu Beginn des Projektes durchgeführte Risikobewertung aktualisieren. Sie ist besonders bei der risikobehafteten Big-Bang Einführungsstrategie von hoher Bedeutung. Bei hohem Risiko lässt sich dieser Stelle das Projekt noch abbrechen oder die produktive Einführung des Systems verzögern.

Produktiver Betrieb

Nach dem Abschluss des Einführungsprojektes beginnen die produktive Nutzung des Systems und regelmäßige Wartungsarbeiten. Releasewechsel führen zu kleineren Projekten mit Customizing- und Entwicklungsaktivitäten, die der IT-Controllerdienst fortlaufend begleitet.

Der IT-Controller übernimmt in der Einführungs- und Nutzungsphase die Bereitstellung von IT-Kennzahlen und Berichten, beurteilt die Wirtschaftlichkeit und Leistungsfähigkeit des eingeführten Softwaresystems. Bei jedem Releasewechsel oder Erweiterungen führt der IT-Controllerdienst Wirtschaftlichkeitsberechnungen und Risikoanalysen durch, um die Maßnahmen beurteilen und befürworten zu können.

Phasen-übergreifend

Während der Laufzeit des Einführungsprojektes, der Nutzungs- und Wartungsphase unterstützt der IT-Controllerdienst das IT-Management und die Mitarbeiter der Fachabteilungen mit folgenden Dienstleistungen:

- Durch die Mitarbeit in Projektlenkungsausschüssen als betriebswirtschaftlicher Berater mit IT-Know-how,

- bei der Durchführung von regelmäßigen Audits zur Qualitätsverbesserung und -sicherung,

- durch die Bereitstellung eines Soll-Ist-Vergleiches mit Abweichungsanalysen zu Terminen, Ressourcen, Risiken u.a.,

- durch Hilfen bei der Auswahl, Vertragsgestaltung und Beurteilung qualifizierter Berater und Formulierung der Verträge (Beratermanagement).

4.4.11   Fallstudie Einführung betriebswirtschaftlicher Standardsoftware

Ausgangssituation

Unternehmens-profil

Die Fallstudie betrachtet ein Unternehmen des Anlagenbaus mit etwa 1400 Mitarbeitern. Davon arbeiten etwa 75 % am Hauptsitz in Deutschland. Die restlichen Mitarbeiter arbeiten weltweit in den Regionallägern, Vertriebsbüros. und Niederlassungen. Der Jahresumsatz beträgt 640 Mio. Euro.

IT-Organisation

Der Zentralbereich Organisation und IT verantwortet die Aufgaben Organisation, IT-Planung, Rechenzentrum, Anwendungsentwicklung und –betreuung sowie den PC-Benutzerservice und berichtet an den kaufmännischen Vorstand. Der PC-Benutzerservice wird von einem externen Dienstleister wahrgenommen. Für die Realisierung des derzeit größten IT-Projektes „Einführung

einer betriebswirtschaftlichen Standardsoftware" wurde ein großes Softwarehaus mit entsprechender Erfahrung in derartigen
Projekten beauftragt.

Situationsbeschreibung

Einführung

Das Unternehmen führt eine komplexe betriebswirtschaftliche
Standardsoftware ein. Das Projektbudget beträgt ohne Kosten für
ggf. neu anzuschaffende Hardware etwa 2 Mio. EUR. Bisher
wurde eine weitgehend selbst entwickelte Software genutzt, die
den gewachsenen Anforderungen des Unternehmens nicht mehr
Rechnung trägt. Das Altsystem wurde in den vergangenen Jahren
aus Kostengründen nur wenig weiterentwickelt. Ziel des Projektes ist die vollständige Ablösung des Altsystems und eine möglichst umfassende Nutzung der Standardsoftware.

Mit der Durchführung des Einführungsprojektes wurde ein externes Softwarehaus beauftragt, da im eigenen Unternehmen
kein spezifisches Know-how zur Verfügung steht. Im Rahmen
des Projektes sollen die eigenen Mitarbeiter so ausgebildet werden, dass sie die spätere Betreuung und Weiterentwicklung der
Standardsoftware selbständig übernehmen können.

Das Projekt wurde in mehrere funktional zugeschnittene Teilprojekte gegliedert: Rechnungswesen, Personalwesen, Logistik und
Produktion, Vertrieb sowie als Querschnittssteilprojekt Technik.
Leiter des Projektes ist ein Mitarbeiter der IT-Abteilung, der über
eine betriebswirtschaftliche Ausbildung und langjährige Erfahrung verfügt. Er berichtet an den Leiter Organisation und IT, der
zugleich den Lenkungsausschuss führt. Im Lenkungsausschuss
sind die Leiter der Organisationseinheiten Rechnungswesen,
Personalwesen usw. vertreten.

Den zuständigen kaufmännischen Vorstand erreichen bereits
nach wenigen Monaten ernst zu nehmende Hinweise seiner
Mitarbeiter über den Projektfortschritt.

*Stand der
Arbeiten*

Die Fachkonzepte der Teilprojekte Rechnungs- und Personalwesen wurden weitgehend fertig erstellt, da sich die verantwortlichen Führungskräfte auf die weitgehende Nutzung der Standardfunktionen der Software einigen konnten.

Durch die starke Integration der Standardsoftwaremodule sind
noch mehrere abteilungsübergreifende Aufgaben mit Bezug zum
Teilprojekt Logistik und Produktion sowie dem Teilprojekt Vertrieb zu regeln. So durchläuft der Beschaffungsprozess beispielsweise nacheinander die Abteilungen Einkauf, Warenein-

gang, Rechnungsprüfung, Kreditorenbuchhaltung und Haupt-buchhaltung. Da der Gesamtprozess abgestimmt werden muss, sind Regelungen in mehreren Fachkonzepten zu treffen.

Die Fachkonzepte für die Teilprojekte Logistik und Produktion sowie Vertrieb sind unvollständig. Wesentliche Geschäftsprozesse sind noch in der Diskussion. Der Grund liegt darin, dass die derzeitigen Arbeitsabläufe in diesen Aufgabenbereichen sehr weit von den Referenzprozessen der Standardsoftware entfernt sind und noch keine Einigung über eine Prozessrestrukturierung erzielt werden konnte. Die Leiter der Fachabteilungen bestehen in der Diskussion mit den Beratern des Softwarehauses auf der Übertragung von historisch gewachsenen Arbeitsabläufen in die Standardsoftware und insbesondere auf Beibehaltung der bisherigen organisatorischen Zuständigkeiten. Die Software-Berater argumentieren, dass die Abläufe des Unternehmens bei einer stärkeren Bereitschaft zum Business-Reengineering innerhalb der Möglichkeiten der Standardsoftware zu lösen sind. Allerdings können sie sich in der Diskussion mit den verantwortlichen Mitarbeitern der Fachabteilungen nicht immer durchsetzen.

Das Teilprojekt Technik umfasst technische Aufgaben im engeren Sinne (Aufbau und Inbetriebnahme der Hardware, Vernetzung usw.) sowie die Erstellung eines Berechtigungskonzeptes. Hierunter ist die organisatorisch-fachliche Regelung der Verantwortlichkeiten für Prozesse (z. B. Wer darf den Kreditorenzahllauf durchführen?; Wer darf Lieferanten- und Kundenstammsätze anlegen und ändern?) und Objekte (Zugriff auf einzelne Kostenstellen, Materialien, Personaldaten usw.) und deren technische Hinterlegung in Systemtabellen zu verstehen. Bedingt durch die noch unvollständige Beschreibung der fachlichen Konzepte konnten bisher nicht alle Berechtigungen festgelegt und implementiert werden.

Projekt-organisation Die Mitglieder des Projektteams sind an mehreren Standorten verteilt untergebracht. Projektmeetings finden wöchentlich in verschiedenen einzeln anzumietenden Besprechungsräumen statt. Ein zentrales Projektbüro steht nicht zur Verfügung. Kurzfristige Meetings mit mehr als vier Personen sind oft mangels geeigneter Besprechungsräume nicht organisierbar.

Zahlreiche Mitarbeiter der Fachabteilungen sind nicht von ihrer regulären Tätigkeit freigestellt. Dies führte in der Vergangenheit mehrfach zu Terminkollisionen mit der Konsequenz, dass das Tagesgeschäft mehrfach Vorrang vor den Projekttätigkeiten hatte.

Einzelne Berater des Softwareunternehmens sind in weiteren Projekten anderer Kunden tätig. Insbesondere im Teilprojekt Logistik und Produktion häufen sich Beschwerden der Fachabteilungsmitarbeiter über die Nichtverfügbarkeit einzelner Berater.

Einige Teilprojektleiter der Fachabteilungen dürfen für das Projekt keine verbindlichen Entscheidungen treffen, da sich ihre jeweiligen Führungskräfte wichtige Entscheidungen vorbehalten haben. Dies führt bei schwierigen Fragen, z. B. wenn Geschäftsprozesse und organisatorische Regelungen zu verändern sind, regelmäßig zu Verzögerungen in der Projektarbeit, da die Softwareberater mehrere Mitarbeiter des Fachbereiches überzeugen müssen.

Aufgabenstellung

Der kaufmännische Vorstand möchte sich ein unabhängiges Bild über die Situation des Projektes verschaffen und beauftragt den Leiter IT-Controlling damit, Lösungsvorschläge zur Verbesserung der Situation zu erarbeiten.

Lösungsvorschläge

Business-Reengeneering und IT

Ein Grundproblem des Projektes ist die Missachtung des Zusammenhangs zwischen Business-Reegineering und dem Einsatz der Informationstechnik. Die Einführung von Standardsoftware führt im Regelfall nur dann zum Erfolg, wenn sich das Unternehmen hinsichtlich seiner Prozesse an die vorgesehenen Möglichkeiten der Standardsoftware anpasst. Das Beharren auf traditionellen Lösungen erhöht die Einführungskosten und den späteren Wartungsaufwand (z. B. bei Releasewechseln).

1. Empfehlung

Moderne betriebswirtschaftliche Standardsoftware setzt meist eine Prozessorganisation voraus, die im vorliegenden Fall offensichtlich nicht vorliegt. Der Vorstand sollte das Projekt stoppen und eine Restrukturierungsphase einlegen, in der zunächst über eine angemessene an den Referenzprozessen der ausgewählten Standardsoftware orientierte Regorganisation nachgedacht wird. Sollte die Standardsoftware die betriebswirtschaftlichen Ziele im Kernbereich des Unternehmens (Produktion, Logistik Vertrieb) nicht abdecken, muss ggf. auch die Auswahlentscheidung überdacht werden.

Prozessorganisation und Projektmanagement

Der funktionale Zuschnitt des Projektes begünstigt Abteilungsdenken und Bereichsegoismen. Dies wirkt auch auf die gewählte Projektorganisation, welche ein Spiegelbild der Aufbauorganisation darstellt.

2. Empfehlung

Nach Vorliegen eines Konzeptes für die Prozessorganisation (s.o.) sollte die Projektorganisation nicht nach funktionalen Aufgaben, sondern nach möglichst umfassenden Prozessketten (z. B. Teilprojekte für Auftragsbearbeitungsprozess, Ersatzteilgeschäft usw.) gegliedert werden. Die Projektmitglieder müssen von den verantwortlichen Führungskräften (Prozessverantwortliche) die Kompetenz für Entscheidungen übertragen bekommen. Für die Dauer des Projektes muss das Kernteam ein zentrales Projektbüro mit Konferenz- und Arbeitsräumen erhalten. Die Berater des beauftragten Softwarehauses müssen für die Projektlaufzeit durchgängig zur Verfügung gestellt werden. Der Projektleiter sollte an den Gesamtvorstand berichten, da es sich um ein unternehmenskritisches Projekt handelt. Der Lenkungsausschuss ist neu zu besetzen, abhängig von der zukünftigen Prozessorganisation.

4.5   IT-Prozessmanagement und -controlling

4.5.1   Grundbegriffe des Prozessmanagements

Das Prozessmanagement entwickelt ein Konzept für das Geschäftsprozess- und Workflow-Management. Gehring empfiehlt den Gestaltungsrahmen für das Prozessmanagement in drei vernetzte Ebenen zu gliedern: Die strategische, die fachlich-konzeptionelle und die operative Ebene. Die Anwendungssystem- und die Organisationsgestaltung ergänzen das Konzept (vgl. Gehring/Gadatsch, 1999, S. 70). Auf der strategischen Ebene werden die Geschäftsfelder eines Unternehmens analog Abbildung 184 analysiert. Auf der fachlich-konzeptionellen Ebene erfolgt die Ableitung der Prozesse. Das Prozess-Management verbindet die Unternehmensplanung mit der strategischen Ebene, während das Workflow-Management die operative Durchführung mit der Anwendungssystem- und Organisationsgestaltung vernetzt. Das Prozess-Management steuert die Phasen der Prozessabgrenzung, Prozessmodellierung und Prozessführung im Lebenszyklus von Prozessen:

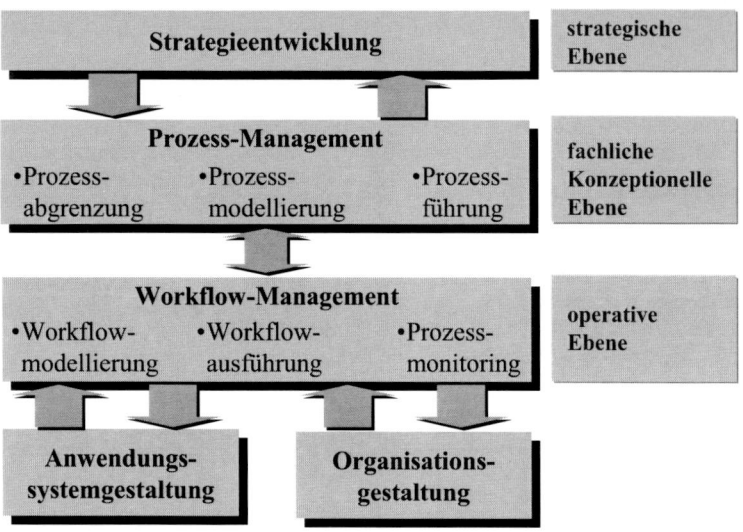

Abbildung 184: Integriertes Prozess-Management

*Prozess-
abgrenzung*

Die **Prozessabgrenzung** beschreibt die Prozessentstehung. Geschäftsfelder und strategisch orientierte Spezifikationen (wie z. B. Produktsortiment, kritische Erfolgsfaktoren) sind für jedes Geschäftsfeld abzuleiten und zu bewerten. Danach werden identifizierte Prozesse modelliert und implementiert.

*Prozess-
modellierung*

Die **Prozessmodellierung** beschreibt Realitätsausschnitte aus einem Geschäftsfeld unter einer fachlich-konzeptionellen Perspektive. Entsprechend den strategischen Zielen eines Unternehmens können Abläufe umgestaltet oder eine Automatisierung bestehender Prozesse erfolgen. Für den IT-Bereich beschreibt Karer (2007) ein umfassendes Referenzprozessmodell mit Hilfe der Methode der ereignisgesteuerten Prozesskette (EPK). Es beschreibt alle Geschäftsprozesse eines fiktiven IT-Unternehmens.

*Prozess-
führung.*

Die **Prozessdurchführung** orientiert sich an Prozess-Führungsgrößen. Sie sind aus den kritischen Erfolgsfaktoren der jeweiligen Geschäftsfelder abzuleiten. Der Umfang ermittelter Erfolgsdefizite, aufgetretener Schwachstellen im Projektablauf usw., kann eine Re-Modellierung oder ein erneutes Durchlaufen der Prozessmodellierung auslösen.

*Workflow-
Management*

Das **Workflow-Management** gliedert sich in die Phasen Workflow-Modellierung, Workflow-Ausführung und Prozess-Monitoring. Die Workflow-Modellierung folgt der Geschäftsprozess-Modellierung. Der modellierte Geschäftsprozess wird um Spezifikationen erweitert, die für eine automatisierte Prozessausführung unter der Kontrolle eines Workflow-Management-Systems notwendig sind. Die Phase der Workflow-Ausführung steuert Prozessobjekte und ihren Durchlauf entlang der vorgesehenen Bearbeitungsstationen unter der Kontrolle eines Workflow-Management-Systems. Das aus Abbildung 184 ersichtliche Prozess-Monitoring überwacht das Prozessverhalten. Die Gegenüberstellung von Prozess-Führungsgrößen und ihren entsprechenden Prozess-Ist-Größen liefert Informationen, ob ein Prozess richtig eingestellt ist oder korrigierende Eingriffe vorzunehmen sind (detaillierte Ausführungen zum Prozessmanagement vgl. Gadatsch 2004).

4.5.2   Beschaffung von IT-Leistungen (IT-Sourcing)

Anfang 2005 wurde ein Begriff geprägt, der bald als Kandidat für das Unwort des Jahres 2005 gehandelt wurde „Smartsourcing" (vgl. Hackmann, 2005). Erfunden wurde er vom Vorstandsvorsitzenden der Deutschen Bank, Josef Ackermann. Vor dem Hintergrund des größten Gewinns seit dem Jahr 2000 und der angekündigten Verlagerung von 6400 Arbeitsplätzen in Niedriglohnländer kann „Smartsourcing" sicherlich als Angriff auf bisherige Werte des deutschen Managements betrachtet werden. Weitere Vorgänge dieser Art dürften die Diskussion um die bislang schon negativ besetzten Begriffe „Outsourcing" bzw. „Offshoring" weiter verschärfen.

Die in der Praxis diskutierte begriffliche Vielfalt ist komplex. Von Jouanne-Diedrich hat eine ***IT-Sourcing-Map*** veröffentlicht und bereits aktualisiert, in der die zahlreichen Sichten der IT-Beschaffung systematisiert werden (vgl. Abbildung 185).

Es ist auf Grund der Dynamik des Gegenstandes zu erwarten, dass die durch die „IT-Sourcing-Map" beschriebenen Begriffe noch weiter differenziert und durch zusätzliche Wortschöpfungen erweitert werden.

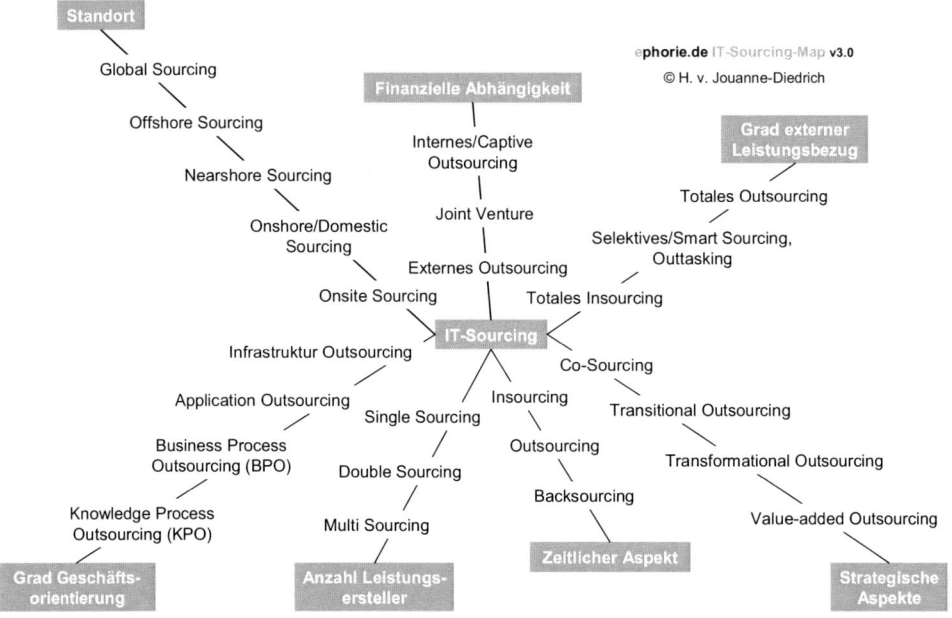

Abbildung 185: IT-Sourcing-Map (von Jouanne-Diedrich, 2007)

Nachfolgend werden die wichtigsten Begriffe der IT-Sourcing-Map kurz erläutert. Für eine ausführliche Beschreibung wird auf die Originalquelle verwiesen.

IT-Sourcing ist der weitgehend wertfreie Begriff der IT-Beschaffung. Er wird oft als Obergriff genutzt.

Outsourcing gilt neben Offshoring als sehr weit verbreiteter Begriff, der jedoch bereits nicht mehr als wertfrei gilt. Hierunter wird allgemein die Fremdbeschaffung von IT-Leistungen verstanden, die bisher selbst erbracht wurden. ***Externes Outsourcing*** erfolgt über unternehmensexterne IT-Dienstleister. ***Internes Outsourcing*** ist aus wirtschaftlicher Sicht unechtes Outsourcing, bei dem konzerninterne Dienstleister genutzt werden. Rechtlich betrachtet existieren jedoch echte Kunden-Lieferanten-Verhältnisse. Als Beispiel kann die Tätigkeit der T-Systems für die T-Com angesehen werden. Beide Unternehmen gehörten zum Konzern Deutsche Telekom. Internes Outsourcing wird auch als ***Captive Outsourcing*** bezeichnet.

Insourcing beschreibt die interne Leistungserstellung. Oft wird der Begriff Insourcing auch als Folge einer Rücknahme der Outsourcing-Entscheidung verwendet. ***Backsourcing*** ist der Prozess, der die Rücknahme steuert.

Selektives Sourcing versus *totales Outsourcing* sind Begriffe, die den Umfang der ausgelagerten Aufgaben beschreiben. Totales Outsourcing im Sinne eines 100 %-Umfangs ist in der Praxis selten anzutreffen. Selektives Outsourcing kann daher oft mit Outsourcing gleichgesetzt werden. Alternative Begriffe mit gleichem Inhalt sind *Smart Sourcing, Right Sourcing* und *Outtasking*.

Single-Sourcing beschreibt Outsourcing mit einem einzigen Leistungsanbieter. Dieser kann die Leistung selbst erbringen oder seinerseits Leistungen weiter extern vergeben. Beim *Multi-Sourcing* steht sich das auslagernde Unternehmen mehreren Dienstleistern und Lieferanten direkt gegenüber. Multi-Sourcing wird als Best-of-breed Sourcing bezeichnet, weil das Unternehmen den für die jeweilige IT-Leistung (Rechenzentrum, PC-Service, Anwendungberatung) besten Lieferanten auswählt.

Offshore Sourcing ist die Erbringung von IT-Leistungen im weiter entfernten Ausland. *Nearshoring* erfolgt in geografisch näher gelegenen Ländern. *Onshore-Sourcing* erfolgt durch externe Unternehmen am Ort des Leistungsnehmers.

Das *Value-added Outsourcing* ist eine kooperative Form des Outsourcings, bei dem mehrere Unternehmen eine Partnerschaft (z.B. als Joint Venture) eingehen und die Gewinne / Verluste untereinander aufteilen. Die Partnerschaft wird durch individuelle Kompetenzen der beteiligten Unternehmen geprägt (z.B. ein Unternehmen übernimmt den RZ-Betrieb, ein weiteres die Einführung und Betreuung der Anwendungen).

Transitional Outsourcing wird eingesetzt, um sich veralteter Techniken zu entledigen. Unternehmen lagern „Alte Technik" an Outsourcing-Anbieter aus und führen mit dem eigenen Personal „Neue Technik" ein.

Infrastruktur-Outsourcing ist der ursprüngliche klassische Fall des Outsourcings. Unternehmen lagern technische Komponenten (Rechenzentrum, Netzwerk, PC-Geräte) aus.

Beim *Application Outsourcing* werden Standardsysteme (z. B. SAP, Oracle, Exchange, Lotus Notes) von einem externen Anbieter betrieben. Der Kunde nutzt die bereitgestellten Systeme. Alternative Begriffe sind *Net-Sourcing* oder *E-Sourcing*.

Business Process Outsourcing (BPO) umfasst die Verlagerung von Geschäftsprozessen auf externe Unternehmen einschließlich der hierfür notwendigen Technik.

4.5.3   Outsourcing von Geschäftsprozessen

Outsourcing ist, wie auch die IT-Sourcing-Map zeigt, eines der wichtigsten organisatorischen Konzepte dieser Tage, auch wenn die Gesellschaft für Deutsche Sprache e. V. den Begriff 1996 in die Liste der „Unwörter" des Jahres aufgenommen hat (vgl. www.gfds.de). Interessanterweise wurde im gleichen Jahr das inhaltlich verknüpfte Wort „Globalisierung" in die Liste der „Wörter des Jahres" aufgenommen.

Trotz der intensiven Diskussion in Theorie und Praxis liegen nur wenige empirische Studien vor, auf die für die Beschreibung der Ziele, Motive und Ausprägungsformen zurückgegriffen werden kann (vgl. Matiaske/Mellegwigt 2002, S. 641). Der Begriff Outsourcing wurde als Kunstwort aus den Worten „Outside" und „Ressource" gebildet. Outsourcing durch Verlagerung von Wertschöpfungsaktivitäten des Unternehmens auf Zulieferer nutzt unternehmensexterne Ressourcen. Outsourcing verlagert funktional oder organisatorisch abgegrenzte Unternehmensteile auf Fremdfirmen.

Typische Beispiele dafür sind Ausgliederungen des zentralen Rechenzentrums, der Anwendungsentwicklung oder die Vergabe der Kantinenbewirtschaftung an externe Dienstleistungsunternehmen. Hierzu zählt auch die klassische Auslagerung der Lohnbuchhaltung an einen Steuerberater, der sich seinerseits oft der IT-Services spezialisierter Dienstleister, wie der DATEV bedient (vgl. z. B. Cotta, 2004, S. 73). Auch im öffentlichen Bereich nimmt die Auslagerung von Prozessen einen zunehmend höheren Stellenwert ein (vgl. Glinder, 2003).

Outsourcing als Prozessmanagement-Werkzeug

Outsourcing ist eine wirksame Methode, Geschäftsprozesse wirtschaftlicher zu gestalten, in der IT-Praxis üblich. Outsourcing resultiert aus der Erkenntnis, dass andere Unternehmen Geschäftsprozesse, die bisher selbst ausgeführt wurden, kostengünstiger leisten. Outsourcing von IT-Leistungen beschränkte sich ursprünglich auf den reinen RZ-Betrieb, der vor zehn Jahren immer populärer wurde. Später kamen weitere betriebliche Bereiche, wie z. B. das interne Transportwesen hinzu.

Meinungen gehen auseinander

Outsourcing wird kontrovers diskutiert. Die Meinungen liegen häufig weit auseinander (vgl. z. B. die Diskussion der CIOs der Unternehmen Eon, Deutsche Bank, Porsche und Metallgesellschaft in Quack, 2003).

Konzentration auf das Kerngeschäft

Outsourcing unterstützt das Unternehmen bei der Konzentration auf das Kerngeschäft. Über den Effekt der Größendegression sind Outsourcingunternehmen oft in der Lage, gleichartige IT-Leistungen kostengünstiger anzubieten. Größeren Unternehmen gelingt es oft selbst, Skaleneffekte im eigenen Hause zu realisieren, so dass sie auf Outsourcing verzichten können (vgl. z. B. Glohr, 2003, S. 136).

Kosten- reduktion

Jährliche Kostenerhöhungen für IT-Budgets erzwingen regelmäßig Diskussionen, ob durch Outsourcing Einsparungen möglich sind. Es handelt sich um eine klassische „Make-or-Buy" Überlegung, die im Bereich anderer Güter und Dienstleistungen durchaus üblich ist. Kernproblem in diesem Zusammenhang ist die zu lange Abschreibungsdauer für das IT-Equipment, das in der Regel in kürzerer Zeit als der Abschreibungsdauer erneuert werden muss.

Personal- reduktion

Personalsuche und Personaleinstellungen von IT-Spezialisten sind problemloser, als in früheren Jahren, so dass sich die Qualität der IT-Leistungen steigern lässt.

Qualität

Manche Unternehmen wollen durch die Übertragung der IT-Leistungen an Spezialunternehmen ihr Qualitätsniveau erhöhen.

Restrukturie- rungen

Oft sind Kapazitäts- und Leistungsgrenzen der IT-Infrastruktur ausschlaggebend über Outsourcing nachzudenken, wenn aus Performancegründen die Aufrüstung eines vorhandenen Rechners notwendig wird.

Während bei Outsourcing-Überlegungen früher finanzielle Vorteile im Vordergrund standen, dominiert heute eine strategisch-orientierte Partnerschaft.

NUTZENASPEKTE FÜR OUTSOURCENDE UNTERNEHMEN

Konzentration auf das Kerngeschäft

Steigerung der Effizienz des Unternehmens durch rechtzeitigen und kostengünstigen Einsatz innovativer Technologien

Chancen und Risiken

Outsourcing ist stets sorgfältig vorzubereiten, denn Chancen und Risiken sind komplex strukturiert, werden in der Regel erst langfristig wirksam. Auf der Nutzenseite stehen Kostenvorteile und qualitativ steigende Leistungen, Personalprobleme lassen sich umgehen, gebundenes Kapital freisetzen.

Outsourcing-Bilanz

Als Risiko entstehen Abhängigkeitsprobleme vom Outsourcing-Anbieter und selten realisierbare Rücktrittsentscheidungen. Mit der freiwilligen Aufgabe von IT-Management-Know-how und IT-Spezialwissen entfällt die Option, ausgegliederte Aufgaben notfalls wieder in die eigene Verantwortung zu übernehmen.

Mit Outsourcing lassen sich aus den Bilanzierungs- und Abschreibungsvorschriften steuerliche Vorteile ableiten. Personalprobleme entstehen, wenn Arbeitnehmerinteressen bei der Ausgliederung nicht ausreichend berücksichtigt worden sind. Widerstände der Belegschaft sind bei Standortwechseln, effektivem Personalabbau oder verschlechterten finanziellen Vertragsbedingungen zu erwarten. Ein Problem kann im Bereich des Datenschutzes liegen. Bisher sind keine Fälle von Datenmissbrauch durch Outsourcing-Unternehmen bekannt geworden.

Abbildung 186 dokumentiert Argumente für bzw. gegen Outsourcing. Eine weitergehende ausführliche Auflistung möglicher Nutzenpotenziale und Kosteneinflussfaktoren ist bei Dittrich/Braun (2004, S. 27 ff.) dokumentiert.

Chancen des Outsourcing	
Strategie	• Konzentration auf betriebliche Kernkompetenzen • Erhöhung der Leistungsqualität durch Einsatz spezialisierter Dienstleister • Verbesserung der Flexibilität durch bedarfsabhängige Nutzung von Leistungen
Finanzen	• Kostenreduktion durch Nutzung von Skaleneffekten • Verbesserung der Kostenkontrolle durch feste vertragliche Vereinbarungen • IT-Kosten verwandeln sich von fixen in variable Kosten
Personal	• Flexible Ressourcenbereitstellung bei Bedarf durch den Outsourcing-Dienstleister • Personalabbau ohne Kündigung durch Transfer zum Dienstleister • Skillentwicklung und –bereitstellung (z. B. IT-Spezialisten)
Informationstechnik	• Rechtzeitige Bereitstellung aktueller Technologien
Risiken des Outsourcing	
Finanzielle Aspekte	• Realisierung geplanter Einsparungen nicht immer möglich • Planung und Kontrolle der Maßnahmen realisierbar ?
Strategische Motive	• Abhängigkeit tolerierbar? • Kompetenzverlust kalkulierbar? • Rücknahme der Auslagerung kaum möglich
Operative Aspekte	• Operative Kontrolle ohne Zugriff auf Fremdpersonal schwierig • Optimierung von Schnittstellen aufwendig
Rechtliche und vertragliche Aspekte	• Problematischer Personaltransfer (§ 613a BGB) • Lange Vertragslaufzeiten • Datenschutz und Datensicherheit (kritisch bei Banken, Versicherungen)

Abbildung 186: Chancen und Risiken des Outsourcings

Wandlung der Fixkosten in variable Kosten

Als vorteilhaft gilt die Chance, Fixkosten in variable Kosten zu verändern. Das Stichwort „Pay as Use" verwendet oft die Leasing-Werbung. Diese Formel soll suggerieren, dass die Unternehmen der Leistungsentnahme entsprechende proportionale

Beträge zahlen müssen. Outsourcing-Verträge sind in der Regel langfristig angelegt Realiter ändert sich nur die Kostenart. Personal- und Sachkosten mutieren zu Aufwendungen für Dienstleistungen. Der Fixkostenblock für „Outsourcing-Aufwendungen" ist bekanntlich kurzfristig nicht abbaubar. Eine Kostenreduktion in Krisenzeiten ist von der Vertragsgestaltung abhängig.

Kostentrans-parenz steigt

In der Regel liefert Outsourcing eine höhere Kostentransparenz, da sämtliche IT-Kosten abzurechnen sind. Dieser Tatbestand lässt die Anwender kostenbewusster denken und handeln.

Technologie-upgrade

Angeblich befähigt Outsourcing Unternehmen, rechtzeitig den Anschluss an den technologischen Wandel zu vollziehen. Wenn ein Unternehmen einen fünfjährigen RZ-Vertrag abschließt, der auch die Standardsoftwarenutzung eines bestimmten Herstellers umfasst, dann ist das Unternehmen für diesen Zeitraum an die Releaseplanung des Herstellers gebunden und u.U. sogar zum permanenten Releasewechsel auf Grund des Outsourcing-Vertrages verpflichtet. Ein Umstieg auf leistungsfähigere Softwarepakete anderer Hersteller ist nur möglich, wenn dies im Outsourcing-Vertrag vereinbart worden ist.

4.5.4   IT-Outsourcing

4.5.4.1   Grundformen

Outsourcing von IT-Leistungen ist in der Praxis üblich. Seit der Entscheidung der Firma Eastman Kodak aus dem Jahr 1989, die Datenverarbeitung und Netzwerke an das IT-Unternehmen IBM u.a. auszulagern, gilt Outsourcing in der Informationstechnik als geeignete Handlungsoption für das Informationsmanagement (vgl. Jouanne-Diedrich, 2005, S. 125).

Nach einer Untersuchung des Fraunhofer Institutes für Systemtechnik und Innovationsforschung betreiben im verarbeitenden Gewerbe nur noch 62 % der Unternehmen ihre IT in Eigenregie (vgl. Fraunhofer-ISI, 2003). Eine Studie der CMP-WEKA Research & Consulting kommt zu etwas zurückhaltenderen Ergebnissen. Demnach haben etwa 19 % der deutschen Unternehmen Teile ihrer IT ausgelagert (vgl. Gründer/Bereszeweski 2004, S. 14). Allerdings schwanken die Werte in der Branchenbetrachtung deutlich. Im Finanzbereich haben knapp 50 % der Unternehmen IT-Teile ausgelagert, während der Anteil im Handel nur etwa 10 % beträgt.

*Offshore /
Nearshore*

Häufig tauchen neue Schlagworte im Outsourcing-Umfeld auf. Das jüngste Beispiel hierfür sind die Begriffspaare „Offshoring" und „Nearshoring". Offshoring steht für Verlagerungen der IT nach Fernost, im angelsächsischen Raum häufig in Länder wie Indien bzw. für französische Unternehmen nach Marokko oder Tunesien. „Nearshoring" umfasst die Verlagerung in Länder des europäischen Kulturkreises, z. B. nach Irland (vgl. zu den aktuellen Trends Mertens 2004 oder auch Knop 2004). In beiden Fällen steht die Ausnutzung des enormen Gehaltsunterschiedes für IT-Spezialkräfte im Vordergrund des Kalküls.

Inzwischen haben sich über mehrere Jahre hinweg Outsourcing-Varianten in- und außerhalb der Informationstechnik entwickelt. Die einfachste Form des Outsourcings in der Informationstechnik erfolgt beim Einsatz von Standardsoftware. Diese Form wird seit Jahren praktiziert, ohne noch als Outsourcing zu gelten.

Grundformen

Nach der Art des ausgelagerten Know-hows lassen sich drei Grundformen unterscheiden, die in der Praxis in mehreren Varianten anzutreffen sind: Klassisches Plattform-Outsourcing, Application Service Providing (ASP) und Business Process Outsourcing (BPO), vgl. dazu Abbildung 187.

*Klassisches
Plattform-
Outsourcing*

Beim klassischen Plattform-Outsourcing, auch als Facilities-Management bezeichnet, wird der gesamte operative Aufgabenumfang des Rechenzentrumsbetriebes von einem Outsourcing-Anbieter übernommen einschließlich der Netzleistungen. Sie können auch getrennt vom Rechenzentrum behandelt werden. Eine andere Form des Plattform-Outsourcings gliedert die PC-Beschaffung und den PC-Benutzerservice aus.

Abbildung 187: Grundformen des IT-Outsourcings

Application Service Providing (ASP)

Application Service Providing (ASP) ist eine Outsourcingform, bei der im outsourcenden Unternehmen lediglich Endgeräte für die Mitarbeiter benötigt werden. Server, Betriebs- und Anwendungssoftware stellt der Service-Provider zur Verfügung. Die Verbindung zum Service-Provider läuft über öffentliche oder private Netze, meist über das Internet. Bekannt wurde der ASP-Begriff zunächst in den USA für Standardsoftware in Büro-Umgebungen, in erster Linie für Bürosoftware wie Textverarbeitung, Tabellenkalkulation, E-Mail usw. Betriebswirtschaftliche Anwendungen, wie z. B. SAP® R/3®, wurden erst später angeboten. Der Provider stellt dem Kunden neue Softwareversionen zur Verfügung. Daneben werden Servicepakete wie Einführungsunterstützung, Hotline, Beratung, Schulung etc. angeboten. Von ASP-Angeboten sollen in erster Linie kleinere und mittlere Unternehmen profitieren, welche nicht über die erforderlichen Ressourcen verfügen.

Business Process Outsourcing (BPO)

Klassisches IT-Outsourcing betrifft die Auslagerung mehr oder weniger umfangreicher Teile der IT-Prozesse, wie die genannten RZ-Services, PC-Betreuung oder zum Teil auch Softwareentwicklung. Unter dem Kürzel BPO (Business Process Outsourcing) wird seit einiger Zeit ein weitergehender Lösungsansatz diskutiert, der noch unterschiedlich interpretiert wird (vgl. z. B. Riedl, 2003, S. 6). BPO umfasst ganze Geschäftsprozesse. Die IT ist meist Hauptbestandteil des Vertrages. Zusätzlich erbringt der externe Dienstleister weitere Leistungen. Beispiele für BPO finden sich überwiegend in transaktionsorientierten Geschäftsprozessen wie Logistik, Vertrieb oder Buchhaltung, da hier die Serviceanbieter attraktive Abrechnungsmodelle realisieren können (vgl. Peters/Bloch, 2002). BPO kann Kernprozesse wie Vertrieb oder Produktion, Sekundär- bzw. Querschnittsprozesse wie Buchhaltung oder Personalwirtschaft betreffen.

Definition   BPO umfasst als Komplettpaket die Prozessgestaltung, -steuerung und –ausführung mit der notwendigen IT-Unterstützung.

BPO-Anbieter   Anbieter für BPO sind aus dem IT-Outsourcing bekannte Systemhäuser, die ihr Geschäftsmodell ausweiten möchten.

Besonderheiten   Die Risiken des BPO-Ansatzes sind im Vergleich zum IT-Outsourcing wesentlich höher, da auf die technische IT-Kompetenz, die Gestaltung und Kontrolle der Geschäftsprozesse verzichtet wird. Die Gefahr des irreversiblen Know-how-Verlustes ist deutlich höher, als beim klassischen Outsourcing.

Auswirkungen   Die Varianten wirken sich unterschiedlich stark auf die Verlagerung von Know-how aus (vgl. Abbildung 188). Beim Plattform-Outsourcing werden lediglich technische Kompetenzen verlagert, die nicht zum Kerngeschäft eines Unternehmens gehören. Beim ASP-Modell wird die Fähigkeit, Software zu entwickeln oder Standardsoftware einzuführen und zu warten nach außen verlagert. Der Anwender ist Nutzer der Software und betreibt mit ihr seine Geschäftsprozesse. Der BPO-Ansatz verzichtet auf die operative Durchführung des Prozesses, wodurch sich die Abhängigkeit vom Dienstleister erhöht.

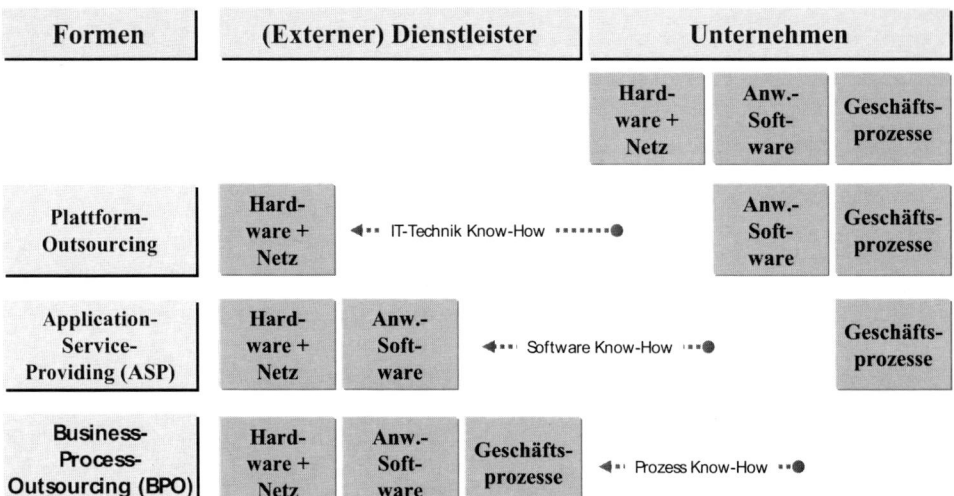

Abbildung 188: Auswirkungen der Outsourcingvarianten

*Begriffs-
alternativen*

In der Praxis sind unter den Begriffen „Selektives Outsourcing", „Partielles Outsourcing", „Outtasking" oder „Smartes Outsourcing" Varianten des IT-Outsourcing zu finden, die nicht die Auslagerung der gesamten IT, sondern nur einzelner Bereiche (sog. „tasks") zum Inhalt haben (vgl. o. V. 2003a, S. 362). Der Begriff Outtasking wird z. T. auch als Synonym für das klassische Outsourcing bezeichnet, bei dem eng begrenzte und vor allem stark standardisierte Aufgaben wie Buchhaltung oder Personalabrechnung ausgelagert werden (vgl. z. B. Oehler, 2005, S. 369).

*Trendwechsel
„Insourcing"*

Deutsche Unternehmen geben die Kontrolle über die IT ungern ab. Viele Manager haben die Erfahrung gemacht, das Outsourcing nicht zwangsläufig die IT-Kosten senkt und den Service verbessert. Es gibt Fälle, in denen die Leistungsversprechen der IT-Serviceanbieter nicht eingehalten werden. Auch im internationalen Umfeld wurde festgestellt, das der Erfolg von Outsourcing-Projekten vor allem dann begrenzt ist, wenn es sich um das Komplett-Outsourcing der IT handelt. Selektives Outsourcing ausgewählter IT-Aufgaben hat dagegen höhere Erfolgschancen (vgl. Lacity/Willcocks 2003). Seit einiger Zeit ist ein Rückwärts-Trend für ein „Insourcing" zu beobachten.

PRAXISBEISPIEL: INSOURCING (BERTELSMANN)

Ein Praxisbeispiel bietet die IT-Strategie der Firma Bertelsmann (vgl. Vogel, 2002). Sie hat die Kostenreduktion der IT auf konkurrenzfähige Strukturen und Einsparungen bis zu 90 Mio EUR jährlich konzentriert. Hierzu wurden mehrere Maßnahmen eingeleitet:

- Zentralisierung der stark fragmentierten IT-Infrastruktur,

- Verbesserung der Vernetzung von Unternehmensbereichen,

- Steigerung des Kostenbewusstseins in den Fachbereichen durch Service Level Agreements,

- Einsatz des konzerneigenen IT-Dienstleisters (Arvato Systems), bewusster Verzicht auf Outsourcing.

Ein vollständiges Outsourcing wurde in der dezentralen Konzernstruktur als politisch und organisatorisch schwer durchsetzbar eingestuft.

Ein Grund für den Trend zum Insourcing ist die nachträgliche Erkenntnis von Entscheidungsträgern, dass die Variabilität der IT-Kosten nur in zuvor mit dem Dienstleister vereinbarten Bandbreiten möglich ist (vgl. Abbildung 189). Der Planbedarf an IT-Leistungen (z. B. Speicherplatz oder Rechnerleistung) des Kunden wird vom Outsourcing-Dienstleister im Rahmen eines Kapazitätskorridors berücksichtigt, innerhalb dessen die IT-Kosten variabel verlaufen. Tritt ein ungeplanter Mehr- oder Minderbedarf des Kunden ein, muss er zusätzliche Vergütungen bzw. Ausgleichszahlungen leisten, die von dem vereinbarten Kostensatz innerhalb der Bandbreite der Plankapazität abweichen können.

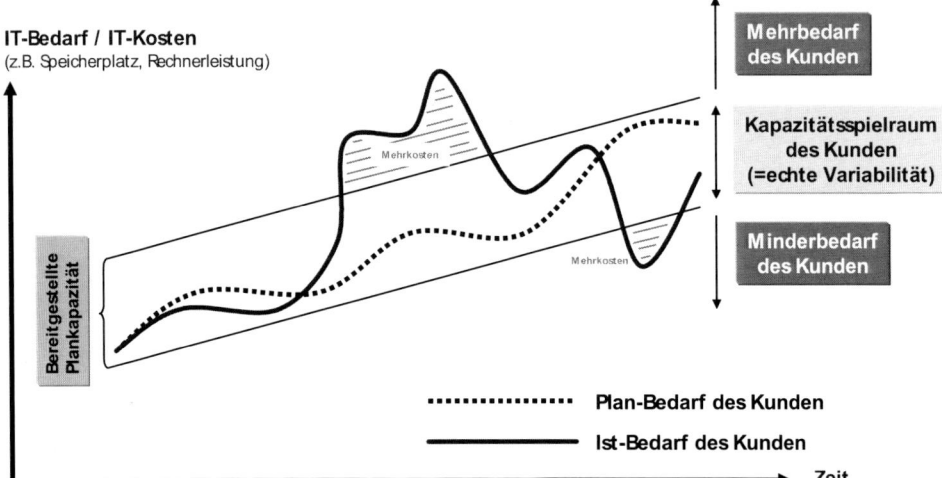

IT-Bedarf / IT-Kosten
(z.B. Speicherplatz, Rechnerleistung)

Mehrbedarf des Kunden

Kapazitätsspielraum des Kunden (=echte Variabilität)

Mehrkosten

Minderbedarf des Kunden

Mehrkosten

Bereitgestellte Plankapazität

·················· Plan-Bedarf des Kunden

————— Ist-Bedarf des Kunden

Zeit

Abbildung 189: Kostenstruktur beim IT-Outsourcing

Gemischtes Stimmungsbild

In Deutschland ist die Meinungsbildung bei IT-Entscheidern zum IT-Outsourcing unterschiedlich. Eine im Jahre 2003 von der Fachzeitschrift CIO-Magazin durchgeführte Befragung von 319 IT-Verantwortlichen meldet, dass 29 % der Befragten dem IT-Outsourcing positiv, 30,6 % negativ eingestellt und sich 39 % indifferent äußern. 1,4 % machten hierzu keine Angabe (vgl. Ellermann, 2003a).

Die gespaltene Meinung zur Frage des Nutzens von IT-Outsourcing-Projekten spiegelte sich auch im wichtigen SAP®-Markt wieder. Eine Befragung der Firma Raad Consult von 650 IT-Leitern bei Unternehmen, die Teile ihres SAP®-R/3®-Systems ausgelagert haben, ergab: Die durch das IT-Outsourcing-Projekt erwartete Kostensenkung wurde nicht erreicht. Die eingesetzten SAP®-Systeme waren nicht auf einem aktuelleren Releasestand, als bei Unternehmen, die SAP®-Software ohne Outsourcing einsetzten (vgl. Abbildung 190).

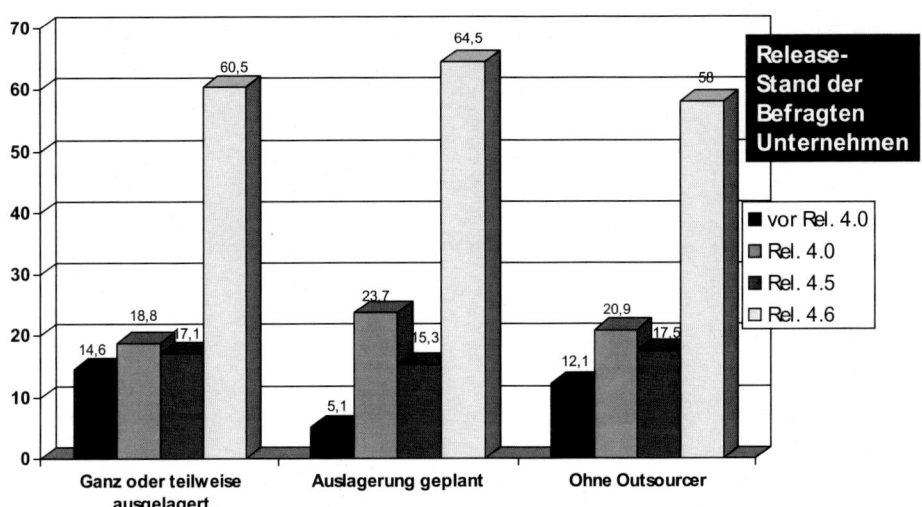

Abbildung 190: R/3-Auslagerung ohne Kostenvorteile (o.V. 2002d, S. 14)

IT-Outsourcing im öffentlichen Bereich

Im öffentlichen Bereich ist aufgrund des hohen Kostendrucks ein starker Trend zu Outsourcingvorhaben zu beobachten. Vorbehalte gegen IT-Outsourcing durch Kritiker, welche die Meinung vertreten, dass im Rahmen hoheitlicher Aufgaben ein IT-Outsourcing nicht zulässig sei, kann die Auffassung von Ulmer entgegengehalten werden. Er vertritt die Meinung, dass IT-Outsourcing im Rahmen der öffentlichen Aufgabenerfüllung zulässig ist, wenn keine Entscheidungsverantwortung auf den Outsourcer übertragen wird (Ulmer, 2003, S. 707). Die bedeutet, dass übliche IT-Outsourcing-Projekte, wie RZ-Überlassung, Ausgliederung von Desktop-Services, Einsatz von Standardsoftware einschließlich ihrer (Fern-)Wartung grundsätzlich möglich sind.

PRAXISBEISPIEL: IT-OUTSOURCING IM KRANKENHAUS

Typisch für IT-Outsourcing im öffentlichen Bereich ist das Beispiel des Krankenhauses Dresden-Neustadt (vgl. Knopp, 2003). Auf Grund des steigenden Kostendrucks und der Anforderungen des Gesundheitsreformgesetzes wurde zur Unterstützung der betriebswirtschaftlichen und medizinischen Arbeitsabläufe eine Branchenlösung (mySAP® Healthcare) eingeführt, die von einem externen Anbieter betrieben und gewartet wird. Alle Anwender der vier Standorte greifen über eine Standleitung auf das Standardsoftwarepaket zu.

Die Entscheidungsalternative „Eigenbetrieb" wäre wegen des fehlenden Betriebspersonals und der zu hohen Kosten nicht realisierbar gewesen.

Buy-Strategie

Bei geringer Bedeutung der IT-Lösungsansätze für die Unternehmensziele und Kernprozesse bietet sich eine klassische „Buy-Strategie" an.

Typische Beispiele für das klassische Outsourcing sind Standardanwendungssoftware für die Buchhaltung, Lagerwirtschaft oder IT-Arbeitsplätze, der Betrieb eines kompletten Rechenzentrums oder die Administration von Servern.

Make-Strategie

Beim Betrieb wenig standardisierter IT-Produkte und IT-Leistungen ist die strategische Bedeutung hoch, wenn wichtige Kernprozesse des Unternehmens betroffen sind und es sich um vorwiegend unternehmensindividuelle Aufgabenstellungen handelt. Typisch dafür sind die Entwicklung von Informationssystemen für die Produktentwicklung, den Vertrieb und Service oder spezifische Kundeninformationssysteme.

Mix-Strategie

Sind unterschiedliche interne und externe Ressourcen zu koordinieren, wie z. B. beim Betrieb der kompletten SAP-Anwendungen im Verbund mit Eigenentwicklungen, muss von Fall zu Fall entschieden werden. Die Schnittstellenproblematik fordert häufig gesonderte Entscheidungen.

Abbildung 191: Outsourcing-Standardstrategien

Entscheidung für / gegen IT-Outsourcing

Outsourcing-Entscheidungen in der IT sind sorgfältig vorzubereiten. Häufig bedient man sich einer detaillierten Wirtschaftlichkeitsanalyse und einer ergänzenden Nutzwertanalyse, um die entscheidungsrelevanten Daten aufzubereiten.

Die wichtigsten Kriterien für die Erstellung einer Wirtschaftlichkeitsanalyse mit Hilfe der Kapitalwertmethode sind in Abbildung 192 aufgeführt. Wichtige Hauptkriterien der Nutzwertanalyse sind:

- Beitrag zur Unternehmens-Strategie,

- Finanzieller Beitrag zum Unternehmens-Erfolg,

- Personelle Auswirkungen,

- Flexibilität der eingesetzten Informationstechnik,

- Rechtliche und vertragliche Auswirkungen,

- Auswirkungen auf operativen Geschäftsbetrieb.

A) Investitionen		
	Kosten des Vorprojektes (Entscheidungsvorbereitung)	
		Personalkosten (IT und Fachabteilung)
		Beratung (incl. Rechtsberatung)
		Sonstige Kosten
	Kosten des Transferprojektes	
		Personalkosten (IT und Fachabteilung)
		Beratung (incl. Rechtsberatung)
		Sonstige Kosten
	Wirkung der Eigentumsübertragung	
		Netto-Verkaufserlöse (Hardware, Grundstücke, Gebäude etc.)
		Sonstige Netto-Verkaufserlöse
		Abfindungen Personal
		Wegfall der bisherigen Personalkosten (RZ etc.)
B) Laufende Betriebskosten		
		Fixe und variable Outsourcing-Gebühren
		Sonstige Betriebskosten
C) Wirkungen des Outsourcing-Vorhabens		
	Direkte Wirkungen im Rechenzentrum	
		Personalkostenreduzierung Leitungs- und Betriebspersonal
		Wegfall Raumkosten (Miete, Vers., Pacht)
		Wegfall Sonstige Kosten
	Indirekte Kostenreduktionen (in anderen Bereichen)	
		Geringere Störungen von operativen Prozessen
		Schnelleren Wiederanlauf nach Störungen
		Schnellere Inbetriebnahme neuer Releases
		Erlöse aus Pönalen (SLA-Überschreitungen)

Abbildung 192: Kriterien zur IT-Outsourcing-Kapitalwertberechnung

Abbildung 193 zeigt ein durchgerechnetes Praxisbeispiel für die Entscheidungsalternativen 100% Insourcing (kein Outsourcing), 100% Outsourcing und selektives Outsourcing, bei dem nur ausgewählte Teile der Unternehmens-IT ausgelagert werden. Die Nutzwertanalyse geht von einer besonders hohen Gewichtung der beiden ersten Kriterien (Strategie und Finanzen) mit jeweils 40% aus, während die übrigen Kriterien nur mit marginaler Wirkung einbezogen werden.

			Entscheidungsalternativen						
	Gewichtung		**100% Insourcing**		**100% Outsourcing**		**Selektives Outsourcing**		
Entscheidungskriterien	*Gruppe*	*Kriterium*	*Teilnutzen*	*gewichteter Nutzwert*	*Teilnutzen*	*gewichteter Nutzwert*	*Teilnutzen*	*gewichteter Nutzwert*	
Beitrag zur Unternehmens-Strategie	**0,40**								
Konzentration auf eigenes Kerngeschäft		0,20	0	0,00	10	0,80	8	0,64	
Abhängigkeit		0,20	10	0,80	2	0,16	8	0,64	
Qualität der Leistungserbringung (Know how)		0,20	4	0,32	8	0,64	6	0,48	
Bedarfsabhängige Leistungsinanspruchnahme		0,20	2	0,16	8	0,64	6	0,48	
Entscheidungsumkehr (möglich?)		0,20	10	0,80	2	0,16	8	0,64	
Summe:		*1,00*		*2,08*		*2,40*		*2,88*	
Finanzieller Beitrag zum Unternehmens-Erfolg	**0,40**								
Wirtschaftlichkeit (Kapitalwert)		0,50	2	0,40	8	1,60	6	1,20	
Wahrscheinlichkeit des Kapitalwertes		0,20	8	0,64	4	0,32	6	0,48	
Kosten- und Leistungstransparenz		0,10	2	0,08	10	0,40	8	0,32	
Flexibilität der Kostenstruktur (var./fixe Kosten)		0,10	2	0,08	8	0,32	6	0,24	
Indirekte Kosten ("Hey Joe"-Effekte)		0,10	2	0,08	6	0,24	4	0,16	
Summe:		*1,00*		*1,28*		*2,88*		*2,40*	
Personelle Auswirkungen	**0,05**								
Flexibler Personaleinsatz		0,50	10	0,25	8	0,20	8	0,20	
Personalqualifikation		0,30	2	0,03	8	0,12	6	0,09	
Realisierung Personaltransfer (IT-Personal)		0,20	0	0,00	10	0,10	6	0,06	
Summe:		*1,00*		*0,28*		*0,42*		*0,35*	
Flexibilität der eingesetzten Informationstechnik	**0,05**								
Nutzung aktueller Technologien		0,80	4	0,16	8	0,32	6	0,24	
Externe Zwänge (z.B. gemeinsame Mandanten)		0,20	8	0,08	2	0,02	4	0,04	
Summe:		*1,00*		*0,24*		*0,34*		*0,28*	
Rechtliche und Vertragliche Auswirkungen	**0,05**								
Bindung an Alternative / Vertragslaufzeit		0,70	10	0,35	2	0,07	6	0,21	
Datenschutz und Datensicherheit		0,30	10	0,15	8	0,12	8	0,12	
Summe:		*1,00*		*0,50*		*0,19*		*0,33*	
Auswirkungen auf operativen Geschäftsbetrieb	**0,05**								
Schnittellen (organisatorisch, technisch)		0,50	10	0,25	6	0,15	4	0,10	
Kontrollmöglichkeiten (Personal, Daten)		0,50	10	0,25	6	0,15	6	0,15	
Summe:	*1,00*	*1,00*		*0,50*		*0,30*		*0,25*	
Gesamt-Summe:				*4,60*		*6,11*		*6,14*	

Abbildung 193: Nutzwertanalyse IT-Outsourcing (Nachfragersicht)

4.5.4.2   Outsourcing-Dienstleister

Outsourcing von IT-Abteilungen

Seit Jahren ist zu beobachten, dass Unternehmen ihre IT-Abteilungen als eigenständige Unternehmen, meist als GmbHs „outsourcen", um Kosten zu sparen und die Leistungstransparenz zu erhöhen. Gelegentlich wird auch als Ziel der Einstieg ins Drittgeschäft genannt, um ungenutzte Ressourcen auszulasten oder die Geschäftsbasis zu erweitern. Nur wenigen IT-

Gesellschaften gelingt es, sich dauerhaft im externen Markt zu etablieren, häufig bleibt der im Drittmarkt erwirtschaftete Umsatzanteil unter 10 % des Gesamtumsatzes (vgl. Hackmann, 2002, S. 38). Die Voraussetzungen für dauerhafte Markterfolge sind im strategischen Umfeld zu finden. Die Geschäftsstrategie muss den Willen zum Drittgeschäft mit operationalen Zielen untermauern, z. B. einen angestrebten Anteil des externen Umsatzes in drei Jahren von 50 % vorgeben. Damit verbunden sind massive Investitionen in Marketing und Vertrieb, um die Präsenz am Markt zu steigern. Der Erfolg hängt letztlich von der Anzahl marktfähiger Produkte ab. Die Konzentration auf Betreuung und Individualentwicklung von Software für das Mutterhaus reicht in der Regel nicht aus.

Mischformen in der Praxis

In der Praxis tauchen in der Regel alle erdenklichen Mischformen auf. Grundsätzlich ist zu unterscheiden, ob der Outsourcing-Anbieter ein Drittunternehmen oder ein Konzernunternehmen darstellt. Sehr häufig wird in den Unternehmen das „Ausgliederungs-Outsourcing" praktiziert. Dabei lässt sich das Rechenzentrum aus dem Unternehmen heraustrennen und in eine juristische Person überführen. Hierbei wird dann unterschieden, ob das gegründete Outsourcing-Unternehmen intern oder auch extern am Markt operieren kann.

Konzern-Outsourcing

Beim Konzern-Outsourcing ist darauf zu achten, ob auf die Geschäftspolitik des Outsourcing-Anbieters Einfluss ausgeübt werden kann. Die Vorteile bleiben dann weitgehend erhalten. Wichtig ist beispielsweise, dass die von der Konzerntochter erstellte Software von den Konzernunternehmen als Standardsoftware aktiviert und abgeschrieben werden kann. Die Gehaltsstruktur des Konzern-Outsourcing-Anbieters lässt sich aber den Marktverhältnissen anpassen.

Anbieter

Die Anbieter von Outsourcing-Dienstleistungen (vgl. Abbildung 194, Hackmann, 2002, S. 38) lassen sich wie folgt klassifizieren in: Standardsoftwareanbieter, Systemhäuser (Komplettserviceanbieter), Beratungshäuser (betriebswirtschaftliche, organisatorische und Softwareberatung) und RZ-Betreiber.

Dienstleister	Gesellschafter	Umsatz 2001 Mio €	Umsatz im Drittmarkt	Leistungen
T-Systems	Deutsche Telekom	11.000	72 %	Hosting, ASP, Outsourcing, Security
TKIS	ThyssenKrupp	500	68 %	Outsourcing, E-Business, Infrastrukturservice
Fiducia	Volksbanken & Raiffeisenbanken, Zentralbank	500	10 %	RZ-Outsourcing, Beratung, Wartung
Gedas	VW	493	30 %	Systemintegration, Schwerpunkt Logistik
HVB Systems	Hypovereinsbank	485	>1 %	Applikationsentwicklung
Lufthansa Systems	Deutsche Lufthansa	436 *	27 %	IT-Betriebssystemintegration, System-Management
BASF IT-Services	BASF Aktiengesellschaft	400	5-10 %	SAP-Anwendungen, SAP-Betrieb, Infrastruktur-Outsoucing
DVG Hannover	Sparkassen und Landesbanken	346 *	3 %	RZ-Services
IS Energie	Eon, Cap Gemini	290	10 %	RZ-Outsourcing, Projektgeschäft
HVB Info	Hypovereinsbank	267	7,5 %	Hosting, Druck-Output, ASP

Abbildung 194: Outsourcing-Dienstleister (Hackmann, 2002)

Voraus-setzungen für Outsourcing

Aufgrund der Gestaltungsmöglichkeiten des Outsourcings ist es vor der Unterzeichnung eines Outsourcing-Vertrages mit langfristiger vertraglicher Bindung notwendig, das Outsourcing in die Informatikstrategie des Unternehmens zu integrieren. Wichtig sind die aktuellen und zukünftigen Informatikaufgaben transparent zu gestalten. Dies ist notwendig für die Aufgabenabgrenzung zum Outsourcer und die Vertragsgestaltung. Auch bei Übertragung der IT-Dienstleistungen an ein Outsourcing-Unternehmen ist anzunehmen, dass die Unternehmen von IT-relevanten Fragestellungen im Rahmen der Unternehmensführung nicht frei sind. Globale strategische Rahmenentscheidungen sind im eigenen Hause vorzubereiten, wenn das eigene Personal dafür qualifiziert ist.

Vor der Auslagerung der Informatikaufgaben sind eine Reihe von Fragen zu klären, welche die spätere Aufgabenabgrenzung zwischen dem Outsourcing-Anbieter und dem outsourcenden Unternehmen betreffen.

BEISPIELE FÜR FRAGEN

Wie erfolgt die Projektkoordination und Projektleitung von gemeinsamen Entwicklungsprojekten?

Welche Befugnisse haben Projektmitarbeiter in den gemeinsamen Entwicklungsteams?

Wie entstehen Definitionen für neue IT-Anforderungen, ihre Entwicklung und endgültige Formulierung?

In welcher Form erfolgt der Tätigkeitsnachweis?

Wie erfolgt die Abnahme und Dokumentation der erbrachten Leistungen des IT-Dienstleisters?

Die Auslagerung fällt leichter, wenn die Unternehmens-IT sich abgrenzen lässt, z. B. als eigenes Profit-Center arbeitet. Es empfiehlt sich, den gesamten Entscheidungsprozess mit dem Betriebsrat vorab vertraulich festzulegen. Geplante Outsourcing-Vorhaben führen oft zu Unruhen in der Belegschaft oder zu Abwanderungen von qualifiziertem Personal.

Oft werden Outsourcing-Entscheidungen „gefühlsmäßig" getroffen. Bei IT-Outsourcing fehlt oft eine wirkungsvolle Analyse und Kritik durch die Kontrollorgane eines Unternehmens. Daher ist es wichtig, die Outsourcing-Entscheidung ökonomisch zu begründen und eine dokumentierte Datenbasis für Kostenvergleiche zu liefern. Betriebskosten für die bestehende IT-Infrastruktur, Personalkosten und die leistungsabhängigen Kosten (Energie, Betriebsunterbrechungs-Versicherung u.a.) sind zu ermitteln. Vor einer Outsourcing-Entscheidung sind folgende Grundszenarien zu bewerten:

- Der Abgleich der aktuellen IT-Architektur mit dem Angebot des IT-Outsourcers.

- Der Vergleich der Angebote unterschiedlicher IT-Outsourcer.

- Der Vergleich der aktuellen IT-Architektur mit einer alternativen Architektur (z. B. Standardsoftware).

Alternativen prüfen

Wichtig ist nicht nur der Abgleich mit der aktuellen IT-Architektur, z. B. einer Mainframe-Lösung gegen ein Outsourcing-Angebot, sondern auch die Bewertung von Alternativangeboten. Zu prüfen ist, ob eine Umstellung der eigenen großrechnerbasierten IT-Architektur auf Client/Server-Lösungen auf der Basis von Standardanwendungssoftware (z. B. SAP® R/3®) die wirtschaftlichere Alternative darstellt. Zusätzlich sind die Nutzenbestandteile der Alternativen für die Entscheidungsfindung zu berücksichtigen. Die Angebote der Outsourcing-Anbieter sind oft schwer vergleichbar, da keine einheitlichen Standards existieren.

4.5.4.3   **Outsourcing-Vertragsgestaltung**

Beim IT-Outsourcing erhält die Vertragsgestaltung wegen der langfristigen Bindungsdauer eine besondere Bedeutung. Derzeit sind im IT-Outsourcing Vertragslaufzeiten von drei bis fünf Jahren üblich (vgl. Fryba/Bereszewski, 2002, S. 29). Grundsätzlich ist der IT-Outsourcing-Prozess im Rahmen der Einzelrechtsnachfolge oder der Gesamtrechtsnachfolge möglich (vgl. hierzu ausführlich von Simon 2004, S. 358 ff). Bei der Einzelrechtsnachfolge handelt es sich um zivilrechtliche Kaufverträge. Sämtliche Vermögensgegenstände wie Rechnerausstattung, Nutzungsrechte oder Softwarelizenzen müssen einzeln übertragen werden. Der Eintritt in Softwarelizenzverträge erfordert meist die Zustimmung des Lizenzgebers, also des Softwareherstellers. Bei der Gesamtrechtsnachfolge wird der gesamte Betriebsteil (z. B. das vollständige Rechenzentrum) nach dem Umwandlungsrecht übertragen. Neben zahlreichen betriebswirtschaftlichen und rechtlichen Aspekten sind bei der Auswahl des Übertragungsweges noch steuerliche Aspekte zu prüfen.

Beratung durch IT-Controller- dienst   Der IT-Controllerdienst steht dem IT-Management als kompetenter Berater zur Verfügung, analysiert und bewertet betriebswirtschaftliche Überlegungen. Eine umfangreiche Checkliste zum Outsourcing ist in Hodel et al. (2004) dokumentiert, die insbesondere auch auf die Problematik der Vertragsgestaltung eingeht. Außerdem sind die Beteiligungsrechte der Arbeitnehmervertretungen zu beachten, die sich aus dem Betriebsverfassungsgesetz ergeben.

Bei großen Outsourcing-Vorhaben enthält das Vertragswerk einen Rahmenvertrag, ergänzt durch Einzelverträge (vgl. dazu Abbildung 195 nach T-Systems, 2002).

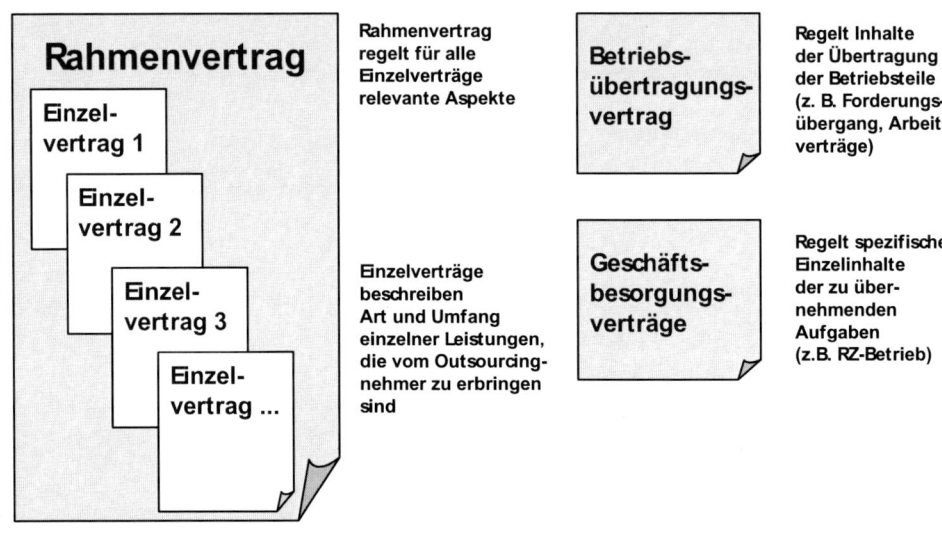

Abbildung 195: Outsourcing-Vertragsstruktur (T-Systems, 2002).

Rahmen-
vertrag

Inhalte eines Rahmenvertrages können sein:

- Vertragsgegenstand und Geltungsbereich,

- Laufzeit und Kündigung,

- Zusammenarbeit,

- Vergütung,

- Datenschutz und –sicherheit,

- Haftung und Höhere Gewalt,

- Vertragsänderungen,

- Rückübertragungsregelung bei späterem Insourcing.

Besondere Bedeutung erlangen die Rückübertragungsrege-
lungen, wenn nach dem Ablauf der Vertragslaufzeit oder bei
Vertragskündigungen Teile der ausgelagerten Prozesse wieder
ins Unternehmen zurückkehren. Wenn das Know-how nicht
mehr im Unternehmen existiert, empfiehlt es sich, die Mitwir-
kungspflicht des Outsourcers frühzeitig vertraglich zu fixieren.

Einzelverträge

Einzelverträge beschreiben Art und Umfang einzelner Leistungen,
die vom Outsourcing-Nehmer zu erbringen sind:

- Vertragsgegenstand und Geltungsbereich,

- Laufzeit / Kündigung / Verlängerungsoptionen,

- Leistungsbeschreibung,

- obligatorische und optionale Leistungen,

- Mitwirkungspflichten des Auftraggebers,

- Service Levels,

- Vergütung.

Betriebsübertra-
gungsvertrag
Der Betriebsübertragungsvertrag regelt Inhalte der Übertragung der Betriebsteile (z. B. Forderungsübergang, Arbeitsverträge):

- Vertragsgegenstand,

- Stichtag des Übergangs,

- Überleitung von Arbeitsverträgen,

- Übernahme von Forderungen, Verbindlichkeiten und sonstigen Verpflichtungen (z. B. Steuern),

- Regelungen zum Gefahrenübergang,

- Kaufpreis,

- Abwicklungsmodalitäten.

Geschäftsbesor-
gungsverträge
Geschäftsbesorgungsverträge regeln spezifische Einzelinhalte der zu übernehmenden Aufgaben (z. B. RZ-Betrieb):

- Vertragsgegenstand und Geltungsbereich,

- Haftung,

- Laufzeit / Kündigung / Verlängerung,

- Vergütung.

- Mögliche Inhalte der Besorgung:

  - Finanz- und Rechnungswesen,

  - Einkauf und Beschaffung,

  - Personalabrechnung,

  - Datenschutz/Datensicherheit.

- Infrastruktur (ggf. auch als separater Mietvertrag):

  - Gebäude, Parkplätze,

  - Räume und deren Ausstattung.

4.5.5 IT-Offshoring

Offshore-Outsourcing (Offshoring) ist die Verlagerung von IT-Dienstleistungen in Niedriglohnländer.

Erwartungen

Im Normalfall versprechen sich auslagernde Unternehmen Kostensenkungen, die Steigerung der Flexibilität, die Möglichkeit sich auf ihr Kerngeschäft zu konzentrieren und der Zugriff auf spezialisiertes, hierzulande immer noch knappes, IT-Fachpersonal (vgl. Deutsche Bank Research, 2005, S. 12).

Studien prognostizieren, dass Offshore-Outsourcing zum grundlegenden Bestandteil der IT-Strategie vieler großer Unternehmen wird (vgl. z. B. Deloitte & Touche, 2003). Doch auch für mittelständische Unternehmen wird Offshoring ein relevanter Aspekt, wenn auch zum Teil mit staatlicher Unterstützung. Mertens weist darauf hin, dass die staatliche „Software-Offensive-Bayern" bereits im Jahr 2002 eine Veröffentlichung erstellt hat, die mittelständischen Unternehmen in Form eines „Leitfadens" detailliert erläutert, wie Arbeitsplätze mit staatlicher Unterstützung ins Ausland verlagert werden können (vgl. hierzu ausführlich Mertens, 2004, S. 255).

Kein neues Thema

IT-Offshoring ist nicht neu. In der Zeit des „IT-Hypes", also in den Jahren 1996-2001 wurde auf Grund des damaligen Fachkräftemangels und der zahlreichen Projekte (Umstellung der IT-Systeme auf den Jahrtausendwechsel, Euro-Umstellung, Aufkommen des E-Commerce) bereits von diesem Instrument Gebrauch gemacht. Der Fachkräftemangel dieser Zeit ist heute nicht mehr wirksam. Vielmehr wird Offshoring als Instrument zur Kostenreduktion betrachtet. Im Vordergrund der Diskussion um „IT-Offshoring" steht daher meist die simple Gleichung „IT-Offshoring = IT-Kostenreduktion". Diese Relation repräsentiert die Erwartungshaltung des Managements: Kosteneinsparungen, möglichst im zweistelligen Prozentbereich bei gleicher oder sogar noch stark verbesserter Qualität der Leistungserbringung.

Anwendungs-szenario

Typisch für ein gescheitertes IT-Offshoring-Projekt ist das folgende fiktive, aber realitätsnahe Szenario:

Die Geschäftsführung eines mittelständischen Unternehmens beauftragt den IT-Leiter damit, die IT-Kosten zu senken. Dieser sieht eine Lösung im Outsourcing großer Teile der IT-Abteilung.

Vor den Mitarbeitern und der Öffentlichkeit wird dieser Schritt mit Argumenten wie „Konzentration auf Kernkompetenzen" und

„Reduktion von Fixkosten„ und „Flexibilisierung der Leistungsinanspruchnahme" begründet. Der IT-Leiter holt die Angebote von mehreren erfahrenen Anbietern ein. Schließlich wird ein sehr günstiger Anbieter aus Indien mit dem Projekt beauftragt.

Schon bald reisen Delegationen mit einer Vielzahl von Personen (5-15 Teilnehmer) an, um zahlreiche Details zu besprechen. Endlose Diskussionen, Zusammenfassungen von Meetings und wiederholende Formulierungen sind bald die Regel.

Nach einiger Zeit beginnen konkrete Projektvorbereitungen. Der Auftraggeber stellt bald fest, dass für ihn selbstverständliche Anforderungen – da nicht im Vertrag spezifiziert – nicht von Outsourcinganbietern eingehalten werden. Nachverhandlungen und endlose Präzisierungen des Vertragswerkes sind erforderlich.

Betriebswirtschaftliche Kenntnisse der eingesetzten Mitarbeiter des Outsourcers fehlen fast immer. Die Sprachkenntnisse der eingesetzten Mitarbeiter sind oft nicht für eine fachliche Diskussion ausreichend. Spezifische Kenntnisse über die Prozesse des Kunden fehlen. Die Anfangsphasen des Projektes gleichen aus Sicht des IT-Leiters mehr einem Ausbildungsgang für den Auftragnehmer, als einer professionellen Projektausführung. Eine Entlastung ist in dieser Phase noch nicht spürbar.

Nach einiger Zeit erfolgt ein Transfer zentraler IT-Bereiche, z.B. Anwendungsentwicklung und Benutzersupport. Im Tagesgeschäft auftretende grundsätzliche Probleme schlagen ohne Vorwarnzeit bzw. Ankündigungen sofort beim Auftraggeber durch.

Rückfragen beim Outsourcer in Indien endeten vielfach in verrauschten Telefonleitungen.

Typisch für die Situation in vielen Unternehmen sind die Aussagen eines CIOs: „Drei indische SAP-Programmierer sollten gemeinsam mit deutschen Kollegen … die firmeneigene SAP-Landschaft umbauen. Das Resümee ist ernüchternd: „Obwohl es ausgebildete Programmierer sein sollten, mussten wir immense Anstrengungen aufbringen, um sie auf unser Niveau zu heben" … . Besonders negativ sei der völlig fehlende betriebswirtschaftliche Hintergrund aufgefallen." (vgl. Vogel, 2005, S. 12).

Offshoring als Outsourcing-Variante

IT-Outsourcing tritt in der Praxis in zahlreichen Varianten in Erscheinung. Üblich sind Klassifizierungen nach dem Ort der

Leistungserbringung, der Anzahl der beteiligten Partner sowie der Zugehörigkeit des Leistungserbringers zum Unternehmen bzw. zum Konzern (vgl. Abbildung 196).

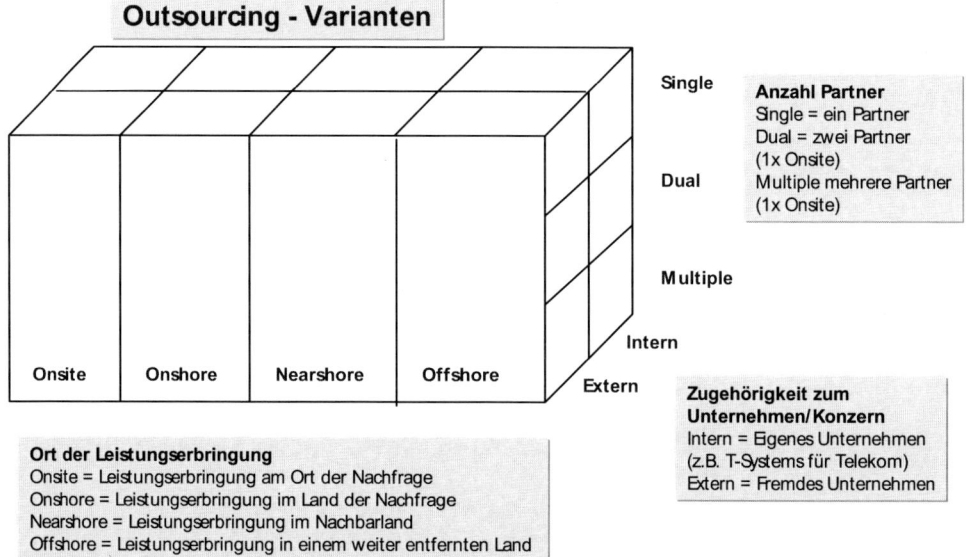

Abbildung 196: IT-Outsourcing-Varianten (in Anlehnung an Bacher, 2002, S. 55)

Die häufigsten Varianten des IT-Outsourcings sind das Offshoring bzw. das Nearshoring. Hierunter ist in beiden Fällen die Vergabe der Aufträge in Niedriglohnländer zu verstehen (vgl. z. B. Ruiz Ben/Claus, 2005, S. 35). Neben dem Kostenvorteil durch ein niedrigeres Lohnniveau kommen noch Nebeneffekte, wie z.B. längere Arbeitszeiten, einfachere administrative Gegebenheiten sowie steuerliche Subventionen zu.

Ort der Leistungserbringung

Nearshore

Von **Nearshore** wird gesprochen, wenn die Leistungserbringung in Niedriglohnländern mit gleichem Kulturkreis, Zeitregion, Sprache etc. erfolgt. Hierunter fallen primär die direkten Nachbarländer. Dies sind aus deutscher Sicht Länder in Osteuropa oder im weitesten Sinne noch Irland und Portugal.

Onshore

Onshore bedeutet eine Leistungserbringung im Land des Auftragnehmers, also aus deutscher Sicht in Deutschland. Hierbei kann es sein, dass die IT-Spezialisten des Leistungserbringers aus dem Ausland stammen und lediglich zur Erzielung einer größeren Kundennähe im Auftraggeberland arbeiten.

Offshore

Offshore beschreibt die Auftragsvergabe in weiter entfernte Länder. Hierunter fallen insbesondere Länder anderer Kulturkreise, Zeitzonen und Sprachen. Aus deutscher Sicht sind dies Länder in Asien, wie z. B. Indien oder auch zunehmend China.

Noshore

Noshore schließlich bezeichnet IT-Prozesse, die explizit in der Regel nach einem fundiertem Entscheidungsprozess im eigenen Unternehmen oder Konzern bzw. im eigenen Land ausgeführt werden. Noshore kann auch als bewusste Negativentscheidung gegen die Auslagerung betrachtet werden.

X-Shore

Sind im Folgenden alle Varianten gemeint, wird daher umfassend von **X-Shore** gesprochen.

Anzahl der ausführenden Partner

x-Shoring-Projekte bzw. andere Varianten können durch einen einzigen Partner (Single), durch zwei Partner (Dual) oder durch mehrere Partner (Multiple) bewältigt werden. Im Fall Dual bzw. Multiple arbeitet mindestens ein Partner Onshore, also im Land des Auftraggebers, meist um die Kundennähe zu verbessern und um kulturelle Distanzen zu vermeiden bzw. zu überbrücken. Die eigentliche Leistungserbringung erfolgt dann Offshore bzw. Nearshore.

Zugehörigkeit zum Unternehmen bzw. Konzern

In manchen Fällen kommt es vor, dass Unternehmen eigene IT-Unternehmen betreiben, die als Outsourcing-Auftragnehmer auftreten. In diesem Fall handelt es sich um kein reines Outsourcing, da nach Umsätze konsolidiert werden.

Global Sourcing

Gelegentlich tauchen in der Praxis auch weitere Begriffe auf, meist aus Marketingsicht geprägt. So spricht die Firma Infosys Technologies Ltd., ein indisches Offshoring-Unternehmen mit über 35.000 Mitarbeitern von „**Modular Global Sourcing**" (vgl. SAPINFO 2005, S. 94). Damit soll an die Automobilbranche angeknüpft werden, welche in den vergangenen Jahrzehnten die Beschaffung zunehmend globalisiert hat.

In der Praxis haben sich zahlreiche Offshore-Varianten ausgeprägt. Typische Organisationsformen der Offshore-Softwareentwicklung sind: Onsite, Onsite-Offshore, Onsite-Onshore-Offshore, Nearshore, Reines Offshore, Captive Center (vgl. ausführlich Kolisch/Veghes-Ruff, 2005, S. 919ff.).

Onsite
Bei der **Onsite-Software-Entwicklung** werden die Mitarbeiter des Offshore-Unternehmens direkt am Standort, oft auch in den Geschäftsräumen des Auftraggebers, tätig. In diesem Fall handelt es sich um klassisches „Body-Leasing", wenn nur einzelne Mitarbeiter bereitgestellt werden, oder um die Fremdbeschaffung von IT-Dienstleistungen, wenn z.B. ein vollständiges Projektteam bereitgestellt wird. Der Unterschied zur „normalen" Fremdbeschaffung von IT-Leistungen liegt in der Herkunft des Auftragnehmers, der aus einem „Offshore-Land" stammt.

Onsite-Offshore
Bei der **Onsite-Offshore-Software-Entwicklung** arbeiten Mitarbeiter des Offshore-Anbieters zum Teil vor Ort beim Kunden im Auftraggeberland. Sie führen insbesondere die fachliche Analyse des Problems durch und erstellen mit dem Kunden die Sollkonzeption. Idealerweise handelt es sich um Mitarbeiter, die aus dem gleichen Kulturkreis wie der Kunde stammen oder entsprechende Erfahrungen vorweisen können. Hierdurch werden die Kommunikationswege beim Kunden verkürzt, und Missverständnisse können schnell beseitigt werden. Am Offshore-Standort werden die reinen Entwicklungstätigkeiten (Programmierung, Test, Dokumentation) durchgeführt. Allerdings sinkt der potentielle Kostenvorteil mit dem Grad der Vor-Ort-Aktivitäten.

Onsite-Onshore-Offshore
Das Konzept der **Onsite-Onshore-Offshore-Software-Entwicklung** entspricht weitgehend dem der Onsite-Software-Entwicklung. Bei diesem Modell werden zusätzliche technische Arbeiten an den Standort des Kunden verlagert. Hierfür bieten sich z.B. Tests und Abnahmen der entwickelten Software an, die im Dialog mit dem Auftraggeber durchgeführt werden.

Reines Offshore
Das klassische Modell der **Offshore-Software-Entwicklung** sieht vor, dass sämtliche Arbeiten beim Offshore-Anbieter durchgeführt werden. Wegen der großen geografischen Distanz, den damit verbundenen Kommunikationsproblemen und den größeren kulturellen Unterschieden besteht bei diesem Modelle die größte Gefahr des Scheiterns.

Nearshore
Unter **Nearshore-Software-Entwicklung** wird die Durchführung der Projekte in Ländern verstanden, die zum gleichen Kulturkreis zählen und relativ schnell zu erreichen sind. Inhaltlich entspricht das Konzept dem „reinen Offshore-Modell", d.h. sämtliche Arbeiten werden beim Offshore- bzw. in diesem Fall beim

Nearshore-Anbieter durchgeführt. Die Abbildung 197 dokumentiert schematisch die beschriebenen Varianten.

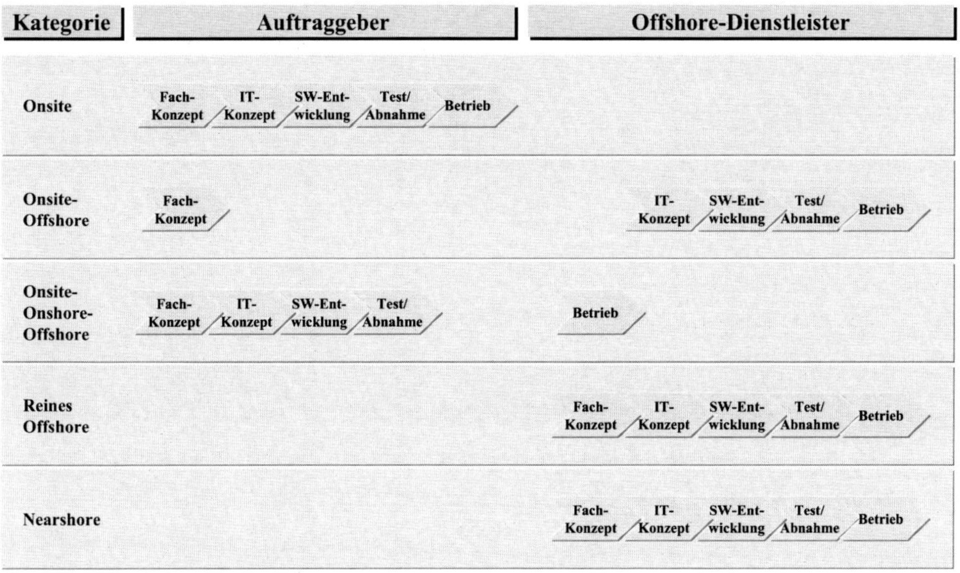

Kategorie	Auftraggeber					Offshore-Dienstleister				
Onsite	Fach-Konzept	IT-Konzept	SW-Entwicklung	Test/Abnahme	Betrieb					
Onsite-Offshore	Fach-Konzept					IT-Konzept	SW-Entwicklung	Test/Abnahme	Betrieb	
Onsite-Onshore-Offshore	Fach-Konzept	IT-Konzept	SW-Entwicklung	Test/Abnahme		Betrieb				
Reines Offshore						Fach-Konzept	IT-Konzept	SW-Entwicklung	Test/Abnahme	Betrieb
Nearshore						Fach-Konzept	IT-Konzept	SW-Entwicklung	Test/Abnahme	Betrieb

Abbildung 197: Varianten der Offshore-Software-Entwicklung

Captive Center

Das **Captive Center** ist ein spezielles Offshore-Entwicklungszentrum des Auftraggebers (!) am Offshore Standort. Diese Variante wird oft von großen Firmen praktiziert, um die Vorteile des Offshore (insb. niedrige Lohnkosten) zu nutzen, ohne dessen Nachteile (insb. Know-how-Wegfall) in Kauf zu nehmen. Prinzipiell handelt es sich lediglich um eine Verlagerung der Softwareentwicklung in ein Niedriglohnland.

Prozesse

Der **Erfolg von Offshoring-Projekten** hängt davon ab, ob der richtige Prozess ausgelagert wird. Am ehesten eignen sich IT-Prozesse wie Anwendungsentwicklung, Wartung, Applikations-Management, User-Help-Desk für eine Auslagerung (vgl. Deutsche Bank Research, 2005, S. 14). Die Verlagerung von betriebswirtschaftlich-administrativen Prozessen wie Buchhaltung, Personalwesen oder Beschaffung wird weniger stark nachgefragt. Besonders groß ist die Skepsis bei deutschen Unternehmen, wenn Kernprozesse wie Produktentwicklung oder kundennahe

Prozesse wie Marketing und Vertrieb ausgelagert werden sollen (Deutsche Bank Research, 2005, S. 15-16).

Partner-
auswahl

Bei der Auswahl des richtigen Partners achten die Unternehmen überwiegend auf folgende Aspekte (vgl. Deutsche Bank Research, S. 19):

• Zugriff auf qualifizierte Fachkräfte,

• Lohnkosten beim Offshoring-Partner,

• Ansprechpartner in Deutschland,

• Verbreitung der englischen Sprache,

• Einsatz von Qualitätsmanagement-Systemen,

• Stabilität im Land.

Wirkungen auf den Arbeitsmarkt

Ausgewählte
Analysen

Neben Deutschland verlagern auch andere Industrieländer, insb. die USA und Großbritannien IT-Arbeitsplätze in Niedriglohnländer, vorzugsweise wegen der fehlenden Sprachbarriere nach Irland, Indien, Israel und Kanada (Ruiz Ben/Claus, 2004, S. 37). Eine Studie des Beratungsunternehmens Forrester Research kam zu dem Ergebnis, dass in Deutschland bis 2015 rund 1,1 Millionen Arbeitsplätze verloren gehen (vgl. Boes/Schwemmle, 2004, S. 115). Allweyer et al. (2004) waren dagegen der Meinung, dass wesentlich weniger Arbeitsplätze verloren gehen. Als Grund werden die steigende Produktivität der deutschen Wirtschaft und Exporte in Offshore-Regionen angeführt. Die Deutsche Bank und der Industrieverband BITKOM erwarten nach den Ergebnissen ihrer neuesten Offshoring-Studie nur einen geringen Abbau von Arbeitsplätzen im Inland. Fast ein Drittel der befragten Unternehmen erwartet sogar einen Personalaufbau von 5% oder mehr im Inland (vgl. Deutsche Bank Research, 2005, S. 13). Allerdings gibt es nach wie vor Studien, die von höheren Belastungen für den Arbeitsmarkt ausgehen. Sehr kritisch dagegen urteilt Forrester Research (vgl. Friedrich, 2005b). Bis 2015 sollen in Deutschland etwa 140.000 Arbeitsplätze wegfallen. Die Schätzungen für Westeuropa werden mit 1,2 Millionen Arbeitsplätzen beziffert, die bis 2015 in Offshore-Länder abwandern werden. Im Vergleich mit Schätzungen für die USA fallen diese Angaben noch relativ bescheiden aus. Etwa 3,3 Millionen Arbeitsplätze sollen dort im gleichen Zeitraum wegfallen. Die Gründe für die deutsche Zurückhaltung werden wie folgt beziffert:

- geringe Bereitschaft von kleinen und mittleren Unternehmen (KMU) zur Auslagerung,

- traditionell hohe Bindung des Personals an das Unternehmen,

- hoher Einfluss der Gewerkschaften,

- strenge gesetzliche Vorgaben.

IT-Offshore-Entscheidungsprozess

Der Begriff IT-Offshoring wird insbesondere mit der Verlagerung von Softwareentwicklungstätigkeiten verbunden. Die hohen Potenziale werden darin begründet, dass diese Tätigkeit sehr personalintensiv ist und Lohnkostenvorteile entsprechend hoch wirken. Zu unterscheiden sind nach Laabs (2004) verschiedene Formen der Verlagerung:

- Reines „Bodyleasing" von Softwareentwicklern (begrenzte freie Mitarbeit in IT-Projekten,

- Vergabe von Teilprojekten und

- Vergabe von vollständigen Projekten einschließlich Projektmanagement.

Mertens et al. (2005, S. 28) nennen folgende Merkmale für Offshore- bzw. Nearshore-geeignete Softwareprojekte:

- Hoher Anteil der Arbeitskosten,

- Eindeutig spezifizierte Anforderungen, wenig Spielräume,

- Sich wiederholende Tätigkeiten,

- Regelbasiert Entscheidungsfindung und Problemlösung,

- Dokumentierte oder leicht erklärbare Aufgaben und Prozesswissen,

- Leichte Aufteilung der Aufgaben, geringe Interaktivität zwischen Dienstleistungen,

- Elektronisch über das Internet abzuwickeln,

- Softwareprodukt mit langer erwarteter Nutzungszeit (Amortisation der Offshore-Einrichtungskosten),

- Geringe bis mittlere Bedeutung für das Unternehmen,

- Nicht interdisziplinär.

Weniger gut geeignet sind daher Projekte die nicht aus der Distanz heraus abgewickelt werden können oder deren fachliche Aufgabenstellung nicht exakt formulierbar ist. Zudem sprechen Sicherheitsaspekte gegen eine Auslagerung, d.h. Kernprozesse eines Unternehmens sind weniger gut Offshore bzw. Nearshore-geeignet.

Überblick   IT-Outsourcing-Entscheidungen sind langfristig wirksame Investitionsentscheidungen. Ein portfoliogestützte Entscheidungsprozess vollzieht sich in drei Stufen, die den Grad der Auslagerung und die Entfernung der Realisierungspartner einbeziehen (vgl. Abbildung 198).

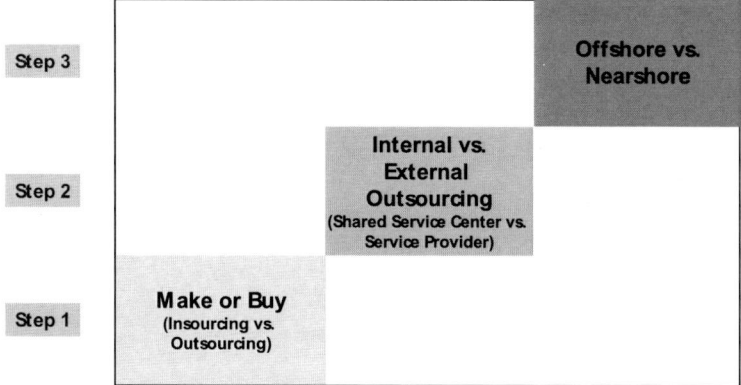

Abbildung 198: IT-Offshore-Entscheidungsprozess

Stufe 1:
Make or Buy
In der ersten Stufe wird geklärt, ob Outsourcing oder die Eigenentwicklung favorisiert wird. Die hierfür wesentlichen Entscheidungskriterien hierfür sind:

- Individualität der Aufgabenstellung im Hinblick auf Unternehmensziele und Kernprozesse sowie die

- Strategische Bedeutung der IT-Lösung im Hinblick auf Unternehmensziele und Kernprozesse.

Stufe 2: Internes
oder externes
Outsourcing
In der zweiten Stufe wird geklärt, ob externe Partner (klassisches Outsourcing) einbezogen werden oder ob eine interne Lösung gewählt wird. Eine interne Lösung über so genannte Shared Service Center bietet sich an, wenn Prozesstypen (z.B. Betreuung von Standardanwendungssoftware) mehrfach in ähnlicher Form

in verschiedenen Geschäftsbereichen eines Unternehmens anfallen. Die relevanten Entscheidungskriterien sind:

- Strategische Bedeutung und Nähe des Prozesses zum Kerngeschäft (Kernprozess, Führungsprozess, Unterstützungsprozess und

- Einheitlichkeit der unternehmensinternen Anforderungen.

Stufe 3: Nearshore versus Offshore-Outsourcing

In der letzten Stufe wird die Frage geklärt, ob weit entfernte Realisierungspartner (Offshore) oder Partner in näher gelegenen Regionen (Nearshore oder Inland) berücksichtigt werden. Die hierfür genutzten Entscheidungskriterien sind:

- Interaktionsbedarf während der Software-Erstellung und Änderungshäufigkeit und

- Unternehmensgröße im Hinblick auf Mitarbeiter, Arbeitsvolumen und Komplexität des Geschäftes.

Stufe 1: Make or Buy (Insourcing vs. Outsourcing)

Buy-Strategie (Outsourcing)

Bei geringer Bedeutung der IT-Lösungsansätze für die Unternehmensziele und Kernprozesse bietet sich eine klassische „Buy-Strategie" an, also Outsourcing der IT-Entwicklung bzw. des IT-Betriebs. Typische Beispiele für das klassische Outsourcing sind Standardanwendungssoftware für die Buchhaltung, Lagerwirtschaft oder IT-Arbeitsplätze, der Betrieb eines kompletten Rechenzentrums oder die Administration von Servern.

Make-Strategie

Beim Betrieb wenig standardisierter IT-Produkte und IT-Leistungen ist die strategische Bedeutung hoch, wenn wichtige Kernprozesse des Unternehmens betroffen sind und es sich um vorwiegend unternehmensindividuelle Aufgabenstellungen handelt. Typisch dafür sind die Entwicklung von Informationssystemen für die Produktentwicklung sowie Vertrieb und Service oder spezifische Kundeninformationssysteme. Die Anwendung der Buy-Strategie bei strategisch relevanten Aufgaben wird von vielen Unternehmen unterstützt, z.B. dem Telekommunikationsanbieter Vodafone. Stattdessen wird vom „Head of Strategic Outsourcing" vorgeschlagen, das für den Betrieb notwendige Knowhow einzukaufen (vgl. Francome, 2006).

Mix-Strategie

Sind unterschiedliche interne und externe Ressourcen zu koordinieren, wie z. B. beim Betrieb der kompletten SAP-Anwendungen im Verbund mit Eigenentwicklungen, muss von Fall zu Fall entschieden werden. Die Schnittstellenproblematik fordert häufig gesonderte Entscheidungen (vgl. Abbildung 191).

Stufe 2: Internes oder externes Outsourcing

In der zweiten Stufe des Entscheidungsprozesses steht fest, dass Prozesse ausgelagert werden sollen. Dies kann mit externen Partnern oder bei größeren Unternehmen über interne Lösungen, die nach gleichen Prinzipien wie externes Outsourcing strukturiert werden, gelöst werden. Die interne Lösung wird oft auch als Shared Service Center (SSC) bezeichnet. Hinter dem Konzept steht der Gedanke, mehrfach ähnlich genutzte Leistungen im Konzern / Unternehmen zu bündeln und unter marktgerechten Bedingungen (Leistungsqualität, Preise etc.) anzubieten. Externe Provider verlangen meist eine Vertragsbindung von 5-10 Jahren, die für das auslagernde Unternehmen eine geringere Flexibilität mit sich bringt. Interne Dienstleister sind eher im eigenen Sinne zu beeinflussen. Eine Rückverlagerung bei strategischer Neuorientierung oder im Fall des Scheiterns ist leichter möglich.

Die zur Klärung der Entscheidung relevanten Kriterien sind: Wie hoch ist die strategische Bedeutung des Prozess bzw. wie nah ist er am Kerngeschäft des Unternehmens angesiedelt und wie einheitlich sind die unternehmensinternen Anforderungen, d.h. wie heterogen fallen die Anforderungen der einzelnen Geschäftsbereiche aus? Je näher ein Prozess am Kerngeschäft des Unternehmens angelehnt ist, desto eher ist er ein Kandidat für das interne Outsourcing (SSC). Weniger kritische Prozesse können an externe Provider ausgelagert werden. Sind die Unternehmensbereiche hinsichtlich ihrer Anforderungen sehr heterogen, wird ein SSC-Ansatz keinen Mehrwert liefern können. Im Einzelfall kann ein bereichsspezifisches Outsourcing daher eine Lösung sein. Handelt es sich innerhalb des Konzerns bzw. Unternehmens um heterogene Prozesse mit hoher strategischer Bedeutung, sollte vom Outsourcing-Vorhaben Abstand genommen. Bereichsspezifische Lösungen sind zu präferieren.

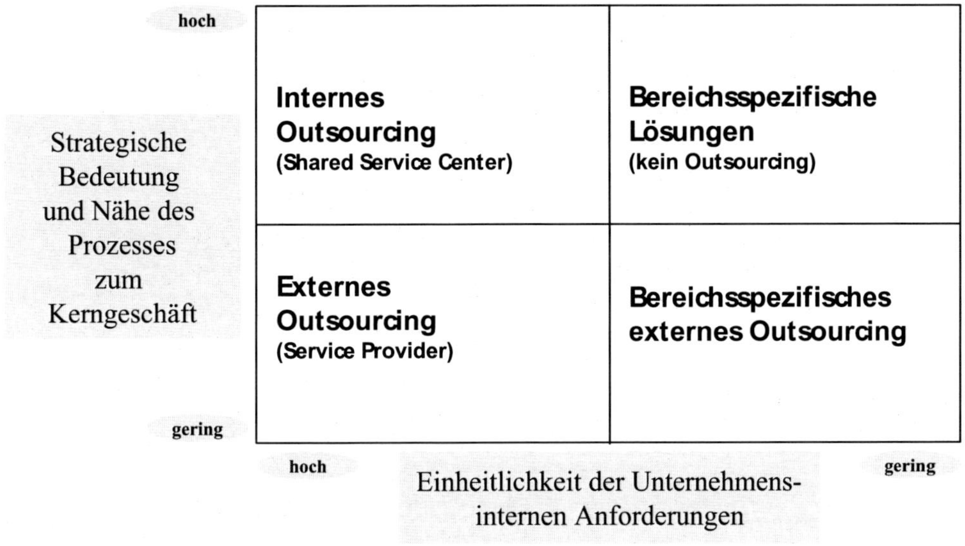

hoch

Internes Outsourcing (Shared Service Center)	**Bereichsspezifische Lösungen** (kein Outsourcing)
Externes Outsourcing (Service Provider)	**Bereichsspezifisches externes Outsourcing**

Strategische Bedeutung und Nähe des Prozesses zum Kerngeschäft

gering

hoch   gering

Einheitlichkeit der Unternehmensinternen Anforderungen

Abbildung 199: Internes oder externes Outsourcing

Stufe 3: Nearshore versus Offshore-Outsourcing

Zunehmend stellen sich Unternehmen jedoch nicht mehr die Frage, ob sie Teile ihres IT-Spektrums auslagern, sondern in welcher Form sie dieses Vorhaben durchführen. In diesen Fällen stellt sich das Problem einer Investition in klassische Offshore-Standorte wie Indien oder in Nearshore-Standorte wie Irland, Tschechien oder Russland. Die in Abbildung 200 dargestellte Zuordnung von Auftraggeberländern zu Nearshore-Zielländern wurde einer Untersuchung der Friedrich-Alexander-Universität Erlangen-Nürnberg entnommen (vgl. Mertens et al. (2005, S. 5).

Nearshoring-Ziel	Land der Auftraggeber
Kanada, Mexiko	USA
Polen, Tschechien, Ungarn, Irland; zunehmend auch die Ukraine, Weißrussland, Lettland und Rumänien	Westeuropa, insb. Deutschland
Irland	Großbritannien
China	Japan, Südkorea

Abbildung 200: Nearshoring-Länder und ihre Auftraggeber (Mertens et al., 2005, S. 5)

US-amerikanische Firmen tendieren demnach eher zu Offshorestandorten, die eher amerikanischen Gewohnheiten entsprechen, z.B. über ein vergleichbares Schulsystem verfügen. Europäische Firmen haben sich trotz der geringeren Lohnkostenvorteile auf den osteuropäischen Nearshore-Bereich und Irland konzentriert. Die Hauptgründe dafür sind räumliche Nähe und geringere kulturelle Unterschiede im Vergleich zu Offshore-Ländern wie Indien.

Kleinere Unternehmen waren in der Vergangenheit eher zurückhaltend, Outsourcing bzw. Offshore-Projekte zu realisieren (vgl. z. B. Krick/Voß, 2005, S. 37). Offshore-Projekte erfordern einen hohen Vorlauf an Planung und Vorbereitung sowie dauerhaft einen hohen Koordinationsaufwand. Nearshore-Projekte sind dagegen auch für kleine Projektumfänge bzw. kleinere Unternehmen eine Möglichkeit, die Auslagerung von IT-Leistungen durchzuführen. Diese Entwicklung lässt sich für den Bereich der Auslagerung von Softwareentwicklungstätigkeiten wie in Abbildung 201 dargestellt, generalisieren. Große Unternehmen bevorzugen bei der externen Entwicklung von Applikationen mit hohem Interaktionsbedarf und häufigen Updates eher Nearshore-Regionen, da relativ schnell auf Entwickler zugegriffen werden kann und der Dialog direkter abläuft.

Beispiele   Typische Beispiele sind IT-Entwicklungsprojekte im Bereich der Telekommunikationsbranche. Anwendungen mit eher langfristigem Charakter, z.B. Bank- oder Versicherungsanwendungen, bei denen längere Updatezyklen die Regel sind, können Nearshore- oder Offshore bearbeitet werden. Kleinere Unternehmen setzen generell eher auf Nearshore-Regionen, da sie typischerweise kleinere Projekte, oft im Unterauftrag, abwickeln und schnell auf die Anforderungen ihrer Kunden reagieren müssen. Applikationen mit hohem Interaktionsbedarf werden hier eher im eigenen Haus entwickelt. Nur Applikationen mit geringer Änderungshäu- figkcit kommen für Nearshore-Entwicklungen in Frage.

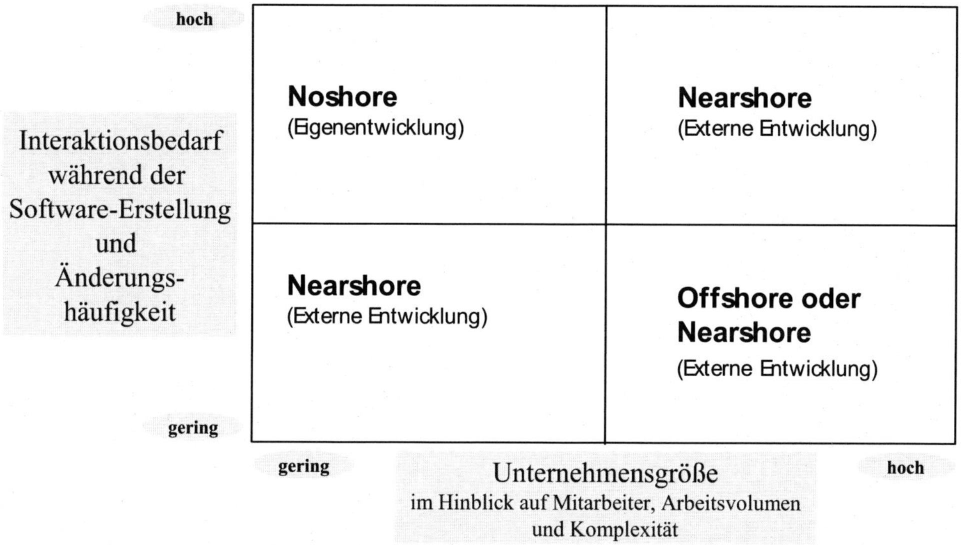

hoch

Interaktionsbedarf während der Software-Erstellung und Änderungs- häufigkeit

Noshore
(Eigenentwicklung)

Nearshore
(Externe Entwicklung)

Nearshore
(Externe Entwicklung)

Offshore oder Nearshore
(Externe Entwicklung)

gering

gering   **Unternehmensgröße**   hoch
im Hinblick auf Mitarbeiter, Arbeitsvolumen
und Komplexität

Abbildung 201: Offshore – Standardstrategien

Regionale Auswahl

Die **regionale Auswahl** muss unternehmensindividuell erfol- gen, da sich die Rahmenbedingungen permanent verändern. Die Abbildung 202 zeigt einige ausgewählte Offshore-Länder im Vergleich zu Russland und Irland als stellvertretende Nearshore- Länder. Während Irland durch seine kulturelle Nähe und den zwangsläufig guten Englischkenntnissen hervorsticht, sind in Russland die Kostenvorteile auf gleichem Niveau, wie in typi- schen Offshore-Regionen.

Kriterien	Indien	Philippinen	China	Russland	Kanada	Irland
Steuerliche Vorteile	●	◑	○	○	◑	●
Verfügbarkeit von relevantem Fachwissen	●	◑	◑	○	◑	○
Infrastruktur	◑	●	●	○	●	●
Ausbildungssystem	●	◑	●	●	●	●
Kostenvorteile	●	●	●	●	◑	○
Servicequalität	●	●	○	○	●	●
Kultureller Fit	◑	●	○	○	●	●
Zeitunterschied	○	○	○	◑	●	●
Englischkenntnisse	●	●	○	○	●	●

Abbildung 202: Standortkriterien für Offshore-Outsourcing nach Ländern (Sure, 2005, s. 273)

PRAXISBEISPIEL: NEARSHORE-WORKBENCH

Das Unternehmen ist in einem sehr dynamischen Markt mit schnellen Releasezyklen tätig. Es betreibt komplexe Internetapplikationen, die permanent zu aktualisieren sind. Es ist deshalb erforderlich, während der Entwicklungsarbeiten einen direkten Dialog mit den beteiligten Softwareentwicklern aufrecht zu erhalten. Für die teilweise Verlagerung der IT-Entwicklungsleistungen wurde das Workbench-Modell in einem Nearshore-Land gewählt.

Derzeit hat das Unternehmen über den lokalen Dienstleister über 100 Entwickler am Nearshore-Standort beschäftigt, die ausschließlich für den Auftragnehmer tätig sind. Um eine möglichst hohe Personalqualität sicherzustellen, erfolgt die Personalauswahl einschließlich der Einstellungsgespräche direkt durch den Auftraggeber. Die Fluktuation des Personals ist relativ hoch. Die Entwickler sind im Durchschnitt nur zwei Jahre für den Dienstleister tätig, danach streben sie oft in feste Verträge.

Die Englischkenntnisse der Mitarbeiter sind nicht so gut, wie erhofft, aber für die Projektarbeit brauchbar. Einige Mitarbeiter können Deutschkenntnisse vorweisen. Die Ausbildung der Mitarbeiter wird als gut, aber nicht exzellent bezeichnet. Wegen der stark ausgeschöpften personellen Kapazitäten bietet der Nearshore-Dienstleister teilweise Personal aus entfernten Regionen und angrenzenden Ländern an. Allerdings ist dieses Personal qualitativ nicht gleichwertig. Deshalb wird der gewählte Nearshore-Standort auch nicht als Dauerlösung angesehen, zumal die Lohnkosten und Nebenkosten bereits deutlich ansteigen.

Entwicklungsarbeiten

Das Unternehmen hat nur die reine Entwicklungtätigkeit von nicht geschäftskritischen Internet-Applikationen einschließlich der Modultests ausgelagert. Der Integrationstest und IT-Betrieb erfolgt durch eigene Mitarbeiter.

Wirtschaftlichkeit und Qualität

Die Lohnkosten sind niedrig. Derzeit liegen die Entwicklerkosten nach Abzug von eigenen Overheadaufwendungen und dem internen Koordinationsaufwand bei etwa 1:3 bis 1:4. Allerdings ist die Qualität der erbrachten Leistungen auch deutlich geringer. Das Unternehmen reduziert deshalb in einigen Bereichen das Nearshorevolumen, obwohl weitergehende Planungen vorgesehen waren. Geschäftskritische Kernprozesse werden auf keinen Fall außerhalb des Unternehmens bearbeitet.

Erwartungen und Wirklichkeit

Die hohen Erwartungen der Unternehmensleitung wurden durch Medienberichte und Veröffentlichungen der letzten Zeit noch verstärkt. Das Unternehmen hatte ursprünglich mit 70% Einsparungen nach Abzug von Overhead- und Koordinationskosten gerechnet. Es liegt derzeit noch bei 50% Einsparungen, was noch als ein guter Wert gilt. Wegen der steigenden Lohnkosten rechnet das Unternehmen mit deutlich geringeren Kostenvorteilen in den nächsten drei Jahren. Höhere Kosten verursacht beispielsweise der lange Parallelbetrieb, wenn bereits im Betrieb genutzte Applikationen von Deutschland in das Nearshore-Land verlagert werden. Der tatsächliche Zeitaufwand für den Parallelbetrieb liegt mit 3 Monaten doppelt so hoch, wie ursprünglich vorgesehen.

Stimmung im Unternehmen

Sehr große Probleme hat das Unternehmen mit der Akzeptanz der Nearshoreprojekten bei den eigenen Mitarbeitern, auch bei Führungskräften inner- und außerhalb des IT-Bereiches.

4.5.6   Fallstudie zum IT-Sourcing

Ausgangssituation

Unternehmens-
profil

Gegenstand der Fallstudie ist ein Industriekonzern mit einem Jahresumsatz von etwa 2.500 Mio EUR/Jahr mit mehreren rechtlich selbständigen Konzerngesellschaften. Der Umsatz variiert durch witterungsabhängige Produktnutzung:

- Eine hohe Nachfrage im Neu- und Ersatzgeschäft vor und während der Wintermonate,

- den Rückgang der Nachfrage und Beschäftigung in allen Sektoren während der wärmeren Perioden, da nur eine eingeschränkte Lagerbevorratung möglich ist,

- der konstante Mindestumsatz innerhalb eines Jahres schwankt zwischen 35 und 40 Prozent des Jahresspitzenumsatzes.

Der Konzern ist an zahlreichen Standorten weltweit vertreten, die bis auf wenige Vertretungen in das Unternehmensnetzwerk integriert sind. Produktionsstandorte befinden sich in Deutschland (10), in Europa (5) und den USA (2). Insgesamt werden an 60 Standorten Vertriebsniederlassungen und einige kleinere Vertretungen (z. B. in China, Australien) gesteuert.

Budgetierung

Das IT-Budget ist ein %-Satz vom Umsatz, der jährlich festgelegt wird. Abweichungen der Ist-Kosten toleriert der Vorstand.

Handlungsbedarf

Kapazitätspla-
nung

Die IT-Kapazitäten lassen sich an die schwankende Nachfrage nicht anpassen. Zu geringe Kapazitäten in der Hauptsaison stehen nicht ausgelasteten Kapazitäten in der Nebensaison gegenüber. Die unzureichenden Antwortzeiten in der Hauptsaison führen zu regelmäßig wiederkehrenden Beschwerden der Anwender.

IT-
Leistungsver-
rechnung

Minderanforderungen an IT-Leistungen durch kostenbewusstes Verhalten der Anwender werden nicht belohnt, da durch konstante IT-Kosten (x % vom Umsatz) bei sinkendem Verbrauch der Verrechnungssatz steigt bzw. umgekehrt sinkt. Hieraus ergeben sich Argumentationsprobleme für das IT-Management.

Als Konsequenz aus dem Abrechnungsverfahren werden die IT-Budgets sowie die Ist-Verrechnungen von den Anwendern weitgehend ignoriert. Ein IT-Anwender, der relativ hohe Kosten verursacht, bezeichnet den IT-Kostenverrechnungsatz deshalb als „Spielgeld".

IT-Investitons-stau

Der Konzern setzt eine mittlerweile in die Jahre gekommene ERP-Software ein (SAP® R/2®), deren Migration auf das Nachfolgeprodukt (SAP® R/3®) nicht mehr lange herauszuzögern ist. Gründe hierfür sind insbesondere der ständige Personalmangel im Rechenzentrum und die fehlende Funktionalität der Anwendungssoftware.

Der im Rahmen einer Feasibility-Study vorgesehene Releasewechsel ist als Sukzessivansatz zu führen. Ein Big-Bang wird als zu gefährlich für die Betriebsbereitschaft des Unternehmens eingestuft und verworfen. Daher ist von einer vorübergehenden hohen Mehrbelastung der IT-Ressourcen auszugehen. Ein Anbau oder ein Neubau des Rechenzentrums ist unausweichlich.

IT-Ent-wicklungsstau

In der Anwendungsentwicklung sind die Personalressourcen weitgehend erschöpft. Das Personal wird überwiegend (>80 %) mit Wartungsarbeiten des ERP-Systems und weiterer Individualsoftware beschäftigt. Die wenigen Neuentwicklungen betreffen vor allem Webanwendungen.

Die Zahl der angefangenen Projekte steigt. Viele Projekte werden nicht termingerecht fertig, so dass zahlreiche Mitarbeiter in mehreren Projekten arbeiten.

Für viele Aufgaben werden externe Mitarbeiter eingesetzt, so dass in vielen Fällen IT-Know-how verloren geht bzw. bereits verloren gegangen ist.

Fachabteilungen haben – teils aus Resignation – Eigenentwicklungen mit Hilfe von Excel-Makro und weiterer PC-Tools für produktive, teilweise lebenswichtige Applikationen, erstellt. Die IT-Abteilung ist über diese Eigenentwicklungen unzureichend informiert.

An Neuentwicklungsprojekte oder die Einführung von SAP R/3 ist mit den vorhandenen Ressourcen nicht zu denken.

Bildungsstau und Arbeits-überlastung

Der Kostendruck hat zu einem nachhaltigen Rückgang von Schulungsmaßnahmen geführt, sowohl in der IT-Abteilung als auch bei den Mitarbeitern in den Fachbereichen. Anwenderfehler, die auf mangelnde Schulung zurückzuführen sind, häufen sich. Notwendige Wartungsarbeiten, die auf Fehlbedienungen zurückzuführen sind, binden weitere Kapazitäten in der IT-Abteilung.

Der hohe Wartungsanteil und die fehlende Weiterbildung haben zu hoher Unzufriedenheit bei den IT-Mitarbeitern und auch bei IT-Schlüsselmitarbeitern in den Fachabteilungen geführt. Einzelne Personen werden überproportional beansprucht. Insbesondere Periodenabschlüsse und andere Spitzenzeiten führen zu Nacht- und Wochenendarbeit vieler Mitarbeiter.

Die Zahl der Kündigungen wichtiger Personen steigt ständig an. Lücken schließen externe Berater zu höheren Kosten.

Mehrere wichtige Schlüsselmitarbeiter mit R/2-Know-how möchten gerne in die „neue R/3-Welt" wechseln, um neue Chancen und Perspektiven zu erhalten

Aufgabenstellung

Entwerfen Sie eine Strategie zur Lösung der geschilderten Probleme des Unternehmens.

Lösungsvorschlag

Leitgedanken

Ein neu eingestellter CIO erhält die Aufgabe, die Unternehmens-IT zu restrukturieren. Er übernimmt die Verantwortung für die effiziente Unterstützung der Geschäftsprozesse mit der Informations- und Kommunikationstechnik. Nach der Ist-Analyse entscheidet er, ab wann die IT erfolgreich für das Unternehmen arbeiten kann. Individualinteressen einzelner Bereiche, Führungskräfte oder Personengruppen haben sich diesem Ziel unterzuordnen. Die Unternehmens-IT setzt folgende Ziele:

- Sie vereinfacht und beschleunigt die Geschäftsprozesse des Unternehmens in geeigneter Form.

- Führungskräfte erhalten für Ihre Tätigkeit die notwendigen Informationen zur richtigen Zeit (Frühwarninformationen vorher, Analysen der Vergangenheit zeitnah) und am richtigen Ort (im Büro, zu Hause, unterwegs, in Meetings).

- Endanwender werden schriftlich über Qualität und Kosten der IT befragt.

- Die IT wird mit Drittanbietern (Benchmark) verglichen, ob sie kostengünstig arbeitet und marktfähige Leistungen erbringt.

- Sie nutzt standardisierte kostengünstige Komponenten (z. B. Standardsoftware) und passt die IT-Lösungen flexibel an sich verändernde Anforderungen des Unternehmens an.

- Die IT leistet einen quantifizierbaren Beitrag zur Wertsteigung des Gesamtunternehmens.

- Die IT bietet qualifizierten Mitarbeitern ein interessantes Tätigkeitsfeld mit Entwicklungschancen.

Ziele

Die Ziele sind durch IT-relevante Kennzahlen messbar zu dokumentieren:

- Benutzerzufriedenheit,

- die Identifikation der Mitarbeiter mit dem Unternehmen und Berufsbild,

- IT-Kosten und -Rentabilitätsvergleiche zu den besten Wettbewerbern und zum Branchendurchschnitt sind regelmäßig zu diskutieren,

- die Höhe der Fluktuation im IT-Bereich ist sorgfältig zu beobachten,

- die Anteile qualifizierter Spontan- und Direktbewerbungen sind auszuwerten,

- der Anteil Neuentwicklungen und Wartung,

- der Anteil Standardkomponenten und Eigenentwicklung.

*Lösungsansatz:
IT-Outsourcing*

Der CIO überzeugt den Vorstand davon, dass die skizzierten Probleme des Unternehmens sich durch ein vollständiges Outsourcing aller IT-Aktivitäten lösen lassen. Voraussetzung ist, dass sich fast alle IT-Aktivitäten auslagern lassen. Lediglich seine Funktion und einige unterstützende Mitarbeiter verbleiben im Unternehmen. Er entwirft ein Anforderungsprofil für einen IT-Dienstleister mit folgenden Hauptanforderungen:

- Solide finanzielle Basis des Anbieters, z. B. als Konzerntochter,

- Referenzkunden mit guten Erfahrungen in vergleichbarer Größenordnung,

- Kapazitätsausgleichendes Outsourcingmodell, das sich an den Kapazitätsschwankungen des Auftraggebers orientiert,

- Attraktiver Arbeitgeber für das (zu übernehmende) IT-Personal, um Probleme beim Personaltransfer zu minimieren, verbunden mit der Option der vollständigen Übernahme des vorhandenen IT-Personals,

- Erfahrung und nachweisbare Kompetenz für die vom Unternehmen benötigten IT-Dienstleistungen (z. B. Einführung und Betrieb von SAP® R/3®-Software,

- Flexible Vertragsgestaltungen für einen eventuellen Wechsel der Plattformen, Technologien und Kapazitäten während der Vertragslaufzeit,

- Rückführungsoption für den Fall strategischer Neuorientierungen, falls das eigene Unternehmen in vorhandene Konzernstrukturen des Übernahmeunternehmens eingebunden wird,

- Transparente Vertragsgestaltung, die auch für Nicht-Juristen verständlich ist, auf der Grundlage eines partnerschaftlichen Vertragsverhältnisses, orientiert am Prinzip der gegenseitigen Nutzenstiftung,

- Übernahme von IT-Leistungen auch am Standort des Auftraggebers, wie Ist-Analysen vorhandener Geschäftsprozesse im Rahmen der SAP®-R/3®-Einführung, Installation einer Kern-Entwicklungsmannschaft beim Auftraggeber für Störfälle,

- Transparentes Abrechnungsverfahren mit Kostengliederung auf Benutzerebene.

Aufgabenteilung im Outsourcing-Modell

Auf der Basis des Anforderungskataloges wird ein Anbieter ausgewählt. Die durch Großrechner geprägte IT-Infrastruktur des Unternehmens wird unter Nutzung der R/3®-Software in ein Client/Server-basiertes Architekturmodell migriert. Der IT-Dienstleister führt das Migrationsprojekt „R/2® nach R/3®" mit eigenen und vom Auftraggeber übernommenen Ressourcen durch. Der IT-Dienstleister betreibt nach der Migration mehrere SAP®-R/3®-Server, die durch eine Firewall von der Außenwelt abgeschirmt sind. Das R/2®-System wird abgeschaltet. Die Aufgabenteilung

zwischen dem IT-Dienstleister und dem Auftraggeber ist grob
umrissen wie folgt geregelt:

IT-Dienstleister	Auftraggeber
IT-Strategie • Beratung des Auftraggebers	**IT-Strategie** • Strategische Planung der IT-Infrastruktur • Initiierung von IT-Projekten • Auswahl von Standardsoftware
RZ-Services • Betrieb von SAP® R/3® • Betrieb der Datenbanksysteme, des Netzwerkes und der E-Mail- und Internetserver	**RZ-Services** • Keine
IT-Benutzerservice • Beschaffung und Wartung von IT-Arbeitsplätzen • Technische Anwenderberatung	• IT-Benutzerservice • fachliche Anwenderberatung
Anwendungssoftware • Entwicklung von Individualsoftware • Customizing von Standardsoftware • Entwicklung von Schnittstellen und Add Ons • Technische Dokumentation • Wartung (Releasewechsel, Fehlerbeseitigung, Weiterentwicklung)	**Anwendungssoftware** • Projektleitung und -durchführung • Endanwenderdokumentation • Endanwenderschulung

Abbildung 203: Aufgabenteilung im Outsourcingmodell

4.5.7   IT-Prozessmanagement mit ITIL

4.5.7.1   ITIL-Grundbegriffe

IT-Abteilungen sind in Projekten zur Optimierung fachlicher Geschäftsprozesse federführend involviert. IT-Prozesse selbst sind dagegen häufig nicht standardisiert. Eine Untersuchung der IT-Fachzeitschrift InformationWeek ergab, dass in durchschnittlich 53,5 % der befragten deutschen Unternehmen die Zusammenarbeit der Fach- und IT-Abteilung „auf Zuruf" bzw. nach Bedarf geregelt wird. Nur 42,6 % der Unternehmen gaben an, die IT-Prozesse einheitlich geregelt zu haben (vgl. Bereszewski 2004, S. 32).

Der Betrieb von IT-Systemen durch einen internen oder externen Service-Anbieter erfordert standardisierte nachvollziehbare Abläufe. Sie wurden für die Unternehmenspraxis von der IT Infrastructure Library (ITIL) in einem Handbuch dokumentiert, das in den 80er-Jahren von der britischen Regierung für die Beschreibung von IT-Abläufen konzipiert wurde. (vgl. o.V. 2002c, S. 34). Das ursprüngliche Handbuch wurde zu einer Sammlung von Best-Practices fortentwickelt und gilt heute als De-facto-Standard für angewandtes IT-Prozessmanagement in Unternehmen und Behörden auch außerhalb Großbritanniens.

ITIL V3 Das aktuelle Release ist ***ITIL V3***. Es wurde 2007 veröffentlicht und besteht aus insgesamt fünf Büchern, welche die Methode beschreiben.

Wichtig: Der Terminus „De-facto-Standard" sollte nicht als Norm oder Vorschrift, sondern im Sinne herstellerunabhängiger Empfehlungen auf der Grundlage von Praxis-Erfahrungen verstanden werden. ITIL beschreibt nur ***was*** zu tun ist, nicht aber ***wie*** es umzusetzen ist (vgl. Olbrich, 2008, S. 1). Die ITIL-Autoren schreiben weder den Einsatz spezieller Formulare oder konkreter Tools vor, sondern sie zeigen den Handlungsbedarf für standardisierte IT-Prozesse auf. Die ITIL-Vorschläge müssen überprüft und für den unternehmensspezifischen Einsatz individuell angepasst werden. Die Einführung von ITIL bedeutet für das IT-Management, Prozesse in der IT zu analysieren, zu optimieren und transparent zu dokumentieren. Es ist zu klären, welche Teilschritte ablaufen und wer für den Gesamtprozess und einzelne Prozess-Schritte im Unternehmen verantwortlich ist.

itSMF Die permanente Weiterentwicklung von ITIL hat das Information Technology Service Management Forum (itSMF) übernommen, das 1991 als britische Institution gegründet wurde. Inzwischen gibt es nationale itSMF-Organisationen auch in Deutschland (vgl. itSMF, 2002, S. 33). ITIL wurde durch zahlreiche Anwender (z. B. DaimlerCrysler), Softwarehersteller (z. B. Microsoft, IT-Dienstleister (T-Systems) und Beratungshäuser (z. B. Siemens Business Service) beeinflusst (vgl. Hochstein/Hunziker, 2003, S. 47).

1. Zielgruppe: IT-Dienstleister

ITIL orientiert sich als Sammlung von Best Practices in erster Linie an IT-Serviceunternehmen (z. B. Outsourcing-Dienstleister, Service-Rechenzentren, Softwarehäuser). Es lässt sich auch für serviceorientierte IT-Prozesse mittlerer und größerer Anwenderunternehmen einsetzen. Gelegentlich wird ITIL als verbindlicher Standard betrachtet, was nicht der Fall ist. ITIL beschreibt als Leitfaden, welche Aspekte bei der IT-Prozessoptimierung zu beachten sind und individuell durch den Dienstleister anzupassen sind (vgl. Röwekamp, 2003, S. 52).

2. Zielgruppe: Interne IT-Dienstleister

Häufig dokumentieren hausinterne IT-Dienstleister (IT-Abteilungen) die IT-Prozesse (z. B. Störungsbeseitigung, Weiterentwicklung von Anwendungssoftware, Notfallprozeduren zur Wiederherstellung der Betriebsbereitschaft im Katastrophenfall) nicht ausreichend. Die Folgen sind für betroffene Unternehmen negativ. Nicht dokumentierte IT-Prozesse blockieren im Störungsfall die Suche nach der verantwortlichen Instanz und verzögern Fehlerbeseitigungsprozesse. Unzufriedene Nutzer und höhere IT-Kosten sind die Folgeerscheinungen. Vgl. dazu Tepker (2002, S. 59f.)

Service-Desk

Das ITIL-Konzept bietet dem IT-Controllerdienst konkrete Hilfestellungen in Form von Checklisten, Zuständigkeitsbeschreibungen und Praxisbeispielen. ITIL beschreibt beispielweise die Aufgaben, die von einem Service Desk bzw. Help Desk wahrgenommen werden sollen wie folgt (vgl. Olbrich, 2008, S. 19):

- Einheitliche zentrale Kommunikationsschnittstelle mit konkreten Ansprechpartnern,

- Aufnahme, Dokumentation und Auswertung aller Vorfälle,

- Unmittelbare Bearbeitung einfacher Sachverhalte im Rahmen eines 1st Level Supports,

- Ersteinschätzung von Vorfällen und eine entsprechende Weiterleitung an nachgelagerten Supportstellen,

- Koordination von 2n Level Support und 3rd Level Support

- Überwachung, Nachverfolgung und Eskalation laufender Supportvorgänge,

- Überprüfung der Einhaltung von SLAs,

- Reporting gegenüber den Usern (Kunden) und dem Management über den Status von Vorgängen, geplanten Änderungen u.a.m,

- Überprüfung der Kundenzufriedenheit, Kontaktpflege, Aufspürung neuer Geschäftschancen.

Incident-
Management

Der Prozess der Störungsbearbeitung (Incident-Management) wird von ITIL als drei oder mehrstufiger Ablauf beschrieben (vgl. Abbildung 204).

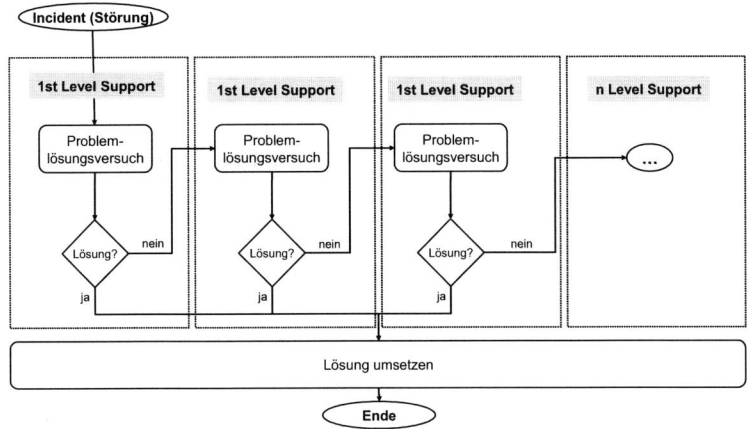

Abbildung 204: ITIL-Prozess der Störungsbeseitigung (vgl. Olbrich, 2008, S. 33 (vereinfacht)

ITIL-Struktur

ITIL wird von der itSMF und anderen Organisationen in zahlreichen Büchern beschrieben. Standardisierte Tests erhöhen die Qualifikationen der IT-Mitarbeiter.

OGC

Die OGC (Office of Government Commerce) unterstützt die britische Regierung beim Aufbau moderner IT-Infrastrukturen. In Zusammenarbeit mit der OGC und dem itSMF bieten die niederländische Stiftung EXameninstituut voor INformatica (EXIN) und das englische Information Systems Examination Board (ISEB) Zertifizierungen für ITIL an (vgl. itSMF, 2002, S. 32).

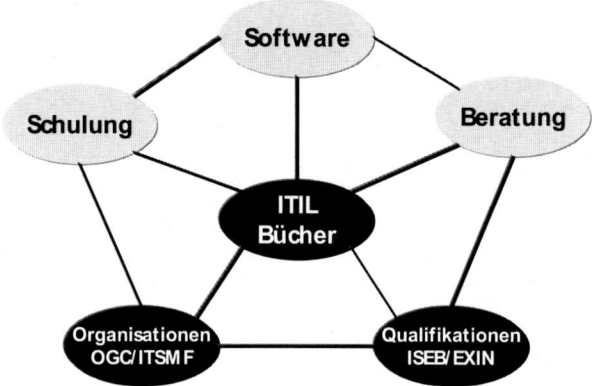

Abbildung 205: ITIL-Komponenten (itSMF, 2002, S. 34)

ITIL-Bücher

Umfassende Details zu den Hauptbereichen des ITIL-Kozeptes findet der Leser in den ITIL-Büchern. Die offiziellen Bücher der Version 3 umfassen folgende Bereiche:

- Service Strategy,

- Service Design,

- Service Transition,

- Service Operation,

- Continual Service Improvement.

Schulungen

Neben den Büchern spielen in der Praxis vor allem die Zertifizierungen der Mitarbeiter eine große Rolle. Damit wird vom Unternehmen dokumentiert, dass die Mitarbieter mit der Methodik vertraut sind und nach den ITIL-Standards arbeiten. Es gibt bisher drei Gruppen von zertifizierten Schulungen:

- Grundlagen-Schulung für alle Mitarbeiter (Foundation Certificate),

- Überblicksschulungen für das Management und planerisch tätige Mitarbeiter (Manager's Certificate),

- Detailschulungen für Mitarbeiter in operativen Prozessen, wie IT-Administratioren, Help-Desk-Mitarbeiter (Practicioner's Certificate).

Mit der ITIL-Version 3 wurde ein Punktesystem veröffentlicht, das nach Erreichen festgelegter Punktwerte dem Mitarbeiter vorgegebene Qualifikationsstufen (z. B. ITIL-Expert) zuordnet.

Geschäftliche Perspektive

Themen zur geschäftlichen Perspektive (Business Perspektive) von ITIL behandelt das Business Continuity Management und Outsourcing. Der Bereich Business Continuity Management beschäftigt sich mit Geschäftsprozessen, die im Katastrophenfall die Betriebsbereitschaft des Unternehmens wieder herstellen bzw. aufrechterhalten.

Planung und Lieferung von IT-Services

Fragestellungen wie Service-Level-Management oder Finance-Management für IT-Services gehören zum Bereich Service Delivery. Zum Konzept des Service-Level-Agreements vgl. S. 247 ff. Der Bereich Finance-Management informiert über die Ermittlung und Verrechnung von IT-Kosten (IT-Kostenrechnung).

Unterstützung und Betrieb der IT-Services

Die Geschäftsprozesse des IT-Betriebes werden im Bereich Service Support detailliert beschrieben. Hierzu zählen Geschäftsprozesse im Aufgabenfeld „Service Desk", identisch mit dem ersten IT-Ansprechpartner für Endanwender, dem Aufgabenfeld „Incident-Management", mit der Erfassung, Klassifizierung und Lösung von IT-Problemen oder dem Aufgabenfeld „Release-Management", für eine Bündelung von Maßnahmen zur Fehlerbeseitigung oder funktionalen Erweiterung von Softwaresystemen zu Releases).

4.5.7.2   ITIL-Prozesse

Die ITIL-Perspektiven werden in ITIL-Prozessen kategorisiert und detailliert beschrieben. ITIL unterscheidet drei grundlegende Prozesskategorien: Service Support (operative Managementprozesse), Service Delivery (planende Management-Prozesse) und Querschnittsprozesse (vgl. Tiemeyer, 2005, S. 15-16).

Zum **Service-Support** gehören die folgenden Teilprozesse:

- Incident Management: Bearbeitung von Störungsmeldungen und Zwischenfällen,

- Problem Management: Erkennung von Problemen und dauerhafte Behebung von Störungen,

- Change Management (Änderungsmanagement): Behandlung von Änderungswünschen und Einleitung von Änderungen an IT-Systemen,

- Configuration Management (Konfigurationsmanagement): Vollständige Erfassung der IT-Systemkomponenten und hieraus Ableitung von Entscheidungen,

- Release Management: Behandlung von Hardware- und Software-Releasewechseln.

Zum **Service-Delivery** gehören die Prozesse:

- Service Level Management: Vereinbarung und Kontrolle von Service-Zielen und Service-Leistungen,

- Financial Management: Analyse, Planung und Budgetierung von IT-Servicekosten,

- Capacity Management: Planung und Bereitstellung ausreichender Kapazitäten von IT-Systemen sowie Überwachung und Steuerung der System-Performance,

- Service-Continuity-Management: Bereitstellung der Service-Ressourcen und Sicherstellung der Geschäftskontinuität bei Krisen und Katastrophen,

- Availability Management: Sicherstellung von geschäftskritischen IT-Komponenten und der Verfügbarkeit von IT-Services (z.B. Schulungsräume, Schulungssysteme).

Zu den **Querschnittsprozessen** gehören die beiden Prozesse:

- Service Desk (als Funktion, Help Desk genannt): Bereitstellung einer zentralen Kontakt-Schnittstellen zwischen Benutzern und IT-Mitarbeitern. Die Service Desk Mitarbeiter sind bei allen Fragen die erste Anlaufstelle (Single Point of Contact)

- IT-Security Management: Dieser Prozess unterstützt die jeweiligen IT-Service-Prozesse übergreifend mit Teilprozessen wie Sicherheitsanalyse, Risikobewertung, Maßnahmendefinition und -umsetzung und Erstellung einer IT-Sicherheitsstrategie.

Mehrere Untersuchungen haben sich mit der Verbreitung von ITIL beschäftigt (vgl. z. B. Hadjicharalambous et al. 2004 oder o. V. 2003b). Insgesamt gesehen ist der Bekanntheitsgrad noch gering. Allerdings haben diejenigen Firmen, die ITIL einsetzen, gute Erfahrungen gemacht. In der von der Beratungshaus DETECON in Kooperation mit der Universität Stuttgart durchgeführten

Untersuchung gaben 35 % der 188 antwortenden Unternehmen verschiedener Branchen an, ITIL einzusetzen (vgl. Hadjicharalambous et al. 2004, S. 28). Die Einsatzwahrscheinlichkeit von ITIL steigt mit der Unternehmensgröße (vgl. Abbildung 206).

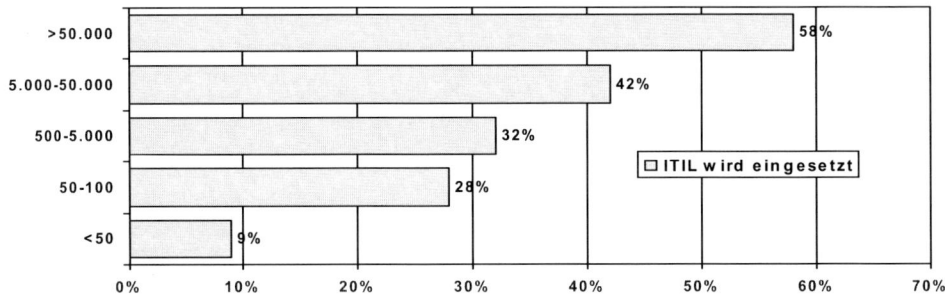

Abbildung 206: ITIL-Einsatz nach Unternehmensgrößen in Mitarbeitern (Hadjicharalambous et al. 2004)

PRAXISBEISPIEL: ITIL-EINSATZ (STADT KÖLN)

Die Stadt Köln startete im Rahmen der Zusammenführung mehrerer Ämter ein Projekt, um den Support für ihre mehr als 3000 PC-Arbeitsplätze sicherzustellen. Das Amt für Informationstechnik stellte daraufhin als zentraler IT-Dienstleister zahlreiche Prozesse so um, dass sie den Anforderungen nach ITIL entsprachen (vgl. Röwekamp, 2003, S. 53): IT-Strategie, Serviceplanung, Kundenberatung und Vertrieb, Kostenmanagement, Kapazitätsmanagement, Verfügbarkeitsmanagement, Change Management, Configuration Management, Inbetriebnahme, Beschaffung, Release-Management, IT-Kundenservice, Problemmanagement, Operations.

Alle IT-relevanten Anfragen kommen zentral im „IT-Kundenservice" an, der für jede Anfrage ein „Trouble-Ticket" in einer Datenbank anlegt und den Vorfall dokumentiert. Die Anfrage wird einem Mitarbeiter zur Bearbeitung oder Beantwortung übergeben. Kann der Mitarbeiter den Vorgang nicht klären, läuft der Prozess „Change Management" an, der ggf. eine Programmänderung durch die Informationsverarbeitung veranlasst. Die Koordination, welche Änderungen vorgenommen werden, wird wöchentlich durch ein spezielles Entscheidungsgremium auf Managementniveau, dem „Change Advisory Board (CAP)" durchgeführt. Amtsleiter und Leiter der Informationsverarbeitung beraten gemeinsam. Eilige Änderungsanträge entscheidet ein verkleinertes Gremium (vgl. Röwekamp, 2003, S. 53).

Management der Infrastruktur

Das Infrastructure Management beschäftigt sich mit Geschäftsprozessen zum Aufbau und Betrieb des Netzwerkes (Network-Management), des Rechenzentrumsbetriebes (Operation Management) oder der Installation und Inbetriebnahme von Endbenutzerarbeitsplätzen (Personal Computer).

PRAXISBEISPIEL: ITIL-GESTÜTZTES LIZENZMANAGEMENT FÜR PC-SOFTWARE (FLUGHAFEN FRANKFURT)

Ein typisches Anwendungsbeispiel für den ITIL-Einsatz liefert der Frankfurter Flughafen (vgl. Ellermann, 2003b, S. 47-48). Seit dort der IT-Controllerdienst das Lizenzmanagement für PC-Software nach der ITIL-Methode steuert, wird die Software nach der 80:20-Regel beschafft. Lizenzen werden zentral verwaltet. Auf über 4000 Desktop-PCs lassen sich durch die zentrale Systemüberwachung etwa 200-300 Programme erkennen und die Lizenzen verwalten. Die Lizenzkosten sinken deutlich, da „Shelfware" (nicht genutzte Softwarelizenzen) vermieden werden kann.

Management der Anwendungen

Das Applications Management geht der Frage der methodischen Entwicklung der Software nach und stellt Standardvorgehensmodelle für die Entwicklung, Test und Abnahme von Softwaresystemen zur Verfügung.

ITIL-Kosten

Im Rahmen der ITIL-Einführung fallen z.T. erhebliche Kosten an. Hierzu zählen (vgl. ausführlich Lienemann, 2006, S. 59 ff.):

- *Ausbildungskosten* für die mit der Einführung betrauten Mitarbeiter und Multiplikatoren. Daneben müssen alle IT-Mitarbeiter des Unternehmens im Rahmen einer Basisschulung ausgebildet werden (Foundation-Seminar). Diese Schulung vermittelt das inhaltliche und sprachliche gemeinsame Verständnis für ITIL und ist meist als Voraussetzung für weitere Maßnahmen anzusehen.

- *Softwarekosten* für die ITIL-Tools. Üblich sind Tools die auf Basis einer Configuration Management Database (CMDB) Änderungen und Stati der gesamten IT-Infrastruktur erfassen sowie Ticketing-Systeme für die operative Unterstützung der Arbeit im Help/Service-Desk.

- *Beratungskosten* im Rahmen der Projekteinführung, sofern kein eigenes ITIL-Know-how vorhanden ist.

- **Weitere Kosten**, wie z.B. Freistellung von Mitarbeitern, unterschiedliche Sachkosten wie die Bereitstellung von Büroräumen oder Reisekosten.

ITIL-Nutzen

Den vergleichsweise einfach zu ermittelnden Kosten stehen Nutzensapekte gegenüber, die meist nur schwer quantifizierbar sind.

Lienemann (2006, S. 61-64) nennt resultierend aus seinen Praxiserfahrungen eine Reihe von Vorteilen, die zu positiven quantitativen Effekten führen können:

- **Reduzierung von Ausfallzeiten** durch das systematische Change-Mangement. Änderungen von Softwareprodukten erfolgen nicht mehr ad hoc auf Zuruf, sondern erst nach Durchlaufen standardisierter Test- und Freigabeprozedurren.

- **Kostensenkung durch Prozess-Standardisierung**, da standardisierte Prozesse meist auch einfacher mit weniger Personal ablaufen.

- **Erhöhung der Benutzerzufriedenheit**, da sich ITIL an den internen Kundenanforderungen der IT-Nutzer orientiert

- **Erhöhung der IT-Dienstleistungsqualität**, weil standardisierte Prozesse zu weniger Fehlern führen.

- **Verbesserung der Sicherheit von IT-Systemen** durch systematische Beachtung von IT-Sicherheitsstandards.

4.5.7.3   Controlling von IT-Prozessen mit Key-Performance-Indikatorennach ITIL

Zurzeit werden in vielen Unternehmen Anstrengungen vorgenommen, IT-Prozesse nach den Best Practice Empfehlungen der ITIL auszurichten. Einen optimierten Prozess zu modellieren und anschließend in die Organisation zu integrieren, ist eine enorme Herausforderung für alle Beteiligten. Die Nutzung von Key Performance Indicators (KPI) unterstützt die kontinuierliche Prozessrestrukturierung (vgl. ausführlich Holtz/Gadatsch 2004).

Individuelles KPI-System erforderlich

In der ITIL-Literatur werden viele KPI-Beispiele mit unterschiedlichen Schwerpunkten genannt. Es ist daher notwendig, ein individuelles System von KPIs für jedes Unternehmen zu entwickeln. Im Folgenden werden als Hilfestellung hierfür wesentliche Anforderungen an KPI beschrieben. Anschließend werden exemplarisch für den ITIL-Prozess „Incident Management" einige KPI analysiert (vgl. für weitere ITIL-Prozesse Holtz/Gadatsch 2004).

Anforderungen an KPI

Wichtige Anforderungen an KPI sind: Transparenz, Beeinfluss-barkeit, Unabhängigkeit, Messbarkeit und Verständlichkeit.

- ***Transparenz***

Häufig werden KPI erhoben, die zwar für den Prozess typisch sind, aber keine Aussage über die Erreichung der Prozessziele beinhalten.

BEISPIEL: KPI-ERMITTLUNG IM CALL-CENTER

Es kann z. B. leicht gemessen werden, wie viele Stunden ein Call-Center-Mitarbeiter gearbeitet hat. Interessanter ist aber, welcher Nutzen dem Unternehmen durch die Arbeit des Mitarbeiters entstanden ist, beispielsweise wie viele Calls angenommen und zur Zufriedenheit der Anrufer gelöst worden sind.

Im Regelfall muss eine Balance zwischen mehreren Zielen gefunden werden. Die reine Maximierung eines Wertes ist oft nicht sinnvoll. Die Gesamtheit der KPIs muss die Unternehmensziele angemessen repräsentieren.

- ***Beeinflussbarkeit***

IT-Führungskräfte müssen die Möglichkeit haben, durch die Gestaltung der Prozesse den KPI-Wert zu beeinflussen. Sonst führt eine Änderung des Prozesses nicht zu einer Änderung des KPIs. Damit ist der Prozess nicht anhand des KPIs steuerbar.

- ***Unabhängigkeit***

Wenn Störgrößen den gemessenen Wert des KPIs verfälschen, ist die Aussagefähigkeit der Kennzahl nicht sichergestellt. Dieser Fall liegt dann vor, wenn der Prozessablauf von Eingangsgrößen abhängt, die von einem anderen Prozess verantwortet werden, eine Veränderung dieser Eingangsgrößen aber nicht in die Messung des KPIs einfließt.

BEISPIEL: PROBLEMMANAGEMENT

Das Problemmanagement soll die unbekannte Ursache von Störungen im Betriebsablauf finden und mit einem Änderungsantrag (Request for Change) beseitigen lassen. Die Beseitigung der Ursache wird also von einem anderen Prozess durchgeführt.

Wird nun das Problemmanagement mit einem KPI „Durchlaufzeit bis zur Ursachenbeseitigung" gemessen, so wird die erbrachte Leistung des Problem Managements mit der erbrachten Leistung anderer Prozesse zusammen gemessen und bewertet.

Ein günstigerer KPI wäre z. B. „Durchlaufzeit bis zur Einreichung eines Änderungsantrags (Request for Change)".

- *Messbarkeit*

Nur Indikatoren (Messzahlen) die gemessen werden können, lassen sich in der Praxis einsetzen. Zudem sollte die Ermittlung wirtschaftlich vertretbar und möglichst automatisiert erfolgen.

Die automatische Messbarkeit wirkt sich auf die Kostenhöhe aus und senkt die Fehlerquote.

BEISPIEL: KPI-ERMITTLUNG IM SERVICE-DESK

Ein Beispiel für einen gut messbaren KPI ist „Anzahl der verlorenen Calls im Service Desk". Dieser Wert kann automatisiert durch Auswertung der Telefonanlage ermittelt werden.

Wichtig: Verschiedene Messzahlen dürfen aus rechtlichen Gründen nicht erhoben werden, bzw. der Betriebsrat muss der Erhebung zustimmen.

- *Verständlichkeit*

Abstrakte technische Werte sind nicht für die Prozess-Steuerung geeignet. Ein Service Desk Mitarbeiter wird seine Arbeitsweise nicht an einem KPI „Korrelation der Verbleibezeit des Anrufers in der Warteschlange zur durchschnittlichen Zufriedenheit des Anrufers mit der Lösungsquote" ausrichten. Er kann sein Handeln nicht mit dem KPI in Verbindung bringen und ist demotiviert.

FALLBEISPIEL: KPI-ERMITTLUNG FÜR DEN ITIL-PROZESS „INCIDENT MANAGEMENT"

Für den ITIL-Prozess „Incident Management" (Vorfall-Management) werden in der ITIL-Publikation „Planning to Implement Service Management" mehrere kritische Erfolgsfaktoren aufgeführt (vgl. OGC 2002a):

1.   Schnelle Störungsbeseitigung,

2.   IT Service Qualität aufrechterhalten,

3.   Verbesserung der IT- und Geschäfts-Produktivität,

4.   Anwenderzufriedenheit aufrechterhalten.

Sofern diese Erwartungen erfüllt sind, kann der IT-Prozess im Sinne der ITIL-Terminologie als angemessen ausgeführt betrachtet werden. Die nächste Aufgabe besteht nun darin, KPIs zu finden, mit denen sich prüfen lässt, ob und in welchem Ausmaß diese Anforderungen erfüllt werden. Zur ersten Anforderung „Schnelle Störungsbeseitigung" macht ITIL folgende Vorschläge:

- Verringerung der durchschnittlichen Antwortzeit,

- Erhöhung der Lösungsquote des First Level Supports,

- Erhöhung der Sofortlösungsquote,

- Verringerung des Prozentsatzes der fehlerhaften Weiterleitungen,

- Verringerung des Prozentsatzes der Fehlkategorisierungen,

- Verringerung der durchschnittlichen Lösungszeit je Auswirkungs-Kategorie,

- Erhöhung des Prozentsatzes der Zwischenfälle, die innerhalb der vertraglich zugesicherten Zeit gelöst wurden.

Angesichts dieser umfangreichen Liste erscheint es fraglich, ob alle KPIs gemessen werden müssen. Durch eine Vielzahl von Messwerten kann die Übersichtlichkeit verloren gehen. Zwei Lösungsmodelle sind daher möglich: Die Reduzierung auf einige wenige, aber entscheidende KPIs oder die Entwicklung eines KPI-Systems.

1. Reduzierung der Anzahl: Erstgenannte Lösung birgt den Nachteil in sich, dass einige Erfolgsfaktoren nicht gemessen werden. Optimierungspotenziale lassen sich nicht erkennen, die Gegensteuerung entfällt.

2. KPI-System: Die zweite Lösung vermeidet dieses Problem. Es ist darauf zu achten, dass die KPIs durch Gewichtung ein sinnvolles Verhältnis zueinander erhalten und die Transparenz für das IT-Management erhalten bleibt. Der Prozess des Incident Managements wird in der Praxis durch eine Vielzahl von sogenannten Trouble Ticket Systems (TTS) unterstützt. Kein anderer ITIL-Prozess wird so gut und von so vielen Produkten gefördert. Vorausgesetzt, der Prozess wird vollständig in dem zur Verfügung stehenden Tool dokumentiert, ist die Messbarkeit beider KPIs voll gegeben.

4.5.8   IT-Asset-Management (Hardware- und Lizenzmanagement)

IT-Assets (IT-Vermögensgegenstände) im engeren Sinne sind Hardware (Rechner, Zubehör, Netzwerke) und Software bzw. die zugehörigen Lizenzen. Eine weitere Auslegung des Begriffs umfasst auch das für die Softwareerstellung und deren Nutzung erforderliche Know-how. Im Folgenden gehen wir ausschließlich von IT-Assets im engeren Sinne aus, d.h. vom Hardware- und Lizenzmanagement (vgl. Abbildung 207).

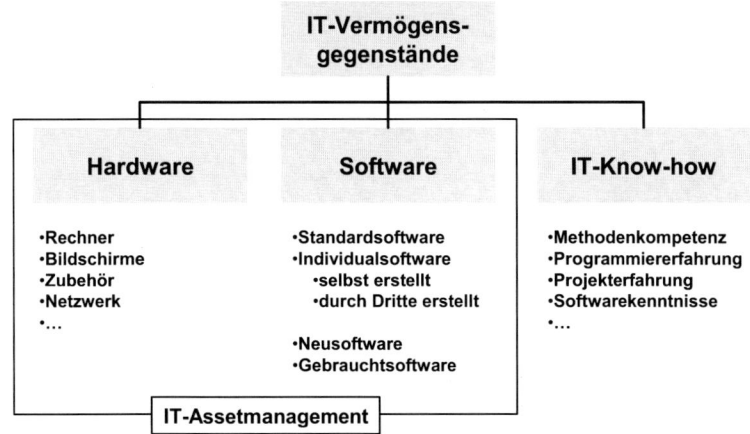

Abbildung 207: IT-Asset-Management (Begriff)

Motivation

Bereits aus Gründen der Bilanzierung sind Bestandslisten über Hardware und Software zu führen. Die handelsrechtlichen und steuerrechtlichen Anforderungen reichen jedoch für ein aktives Management dieser Ressourcen nicht aus, denn sie behandeln nur Fragen der monetären Bewertung im Ganzen und nicht auf der Ebene einzelner Arbeitsplätze.

IT-Asset-
Management

Unter **IT-Asset-Management** wird daher die Planung, Administration und Verwaltung sowie Bewertung der IT-Vermögensgegenstände verstanden. Hierzu zählt die planmäßige Erfassung und Steuerung des Bedarfs und des Bestands an Computerhardware und der eingesetzten Softwarelizenzen. Lizenzmanagement umfasst insbesondere die administrative Verwaltung der Lizenzen für gekaufte Software, also in der Regel Standardsoftware. Allerdings sollte die Aufgabe des Lizenzmanagements auch auf selbst entwickelte Softwareprodukte ausgedehnt werden, damit ein vollständiges Bild über die eingesetzte Software vorhanden ist.

Eine besonders wichtige Aufgabe des Assetmanagements ist die Nutzungsanalyse von IT-Assets, insbesondere von Informationssystemen. Sie kann insbesondere auf Basis der Entscheidungskriterien **Funktionsumfang** und **Betriebskosten** erfolgen (vgl. die Portfoliodarstellung in Abbildung 208).

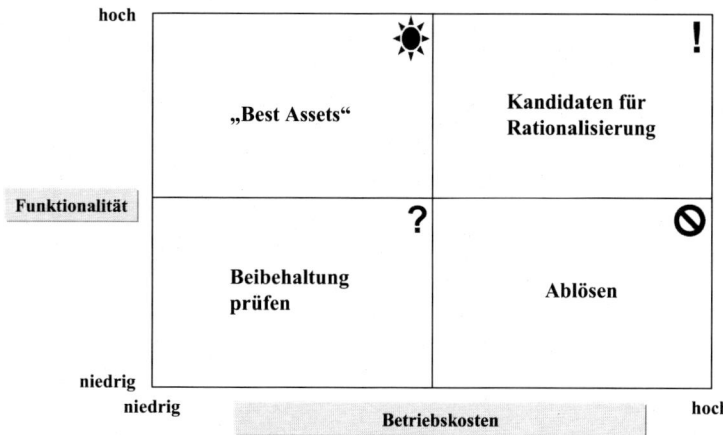

Abbildung 208: Nutzungsanalyse von Informationssystemen
(Kargl/Kütz, 2007, S. 67, modifiziert)

Lizenzmana-
gement

Wichtige Aufgaben des ***Lizenzmanagements*** sind:

- Festlegung und Überwachung einheitlicher Prozesse für Beschaffung, Nutzung, Weiter- und Rückgabe von Software-lizenzen im Unternehmen bzw. Konzern,

- Erfassung, Verwaltung und Überwachung der Lizenzverträge, insb. Fristen und Konditionen,

- Erfassung des Lizenzbedarfs in unterschiedlichen Dimensionen, insbesondere nach den nutzenden Organisationseinheiten und Personen, unterschiedlichen Softwarearten, Release-ständen und Zeiträumen,

- Erfassung und Nachweis vorhandener bzw. weiterverkaufter Softwarelizenzen (Lizenzinventar),

- Erfassung von technischen Voraussetzungen und Abhängig-keiten der zugehörigen Software (Software-Eigenschaften),

- Zuordnung von Lizenzen zu Personen, Personengruppen und/ oder Hardware,

- Wertermittlung und Wertfortschreibung der Lizenzen (Zu-gänge, Abschreibungen, Umbuchungen, Abgänge),

- Verwertung und Weiterverkauf der Lizenzen (soweit recht-lich zulässig),

- Klärung juristischer Detailfragen in Zusammenarbeit mit der Rechtsabteilung bzw. externen Juristen, insb. beim Rechteübergang.

Daten

Im Rahmen des IT-Asset-Managements werden betriebswirtschaftliche, technische und organisatorische Daten erfasst. ***Betriebswirtschaftliche Daten*** sind z.B. die Anschaffungskosten, Abschreibungen oder die geplante Nutzungsdauer eines PCs. Weiterhin lassen sich auch Vertragsdaten (Kauf-, Miet- oder Leasingverträge) hierzu zählen. ***Technische Daten*** sind beispielsweise Speicherkapazität, Rechengeschwindigkeit, Übertragskapazität, Anzahl externer Anschlüsse, Prozessortyp, Releasestand einer Software. ***Organisatorische Daten*** dienen der Zuordnung der Objekte. Beispiele sind Verantwortlicher Nutzer eines PC-Systems, der Lieferant einer Software oder der zugeordnete Lizenzinhaber innerhalb des Unternehmens.

Softwaremarkt

Der IT-Markt bietet bereits zahlreiche Standardsoftwarepakete, um das IT-Asset-Management zu unterstützen. Typische Produkte unterstützen z. B. die Beantwortung folgender Detailfragen:

- Welche IT-Vermögensgegenstände sind vorhanden?

- Wo sind sie?

- Wer nutzt sie bzw. werden sie genutzt?

- Welche Software wurde beschafft?

- Welche Software wird genutzt?

- Wo wurde die Software beschafft?

Typischerweise halten IT-Asset-Management-Systeme sehr detaillierte Informationen vor, die in anderen IT-Systemen, wie z.B. der Anlagenbuchhaltung oder dem Einkauf, nicht oder nicht aktuell oder detailliert genug gespeichert werden. Daher sind neben maschinellen Übernahmen und Abgleichen mit bestehenden IT-Systemen auch zahlreiche Informationen manuell zu erheben.

Nachholbedarf in der Praxis

Leider ist trotz der Bedeutung des IT-Asset-Managements in der Praxis noch ein Nachholbedarf festzustellen. Ältere und auch jüngere Studien bestätigen dies.

Eine bereits etwas länger zurückliegende Umfrage der Unternehmensberatung KPMG unter 6000 deutschen mittelständischen Unternehmen (Rücklauf 3,4%) ergab zahlreiche Aufschlüsse über die damalige Situation (vgl. KPMG, 2002). Demnach schätzten etwa 40 % der IT-Leiter das eigene Lizenzmanagement als verbesserungswürdig ein, 28% bewerteten es sogar als schlecht. Ein Drittel der Unternehmen verfügte über keine Regelungen bezüglich der Nutzung von Software bzw. dem Internet. Nur 53% der antwortenden Unternehmen aktualisierten ihre Hardwarebestände regelmäßig in zeitnaher Form. 39% der Unternehmen verfügten über keine regelmäßigen Bestandsaufnahmen der Software.

Die von Hochschule Bonn-Rhein-Sieg in Kooperation mit der Fachgruppe IT-Controlling der Gesellschaft für Informatik e. V. durchgeführte Erhebung ergab, dass nur knapp 60% der befragten Unternehmen ihr IT-Inventar computergestützt verwalten. Allerdings gaben 54% der Unternehmen, die keine IT-gestützte Inventarverwaltung einsetzen an, zumindest in der zentralen IT Kenntnis über das Inventar der IT zu besitzen (vgl. Gadatsch/Juszczak/Kütz/Theisen, 2010). Die Umfrage zeigt deutlich, dass offensichtlich noch ein sehr hoher Handlungsbedarf vor allem in kleineren und mittleren Unternehmen besteht. Dem steht entgegen, dass die Bedeutung des IT-Asset-Managements, insbesondere des Lizenzmanagements sehr hoch ist.

Nutzenaspekte   Ein durchgängiges Lizenzmanagement kann die Lizenzkosten durch Vermeidung von Überlizenzierungen reduzieren. Weiterhin können juristische Streitigkeiten mit den Herstellern von lizenzpflichtiger Software infolge Unterlizenzierung vermieden werden, da die genutzten bzw. ungenutzten Lizenzen dokumentiert sind.

Die Wirtschaftsprüfer des Unternehmens können ihre Prüfung auf Basis der IT-Bestandslisten inhaltlich vereinfachen und zeitlich verkürzen. Weitere Effekte treten im Bereich der IT-Sicherheit auf. Insbesondere die Reduzierung von Risiken durch Vermeidung der Installation nicht autorisierter Software durch eigene oder fremde Mitarbeiter stellt ein nicht unerheblicher Vorteil dar. Die Tabelle in Abbildung 209 fasst die wichtigsten Aspekte zusammen.

Kategorie	Beschreibung
Kosten	• Erlangung von Mengenrabatten durch zentrale Bestandsführung für Hardware und Software • Vermeidung der Überlizenzierung durch exakte Bestandsführung und Zuordnung von Lizenzen • Möglichkeit des Weiterverkaufs bzw. Rückgabe nicht genutzter Lizenzen oder Hardware
Rechtliche Aspekte	• Vermeidung von Unterlizenzierung • Nachweis der Lizenznutzung auf Personen- bzw. Arbeitsplatzebene gegenüber dem Hersteller und dem Wirtschaftsprüfer
Wartung	• Reduzierung der Komplexität durch verbesserte Übersicht über genutzte Hard- und Software. • Vereinfachung der Störungsanalyse da exakte Konfiguration bekannt ist
IT-Sicherheit	• Durchsetzung von wirkungsvollen Sicherheitsbestimmungen • Vermeidung der Installation nicht autorisierter Software durch Endbenutzer auf deren Computern

Abbildung 209: Nutzenaspekte von IT-Asset-Management

Veränderungs-
management

Dem hohen Nutzen des IT-Asset-Managements steht ein einmaliger Aufwand für die Einführung (organisatorische Arbeit, Softwareunterstützung, Mitarbeit der Fachabteilung u.a.) und laufenden Ausgaben für den Betrieb entgegen.

Eine erfolgreiche Einführung erfordert einen hohen Rückhalt durch die Unternehmensleitung, da IT-Assetmanagement die Geschäftsprozesse stark verändert, Endanwender in ihrer Handlungsfreiheit einengt. Konnten sie früher Hardware und Software frei beschaffen, ist dies im Rahmen des IT-Asset-Managements nur über definierte Prozesse bei definierten Stellen (IT-Einkauf) möglich. Werden die Prozesse nicht eingehalten, ist die Datenbasis des IT-Asset-Managements nach kurzer Zeit nicht mehr aktuell und damit wertlos. Insbesondere sind Veränderungen bei folgenden Geschäftsprozessen notwendig, d.h. das IT-Assetmanagement ist aktiv einzubinden:

- Beschaffung von Hardware und Software,

- Wartung und Umbau von Hardware bzw. Installation oder Deinstallation von Software,

- Standortverlagerung von Hardware und der darauf installierten Software (z.B. beim häufigen Geschäftsvorfall: Umzug),

- Ressourcenübertragung an andere Mitarbeiter (z.B. Vorgesetzter beschafft für einen Mitarbeiter einen neuen sehr leistungsfähigen PC für Simulationsaufgaben und übergibt das noch funktionsfähige Altgerät an einen anderen Mitarbeiter seiner Abteilung).

Die Veränderungen, die sich auch auf den einzelnen Mitarbeiter auswirken, führen nicht selten zu subjektiv sehr hoch bewerteten „Schein-Nachteilen" wie Inflexibilität und Bürokratie durch die betroffenen Endanwender. Der Nutzen für das Unternehmen (geringere Kosten, hohe Auskunftsfähigkeit u.a.) stellt sich erst nach einer Anlaufzeit auch beim Endanwender ein.

Für diese Übergangzeit ist es daher erforderlich, das Einführungsprojekt durch die Unternehmensleitung stark zu unterstützen. Sonst besteht die Gefahr, dass Sonderregelungen (z.B. Querbeschaffung von Hardware oder Software durch Fachbereiche aus Fremdbudgets) das ganze Verfahren bedrohen. Sanktionierungsmaßnahmen müssen sicherstellen, dass die Veränderungen der Prozesse auch stringent eingehalten werden.

Schnelltest   Einen Schnelltest zur Beurteilung des Reifegrades des Unternehmens in Bezug auf das IT-Asset-Management erlauben die folgenden kritischen Fragen (in Anlehnung an KPMG, 2002).

Bereich	Fragen (beispielhaft)
Richtlinien	Gibt es im Unternehmen Richtlinien für folgende Tätigkeiten: • Beschaffung und Inbetriebnahme von Hardware • Beschaffung und Installation von Software
Inventuren	• Gibt es im Unternehmen folgende Inventare für Hardware und Software. • Werden regelmäßig Inventuren durchgeführt? • Werden zwischen den Inventuren Veränderungen zeitnah fortgeschrieben (insb. Zugänge, Abgänge, Umlagerungen, Bewegungen u.ä. Vorgänge)?
Prozesse	• Liegen die Lizenzen für Software zentral vor und können bei Bedarf zeitnah (z.B. durch externe Auditoren) eingesehen werden? • Erfolgen Beschaffungen von Hardware und Software unter Einbeziehung der für das Lizenzmanagement verantwortlichen Stelle?
IT-Sicherheit	• Bestehen Maßnahmen zur Vermeidung von Installationen nicht autorisierter Software durch Mitarbeiter, externe Berater oder sonstige unbefugte Personen?

Abbildung 210: Kritische Fragen an das IT-Assetmanagement (in Anlehnung an KPMG, 2002)

Stille Software

IT-Asset-Management umfasst in einigen Unternehmen auch den Einsatz von **Used Software**. Der Handel mit **gebrauchten** Softwarelizenzen ist in Deutschland allerdings noch mit einigen faktischen Schwierigkeiten verbunden, obwohl die juristischen Voraussetzungen hierzu prinzipiell geschaffen wurden. In diesem Zusammenhang hat sich der Begriff der **Stillen Software** geprägt. Unter Stiller Software sind Softwareprodukte zu verstehen, die typischerweise nicht mehr eingesetzt werden, nachdem sie bilanztechnisch abgeschrieben sind. Hierdurch sind stille Reserven entstanden (vgl. Susen, 2007).

Wiederholungsfragen

Nr.	Frage	Antwort Seite
1	Begründen Sie die Notwendigkeit einer IT-Kosten- und Leistungsrechnung.	191
2	Welche Funktion übernehmen Transferpreise bei einer IT-Kosten- und Leistungsrechnung?	200
3	Welchen Nutzen bietet eine IT-Kosten- und Leistungsrechnung?	201
4	Skizzieren Sie den schematischen Aufbau einer IT-Kosten- und Leistungsrechnung.	202
5	Entwerfen Sie eine typische IT-Kostenstellenstruktur.	214
6	Nennen Sie einige Beispiele für typische IT-Leistungen.	216
7	Beschreiben Sie die Aufgabe der IT-Kostenträgerrechnung!	220
8	Skizzieren Sie eine Untergliederung von IT-Kennzahlen und nennen einige Beispiele für zugehörige IT-Kennzahlen!	235
9	Welche betrieblichen Analysebereiche können durch IT-Kennzahlen abgedeckt werden?	236
10	Begründen Sie die Fehlinterpretationsgefahr, die von der häufig verwendeten IT-Kennzahl „IT-Kosten/Umsatz" ausgeht!	236
11	Erläutern Sie die Notwendigkeit von IT-Kennzahlensystemen!	236
12	Welche Aspekte beschreibt ein IT-Kennzahlensteckbrief?	243
13	Erläutern Sie den Nutzen von IT-Kennzahlen bzw. IT-Kennzahlensystemen!	246
14	Was ist unter einem Service Level Agreement (SLA) zu verstehen?	247
15	Begründen Sie die Notwendigkeit des Projekt-	258

	controllings für IT-Projekte!	
16	Nennen Sie wichtige Grundprinzipien der Aufwandsschätzung in IT-Projekten!	280
17	Begründen Sie, weshalb die Ergebnisse einer Nutzwertanalyse (z. B. im Rahmen einer Softwareauswahl) kritisch zu hinterfragen sind!	292
18	Beschreiben Sie Aufgaben und Verantwortung des IT-Controllerdienstes bei der Einführung von betriebswirtschaftlicher Standardanwendungssoftware!	315
19	Welche Gründe sprechen für ein Outsourcing von IT-Leistungen?	329
20	Welche Gründe sprechen gegen ein Outsourcing von IT-Leistungen?	329
21	Unterscheiden Sie die wichtigsten Grundformen im IT-Outsourcing!	332
22	Was verbirgt sich hinter dem Kürzel „ASP"?	332
23	Erläutern Sie bitte das Kürzel „BPO"?	332
24	Welche Auswirkungen haben die verschiedenen Outsourcing-Varianten auf das im Unternehmen vorhandene IT-Know-how?	334
25	Beschreiben Sie kurz die Struktur des ITIL-Konzeptes!	372

Übungsaufgaben

Aufgabenstellung: Wie stellt sich die Situation in vielen Unternehmen zur Frage der Behandlung von IT-Kosten dar? Wie sieht ein wünschenswerter Soll-Zustand aus?

Lösungshinweis: Oft werden IT-Kosten nicht erfasst oder nach pauschalen Schlüsseln (z. B. Kopfzahlen) auf Kostenstellen verteilt. Auf dieser Grundlage sind keine strategischen und operativen Entscheidungen zu IT-Fragen möglich. Planung, Kontrolle und Steuerung der IT-Kosten entfällt.

Soll-Zustand: Die Bedarfsträger planen, kontrollieren und steuern IT-Kosten und IT-Leistungen über Bezugsgrößen. IT-Kosten werden auf der Grundlage von SLA-Vereinbarungen (SLA = Service Level Agreement) von der IT-Abteilung (Leistungserbringer) mit dem Bedarfsträger gesteuert.

Übung 21: Soll-Ist-Vergleich in einer IT-Kostenrechnung

Aufgabenstellung: Ein IT-Dienstleister hat mit dem Leiter IT-Controlling folgende SLA vereinbart: „Das Rechenzentrum wird mit einer garantierten Verfügbarkeit von 99% bezogen auf einen Leistungszeitraum von einem Jahr in der Zeit von Montag bis Samstag, jeweils von 7-18 Uhr, betrieben." Wie beurteilen Sie diese SLA aus Sicht des Unternehmens?

Lösungshinweis: Bei 52 Wochen zu 6 Tagen werden 312 Arbeitstage zu 99% garantiert. D.h. das Rechenzentrum kann ohne Vertragsverletzung bis zu 3 Tage abgeschaltet werden. Dies ist vermutlich nicht wünschenswert. Hier ist eine Vertragsanpassung notwendig, z. B. ein kürzerer SLA-Bezugszeitraum von einer Woche (1% von 6*11=66 Stunden = max. 40 Minuten Stillstand pro Arbeitswoche.

Übung 22: SLA Betrieb eines Rechenzentrums

Aufgabenstellung: Wie lassen sich Service Level Agreements einführen?

Lösungshinweis: Zuerst sind die geschäftlichen Anforderungen festzulegen. Danach ist ein IT-Katalog mit allen Leistungen (Hardware, Software, Services) des IT-Dienstleisters (z. B. interne IT-Abteilung oder externes Unternehmen) zu erstellen. Nach den Preisverhandlungen erfolgt der Vertragsabschluss.

Übung 23: SLA-Einführung

Aufgabenstellung: Beschreiben Sie die wichtigsten Aufgaben eines IT-Projektcontrollers!

Lösungshinweis: Der IT-Projektcontroller stellt durch Ausrichtung der Projektziele an den Unternehmenszielen deren Erreichung sicher. Wichtige Aufgaben sind z. B. die Projektplanung, die Erstellung von Analysen und Präsentationen, die Überwachung von Aufträgen aus dem Projekt-Lenkungsausschuss, die Projektkostenüberwachung sowie die Mitwirkung bei der Erstellung des Projektabschlussberichts.

Übung 24: Aufgaben des IT-Projektcontrollers?

Aufgabenstellung: Outsourcing-Anbieter bezeichnen die Wandlung der Fixkosten zu variablen Kosten als den Hauptnutzen für den Outsourcing-Anwender. Den Unternehmen wird suggeriert, Kosten entstehen nur für die in Anspruch genommene Leistung. Wie beurteilen Sie diese Aussage?

Lösungshinweis: Outsourcing-Verträge sind über eine längere Laufzeit (oft 5-10 Jahre) angelegt. Kurzfristig sind die an die Leistungen gekoppelten variablen Vergütungen nicht vollständig abbaubar. Das Fixkostenproblem bleibt demnach in veränderter Form grundsätzlich bestehen.

Übung 25: Outsourcing reduziert Fixkosten?

Aufgabenstellung: Beurteilen sie folgendes Projekt mit Hilfe der Earned-Value-Analyse:

Planverbrauch :	500 h
Istverbrauch	600 h
Planpreis	70 Euro/h
Istpreis	80 Euro/h

Lösungsvorschlag:

Plankosten (PC planned cost) = Planmenge x Planpreis
500 h x 70 Euro = 35.000 Euro

Istkosten (AC actual costs) = Istmenge x Istpreis
600 h x 80 Euro = 48.000 Euro

Leistungswert (EV earned value) = Istmenge x Planpreis

600 h x 70 Euro = 42.000 Euro

Zeiteffizienz (SPI shedule performance index) =
Leistungswert (EV) / Plankosten (PC)

42.000 Euro / 35.000 Euro = 1,2

Der Wert der Kennzahl ist größer als 1. Damit ist der Projektverlauf schneller als geplant.

Kosteneffizienz (CPI Cost performance index) =
Leistungswert (EV) / Istkosten (AC)

42.000 Euro / 48.000 Euro = 0,875

Liegt die Kosteneffizienz über von 1 ist das Projekt kostengünstig. Hier ist das Projekt zu teuer. Die erbrachten Leistungen entsprechen nicht den angefallen Istkosten.

Gesamtbeurteilung: Die Istkosten liegen über den Plankosten. Allerdings laufen die Arbeiten schneller als geplant. Ein Teil des Mehrbrauches ist auf den hohen Arbeitsfortschritt zurückzuführen. Trotzdem verbraucht das Projekt zu viele Ressourcen. Es ist daher zu empfehlen, in die Projektsteuerung einzugreifen. Möglicherweise sind Unwirtschaftlichkeiten die Ursache.

Übung 26: Earned Value Analyse

5 Kostenrechnung für IT-Controller

5.1 Kostenrechnung als Teilgebiet des Rechnungswesens

Vor der Entstehung der industriellen und der Informations-Gesellschaft beschränkte sich das Rechnungswesen der Unternehmen auf die Darstellung ihrer Verbindungen zur Umwelt und die chronologische Aufzeichnung aller Beschaffungs- und Absatzvorgänge. Als sich zwischen Beschaffung und Absatz die Fertigung als industrielle Güterproduktion schob, entwickelte sich aus der Finanzbuchhaltung die Betriebsbuchhaltung.

Betriebsbuch-
haltung

Die Betriebsbuchhaltung erfasst, ordnet und bewertet als Lenkungs- und Kontrollinstrument die innerhalb des Unternehmens ablaufenden Verbrauchs- und Leistungserstellungsprozesse. Kosten und Leistungen werden dadurch zu den Grundelementen der Kosten- und Leistungsrechnung. Die betriebliche Leistungserstellung im Fertigungsbetrieb erfolgt durch eine Kombination der Elementarfaktoren Arbeit, Betriebsmittel und Werkstoffe mit Hilfe der Führungsinstanzen, von Gutenberg als dispositive Faktoren bezeichnet.

Nur wenn der Wert der Dienstleistungen bzw. der gefertigten Leistungseinheiten den Wert der beim Einsatz verbrauchten Produktivfaktoren übersteigt und die Preispolitik das finanzielle Gleichgewicht gewährleistet, lohnt sich die Durchführung eines Kombinationsprozesses. Dazu ist es erforderlich, dass der Einsatz der Produktivfaktoren systematisch erfasst, bewertet, engpassorientiert gesteuert und kontrolliert wird.

Produktions-
prozesskonten-
rahmen

Aus dieser Überlegung heraus fügte Schmalenbach mit Hilfe seines Produktionsprozesskontenrahmens, dem Vorläufer des Gemeinschaftskontenrahmens der Industrie, die Kosten- und Leistungsrechnung organisch in den Kreislauf Beschaffung-Fertigung-Absatz ein. Seit dieser Zeit unterscheidet man den Unternehmenserfolg nach betrieblichem und neutralem Erfolg.

Organisation des Rechnungswesens

Jedes Unternehmen schneidert sich sein eigenes Organisationskleid. Die folgende Darstellung gilt nur als Rahmenhinweis.

Finanzbuch-
haltung

Die Finanzbuchhaltung stellt als pagatorische (ita. pago, ich zahle) Buchführung eine vergangenheitsbezogene Zeitraumrechnung dar, die sich an den gültigen gesetzlichen Vorschriften orientiert. Eine Finanzbuchhaltung zeichnet alle Geschäftsvorfälle innerhalb einer Rechnungsperiode lückenlos auf, um in der Bilanz die Vermögens- und Schuldwerte, in der Gewinn- und Verlustrechnung die Aufwendungen und Erträge festzustellen.

Betriebsbuch-
haltung

Die Betriebsbuchhaltung arbeitet als kalkulatorische Buchführung auf Vollkosten- und Grenzkostenbasis in der Form der Istkosten-, Plankosten- und Deckungsbeitragsrechnung vergangenheits- und zukunftsorientiert.

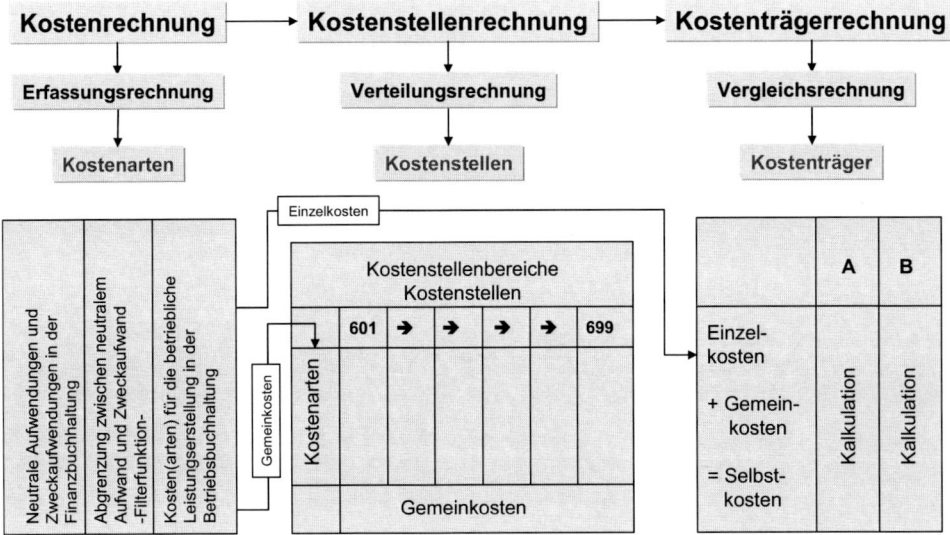

Abbildung 211: Organisation der Betriebsbuchhaltung

Teilbereiche

Sie lässt sich in folgende Teilbereiche gliedern: In die Kostenartenrechnung für die Kostenerfassung und –bewertung, die Kostenstellenrechnung für die Kostenverteilung, die Kostenträgerstückrechnung für die Kostenzurechnung und die Kostenträgerzeitrechnung für die Betriebserfolgsrechnung.

Die Betriebsbuchhaltung stellt Basisdaten für Kostenplanungen, Kostenkontrollen, Preiskontrollen bei der Marktfertigung, Preisbildungen bei der Auftragsfertigung und für Erfolgsrechnungen zur Verfügung. Zukunftsorientierte Entscheidungsvorbereitungen in der Form von Erfolgsanalysen, Programmplanungen, Programmsteuerungen für eine Nutzenoptimierung mit Hilfe der Deckungsbeitragsrechung und Wirtschaftlichkeitsrechnungen zählen heute zum Aufgabenbereich einer modernen Kostenrechnung.

Betriebswirt-schaftliche Statistik

Die betriebswirtschaftliche Statistik informiert die Führungsinstanzen durch Zeit- und Soll-Ist-Vergleiche anhand des intern anfallenden Datenmaterials aus dem Rechnungswesen und weiterer Datenquellen (z. B. Internet). Für die wissenschaftlich orientierte Betriebsführung wertet die Statistik Daten z. B. über Qualitätsunterschiede, Zeitstudien, Qualitätskontrollen, auf der Basis der Stichprobentheorie aus. Zeitvergleiche vergleichen die Kosten eines Zeitabschnitts mit den Kosten eines anderen Zeitabschnitts.

Moderne Data-Warehouse-Systeme und die hierauf aufbauenden Analysewerkzeuge liefern zahlreiche Möglichkeiten für automatisierte statistische Analysen, die über traditionelle Analyseformen (z. B. Zeitreihen- und Trend-Analysen) deutlich hinausgehen. So erlauben das Data-Mining beispielsweise die Suche nach unbekannten Zusammenhängen, z. B. auch in Daten des Rechnungswesens (vgl. zum Einsatz von Data-Warehouse-Systemen Gadatsch 2004, S. 284 ff. und die dort angegebene Literatur).

Betriebsver-gleiche

Betriebsvergleiche (Benchmarking) vermitteln den Mitgliedern eines Fachverbandes oder Konzerns wertvolle Orientierungsdaten, wenn die Terminologie, Organisation des Rechnungswesens, die betriebliche Leistungserstellung, Umsatzziffern, Beschäftigtenzahlen, Kostenstrukturen und Umweltdaten vergleichbar sind (vgl. hierzu das Kapitel über IT-Kennzahlen auf S. 234ff).

Soll-Ist-Kosten-Vergleiche

Soll-Ist-Kosten-Vergleiche, Kostenkontrollen der Kostenstellen, sind nur im System einer Plankostenrechnung möglich. Dabei werden den Istkosten innerbetrieblich ermittelte Sollkosten, das sind auf den Istbeschäftigungsgrad umgerechnete Basisplankosten, gegenübergestellt. Die sich daran anschließende Abweichungsanalyse deckt mit Hilfe der Ursachenforschung innerbetriebliche Unwirtschaftlichkeiten und Schwachstellen auf.

Verfahrens-vergleiche

Verfahrensvergleiche (Prozess-Benchmarking) zeigen in der Form von Kostenvergleichsrechnungen, welche Prozesse in der betrieblichen Leistungserstellung mit den niedrigsten Grenzherstellkosten arbeiten, oder vergleichen z. B. in der IT-Produktion den Einsatz von zentralen Großrechnern oder Serverfarmen, im

Vertrieb zwei Absatzmethoden (z. B. PC-Direktvertrieb oder Händlernetz, in der Verwaltung zwei Arbeitsabläufe).

Make or Buy?   Die Entscheidung über eine Eigenfertigung oder den Fremdbezug von Software (Individualentwicklung versus Standardsoftware) bzw. Dienstleistungen (Betreiber einer eigenen IT-Abteilung versus Outsourcing der IT an einen spezialisierten Dienstleister) orientiert sich bei vorhandenen unterbeschäftigten betrieblichen Teilkapazitäten am Vergleich der eigenen Grenzherstellkosten mit dem entsprechenden Einstandspreis des Lieferanten und den Restfixkosten.

Investitions-   Investitionsplanungsrechnungen versuchen unter Berücksichti-
planung   gung der Nutzenoptimierung das kostengünstigste Investitionsprogramm (z. B. IT-Projektportfolio) rechnerisch zu bestimmen. Dabei sind drei eng miteinander verknüpfte Fragenkomplexe zu beachten:

- Fördert die Investition die Gewinnerzielung ohne Störung des finanziellen Gleichgewichts?

- Welche Investition ist die rentabelste?

- Wann soll die Investition erfolgen?

Finanz- und Güterkreislauf innerhalb des Rechnungswesens

Der betriebliche Kombinationsprozess verursacht im Unternehmen einen Finanz- und Güterkreislauf. Beide dienen der betrieblichen Leistungserstellung.

Finanzielles   Die Finanzbuchhaltung erfasst und kontrolliert den Finanzstrom
Gleichgewicht   und ist stets darauf bedacht, mit seiner Hilfe das finanzielle Gleichgewicht zu erhalten. Die Betriebsbuchhaltung erfasst, bewertet und kontrolliert den Güter- und Dienstleistungsstrom für die betriebliche Leistungserstellung. Das Rechnungswesen orientiert seine Verhaltensweisen an den Grundsätzen der Wirtschaftlichkeit und Kapitalrentabilität, um einen optimalen Nutzen zu erzielen.

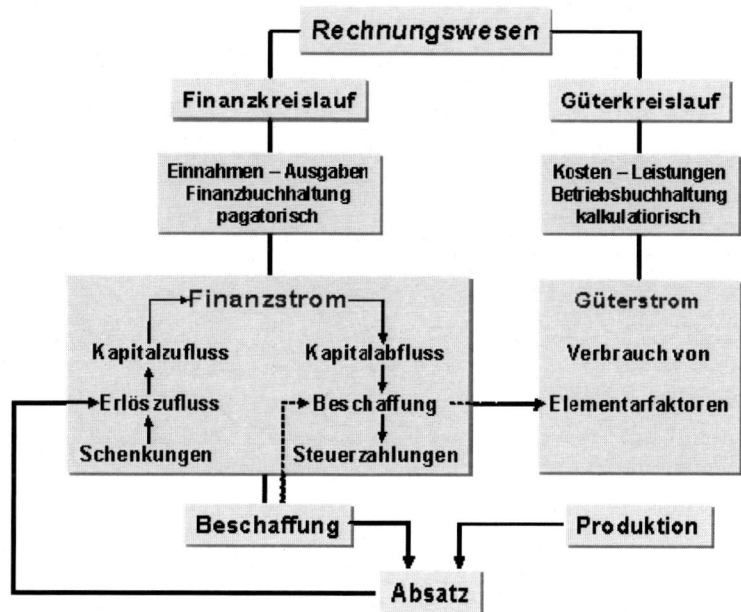

Abbildung 212: Finanz- und Güterkreislauf

5.2 Grundelemente der Kostenrechnung

Kosten und Leistungen

Kosten

Kosten entstehen, wenn ein Verzehr von Gütern (z. B. Verbrauch von Druckerpapier für eine Druckstrasse) und Dienstleistungen (Erbringung einer Beraterleistung für ein Softwareprojekt) für die betriebliche Leistungserstellung (z. B. Entwicklung von Standardsoftware) stattfindet. Um den Mengenverzehr heterogener Gütermengen vergleichen zu können, ist eine wertmäßige Darstellung des Mengenverzehrs in Währungseinheiten erforderlich. Kosten sind nach Heinen ein Mengen- und Werteverzehr, nach Schmalenbach ein bewerteter Güter- und Diensteverzehr für die betriebliche Leistungserstellung innerhalb einer Rechnungsperiode, nach Gutenberg:

Kosten = Faktoreinsatzmengen * Faktorpreise

Leistungen

Leistungen entstehen aus verzehrten und bewerteten Gütern und Dienstleistungen. Die Summe der gefertigten Leistungseinheiten ergibt die Leistungsmenge. Um heterogene Leistungsmengen vergleichen zu können, ist eine Bewertung der Leistungseinhei-

399

ten in Währungseinheiten erforderlich. Leistungen sind deshalb bewertete Leistungsmengen.

*Leistungen = Leistungsmengen * Leistungswerte*

Auszahlungen und Einzahlungen

Auszahlungen und Einzahlungen, Ausgaben und Einnahmen, Aufwendungen und Erträge, Kosten und Leistungen sind Begriffe des unternehmerischen und betrieblichen Rechnungswesens. Ihre terminologische Einordnung in den Kombinationsprozess zeigt die Abbildung 213:

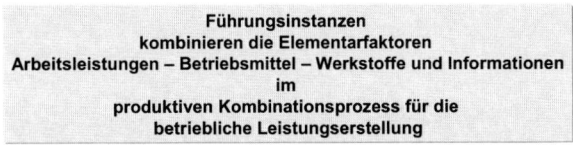

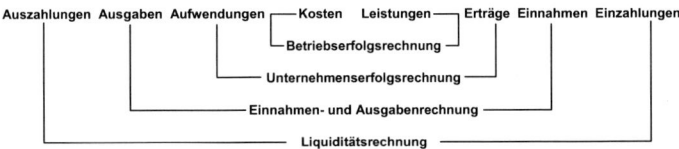

Abbildung 213: Kosten und Leistungen im produktiven Kombinationsprozess

Auszahlungen – Ausgaben – Aufwand – Kosten

Einzahlungen, Auszahlungen, Ausgaben und Einnahmen sind der Ausdruck für alle Zahlungsvorgänge der Unternehmung. Ihre kostenwirksame, zeitliche Abgrenzung erfolgt über die Posten der Rechnungsabgrenzung in der Finanzbuchhaltung.

- *Auszahlungen* sind die Verminderung des Bestandes an liquiden Mitteln (Bargeld, Sichtguthaben u.ä.).

- *Ausgaben* umfassen zunächst die Auszahlungen und dazu alle Forderungsabgänge und sonstige Schuldenzugänge.

- *Aufwendungen* stellen den Werteverzehr des Unternehmens in einer Rechnungsperiode dar.

Ausgaben und Aufwand sind nicht immer identisch. Gegenüber Ausgaben entsteht Aufwand erst, wenn Güter oder Dienste verzehrt werden. Fließen sie in die betriebliche Leistungserstellung, dann werden sie zum Zweckaufwand. Werden sie für nichtbetriebliche Zwecke verwandt, bezeichnet man sie als neutralen Aufwand (Kursverlust beim Verkauf von Wertpapieren).

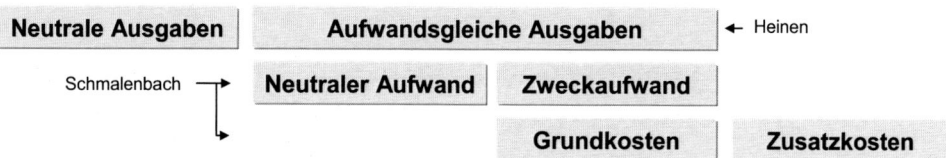

Abbildung 214: Ausgaben – Aufwand – Kosten nach Heinen und
        Schmalenbach

Der Großteil der Ausgaben verwandelt sich in Aufwand (z. B. die
Begleichung einer Rechnung für einen Programmierer). Oft bestehen zeitliche Differenzen, in manchen Fällen werden Ausgaben nie zu Aufwand (z. B. durchlaufende Posten, wie die Mehrwertsteuer).

***Beispiele (ohne Berücksichtigung der Sozialrate und der
Mehrwertsteuer)***

Gehaltszahlung bar   20.000 EUR

Gehälter an Kasse   20.000 EUR

Im Zeitpunkt der Zahlung werden die Gehälter der IT-
Mitarbeiter als Auszahlung, Ausgabe und Zweckaufwand gebucht.

Druckerpapierkauf gegen Scheck am 10.1.   30.000 EUR

Büromaterial an Bank   30.000 EUR

Der Betrag wird am 10.1. zur Auszahlung und Ausgabe. Das
Druckerpapier im Wert von 30.000 EUR wird erst zum
Zweckaufwand, wenn es für die betriebliche Leistungserstellung verbraucht wird. Ausgaben und Aufwand stimmen zeitlich nicht überein.

Serverkauf auf Ziel am 20.2. (=Ausgabe)   80.000 EUR

IT-Ausstattung an Verbindlichkeiten   80.000 EUR

Am 31.3. überweist die Finanzbuchhaltung den Rechnungs-
betrag über die Hausbank.

Verbindlichkeiten an Bank (= Auszahlung)   80.000 EUR

Am 31.3. werden die 80.000 EUR zur Auszahlung. Zweckaufwand werden sie analog dem Werteverzehr des Servers

über die Abschreibung. Auszahlung und Aufwand stimmen zeitlich nicht überein.

Betriebsbedingte Aufwendungen Betriebsbedingte Aufwendungen entsprechen den Zweckaufwendungen bzw. den Grundkosten. Sie entstehen im Zeitpunkt des Verbrauchs, nicht des Einkaufs oder der Geldausgabe, für die Erstellung von Gütern und Dienstleistungen (vgl. die o.a. Buchungsbeispiele!).

Kauf eines Grundstückes für das RZ	520.000 EUR
Unbebaute Grundstücke an Bank	520.000 EUR

Im Zeitpunkt der Bezahlung werden die 520.000 EUR zur Ausgabe. Das Grundstück kann aber auch als Standort für das Rechenzentrum (betriebsbedingt) niemals Aufwand werden, weil Grund und Boden nicht abnutzbar sind. Ausnahmen wie Kiesgruben, Steinbrüche, Flöze usw. sind für die IT-Kostenrechnung nicht von Bedeutung.

Ausgaben werden nicht immer zu Aufwand.

Ein Programmierer erhält ein Baudarlehen	150.000 EUR
Sonstige Forderungen an Bank	150.000 EUR

Dieser Betrag wird zur Auszahlung, aber nicht zu Aufwand. Dem Darlehen entspricht ein neuer Vermögenswert auf dem Konto Sonstige Forderungen in Höhe von 150.000 EUR.

Nicht betriebsbedingte Aufwendungen Nicht betriebsbedingte Aufwendungen bilden den neutralen Aufwand, der betriebsfremder, außerordentlicher oder periodenfremder Art sein kann.

Betriebsfremde Aufwendungen stehen zwar mit dem Betriebszweck in Zusammenhang, dienen aber nicht der betrieblichen Leistungserstellung.

- Ein überliquides Softwarehaus kauft Wertpapiere. Der Börsenkurs sinkt bis zum Jahresende um 8.000 EUR. Dieser Kursverlust gilt als betriebsfremder Aufwand.

- Der PC-Benutzerservice entnimmt gegen Entnahmeschein im IT-Materiallager 100 lfd. m Netzwerkkabel, um das Privathaus des IT-Leiters zu vernetzen. Dieses Netzwerkkabel wird durch den betriebsfremden Verwendungszweck zur Privatentnahme, d. h. im echten Sinne betriebsfremd.

Betriebsfremde
Aufwendungen

Spenden, Schenkungen, Ankaufs- und Verkaufsspesen für Wertpapiere, Kursverluste, Haus- und Grundstücksaufwendungen. Zins-, Diskont- und Skontoaufwendungen zählen ebenfalls dazu, denn der betrieblichen Leistungserstellung sind die Zahlungsmodalitäten gleichgültig.

Betriebliche außerordentliche Aufwendungen stehen mit dem Betriebszweck in Zusammenhang. Sie besitzen einmaligen Charakter und lassen sich schlecht im voraus berechnen.

- Ein veralteter Computer mit dem Restbuchwert von 2 500 EUR erzielt einen Verkaufserlös in Höhe des Schrottwertes von 700 EUR. Der Mindererlös in Höhe von 1 800 EUR gilt als betrieblicher außerordentlicher Aufwand. Dieser Computer wird nur einmal verkauft, der Geschäftsvorfall besitzt einmaligen Charakter.

- Ein Serverraum ist mit 1.000.000 EUR feuerversichert. Ein Brand verursacht einen Werteverlust in Höhe von 1 250.000 EUR. Die Versicherung ersetzt nur einen Schaden in Höhe von 800.000 EUR = 450.000 EUR werden zum betrieblichen außerordentlichen Aufwand.

Betriebliche
außerordentli-
che Aufwen-
dungen

Verluste aus Anlageverkäufen und Schadensfällen, aus Forderungen und Lagervorräten, Großreparaturen, Gründungskosten einer Aktiengesellschaft u.ä. Geschäftsvorfälle.

Betriebliche periodenfremde Aufwendungen erfassen die Kosten anderer Rechnungsperioden, wenn sich zeitliche Divergenzen zwischen Kosten und Aufwendungen ergeben. Die Kostenrechnung verteilt z. B. Versicherungsprämien in kalkulatorischen Raten gleichmäßig über eine Rechnungsperiode, in der Aufwandsrechnung fallen sie nur einmal im Zeitpunkt der Zahlung an. Ähnlich verhält es sich beim Anfall von Garantie- und Kulanzverpflichtungen, die die Kostenrechnung über kalkulatorische Wagniszuschläge gleichmäßig innerhalb einer Rechnungsperiode verrechnet, vgl. dazu auch Nachzahlungen für Kostensteuern, Entwicklungs- und Versuchsarbeiten.

Bewertungs-
differenzen

Bewertungsdifferenzen zwischen Beschaffungs- und innerbetrieblichen Verrechnungspreisen gelten ebenfalls als neutrale Aufwendungen.

BEISPIEL: HONORARE FÜR EXTERNE IT-BERATER UND SOFTWAREENTWICKLER

Honorare für Softwareentwickler oder IT-Berater schwanken je nach Auftrag. Werden innerbetrieblich Beraterleistungen für IT-Projekte mit einem Standardverrechnungssatz abgerechnet, ist die Differenz ein neutraler Aufwand (bzw. Ertrag).

Das Gesamtergebnis betreffende Aufwendungen, z. B. die Körperschaftsteuer gehört ebenfalls zum neutralen Aufwand.

Ein Teil der Aufwendungen wird im Zeitpunkt des Verbrauchs für die betriebliche Leistungserstellung zu Zweckaufwendungen. Sie entsprechen den Grundkosten. Schmalenbach definiert:

- Neutraler Aufwand ist derjenige Aufwand, der keine Kosten darstellt.

- Zweckaufwand ist derjenige Aufwand, der zugleich Kosten darstellt.

- Grundkosten sind aufwandsgleiche Kosten.

- Zusatzkosten sind Kosten, die kein Aufwand sind.

Kosten

Während Aufwendungen jeden während einer Rechnungsperiode entstandenen Güter- und Dienstleistungsverzehr umfassen, gleichgültig ob er dem Unternehmenszweck dient oder nicht, determinieren die Grundkosten drei Kriterien:

- das Verzehrskriterium – es entspricht dem mengenmäßigen Güter- und Diensteverzehr, gleichgültig ob in der short-run- oder long-run-Betrachtung.

- das Leistungskriterium – als leistungsbezogener Güter- und Diensteverzehr, gültig für alle Kostenstellenbereiche,

- das Wertkriterium – gültig in der Form des Anschaffungs-, Tages-, Wiederbeschaffungs- und Verrechnungswertes, je nach der Zielsetzung der Kostenrechnung.

Für die betriebliche Leistungserstellung stimmen Grundkosten und Zweckaufwand überein. Sie werden für die Kostenrechnung in der Kontenklasse 4 des Gemeinschaftskontenrahmens der Industrie (GKR) erfasst und nach Kostenarten gegliedert. Wenn die Wirtschaftspraxis von Kosten spricht, meint sie immer die kalkulierbaren Kosten.

Unter Anlehnung an die Kontenklasse 4 des Gemeinschaftskontenrahmens der Industrie lassen sich die Kosten weiter differenzieren.

Neutrale Auf-
wendungen
Neutrale Aufwendungen sind keine Kosten. Zusatzkosten bzw. kalkulatorische Kosten haben mit den neutralen Aufwendungen nichts gemeinsam. Grundkosten und Zusatzkosten bilden zusammen die kalkulierbaren Kosten.

Oft wird die Ansicht vertreten, Zusatzkosten seien weder Ausgaben noch Aufwand. Diese Aussage stimmt für die »echten« Zusatzkosten wie kalkulatorischer Unternehmerlohn und kalkulatorische Miete. »Anderskosten« (kalkulatorische Abschreibungen, Zinsen und Wagnisse) führen in der Regel doch zu Ausgaben und Aufwendungen. Diese »unechten« Zusatzkosten werden nämlich in der Finanzbuchhaltung anders als in der Betriebsbuchhaltung behandelt, daher »Anderskosten«. Die Finanzbuchhaltung erfasst Ersatzteillieferungen in der Garantiezeit als effektive Wagnisse in der Kontengruppe »Betriebliche außerordentliche Aufwendungen«, während die Betriebsbuchhaltung die kalkulatorischen Wagnisse als durchschnittliche Wagnisrate aus den effektiven Wagnissen der letzten fünf Jahre ermittelt und für zu erwartende Wagnisse als Kosten auf die Kostenträger verrechnet.

Die Finanzbuchhaltung muss vom Anschaffungswert der Sachanlagen, die Betriebsbuchhaltung kann bei steigenden Preisen vom Wiederbeschaffungswert abschreiben. Ist dies der Fall, werden in der Betriebsbuchhaltung höhere Abschreibungsbeträge als in der Finanzbuchhaltung verrechnet. Nur diese Differenz (Wertunterschied) zwischen den bilanziellen und kalkulatorischen Abschreibungssummen ergibt Zusatzkosten.

Bei einer degressiven Abschreibung (z. B. eines Personalcomputers) errechnet die Finanzbuchhaltung in den Anfangsperioden der Nutzungsdauer höhere Abschreibungsbeträge als die Betriebsbuchhaltung, in den Endperioden ist es umgekehrt.

Wenn die Finanzbuchhaltung degressiv, die Betriebsbuchhaltung jedoch linear mit unterschiedlicher Nutzungsdauer abschreibt, entstehen neben den Wertunterschieden noch zeitliche Divergenzen.

Zusatzkosten umfassen den kalkulatorischen Unternehmerlohn, die kalkulatorische Miete und die Differenzen aus den Wert- und Zeitdivergenzen der Anderskosten (kalkulatorische Abschreibungen, Zinsen, Wagnisse) gegenüber dem effektiven Kostenanfall.

Ergo: Nur Zusatzkosten sind weder Ausgaben noch Aufwand!

Abbildung 215: Anderskosten und Zusatzkosten

Istkosten und Plankosten

Istkosten   Istkosten sind die Kosten, die für die betriebliche Leistungserstellung innerhalb einer Rechnungsperiode tatsächlich anfallen.

- Istkosten = Durchschnittskosten der Gegenwart

Istkosten enthalten Kostenarten, deren Mengen- bzw. Zeitgerüst und Preisgerüst in der Form der Einzelkosten (Programmierstunden für ein bestimmtes Projekt u.ä.) eindeutig bestimmbar ist,

- Istkosten = Istmengen x Istpreise

und/oder

- Istkosten = Istzeiten x Istpreise

oder als Gemeinkosten (Fremdrechnungen für Steuern, Prämien, Gebühren u.ä.) nicht eindeutig bestimmbar ist.

Istkosten eignen sich als vergangenheitsbezogene Kosten (sunk costs, historical costs) nur für retrospektive Zeitraumauswertungen. Sie sind bei der Vorlage für die Führungsinstanzen bereits zeitlich überholt. Die Kostenkontrolle beschränkt sich auf den »Kostenartenvergleich« (Zeitvergleich), der nur bei konstanter Beschäftigung und konstanten Beschaffungspreisen für zwei oder mehrere Rechnungsperioden im Einproduktunternehmen sinnvoll ist.

- Istkosten gehören zur Istkostenrechnung

Plankosten

Plankosten sind im voraus bestimmte, bei ordnungsgemäßem Betriebsablauf errechenbare Maßkosten für den leistungsgebundenen und bewerteten Faktorverzehr mit Norm- und Vorgabecharakter.

- Plankosten = Durchschnittskosten der Zukunft

Plankosten bestimmen heißt, für den zukünftigen Kostenanfall vorausschauend das Mengen- oder Zeitgerüst und die Wertansätze festlegen.

- Plankosten = Planmengen x Planpreise

und/oder

- Plankosten = Planzeiten x Planpreise

Wenn der Betrieb bestrebt ist, die Planabsatzmengen zu Plankosten zu fertigen und zu Planpreisen zu verkaufen, dann sind die Plankosten Erwartungs- und Steuerungsgrößen für die Erzielung eines Plangewinns.

Eine Unter- oder Überdeckung der Plankosten durch die Istkosten, die Verbrauchsabweichung, ermittelt der Soll-Ist-Kosten-Vergleich:

Istmenge x Planpreis beim Istbeschäftigungsgrad (Istkosten)

- Planmenge x Planpreis beim Istbeschäftigungsgrad (Sollkosten)

= Verbrauchsabweichung (Istkosten>Sollkosten = Unterdeckung)

Plankosten gehören zur Plankostenrechnung.

Fixe und variable Kosten

Die Trennung einzelner Kostenarten in ihre zeit- und leistungsabhängigen, d. h. beschäftigungsfixen und beschäftigungsvariablen Kostenbestandteile bezeichnet man als Kostenauflösung. Paul Riebels Einzelkostenrechnung auf Istkostenbasis differenziert die Kostenarten in Einzelkosten (direkt erfassbar bzw. zurechenbar) und Bereichskosten I und II, (indirekt erfassbar und zurechenbar), besonders für Dienstleistungsunternehmen (z. B. Softwarehaus, IT-Beratung, Gemeinschafts-RZ, ASP-Dienstleister) empfehlenswert.

Verfahren der Kostenauflösung

Statistische Kostenauflösung mit analytisch-statistischen Methoden

- Mathematische Kostenauflösung als »Hoch-Tiefpunkt-Methode« (nach Schmalenbach)

- Methode der Reihenhälften

- Methode der kleinsten Abweichungen (grafische Regressionsanalyse)

- Methode der kleinsten Quadrate (mathematische Regressionsanalyse)

Planmäßige Kostenauflösung nach der synthetisch-buchtechnischen Methode

- Planmäßige Kostenauflösung als einstufige synthetische Gemeinkostenplanung nach Kilger.

Alle Kostenarten, die der Vorbereitung der Fertigungsaufnahme als Betriebsbereitschaftskosten dienen, zählen zu den rein fixen Kostenarten. Alle Kostenarten, die erst in dem Augenblick einen Werteverzehr auslösen, wenn gefertigt wird, gelten als rein variable Kosten (Leistungskosten), die sich voll-, über- oder unterproportional zur Beschäftigung verhalten können.

Die rein fixen und rein variablen Kostenarten bereiten der Kostenauflösung in der Regel wenige Schwierigkeiten, wenn geeignete Bezugsgrößeneinheiten vorhanden sind. Eine Bezugsgrößenwahl untersucht mit Hilfe »technisch-kostenwirtschaftlicher Analysen«, welche proportionalen Beziehungen zwischen produktionstechnischen Größen (Maschinenstunden eines Druckzentrums u.ä.) und variablen Kostenarten (Druckerpapier u.ä.)

bestehen sollen. Probleme tauchen hauptsächlich bei Dienstleistungsunternehmen und den Mischkostenarten auf. Mieten, Beratungskosten, Versicherungsprämien, Zinsen auf das Anlagevermögen, Kostensteuervorauszahlungen, Raumkosten, zeitabhängige Abschreibungen, alle Gemeinkostenarten, die für eine Rechnungsperiode oder eine entsprechende Vertragsdauer unverändert bleiben, gelten als zeitabhängige Kostenarten.

Beschäftigungsabhängige Material- und Arbeitskosten, die Eingangsverpackung und -fracht, Sondereinzelkosten der Fertigung und des Vertriebs, Transportversicherungen, Zölle, Energiekostenteile, Zinsen auf das Umlaufvermögen, verbrauchsabhängige Abschreibungen u.ä. zählen zu den leistungsabhängigen Kostenarten.

Betriebsstoffe, Instandhaltungskosten (Wartung und Reparaturen), Zinsen (auf das Anlage- und Umlaufvermögen), Abschreibungen (zeit- und verbrauchsabhängig) u.ä. enthalten fixe und variable Kostenbestandteile.

Eine Kostenrechnung auf Vollkostenbasis (Vollkostenrechnung) bezieht in der Form der Ist- und Plankostenrechnung alle für die betriebliche Leistungserstellung anfallenden fixen und variablen Kostenbestandteile in die Verrechnungssätze für Werkaufträge und in die Kalkulationssätze ein.

Eine Kostenrechnung auf Grenzkostenbasis (Grenzplankostenrechnung bzw. Grenzistkostenrechnung) bezieht in der Form der Ist- und Plankostenrechnung nur alle für die betriebliche Leistungserstellung anfallenden variablen Kostenbestandteile in die Verrechnungssätze für die Werkaufträge und in die Kalkulationssätze ein.

Einzahlungen – Einnahmen – Erträge – Leistungen

Einzahlungen, Einnahmen, Auszahlungen und Ausgaben sind der Ausdruck für alle Zahlungsvorgänge des Unternehmens. Eine leistungswirksame zeitliche Abgrenzung erfolgt über die Posten der Rechnungsabgrenzung in der Finanzbuchhaltung. Einzahlungen sind die Erhöhung des Bestandes an liquiden Mitteln. Einnahmen umfassen die Einzahlungen, alle Forderungszugänge und alle Schuldenabgänge. Oft ergeben sich zeitliche Unterschiede, wenn Einnahmen noch keine Erträge und Erträge noch keine Einnahmen sind. Zuweilen werden Einnahmen nie zu Ertrag.

PRAXISBEISPIELE (OHNE MEHRWERTSTEUER)

Der Zahlungseingang für Darlehnszinsen erfolgt für sechs Monate im Voraus am 1.10.

Erfolgswirksamer Ertrag werden die Zinsen mit je einem Sechstel in den Monaten Oktober bis März des folgenden Jahres.

Der Zahlungseingang für Darlehnszinsen erfolgt am 30. März nachträglich für ein halbes Jahr.

Zur Einnahme werden die Zinsen am 30. März, zum Ertrag seit dem Monat Oktober des Vorjahres laufend bis zum Monat März mit je einem Sechstel der Zinssumme.

Am 1.5. erfolgt die Aufnahme eines Darlehens gegen Gutschrift auf dem laufenden Konto in Höhe von 15.000 EUR.

Diese Summe stellt eine Einzahlung, keinen Ertrag dar.

Erträge stellen den Wertezuwachs des Unternehmens in einer Rechnungsperiode dar. Erträge sind das Korrelat der Aufwendungen und umfassen alle in einer Rechnungsperiode entstandenen Werte zweckgebundener und neutraler Art. Sie fließen über das Betriebserfolgs- und neutrale Erfolgskonto auf die Habenseite des Unternehmenserfolgskontos, das Gewinn- und Verlustkonto. Der Saldo zwischen den Aufwendungen und Erträgen ergibt den Jahresüberschuss oder -fehlbetrag.

Neutrale Erträge bilden das Korrelat zu den neutralen Aufwendungen. Die Differenz zwischen den neutralen Aufwendungen und Erträgen ergibt den neutralen Erfolg. Neutrale Erträge betriebsfremder und betrieblich außerordentlicher Art sind: Schenkungen, Kursgewinne, Haus- und Grundstückserträge, Zins-, Diskont- und Skontoerträge, Erträge aus Anlageverkäufen.

Zweckerträge (betriebliche Erträge) sind das Korrelat der Zweckaufwendungen und entsprechen den Erlösen aus den Grundleistungen, den Kunden- bzw. Absatzleistungen.

Erlöse entsprechen zu Marktpreisen bewerteten Absatzleistungen.

Leistungen umfassen alle bewerteten Güter und Dienste, die im produktiven Kombinationsprozess entstehen. Leistungen stellen das Korrelat der Kosten dar.

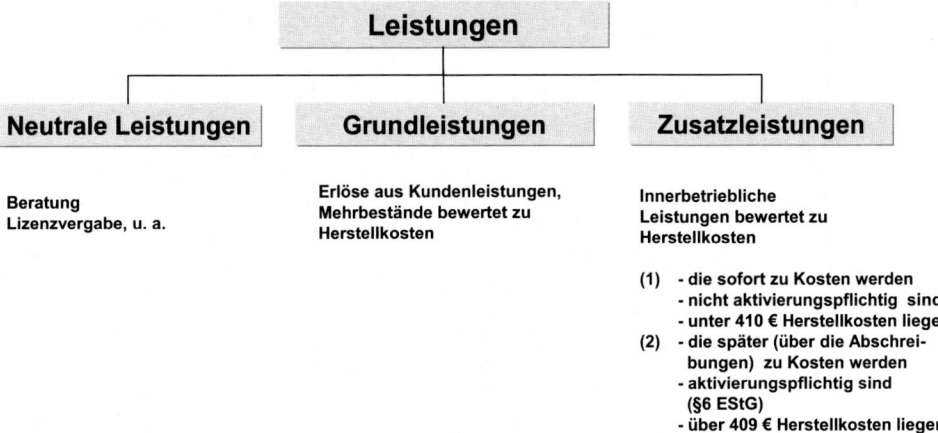

Leistungen

| **Neutrale Leistungen** | **Grundleistungen** | **Zusatzleistungen** |

Beratung
Lizenzvergabe, u. a.

Erlöse aus Kundenleistungen,
Mehrbestände bewertet zu
Herstellkosten

Innerbetriebliche
Leistungen bewertet zu
Herstellkosten

(1) - die sofort zu Kosten werden
     - nicht aktivierungspflichtig sind
     - unter 410 € Herstellkosten liegen
(2) - die später (über die Abschrei-
       bungen) zu Kosten werden
     - aktivierungspflichtig sind
       (§6 EStG)
     - über 409 € Herstellkosten liegen

Abbildung 216: Leistungen

*Grund-
leistungen*

Grundleistungen summieren sich aus den gefertigten Leistungseinheiten der Rechnungsperiode (z. B. gebrannte Programm-CDs
der Standardsoftware eines Softwarehauses). Die verkauften
Programm-CDs fließen als Erlös über die Kontenklasse 8 GKR
auf das Betriebserfolgskonto. Nicht verkaufte Programmpakete
der Rechnungsperiode ergänzen den Erlös zu den Grundleistungen.

5.3   Grundbegriffe im System der Produktivfaktoren

Der Sinn aller betrieblichen Betätigungen besteht darin, Güter
materieller Art zu produzieren oder Güter immaterieller Art bereitzustellen. Eine betriebliche Leistungserstellung basiert auf
einer produktiven Kombination menschlicher Arbeitsleistungen
mit Betriebsmitteln und Werkstoffen, betriebliche Elementarfaktoren oder Produktivfaktoren genannt nach Erich Gutenberg.

Elementarfaktor menschliche Arbeitsleistung

Der Elementarfaktor Nr. 1, die menschliche Arbeitsleistung,
kennt objektbezogene und dispositive (funktionsbezogene) Arbeitsleistungen. Objektbezogene Arbeitsleistungen stehen mit der
betrieblichen Leistungserstellung in direktem Zusammenhang,
ohne dispositiv-anordnender Natur zu sein (z. B. IT-Berater,
Entwickler, Softwaretester). Dispositive (funktionsbezogene)
Arbeitsleistungen (z. B. IT-Projektleiter, IT-Leiter) führen zu Entscheidungen oder bereiten sie vor.

Elementarfaktor Arbeits- und Betriebsmittel

Der Elementarfaktor Nr. 2, Arbeits- und Betriebsmittel, umfasst alle Einrichtungen und Anlagen der Betriebsbereitschaft (Grundstücke, Gebäude, Geräte, Kraftfahrzeuge, Betriebs- und Geschäftsausstattung, Werkzeuge und die für die Herstellung der Betriebsbereitschaft notwendigen Hilfs- und Betriebsstoffe).

Elementarfaktor Werkstoffe

Elementarfaktor Nr. 3, die Werkstoffe, enthalten Roh-, Hilfs- und Betriebsstoffe, Unfertig- und Fertigerzeugnisse und sogar Abfallstoffe, wenn sie der Herstellung der Fabrikate (Leistungseinheiten) als Ausgangs- oder Grundstoff dienen. Werkstoffe können durch Eigenfertigung oder Fremdbezug zu Bestandteilen der Fabrikate werden. Die betriebliche Leistungserstellung in Fertigungsbetrieben der Informations- und Kommunikationstechnik (z. B. Hersteller für Personal-Computer und Zubehör) erfolgt durch die zielbewusste Kombination der Produktivfaktoren Arbeit, Betriebsmittel und Werkstoffe.

Information als „neuer" Produktionsfaktor

Im 21. Jahrhundert wird die Informationstechnologie als wettbewerbskritischer Informationsfaktor bezeichnet. Betriebliche Informationen kennzeichnen folgende Eigenschaften:

- Informationen sind immateriell, lassen sich aber teilweise auf Datenträgern speichern.

- Sie sind mehrfach ohne Verbrauch nutzbar, d. h. durch den Gebrauch kann eine Wertsteigerung eintreten (z. B. über Selbstlern-Programme).

- Informationen lassen sich über Datenträger zu niedrigen Kosten vervielfältigen und verbreiten.

- Im Gegensatz zu materiellen Gütern dienen Informationen im Wert durch Teilung.

- Der Preis oder Wert von Informationen ist nur subjektiv bestimmbar. Die Bestandsbewertung ist wegen des fehlenden Preisbildungsmechanismus problematisch (z. B. bei Bestimmung des Wertes aller Informationen einer Großbank).

- *Informationen unterliegen einem Aktualisierungszwang*. Nicht aktualisierungsfähige Informationen sind wertlos,

- Beim Datenschutz und der Datensicherheit treten Probleme auf, wenn der Diebstahl von Informationen über einen wichtigen Kunden im Unternehmen nicht festgestellt oder verhindert werden kann.

Dispositiver Faktor

Die Kombination der Elementarfaktoren (Arbeitsleistung, Arbeits- und Betriebsmittel, Werkstoffe und Informationen) ist Aufgabe der Betriebs- und Geschäftsleitung, dem *dispositiven Faktor*. Sie plant, organisiert, koordiniert, berät, entscheidet und kontrolliert nach wissenschaftlichen Methoden den Kombinationsprozess. Planende und organisatorische Aufgaben lassen sich delegieren, so dass die Planung und Organisation derivative Faktoren des dispositiven Faktors darstellen und im IT-Controllerdienst.

5.4   Grundbegriffe der Kostentheorie

Gesamtkosten

Gesamtkosten ergeben sich bei der Faktorkombination. Sie gewinnt, veredelt oder stellt Sachgüter (z. B. Personal-Computer) oder Dienstleistungen (z. B. Standardsoftware, Beratungsprodukte wie ein IT-Sicherheitskonzept oder eine IT-Strategie) her, indem menschliche Arbeitsleistungen mit Werkstoffen und Betriebsmitteln in einer produktiven Kombination verbunden werden. Die Minimalkostenkombination der drei Elementarfaktoren Arbeit, Betriebsmittel und Werkstoffe vollzieht sich durch bewusstes menschliches Handeln unter Berücksichtigung soziologischer und sozialpolitischer Aspekte. Die Führungsinstanzen planen, organisieren, koordinieren, beraten, kontrollieren, entscheiden, konzipieren Ideen und lenken in Zusammenarbeit mit den Arbeitnehmern die Betriebspolitik.

Kostenstruktur   Gesamtkosten sind entweder nur fixe Kosten, nur variable Kosten oder eine Zusammensetzung beider Kostenbestandteile. Die Arbeitskosten für einen Vertriebsbeauftragten eines Softwarehauses bestehen aus dem Fixum zur Sicherung seiner Existenzbedürfnisse und dem variablen, d. h. umsatzabhängigen Teil, der Provision. Die Betriebskosten für ein Dienstfahrzeug eines IT-

413

Beraters lassen sich in zeitabhängige Kosten (Steuer, Versicherung, Garagenmiete) und leistungsabhängige Kosten (Öl, Benzin, Reparatur) auflösen.

Fixkosten   Fixkosten sind als beschäftigungsintervallfixe Kosten, Bereitschaftskosten, Periodenkosten oder zeitabhängige Kosten von der Höhe der Ausbringungsmenge innerhalb eines Beschäftigungsintervalls unabhängig. Fremdzinsen, kalkulatorische Zinsen auf das Anlagevermögen, Raumkosten in der Form von Abschreibungen, Wartungskosten und bestimmte Steuern zählen zu den Fixkosten, wenn sie unabhängig von der Belastung der Betriebsmittel anfallen. Zeitverschleiß und Veralterung der Betriebsmittel durch den technologischen Fortschritt wirken zeitproportional. Sie sind im Bezugsbereich der Informations- und Kommunikationstechnik von besonders hoher Bedeutung.

PRAXISBEISPIEL: IT-WARTUNGS- UND PFLEGEKOSTEN

Wartungs- und Pflegekosten (*Maintenance*) von Anwendungssoftware machen in zahlreichen Unternehmen den überwiegenden Teil der gesamten IT-Kosten aus. In vielen Fällen übersteigt der Anteil 80 % und mehr des IT-Budgets. Häufig werden Wartungs- und Pflegekosten als fixe Kosten behandelt, was jedoch nur bedingt zutrifft.

Der fixe Teil dieser Kosten wird als *Laufende Wartung* im engeren Sinne bezeichnet (*Fixed Maintenance*) (vgl. Saleck 2004, S. 55). Die hierfür aufzuwendenden Kosten dienen der Aufrechterhaltung des operativen Betriebs, sie sind also lebensnotwendig für das Unternehmen. Typische Beispiele für laufende Wartungskosten sind Fehlerbehebungen, Updates auf Grund von gesetzlichen Änderungen (z. B. Umsatzsteuererhöhung, Änderung der Steuerberechnung, Euro-Einführung) oder Softwareänderungen aufgrund sonstiger dringender Gründe (z. B. Jahr-2000-Änderungen). Je nach Umfang der Kostenhöhe ist eine Durchführung in Form eines Einzelprojektes in Erwägung zu ziehen. Für kleinere Wartungsarbeiten sind Sammelprojekte üblich.

Der variable Teil der Wartungs- und Pflegekosten sind die so genannten *Pflege-Aufträge* (*Variable Maintenance*). Diese Aufträge sind vom Management beeinflussbar und gehören deshalb zu den variablen Kosten, da sie nicht zwangsläufig anfallen. Typische Beispiele sind Erweiterungen der Funktionalität bestehender Software, Verbesserung von Ergononomie und Komfort und das Einspielen von Updates bzw. von Releasewechseln, die mit neuen Funktionen verbunden sind. Pflegeaufträge sollten deshalb grundsätzlich als Einzelprojekt geplant und durchgeführt werden. Je nach Umfang der Änderungen können die Projekte durchaus einen Umfang von mehreren

Personenjahren und mehr umfassen. Der Aufwand für Pflegeprojekte kann den Aufwand von erstmaligen Einführungsprojekten (z. B. Einführung einer betriebswirtschaftlichen Standardsoftware übersteigen.

Jede Erweiterung der Kapazität über die Grenze der intervallfixen Kosten hinaus verändert automatisch die Höhe der fixen Kosten. Sie wird durch drei Faktoren bestimmt:

- die begrenzte Teilbarkeit der Produktivfaktoren (z. B. Server, PCs),

- die Entscheidungen der Führungsinstanzen,

- sozialpolitische und arbeitsrechtliche Überlegungen und Hemmnisse (z. B. Personalübergang beim IT-Outsourcing).

Wird nur ein Teil der Kapazität des Betriebsmittelbestandes genutzt, dann entstehen auch für die nicht genutzte Kapazität Fixkosten, auch »Leerkosten« (K_l) genannt. Diese Situation tritt z. B. bei nicht vollständig genutzten Rechenzentrums-Kapazitäten oder nur teilweise ausgelastetem Spezialpersonal (z. B. ein langjährig geschulter Systemprogrammierer) ein. Die Kosten der jeweils genutzten Kapazität werden als »Nutzkosten« (K_n) bezeichnet, so dass sich folgende Gleichung erstellen lässt:

$$K_f = K_l + K_n.$$

Variable Kosten

Variable Kosten sind von der Beschäftigung (z. B. Anzahl CPU-Stunden eines Rechenzentrums, Anzahl Druckseiten eines Druckzentrums) abhängig, denn sie variieren mit der Ausbringungsmenge. Die Terminologie ergibt sich aus dem Abhängigkeitsverhältnis zur veränderlichen Ausbringungsmenge. Variable Kosten entstehen beim Einsatz von Produktivfaktoren, die in der Regel beliebig teilbar sind und im Leistungserstellungsprozess mengenmäßig untergehen. Typische variable IT-Kosten sind Programmierleistungen, Druckerpapier, Softwarelizenzen, Vertriebsprämien. Entsprechend ihrem Verhalten zur Ausbringungsmenge gliedert man die variablen Kosten in:

- **Proportionale Kosten**, die in gleichem Maße wie die Beschäftigung steigen oder fallen. In der IT-Praxis trifft dieser Tatbestand nur für bestimmte Kostenarten zu, z. B. Leistungsprämien für IT-Mitarbeiter, Druckerpapier, Toner. Die anderen Kostenarten verlaufen in der Regel unterproportional, selten überproportional.

- **Progressive Kosten**, sie steigen bei zunehmender Beschäftigung überproportional, d. h. relativ stärker an als die Beschäftigung bzw. die Ausbringungsmenge (Überstunden, Nachtarbeitszulagen für RZ-Personal, überhöhte Reparaturkosten durch eine Überbeanspruchung einer Druckstraße im zeitlichen oder intensitätsmäßigen Anpassungsprozess).

- ***Degressive Kosten***, sie steigen bei zunehmender Beschäftigung unterproportional, d. h. relativ schwächer an als die Ausbringungsmenge. Fallende Frachttarife bei zunehmender Entfernung, sinkende Materialkosten pro Leistungseinheit beim Erhalt von Mengenrabatten, rückläufiger Energieverbrauch im Stand-By-Modus eines Rechners usw. sind typische Beispiele.

- ***Regressive Kosten***, sie fallen mit zunehmender Beschäftigung, z. B. Heizungskosten eines Rechenzentrums durch Nutzung der Abwärme der Rechner und Bildschirme u.ä.

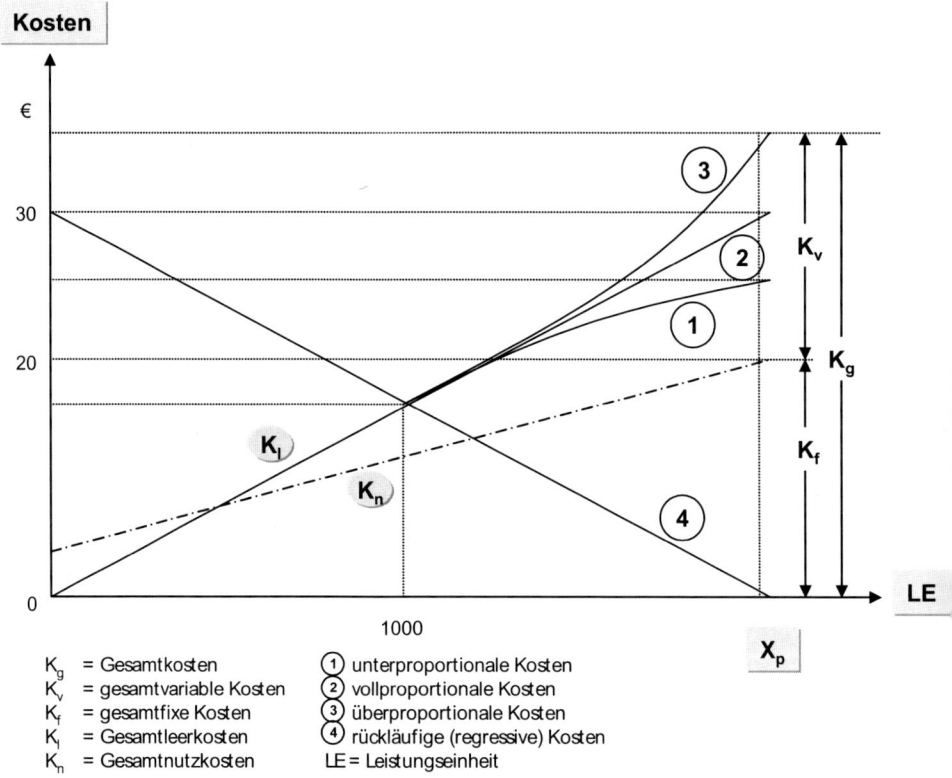

K_g = Gesamtkosten	① unterproportionale Kosten
K_v = gesamtvariable Kosten	② vollproportionale Kosten
K_f = gesamtfixe Kosten	③ überproportionale Kosten
K_l = Gesamtleerkosten	④ rückläufige (regressive) Kosten
K_n = Gesamtnutzkosten	LE = Leistungseinheit

Abbildung 217: Kostenverläufe

Progressive und degressive Kostenverläufe entstehen, wenn die Hauptkosteneinflussgrößen Faktorproportionen, Faktorqualität und Faktorpreis variieren.

Durchschnittskosten

Aus den Mantelformeln für die Gesamtkosten lassen sich formal die Durchschnittskosten ermitteln, indem man die Gesamtkosten auf die Einflussgröße x (Mengenausbringung) bezieht, mit der der Durchschnitt gebildet werden soll. Durchschnittskosten entsprechen den Kosten pro Stück und werden deshalb auch als Stückkosten bezeichnet. Bezeichnet man die Stückkosten im Gegensatz zu den Gesamtkosten

$$K_g, \ K_f, \ (K_l + K_n), \ K_v$$

mit $k_g, \ k_f, \ (k_l + k_n), \ k_v$,

so ergeben sich die Durchschnittskosten, wenn man die Gesamtkosten durch die Mengenausbringung (x) dividiert.

$$k_g = \frac{K_g}{x} \quad \Big| \quad k_f = \frac{K_f}{x} \quad \Big| \quad k_l = \frac{K_l}{x} \quad \Big| \quad k_n = \frac{K_n}{x} \quad \Big| \quad k_v = \frac{K_v}{x}$$

Abbildung 218: Durchschnittskosten

Großbuchstaben kennzeichnen immer Gesamtkosten, Kleinbuchstaben Stückkosten bzw. Durchschnittskosten.

Grenzkosten

Grenzkosten (k') sind der Kostenzuwachs, der bei konstanten Bereitschaftskosten durch die Ausbringung einer weiteren Leistungseinheit den Gesamtkosten hinzugefügt wird. Die Grenzkosten zeigen an, wie stark die Gesamtkosten steigen oder fallen, wenn die Ausbringungsmenge um eine Leistungseinheit vergrößert oder verkleinert wird.

Wird der Zuwachs der an der Ausbringungsmenge gemessenen Beschäftigung immer kleiner, geht der Kostenzuwachs ebenfalls auf Null zu. Die Grenzkosten sind bei kubischparabolischem Verlauf in jedem Punkt der Kurve unterschiedlich groß. Sie müssen mit Hilfe der Differentialrechnung bestimmt werden. Mathematisch werden die Grenzkosten (k') als Differentialkosten aus dem Quotienten $\dfrac{\Delta K}{\Delta x}$ abgeleitet, indem man $\displaystyle\lim_{\Delta x \to 0} \dfrac{\Delta K}{\Delta x}\left(=\dfrac{dK}{dx}\right)$ bildet.

Dabei entsteht der Differentialquotient k' $= \dfrac{\Delta K}{\Delta x}, \Delta x \to 0$

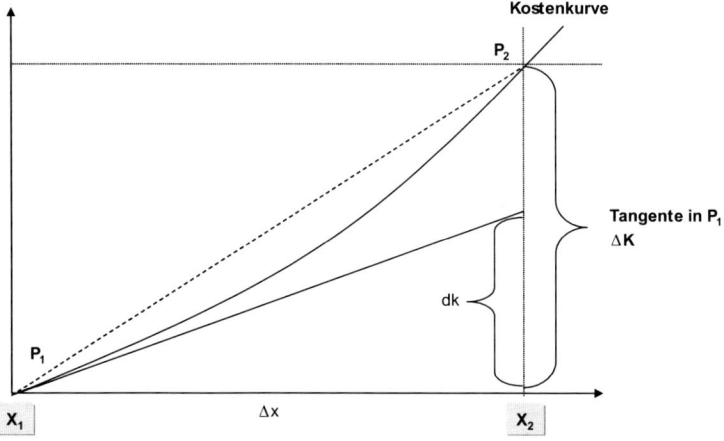

Abbildung 219: Differentialquotient

Differenzenkosten (ΔK') sind der Gesamtkostenunterschied zweier Beschäftigungsschichten, in der Form von »Zuwachs-(oder Wegfall-)kosten«, entsprechend der Beschäftigungslage, also

$$Grenzkosten = \frac{Kostenzuwachs}{Mengenzuwachs} = \frac{\Delta K}{\Delta x} = \frac{K_{g2} - K_{g1}}{x_2 - x_1}$$

Differenzenkosten auf die Leistungseinheit der »Zuwachs- oder Wegfallkosten« eines Einproduktbetriebes bezogen, ergeben die Stückdifferenzenkosten (Δk).

BEISPIEL

Prämissen: Einproduktbetrieb (z. B. Hersteller von CD-Rohlingen) oder ein Bereich im Mehrproduktbetrieb, der nur eine Artikelgruppe produziert, beschäftigungsintervallfixe Kosten, linearer Verlauf der Gesamtkostenkurve: d. h. die variablen Kosten verhalten sich proportional zur Ausbringungsmenge.

$$\frac{K_g{}^2 = K_f + (k_v * x)}{K_g = 400 + (10 * x)} \qquad k_v = \frac{Kostenzuwachs}{Mengenzuwachs}$$

	a	b	c	d	e	f	g	h	i
	x	K_f	K_v	K_g	ΔK	k_f	k_v	k_g	Δk
Zeile	LE	EUR	EUR	EUR	EUR	EUR	EUR	EUR	EUR
1	0	400	0	400	-	-	-	-	-
2	20	400	200	600	200	20,00	10	30,00	10
3	40	400	400	800	200	10,00	10	20,00	10
4	60	400	600	1000	200	6,67	10	16,67	10
5	80	400	800	1200	200	5,00	10	15,00	10
6	100	400	1000	1400	200	4,00	10	14,00	10
7	120	400	1200	1600	200	3,33	10	13,33	10
8	140	400	1400	1800	200	2,86	10	12,86	10
9	Rechentechnik:			2b+2c	2d-1d	2d:2a	2c:2a	2d:2a	2e:(2a-1a)
10	Formeln:			$K_f + K_v$	$\frac{dK}{dx}\Delta x$	$\frac{K_f}{x}$	$\frac{K_v}{x}$	$\frac{K_g}{x}$	$\frac{\Delta K}{\Delta x}$

Abbildung 220: Grenzkosten im linearen Kostenverlauf

Die Daten der Abbildung 220 ergeben im Diagramm (Abbildung 221 und Abbildung 222 folgenden Verlauf:

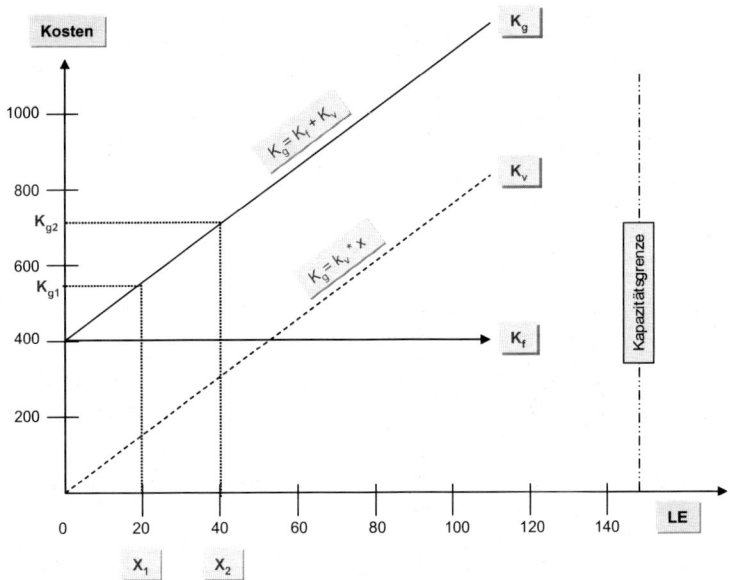

Abbildung 221: Beschäftigungsänderungen und lineare Gesamtkosten

Im Einproduktbetrieb verursachen verschieden große Ausbringungsmengen von Leistungseinheiten unterschiedlich hohe Kosten. Die einzelnen Kostenarten verhalten sich gegenüber einer Änderung der Ausbringungsmenge unterschiedlich. Bereitschaftskosten, die sich Ausbringungsmengenänderungen gegenüber konstant verhalten, gelten als Fixkosten (K_f).

Variable Kosten Kostenarten, die mit der Ausbringungsmenge zu- oder abnehmen, werden variable Kosten (K_v) genannt.

Gesamtkosten Die Gesamtkosten (K_g) setzen sich dann aus fixen und variablen Kostenbestandteilen zusammen. Subtrahiert man von den Gesamtkosten (K_g) die Gesamt-Fixkosten (K_f), erhält man die Gesamtvariablen-Kosten (K_v) der entsprechenden Ausbringungsmenge (x).

Die Fertigung verschieden großer Ausbringungsmengen verursacht verschieden hohe Kosten. Ein Einproduktunternehmen fertigt im Zeitraum t die Ausbringungsmenge x_1 mit dem Kostenanfall in Höhe von K_{g1}. Wird in der gleichen Zeiteinheit die Ausbringungsmenge x_2 gefertigt, entstehen Kosten in Höhe von K_{g2} usw.

Wenn man die Ausbringungsmenge x auf der Abszisse und die Gesamtkosten (K_g) auf der Ordinate eines Diagramms einträgt, erhält man eine Kurve, die zeigt, welche Kosten entstehen, wenn alternative Ausbringungsmengen x in einer gleich langen Zeiteinheit t gefertigt werden.

Kosten-
bestandteile Der Kostenverlauf der Abbildung 221 unterliegt einer »gewissen Gesetzmäßigkeit«, wenn der Zeitaufwand für jede gefertigte Leistungseinheit gleich groß ist und nur die Hauptkosteneinflussgröße »Beschäftigung« (die Mengenausbringung) variiert. Abbildung 221 zeigt den linearen Gesamtkostenverlauf, wenn sich die Gesamtkosten aus fixen und variablen (proportionalen) Kostenbestandteilen zusammensetzen.

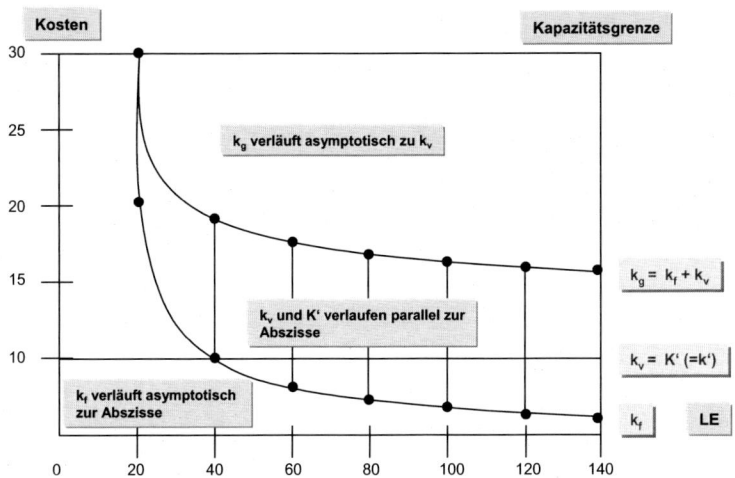

Abbildung 222: Beschäftigungsänderungen und Stückkostenverlauf bei linearem Gesamtkostenverlauf

Stückgesamt-kostenkurve

Die Stückgesamtkostenkurve verläuft bei linearem Gesamtkostenverlauf asymptotisch zur Kurve der variablen Stückkosten. Die Stückgesamtkosten sind an der Kapazitätsgrenze am niedrigsten, weil bei konstanten variablen Stückkosten der Anteil der stückfixen Kosten pro Leistungseinheit bei zunehmender Ausbringungsmenge immer kleiner wird. Der „Degressionseffekt der fixen Kosten" wird sichtbar. Die Stückfixkostenkurve nähert sich mit zunehmender Ausbringungsmenge der Abszisse asymptotisch. Bei linearem Gesamtkostenverlauf stimmen der Durchschnitt der variablen Kosten und „Grenzkosten" überein. Ihr Graph verläuft bis zur Kapazitätsgrenze parallel zur Abszisse.

Beispiel

Unter den Prämissen der Abbildung 220 lassen sich die Grenzkosten eines Einproduktbetriebes, der fixe und variable Kosten verursacht, wie folgt ermitteln:

K_{g1} = 220.000 EUR $\quad$ K_{g2} = 244.000 EUR

x_1 = 2.000 LE $\quad$ x_2 = 2.400 LE

Der Unterschied zwischen zwei Beschäftigungsschichten ergibt die Differenzkosten!

$$Grenzkosten = \frac{Kostenzuwachs}{Mengenzuwachs} = \frac{K_{g2} - K_{g1}}{x_2 - x_1}$$

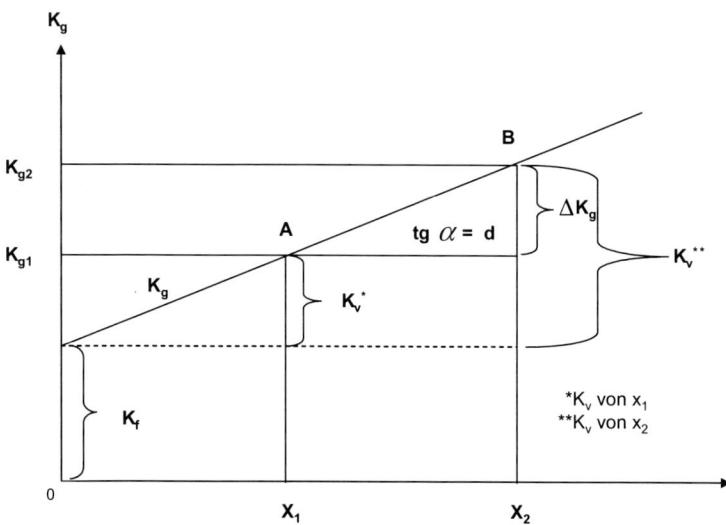

Abbildung 223: Grenzkosten als Differenzenquotient

Kosten-
auflösung

Die mathematische Kostenauflösung unterstellt, dass die variablen Stückkosten und Grenzkosten gleich groß sind, was nur für den linearen Kostenverlauf zutrifft. Die Grenzkosten erhält man, indem man den Kostenzuwachs durch den Mengenzuwachs dividiert. Grenzkosten entsprechen bei linearem Kostenverlauf dem Differenzenquotienten!

$$k' = \frac{K_{g2} - K_{g1}}{x_2 - x_1} = \frac{244.000 - 220.000}{2.400 - 2.000} = \frac{24.000}{400} = 600 \; EUR/LE$$

$$K_v = x_2 * k' = 2.400 * 60 = 144.000 \; EUR$$

$$K_f = K_g - K_v = 244.000 - 144.000 = 100.000 \; EUR$$

Von den Istkosten und den dazugehörigen Istbezugsgrößen werden zwei auseinander liegende Datenpaare ausgewählt. Auf der Ordinate bezeichnen wir sie mit K_{g1} und K_{g2}, auf der Abszisse mit x_1 und x_2. Wenn man die Bezugsgrößen x_2 oder x_1 mit dem proportionalen Satz 60 EUR/LE multipliziert, erhält man die proportionalen Gesamtkosten der Gesamtkosten K_{g2} bzw. K_{g1}, die Bereitschaftskosten K_f, indem man die proportionalen Gesamtkosten von den Gesamtkosten K_{g2} bzw. K_{g1} subtrahiert. Die Ausgleichsgerade wird durch die Größen K_f und d determiniert.

Ausreichende
Datenbasis

Selbst im Einproduktbetrieb wird die mathematische Kostenauflösung zur Bestimmung der Fixkosten nicht angewendet, da sie aus den zur Verfügung stehenden Beobachtungswerten nur zwei Datenpaare zufallsbedingt auswählt. Erst wenn mindestens zwölf Datenpaare zur Verfügung stehen und Beschäftigungsschwankungen vorliegen, wird die Kostenauflösung aussagefähiger.

5.5 Grundbegriffe der Fixkostenlehre

Fixkosten (K_f) entsprechen der Mantelformel:

$$K_f \qquad = K_l^1 + K_n^2 \quad \dots \text{ Gesamtfixkosten}$$

$$k_f \qquad = k_l + k_n \quad \dots \text{ Stückfixkosten}$$

Beschäftigungsintervallfixe Kosten

Fixkosten-problem

Das Fixkostenproblem besteht darin, dass sich die fixen Kosten als begrenzt teilbare Produktivfaktoren nur im Bereich bestimmter Intervallgrenzen nicht verändern. Sobald sie diese überschreiten nehmen sie sprungweise zu- oder ab. Aus diesem Grunde bezeichnet man die fixen Kosten auch als intervallfixe oder sprungfixe Kosten. Fixkosten sind in der Informationstechnik sehr stark ausgeprägt.

Teilbarkeit

Verbrauchsfunktionen unterstellen stets funktionale Beziehungen zwischen den Faktoreinsatz- und Faktorausbringungsmengen. Die Kostenverläufe können die Bedingung der Stetigkeit nur erfüllen, wenn alle Produktivfaktoren beliebig teilbar sind. Diese Prämisse trifft z. B. für die Materialien wie Druckerpapier, CD-Rohlinge, Magnetcassetten zur Datensicherung, Energie weitgehend zu.

In der Informationstechnik sind aber auch Produktivfaktoren, deren Teilbarkeit begrenzt ist, anzutreffen. Hierzu zählen die Nutzung von Grundstücken und Gebäuden (z. B. für das Rechenzentrum oder die IT-Abteilung), der Zeitverschleiß von Betriebsmitteln (z. B. Zentralrechner, Laptop), Anlagen und Einrichtungen (z. B. Router), die Arbeitsleistungen von Angestellten sowie alle Dienstleistungen, für die feste Honorare, Gebühren, oder Beiträge fällig werden (z. B. Festpreis mit einem Softwarehaus für die Entwicklung einer Anwendungssoftware).

Solche Produktivfaktoren lassen sich nur in bestimmten, mehr oder weniger großen Quantitäten einsetzen, wobei jedes Quantum für ein gewisses Ausbringungsintervall ausreicht. Innerhalb dieses Intervalls ist die Faktoreinsatzmenge konstant, d. h. von der Ausbringungsmenge unabhängig. Sobald die Intervallgrenze überschritten wird, muss ein neues Quantum eingesetzt werden, das wiederum für ein bestimmtes Intervall der Ausbringungsskala genügt.

BEISPIELE FÜR FIXKOSTEN IN DER IT

1. Im Rechenzentrum eines Versicherungskonzerns werden zwei Großrechner (Mainframes) betrieben. Das erfreulicherweise angestiegene Geschäftsvolumen erfordert die Anschaffung eines weiteren Computers, der jedoch zunächst nur zu etwa 30 % ausgelastet werden kann.

2. Im gleichen Rechenzentrum wird ein Datenbankspezialist beschäftigt. Da die Betriebszeiten des Rechenzentrums ausgeweitet werden, steigen die Überstunden des Mitarbeiters stark an. Die Geschäftsführung entschließt sich, einen weiteren Datenbankspezialisten einzustellen.

Für begrenzt teilbare Produktivfaktoren lässt sich keine kontinuierlich verlaufende Kostenkurve erstellen, weil die Faktoreinsatzmengen nur in großen Quantitäten variieren. Die Faktoreinsatzkurve eines begrenzt teilbaren Produktivfaktors verläuft dagegen treppenförmig.

Die fixen Kosten bestimmen die Intervallhöhe (Sprunghöhe, Stufenhöhe), die Kapazität des Produktivfaktors die Intervallbreite (Sprungbreite, Stufenbreite). Innerhalb der Intervallbreiten lassen sich die Ausbringungsmengen ohne eine Veränderung der intervallfixen Kosten beliebig variieren. Sobald die Ausbringungsmengen die Intervallbreite überschreiten, entstehen sprungfixe Kosten.

BEISPIEL FÜR DEN DEGRESSIONSEFFEKT SPRUNGFIXER KOSTEN IM RECHENZENTRUM

Prämissen: homogene Betriebsmittel (z. B. Großrechner), konstante intervallfixe Kosten sowie messbare maximale Kapazität

Daten: 5.000 EUR fixe Kosten je Großrechner/Periode. Nach Vollauslastung eines Rechners Anschaffung eines weiteren Computers, maximale Kapazität je Rechner 200 MIPS (Million Instructions per Second)

	Rechner 1	Rechner 2	Rechner 3
MIPS	0–200	201–400	401–600
fixe Kosten in EUR	5.000	5.000	5.000

Frage: Wie sieht der Stückfixkostenverlauf aus?

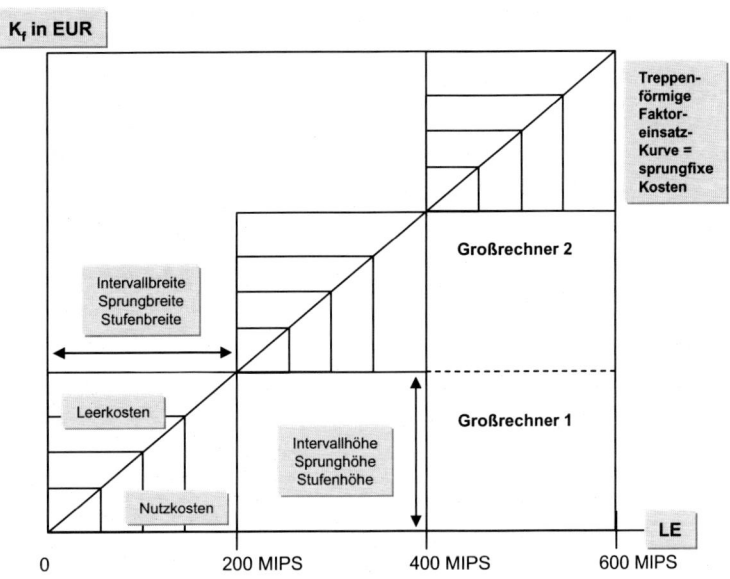

Abbildung 224: Intervallfixe Kosten

Fixe Kosten sind als Periodenkosten oder zeitabhängige Kosten von der Höhe der Ausbringungsmenge innerhalb eines Beschäftigungsintervalls unabhängig.

BEISPIELE FÜR INTERVALLFIXE KOSTEN

Kalkulatorische Zinsen auf das Anlagevermögen (z. B. Computer), Raumkosten, Mieten, von der Belastung der Betriebsmittel unabhängige Wartungskosten (z. B. Austausch von Rechnerkomponenten nach einer festgelegten Betriebszeit), Versicherungsprämien (z. B. für eine Schwachstrom- oder Elektronikversicherung), Abschreibungen für den Zeitverschleiß und technologische Überholung fallen proportional zur Zeit an.

Intervallfixe Kosten werden für ein neues Quantum erforderlich und genügen für ein neues Ausbringungsintervall. Jede Erweiterung der Kapazität über die Grenze der intervallfixen Kosten verändert die Höhe der fixen Kosten.

short-run-Betrachtung

Betrachtet man die Entwicklung in kurzen Zeiträumen (sog. short-run-Betrachtung), dann erscheinen Sprungkosten als fixe Kosten. Bei größer werdenden Zeiträumen sinkt der Anteil der „unbedingt fixen Kosten" zugunsten der Sprungkosten, so dass letztlich keine Kostenart mehr absolut fix bleibt. Neue Grundstücke werden erworben, neue Mitarbeiter für die oberen Instanzenebenen eingestellt.

BEISPIEL: IT-OUTSOURCING

Auf kurze Sicht ist der Wechsel eines IT-Outsourcing-Anbieters nicht möglich, da die Verträge meist mehrjährige Laufzeiten (vgl. Kaufmann/Schlitt, 2004, S. 46) vorsehen. Die monatliche Nutzungsgebühr für die Rechnerleistung ist fix. Auf lange Sicht kann der Outsourcing-Vertrag gekündigt werden. Langfristig sind die IT-Kosten aus einem Outsourcing-Vertrag wieder disponibel.

long-run-Betrachtung

Verfolgt man die Kostendiagramme über einen längeren Zeitraum und damit die Gesamtentwicklung der Kosten vom Produktionsquantum Null bis zur Kapazitätsgrenze, dann erscheinen die intervallfixen Kosten nicht mehr als fix, sondern bis zu einem gewissen Grade als proportional (sog. long-run-Betrachtung).

absolut fixe Kosten

Fixkostenanteile, die auch bei einem Betriebsstillstand anfallen, bezeichnet man als absolut fix. Dazu zählen die Zinsen für das Mindestkapital, Abschreibungen auf unentbehrliche Anlagen. Lizenzgebühren für Software (auch wenn diese nicht genutzt werden kann) und die Arbeitskosten für das Wach- und Wartungspersonal. Sobald eine Kapazitätserweiterung nicht mehr möglich ist, wie z. B. beim Kraftwerk, stellen die Kosten der Betriebsbereitschaft absolute fixe Kosten dar.

Stückfixkosten

Dividiert man die intervallfixen Kosten durch die Ausbringungsmenge, dann verteilen sie sich mit zunehmender Ausbringung auf immer mehr Leistungseinheiten. Die Stückfixkosten verhalten sich also umgekehrt proportional wie die Ausbringung x:

ZAHLENBEISPIEL: DEGRESSIONSEFFEKT INTERVALLFIXER KOSTEN

Mengen ausbringung:	500	1000	1500	2000	2500	3000	3500	4000	LE
Fixe Kosten	20	20	20	20	20	20	20	20	EUR
Stückfixkosten	40	20	13,33	10	8	6,66	5,71	5	EUR

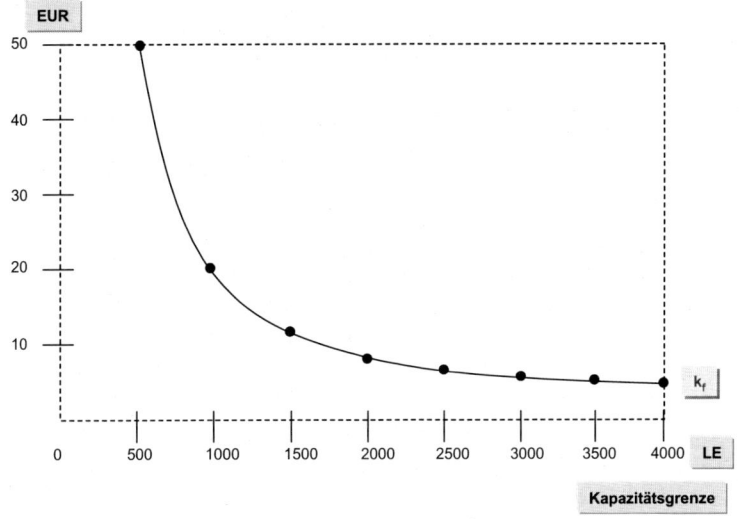

Abbildung 225: Degressionseffekt der intervallfixen Kosten

Der kleinste Stückfixkostenbetrag fällt an der Kapazitätsgrenze an. Dort endet die Fixkostendegression. Die Stückfixkostenkurve stellt geometrisch eine Fixkostenhyperbel mit asymptotischem Verlauf dar.

Optimal-beschäftigung

Die Optimalbeschäftigung« eines größeren Zeitraumes bestimmt die Kapazität der Betriebsmittel und die Höhe der Betriebsbereitschaftskosten. Die Festlegung der Kapazität erfolgt durch die Führungsinstanzen. Ihre Entscheidungen bestimmen, wie lange die beschäftigungsintervallfixen Kosten absolut fix bleiben. Drei betriebswirtschaftliche Tatbestände unterschiedlicher Art bestimmen die Höhe der fixen Kosten:

• die begrenzte Teilbarkeit der Produktivfaktoren,

• die betriebspolitischen Entscheidungen der Führungsinstanzen,

- sozialpolitische und arbeitsrechtliche Überlegungen und Hemmnisse.

Zu den zweiten zählen fixe Kosten, die sich aus Lagebeurteilungen und Zukunftserwartungen ergeben können. Diese bewusst herbeigeführten Leerkosten müssen sich durch den Erfolg betriebswirtschaftlich rechtfertigen lassen. Leerkosten aufgrund planungstechnischer Fehler zählt Gutenberg nicht zu den betriebspolitischen Entscheidungen.

Beschäftigungs-
rückgang
Bei rückläufiger Beschäftigung entschließen sich Führungsinstanzen weniger leicht zum Abstoß von Betriebsmitteln oder zur Freisetzung von Mitarbeitern als bei zunehmender Beschäftigung zur Neuinvestition bzw. Neueinstellung.

Aus den „durchgehaltenen" Betriebsmitteln und Personalbeständen entstehen bei rückläufiger Beschäftigung fixe Kosten, die wesentlich höher sind, als sie zur Erstellung der verringerten Produktmenge erforderlich wären. Diese Fixkosten werden in Erwartung einer Besserung der Beschäftigungs- und Marktlage nicht oder nur langsam abgebaut. Sie fallen bei sinkender Beschäftigung langsamer, als sie bei wachsender Beschäftigung gestiegen sind, »hinken« hinter der Beschäftigungsänderung nach. Diese Tendenz sehr vieler Kostenarten, insbesondere intervallfixer Art, bezeichnet man als »remanente Kosten«.

Erkenntnis
Kostenremanenz führt zu einer Überhöhung der Gesamtkosten, die darauf zurückzuführen ist, dass bei rückläufiger Beschäftigung kostensenkende Anpassungsprozesse (z. B. Verkauf nicht benötigter Rechner, Freisetzung von Mitarbeitern im Rechenzentrum) unterlassen werden.

Nutz- und Leerkosten

Sobald in einem Unternehmen die Kapazitäten und Kosten der Betriebsbereitschaft feststehen, wünscht das IT-Management zu erfahren, ob die intervallfixen Kosten der IT-Bereiche dafür ausgenützt sind. Insbesondere bei unternehmenseigenen Rechenzentren und Entwicklungsabteilungen stellen Unternehmensleitungen diese Frage aufgrund des gestiegenen Kostendrucks regelmäßig an den CIO. Zur Beantwortung dieser Frage werden die Begriffe Leerkosten K_l und Nutzkosten K_n eingeführt:

- Leerkosten entsprechen den Kosten der nicht genutzten Kapazität,

- Nutzkosten den Kosten der genutzten Kapazität.

Intervallfixe Kosten bestehen aus den Leer- und Nutzkosten, so dass folgende Gleichung gilt:

$K_f = K_l + K_n$

Wenn K_n gleich Null ist, sind alle fixen Kosten Leerkosten; wenn K_l gleich Null ist, sind alle fixen Kosten Nutzkosten. Im Diagramm lässt sich der Zusammenhang zwischen den Nutz- und Leerkosten folgendermaßen darstellen.

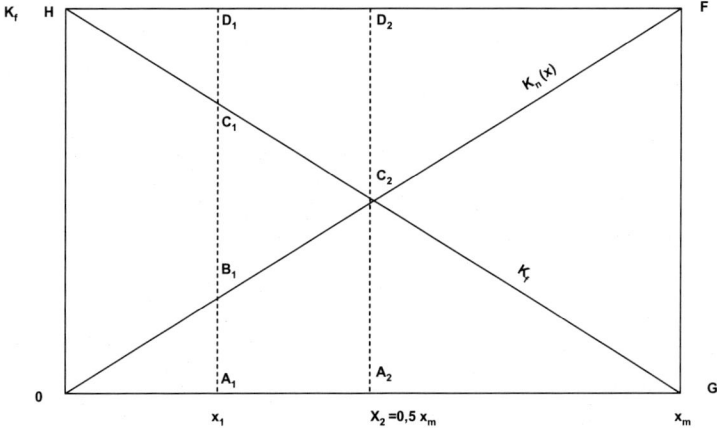

Abbildung 226: Aufteilung der fixen Kosten in Nutz- und Leerkosten

Geometrisch betrachtet stellen die Leerkosten und Nutzkosten die beiden Diagonalen des Fixkostenblocks dar. Im Diagramm ist die Gerade H G die Leerkostenkurve des Fixkostenbetrages K_f, während die Gerade O F die zugehörige Nutzkostenkurve darstellt.

Für die Ausbringung x_1 sind die Leerkosten gleich der Strecke A_1 C_1 und die Nutzkosten gleich der Strecke A_1 B_1 bzw. C_1 D_1. Bei der halben Maximalausbringung $x_2 = 0,5x_m$ schneiden sich die Nutzkostenkurve und die Leerkostenkurve im Punkt C_2, so dass die Nutz- und Leerkosten wertmäßig übereinstimmen. Für über x_2 liegende Ausbringungsmengen nehmen die Leerkosten immer mehr ab und werden schließlich gleich Null. Die Nutzkosten steigen in entsprechender Weise an, bis sie für x_m mit den gesamten fixen Kosten übereinstimmen«.

Erkenntnis   Nutz- und Leerkosten summieren sich stets zu den gesamten Fixkosten.

Die Berechnung der Nutz- und Leerkosten erfolgt mit Hilfe des ersten und zweiten Strahlensatzes aufgrund der Behauptung:

$$\frac{\overline{}}{A_1B_1} = \frac{\overline{}}{C_1D_1} \qquad\qquad \frac{\overline{}}{A_1C_1} = \frac{\overline{}}{B_1D_1}$$

Man unterstellt, dass die Nutzkosten in Abhängigkeit von der Ausbringungsmenge bis zur Kapazitätsgrenze x_m voll proportional verlaufen. Dann kann man die Nutzkosten wie proportionale Kosten berechnen.

Für die Berechnung der variablen Kosten gilt Formel 1:

(1) $K_v = x_i \bullet k_v$ = Istausbringung mal variable Stückkosten.

Dann gilt analog für die Nutzkosten Formel 2:

(2)
$$\boxed{K_n = x_i * \frac{K_f}{x_m}}$$
Istausbringung mal Stückfixkosten bei voller Kapazitätsauslastung.

Wenn die Fixkosten sich nach der Formel 3 aufbauen:

(3) $K_f = K_l + K_n$,

dann gilt für die Leerkosten Formel 4:

(4) $K_l = K_f - K_n$.

Man ersetzt K_n durch die Formel 2 und erhält Formel 5:

(5)
$$K_l = K_f - x_i * \frac{K_f}{x_m}$$

Für K_f gilt: $K_f = x_m * \dfrac{K_f}{x_m}$ in Formel 5 eingesetzt

$$K_l = x_m * \frac{K_f}{x_m} - x_i * \frac{K_f}{x_m},$$

so dass man Formel 6 erhält:

(6)
$$K_l = (x_m - x_i) * \frac{K_f}{x_m}$$

Erkenntnis   Die Differenz maximale Ausbringung ./. Istausbringung mal Stückfixkosten bei Vollauslastung der Kapazität ergibt die Leerkosten.

Beispiel 1   Ermittlung der Leerkosten, Nutzkosten und fixen Kosten

Daten $K_f = 200$ TEUR $x_i = 6.000$ LE

$$x_m = 10.000 \text{ LE}$$

Lösung für die Leerkosten über Formel 6:

$$(6) \qquad K_l = (x_m - x_i) * \frac{K_f}{x_m}$$

$K_l = 4.000 \bullet 20 = 80.000$ EUR

Probe: $K_f = {}_{Kl} + K_n = 80.000 + 120.000 = 200.000$ EUR

Erkenntnis
- Die Fixkosten in Höhe von 200.000 EUR setzen sich bei einer Istausbringung von 6.000 LE zusammen aus 120.000 EUR Nutzkosten und 80.000 EUR Leerkosten, wenn die maximale Ausbringung 10.000 LE beträgt.

- Änderungen im Verhältnis von Leer- und Nutzkosten haben auf den Verlauf der Gesamtkostenkurve keinen Einfluss, da sie weder auf die Höhe der fixen Kosten noch auf den Anstieg der variablen Kosten einwirken.

- Diese Aussage gilt bei beschäftigungsintervallfixen Kosten (short-run-Betrachtung) und vollproportionalem Kostenverlauf.

- Die Stückfixkosten (k_f) enthalten unabhängig vom Beschäftigungsgrad einen konstanten Nutzkostenanteil.

Beispiel 2   Die Fixkosten setzen sich aus den Leerkosten K_l und Nutzkosten K_n zusammen:

$$(3) \qquad K_f = K_l + K_n \quad ,$$

die Stückfixkosten analog aus den Stückleerkosten k_l und den Stücknutzkosten k_n

$$k_f = k_l + k_n \; .$$

Bei der Maximalausbringung sind $x_i = x_m$ und $K_l = 0$.

Bei der Nichtausbringung entsprechen $x_i = 0$ und $K_n = 0$.

Da sich die Nutzkosten K_n zu den Fixkosten K_f verhalten wie die Istausbringung zur Maximalausbringung, gilt:

$K_n : K_f = x_i : x_m$ oder

(2) $$K_n = x_i * \frac{K_f}{x_m}$$

analog gilt

$$k_n = x_i \frac{K_f}{x_m} * \frac{1}{x_i}$$

Lösung:

$$k_n = 6.000 * \frac{200.000}{10.000} * \frac{1}{6.000} = \frac{6.000 * 200.000 * 1}{10.000 * 6.000}$$

$$k_n = \frac{K_f}{x_m} = \frac{200.000}{10.000} = 20 \ EUR / LE$$

(3) $K_f = K_l + K_n$

$K_l = K_f - K_n$

analog $k_l = k_f - k_n$

Erkenntnis   Mit zunehmender Ausbringung verwandeln sich die Leerkosten proportional in Nutzkosten. Wenn x_m der Maximalausbringung und x_i der Istausbringung entsprechen, verhalten sich

$$K_l : (x_m - x_i) = K_f : x_m$$

(6) $$K_l = (x_m - x_i) * \frac{K_f}{x_m}$$

analog $$k_l = (x_m - x_i) * \frac{K_f}{x_m} * \frac{1}{x_i}$$

Lösung: $$(10.000 - 6.000) * \frac{200.000}{10.000} * \frac{1}{6.000}$$

k_l = **13,33 EUR** bei einer Istausbringung von 6.000 Leistungseinheiten.

$$k_l = (x_m - x_i) * \frac{K_f}{x_{...}} * \frac{1}{x_{.}}$$

$$x_l = \frac{x_m * K_f}{x_m * x_i} - \frac{x_i * K_f}{x_m * x_i}$$

$$k_l = \frac{10.000 * 200.000}{10.000 * 6.000} - \frac{6.000 * 200.000}{10.000 * 6.000}$$

$$\boxed{k_l = \frac{K_f}{x_i} - \frac{K_f}{x_m}} = 33,33\text{-}20,00$$

k_l = 13,33 EUR/LE

Erkenntnis

k_l = Stückfixkosten bei Istausbringung minus Stückfixkosten bei maximaler Ausbringung.

	a	b	c
1	$k_l = K_l * \dfrac{1}{x_i}$	$k_n = K_n * \dfrac{1}{x_i}$	$k_f = K_f * \dfrac{1}{x_i}$
2	$k_l = \dfrac{K_l}{x_i}$	$k_n = \dfrac{K_n}{x_i}$	$k_f = \dfrac{K_f}{x_i}$
3	$k_l = \dfrac{80.000}{6.000}$	$k_n = \dfrac{120.000}{6.000}$	$k_f = \dfrac{200.000}{6.000}$
4	k_l = 13,33 EUR/LE	k_n = 20,00 EUR/LE	k_f = 33,33 EUR/LE
5	k_l +	k_n =	K_f

Abbildung 227: Stückleerkosten–Stücknutzkosten–Stückfixkosten

Erkenntnis   Bei der Maximalausbringung stimmen Stücknutzkosten und Stückfixkosten überein, d. h. alle Stückleerkosten haben sich in Stücknutzkosten verwandelt.

	a	b	c	d	e	f	g
	$x_o - x_m$	1	2.500	5.000	6.000	7.500	10.000
		LE/EUR	LE/EUR	LE/EUR	LE/EUR	LE/EUR	LE/EUR
1	K_f	200.000	200.000	200.000	200.000	200.000	200.000
2	K_l	199.980	150.000	100.000	80.000	50.000	0
3	K_n	20	50.000	100.000	120.000	150.000	200.000
4	kf	200.000	80	40	33,33	26,66	20
5	k_l	199.980	60	20	13,33	6,66	0
6	k_n	20	20	20	20	20	20

Abbildung 228: Berechnung von Nutz- und Leerkosten

Erkenntnis

An der Kapazitätsgrenze sind Fixkosten und Nutzkosten gleich groß.

$K_n = K_f$ d. h. $K_f = K_n$

$k_n = k_f$ d. h. $k_f = k_n = 20$ EUR (vgl. 4/g und 6/g)

Leerkosten verlangen nach Deckung, d. h. einer Umwandlung in Nutzkosten.

Entstehungsursachen von Leerkosten

Leerkosten unerwünscht

Fixe Kosten in der Form von Leerkosten sind in der Wirtschaftspraxis unerwünscht. Sie tauchen als Leerkosten auch bei einer Beschäftigung an der Kapazitätsgrenze auf, wenn sich die Produktivfaktoren nicht vollständig harmonisieren lassen.

bottle neck

Die begrenzte Teilbarkeit vieler Betriebsmittel hat zur Folge, dass die Kapazitätsgrenze eines Kostenstellenbereiches nicht gleichmäßig verläuft. Die gesamtbetriebliche Kapazität wird vom Minimumsektor bzw. dem Engpassfaktor (bottle neck, engl. = Flaschenhals) bestimmt. Dadurch verfügen Produktivfaktoren, deren Kapazität größer als der Minimumsektor ist, über einen Kapazitätsüberhang. Er stellt so genannte ***unvermeidbare Leerkosten*** dar.

Sie sind von Beschäftigungsschwankungen innerhalb des intervallfixen Bereiches unabhängig und werden zu „Mindestleerkosten", die selbst bei voller Kapazitätsausnutzung anfallen.

PRAXISBEISPIEL   „UNVERMEIDBARE"   LEERKOSTEN (DRUCKZENTRUM)

In einem Druckzentrum eines Versicherungskonzerns durchlaufen alle erzeugten Dokumente die zentrale Kuvertiermaschine – den erfolgswirksamen Engpass – nacheinander.

Die der Kuvertiermaschine vorgelagerten unterschiedlichen Spezialdrucker werden von den einzelnen Dokumenttypen (z. B. Geschäftsbriefe auf Standardpapier, Versicherungspolicen auf hochwertigen Papierbögen, Werbebriefe auf Hochglanzpapier) jedoch mit unterschiedlich langer Zeitdauer frequentiert, so dass *unvermeidbare Leerkosten* anfallen, wenn der Kapazitätsquerschnitt der Drucker den der Kuvertiermaschine übersteigt.

Fazit   Mindestleerkosten entziehen sich der Dispositionsgewalt der Führungsinstanzen.

5.6   Grundtypen der betrieblichen Anpassungsprozesse

In der Regel sind die Führungsinstanzen gezwungen, sich mit der Ausbringungsmenge an eine veränderte Absatzsituation anzupassen, wenn keine Fertigwarenlagerbestände (z. B. PC-Hersteller) oder ungenutzte Ressourcen (z. B. IT-Beratung mit Beraterüberkapazitäten, Gemeinschaftsrechenzentrum mit ungenutzten Rechnerkapazitäten) in Kauf genommen werden sollen. Das kann auf verschiedenen Wegen geschehen. In diesem Zusammenhang hat die Kostentheorie bewiesen, dass nicht alleine die Variation der Ausbringungsmengen die Kostenhöhe bestimmt, sondern dass auch die Art der ihnen zugrunde liegenden Anpassungsprozesse die Kostenstruktur beeinflusst.

Entsprechend den Determinanten der Kapazität – Kapazitätsquerschnitt, Intensität und Produktionsdauer – kann man unter Anlehnung an Gutenberg, Kilger und Heinen drei Grundtypen des betrieblichen Anpassungsprozesses unterscheiden, den

- zeitlichen,
- quantitativen und
- intensitätsmäßigen Anpassungsprozess.

Verhalten der Nutz- und Leerkosten bei zeitlicher Anpassung

Eine zeitliche Anpassung liegt vor, wenn die Ausbringungsmengen bei konstantem Kapazitätsquerschnitt, konstanter Intensität alleine durch die Variation der Arbeitszeiten (Produktionsdauer) erhöht oder vermindert werden.

PRAXISBEISPIEL: ZEITLICHE ANPASSUNG

Veränderungen des Schichteinsatzes im Rechenzentrum (Kombination mit quantitativer Anpassung beachten!), Übergang zur Kurzarbeit oder zu Überstunden, Einführung arbeitsfreier Wochentage oder Wochenendschichten.

Eine Beeinflussung der fixen Kosten durch die zeitliche Anpassung findet nicht statt, da der Kapazitätsquerschnitt konstant bleibt. Der Anstieg der variablen Kosten verändert sich ebenfalls nicht, weil die Intensität aller Produktivfaktoren auch konstant bleibt.

Erkenntnis

Der Gesamtkostenverlauf einer Unternehmung, deren Ausbringung über zeitliche Anpassungsprozesse variiert wird, verläuft linear ohne Sprünge.

Ausnahme hiervon sind z. B. Überstundenvergütungen für IT-Mitarbeiter, die typischerweise in der Endphase von IT-Projekten oder zu Monats-/Jahresabschlussterminen wegen des dann üblichen Termindruckes anfallen.

Die Überstundenvergütung erfolgt stundenproportional, liegt jedoch über dem normalen Stundensatz. Dadurch steigen die variablen Personalkosten für Überstunden schneller in einer Zeiteinheit als während der Normalarbeitszeit. Die Kostenkurve erhält einen Knick (vgl. Abbildung 229).

Leerkosten, die aus einer zeitlichen Unterbeschäftigung bei einem begrenzt teilbaren Produktivfaktor (z. B. der Rechnerkapazität eines Rechenzentrums) entstehen, z. B. bei einer Verkürzung der Arbeitszeit von 8 auf 5 h, sind unvermeidbar, aber nur relativ im Hinblick auf einen bestimmten Beschäftigungsgrad. Sobald nämlich der Beschäftigungsgrad wieder seinen alten Stand erreicht, verwandeln sich die Leerkosten aus der Unterbeschäftigung wieder in Nutzkosten.

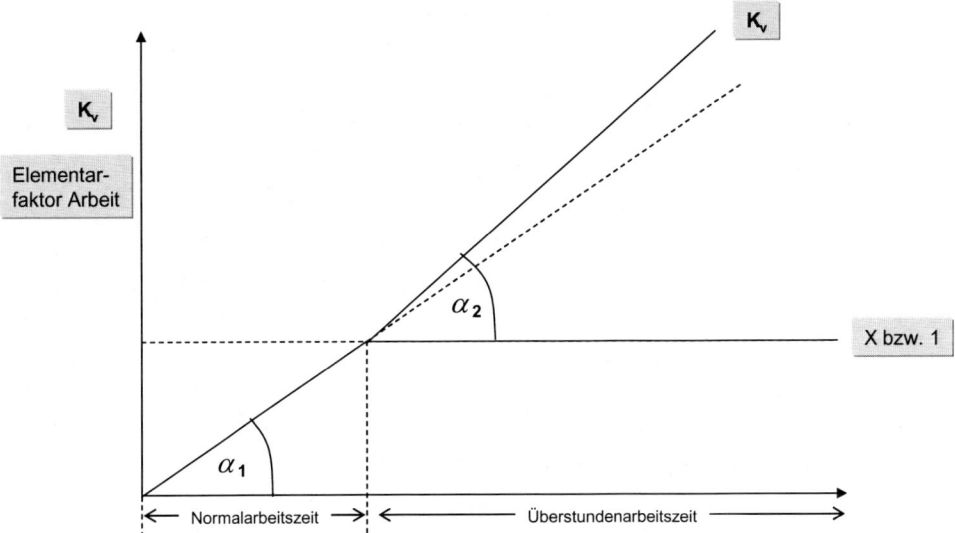

Abbildung 229: Kostenverlauf im Rechenzentrum bei Überstundenvergütung

Verhalten der Nutz- und Leerkosten bei quantitativer Anpassung

Eine quantitative Anpassung liegt vor, wenn bei konstanter Intensität und konstanter Arbeitszeit (Produktionsdauer) die Ausbringungsmenge durch eine Veränderung der Anzahl der in einem Betriebe eingesetzten, begrenzt teilbaren Produktionsfaktoren (Kapazitätsquerschnitt) variiert wird.

BEISPIELE

In einer Rezession werden Betriebsmittel (z. B. mehrere Großrechner) stillgelegt, verkauft, vermietet, IT-Mitarbeiter (z. B. Bedienungspersonal, Systemadministratoren, Anwendungsprogrammierer) abgefunden. Im Aufschwung erfordert die Erhöhung der Ausbringungsmenge (nutzbare Rechnerkapazität) eine quantitative Anpassung durch Neuinvestitionen, Neueinstellungen von IT-Mitarbeitern, Kauf neuer Hardware usw.

Verhalten der Nutz- und Leerkosten bei rein quantitativer Anpassung

Die Produktivfaktoren werden verkauft oder abgefunden. Die Betriebsmittel einer Kostenstelle sind gleichartig und technisch gleichwertig, z. B. PC-Server in einem Dienstleistungs-Rechenzentrum. Dann besitzen alle Betriebsmittel gleich hohe Fixkosten, d. h. Sprunghöhen. Der Anstieg der variablen Kosten wird davon nicht beeinflusst, da die Intensität konstant bleibt, folglich liegt ein proportionaler Verlauf der variablen Kosten vor.

Aufgrund der quantitativen Anpassung verlaufen die intervallfixen Kosten treppenförmig, der Gesamtkostenverlauf linear, durch Stufen unterbrochen. In der Wirtschaftspraxis werden quantitative Anpassungsprozesse in der Regel mit der zeitlichen Anpassung kombiniert.

Abbildung 230 bezieht sich auf eine RZ-Kostenstelle mit drei quantitativ und qualitativ gleichartigen Großrechnern. Der quantitative Anpassungsprozess erstreckt sich über das Ausbringungsintervall 0 x_3. Die für dieses Intervall kapazitätsmäßig ausreichenden, begrenzt teilbaren Produktivfaktoren (Großrechner) bilden die fixen Kosten (K_f) 0 G. Ihr Einsatz ist für jede zwischen 0 und x_3 liegende Ausbringungsmenge in (gemessen in MIPS) der Form von Bereitschaftskosten erforderlich und wird daher durch quantitative Anpassungsprozesse innerhalb dieses Bereiches nicht berührt. Die verschiedenen Großrechner werden nacheinander in Betrieb genommen.

Für die Ausbringungsmenge x_1 sind die intervallfixen Kosten (K_{f1}) GA erforderlich. Beim Einsatz des zweiten Großrechners steigen die fixen Kosten um den Betrag BC usw. Erfolgt bei rückläufiger Beschäftigung ein entsprechender Abbau der Fixkostenbeträge DE (K_{f3}), BC (K_{f2}) und GA (K_{f1}), dann bildet der Linienzug AB-CDEF den für quantitative und quantitativ-zeitliche Anpassungsprozesse typischen Gesamtkostenverlauf.

Gemeinsam mit der rein quantitativen Anpassung erfolgt eine zeitliche Anpassung, die in dem allmählichen linearen Ansteigen der Ausbringung AB, CD, EF zum Ausdruck kommt.

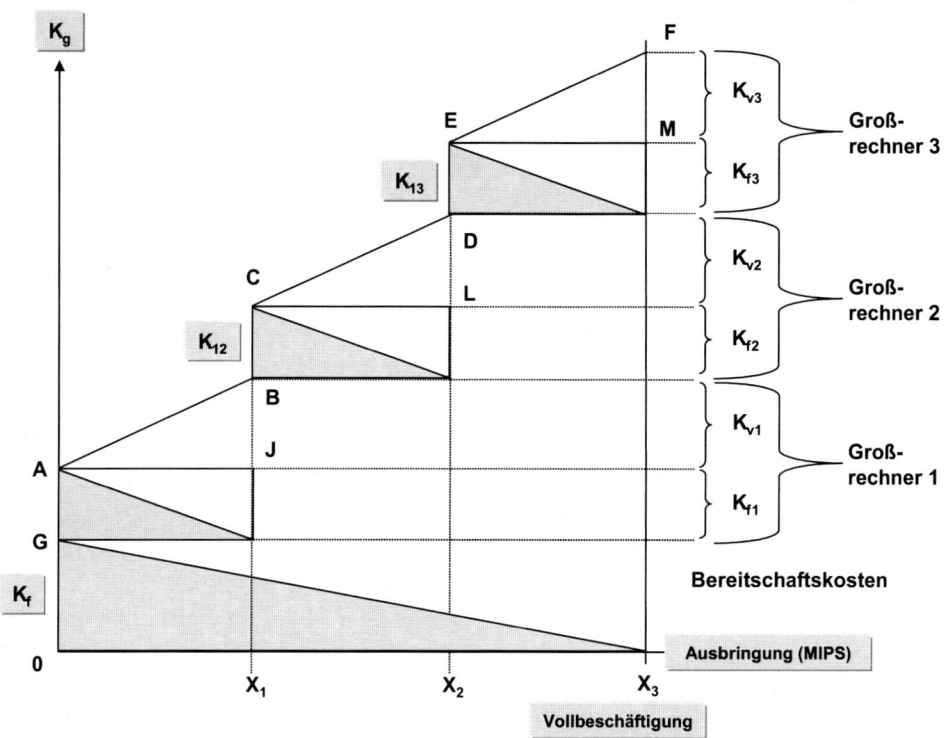

Abbildung 230: Kostenverlauf im Rechenzentrum bei quantitativer Anpassung in reiner Form

Erkenntnis

- Das zeitliche Ansteigen der IT-Produktion wandelt die Leerkosten sukzessive in Nutzkosten um. Die Leerkosten entsprechen im Diagramm den schraffierten Dreiecken. Dabei weisen die gesamtfixen und intervallfixen Kosten Nutz- und Leerkosten auf.

- Die Sprungkosten im Rechenzentrum verwandeln sich bei Vollbeschäftigung des einzelnen Rechners in Nutzkosten, die gesamtfixen Kosten (K_f) 0 G erst bei einer Vollbeschäftigung aller drei Betriebsmittel total in Nutzkosten um.

- Die fixen Kosten bei der Ausbringungsmenge x_3 setzen sich also aus den Kosten der Betriebsbereitschaft 0 G und den intervallfixen Kosten zusammen. Die proportionalen Kosten des RZ-Betriebs für die Ausbringungsmenge x_3 addieren sich aus den Strecken JB, LD und MF.

- Bei rückläufiger Beschäftigung scheiden bei einer rein quantitativen Anpassung alle abbaufähigen Leerkosten sofort aus, so dass nur vollbeschäftigte Einheiten der begrenzt teilbaren Produktivfaktoren eingesetzt, die nicht benötigten ausgeschieden werden.

- Bei der Ausbringung x_2 bestehen die Gesamtkosten aus: den Bereitschaftskosten 0 G plus den intervallfixen Kosten der zwei verbleibenden Betriebsmittel AG und CB und den variablen Kosten in Höhe von $x_2 \bullet k_v$. Man erhält den Punkt D.

Der Kostenverlauf für eine „quantitative Anpassung in reiner Form" (vgl. Abbildung 230) ergibt sich unter folgenden Prämissen und Situationen:

Bei konstanter Intensität und konstanter Arbeitszeit wird die Ausbringungsmenge der Beschäftigungslage durch Variationen des Betriebsmittel- und Personalbestandes angepasst. d. h.

- stillgelegte Betriebsmittel (z. B. Rechner) werden verkauft, nicht mehr benötigte Mitarbeiter abgefunden,

- die Betriebsmittel sind nach dem Baukastenprinzip ohne Selektionsprozess eliminierbar,

- die im RZ eingesetzten Betriebsmittel arbeiten während der betrieblichen Nutzungsdauer mit Normalleistung,

- die Mengenausbringung (z. B. MIPS) richtet sich nach den Intervallbreiten der Betriebsmittel die Fixkosten bestimmen die Intervallhöhen,

- der betrieblichen Leistungserstellung stehen drei homogene Betriebsmittel mit gleich hohen Fixkosten und gleich hohem Steigerungsgrad der proportionalen Kosten zur Verfügung.

Erkenntnis
Aufgrund der „rein quantitativen Anpassung" verlaufen die intervallfixen Kosten treppenförmig, der Gesamtkostenverlauf linear, durch Stufen unterbrochen.

Verhalten der Nutz- und Leerkosten bei quantitativer Anpassung in »selektiver Form«

In der IT-Praxis bestehen die eingesetzten, begrenzt teilbaren Produktivfaktoren nicht aus qualitativ gleichwertigen, sondern qualitativ unterschiedlichen Betriebsmittel (z. B. Rechner). Das führt zu unterschiedlichen Intervallbreiten (Kapazitäten) und Intervallhöhen (fixen Kosten) der einzelnen Betriebsmittel.

Der Steigungswinkel der variablen Kosten wechselt dadurch ebenfalls von Rechner zu Rechner.

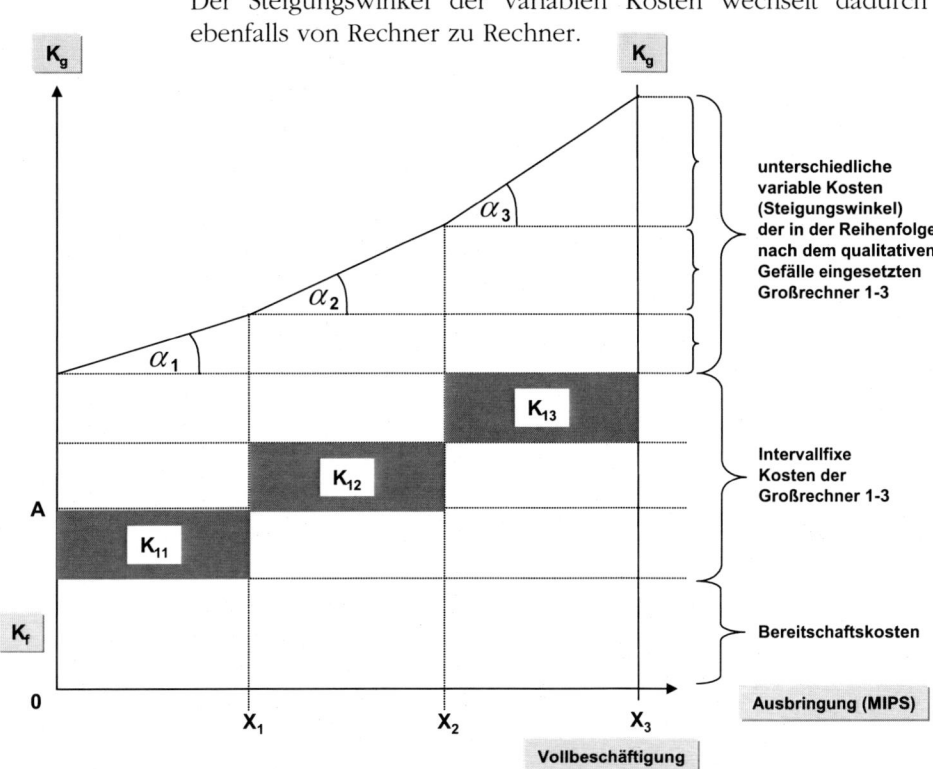

Abbildung 231: Kostenverlauf im Rechenzentrum bei quantitativer Anpassung in selektiver Form

Jeder Rechnerbestand setzt sich in der Regel aus Geräten älterer und jüngerer Bauart mit unterschiedlichen Anschaffungszeitpunkten und Leistungsgraden zusammen.

Abnehmende Beschäftigung

Eine quantitative Anpassung in der Form der „selektiven Anpassung" eliminiert bei rückläufiger Beschäftigung zuerst die qualitativ minderwertigen Betriebsmittel (z. B. ältere Rechnermodelle mit langsameren Prozessoren). Ihre Fixkosten, die reine Leerkosten darstellen, werden abgebaut.

Steigende Beschäftigung

Bei zunehmender Beschäftigung werden die qualitativ wertvolleren Produktivfaktoren bevorzugt in den Produktionsprozess eingegliedert. So entstehen bei der selektiven Anpassung asymmetrisch steigende Stufenkurven, bei denen die proportionalen Zwischenstücke von Intervall zu Intervall stärker ansteigen.

Der Kostenverlauf für eine quantitative Anpassung in „selektiver Form" (vgl. Abbildung 231) unterstellt:

- Jeder Betriebsmittelbestand (z. B. Großrechner, Personal-Computer, Laptops, Drucker, PDAs, Mobiltelefone) setzt sich in der Regel aus Betriebsmitteln älterer und jüngerer Bauart mit unterschiedlichen Anschaffungszeitpunkten und Leistungsgraden (qualitativen Unterschieden wie z. B. Prozessorleistungen, integrierte oder externe WLAN-Karten) zusammen.

- Rechner älterer Bauart haben niedrige intervallfixe Kosten und stärker steigende proportionale Kosten als Betriebsmittel jüngerer Bauart (z. B. höherer Stromverbrauch bei älteren Prozessoren). Letztere haben gleich hohe oder höhere intervallfixe Kosten und schwächer steigende proportionale Kosten als Betriebsmittel älterer Bauart, bedingt durch den technologischen Fortschritt.

- Die Rechner werden nicht verkauft, sondern stillgelegt, die nicht mehr benötigten Mitarbeiter arbeiten kurz.

- Die Anpassung an die Beschäftigungslage erfolgt unter Berücksichtigung des qualitativen Gefälles des Gerätebestandes und der IT-Mitarbeiter. Bei rückläufiger Beschäftigung werden die Computer älterer Bauart stillgelegt, die weniger qualifizierten Mitarbeiter (z. B. die in Boomphasen von vielen Unternehmen eingestellten Quereinsteiger in der IT ohne fachspezifische Ausbildung) umgeschult oder abgefunden.

- Die Leistungserstellung erfolgt bei variierender Beschäftigung mit qualitativ unterschiedlichen Rechnern. In einer Rezession werden in der Regel Computer jüngerer Bauart und qualifiziertere Arbeitnehmer beschäftigt als bei einer Normal- oder Überbeschäftigung.

Erkenntnis   Die Gesamtkostenkurve steigt bei selektiver Anpassung deshalb mit wachsender Ausbringungsmenge zunehmend an.

Verhalten der Nutz- und Leerkosten bei einem Verzicht auf eine qualitative Anpassung

Prämisse   Erhaltung der vollen Betriebsbereitschaft bei rückläufiger Beschäftigung unter Verzicht auf kostensenkende Anpassungsprozesse.

- Außerbetriebliche Gründe: sozialpolitische und arbeitsrechtliche Hemmnisse erzwingen die Entstehung remanenter Fixkosten (z. B. mehrjährige Betriebsvereinbarungen mit Verzicht auf betriebsbedingte Kündigungen durch den Arbeitgeber als Kompensation für moderate Tariferhöhungen).

- Das ist auch in der Rezession der Fall, wobei die Konkurrenz zwischen optimistischen Zukunftserwartungen und der Entscheidungsträgheit der Führungsinstanzen zu beachten ist.

- Innerbetriebliche Gründe: Anlauf- und Anlernkosten (z. B. Einarbeitung in eine neue Programmiersprache oder die Funktionen einer betriebswirtschaftlichen Standardsoftware) übersteigen die Summe der abbaufähigen Leerkosten.

- Die notwendige Erhaltung des Bestandes an IT-Spezialisten (z. B. Systembetreuer, Datenbankadministratoren, schwer zu beschaffende Standardsoftwarespezialisten) verhindert den Übergang zur Kurzarbeit.

- Führungsinstanzen überschauen weder die Kostenstruktur des Unternehmens noch die technisch-organisatorischen Zusammenhänge.

- Möglichkeiten für eine Kosteneinsparung durch quantitative Anpassungsprozesse intervallfixer Kosten im Verwaltungs- und Vertriebskostenstellenbereich werden nicht erkannt.

- Die Beschäftigung überzähliger Mitarbeiter durch nicht betriebsnotwendige Hilfs- und Nebenarbeiten (z. B. Entwicklung eines Zeiterfassungssystems für IT-Projekte eines Softwarehauses, das nicht an externe Kunden weiterberechnet werden kann) beseitigt keine Leerkosten, sondern verschiebt sie nur zeitlich. Diese »unechte Kostenremanenz« sichert Arbeitsplätze, setzt aber eine entsprechende Liquidität voraus.

Erkenntnis

- Die abbaufähigen, aber nicht abgebauten intervallfixen Kosten der stillgelegten Betriebsmittel eines Rechenzentrums einschließlich der Wartungskosten sind das Ergebnis einer unternehmenspolitischen Entscheidung des IT-Managements, die Leerkosten ungenutzter Rechnerkapazitäten bewusst in Kauf nehmen, um zukünftige Gewinnchancen (z. B. durch Annahme eines zusätzlichen Outsourcingkunden) kurzfristig realisieren zu können.

- Ob eine unterlassene quantitative Anpassung ökonomisch sinnvoll ist, bestätigt sich erst, wenn es sich herausstellt, dass die Zukunftserwartungen der Führungsinstanzen berechtigt waren. So lange gelten die intervallfixen Kosten der stillgelegten Rechner als Leerkosten bzw. remanente Kosten.

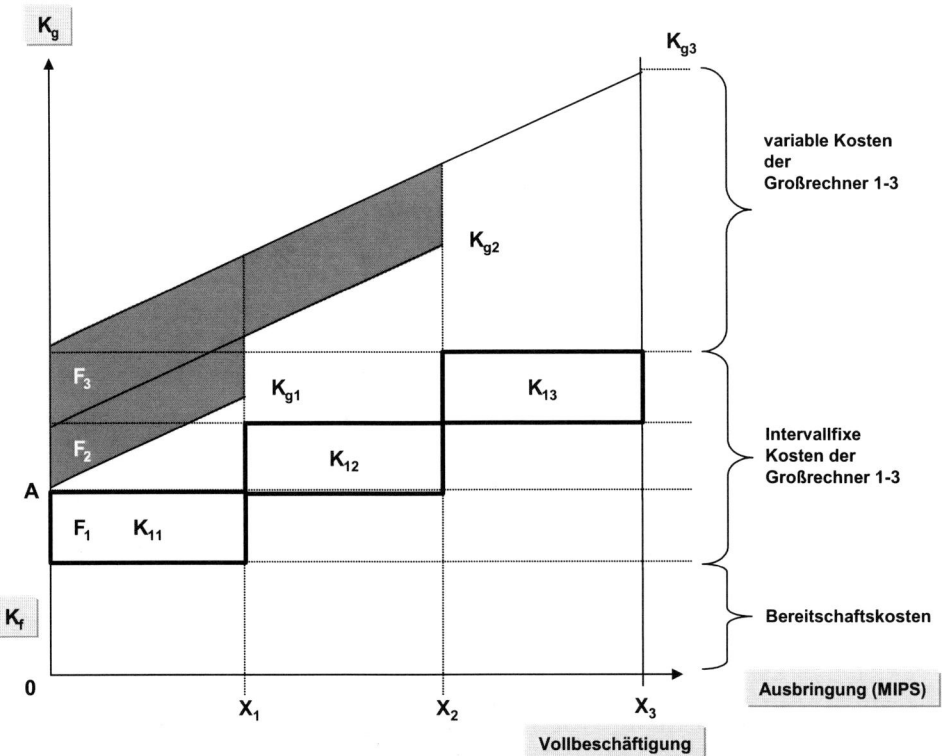

Abbildung 232: Remanenzerscheinungen im Rechenzentrum bei Verzicht auf quantitative Anpassung

- Die Führungsinstanzen erhalten die volle Betriebsbereitschaft (K_{g3}) trotz rückläufiger Beschäftigung unter Verzicht auf kostensenkende Anpassungsprozesse, d. h. die Rechner werden nicht verkauft, sondern stillgelegt, Administratoren und Bedienungspersonal nicht entlassen, sondern als Kurzarbeiter beschäftigt.

- Die Rechner sind alle gleichwertig und ohne Selektionsprozess quantitativ anpassungsfähig.

- Die in der Leistungserstellung des Rechenzentrums eingesetzten Computer arbeiten während der betrieblichen Nutzungsdauer mit Normalleistung, die Mengenausbringung
(MIPS) richtet sich nach den Intervallbreiten der Rechner, die
Intervallhöhen nach den Fixkosten.

- Der betrieblichen Leistungserstellung stehen drei homogene
Rechner zur Verfügung mit gleich hohen Fixkosten und
gleich hohem Steigungsgrad der proportionalen Kosten (vgl.
Abbildung 232).

- Beim Rückgang der Beschäftigung von x_3 auf x_2 und gleich-
zeitiger Erhaltung der vollen Betriebsbereitschaft auf der Basis von x_3 werden die intervallfixen Kosten des Rechners Nr.
3 zu remanenten Fixkosten, d. h. »abbaufähigen, aber nicht
abgebauten Fixkosten«.

- In der Abbildung 232 entsprechen sie der schraffierten Fläche F3. Wird der zweite Rechner stillgelegt, dann werden
auch seine intervallfixen Kosten (K_{f2}) zu Leerkosten (=
schraffierte Fläche F2). Verzichtet das IT-Management auf die
quantitative Anpassung, gilt für jede zwischen 0 und x_3 liegende Ausbringungsmenge die Kostenkurve K_{g3}.

- Sie liegt um die Flächen F2 und F3 über dem durch eine
quantitative Anpassung in reiner Form erreichbaren Gesamtkostenverlauf K_{g2} bzw. K_{g1}. Die bei rückläufiger Beschäftigung proportional sinkenden beschäftigungsabhängigen
Stoffkosten verändern den Steigungswinkel der Gesamtkostenkurve nicht.

Verhalten bei intensitätsmäßiger Anpassung

Eine intensitätsmäßige Anpassung liegt vor, wenn bei konstantem Kapazitätsquerschnitt und konstanter Arbeitszeit (Einsatz-
dauer) die Ausbringungsmenge nur durch eine Veränderung der
Intensität variiert wird, d. h. die Intensität des Produktivfaktors
Arbeit und/oder die technischen Leistungen der Betriebsmittel
verändert werden.

BEISPIEL

Bei einer intensitätsmäßigen Anpassung werden bei konstanter Arbeitszeit durch höhere Arbeitsgeschwindigkeit mehr Leistungseinheiten
gefertigt, wenn z. B. Computer mit einer höheren Taktfrequenz betrie-

ben wird und hierdurch die gleiche Rechnerleistung in kürzeren Zeitabschnitten bewältigt.

Jedes Betriebsmittel in der Informationstechnik (z. B. Computer, Drucker, CD-Brenner) besitzt einen optimalen Leistungsgrad – sein Intensitätsoptimum –, wenn die Durchschnittskosten am geringsten sind.

Erkenntnis

- Bei unterschiedlicher intensitätsmäßiger Anpassung sinken oder steigen die Leerkosten. Wird der Kapazitätsquerschnitt nicht verändert, bleiben die beschäftigungsintervallfixen Kosten konstant.

- Die variablen Kosten reagieren entsprechend ihren Verbrauchsfunktionen, denn sie bestimmen das Mengengerüst der Kosten und damit den Verlauf der Gesamtkostenkurve.

- Einzelne Kostenarten können bei intensitätsmäßiger Anpassung degressive oder progressive Kostenverläufe aufzeigen, d. h. auch bei der Produktionsfunktion vom Typ B sind kurvenförmige Kostenverläufe bei Prozessfertigungen möglich.

- Da Überschreitungen des Intensitätsoptimums die Lebensdauer der Produktivfaktoren Betriebsmittel und Arbeit (Im IT-Bereich besonders wichtig) verkürzen und die Kosten steigern, verzichtet die Wirtschaftspraxis auf die Durchführung intensitätsmäßiger Anpassungsprozesse außer in technisch bedingten Sonderfällen.

Zusammenfassung

- Sobald quantitative (z. B. Anzahl Rechner), zeitliche (z. B. Betriebszeiten) und intensitätsmäßige (z. B. Taktfrequenz) Anpassungsprozesse im Rechenzentrum auftreten, lassen sich die intervallfixen Kosten in Nutz- und Leerkosten zerlegen.

- Abbaufähige Leerkosten treten nur dann auf, wenn bei einem Beschäftigungsrückgang ein kompletter, begrenzt teilbarer Produktivfaktor (z. B. Abschalten eines von drei Großrechnersystemen) eliminiert werden kann. Beschäftigungsschwankungen innerhalb der Intervallbreite eines Rechners führen immer zu relativ unvermeidbaren Leerkosten.

- Die Analyse der intervallfixen Kosten in Nutz- und Leerkosten nimmt an Bedeutung zu, da nicht nur die Betriebsmittel, sondern auch der Produktivfaktor Arbeit (Gehälter) in zunehmendem Maße Fixkostencharakter annehmen. Leistungsabhängige Vergütungen, z. B. orientiert an der Zielereichung im System der IT-Balanced-Scorecard, mindern diesen Effekt.

- Technische, sozialpolitische und arbeitsrechtliche Faktoren beschleunigen diesen Entwicklungsprozess. Er erhöht in der Unterbeschäftigung die Leerkosten, da Personal nicht abgebaut werden kann u.a. Sie herabzudrücken oder vorausplanend zu umgehen, zählt zu den Führungsaufgaben jeden IT-Managers.

5.7   Kostenartenrechnung

Aufgaben der Kostenartenrechnung

Die Kostenartenrechnung schafft die Basis für die Zurechnung von Kosten auf die Kostenstellen und Kostenträger. Sämtliche für die Erstellung betrieblicher Leistungen angefallenen Kosten sind vollständig und eindeutig zu erfassen und zu gliedern. Die Kostenartenrechnung ermöglicht/liefert:

- die direkte und indirekte Zurechnung auf Kostenstellen (z. B. Anwendungsentwicklung, Rechenzentrum) und Kostenträger (z. B. Standardsoftware, Outsourcing-Services),

- die Kontrolle der Kostenarten,

- Kosteninformationen zur internen Rechnungslegung,

- die Ermittlung relevanter Kostenarten für handels- bzw. steuerrechtliche Zwecke (z. B. Daten für die Bilanzbewertung von selbsterstellter Software).

Gliederung der Kostenarten

Die Gliederungsbreite und -tiefe ist abhängig von der Größe und Art des Unternehmens sowie den Zwecken der Kostenrechnung. In der Praxis findet sich häufig eine Gliederung entsprechend der Kontenklasse 4 des Gemeinschaftskontenrahmens der Industrie (GKR). Daraus ergeben sich dann Kostenartengruppen, die nach Größe des Unternehmens bzw. nach Zielsetzung mehr oder weniger stark untergliedert werden können (Kostenartenplan).

spezielle IT-Kostenarten

447

Für eine aussagefähige IT-Kostenrechnung sind spezielle IT-Kostenarten erforderlich (vgl. hierzu den IT-Muster-Kostenartenplan ab Seite 206):

- Hardware-Kosten (Miete/Leasing Hardware, Leitungsgebühren, Wartung),

- Software-Kosten (Miete/Leasing Software, Externe Wartung, Beratung),

- Daten-Kosten (Beratung, Kauf),

- Sonstige IT-Kosten (IT-Verbrauchsmaterial, IT-Versicherungen, Beiträge zu Fachverbänden, IT-Fachliteratur, IT-Schulungen u.a.),

- Innerbetriebliche IT-Leistungsverrechnung (Umlagen, Entwicklungskosten, Benutzerservice u.a.).

Für kleinere Unternehmen reicht in der Regel eine Grobgliederung. Größere mittelständische Unternehmen und Großunternehmen benötigen ein IT-gestütztes Rechnungswesen für die Zwecke der Kostenkontrolle und Weiterverrechnung der Kosten auf Kostenstellen bzw. Kostenträger.

Zum Zwecke der (späteren) Einführung einer Grenzkostenrechnung/Deckungsbeitragsrechnung ist bei der Einrichtung der Kostenartenrechnung darauf zu achten, dass Einzelkosten eindeutig erfassbar sind. Die Entwicklung von Stelleneinzelkosten erleichtert die Kostenzuordnung auf Kostenstellen.

Hilfsmittel für die Durchsetzung der Ziele einer Kostenartenrechnung sind ein ordnungsgemäßes Belegwesen (externe Belege, selbsterstellte Belege, Bildschirmdokumentationen) sowie ein logisch aufgebauter und hinreichend tief gegliederter Kostenartenplan.

Kostenarten sind nach eindeutigen Merkmalen zu bilden (z. B. Reparaturlöhne, nicht Reparaturkosten). Sie sind dann jederzeit nachvollziehbar und zuordenbar.

Merke: Keine Buchung ohne Beleg!

Erfassung der Materialkosten

Die Erfassung der Materialverbräuche ist je nach Größe und Art des Unternehmens sowie den Methoden der Verbrauchserfassung arbeitsaufwendig und damit kostensteigernd. Die Erfahrungen der IT-Industrie (z. B. eines Druckerherstellers) lassen sich für die Materialkostenerfassung in IT-Abteilungen oder Software-häusern nutzen, da auch hier umfangreiche Materialien (neue und gebrauchte PC, Zubehör wie Tastaturen und Verbrauchsmaterial, Druckerpapier, Tinte etc.) gelagert werden. Mit dem Begriff „IT-Assetmanagement" wird die Lagerhaltung und Erfassung von Verbräuchen für IT-Ausstattungen verbunden.

Man unterscheidet im Einzelnen:

- Fertigungsmaterialien, sie sind wesentliche Bestandteile eines Erzeugnisses und können diesem unmittelbar zugerechnet werden (z. B. im Rahmen der Computerproduktion die hierfür notwendigen Rohstoffe wie Kunststoffgranulat, Blech, aber auch Halbzeuge wie Netzteile, CD-Brenner, Tastaturen u.ä.). Fertigungsmaterialien sind demnach Einzelkosten.

- Hilfsstoffe, sind ebenfalls Bestandteile eines Erzeugnisses, jedoch nicht wesentliche. Hilfsstoffe sind Gemeinkosten, wenn eine direkte Zurechnung auf Erzeugnisse nicht möglich ist (echte Gemeinkosten; Beispiel: Klebstoff, Farben u.ä.) oder aus Wirtschaftlichkeitsgründen nicht erfolgt (unechte Gemeinkosten; Beispiel: Verbindungsschrauben an einem Personal-Computer).

- Betriebsstoffe, sie sind kein Bestandteil des Erzeugnisses; sie dienen vielmehr zum Betreiben von Betriebsmitteln (Beispiel: Schmierfette, Kraftstoffe u.ä.).

Die genannten Materialien haben in Dienstleistungsunternehmen keine oder nur eine geringe Bedeutung. Soweit sich Verbräuche ergeben (z. B. bei Betriebsstoffen), ist deren Erfassung in der Regel wenig problematisch.

Erfassung des Mengenverbrauchs

Inventur

Bei der ***Inventurmethode*** (Befundrechnung) ergibt sich der Verbrauch einzelner Materialarten aus der Rechnung

Anfangsbestand	(Lagervorrat zu Beginn der Periode)
+ Zugänge	(lt. Eingangsrechnungen)
Zwischensumme	
./. Endbestand	(Lagervorrat am Ende der Periode)
= Materialverbrauch	(in der Periode)

Vorteile
- der gesamte Aufwand wird erfasst (auch der nicht-bestimmungsgemäße Verbrauch),
- es ist ein einfaches und daher kostengünstiges Verfahren,
- der Aufwand einer Materialbuchhaltung lässt sich erheblich reduzieren.

Nachteile
- der nicht-bestimmungsgemäße Verbrauch ist nicht erfassbar (Schwund, Diebstahl, Verderb u.ä.),
- der Verbrauch wird nur summarisch ermittelt, es ist also keine Zurechnung auf Kostenstellen oder Kostenträger möglich,
- der mit der körperlichen Bestandsaufnahme verbundene Arbeitsaufwand ist erheblich,
- eine zeitnahe (monatliche) und exakte Verbrauchserfassung ist zu aufwendig und findet nicht statt.

Anwendungsbereiche:
- bei Kleinmaterialien (USB-Kabel, Computer-Mäuse, Netzkabel u.ä.),
- bei Materialien, deren Verbrauch mit anderen Methoden (noch) nicht erfasst werden können,
- bei Einproduktunternehmen/Kostenstellenbereichen mit relativ gleichmäßigem Materialverbrauch.

Skontration

Skontration bedeutet Fortschreibung der Materialbestände, d. h. nach jedem Zugang bzw. Abgang einer Materialart wird der neue (Buch-) Bestand ermittelt:

bisherige Bestand	(lt. »Buch«)	
+ Zugang (oder ./. Abgang)	(lt. Beleg)	
= neuer Bestand	(lt. »Buch«)	

Vorteile:
- Kenntnis des derzeitigen Buchbestandes einer jeden Materialart,
- direkte Zuordnung der Verbräuche auf Kostenträger bzw. Kostenstellen,
- einsetzbar im Rahmen der permanenten Inventur, reduzierbarer Aufwand durch Einsatz entsprechender Standardsoftware,

- der nicht-bestimmungsgemäße Verbrauch ist (durch Inventur) erfassbar.

Nachteile:

- hoher Arbeits- und (bei Nutzung eines IT-Assetmanagement-Systems) hoher Investitionsaufwand,

- aufwendige Lagerorganisation, Notwendigkeit einer Inventur zur Ermittlung der nicht-leistungsbedingten Lagerabgänge.

Retrograde Rechnung

Voraussetzung der retrograden Rechnung (Rückrechnung) ist das Vorhandensein einer Stückliste. Das Verfahren ist recht einfach: nach Fertigstellung der Erzeugnisse (z. B. PC, Drucker) wird der Materialverbrauch jeder einzelnen Position der Stückliste mit der Anzahl der hergestellten Stücke multipliziert. Das Ergebnis ist der rechnerische Sollverbrauch. Hinzu kommt ein (Prozent-) Zuschlag für unvermeidlichen Abfall bzw. Ausschuss.

Vorteile

- Die retrograde Rechnung ist ein einfaches, aber genaues Verfahren,

- Materialverbräuche sind dem Kostenträger/Auftrag eindeutig zurechenbar,

- das Verfahren ist kostengünstig.

Nachteile

- der nicht-bestimmungsgemäße Verbrauch ist nicht ohne weiteres erfassbar,

- Mehr- und Minderverbräuche sind in regelmäßigen Abständen zu erfassen und zu analysieren.

Die retrograde Rechnung kann erfolgreich eingesetzt werden, wenn die Materialarten, -mengen und -qualitäten eines Produktes sehr genau bekannt sind und sich während einer Serie nicht verändern.

Geringwertige Wirtschaftsgüter (GWG)

Bei kleinen Mengen geringwertiger Wirtschaftsgüter (Computerkleinteile) wird die Beschaffung gleich als Sofortverbrauch gebucht.

Bewertung Materialverbrauch

Die Zielpluralität der Kostenrechnung berührt auch die Bewertung der verbrauchten Materialmengen. Als Bewertungsmaßstäbe kommen dabei infrage:

bei Auftragsfertigung (z. B. individuell konfigurierte PC-Systeme:

- Anschaffungspreise

bei Vorratsfertigung (z. B. Computerkomponenten):

- Durchschnittspreise

- Verbrauchsfolgepreise

- Tagespreise

- Wiederbeschaffungspreise

- Verrechnungspreise

Auftrags-
fertigung

Bei Auftragsfertigung liegen individuelle Kundenaufträge vor. Das Auftragsmaterial (z. B. Platine, Komponenten) wird speziell beschafft, die Bewertung ergibt sich aus der Rechnung.

Durchschnitts-
preise

Bei der Durchschnittspreisbewertung verfährt man einmal nach der gleitenden Durchschnittspreisbewertung, wobei nach jeder neuen Beschaffung des Materials ein neuer Durchschnittspreis für die Verbrauchsbewertung berechnet wird. Bei steigenden Beschaffungspreisen hinkt der Durchschnittspreis hinter dem aktuellen Marktpreis her, bei fallenden Marktpreisen sinkt der Durchschnittspreis langsamer als der Marktpreis.

Ein weiteres Verfahren ist die monatliche Durchschnittspreisbewertung. Hierbei ermittelt man den monatlichen Durchschnittspreis anhand der Eingangsrechnungen des jeweils bezogenen Materials im abgelaufenen Monat (gewogenes Mittel).

Die Verbräuche dieses Monats werden dann rückwirkend mit diesen Durchschnittspreisen bewertet. Dieses Verfahren rechnet zwar mit aktuellen durchschnittlichen Preisen des letzten Monats, die Ergebnisrechnung verzögert sich jedoch.

Verbrauchsfolge

Die Verbrauchsfolgeverfahren (lifo, hifo, fifo, lofo) unterstellen, dass die zuletzt, am teuersten, zuerst bzw. am billigsten beschafften Güter zuerst verbraucht werden.

Tagespreise

Die Bewertung zu Tagespreisen empfiehlt sich z. B. dann, wenn dies bei Einzelfertigung am Markt durchsetzbar ist (z. B. Verkauf von PC-Systeme und Berechnung von Tagespreisen für die verwendeten Mikrochips und Speicherelemente).

Wiederbeschaf-
fungspreise

Eine Bewertung zu Wiederbeschaffungspreisen empfiehlt sich, wenn man z. B. für Planungszwecke eine langfristige Preisbildung untersucht. Auch zur Ermittlung des tatsächlichen Erfolges eignet sich die Bewertung zu Wiederbeschaffungspreisen.

Ungeeignet ist die Bewertung zum Wiederbeschaffungspreis bei aktuellen Produktkalkulationen, da in diesem Wertansatz zukünftige (inflatorische) Preisentwicklungen enthalten sind, die sich auf dem Markt in der Regel auch nicht durchsetzen lassen.

Verrechnungs-
preise

Die Festlegung von Verrechnungspreisen erfolgt in der Regel auf der Grundlage von Durchschnittspreisen. Die so ermittelten Durchschnittspreise können aktualisiert werden – auch unter Berücksichtigung von Wiederbeschaffungspreisen –, wenn die zukünftige Entwicklung der Preise oder der Zweck des Rechnens mit Verrechnungspreisen dies erforderlich erscheinen lässt.

Die Bewertung mit Verrechnungspreisen eignet sich insbesondere für die kurzfristige Erfolgsermittlung und für die Kostenkontrolle (Ausschalten von Preisschwankungen!). Sie findet ebenfalls Anwendung bei Mehrfachfertigungen in Produktkalkulationen wie auch bei Planungsrechnungen.

Die Handhabung der festen Verrechnungspreise ist rechentechnisch einfach. Die Differenzen zwischen den unterschiedlichen effektiven Beschaffungspreisen und den festen Verrechnungspreisen werden entweder bei der Beschaffung des Materials oder beim Verbrauch des Materials erfasst.

Notwendig wird hierbei die Einführung eines Preisdifferenzenkontos, welches vor das Stoffkonto (Beschaffung des Materials als Ausgangspunkt) oder zwischen Stoffkonto und Verbrauchskonto (bei Verbrauch als Ausgangspunkt) eingerichtet wird.

Erfassung der Personalkosten

Die unterschiedlichen Entgelte, die an Mitarbeiter zu zahlen sind, werden in der Personalbuchhaltung unter arbeitsrechtlichen Aspekten getrennt erfasst: Löhne, Gehälter, Urlaubslöhne, Feiertagslöhne; Zuschläge für Überstunden, Nachtarbeit, Sonntagsarbeit, Feiertagsarbeit; Erschwerniszulagen unterschiedlicher Art usw.

Eine weitere Differenzierung der Löhne ist sinnvoll bei Unternehmen mit einer größeren Mitarbeiterzahl: Zeitlöhne, Prämienlöhne. Die Gehälter lassen sich z. B. in kaufmännische und technische Gehälter sowie Auszubildendenentgelte einteilen. Eine weitergehende Differenzierung hängt von der Größe des Unternehmens und dem Zweck der Personalkostenerfassung ab.

Unter dem Gesichtspunkt der Zurechnung unterscheidet man:

- Fertigungslöhne, sie lassen sich einem Kostenträger direkt zurechnen (= Einzelkosten)

- Hilfslöhne/Gehälter, sie lassen sich in der Regel einem Kostenträger nicht direkt zurechnen (= Gemeinkosten)

Das Erfassen dieser Entgelte ist weitgehend problemlos. Aufwendiger sind das Erfassen und das Verrechnen der vom Unternehmen zu tragenden Lohnnebenkosten (Sozialkosten). Bei den Lohnnebenkosten unterscheidet man:

- **Gesetzliche Sozialabgaben:** Arbeitgeberanteil zur Sozialversicherung, Beiträge zur Berufsgenossenschaft, Mutterschaftsgeld uvm.

- **Freiwillige Sozialkosten:** Vermögenswirksame Leistungen, Urlaubsgeld, Weihnachtsgeld, Altersversorgung, Abfindungen, Zuschüsse (z. B. Fahrgeld), Kosten für Kantine oder Sportanlagen, uvm.

Die Praxis errechnet aus der Summe der Sozialkosten eines (Plan-) Jahres einen prozentualen Personalnebenkostenzuschlagssatz (Sozialkostenverrechnungssatz) auf die Vergütungen. In diesem Zuschlagssatz sind also auch unregelmäßig anfallende Sozialkosten (wie Weihnachtsgelder, Jubiläumsgeschenke usw.) enthalten. Sie werden auf diese Weise »durchschnittlich« auf die Vergütungen umgerechnet.

Erfassung sonstiger Kostenarten

Die Übernahme aller weiteren Kostenarten (aus der Finanzbuchhaltung) in die Kostenrechnung ist unproblematisch. Zeitliche und sachliche Abgrenzungen sind zu beachten. Einmalig anfallende Kosten (z. B. einmal jährlich zu zahlende Versicherungsprämien) werden auf die jeweilige Periode (z. B. Monat) umgelegt.

5.8   Theoretische Grundbegriffe kalkulatorischer Kosten

Kalkulatorische Kosten sind Verzehre, die in der Kostenrechnung gemäß dem tatsächlichen Verbrauch von Gütern und Diensten mit Durchschnittswerten anzusetzen sind, um Zufälligkeiten als Störfaktoren des inner- und zwischenbetrieblichen Vergleichs zu eliminieren. Gründe für die Bildung kalkulatorischer Kosten sind: Unterschiede in der Unternehmensform, Kapitalstruktur, Abschreibung und die zeitliche Ungewissheit über das Auftreten bestimmter Wagnisverluste.

Bei der Abgrenzung von Aufwendungen und Kosten zeigt es sich u.a., dass bestimmte Kostenarten, denen kein Aufwand gegenübersteht, zusätzlich anfallen.

BEISPIEL

Kalkulatorische Zinsen auf Hard- und Software

Kosten gliedern sich deshalb in Grund- und Zusatzkosten (kalkulatorische Kosten). Die letzteren lassen sich in echte und unechte Zusatzkosten aufteilen.

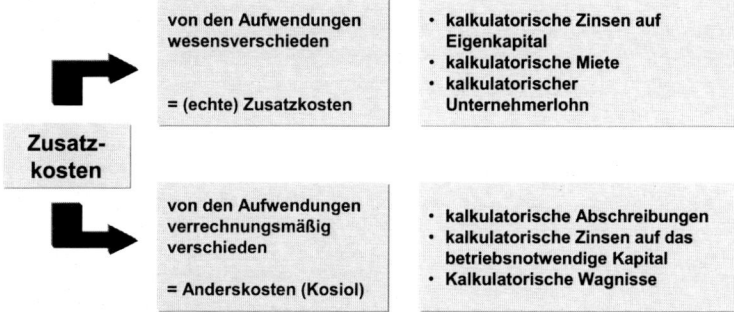

Abbildung 233: Zusatzkosten

Nach Wöhe lösen die kalkulatorischen Kosten zwei Aufgaben:

- Sie belasten die Selbstkosten der Kostenträger mit dem effektiven Werteverzehr, auch wenn die Unternehmenserfolgsrechnung diesen Werteverzehr nicht oder in anderer Höhe ausweist,

- sie verteilen aperiodisch und zufällig in der betrieblichen Leistungserstellung auftretende Verluste durch kalkulatorische Wagniszuschläge gleichmäßig auf die Abrechnungsperioden in der Form der Selbstversicherung, um das Kostenbild nicht durch plötzlich auftretende Stoßkosten für den Soll-Ist-Kosten-Vergleich zu verzerren.

5.9   Grundbegriffe des einstufigen Betriebsabrechnungsbogens

Stellenkosten

Der Betriebsabrechnungsbogen (BAB) *transformiert* die Zahlen der Kontenklasse 4 (GKR 1951) der Finanzbuchhaltung über die Kostenarten- und Kostenstellenrechnung in die Form von *Stellenkosten*. Sie umfassen alle Kosten, die auf einer Kostenstelle anfallen. Mit ihrer Hilfe ermittelt der Betriebsabrechnungsbogen die Basisdaten für eine Kostenträgerzeit- und Kostenträgerstückrechnung.

*Kostenarten-
rechnung*

Die Kostenartenrechnung erfasst und überwacht alle Kostenarten, die in einer Rechnungsperiode anfallen und *fächert* sie in

Einzelkosten, Sondereinzelkosten und Gemeinkosten auf. Dadurch liefert die Kostenartenrechnung die Daten für einen Kostenarten-Perioden-Vergleich, Soll-Ist-Kosten-Vergleich, für die Durchführung einer Kostenstellen-, Kostenträgerzeit- und Kostenträgerstückrechnung.

Kostenstellen-rechnung

Die Kostenstellenrechnung **gliedert** für die Durchführung eines Kostenarten-Perioden-Vergleichs bzw. Soll-Ist-Kosten-Vergleichs ein ***Kostenfeld*** – einen Betrieb oder ein Unternehmen – in Kostenverursachungsbezirke, sog. Kostenstellenbereiche, diese wiederum ***in Kostenstellen***, die Orte der Kostenentstehung.

Alle den Kostenträgern nicht direkt zurechenbaren Kosten sammelt die Kostenstellenrechnung, um sie in der Form von Durchschnittsgemeinkostensätzen auf die Kostenträger ihrer Rechnungsperiode zu überwälzen.

Kompetenz-bereich = Kostenstelle

Bei der Bildung von Kostenstellen ist darauf zu achten, dass Kostenstellen und Kompetenzbereiche möglichst übereinstimmen und jede Kostenstelle genaue Bezugsgrößeneinheiten für eine verursachungsgerechte Kostenzurechnung enthält. Die Bezugsgrößeneinheit „Beraterstunde" für die Kostenstelle „Anwenderberatung" ermöglicht im System der Plankostenrechnung eine Kostenplanung, Kostenauflösung und verursachungsgerechte Kostenzurechnung.

Erst dann bestimmen Standortüberlegungen (Zentrale, Niederlassung Köln, Niederlassung München), gleichartige Funktionen (Prozessanalyse, Prozessmodellierung, Simulation, Customizing von Standardsoftware usw.), verrechnungstechnische Gesichtspunkte (Einzelstundenerfassung- oder Tagesabrechnung) sowie über- und zwischenbetriebliche Erwägungen (in Konzernen) das Ausmaß der Kostenstellenfächerung.

Der Muster-RKW-Betriebsabrechnungsbogen differenziert ein Kostenfeld in vier Haupt- und zwei Hilfskostenstellenbereiche, Gutenberg erweitert die klassischen vier Hauptkostenstellenbereiche Fertigungs-, Material-, Verwaltungs- und Vertriebskosten noch um den Entwicklungskostenstellenbereich«.

Kostenstellenbereiche im Betriebsabrechnungsbogen

Die Kosten der Hilfskostenstellen (z. B. Lizenzmanagement) werden den Hauptkostenstellen (z. B. RZ-Betrieb) nach dem Verursachungsprinzip belastet, sie lösen sich auf. Gemeinkostenzuschlagssätze ermitteln nur die Hauptkostenstellenbereiche.

Als Formblatt der Betriebsabrechnung übernimmt der Betriebsabrechnungsbogen (BAB) die Konten und Summen der Kostenarten aus der Kontenklasse 4 in vertikaler Anordnung und verteilt sie horizontal nach dem Verursachungsprinzip auf die einzelnen Kostenstellen.

		a	b
1	Hilfs-kosten-stellen	Allgemeiner Kostenstellenbereich	sammelt alle Güter- und Dienstleistungen, die alle Kostenstellen anfordern können (Fachbibliothek, Fuhrpark, Kantine, Werksarzt, Gebäude- und Grundstücksmanagement, Sozialeinrichtungen u.ä.)
2	Haupt-kosten-stellen	Fertigungs-hauptkostenstellenbereich bzw. Leistungserstellungsbereich	umfasst die betriebliche Leistungserstellung (PC-Benutzerservice, Softwareentwicklung, Test, RZ-Betrieb, Druckzentrum, Beratung, Kommissionierung und Verpackung von Datenträgern, u.ä.)
3	Haupt-kosten-stellen	Materialkosten-stellenbereich	enthält alle Güter- und Dienstleistungen für die Beschaffung, Prüfung, Lagerung, Pflege und Ausgabe von IT-Materialien.
4	Haupt-kosten-stellen	Verwaltungs-kostenstellen-bereich	kennzeichnet die administrativen Tätigkeiten (Geschäftsleitung, Stabsstellen, Rechnungswesen, Controlling u.ä.)
5	Haupt-kosten-stellen	Vertriebskosten-stellenbereich	umfasst die Lagerung, den Verkauf und Versand von Grundleistungen/Handelswaren/Ersatzteilen, Kundendienstleistungen, Werbung, Marktforschung usw.

Abbildung 234: Funktionen und Inhalte der Kostenstellenbereiche

Ein Betriebsabrechnungsbogen wird entweder in das System der Doppik einbezogen oder statistisch-tabellarisch neben der Finanzbuchhaltung geführt. Er schaltet sich zwischen die Kontenklassen 4 und 5 bzw. 4 und 9 und projiziert die Gemeinkostenarten in der Form von Stelleneinzel- und Stellengemeinkosten auf die Kostenstellen.

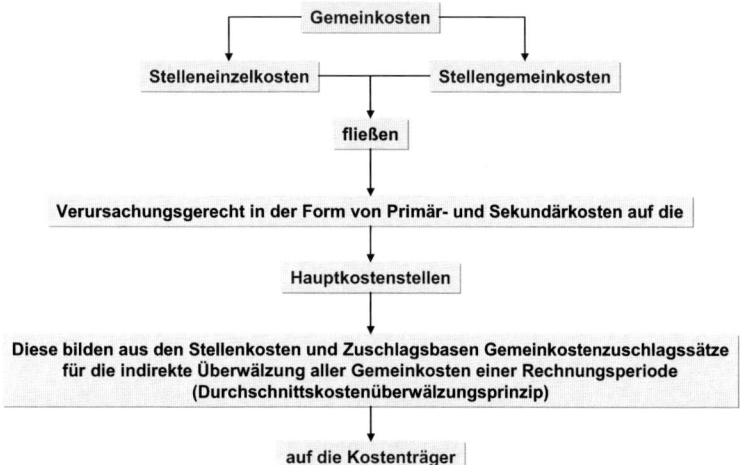

Abbildung 235: Verrechnung der Gemeinkosten

Stelleneinzelkosten stellen Gemeinkosten dar, die den einzelnen Kostenstellen, den Orten der Kostenverursachung, direkt über Urbelege (z. B. Materialentnahmescheine für IT-Material) oder Messgeräte (Zwischenzähler für Stromverbrauch von Computern) zurechenbar sind. ***Stellengemeinkosten*** stellen Gemeinkosten dar, die den einzelnen Kostenstellen nur indirekt über Schlüsselgrößen (z. B. Reinigungskosten für Büro-Fenster) zurechenbar sind.

Schlüsselprobleme im Betriebsabrechnungsbogen

Dreimal begegnet die Kostenstellenrechnung dem „Schlüsselproblem":

- bei der Verteilung der Primärkosten auf die Kostenstellen,

- bei der Verrechnung der innerbetrieblichen Leistungen – Hilfskostenstellenbereiche auf die Hauptkostenstellenbereiche und

- bei der Überwälzung der Gemeinkosten auf die Kostenträger.

Der Betriebsabrechnungsbogen ermöglicht:

- eine kostenverursachungsgerechte Verrechnung der Gemeinkosten auf die Kostenstellen,

- eine Verrechnung der Hilfskostenstellenbereiche auf die Hauptkostenstellenbereiche im mehrstufigen Betriebsabrechnungsbogen,

- eine Überwälzung der »anteiligen« Gemeinkosten, d. h. der allen Kostenträgern gemeinsamen Kosten über Gemeinkostensätze auf die einzelnen Kostenträger nach dem »Durchschnittskostenüberwälzungsprinzip«.

Primärkosten entsprechen der Summe der aus der Kontenklasse 4 erstmalig übernommenen Kostenarten einer Rechnungsperiode. Im einstufigen Betriebsabrechnungsbogen (vgl. Abbildung 238) stimmen die Primärkosten mit den Stellenkosten überein.

Sekundärkosten entstehen aus den Primärkosten der Hilfskostenstellen, wenn innerbetriebliche Leistungen weiterverrechnet werden.

BEISPIEL: INTERNE PROGRAMMIERLEISTUNGEN

Die Kostenstelle „Vertriebsleitung" bezieht Leistungen (Programmierer-Stunden) von der Kostenstelle „IT-Abteilung". Die Summe der Stellenkosten (z. B. Gehalt, Sozialkosten, Büromaterial) der Kostenstelle „IT-Abteilung" dividiert durch die Summe der geleisteten „Programmiererstunden" ergibt den Stundensatz für die Weiterverrechnung der IT-Leistungen.

Das dem Programmierer gezahlte Gehalt sowie die Nebenkosten sind für die „IT-Abteilung" Primärkosten. Die der Kostenstelle „Vertriebsleitung" mit Hilfe des BAB weiterbelasteten Programmierleistungen sind Sekundärkosten. Der Verrechnungssatz erhöht sich, wenn von anderen Kostenstellen innerbetriebliche Leistungen empfangen worden sind (z. B. vom Werksarzt). Jede energieempfangende Kostenstelle wird entsprechend ihrer abgenommenen Kilowattzahl mit Sekundärkosten – über den Kilowattstundenpreis – belastet.

Im mehrstufigen Betriebsabrechnungsbogen setzen sich die *Stellenkosten* aus Primär- und Sekundärkosten zusammen.

BEISPIEL: PC-BENUTZERSUPPORT

Verteilung der Kosten des PC-Benutzersupports (Störungsbeseitung u.a.) in einer Rechnungsperiode in Höhe von 3.000 €.

Prämisse 1:   Eine Versicherung nutzt in einer Rechnungsperiode 200 Personal-Computer gleicher Bauart und Konfiguration (gleiche Bildschirme, Drucker,

Software usw.). Der Benutzersupport wird gleich-
verteilt in Anspruch genommen (z. B. Beseitigung
von Störungen, Installation neuer Software, Beratung in Anwendungsfragen).

Prämisse 2:   Daten wie zuvor, allerdings wird die unterschiedliche zeitliche Inanspruchnahme der Kostenstel-
len durch die IT-Servicemitarbeiter über Stun-
denaufschreibungen erfasst.

	Kostenstellenbereiche	Prämisse Nr. 1		Prämisse Nr. 2		
		An-zahl PC	Verteilte Support-Kosten in €	erfasste Support-zeit min	PC-Support-Verrech-nungs-einheiten	Verteilte Support-Kosten in €
	a	b	c	d	(b x d) e	f
1	Fertigungs-hauptkosten-stellenbereich	80	1.200	400	32.000	1.290
2	Fertigungshilfskosten-stellenbereich	30	450	400	12.000	484
3	Materialkostenstellen-bereich	20	300	400	8.000	323
4	Verwaltungskosten-stellenbereich	20	300	220	4.400	177
5	Vertriebskostenstellen-bereich	20	300	240	4.800	194
6	Allgemeiner Kosten-stellenbereich	30	450	440	13.200	532
7	Kostenfeld	200	3.000 €	2.100 min	74.400	3.000 €

Der Kostenschlüssel bei Prämisse 1 berücksichtigt das Verursachungsprinzip bei gleicher PC-Konfiguration und gleicher Nutzungszeit. Bei der Prämisse 2 berücksichtigt der Kostenschlüssel die unterschiedliche Einsatzzeit der IT-Servicemitarbeiter, nicht jedoch unterschiedliche PC-Konfigurationen (z. B. privat installierte Software wie
Bildschirmschoner), so dass das Verursachungsprinzip nur teilweise
wirksam wird. Das Wirtschaftlichkeitsprinzip rangiert vor dem Prinzip
der Genauigkeit.

Abbildung 236: Verteilung von Stellengemeinkosten des PC-
Benutzerservices (Schlüsselgemeinkosten)

Erkenntnis   • Erst durch die Aufschreibung der Einsatzzeiten lassen sich
die Kosten der Hilfskostenstelle „PC-Benutzerservice" in der

Form von Stelleneinzelkosten direkt, d. h. verursachungsgerecht, verteilen.

• Bei der Ermittlung der Kostenverteilungsschlüssel konkurrieren die Prinzipien der Wirtschaftlichkeit und Genauigkeit miteinander. In der Regel genügt die Zweckgenauigkeit.

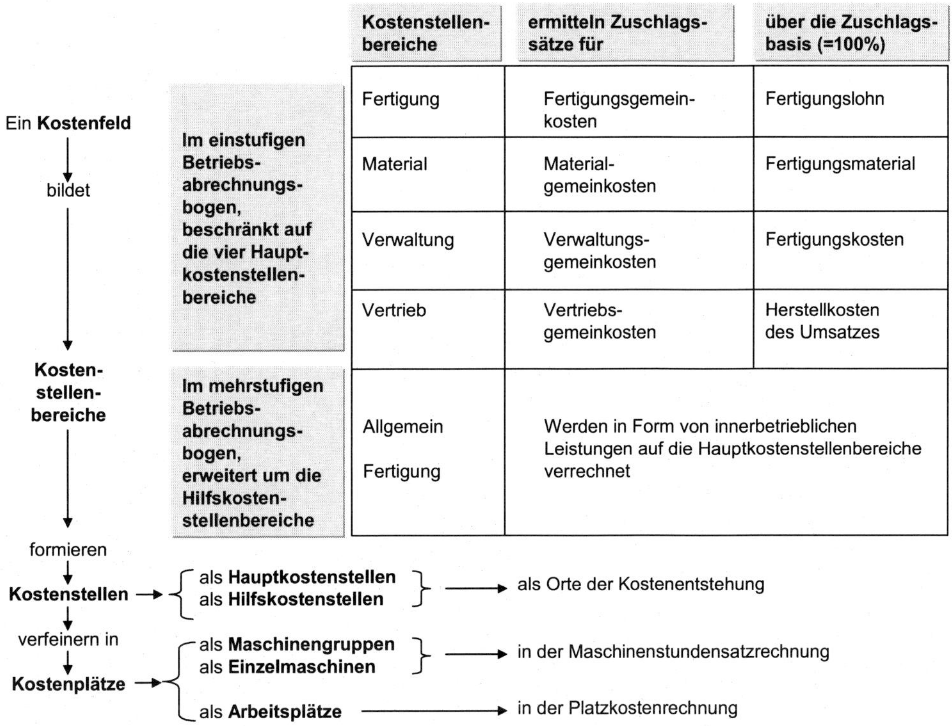

	Kostenstellen-bereiche	ermitteln Zuschlags-sätze für	über die Zuschlags-basis (=100%)
Ein Kostenfeld ↓ bildet ↓	Im einstufigen Betriebs-abrechnungs-bogen, beschränkt auf die vier Haupt-kostenstellen-bereiche	Fertigung	Fertigungsgemein-kosten	Fertigungslohn
		Material	Material-gemeinkosten	Fertigungsmaterial
		Verwaltung	Verwaltungs-gemeinkosten	Fertigungskosten
		Vertrieb	Vertriebs-gemeinkosten	Herstellkosten des Umsatzes
Kosten-stellen-bereiche ↓	Im mehrstufigen Betriebs-abrechnungs-bogen, erweitert um die Hilfskosten-stellenbereiche	Allgemein Fertigung	Werden in Form von innerbetrieblichen Leistungen auf die Hauptkostenstellenbereiche verrechnet	

Links:
Ein Kostenfeld → bildet → **Kosten-stellen-bereiche** → formieren → **Kostenstellen** → verfeinern in → **Kostenplätze**

als **Hauptkostenstellen** } → als Orte der Kostenentstehung
als **Hilfskostenstellen** }

als **Maschinengruppen** } → in der Maschinenstundensatzrechnung
als **Einzelmaschinen** }

als **Arbeitsplätze** → in der Platzkostenrechnung

Abbildung 237: System der Kostenstellenrechnung

Kostenfeld und Kostenstelle

Ein ***Kostenfeld*** (Betrieb/Unternehmen) bildet mehrere ***Kostenstellenbereiche***. Diese unterteilen sich in **Kostenstellen**. Sobald differenzierte Leistungseinheiten die Betriebsmittel im Fertigungsbereich in unterschiedlicher Reihenfolge mit verschiedener Zeitdauer benutzen, wird eine verursachungsgerechte Zurechnung der Gemeinkosten auf die Kostenträger problematisch.

Nach dem ***Kostenverursachungsprinzip*** dürfen Kostenstellen und Kostenträger nur mit den Kosten belastet werden, die sie verursacht haben. Aus dieser Überlegung heraus werden bei differenzierter Fertigung Kostenstellen noch weiter in Maschinengruppen, Einzelmaschinen und Arbeitsplätze unterteilt.

Der **Anlagenstundensatz** für eine Anlagengruppe oder Großmaschine (z. B. Serverfarm, Druckstraße) führt als **Standardkalkulationssatz** innerhalb einer Rechnungsperiode zur Deckung der variablen und fixen maschinenabhängigen Kosten.

Der **einstufige** Betriebsabrechnungsbogen unterteilt sein Kostenfeld in mehrere Kostenstellenbereiche. Er verzichtet auf die Einrichtung von Hilfskostenstellenbereichen und damit auf eine innerbetriebliche Leistungsverrechnung im Sekundärkostenbereich. Primärkosten und Stellenkosten sind identisch. Jeder Kostenstellenbereich ermittelt für die Überwälzung der Gemeinkosten auf die Kostenträger einen Zuschlagssatz.

Stellenkosten im Betriebsabrechnungsbogen

Bei der Errechnung der Zuschlagssätze wird eine Proportionalität zwischen den Stellenkosten und ihren Zuschlagsbasen unterstellt, um die Kostenüberwälzung der Gemeinkosten auf die Kostenträger dem Verursachungsprinzip unterzuordnen. Unterstellt wird in einer Vollkostenrechnung eine proportionale Relation zwischen den eingekauften Werkstoffen (z. B. PC-Gehäuse, Platine) und den Kosten der Beschaffung (z. B. elektronische Ausschreibung mittels E-Procurement-System) und Lagerwirtschaft, d. h. hohe Lagerbestände und starke Lagerbewegungen verursachen hohe Arbeitskosten. Diese Unterstellung gilt für die Kosten der Lagerwirtschaft, nicht für die Kosten der Beschaffungsabteilung.

Angabesatz	Fertigungsmaterial = 100% = Zuschlagsbasis
Fragesatz	Materialgemeinkosten = ?% = Gemeinkosten
Schlusssatz	$\dfrac{\text{Materialgemein-kostenzuschlag}} = \dfrac{MGK * 100}{FM} = \dfrac{11.100 * 100}{185.000} = 6\%$
Gemein-kosten-zuschlag	$\dfrac{\text{Gemeinkosten} * 100}{\text{Zuschlagsbasis}}$

Erkenntnis

- Die beschäftigungsabhängigen Kostenbestandteile der Materialgemeinkosten verhalten sich teilweise proportional zur Zuschlagsbasis Fertigungsmaterial.

- Zwischen den Stellenkosten und Zuschlagsbasen lässt sich eine volle Proportionalität nur in einer Grenzkostenrechnung erreichen, die mit beschäftigungsabhängigen Stellenkosten operiert.

- Durch die Übernahme der beschäftigungsintervallfixen Kostenbestandteile in die Stellenkosten missachtet die Vollkostenrechnung das Verursachungsprinzip.

	Kostenartenrechnung				Kostenstellenrechnung			
Gemein-kosten-gruppen GKR	Gemeinkosten-gruppen Text	Zahlen der Finanzbuch-haltung für StEK und StGK	Verteiler für StEK und StGK	Material-kosten-stellen-bereich I in T€	Fertigungs-kosten-stellen-bereich II in T€	Verwaltungs-kosten-stellen-bereich III in T€	Vertriebs-kosten-stellen-bereich IV in T€
a	b	c	d	e	f	g	h
1 410/419	Stoffkosten	20.200	Urbelege	1.400	15.900	1.200	1.700
2 420/429	Energiekosten	4.200	Uhr/kWh	700	2.100	500	900
3 430/439	Arbeitskosten	6.500	Urbelege	1.900	2.600	600	1.400
4 440/449	Sozialkosten	15.200	in %	2.100	1.700	6.100	5.300
5 450/459	Instandhaltung	5.600	Urbelege	500	3.500	800	800
6 460/469	Steuern/Gebühren	8.500	in %	1.300	1.600	2.800	2.800
7 470/479	Mieten/Werbung	13.600	qm in %	400	4.100	3.800	5.300
8 480/484	kalk. Kosten	14.800	Kartei	2.800	7.700	1.200	3.100
9 Primärkosten = Stellenkosten		88.600		11.100	39.200	17.000	21.300
10 Kostenstellenbereichsgemeinkosten				MGK	FGK	Vw	VtGK
11 Zuschlagsbasis für Materialgemeinkosten			Fertigungsmaterial	185.000			
12 Zuschlagsbasis für Fertigungsgemeinkosten			Fertigungslöhne		31.000		
13 Zuschlagsbasis für Verwaltungsgemeinkosten			Fertigungskosten			70.200	
14 Zuschlagsbasis für Vertriebsgemeinkosten			Herstellkosten des Umsatzes				263.850
15 Ist-Gemeinkostensätze in vollen Prozenten				6%	126%	24%	8%

		ohne BVÄ	mit BVÄ	Rechentechnische Lösung
16	Gesamtselbstkostenzusammenstellung und Kostenträgerzeitrechnung			
17	Ist-Gesamtselbstkosten in €	*ohne BVÄ*	*mit BVÄ*	Rechentechnische Lösung
18	Fertigungsmaterial	185.000		$MGK\ \% = \dfrac{11.100\ *100}{185.000} = 6\%$
19	Materialgemeinkosten	11.100		
20	*Materialkosten*	196.100	196.100	
21	Fertigungslöhne	31.000		$FGK\% = \dfrac{39.200*100}{31.000} = 126\%$
22	Fertigungsgemeinkosten	39.200		
23	*Fertigungskosten*	70.200	*70.200*	
24	Sondereinzelkosten der Fertigung	-	-	$VwGK\% = \dfrac{17.000*100}{70.200} = 24\%$
25	*Herstellkosten der Fertigung*	*266.300*	*266300*	
26	+/- Minder/Mehrbestände		-2450	
27	*Herstellkosten des Umsatzes*		*263850*	$VtGK\% = \dfrac{21.300*100}{263.850} = 8\%$
28	Verwaltungsgemeinkosten	17000	17000	
29	Vertriebsgemeinkosten	21300	21300	
30	*Selbstkosten der Fertigung*	*304.600*		*Bestandsveränderungen (BVÄ)*
31	*Selbstkosten des Umsatzes*	-	*302150*	AB 4.000 UFE 12.250 FE
31	Grundleistungen (Erlöse, Werkauftr	320800	320800	EB 1.700 UFE 17.000 FE
32	*Betriebserfolg*	*16200*	*18650*	BVÄ -2.300 UFE + 4.750 FE
				BVÄ saldiert = + 2.450 FE

StEK	Stelleneinzelkosten	VtGK	Vertriebsgemeinkosten
StGK	Stellengemeinkosten	BVÄ	Bestandsveränderung
MKStB	Materialkostenstellenbereich	MGK%	Materialgemeinkostenzuschlag in%
FKStB	Fertigungskostenstellenbereich	FGK%	Fertigungsgemeinkostenzuschlag in%
VwKStB	Verwaltungskostenstellenbereich	VwGK%	Verwaltungsgemeinkostenzuschlag in%
VtKStB	Vertriebskostenstellenbereich	VtGK%	Vertriebsgemeinkostenzuschlag in%
in%	in Prozent	AB	Anfangsbestand
MGK	Materialgemeinkosten	EB	Endbestand
FGK	Fertigungsgemeinkosten	UFE	Unfertige Erzeugnisse
VwGK	Verwaltungsgemeinkosten	FE	Fertige Erzeugnisse

Abbildung 238: Einstufiger Betriebsabrechnungsbogen auf Vollkostenbasis

Diese Erkenntnis gilt für die Errechnung aller Gemeinkostensätze in einer Vollkostenrechnung. Die beschäftigungsabhängigen Kostenbestandteile der Fertigungsgemeinkosten verhalten sich i.d.R. proportional zu ihren Fertigungslöhnen. Kapitalkosten (Abschreibungen und Zinsen), Steuern, Versicherungen u.ä. Kostenarten reagieren als beschäftigungsintervallfixe Kostenbestandteile auf Beschäftigungsänderungen nicht.

Um den Einfluss des schwankenden Werkstoffkostenanteils bei der Fertigung von Standard- oder Luxusmodellen auf die Höhe der Herstellkosten zu eliminieren, empfiehlt sich als Zuschlagsbasis für die Berechnung des Verwaltungsgemeinkostenzuschlages der Einsatz der *Fertigungskosten* (werteschaffende Größe) anstelle der Herstellkosten der Fertigung.

BEISPIEL: PC-GEHÄUSE UND MATERIALGEMEINKOSTEN

Ein PC-Hersteller fertigt Personal-Computer in zwei Varianten, die sich lediglich durch das Gehäuse unterscheiden (Billiges Standard- und teures Designer-Gehäuse). Die Materialgemeinkosten für das Handling der Geräte hängen nicht vom Gehäusetyp ab. Eine prozentuale Verrechnung der Materialgemeinkosten in Abhängigkeit vom PC-Wert würde zu verfälschenden Ergebnissen führen.

Während sich die meisten Kostenbestandteile der Fertigungskosten oftmals beschäftigungsabhängig verhalten, überwiegen bei den Verwaltungsgemeinkosten die beschäftigungsintervallfixen Kostenbestandteile, d. h. eine verursachungsgerechte, proportionale Beziehung zwischen den Stellenkosten der Verwaltungsgemeinkosten und ihrer Zuschlagsbasis ist nicht mehr feststellbar.

BEISPIELE FÜR BESCHÄFTIGUNGSINTERVALLFIXE KOSTEN IM IT-BEREICH

Hardwarekosten und Lizenzgebühren für zentralen Servier

Netzwerkkosten

Kosten für Standleitungen

Personalkosten für IT-Führungspersonal (IT-Leitung), Netzwerkadministratoren, Datenbankspezialisten u.a.

Da die verkauften Grundleistungen die Verwaltungsgemeinkosten einer Rechnungsperiode finanzieren, wird eine **künstliche**

Kausalbeziehung zwischen den Verwaltungsgemeinkosten und Fertigungskosten als werteschaffender Größe **unterstellt**.

Vertriebsgemeinkosten enthalten bis auf die Sondereinzelkosten des Vertriebs ähnlich den Verwaltungsgemeinkosten hohe beschäftigungsintervallfixe Kostenbestandteile, so dass auch hier eine verursachungsgerechte Zuschlagsbasis konstruiert werden muss. Da absatzwirtschaftliche Leistungen die Vertriebsgemeinkosten verursachen und finanzieren, bieten sich die »Herstellkosten der umgesetzten Grundleistungen« als Zuschlagsbasis an.

Ohne Berücksichtigung der **Bestandsveränderungen** lassen sich die Herstellkosten des Umsatzes nur ermitteln, wenn alle gefertigten Leistungseinheiten einer Rechnungsperiode verkauft werden. Wird mehr gefertigt als verkauft, findet eine **Bestandsmehrung** zu Herstellkosten der Fertigung statt. Die **Herstellkosten des Umsatzes** sind dann kleiner als die **Herstellkosten der Rechnungsperiode**, d. h. Mehrbestände sind von den Herstellkosten der Rechnungsperiode in der Gesamtkostenaufstellung bzw. Selbstkostenermittlung für die Erfolgsrechnung zu subtrahieren, bei **Bestandsminderungen** analog zu addieren, da mehr verkauft als produziert wurde.

Erkenntnis

Fertigung > Verkauf = Bestandsmehrung = Subtraktion	In der
Fertigung < Verkauf = Bestandsminderung= Addition	Betriebserfolgs- rechnung

Der Betriebsabrechnungsbogen in *statistisch-tabellarischer Form* übernimmt vertikal aus der Finanzbuchhaltung *ohne* Gegenbuchung die in Einzel-, Sondereinzel- und Gemeinkosten bereits differenzierten Kostenarten der Kontenklasse 4 des Gemeinschaftskontenrahmens 1951. Die Kostenstellenrechnung verteilt die Gemeinkosten verursachungsgerecht horizontal auf die Orte der Kostenentstehung in der Form von Stelleneinzel- und Stellengemeinkosten.

Die Kostenstellenrechnung errechnet additiv die Stellenkosten. Die Rechenstufe nach der Findung der Stellenkosten ermittelt vier bzw. fünf Gemeinkostenzuschlagssätze für eine rechentechnische Überwälzung der Gemeinkosten einer Rechnungsperiode auf die Kostenträger.

Das Verursachungsprinzip lässt sich in dieser Rechenstufe nur verwirklichen, wenn die Stellenkosten und Zuschlagsbasen aus beschäftigungsabhängigen Größen bestehen. Diese Prämissen erfüllt eine Grenzkostenrechnung, eine Vollkostenrechnung nur für ihre *variablen* Kostenbestandteile.

Wahl der Bezugsbasen

*   Kostenarten benutzen als Bezugsbasis für die Kostenartenverteilung die Orte der Kostenentstehung.

*   Hilfskostenstellen verrechnen ihre Leistungen – die Sekundärkosten – nach der Inanspruchnahme durch die empfangenden Kostenstellen.

*   Stellenkosten suchen sich für die Zuschlagssatzermittlung Zuschlagsbasen, die sich zu ihnen proportional verhalten.

Stellenkosten	*Zuschlagsbasen*
- Fertigungsgemeinkosten	- Fertigungslohn
- Materialgemeinkosten	- Fertigungsmaterial
- Verwaltungsgemeinkosten	- Fertigungskosten
- Vertriebsgemeinkosten	- Herstellkosten des Umsatzes

Gesucht wird immer die **Proportionalität** für eine »möglichst genaue Zurechnung«

*   der Primärkosten auf die Kostenstellen,

*   der Sekundärkosten auf die Hauptkostenstellen,

*   der Stellenkosten auf die Zuschlagsbasen.

Diese Proportionalität lässt sich finden, wenn den Kostenstellen und Kostenträgern *so* **viel** Kostenarten **wie möglich** nach dem **Grundsatz der direkten Zurechnung** als Stelleneinzel- bzw. Einzelkosten zugerechnet werden.

Kostenschlüssel für die Verteilung von Stellengemeinkosten bzw. Werkaufträgen bleiben immer ein Notbehelf.

Die Grundbegriffe der Kostenrechnung formulierte Schmalenbach. Seine kostentheoretischen Erkenntnisse über die Fixkosten, seine Aussagen zur traditionellen Kostenrechnung und zur Plankostenrechnung, seine ***entscheidenden Denkanstöße*** für eine Entwicklung der Grenzkosten- und Deckungsbeitragsrechnung sind von wesentlicher Bedeutung.

FALLBEISPIEL: VERTEILUNG VON IT-KOSTEN IM MEHR-STUFIGEN BETRIEBSABRECHNUNGSBOGEN

Bei der „InterfaceGmbH" fallen IT-Kosten in erheblichem Umfang an. Sie verwendet zur internen Leistungsverrechnung einen mehrstufigen Betriebsabrechnungsbogen, der in Vor- und Hauptkostenstellen untergliedert ist.

Die Vorkostenstellen werden u.a. für die Verrechnung der IT-Kosten genutzt. Das Unternehmen hat zur differenzierten Verrechnung der IT-Kosten drei IT-Vorkostenstellen gebildet: Rechenzentrum, Anwendungsberatung und PC-Service.

Die Kosten für Personal, Hardware, Internetnutzung und Kalkulatorische Abschreibungen werden wie folgt auf die Kostenstellen des Unternehmens verrechet:

Kostenart	Verteilungsgrundlage
Personal	Gehaltssumme lt. Gehaltsbuchhaltung
Hardware	Anzahl PC
Internetnutzung	Anzahl Onlinenutzungsminuten
Kalkulatorische Abschreibungen und Zinsen	Vermögenswerte lt. Anlagenbuchhaltung

Weitere Kostenarten werden aus Gründen der Vereinfachung nicht weiter betrachtet, da die IT-Kosten im Vordergrund des Fallbeispiels stehen. Die Kosten der IT-Vorkostenstellen sollen mit dem Umlageverfahren den Endkostenstellen Einkauf, Fertigung und Sonstige zugerechnet werden. Die Verteilung der Kosten der IT-Vorkostenstellen erfolgt nach folgenden Schlüsseln:

IT-Kostenstelle	Verteilungsgrundlage
Rechenzentrum	Verbrauchte CPU-Zeit (in Minuten)
Anwendungsberatung	Verbrauchte Arbeitszeit (in Stunden)
PC-Service	Anzahl installierter PC

Das Ergebnis der internen IT-Leistungsverrechnung zeigt im IT-BAB Abbildung 239. Im oberen Bereich erfolgt die direkte Verteilung der primären Gemeinkosten. Der untere Bereich übernimmt die Verteilung der IT-Vorkostenstellen auf Endkostenstellen (Hauptkoststenstellen).

a	b	c	d	e	f	g	h	i
		IT-Kostenstellen (Vorkostenstellen)			Hauptkostenstellen			
IT-Kostenart	Verteilungs-schlüssel	Rechen-zentrum	Anwendungs-beratung	PC-Service	Einkauf	Fertigung	Sonstige	Summe
Personalkosten (Gehalt und Sozialkosten)	Gehaltsumme	240.000 €	540.000 €	320.000 €	1.600.000 €	1.980.000 €	4.500.000 €	9.180.000 €
		3%	6%	3%	17%	22%	49%	100%
Hardware	Anzahl PC	8.400 €	12.600 €	16.800 €	42.000 €	126.000 €	315.000 €	520.800 €
		4	6	8	20	60	150	248
Internetgebühren	Anzahl Minuten	160 €	480 €	960 €	1.400 €	120 €	600 €	3.720 €
		800	2400	4800	7000	600	3000	18600
Kalk. Abschreibungen und Zinsen	Vermögen lt. Anlagen-buchhaltung	6678	10017	13356	33390	100170	250425	414.036 €
		26.712 €	40.068 €	53.424 €	133.560 €	400.680 €	1.001.700 €	1.656.144 €
Summe primäre Gemeinkosten		255.238 €	563.097 €	351.116 €	1.676.790 €	2.206.290 €	5.066.025 €	10.118.556 €

Umlage der IT-Kosten (sekundäre Gemeinkosten)								
Rechenzentrum	CPU-Zeit (sec.)	-255238			68.983 €	91.978 €	94.277 €	255.238 €
					1500000	2000000	2050000	5550000
Anwendungs-beratung	Arbeitszeit (h)		-563097		192.841 €	293.119 €	77.137 €	563.097 €
					250	380	100	730
PC-Service	Anzahl PC			-351116	30.532 €	91.595 €	228.989 €	351.116 €
					20	60	150	230
Summe sekundäre Gemeinkosten					292.357 €	476692,1222	400402,3701	1169451
Summe Gemeinkosten					1.969.147 €	2682982,122	5466427,37	10.118.556 €

Abbildung 239: Mehrstufiger Betriebsabrechnungsbogen auf Vollkostenbasis

Grundaufgaben einer entscheidungsorientierten Kostenrechnung

Alle Führungsinstanzen bemühen sich, die Elementarfaktoren im produktiven Kombinationsprozess optimal zu koordinieren, um mit dem gleichen oder geringeren Aufwand der gewählten Zielgruppe bessere Engpassproblemlösungen als die Wettbewerber zu bieten.

Beim Streben nach der Nutzenoptimierung darf aber weder das ökonomische Interesse der Kunden noch das soziale Interesse der Mitarbeiter leiden. Erfolge eines Betriebes sind stets das Ergebnis der Lernprozesse aller Mitarbeiter, wenn sie sich als Problemlöser der gewählten Zielgruppe betrachten, Kundennutzen anstelle von »Produkten« verkaufen.

Nur die Optimierung von zielgerichteten Lernprozessen erlaubt die Bildung marktgerechter, konkurrenzfähiger Preise, garantiert die soziale Sicherung aller Mitarbeiter, ein solides finanzielles Gleichgewicht und die ständige Anpassung des Betriebsmittelbestandes an den technologischen Fortschritt.

Diese Zielsetzung lässt sich nur erreichen, wenn die Führungsinstanzen das IT-Controlling-Konzept (vgl. Kapitel 1 und 2) einsetzen und ihre Lernprozesse engpaßbezogen optimieren, um alle Zeit- und Bewegungsabläufe im Betrieb zielorientiert auf die Probleme der gewählten Zielgruppe zu koordinieren (Brennglaseffekt). Gewinn und soziale Harmonie stellen sich dann automatisch ein.

Organisation   Stabsabteilungen beraten die Führungsinstanzen der operativen und strategischen Führungsebenen, bereiten Entscheidungen vor, liefern zeit- und sachgerecht aufbereitete Daten aus der Vergangenheit für die Gegenwart und Zukunft. Als Stabsstelle des IT-Controllings bereitet die IT-Kostenrechnung mit Hilfe der Grenzplankosten- und Plandeckungsbeitragsrechnung zukunftsorientierte Führungsentscheidungen vor.

Wenn Wirtschaftlichkeitsüberlegungen den Einsatz einer flexiblen Plankostenrechnung verbieten, sind die Istdaten zu aktualisieren und in ihre fixen und variablen Kostenbestandteile aufzulösen. Eine Deckungsbeitragsrechnung auf Istkostenbasis ist besser als keine. Sie führt zwangsläufig zu einer zukunftsorientierten Aufbereitung der Daten.

Aufgaben   Eine moderne IT-Kostenrechnung löst im Rahmen des IT-Controllerdienstes folgende Aufgaben:

- **Entscheidungsvorbereitungen (z. B. IT-Outsourcing) und Entscheidungskontrollen (Primärziel)**

Zukunftsorientierte Entscheidungshilfen kann man mit rational beweisbaren Daten einer Plandeckungsbeitragsrechnung vorbereiten. Der Einsatz von Istdaten erlaubt nur retrograde Erfolgsanalysen.

- **Kostenplanung und Kostenkontrolle (Voraussetzung für das Primärziel)**

Abweichungs- und Schwachstellenanalysen erfolgen über den Soll-Ist-Kosten-Vergleich einer flexiblen Plankostenrechnung, die Vorgabekosten (Maßkosten) und Istkosten eines Beschäftigungsgrades gegenüberstellt. Ein Kostenartenperiodenvergleich der Istkosten zweier Rechnungsperioden ist nur im Einproduktbetrieb (z. B. spezialisiertes Werk eines Herstellers von Mikrochips für Personal-Computer) bei konstanter Beschäftigungslage möglich, wenn Festpreise existieren.

- **Preis- und Erfolgskontrollen**

Die Kostenträgerstückrechnung (Kalkulation) kalkuliert den Preis für eine Auftragsfertigung (z. B. Entwicklung einer Individualsoftware durch ein Softwarehaus), indem sie die Selbstkosten um den kalkulatorischen Stückgewinn erhöht. Bei der Preiskontrolle vergleicht sie den Marktpreis mit den Selbstkosten.

Die Kostenträgerzeitrechnung ermittelt den Betriebserfolg (Leistung minus Kosten) oder den Unternehmenserfolg (Ertrag minus Aufwand) unter Berücksichtigung der Lagerbestandsveränderungen (z. B. bei Herstellern von PCs oder IT-Komponenten).

Zusätzlich zu diesen drei Hauptaufgaben löst die Kostenrechnung zwei Nebenaufgaben:

- die Bestände- und Inventurbewertung und
- die Bereitstellung und Auswertung von Informationsdaten.

Schmalenbach bezeichnet wirtschaftliches Handeln als permanentes „Wählen und Entscheiden". Seine Zweckwahlvorgänge

- Nutzen-Nutzen-Vergleich (Deckungsbeitragsvergleich)
- Kosten-Kosten-Vergleich (Soll-Ist-Kosten-Vergleich)
- Kosten-Nutzen-Vergleich (Erlös-Selbstkosten-Vergleich)

umfassen alle Aufgaben einer Kostenrechnung auf Voll- und Grenzkostenbasis. Unter Anlehnung an diese Begriffe werden die Aufgaben der Kostenrechnung näher erläutert.

Nutzen-Nutzen-Vergleich für die Entscheidungsvorbereitung

Eine Kostenrechnung kann Führungsentscheidungen kurzfristiger Art zukunftsbezogen nur unter der Prämisse des linearen Kostenverlaufs vorbereiten, der die Ermittlung vergleichbarer Grenzkosten und Deckungsbeiträge erlaubt.

Die Deckungsbeitragsrechnung erstellt je nach der Beschäftigungslage eine Artikelrangfolge nach den erwirtschafteten absoluten oder engpassbezogenen Deckungsbeiträgen. Nur Artikelrangfolgen lassen das »optimale Austauschverhältnis« für eine Verkaufs- und Fertigungsprogrammwahl sichtbar werden.

Aus der Erfolgsanalyse, dem Nutzen-Nutzen-Vergleich der erwirtschafteten Deckungsbeiträge, lassen sich Verkaufs- und Fertigungsprogramme mit einer Gewinnplanung entwickeln. Eine Nutzenoptimierung ist leichter realisierbar, wenn die gefertigten Leistungseinheiten die Engpassprobleme der Zielgruppen lösen helfen.

Kosten-Kosten-Vergleich für die Kostenkontrolle

Kostenplanung und Kostenkontrolle sind eine Vorbedingung für den Nutzen-Nutzen-Vergleich. Er benötigt für die Ermittlung vergleichbarer Deckungsbeiträge konstante Grenzkosten, auch Standardkosten genannt.

Das Sekundärziel, kurz Kostenkontrolle bezeichnet, überprüft die Kostenplanung sämtlicher Kostenstellen einer Unternehmung permanent durch den Soll-Ist-Kosten-Vergleich. Er vergleicht die auf den Istbeschäftigungsgrad umgerechneten Basisplankosten – dann Sollkosten genannt – mit den tatsächlich angefallenen Istkosten. Eine wirksame Kostenkontrolle ist nur mit Hilfe von Maßgrößen möglich.

Sie fehlen in der Istkostenrechnung und der traditionellen Vollkostenrechnung. Der dort praktizierte Kostenartenperiodenvergleich stellt die mit zeitlicher Verzögerung1 ermittelten Istkosten der letzten Rechnungsperiode den Istkosten der Vorperiode gegenüber. Dieser Kostenartenperiodenvergleich ist nur sinnvoll, wenn alle Änderungen der Kosteneinflussgrößen einschließlich der Preisabweichungen zwischen zwei Perioden vorher eliminierbar sind.

In der flexiblen Plankostenrechnung schaltet die einheitliche Bewertung der Soll- und Istverbrauchsmengen mit Planwerten die Preiseinflüsse des Marktes aus. Die Umrechnung der Plankosten auf den Istbeschäftigungsgrad verhindert Störungen des Soll-Ist-Kosten-Vergleichs durch unterschiedliche Beschäftigungsgrade. Abweichungsanalysen messen den tatsächlichen Kostenverzehr an den Maßkosten, den Sollkosten.

Ein Soll-Ist-Kosten-Vergleich ermittelt die Kostenstruktur, deckt Verlust- und Schwachstellen auf, erkennt Kostenänderungen, Engpässe und Leerkosten, gewährleistet eine ständige Überwachung der Kostenwirtschaftlichkeit, leitet Kostensenkungen durch Rationalisierungsmaßnahmen ein, wenn der Verzehr der Produktivfaktoren ständig systematisch, exakt, chronologisch richtig, unabhängig von den Marktpreisen erfasst und verursachungsgerecht auf die Kostenstellen und Kostenträger wie in der flexiblen Plankostenrechnung verrechnet wird.

Kosten-Nutzen-Vergleich für die Erfolgskontrolle

Der Kosten-Nutzen-Vergleich entspricht einem Erlös-Selbstkosten-Vergleich. Er dient der Preisbildung bei Auftragsfertigungen und der Preiskontrolle bei Marktfertigungen. Die Preisbildung erhöht die Selbstkosten um den kalkulierten Stückgewinn. Der Preis ist dann eine Funktion der Kosten. Die Preiskontrolle stellt fest, ob der Marktpreis die Selbstkosten deckt.

Vollkosten-rechnung

Die traditionelle Vollkostenrechnung betrachtet die Kostenpreiskalkulation für die Auftragsfertigung (z. B. Entwicklung eines kundenindividuellen Internetportals durch ein externes Softwarehaus) und Preiskontrolle für die Marktfertigung (z. B. Entwicklung eines Standardbuchhaltungs-Softwarepaketes durch ein Softwarehaus) als ihr Primärziel.

Die traditionelle Vollkostenrechnung glaubt, durch die Ermittlung der Selbstkosten und des Stückgewinns den Führungsinstanzen auch die notwendigen Daten für die Absatz- und Preispolitik einer Marktfertigung liefern zu können. Alle Vollkostenkalkulationen sind aber von den Beschäftigungsschwankungen der Periode oder den als normal bestimmten Beschäftigungsgraden abhängig und verstoßen bei der Zurechnung der Fixkosten fortwährend gegen das Verursachungsprinzip. Es fordert, dass Kostenstellen oder Kostenträger nur mit den Kosten belastet werden dürfen, die sie verursacht haben.

Wenn keine Vollbeschäftigung vorliegt, übernehmen die gefertigten Leistungseinheiten auch die von ihnen nicht zu vertretenden Leerkosten, wodurch bei rückläufiger Beschäftigung die Angebotspreise steigen. Ein Unternehmen (z. B. PC-Hersteller), das auf Vollkostenbasis kalkuliert, wenn Marktpreise als Datum existieren (z. B. Kampfpreise der Massen-Discounter für Standard-PC der Einsteigerklasse), katapultiert sich selber aus dem Markt.

Fixkosten

Der sich permanent vergrößernde Angebotsüberhang (z. B. im Bereich der Rechenzentrums-Dienstleister, IT-Beratungskapazitäten der großen Consultinghäuser) und der durch technologische Entwicklung wachsende Fixkostenblock (z. B. Fabriken für Mikrochips, teure Softwarespezialisten für Wartung und Betrieb von Standardsoftware, aufwändige IT-Sicherheitsarchitekturen) erfordern ein Umdenken der Vollkostenrechnung für die Auftragsfertigung (Individuallösungen) und Marktfertigung (Standardlösungen). Der zunehmende Wettbewerb zwingt die Unternehmen, ihre Kosten den Marktpreisen anzupassen. Diese Erkenntnis leitete die Weiterentwicklung der Vollkostenrechnung zur Grenzplankosten- und Plandeckungsbeitragsrechnung ein. Ihre kalkulatorische Grundrechnung ermittelt »geplante variable Stückkosten, die bei linearen Kostenverläufen mit den Grenzselbstkosten übereinstimmen«. Sie sind bei beschäftigungsintervallfixen Kosten in ihrer Höhe von den Beschäftigungsschwankungen unabhängig. Vollkostenpreiskalkulationen berücksichtigen weder die Markteinflüsse noch das Marktverhalten, das eine Nutzenoptimierung erzwingt, noch den unterschiedlichen Beitrag, den jeder Artikel zur Fixkostendeckung beiträgt. Deckungsbeiträge, Deckungspunkte und Preisuntergrenzen sind ohne eine Kostenauflösung nicht bekannt, so dass eine elastische Preispolitik entfällt.

Verkaufsprogrammwahlen (Artikelrangfolgen) nach kalkulierten Stückgewinnen führen zu offenkundigen Fehlentscheidungen. Artikel mit niedrigem Stückgewinn können hohe Deckungsbeiträge erwirtschaften oder umgekehrt.

Die Deckungsbeitragsrechnung ermittelt den Kostenpreis für Auftragsfertigungen mit Hilfe des Bruttogewinnzuschlages. Er arbeitet auch wie die Vollkostenrechnung mit Durchschnittswerten, benutzt aber als Zuschlagsbasis die Grenzkosten oder den Grenznutzen. Dadurch wird ein echtes Herantasten an den Marktpreis möglich.

*Aufgaben der
Kostenträger-
stückrechnung*

Mit der Entwicklung der Grenzplankosten- und Plandeckungsbeitragsrechnung haben sich die Aufgaben der Kostenträgerstückrechnung erweitert.

Sie lauten:

- Ermittlung der Herstell- und Selbstkosten auf Voll- und Grenzkostenbasis,

- Ermittlung und Verrechnung von innerbetrieblichen Leistungen (Werkaufträgen) auf Voll- und Grenzkostenbasis,

- Ermittlung von Stückgewinn- und Bruttogewinnzuschlägen (Solldeckungsbeiträgen),

- Durchführung von Kostenpreiskalkulationen für Auftragsfertigung an private und öffentliche Auftraggeber auf Vollkostenbasis,

- Ermittlung von absoluten und relativen Preisuntergrenzen,

- Ermittlung von absoluten und engpassbezogenen Artikelrangfolgen für Erfolgsanalysen und Nutzenoptimierungen,

- Ermittlung von deckungsbeitragsorientierten Provisionsstaffeln für eine die gewählte Artikelrangfolge unterstützende Verkaufssteuerung,

- Bestandsbewertungen auf Voll- und Grenzkostenbasis,

- Wirtschaftlichkeitsrechnung.

In der Wirtschaftspraxis sind wenige Unternehmen in der Lage, nur mit einer Vollkosten- oder Teilkostenrechnung zu arbeiten. Auftrags- und Marktfertigungen herrschen in der Mehrzahl der Unternehmungen vor, Bestandsbewertungen für die Bilanz benötigen immer die Herstellkosten auf Vollkostenbasis. Eine Kostenrechnung kann die ihr heute gestellten Aufgaben nur erfüllen, wenn sie eine **Voll- und Teilkostenrechnung** nebeneinander fährt. Die Grenzplankostenrechnung berücksichtigt diesen Tatbestand, indem sie einmal jährlich eine Fixkostenumlage durchführt.

	a	b	c	d	e
Nr.	**Zweckwahlvorgang** Schmalenbach -	**Aufgaben der Kostenrechnung**		**Problemlösung** formal	material
1	*Nutzen-Nutzen Vergleich* über den Deckungsbeitrags- vergleich Entscheidungs- vorbereitung, -steuerung und -kontrolle	*Analyse- und Informationsfunktion* Preisuntergrenzenbestimmung für die Ermittlung des erzielbaren Preises		über die Optimierung von Lernprozessen	
		Zuschlagsbasis für die "absolute Preisuntergrenze"	in der Unter-beschäftigung	über die Grenz-kosten	Deckungs-beitrags-rechnung
		Zuschlagsbasis für die "engpass-bezogene Preisuntergrenze"	in der Über-beschäftigung	über den Grenz-nutzen	
	Primärfunktion Bessere Lösung von Engpassproblemen als die Mitbewerber	Artikelrangfolgen für Erfolgsanalysen, Programmwahlen und Programm-steuerungen im Absatz- und Fertigungsbereich für eine Nutzen-optimierung	Motivation und Identifikation mit der Ziel-formulierung		Grundtyp I oder Grundtyp II
		Wirtschaftlichkeitsrechnung auf Grenzkostenbasis			
2	*Kosten-Kosten-Vergleich* über den Soll-Ist-Kosten-Vergleich	*Steuerungs- und Kontrollfunktion* Einführung von Standardsätzen	feedback und feedvorward orientiert	über den Soll-Ist-Kosten-Vergleich auf Voll- und Grenzkostenbasis	Flexible Plankosten-rechnung auf Voll-kosten- und Grenzkosten-basis
	Kostenplanung und Kostenkontrolle *Sekundärfunktion*	Abweichungs- und Schwachstellen-analysen Rechtzeige Gegensteuerungs-massnahmen			
3	*Kosten-Nutzen-Vergleich* über den Erlös-Selbstkosten-vergleich	*Erfolgsermittlungsfunktion* Preisbildung für die Auftragsfertigung Preisbildung für die Marktfertigung	mit der Voll-kostenrechnung	über den Nettogewinn =kalkulierten Stückgewinn	Gesamt- und Umsatzkosten-verfahren auf Vollkostenbasis
	Preisbildung und Preiskontrolle *Tertiärfunktion*	Betriebserfolgsrechnung Vertriebserfolgsrechnung Unternehmenserfolgsrechnung	mit der Deckungs-beitragsrechnung	über den Bruttogewinn = erwirtschafteten Deckungsbeitrag	Umsatzkosten-verfahren auf Grenzkostenbasis

Abbildung 240: Zweckwahlvorgang - Aufgaben - Kostenrech-nungsverfahren

Bestände- und Inventurbewertung

In der Regel übernimmt die Kostenrechnungsabteilung die Vor-bereitung, Durchführung und Bewertung der Inventur (z. B. Personal-Computer, Laptops, Drucker, Bildschirme, Softwareli-zenzen).

Dabei sind die Bewertungsvorschriften des Handelsrechts (§ 255 HGB) und des Steuerrechts (§ 6 EStG) anzuwenden, wenn Leis-tungen (z. B. selbst erstellte Gebäude für das Rechenzentrum oder ein Schulungszentrum, selbst entwickeltes Softwaresystem) bilanziert werden. Der Wertansatz erfolgt zu Herstellungskosten unter Verzicht auf kalkulatorische Kosten.

Bei der Berechnung der Herstellungskosten dürfen in angemes-senem Umfang Abnutzungen und sonstige Wertminderungen sowie angemessene Teile der Betriebs- und Verwaltungskosten eingerechnet werden, die auf den Zeitraum der Herstellung entfallen, Vertriebskosten gelten nicht als Betriebs- und Verwaltungskosten (§ 255 HGB).

Die »Herstellungskosten« setzen sich aus dem Material, Materialgemeinkosten, den Löhnen und Gemeinkosten sowie Sondereinzelkosten zusammen. Anteilige Verwaltungsgemeinkosten können, Vertriebskosten dürfen nicht in die Herstellungskosten einbezogen werden.

Für das Vorratsvermögen (z. B. PC-Zubehör eines IT-Lieferanten usw.) sind Anschaffungswerte plus Bezugskosten oder Herstellungskostenwerte anzusetzen (Niederstwertprinzip, § 255 HGB).

Liegen zur gleichen Zeit der Börsen- oder Marktpreis oder Zeitwert niedriger, so sind die Werte anzusetzen (Niederstwertprinzip, § 255 HGB).

Zur genauen Feststellung der Herstellkosten ist eine ordnungsgemäß geführte Kostenrechnung erforderlich. Die Gemeinkostenüberwälzung zu Vollkosten auf die Kostenträger (z. B. Outsourcing-Gebühren eines Full-Service-Outsourcing-Anbieters) soll auf der Grundlage eines Durchschnittsbeschäftigungsgrades (= Normalbeschäftigung) erfolgen, um die Unfertig- und Fertigerzeugnisbestände in Zeiten der Unterbeschäftigung (z. B. bei im Jahresverlauf ungleichmäßig ausgelasteten Rechnerkapazitäten des Outsourcing-Anbieters) nicht überzubewerten.

6 Deckungsbeitragsrechnung für IT-Controller

6.1 Grundlegendes zur Deckungsbeitragsrechnung

Vollkostenrechnungssysteme basieren auf dem Grundsatz der Kausalität und Proportionalität, d. h. sie nehmen eine proportionale Verrechnung der Fixkosten in der Kostenträgerzeit- und -stückrechnung vor. Hierbei wird im Allgemeinen unterstellt, dass eine proportionale Beziehung zwischen Einzel- und Gemeinkosten vorliegt. Da die Fixkosten in der Unternehmensrealität jedoch zeit- und nicht volumenabhängig sind, liefern Vollkostenverfahren häufig nicht aussagefähige Informationen für Unternehmensentscheidungen. Dies zeigt das folgende

BEISPIEL: INTERFACE GMBH

Die Interface GmbH stellt im Werk 1 zwei Produkte her, Serielles Druckerkabel (Produkt A) und USB-Druckerkabel (Produkt B). Folgende Ausgangsdaten stehen zur Verfügung:

Produkt	A	B	Gesamt
Produzierte Menge (Stück/Jahr)	500.000	1.000.000	1.500.000
Fertigungsmaterial (FM) (EUR/Jahr)	300.000	1.200.000	1.500.000
Fertigungslohn (FL) (EUR/Jahr)	300.000	300.000	600.000
Gemeinkosten (EUR/Jahr)			2.400.000
Gesamtkosten (EUR/Jahr)			4.500.000

Das Unternehmen hat eine Vollkostenrechnung nach dem Verfahren der summarischen Zuschlagskalkulation. Folgende Möglichkeiten der Selbstkostenkalkulation sind denkbar:

a) Zuschlagskalkulation auf der Basis der Fertigungslöhne:

$$\text{Gemeinkostenzuschlag} = \frac{\text{Gemeinkosten}}{\text{Fertigungslöhne}} * 100$$

$$= \frac{2.400.000}{600.000} * 100 = 400$$

Der Gemeinkostenzuschlag beträgt 400 % auf den Fertigungslohn.

b) Zuschlagskalkulation auf der Basis des Fertigungsmaterials:

$$\text{Gemeinkostenzuschlag} = \frac{\text{Gemeinkosten}}{\text{Fertigungsmaterial}} * 100$$

$$= \frac{2.400.000}{1.500.000} * 100 = 160$$

Der Gemeinkostenzuschlag beträgt 160 % auf das Fertigungsmaterial.

c) Zuschlagskalkulation auf der Basis der gesamten Einzelkosten (EK):

$$\text{Gemeinkostenzuschlag} = \frac{\text{Gemeinkosten}}{\text{Gesamte Einzelkosten}} * 100$$

$$= \frac{2.400.000}{2.100.000} * 100 = 114,29$$

Der Gemeinkostenzuschlag beträgt 114,29 % auf die gesamten Einzelkosten. Die Stückkostenkalkulation ergibt nun folgendes Bild bezüglich der Alternativen a bis c:

Produkt	A	B	Gesamt
Produzierte Menge (Stück/Jahr)	500.000	1.000.000	1.500.000
Fertigungsmaterial (FM) (EUR/Jahr)	300.000	1.200.000	1.500.000
Fertigungslöhne (FL) (EUR/Jahr)	300.000	300.000	600.000
Gemeinkosten (EUR/Jahr)			2.400.000

Produkt	A	B	Gesamt
Lösung a (400 % auf FL)	1.200.000	1.200.000	2.400.000
Gesamtkosten (EUR/Jahr)	1.800.000	2.700.000	
Selbstkosten (EUR/Stück)	3,60	2,70	
Lösung b (160 % auf FM)	480.000	1.920.000	2.400.000
Gesamtkosten (EUR/Jahr)	1.080.000	3.420.000	
Selbstkosten (EUR/Stück)	2,16	3,42	
Lösung c (114,29 % auf EK)	685.700	1.714.300	2.400.000
Gesamtkosten (EUR/Jahr)	1.285.700	3.214.300	
Selbstkosten	2,57	3,21	

Das Ergebnis der Zuschlagskalkulation zeigt, dass die Selbstkosten, abhängig von der gewählten Zuschlagsbasis, sich zwischen EUR/Stück 2,16 und 3,60 bzw. 2,70 und 3,42 bewegen. Damit wird deutlich, dass die Schlüsselung von Gemeinkosten letztlich willkürlich ist, da sie dem tatsächlichen Kostenverhalten im Betrieb nicht entspricht. Je höher die Gemeinkosten im Verhältnis zu den Einzelkosten sind, d. h. je größer die errechneten prozentualen Gemeinkostenzuschläge, umso größer wird der Umlagefehler. Die Aussagekraft der Vollkostenrechnung im Hinblick auf dispositive Maßnahmen wird immer geringer.

Mehrere Merkmale determinieren eine Deckungsbeitragsrechnung:

- Sie gliedert als Teilkostenrechnung alle Kostenarten in ihre variablen und fixen Kostenbestandteile auf. Auf die Leistungseinheiten werden nur Grenzkosten verrechnet, die sich gegenüber der Ausbringungsmenge oder einer Bezugsgrößeneinheit, z. B. Fertigungsstunden, beschäftigungsproportional verhalten. Einzelheiten und Grundsätze der Bezugsgrößenwahl für die Grenzplankostenrechnung schildert Kilger ausführlich.

Teilkosten-rechnung

Der Begriff Teilkostenrechnung bedeutet, dass der Soll-Ist-Kosten-Vergleich, die Kalkulation und innerbetriebliche Leistungsverrechnung sich auf die Grenzkosten, d. h. den Teil der beschäftigungsabhängigen Gesamtkosten beschränken. Eine Teilkostenrechnung strebt trotzdem die Vollkostendeckung konsequenter an als eine Vollkostenrechnung, die ihren Deckungspunkt ($E = K_g$) nicht kennt. Sobald eine Verknüpfung der Teilkostenrechnung mit der Erlösseite erfolgt, entsteht daraus die Deckungsbeitragsrechnung.

- Die Deckungsbeitragsrechnung subtrahiert die Grenzselbstkosten vom Erlös. Er wird als Bezugsgröße und reiner Grundwert gleich 100 % gesetzt. Damit wird die Marktorientierung der Deckungsbeitragsrechnung dokumentiert und ein retrograder Rechenweg ausgelöst.

Vollkosten-rechnung

Eine Vollkostenrechnung gliedert die Kostenarten in Einzel- und Gemeinkosten und verrechnet sie auf die Leistungseinheiten als Vollkosten, d. h. mit ihren variablen und fixen Kostenbestandteilen. Bei der Preisbildung für Auftragsfertigungen setzt die Vollkostenrechnung die Selbstkosten als Bezugsbasis für die Stückgewinnermittlung gleich 100 %. Der Preis ist dann eine Funktion der Kosten. Der rechentechnische Lösungsweg verläuft progressiv von den Herstellkosten über die Selbstkosten und dem kalkulatorischen Gewinnzuschlag zum Verkaufspreis.

Abbildung 241: Kalkulationsschema Vollkosten- und Teilkostenrechnung

- Die Differenz zwischen dem Erlös und den Grenzselbstkosten wird als absoluter Deckungsbeitrag – db_{abs} – bezeichnet.

- Die Deckungsbeitragsrechnung eignet sich besonders für Fertigungsprogramme mit homogenen Leistungseinheiten und hohen Ausbringungsmengen, die den anonymen Markt bedienen (Massenfertigung).

Prämissen   Bei der Vorbereitung von Entscheidungshilfen hat eine Deckungsbeitragsrechnung folgende Prämissen zu beachten:

- ***Linearer Kostenverlauf (Sollkostenverlauf):*** Der lineare Kostenverlauf bewirkt, dass variable Stückkosten und Grenzkosten bei beschäftigungsintervallfixen Kosten gleich sind.

- ***Konstante Erlöse (proportionale Planerlöse bzw. Planpreise):*** Eine Deckungsbeitragsrechnung benötigt für die Dauer einer Planperiode konstante Erlöse. Ob sie als Datum des Marktes (Planerlöse) oder als Angebotspreise (Planpreise) existieren, ist unwichtig. Nur eine lineare Erlöskurve erlaubt eine uneingeschränkte und direkte Vergleichbarkeit der Deckungsbeiträge.

- ***Konstante Grenzkosten (Plangrenzselbstkosten bzw. Plangrenzherstellkosten):*** Konstante und damit vergleichbare Deckungsbeiträge lassen sich nur errechnen, wenn Stückerlöse und Stückgrenzselbstkosten innerhalb einer

Planperiode unverändert bleiben. Voraussetzung für eine aussagefähige Deckungsbeitragsrechnung ist eine exakte Ermittlung der Grenzselbstkosten über eine richtige Bezugsgrößenwahl für die Gemeinkostenplanung und möglichst weitgehende Kostenauflösung (vgl. Kilger).

- ***Durchschnittliche Auftragszusammensetzung:*** Deckungspunkt-Diagramme verlieren ihre Aussagekraft, wenn neben dem umsatzproportionalen Verlauf der Planerlöse, der Plangrenzselbstkosten und der Planausbringungsmengen nicht die geplante durchschnittliche Auftragszusammensetzung des Absatzplanes eingehalten werden kann.

Alle vier Voraussetzungen erfüllt ein Onlineshop für IT-Zubehör. Der für ein halbes Jahr (die Planperiode) gültige Warenkatalog garantiert eine durchschnittliche Auftragszusammensetzung und konstante Planpreise, der Großeinkauf für eine Planperiode Standardgrenzselbstkosten und damit bei beschäftigungsintervallfixen Kosten einen linearen Kostenverlauf mit gleich bleibenden Deckungsbeiträgen.

Die letzteren sind für Erfolgsanalysen und Programmwahlen vergleichbar und erlauben eine Gewinnplanung, indem man vom Plandeckungsbeitragsvolumen aller Planabsatzmengen die Planfixkosten subtrahiert.

$(E_p - K_{vp}) - K_{fp} = G_p.$

Die einzige Unbekannte im IT-Versandhandel ist die Planabsatzmenge. Ein Soll-Ist-Vergleich zwischen den Plan- und Istabsatzmengen informiert das Management des IT-Versenders über die Differenz zwischen dem Plan- und Istgewinn, wenn keine weiteren Abweichungen zwischen Plan- und Istgrenzkosten, Plan- und Isterlösen vorliegen.

E		Summe Erlöse
K_v	–	Summe Grenzselbstkosten
DBV	=	Deckungsbeitragsvolumen
K_f	–	Blockfixkosten
G	=	Gesamtgewinn

Wenn bei beschäftigungsintervallfixen Kosten und gleich bleibender, durchschnittlicher Auftragszusammensetzung Ausbringungsmenge (x_1), Erlöse (E_1) und Grenzkosten (K_{v1}) sich umsatz-proportional verhalten, sind die Deckungsbeiträge einer Planpe-riode miteinander vergleichbar, vgl. Abbildung 242.

Nach dem System der Vollkostenrechnung (Zuschlagskalkulati-on) ergäbe sich jedoch folgender Kostenverlauf: Der Deckungs-punkt (DP) ist nicht erkennbar, die Fixkosten sind proportionali-siert, vgl. Abbildung 243.

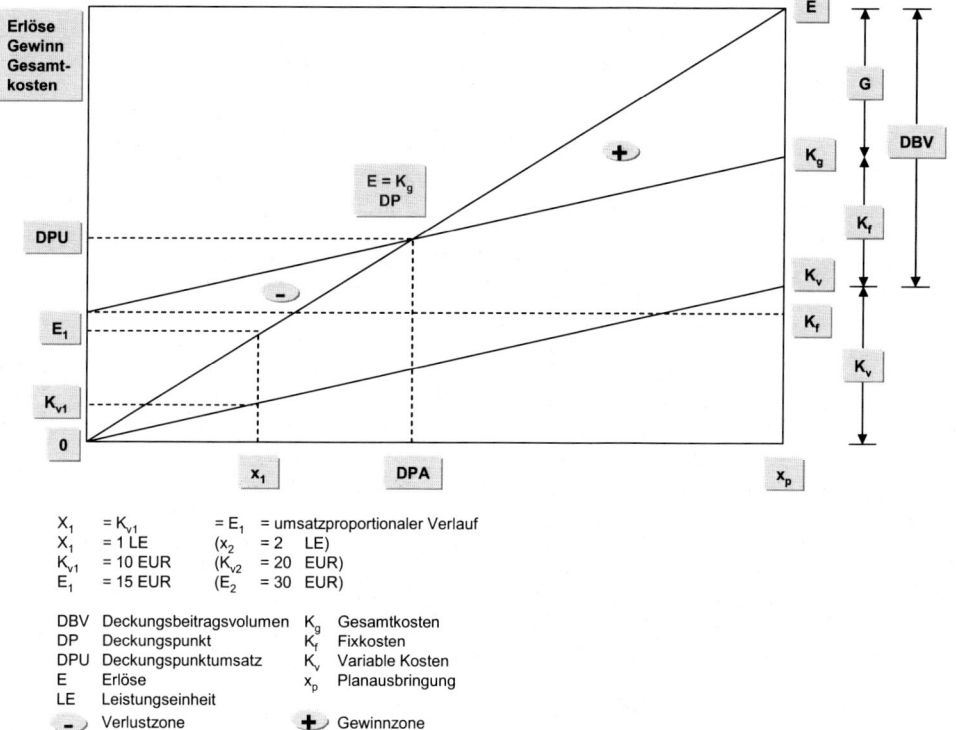

X_1	$= K_{v1}$	$= E_1$ = umsatzproportionaler Verlauf
X_1	$= 1$ LE	$(x_2 = 2$ LE)
K_{v1}	$= 10$ EUR	$(K_{v2} = 20$ EUR)
E_1	$= 15$ EUR	$(E_2 = 30$ EUR)

DBV	Deckungsbeitragsvolumen	K_g	Gesamtkosten
DP	Deckungspunkt	K_f	Fixkosten
DPU	Deckungspunktumsatz	K_v	Variable Kosten
E	Erlöse	x_p	Planausbringung
LE	Leistungseinheit		
−	Verlustzone	+	Gewinnzone

Abbildung 242: Deckungspunktdiagramm - linearer Gesamtkos-tenverlauf

Da die reale Wirtschaftsentwicklung durch eine zunehmende Automatisierung der Fertigungsprozesse geprägt wird, nimmt der Anteil der Gemeinkosten an den Gesamtkosten laufend zu.

Aus der Notwendigkeit heraus, das Rechenwerk der Kosten- und Leistungsrechnung für Steuerungsaufgaben einsetzen zu können, wurden daher vielfältige Systeme von Teilkostenrechnungen entwickelt, die grundsätzlich wie die Vollkostenrechnung auf Ist-, oder Plankosten aufbauen können (vgl. Kilger und Riebel).

Die zahlreichen Varianten der Teilkostenrechnungen lassen sich auf zwei Grundtypen zurückführen, die auf einem unterschiedlichen Denkansatz bei der Kostenauflösung basieren. Den Kostenträgern werden beim Grundtyp I nur die bezüglich der Beschäftigung als proportional geltenden Kosten zugerechnet (analog dem Kausalitätsprinzip), beim Grundtyp II die (relativen) Einzelkosten, das sind nur solche Kosten, die einem Untersuchungsobjekt auf Grund einer identischen Entscheidung zugerechnet werden können (analog dem Identitätsprinzip).

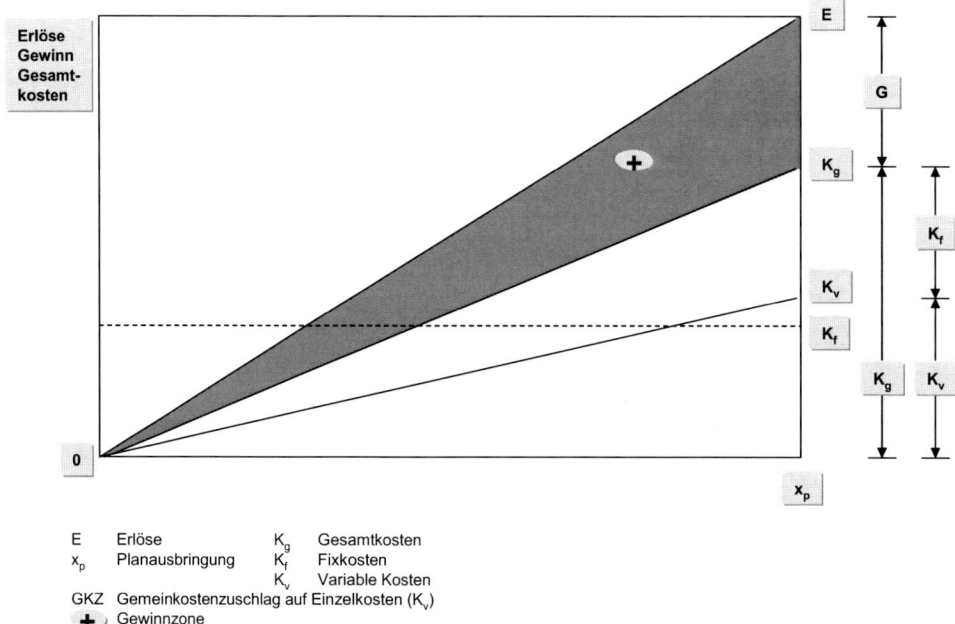

E	Erlöse	K_g	Gesamtkosten
x_p	Planausbringung	K_f	Fixkosten
		K_v	Variable Kosten
GKZ	Gemeinkostenzuschlag auf Einzelkosten (K_v)		
✛	Gewinnzone		

Abbildung 243: Gesamtkostenverlauf mit proportionalisierten Fixkosten

Im Rahmen der Teilkostenverfahren ist eine Weiterverrechnung des Gemeinkostenblocks auf die Kostenträger über den ersten Deckungsbeitrag hinaus bei Anwendung weiterentwickelter Verfahren möglich. Diese unterscheiden sich jedoch von Vollkostenrechnungsverfahren prinzipiell dadurch, dass auf eine Schlüsselung der Gemeinkosten möglichst verzichtet wird und eine schicht- oder stufenweise Zuordnung der Gemeinkosten zu Kostenstellen oder Kostenträgern, d. h. eine direkte Weiterverrechnung erfolgt. Diese Verfahren werden mit stufenweiser Fixkostendeckungsrechnung bezeichnet.

6.2   Begriffserklärungen und Zahlenbeispiele

Das Prinzip der Teilkostenrechnung beruht darauf, den Kostenträgern nur die Grenzkosten zuzurechnen, die Gemeinkosten jedoch als Periodenfixkosten en bloc gegen den Periodendeckungsbeitrag zu verrechnen. Im Grundtyp I, der im Folgenden betrachtet wird, entsprechen die Grenzkosten den variablen Kosten.

Variable Kosten (= Grenzkosten) sind nach diesem Verständnis die Kosten einer Produkt- oder Leistungseinheit, die zusätzlich entstehen (bzw. entfallen), wenn diese Einheit produziert (bzw. nicht produziert) wird.

Fixe Kosten entstehen zeitabhängig und werden innerhalb eines bestimmten Zeit- und Beschäftigungsintervalls von Schwankungen des Beschäftigungsgrades (Ausbringung und Distribution) nicht beeinflusst.

Durch Einfügung der Erlöse in die Teilkostenrechnung entsteht die Deckungsbeitragsrechnung. Der Deckungsbeitrag stellt die Differenz zwischen variablen bzw. Grenzkosten und Umsatzerlösen (Gesamt- oder Periodendeckungsbeitrag bzw. Deckungsbeitragsvolumen) bzw. zwischen variablen Stückkosten und Verkaufspreis (Stückdeckungsbeitrag) dar. Der Deckungsbeitrag dient zunächst zur Abdeckung der Periodenfixkosten, der überschießende Rest stellt den Gewinn des Unternehmens dar.

BEISPIEL: E-LUX KG

Folgendes Beispiel erläutert diese Begriffe: Die E-Lux KG, ein Unternehmen der IT-Industrie, stellt im Werk 1 nur ein Produkt (CD-RW-Brenner) her, der Preis beträgt pro Stück EUR 27,50, die Selbstkosten 22,50 EUR. Alle produzierten Geräte werden in der gleichen Periode abgesetzt. Die Planerfolgsrechnung sieht wie folgt aus:

	T€
Gesamterlöse	5 500
abzüglich gesamte Umsatzkosten	4 500
Gewinn	1.000

Die Kostenauflösung ergibt, dass von den Gesamtkosten T€ 2.400 Fixkosten darstellen. Die Erfolgsrechnung nach dem System der Deckungsbeitragsrechnung zeigt folgendes Bild:

	T€
Gesamterlöse (E)	5.500 (bei 200.000 Stück)
– Summe Grenzkosten (Kv)	2.100
Deckungsbeitragsvolumen (DBV)	3.400
– Fixkosten (K_f)	2.400
Gesamtgewinn (G)	*1.000*

In der Stückerfolgsrechnung weist die Deckungsbeitragsrechnung nur den Bruttoerfolg (Deckungsbeitrag pro Stück oder absoluten Deckungsbeitrag) aus, der Nettoerfolg (Gewinn nach Selbstkosten) kann nur der Periodenrechnung entnommen werden:

	€
Stückerlöse (e)	27,50
Grenzkosten (k_v)	10,50
Deckungsbeitrag pro Stück (db)	*17,—*
(absoluter Stückdeckungsbeitrag)	

In der Vollkostenrechnung werden Selbstkosten und Stücknettogewinne wie folgt errechnet:

	€		
Stückerlös (e)	27,50	EK	10,50 €
abzüglich Selbstkosten (SK)	22,50	GK	12,00 €
Netto-Stückgewinn (g)	5,—	SK	22,50 €

	Vollkosten- rechnung	Deckungs- beitragsrechnung
Gesamterfolg	$E - K_g = G$	$E - K_v = DBV$
(Periodenerfolg)		$DBV - K_f = G$

Stückerfolg (g bzw. db) $\quad e - k_v - \dfrac{K_f}{x} = g \quad$ e - k$_v$ = db$_{abs}$

Es ist zu ersehen, dass in der Deckungsbeitragsrechnung die Stückerfolgsrechnung nur den Bruttoerfolg (db$_{abs}$) ausweist.

Die Deckungsbeitragsrechnung zeigt, dass ein Betriebsgewinn entsteht, wenn der Deckungsbeitrag die Fixkosten übersteigt. Liegt dieser unter den Fixkosten, entsteht ein Betriebsverlust, ist dieser gleich den Fixkosten, dann entsteht weder Verlust noch Gewinn. Dieser Punkt innerhalb eines Beschäftigungsintervalls wird mit Deckungspunkt, Gewinn- oder Nutzenschwelle oder als break-even-Punkt bezeichnet (vgl. hierzu Abbildung 242, wo dieser Punkt graphisch in Form eines Gewinnschwellendiagramms dargestellt ist). Die Nutzenschwelle (break-even-Punkt) kann in Leistungseinheiten als Deckungspunktausbringung (DPA) oder in EUR/Umsatzerlöse als Deckungspunktumsatz (DPU) dargestellt werden. Für die Berechnung gilt:

Deckungspunktausbringung (DPA) in Stück $\quad = \dfrac{Fixkosten\,(Kf)}{Deckungsbeitrag\,(db)}$

oder, da db = e – k$_v$ ist, gilt:

$$DPA = \frac{K_f}{e - k_v}$$

Der Deckungspunktumsatz errechnet sich, wenn die Deckungspunktausbringung mit dem Stückerlös (e) multipliziert wird:

$$= \frac{Fixkosten\,(Kf)}{Deckungsbeitrag\,(db)} * e$$

$$DPU = \frac{K_f}{e - k_v} * e$$

Der Deckungsgrad (DG) bezeichnet den prozentualen Anteil des Deckungsbeitrages am Erlös und errechnet sich wie folgt:

$$\text{Deckungsgrad} = \frac{Deckungsbeitragsvolumen}{Umsatzerlöse} * 100$$

oder

$$\text{DG} = \frac{DBV}{E} * 100$$

Bezogen auf das Zahlenbeispiel (S. 485 f.) errechnen sich DPA, DPU und DG wie folgt:

(Prämisse: Kapazitätsgrenze x_{max} = 200.000 LE):

BEISPIELE

Deckungspunktabsatz:

$$DPA = \frac{K_f}{e - k_v}$$

$$DPA = \frac{2.400.000}{27,50 - 10,50} = \frac{2.400.000}{17,00} = 141.176,47 \; LE$$

Deckungspunktumsatz:

$$DPU = \frac{K_f}{e - k_v} * e$$

$$DPU = \frac{2.400.000}{27,50 - 10,50} * 27,50 = 3.882.353 \; EUR$$

Der Deckungsgrad ergibt sich:

$$DG = \frac{DBV}{e}$$

$$DG = \frac{3.400.000}{5.500.00} * 100 = 61,82 \, \%$$

Die Gewinnschwelle im Werk 1 des IT-Unternehmens wird also bei Produktion und Absatz von 141.177 CD-RW-Brennern erreicht, was einem Umsatzerlös von   3.882.353 entspricht. Der Deckungsgrad entspricht 61,82 % vom Umsatz. Die Überprüfung des Ergebnisses lässt sich wie folgt durchführen:

Position	EUR
Gesamterlös ohne Gewinn oder Verlust (E)	3.882.353
abzüglich Grenzkosten (K_v) 141.176,47 Stück • 10,50	1.482.353
Deckungsbeitragsvolumen (DBV)	2400.000
abzüglich Fixkosten (K_f)	2.400.000
Gewinn/Verlust	**0**

Der Deckungspunktumsatz kann auch nach folgender Formel errechnet werden:

$$DPU = \frac{K_f}{DG}$$

d. h. für dieses Beispiel:

$$DPU = \frac{2.400.000}{61,82\%} = 3.882.353\ EUR$$

Für die betriebswirtschaftliche Risikoanalyse werden aus der Deckungsbeitragsrechnung errechnete Kennzahlen, der Sicherheitskoeffizient und der Plankoeffizient, häufig herangezogen.

Der Sicherheitskoeffizient (SIK) gibt an, um wie viel Prozent der Planumsatz unterschritten werden darf, bis die Gewinnschwelle erreicht ist. Er errechnet sich wie folgt:

$$SIK = \frac{Planumsatz - Plandeckungspunktumsatz}{Planumsatz}$$

$$SIK = \frac{U_p - DPU_p}{U_p}$$

Ein hoher, möglichst nahe an den theoretischen Grenzwert 1 heranreichender Sicherheitskoeffizient zeigt an, dass das Unternehmen frühzeitig in der Geschäftsperiode die Gewinnschwelle erreicht und über größere Sicherheitsmargen bei eventuellen Markt- und Kostenrisiken verfügt.

Der Kapazitätskoeffizient (KK) stellt das Deckungsbeitragsvolumen in Beziehung zum Fixkostenblock dar und errechnet sich wie folgt:

$$Kapazitätskoeffizient\ (KK) = \frac{Deckungsbeitragsvolumen}{Fixkosten}$$

$$KK = \frac{DBV}{K_f}$$

Die Aussage dieser Kennzahl entspricht im Wesentlichen der des Sicherheitskoeffizienten, wobei ein hoher Wert auf stabile Erfolgsbedingungen hinweist, wenn das Deckungsbeitragsvolumen die Fixkosten entsprechend überschreitet.

Bezogen auf das Beispiel errechnet sich der Sicherheitskoeffizient (SIK) wie folgt:

$$SIK = \frac{U_p - DPU_p}{U_p}$$

$$SIK = \frac{5.500.000 - 3.882.353}{5.500.000} = 0{,}294$$

Bezogen auf das Marktrisiko sagt der Sicherheitskoeffizient aus, dass bei einem mengeninduzierten Umsatzrückgang um 30 % (genauer 29,4 %) das Unternehmen in die Verlustzone eintreten würde.

Der Kapazitätskoeffizient (KK) ergibt sich wie folgt:

$$KK = \frac{DBV}{K_f}$$

$$KK = \frac{3.400.000}{2.400.000} = 1,417$$

Bei den gegebenen Produktions- und Absatzbedingungen sind Fixkosten im Deckungsbeitragsvolumen 1,4 (genau 1,417) mal enthalten, etwa 40 % des Fixkostenvolumens entsprechen dem Betriebserfolg (Gewinn).

Der Deckungsgrad wird in der Praxis häufig zur Beurteilung des Erfolges von Produkten und Leistungen herangezogen.

Für Unternehmensentscheidungen eignet er sich jedoch nur in Ausnahmefällen, und zwar für die Zwecke der Ermittlung eines so genannten »Tastpreises« bei der Einführung neuer Produkte, wenn der Marktpreis nicht bekannt ist sowie für Fälle einer wertmäßig fest bestimmten Nachfrage ohne betriebliche Engpässe. Bei diesen Voraussetzungen ist es sinnvoll, das Produkt mit dem höchsten Deckungsgrad zu fördern. Hierzu folgendes Beispiel:

FALLSTUDIE: DECKUNGSBEITRAGSRECHNUNG (E-LUX GMBH)

Der Unternehmensberater X tritt an die E-Lux GmbH mit folgender Nachfrage heran:

Zu Weihnachten will X IT-Zubehör als Präsent an seine Kunden verschenken. Ihm ist es egal, was für und wie viel Geräte dies sind, wenn zwei Bedingungen erfüllt werden:

a) X hat 10.000 € für diese Präsente in seinem Budget und will höchsten diesen Betrag ausgeben.

b) die Geschenke dürfen je Stück nicht mehr als 40,- € kosten, um die steuerliche Abzugsfähigkeit zu gewährleisten.

Die E-Lux GmbH hat außer CD-RW-Brennern noch folgende Produkte:

Produkt	p / Stück	k$_v$ / Stück	db$_{abs}$ / Stück	db$_{rel}$ %*
Laptop-Tasche	27,50	10,50	17,—	62
USB-Uhr	54,—	28,—	26,—	48
PDA	46,—	32,—	14,—	30
USB-Harddisk	77,—	22,—	55,—	71
				* gerundet

Abbildung 244: Daten zur Produkt-Palette der E-Lux GmbH

Es lässt sich nun eine Sortenrangfolge aufstellen:

Produkt	Rang db$_{abs}$	Rang db$_{rel}$
Laptop-Tasche	3	2
USB-Uhr	2	3
PDA	4	4
USB-Harddisk	1	1

Abbildung 245: Rangliste der Wertigkeiten

Eine Optimierung nach relativen Deckungsbeiträgen führt zum Ergebnis, dem Kunden 363 Laptop-Taschen (10.000 : 27,50) anzubieten, da der Artikel mit dem höchsten Deckungsgrad (USB-Harddisk) die Preisbedingung nicht erfüllt.

Hierdurch wird ein Deckungsbeitragsvolumen von EUR 6 171,— (363 Stück mal EUR 17,— Deckungsbeitrag) erreicht. Eine Auswahl des Produktes mit dem nächst höchsten Stückdeckungsbeitrag (USB-Uhr, da der Rang 1 nicht berücksichtigt werden kann) würde dagegen nur zu einem Deckungsbeitrag von EUR 4 810,— führen (10.000 : 54,— ~ 185 Stück; 185 • 26,— = 4 810)

Der Betriebserfolgsausweis bei Teil- und Vollkostenrechnung ist nur bei periodengleicher Produktions- und Absatzmenge, d. h. wenn keine Bestandsveränderungen vorliegen, identisch. Liegt diese Bedingung nicht vor, so führen Änderungen im Erzeugnisbestand zu unterschiedlichen Betriebserfolgsausweisen, wenn die

Erzeugnisbestände auf teil- oder vollkostenbasierenden Herstellkosten bewertet werden.

Dies wird am Beispiel der E-Lux GmbH (vgl. S. 485 f.) dargestellt. Folgende ergänzende Informationen sind zur Errechnung der Herstellkosten erforderlich:

Die gesamten Kosten von EUR 4 500.000 lassen sich in ihre fixen und variablen Bestandteile wie folgt auflösen:

Gemeinkosten	Summe	fix	variabel
Fertigungsgemeinkosten	1 500.000	1 350.000	150.000
Materialgemeinkosten	600.000	500.000	100.000
Einzelkosten (FL, FM)	1 800.000	–	1 800.000
Herstellkosten	3 900.000	1 850.000	2 050.000
Verwaltungs- und Vertriebskosten	600.000	550.000	50.000
Selbstkosten	4 500.000	2 400.000	2 100.000

Abbildung 246: Herstellkosten der E-Lux GmbH

Hieraus ergibt sich für die Herstellkosten (HK) im Falle der Fertigung von 200.000 Stück:

Herstellkosten bei Vollkostenrechnung pro Stück

EUR 3 900.000 : 200.000 Stück = EUR 19,50

oder in der Stückkalkulation (Zuschlagskalkulation): (Aus Vereinfachungsgründen wurde auf der Trennung der Gemeinkostenzuschläge nach Fertigung, Material, Verwaltung und Vertrieb verzichtet.)

Einzelkosten (FL, FM) EUR 1.800.000 : 200.000 Stück= EUR 9,00

Fertigungs- und Materialgemeinkosten

(116,7 % der Einzelkosten)   =   EUR 10,50

Herstellkosten   EUR 19,50

Errechnung des Fertigungs- und Materialgemeinkostenzuschlags (Basis: Gesamte Einzelkosten):

$$\frac{1.500.000 + 600.000}{1.800.000} * 100 = 116,7$$

Die Herstellungskosten der Teilkostenrechnung betragen dagegen pro Stück:

EUR 2 050.000 : 200.000 Stück = EUR 10,25

Folgende drei Perioden werden im Hinblick auf das Betriebsergebnis nach Voll- bzw. Teilkostenverfahren verglichen:

Periode 1:   alle 200.000 erzeugten Artikel (Laptop-Tasche) werden in einer Periode produziert und abgesetzt.

Periode 2:   Von den 200.000 produzierten Artikeln werden 150.000 abgesetzt, 50.000 auf Lager genommen.

Periode 3:   250.000 Artikel werden abgesetzt, 200.000 Artikel produziert. Nach Periode 3 ist der Lagerbestand also wie zu Beginn 0.

Der Preis beträgt in allen Fällen EUR 27,50 pro Stück.

PERIODE 1:

Produzierte Menge:	200.000 Stück
abgesetzte Menge:	200.000 Stück
Bestandsveränderung (BVÄ)	0 Stück

Vollkostenrechnung:	EUR
Erlöse	5.500.000
Herstellkosten des Umsatzes	3.900.000
Verwaltungs- und Vertriebskosten	600.000
Betriebsgewinn	1.000.000

Teilkostenrechnung:	
Erlöse	5.500.000
variable Herstellkosten	2.050.000
variable Verwaltungs- und Vertriebskosten	50.000
Deckungsbeitrag	3.400.000
Periodenfixkosten	2.400.000
Betriebsgewinn	1.000.000

In beiden Fällen wird ein identischer Betriebsgewinn ausgewiesen.

PERIODEN 2 UND 3:

	Periode 2	*Periode 3*
produzierte Artikel:	200.000 Stück	200.000 Stück
abgesetzte Artikel:	150.000 Stück	250.000 Stück
Bestandsveränderung (BVÄ)	+ 50.000 Stück	– 50.000 Stück

Vollkostenrechnung	*EUR*	*EUR*
Erlöse	4.125.000	6.875.000
Herstellkosten des Umsatzes	2.925.000	4.875.000
Verwaltungs- und Vertriebskosten	600.000	600.000
Betriebsgewinn	600.000	1.400.000

Teilkostenrechnung:		
Erlöse	4.125.000	6.875.000
variable Herstellkosten des Umsatzes	1.537.500	2.562.500
variable Verwaltungs- und Vertriebskosten	50.000	50.000
Deckungsbeitrag	2 537 500	4 262 500
Periodenfixkosten	2 400.000	2 400.000
Betriebsgewinn	137 500	1 862 500

Das Beispiel zeigt, dass bei Anwendung von Voll- oder Teilkostenrechnungsverfahren unterschiedliche Betriebsergebnisse ausgewiesen werden können, da Periodenverschiebungen durch Bestandsveränderungen auftreten.

Die Programmoptimierung im Mehrproduktunternehmen ist ohne eine Deckungsbeitragsrechnung kaum möglich. In der Praxis ist die Festlegung eines gewinnoptimalen Sortiments oder Produktionsprogramms normalerweise nicht durch das Unternehmen frei bestimmbar, sondern unterliegt vielfältigen Begrenzungen.

Diese einschränkenden Bedingungen werden durch das externe Umfeld (Markt, Kunde, Staat, Gesetze, usw.) oder auch durch interne Restriktionen des Unternehmens (Betriebsmittel, Mitarbeiter, Materialversorgung, Finanzierung) bestimmt.

Werden durch diese Restriktionen die Aktionsmöglichkeiten im Unternehmen zu einem bestimmten Zeitpunkt oder über einen gewissen Zeitraum beschränkt, bildet sich ein Engpass.

Der betriebliche Engpass kann sich von Zeit zu Zeit für das gleiche Unternehmen oder das gleiche Produkt ändern. Zu Beginn des Planungsprozesses zur Programmoptimierung wird der Engpass bestimmt. Dieser wird in Beziehung zum Deckungsbeitrag gesetzt und bildet den Deckungsbeitrag pro Engpassfaktor. Ist zum Beispiel eine Knappheit bei den Rohstoffen gegeben, so kann der Deckungsbeitrag pro Kilo Rohstoff, bei Facharbeitermangel der Deckungsbeitrag pro Facharbeiterstunde Engpassfaktor sein. Es können auch mehrere Engpässe gleichzeitig auftreten.

Der Deckungsbeitrag pro Engpassfaktor wird zum bestimmenden Entscheidungsparameter für die Programmoptimierung. Die Abkürzung heißt dann: db_{eng}.

FALLSTUDIE: DECKUNGSBEITRAGSRECHNUNG (INTERFACE GMBH)

(Zwei Produkte, ein bestimmender Engpass, Höchst-/Mindestmengenbegrenzung)

Die Interface GmbH stellt im Werk 2 Brenner für Personal-Computer in zwei Typen her:

Typ A   CD-RW-Brenner

Typ B   DVD-Brenner

Folgende Informationen sind verfügbar:

Typ	A	B
Kosten je Einheit (in EUR)	**EUR**	**EUR**
Fertigungsmaterial (FM)	15,—	27,—
Fertigungslöhne (FL)	3,60	3,30
variable Gemeinkosten	3,60	4,80
Verkaufspreis	30,—	42,—
Periodenfixkosten	750.000,—	

Bei der Budgetplanung für das nächste Jahr werden folgende Problembereiche diskutiert:

Fall 1   Der Vertriebsleiter legt dar, dass er zu den geplanten Preisen folgende Höchstmengen absetzen kann:

Typ A	80.000 Stück
Typ B	150.000 Stück

Gleichzeitig weist er jedoch darauf hin, dass aus Gründen der Kunden- und Marktpflege folgende Mindestmengen angeboten werden müssen:

Typ A	25.000 Stück
Typ B	80.000 Stück

Fall 2   Der Produktionsleiter erläutert die Kapazitätssituation wie folgt: Aufgrund vertraglicher Verpflichtungen beliefert die Interface GmbH ihre Kunden in einem Just-in-time-Verfahren. Die Geräte müssen 100 %-fehlerfrei geliefert werden.

Daher durchlaufen alle Geräte vor Auslieferung eine computer-gesteuerten Funktionskontrolle. Dieser Prüfcomputer hat eine Kapazität von 1 850 Stunden im Jahr.

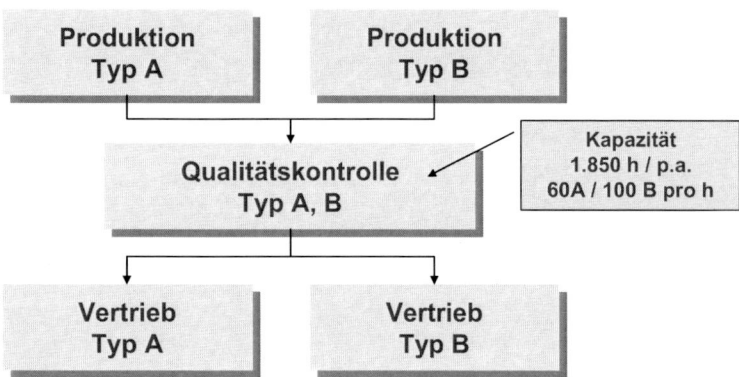

Abbildung 247: Produktionsablauf der Interface GmbH

Dieser Produktionsengpass wird von den Produkten A und B wie folgt im Anspruch genommen:

Typ	A	B
Prüfrate pro Stunde in Stück	60	100

Abbildung 248: Produktionsengpass von den Produkten A und B

Fall 3   Der Finanzbuchhalter weist darauf hin, dass aufgrund anderweitig bereits in Anspruch genommener Kreditlinien und eines Mangels an kurzfristigem Betriebskapital (working capital) nur Umsätze bis zu einer Höhe von EUR 5.100.000 für Werk 2 finanzierbar sind.

Der Controllerdienst soll für das Management die optimale Programmgestaltung aufzeigen.

Die Lösung setzt voraus, dass die stück- und engpassbezogenen Deckungsbeiträge (db_{eng}) ermittelt und die Programmoptimierungen hierauf eingerichtet werden.

Folgende Grundrechnung ist erforderlich:

Typ	A EUR	B EUR
Verkaufspreis (p)	30,—	42,—
Fertigungsmaterial (FM)	15,—	27,—
Fertigungslohn (FL)	3,60	3,30
Variable Gemeinkosten (vGK)	3,60	4,80
Summe Grenzkosten	22,20	35,10
Deckungsbeitrag pro Stück (db)	7,80	6,90
Deckungsbeitrag pro Engpass-Stunde (db_{eng})	468,—	690,—
Engpassdeckungsbeitrag pro EUR 210,—		
Umsatzerlös	54,60	34,50

zu Fall 1   Wenn keine Mindestmengen- bzw. Finanzierungsrestriktion vorliegt, wird die Programmoptimierung entsprechend der Rangfolge der Deckungsbeiträge pro Engpass-Stunde (db_{eng}) vorgenommen. Typ B genießt also Priorität und wird zunächst als Höchstmenge produziert.

Falls noch Engpasskapazität übrig bleibt, wird diese dem Produkt Typ A zugewiesen.

	db EUR	DB EUR	Engpass h
150.000 Stück Typ B	6,90	1.035.000	1.500
21.000 Stück Typ A	7,80	163.800	350
		1.198.800	1.850
Periodenfixkosten (K_f)		750.000	
Perioden-Plangewinn (G)		448.800	

zu Fall 1, 2: Diese Produktions- und Absatzplanung lässt sich aufgrund der Mindestmengenrestriktion des Marketing nicht realisieren. Folgende Vorgehensweise wird erforderlich:

Zunächst müssen die Mindestmengen in die Programmplanung wie folgt aufgenommen werden:

Typ	Mindestmengen (Stück)	Engpass-Stunden h	
A	25.000	4.174	
B	80.000	800	
		1.217	
		1.850	verfügbare h
		633	Rest-h

Die nach der Mindestmengenrestriktion verbleibende Engpasskapazität wird dem Produkt B mit dem höheren engpassbezogenen Deckungsbeitrag zugewiesen.

Es ergibt sich:

633 h • 100 Stück pro h = 63 300 Stück Typ B

Das optimierte Programm ergibt sich wie folgt:

| Typ | Menge | db | DB | Engpass-Stunden |
		EUR	EUR	h
A	25.000	7,80	195.000	417
B	143.300	6,90	988.770	1 433
			1.183.770	1 850
Periodenfixkosten (Kf)			750.000	
Perioden-Plangewinn (G)			433.770	

Durch die Mindestmengenrestriktion sinkt der Plangewinn von TEUR 448,8 auf TEUR 433,8, da die Produktionsmenge Typ A, der einen geringeren engpassbezogenen Deckungsbeitrag aufweist, von 21.000 auf 25.000 Stück zu Lasten Typ B ausgeweitet werden muss.

zu Fall 3: Aufgrund des Finanzierungsengpasses lässt sich jedoch auch dieses Programm nicht realisieren, wie die Umsatzberechnung erweist:

143.300 Stück	Typ B • EUR 42,—	=	6.018.600
25.000 Stück	Typ A • EUR 30,—	=	750.000
	Gesamt-Planumsatz	=	6.768.600
	Finanzierbarer Umsatz	=	5.100.000

Die Finanzierung wird in diesem Fall zum bestimmenden Engpass. Es wird daher erforderlich, unter Beachtung der Mindest- (und Höchst-)mengenrestriktion sowie des Finanzierungsengpasses eine Programmoptimierung nach umsatzbezogenen Deckungsbeiträgen vorzunehmen. Die Priorität für die Leistungsmenge liegt also bei Produkt A

Typ	Mindest-mengen	Preis	Umsatz	Engpass-stunden
	Stück	EUR	EUR	h
A	25.000	30,—	750.000	417
B	80.000	42,—	3.360.000	800
Planumsatz im Engpass			5.100.000	
Produktionska-pazität			–	1.850
Restfinanzie-rungskapazität			990.000	

Optimiert nach Produkt A sind dies 33.000 (990.000 : 30,—) zusätzliche Stücke. Der Produktionsengpass wird hierfür mit 550 Stunden (33.000 : 60) in Anspruch genommen. Die Restkapazität von 83 h (h 417 + 800 + 550 – 1 850 = 83 h) des Prüfcomputers kann nicht genutzt werden, da die Finanzierung der bestimmende Engpassfaktor geworden ist. Der optimierte Programm- und Absatzplan ergibt sich wie folgt:

Typ	Höchst- / Min-dest-menge T/Stück	Plan-men-gen T/Stück	Plan preis EUR	Plan-umsatz T/EUR	Plan-dec-kung-sbeit-rag T/EUR	Eng-pass-stun-den h
A	80/25	58	30,—	1.740,—	452,4	967
B	150/80	80	42,—	3.360,—	552,0	800
		138		5.100,—	1.004,4	1.767
Periodenfixkosten (Kf)				750,0		
Perioden-Plangewinn (G)				254,4		

Die Programmoptimierung beachtet alle Restriktionen. Bestimmender Engpassfaktor wird die Finanzierung; das Ergebnis sinkt zwar auf TEUR 254,4, stellt aber bei den gegebenen Rahmenbedingungen das Planungsoptimum dar.

Das hier vorgestellte Beispiel behandelt den Fall, dass in einem Betrieb nur ein einziger Engpass vorliegt.

Sollten, was in der Praxis durchaus vorkommt, gleichzeitig mehrere Engpässe vorliegen, bietet das Rechnen mit dem engpassbezogenen Deckungsbeitrag keine Lösung, es sind zur Produktionsprogrammoptimierung Methoden der linearen Programmierung einzusetzen (Simplex-Methode).

6.3   Absolute und relative Deckungsbeiträge

Ursprung der Deckungsbeitragsbegriffe

Alle heute bekannten Deckungsbeiträge sind aus dem absoluten, artikelbezogenen Deckungsbeitrag entwickelt worden. Je nach der Zielvorstellung der einzelnen Teilkostenrechnungsverfahren lässt sich aus dem absoluten Deckungsbeitrag ein relativer als engpassbezogener, schichtenbezogener, kundenbezogener oder sortenwechselkostenbezogener Deckungsbeitrag ableiten (vgl. Abbildung 249).

einstufige Deckungsbeitragsrechnung

Als einstufige Deckungsbeitragsrechnung ermittelt das amerikanische Direct Costing den absoluten Deckungsbeitrag. Die Erfolgsanalyse kennzeichnet die Artikelrangfolge und zeigt den Führungsinstanzen, welche Artikel den höchsten Beitrag zur Deckung der Blockfixkosten (Rummel) und Gewinnerzielung leisten. Die Grenzselbstkosten ermöglichen als Kalkulationsbasis ein Herantasten an den Marktpreis.

Die einstufige Deckungsbeitragsrechnung kennt keinen Soll-Ist-Kosten-Vergleich und unterstellt für alle Analysen unterbeschäftigte betriebliche Teilkapazitäten ohne erfolgswirksame Engpässe.

zweistufige Deckungsbeitragsrechnung

Eine zweistufige Deckungsbeitragsrechnung stellt in der Erfolgsrechnung wie die einstufige den Blockfixkosten nur den erwirtschafteten absoluten Deckungsbeitrag gegenüber. In der Form der Grenzplankostenrechnung mit angeschlossener Plandeckungsbeitragsrechnung lassen sich neben dem Soll-Ist-Kosten-Vergleich auf Grenzkostenbasis Erfolgsanalysen, Gewinnplanungen, Nutzenoptimierungen, Preisuntergrenzenbestimmungen, Verkaufs- und Fertigungsprogrammplanungen auch bei überbeschäftigten betrieblichen Teilkapazitäten mit erfolgswirksamen Engpässen durchführen.

In der zweiten Rechenstufe wird der absolute Deckungsbeitrag auf den erfolgswirksamen Engpass projiziert, d. h. durch die

Engpassfaktoreinheit, dividiert. Die Artikelrangfolge der engpass-bezogenen Deckungsbeiträge bildet die Grundlage für absatzpolitische und fertigungsorientierte Entscheidungen, wenn sie der Markt akzeptiert.

In einer mehrstufigen Deckungsbeitragsrechnung lassen sich aus dem absoluten Deckungsbeitrag durch eine »verursachungsgerechte« Differenzierung der Blockfixkosten schichtenbezogene Deckungsbeiträge für eine Deckungsbeitragstiefenanalyse entwickeln.

Auf Istkostenbasis stellt die stufenweise Fixkostendeckungsrechnung eine Kombination einer Ist-Deckungsbeitragsrechnung und einer Vollkostenrechnung dar, da eine Preisbildung für die Auftragsfertigung durch die Fixkostenzuschläge in progressiver und retrograder Form möglich wird. Gleichzeitig fallen alle Vorteile einer Deckungsbeitragsrechnung mit an, nur ist sie vergangenheitsbezogen.

Kunden-DBR   Die kundenbezogene Deckungsbeitragsrechnung belastet die vom Kunden oder der Kundengruppe erwirtschafteten absoluten Deckungsbeiträge verursachungsgerecht mit den entsprechenden Kundeneinzelkosten (Zustellkosten, Sonderverpackung, Werbekosten, Kredithilfen u.ä.). Sie können als relevante Kosten fixen oder variablen Kostencharakter besitzen. Die Deckungsbeitragstiefenanalyse liefert den Führungsinstanzen der Verkaufsabteilungen Hilfen für absatzpolitische Entscheidungen, d. h. für eine Kundenförderung oder Kundenvernachlässigung.

Mindest-losgrößen   Für die Bestimmung von Mindestlosgrößen, z. B. in einer PC-Fertigung, benötigt man den sortenwechselkostenbezogenen Deckungsbeitrag. Man ermittelt ihn, indem man vom absoluten Deckungsbeitrag die Sortenwechselkosten subtrahiert.

	a	b	c	d
	Rechentechnische Verfahren	**Teilkostenrechnungs-vorschriften**	**Deckungsbeitragsarten**	**Abk.**
1	*Einstufige* Deckungsbeitrags-rechnung ermittelt den absoluten Deckungsbeitrag in einer Rechenstufe, stellt dem Deckungsbeitrags-volumen nur Blockfixkosten gegenüber	*Direct-Costing-Methode oder artikelbezogene Deckungsbei-tragsrechnung*, bekannt seit dem Jahr 1934 in den Verei-nigten Staaten durch J. N. Harris, führt ohne Deckungs-beitragstiefenanalyse zu Fehlentscheidungen	*Absoluter Deckungsbeitrag* Erlös minus Grenzselbstkosten $(e_p - k_{vp})$ $$\frac{DBV}{x} = db_{abs}$$	$\mathbf{db_{abs}}$
			Relative Deckungsbeiträge	$\mathbf{db_{rel}}$
2	*Zweistufige* Deckungs-beitragsrechnung ermittelt den absoluten und engpass-bezogenen Deckungsbeitrag in zwei Rechenstufen, stellt dem Deckungsbeitragsvolu-men nur Blockfixkosten gegenüber – Soll-Ist-Kosten-Vergleich und Gewinnopti-mierung realisierbar	Weiterentwickelte Direct Costing-Methode in der Form der *Grenzplankostenrechnung mit Plandeckungsbeitrags-rechnung*, in der BRD bekannt seit dem Jahr 1952 durch H. G. Plaut und dem Jahre 1961 durch Kilgers „Flexible Plan-kostenrechnung".	*Engpassbezogener Deckungsbeitrag* $$\frac{absoluter\ Deckungsbeitrag}{Engpassfaktoreneinheit}$$ $$\frac{db_{abs}}{EPFE} = db_{eng}$$	$\mathbf{db_{eng}}$
3	*Zweistufige* Deckungsbei-tragsrechnung subtrahiert vom absoluten Deckungsbei-trag die Sortenwechselkosten für eine Mindestlosgrössen-bstimmung	Sortenwechselkostenbezogene Deckungsbeitragsrechnung, in der BRD bekannt seit dem Jahre 1974 durch G. Horsten und E. Mayer (Mindestlosgrö-ßenbestimmung mit Hilfe der Deckungsbeitragsrechnung)	*Sortenwechselkostenbezogene De-ckungsbeitrag* Deckungsbeitrag absolut der Sorte - Sortenwechselkosten der Sorte = Deckungsbeitrag sorten-wechselkostenbezogen	$\mathbf{db_{swk}}$
4	*Zweistufige* Deckungs-beitragsrechnung subtrahiert vom absoluten Deckungsbei-trag die Opportunitätskosten für Alternativentscheidungen bei Programmwahlen oder Zusatzaufträgen (bei überbe-schäftigten betrieblichen Teilkapazitäten)	*Opportunitätskostenbezogene Deckungsbeitragsrechnung*, in der BRD bekannt in ähnlicher Form durch Böhm-Wille (Standardgrenzpreisrechnung) seit dem Jahre 1960 und Kilger seit dem Jahre 1967	*Opportunitätskostenbezogener De-ckungsbeitrag* Deckungsbeitrag absolut - Opportunitätskosten = Deckungsbeitrag opportunitätskostenbezogen oder Erlös - Preisuntergrenze engpassbezogen = Deckungsbeitrag opportunitätskostenbezogen	$\mathbf{db_{op}}$
5	*Mehrstufige* Deckungs-beitragsrechnung (auch als DBR auf der Grundlage relativer Einzelkosten von Paul Riebel bekannt) stellt den Deckungsbeiträgen mehrere Fixkostenschichten für eine Deckungsbeitrags-tiefenanalyse gegenüber.	*Stufenweise Fixkostende-ckungsrechnung*, in der BRD bekannt seit dem Jahre 1959 bzw. 1961 durch Aghte und Mellerowicz mit Erzeugnisfix-kosten, Erzeugnisgruppenfix-kosten, Stellenfixkosten, Bereichsfixkosten, Unterneh-mensfixkosten	*Schichtenbezogener Deckungsbeitrag* Deckungsbeitrag absolut - RDB I - Erzeugnisfixkosten = Restdeckungsbeitrag II RDB II - Erzeugnisgruppenfixkosten = Restdeckungsbeitrag III RDB III	$\mathbf{db_{sch}}$
6	*Mehrstufige* Deckungsbei-tragsrechnung stellt dem durch den Kunden erwirt-schafteten Deckungsbeitrag mehrere Vertriebskosten-schichten für eine Kunden-förderung, Kundenvernach-lässigung oder eine Ver-triebserfolgsrechnung gegen-über	Kundenbezogene Deckungs-beitragsrechnung, Kunden- und Kundengruppenanalysen, Vertreter- und Vertreterbe-zirksanalysen, Vertriebskosten-stellenbereichserfolgsrech-nung, bekannt seit dem Jahre 1972 (kundenbezogene Ver-triebs-Ergebnisrechnung)	*Kundenbezogener Deckungsbeitrag* Deckungsbeitrag abs. des Kunden - Einzelkosten des Kunden = Deckungsbeitrag kundenbezogen	$\mathbf{db_{kun}}$

Abbildung 249: Absolute und relative Deckungsbeiträge (Mayer, 1997)

Erlöse

− Grenzselbstkosten

= absoluter Deckungsbeitrag

− Sortenwechselkosten (SWK)

= sortenwechselkostenbezogener Deckungsbeitrag − (db_{swk})

Abbildung 249 dokumentiert übersichtlich die Rechentechniken, Teilkostenrechnungsverfahren und Deckungsbeitragsarten.

6.4   Grundtypen I und II der Teilkostenrechnung

Die wissenschaftliche Literatur und Wirtschaftspraxis differenzieren die Teilkostenrechnung in zwei Grundtypen, in die Teilkostenrechnung auf Grenzkosten- und auf Einzelkostenbasis. Sobald eine Verknüpfung der Teilkostenrechnung mit der Erlösseite erfolgt, entsteht daraus die Deckungsbeitragsrechnung.

Grundtyp I der Teilkostenrechnung

Die klassische Grenzkostenrechnung − in einstufiger und mehrstufiger Form − löst die Kostenarten einer Kostenstelle in beschäftigungsfixe und beschäftigungsproportionale Kostenbestandteile auf. Die Bezugsgrößenwahl orientiert sich an der dominierenden Hauptkosteneinflussgröße Beschäftigung (Ausbringungsmenge).

Der Soll-Ist-Kosten-Vergleich, die Kalkulation und die innerbetriebliche Leistungsverrechnung arbeiten nur mit dem beschäftigungsabhängigen Teil der Gesamtkosten, den Grenzherstell- bzw. Grenzselbstkosten. Die Grenzkostenkalkulation ermittelt über den Erlös den absoluten Deckungsbeitrag, aus dem sich für bestimmte Entscheidungshilfen relative Deckungsbeiträge entwickeln lassen.

Eine Deckungsbeitragsrechnung nach Plaut/Kilger verzichtet auf den Ausweis des Stückerfolges im Sinne der Vollkostenrechnung, da sie es ablehnt, Fixkosten nach dem Durchschnittskostenüberwälzungsprinzip zu verteilen.

Die Summe der Nettoerlöse, vermindert um die Summe der Grenzselbstkosten aller verkauften Artikel, ergibt das auf dem

Markt erwirtschaftete Deckungsbeitragsvolumen einer Rechnungsperiode. Subtrahiert man vom erwirtschafteten Deckungsbeitragsvolumen die Bereitschaftskosten in einer Summe (in der Form von Blockfixkosten), so erhält man den Betriebserfolg. Die Bestandsveränderungen, auf Grenzherstellkostenbasis bewertet, können ihn erhöhen oder mindern.

Dieses Erfolgsrechnungsverfahren (Umsatzkostenverfahren auf Grenzkostenbasis) mit einer globalen Abdeckung des Fixkostenblockes bejahen die artikelbezogene Deckungsbeitragsrechnung (das einfache Direct Costing) und die Grenzplankostenrechnung von Plaut-Kilger (das erweiterte Direct Costing).

Weiterentwicklungen des einfachen Direct Costing durch Agthe und Mellerowicz kombinieren die Voll- und Grenzkostenrechnung, um die Vorteile beider Kostenrechnungsverfahren zu erhalten. Nach der Ermittlung des absoluten Deckungsbeitrages führt im System der stufenweisen Fixkostendeckungsrechnung eine schlüsselfreie, schichtenbezogene Aufteilung des Fixkostenblockes zu zwei Vorteilen: Die Deckungsbeitragstiefenanalyse lässt die Notwendigkeit von quantitativen Anpassungsprozessen erkennen, Preisuntergrenzen bestimmen und Vollkostenkalkulationen für Auftragsfertigungen sowie Inventurbewertungen durchführen.

Nicht direkt zurechenbare Fixkostenanteile (Overhead-Kosten) deckt der letzte Schichtdeckungsbeitrag in einer Summe ab.

Eine Verteilung der Overhead-Kosten nach dem »Kostentragfähigkeitsprinzip« oder anderen »verursachungsnahen« Schlüsseln ist aus der Sicht des Grenzkostendenkens nicht vertretbar. In der Wirtschaftspraxis wird jedoch die Verteilung der Overhead-Kosten praktiziert, um diesen Kostenblock in die Verantwortungsbereiche einzubeziehen und Zieldeckungsbeitragsvolumina vorgeben zu können.

Grundtyp II der Teilkostenrechnung

Die Deckungsbeitragsrechnung Riebels verzichtet auf eine Ermittlung von Grenzkosten mit Hilfe einer Kostenauflösung und lehnt jede Grenzgemeinkostenschlüsselung als einen Verstoß gegen das Verursachungsprinzip ab.

Plaut/Kilger schlüsseln nur die Grenzgemeinkosten, um vollständige Grenzherstellkosten und Grenzselbstkosten für die Kostenkontrolle und Durchführung von Wirtschaftlichkeitsrechnungen zu erhalten.

	a	b
1	Bruttoerlöse	
2	– Mehrwertsteuer	
3	– Rabatte, Boni1	
4	– preisabhängige Vertriebseinzelkosten der Artikel	
5	= Nettoerlöse I	
6	– mengenabhängige Vertriebseinzelkosten der Artikel	
7	– wertabhängige Vertriebseinzelkosten der Artikel	
8	= Nettoerlöse II	
9	– Stoffkosten, wenn beschäftigungsabhängige Artikelkosten	
10	= Deckungsbeitrag I	
11	– Lohnkosten, wenn beschäftigungsabhängige Artikelkosten	
12	= Deckungsbeitrag II über die beschäftigungsabhängigen	
	Einzelkosten	
13	Deckungsbeiträge II von allen Artikeln einer Artikelgruppe und/oder eines Fertigungskostenstellenbereichs	
14	– direkte Kosten der Artikelgruppe und/oder des Fertigungskostenstellenbereichs	
15	= Deckungsbeitrag III über die direkten Artikelgruppen- und/oder Kostenstellenbereichseinzelkosten	

Column b spans: Periodeneinzelkosten / Leistungskosten (rows 1–12) and Bereitschaftskosten I und II (rows 13–15)

Abbildung 250: Retrograde Deckungsbeitragsermittlung (Riebel)

Riebels Leistungskosten enthalten keine Grenzgemeinkosten aus den Material-, Fertigungs-, Verwaltungs- und Vertriebskostenstellenbereichen, wenn sie sich nicht im Rahmen seiner »Perioden-Einzelkosten« als unechte Gemeinkosten direkt dem Kalkulationsobjekt zurechnen lassen.

Die Perioden-Einzelkosten unterteilt Riebel in:

• –beschäftigungsabhängige Leistungskosten (Fertigungsmaterial, Verpackung, Fertigungslohn, Sondereinzelkosten der Fertigung und des Vertriebs) und

• –beschäftigungsunabhängige Bereitschaftskosten, direkt und indirekt zurechenbar.

Was sich nicht im Rahmen der Perioden-Einzelkosten direkt zurechnen lässt, fließt in die »Einzelkosten offener Perioden«, die sog. Mehrperioden-Einzelkosten. Diese ähneln den Overhead-Kosten der stufenweisen Fixkostendeckungsrechnung.

Durch den Verzicht auf eine Schlüsselung der Grenzgemeinkosten ist der »absolute Deckungsbeitrag« Riebels stets größer als in der klassischen Grenzkostenrechnung mit einer Kostenauflösung. Dieser Mangel der Einzelkostenrechnung ist bei der Vorbereitung von Entscheidungshilfen zu beachten. Die Deckungsbeitragstiefenanalyse Riebels richtet sich nach dem Untersuchungszweck und endet, wenn sich die Kosten nicht mehr direkt einem Kalkulationsobjekt zurechnen lassen.

Bis zur Zeile 12 (Deckungsbeitrag II) kann dieses retrograde Kalkulationsschema wahlweise auf einen Artikel, einen Kundenauftrag, einen Fertigungskostenstellenbereich oder die Abrechnungsperiode bezogen werden.

Ab Zeile 13 ist die retrograde Kalkulation für einen Artikel, einen Kundenauftrag nicht mehr sinnvoll, »da sie ohne eine Aufschlüsselung von Gemeinkosten und Fixkosten nur noch für Zeitabschnitte« aussagefähig ist. Die Wirtschaftspraxis kann und wird das o.a. Schema auf ihre speziellen Fragestellungen modifizieren, vgl. dazu Mann/Mayer.

Der Deckungsbeitrag II (Zeile 12) über die beschäftigungsabhängigen Einzelkosten dient nach Riebel primär der Lösung »wirtschaftlicher Dispositionsprobleme«. Er wird ohne die Berücksichtigung von Grenzgemeinkosten ermittelt.

Der Deckungsbeitrag III (Zeile 15) über die gesamten Artikel-Einzelkosten oder Kostenstellenbereichseinzelkosten zeigt, wie viel das Kalkulationsobjekt (Kostenträger bzw. Kostenbereich) insgesamt an Einzelkosten verursacht hat und ob noch ein Deckungsbeitrag für die Deckung der Overhead-Kosten verbleibt.

Die Weiterentwicklung der traditionellen Vollkostenrechnung war notwendig. Sie verrechnet für die Preisbildung und Preiskontrolle alle Einzel- und Gemeinkosten nach dem Durch-schnittskostenüberwälzungsprinzip auf einen Kostenträger oder Auftrag. Dabei übersieht man leicht die **Fehlerquellen** dieses Verfahrens:

- Die Gemeinkostenüberwälzung nach dem Durchschnittskos-tenüberwälzungsprinzip (über Standardkostensätze) verzerrt das Verursachungsprinzip.

- Die künstliche Proportionalisierung der Fixkostenbestandtei-le verstößt gegen das Verursachungsprinzip. Sie führt bei rückläufiger Beschäftigung zur Verrechnung von Leerkosten und damit zu steigenden Preisen.

- Bei der abwechselnden Addition von Einzel- und Gemein-kosten im traditionellen Vollkostenkalkulationsschema lässt sich das Verursachungsprinzip für die Gemeinkosten nicht aufrechterhalten.

Ausführlich zur Deckungsbeitragsrechnung informierten Albrecht Deyhle, zur Flexiblen Voll-Plankostenrechnung Konrad Mellero-wicz, zur Flexiblen Grenzplankostenrechnung und Deckungsbei-tragsrechnung Wolfgang Kilger.

6.5   Glossar der Deckungsbeitragsrechnung

Nr.	Termini	Abk.	Erläuterung oder / und Formel
a	b	c	d
1	Ø Bruttogewinnzuschlag[4] (Ø Solldeckungsbeitrag)	ØBGZ ($Ødb_{Soll}$)	$\dfrac{DBV * 100}{GSK}$
2	Deckungsbeitrag absolut	db_{abs}	$e\text{-}k_v$ oder $\dfrac{DBV}{x}$
3	Deckungsbeitrag engpassbezogen	db_{eng}	$\dfrac{db_{abs}}{EPDZ}$ oder $\dfrac{db_{abs}}{EPFE}$
4	Deckungsbeitrag kundenbezogen	db_{kun}	db_{abs} des Kunden − EK[5] des Kunden
5	Deckungsbeitrag opportunitäts-kostenbezogen	db_{op}	$db_{abs} - k_{op}$ oder $e - PUG_{eng}$
6	Deckungsbeitrag schichtbezogen	db_{sch}	Deckungsbeitrag$_{abs}$ - Erzeugnisfixkosten = Restdeckungsbeitrag II
7	Deckungsbeitrag sortenwechsel-kostenbezogen	db_{swk}	Deckungsbeitrag$_{abs}$ - Sortenwechselkosten
8	Deckungsbeitrag positiv	$db_{(+)}$	$e{>}k_v/e{>}k_v{+}k_{on}/e{>}PUG_{eng}$
9	Deckungsbeitrag negativ	$db_{(-)}$	$e{<}k_v/e{>}k_v{+}k_{on}/e{<}PUG_{eng}$
10	Deckungsbeitragsvolumen	DBV	$(E\text{-}K_v) = DBV$
11	Deckungsbeitragsrechnung Mantelformel		$(E\text{-}K_v) - K_f = G$

---

[4] Vgl. Zeite 12

[5] EK = Einzelkosten

Nr.	Termini	Abk.	Erläuterung oder / und Formel
a	b	c	d
12	Deckungsbeitragsrechnung[6] Kostenpreisformel für die Auftragsfertigung		$p_i = k_i \left(1 + \frac{g_B}{100}\right)$ [7]
	für den Angebotspreis		$\frac{gsk \quad oder \quad lk}{100 - \emptyset DG}$
13	*Deckungsbeitragsrechnungen* Direct Costing - Grundform Grenzplankostenrechnung Stufenweise Fixkosten- deckungsrechnung Einzelkostenrechnung Standardgrenzpreisrechnung DBR Kundenbezogene Deckungsbeitragsrechnung Sortenwechselkostenbezogene Deckungsbeitragsrechnung Leitbild Controllingkonzept IT-Leitbild Controllingkonzept auf Vollkosten- und Grenzkos- tenbasis	*Jahr* 1934 1952 1959 1959 1960 1968 1974/1972 1974 1983 2004	*Autoren Rechentechnik* J. N. Harris einstufig H. G. Plaut zweistufig K. Aghte mehrstufig P. Riebel mehrstufig Böhm-Wille zweistufig A. Deyhle/E. Mayer zweistufig Mayer-Muttke mehrstufig E. Mayer zweistufig E. Mayer A. Gadatsch/E. Mayer
14	Deckungsgrad	DG / dg	$\frac{DBV * 100}{E}$ / $\frac{db_{abs} * 100}{e}$
15	Deckungspunkt	DP	$E = K_g$, $E = x * p$ $K_g = K_f + k_v * x$
16	Deckungspunktausbringung	DPA	$x = \frac{K_f}{p - k_v} = \frac{K_f}{db_{abs}}$
17	Deckungspunktumsatz	DPU	
18	Engpass	-	Hemmungen im Beschaffungs-, Produktions- und Absatzbereich

---

[6] vgl. Zeile 1

[7] g_B = Buttogewinn

Nr.	Termini		Abk.	Erläuterung oder / und Formel
a	b		c	d
19	Engpassfaktoreinheit		EPFE	, Bh^8, $CPUs^9$, Ph^9, PP^9, Sh^9, u.ä.
20	Engpassdurchlaufzeit		EPDZ	Verweildauer im Engpass
21	Grenz- kosten	-variable Kosten -Leistungskosten -Standardgrenzkosten -Grenzherstellkosten -Grenzselbstkosten	K_v, K_v L_k, LK gk, GK ghk, GHK gsk, GSK	Grenzkosten sind der Preis für die letzte zur Gütererstellung benötigte Gütereinheit (Schmalenbach) Leistungskosten nach P. Riebel
22	Grenzkostensatz (Schmalenbach)		-	$$K' = \frac{K_{g2} - K_{g1}}{x_2 - x_1} = \frac{Kostenzuwachs}{Mengenzuwachs}$$
23	Grenzkostenbetrachtung (Schmalenbach)		ARF_{abs} SRF_{abs}	Artikelrangfolge (Sortenrangfolge) nach absoluten Deckungsbeiträgen für eine Erfolgsanalyse
24	Grenznutzen (Schmalenbach)		$k_v + k_{op}$	Zusätzlicher Nutzwert einer weiteren Verwendungseinheit
25	Grenznutzensatz		-	$k_v + k_{on}$ =>< e
26	Grenznutzenbetrachtung		ARF_{eng}	Artikelrangfolge (Sortenrangfolge) nach engpassbezogenen Deckungsbeiträgen für eine Gewinnoptimierung
27	IT-Kostenrechnung		IT-KR	Auf Voll- und Grenzkostenbasis
28	Leitbild Controllingkonzept auf Voll- und Grenzkostenbasis			
29	IT-Controllingkonzept		IT-CK	IT-Leitbildcontrolling-Konzept
30	Kapazitätskoeffizient		KK	$\frac{DBV}{K_f}$ bzw. BK
31	Opportunitätskosten Alternativkosten		k_{op}/k_{op}	Alternativkosten, Kosten des entgangenen Nutzens, Verdrängungskosten

---

[8] Bh = Beraterstunden, CPUs = CPU-Sekunden (CPU = Central Processing Unit), LoC = Lines of Code (Anzahl Programmierzeilen), Ph = Programmierstunden, PP = Print Pages (Druckseiten), Sh = Service-Stunden

Nr.	Termini	Abk.	Erläuterung oder / und Formel
a	b	c	d
32	Opportunitätskostensatz	-	$k_{on-v} = db_{eng-x} * EPDZ_v$
33	Preisuntergrenze absolut *(nur Kalkulationsbasis !)*	PUG_{abs}	Grenzkosten = Preis (Exitus) $k_v / lk = e$
34	Preisuntergrenze engpassbezogen	PUG_{eng}	$k_v + k_{op} = PUG_{eng}$
35	Sicherheitskoeffizient	SIK	$\dfrac{Umsatz - Deckungspunktumsatz}{Umsatz}$
36	Zieldeckungsbeitrag	db_z	
37	Zieldeckungsbeitragsvolumen	$DBV_{z \rightarrow max}$ $DBV_{z \rightarrow min}$	Fixkostenblock mit Verzinsung des investierten Kapitals und Gewinn Selbstkostendeckend
38	Zieldeckungsgrad	dg_z / DG_z	$\dfrac{Grenzselbstkosten}{100 - \varnothing Deckungsgrad}$
39	Zielumsatz für ein Nutzencenter	$U_{z \rightarrow max}$	$\dfrac{Fixkostenblock + Gewinnrate(RoI)}{\varnothing Deckungsgrad}$ 9

Abbildung 251: Glossar der Deckungsbeitragsrechnung (Mayer, 1987/2005)

---

9 bzw. Bereitschaftskosten einschließlich Overheadanteil

7   Prozesskostenrechnung für IT-Controller

Die Autoren danken Herrn *Prof. Dr. Konrad Liessmann* für die freundliche Genehmigung, sein Konzept der Prozesskostenrechnung[10] als Grundlage für das Kapitel 7 zu verwenden.[11]

7.1   Entstehung

Die Basisstrategie der Unternehmen zielt nach M. Porter auf Schaffung oder Erhalt eines auf Wettbewerbsvorteilen gegründeten Wachstumskonzeptes, z. B. auf Kostenführerschaft durch eine auf Volumenmaximierung oder auf Ertragsvorteile durch eine auf Differenzierung oder Spezialisierung ausgerichtete Strategie. Formulierung und Durchsetzung der Strategie setzen aber zuverlässige und hinreichend genaue Informationen über die Produktkosten voraus, insbesondere darüber, wie diese durch alternative strategische Konzepte (Volumenmaximierung versus Differenzierung) sich beeinflussen lassen. Seit Mitte der 80-er Jahre entstand daher eine lebhafte Diskussion darüber, ob die traditionellen Kostenrechnungssysteme die Probleme des strategischen Kostenmanagements lösen können. Diese Diskussion wurde insbesondere durch eine Publikation aus dem Jahre 1985 ausgelöst. In »The Hidden Factory« haben Miller, J. G. und Vollmann, T. E. die These aufgestellt, dass durch die technologisch beeinflusste Verschiebung der Kostenstrukturen Gemeinkosten (und nicht mehr Einzelkosten) die Produktkosten entscheidend beeinflussen. Hierfür ist nach Miller und Vollmann die zunehmende Bedeutung von automatisierten, informationsgesteuerten Fertigungs- und Logistikprozessen der modernen Fabriken ursächlich, deren gemeinkostentreibende Aktivitäten sich in vier Kategorien systematisieren lassen:

- *logistische Aktivitäten* (Personal zur physischen Durchführung von Transporten, Kapazitäts- und Transportmittelbereit-

---

[10] Alle Werte in € (sofern nicht anders angegeben)

[11] vgl. dazu Kapitel 21 Grundlagen der Prozesskostenrechnung in Mayer, E.; Liessmann, K.; Mertens, H.-W.: Kostenrechnung, 7. Aufl., Stuttgart 1997

stellung, z. B. Bedienungspersonal in Rechenzentren für den Transport von Magnetbändern, Servicepersonal für den Transport von neuen PCs und Zubehör zum Endanwender),

- *Koordinierungs-Aktivitäten* (Personal zur Planung der rechtzeitigen, ausreichenden und qualitätsgerechten Bereitstellung von IT-Personal, Transportmittel und Rechner- und Netzwerkkapazitäten und Sicherung eines störungsfreien, automatisierten IT-Betriebs),

- *Qualitätssicherungs-Aktivitäten* (Personal zur Sicherung der Qualitätsstandards, z. B. in der Softwareentwicklung und im IT-Betrieb),

- *Änderungs-Aktivitäten* (Entwicklungspersonal, das mit den Änderungen und Anpassungen von Individual- oder Standard-Software beschäftigt ist).

Traditionelle Verfahren

Traditionelle Kostenrechnungsverfahren, die Plankostenrechnung oder stufenweise Fixkostendeckungsrechnung, sind grundsätzlich wenig geeignet, das Problem ständig zunehmender Gemeinkosten in den Unternehmen zu lösen, soweit die für operative und strategische Managemententscheidungen wichtige Frage der Ermittlung aussagefähiger Produktkosten betroffen ist. Die wert- oder zeitabhängigen Bezugsgrößen der Gemeinkostenverrechnung (z. B. Programmiererstunden, Testerstunden) stehen nicht in Abhängigkeit zu den durch die dargestellten Aktivitäten verursachten Gemeinkosten. Die aus Wettbewerbsgründen erforderliche Planung, Steuerung und Kontrolle der (fixen) Gemeinkosten ist nach C. Freidank problematisch, da sie zu 80 % aus Personalkosten bestehen.

Gefahr von Fehlentscheidungen

Die Gefahr strategischer Fehlentscheidungen aufgrund unzureichender Informationen über die Produktkosten (z. B. eine selbstentwickelte Software für die Produktionsplanung und – steuerung) ist groß. Als Resultat dieser Erkenntnisse wurde ab Mitte der 80-er Jahre in den USA, vornehmlich durch Kaplan, Cooper und Johnson, ein neues Kostenrechnungssystem vorgestellt, das mit Activity Based Costing (ABC) bezeichnet wird. Grundgedanke des ABC ist es, die Entstehung von Gemeinkosten vornehmlich bei fertigungsnahen Funktionen (Arbeitsvorbereitung, Engineering, Einkauf, Fertigungsablaufplanung, Qualitätssicherung usw.), möglichst genau zu erfassen und verursachungsgerecht den Produkten zuzurechnen. Hierzu werden die Aktivitäten (Arbeitsvorgänge), die in den fertigungsnahen Gemeinkostenbereichen stattfinden, analysiert und bezüglich ihrer

Bindung von »Gemeinkostenkapazität« (z. B. Arbeitszeitbedarf des Personals) gemessen. Diese Aktivitäten, sog. Cost Drivers, ersetzen die volumenabhängigen Bezugsgrößen (Zeit oder Wert) der traditionellen Kostenrechnungssysteme.

Prozesskosten-rechnung als Alternative

Die Prozesskostenrechnung (PZKR) stellt eine Alternative zum ABC dar, unterscheidet sich jedoch in wesentlichen Punkten. An der Ausgestaltung der PZKR waren in Deutschland maßgeblich P. Horvàth, R. Mayer und A. Coenenberg beteiligt. Wesentliche Unterscheidungsmerkmale in der Methodik zwischen ABC und PZKR sind:

- Die ABC konzentriert sich auf die Gemeinkosten fertigungs-naher Bereiche, während die PZKR die prozessorientierte Verrechnung der Gemeinkosten aller indirekten Dienstleis-tungsbereiche (z. B. Softwareentwicklung, Rechenzentrum, IT-Benutzerservice) anstrebt.

- die PZKR legt die Kostenstellenorganisation des Unterneh-mens für die Definition geeigneter Aktivitäten, Teilprozesse und Hauptprozesse zugrunde, während ABC bei der Defini-tion der »Activities«, die die Gemeinkosten verursachen, auf eine differenzierte Kostenstellenrechnung – wie in Deutsch-land – in anglo-amerikanischen Firmen nicht zurückgreifen kann.

- Die PZKR verdichtet die definierten Aktivitäten zu Teil- und Hauptprozessen, während das ABC diese zu sog. „Cost Pools", d. h. kostenstellenunabhängige homogene Gemein-kostenfunktionen (z. B. IT-Einkauf) zusammenfasst.

7.2   Konzeptionelle Grundlagen

Zweistufige Gemeinkostenverrechnung

Klassische Verrechnung

Traditionelle Kostenrechnungsverfahren basieren auf einer 2-stufigen-Verrechnungsmethodik. Die in der Kostenartenrechnung erfassten Gemeinkosten werden in Stufe 1, eventuell über inner-betriebliche Leistungsverrechnung, auf die Orte der Kostenent-stehung verteilt (im Regelfall: Fertigung, Material, Verwaltung, Vertrieb, Forschung und Entwicklung, Informationstechnik). Über volumenabhängige (Zeit, Wert) Bezugsgrößen werden die Gemeinkosten in Stufe 2 der Methodik den Kostenträgern (Pro-dukten) zugerechnet.

Schwächen traditioneller Gemeinkostenverrechnung

Diese Methodik ist eine Gemeinkostenverteilungsrechnung, die das Verursachungsprinzip nicht oder nur unzureichend beachtet. Die Gemeinkostenabhängigkeiten werden nicht korrekt erfasst, da diese in der Regel nicht durch volumenabhängige Bezugsgrößen, sondern durch die Komplexität und Vielfalt der Tätigkeiten begründet werden, die zur Produktion und Distribution der Produkte erforderlich sind.

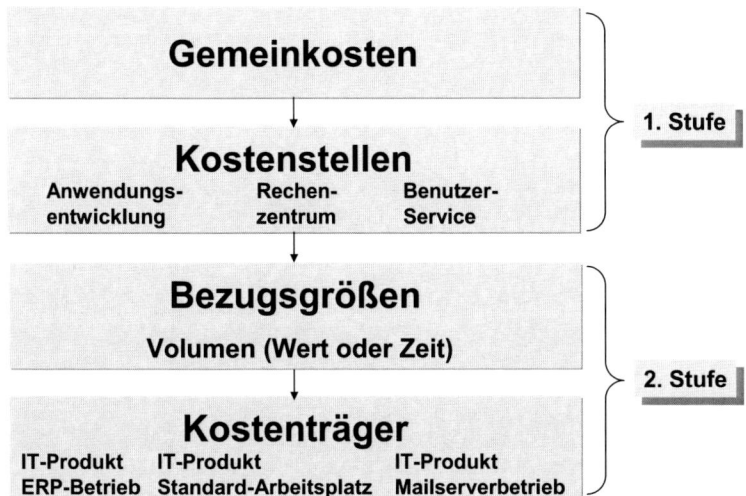

Abbildung 252: 2-stufige traditionelle Gemeinkostenverrechnung

Auch die Prozesskostenrechnung setzt die 2-stufige Verrechnungsmethodik ein, um Gemeinkosten Kostenträgern zuzurechnen. Da Gemeinkosten durch Tätigkeiten entstehen, werden diese definiert, erfasst und zu Prozessen, das sind Bündel gemeinkostenverursachender, homogener Aktivitäten, zusammengefasst. Gemeinkostentreibende Aufgaben wie z. B. Rüstvorgänge, Einkauf, Versand, stellen Prozesse dar, denen abhängige Gemeinkosten zurechenbar sind. Die Definition von Prozessen und die Zuordnung der prozessabhängigen Gemeinkosten gilt als Stufe 1 der Verrechnungsmethodik. Stufe 2 ermittelt Bezugsgrößen der Gemeinkostenabhängigkeit je Prozess. Dies sind identifizierbare Tätigkeiten, die zur Durchführung des Prozesses erforderlich sind und sich zu Kostentreibern (Cost Drivers) verdichten. Im Idealfall ist nur ein Kostentreiber je Prozess vorhanden.

Kostentreiber

Die Kostentreiber sind die Bezugsgröße der Prozesskostenrechnung. Sie verursachen die Gemeinkosten unmittelbar. Durch Auszählung der Kostentreiber und Division der Prozessgemeinkosten durch deren Anzahl lässt sich ein Prozesskostensatz errechnen. Nun kann in Stufe 2 eine Verteilung der Gemeinkosten auf die Kostenträger (IT-Produkte bzw. IT-Leistungen) verursachungsgerecht erfolgen, indem die Inanspruchnahme von Prozessen durch den Kostenträger ermittelt wird (Kostentreiberanzahl pro IT-Produkt x Kostensatz pro Prozess).

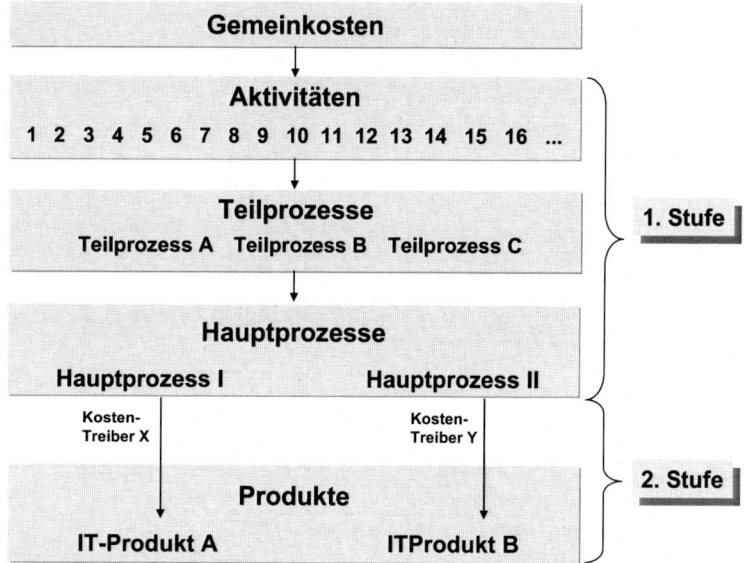

Abbildung 253: 2-stufige Gemeinkostenverrechnung (Prozesskostenrechnung)

Merke   In der Praxis werden in der Regel zwei Aggregationsstufen vorgesehen: Aktivitäten werden zu Teilprozessen, diese zu Hauptprozessen verdichtet.

Prozessdefinition und Bildung von Prozesshierarchien

Voraussetzung für die Strukturierung von Prozessen ist eine eingehende Analyse der Tätigkeiten (Arbeitsabläufe und -inhalte) in dem untersuchten Gemeinkostenbereich (z. B. der Anwendungsentwicklung). Diese Prozessanalyse kann nach folgenden Methoden durchgeführt werden:

- Sekundäranalysen (Auswertung vorhandener Unterlagen wie z. B. Arbeitsplatz-/Stellenbeschreibungen, Organigramme, Prozessmodelle, Arbeitsanweisungen, Richtlinien),

- Primäranalysen (Selbstanalyse, Aufschreibung, Frage- und Erhebungsbögen, Interviews mit Mitarbeitern und Leitungspersonal),

- Normatives Vorgehen: Planung idealer Arbeitsabläufe und -inhalte ohne Rücksicht auf bestehende Tätigkeitsstrukturen (Zero-Base-Ansatz).

Aktivitäten-katalog

Das Ergebnis der Prozessanalyse wird in einem Tätigkeits- oder Aktivitätenkatalog festgehalten, der umfassend die Arbeitsvorgänge einer Gemeinkostenstelle darstellt. Ein derartig umfassender Aktivitätenkatalog ist für die praktische Durchführung einer Prozesskostenrechnung ungeeignet, da die Anzahl der Bezugsgrößen zu umfangreich und ihre Verknüpfung mit den Kostenträgern nicht immer klar ersichtlich ist. Daher wird eine Prozesshierarchie aufgebaut, die die Aktivitäten zu Prozessen (Teilprozessen) bündeln. Diese Teilprozesse werden in einem nächsten Schritt zu einigen wenigen Hauptprozessen zusammengefasst.

Teilprozess

Ein Teilprozess enthält eine Kette homogener Aktivitäten. Eine Kostenstelle kann einen oder mehrere Teilprozesse umfassen. Der Teilprozess besteht aus mehreren Aktivitäten, die nach Horváth/Mayer als leistungsmengeninduziert (lmi) oder leistungsmengenneutral (lmn) gelten.

Prozesse sind leistungsmengeninduziert, wenn sie sich in Bezug auf die Leistungsanforderungen an die Kostenstelle mengenproportional verhalten, also repetetive Vorgänge. Sie sind leistungsmengenneutral, wenn sie von dem quantitativen Leistungsvolumen unabhängig als feste Größe anfallen, wie z. B. Leitungsaufgaben. Im nächsten Schritt werden die Teilprozesse übergreifenden Hauptprozessen (im ABC: Cost Pools) zugerechnet. Ein Hauptprozess ist ein funktional selbständiger Aufgabenkomplex, der kostenstellen- oder abteilungsübergreifende Vorgänge erfasst (z. B. IT-Einkauf, Softwareentwicklung, etc.). Da der Hauptprozess die Basiseinheit der verursachungsgerechten Zuordnung der Gemeinkosten zum Kostenträger ist, soll dieser möglichst nur Teilprozesse enthalten, die demselben Kosteneinflussfaktor (Kostentreiber, Cost Driver) unterliegen. Die Gemeinkosten und Kapazitäten der beteiligten Teilprozesse werden zum Hauptprozess aufaddiert.

Kostentreiber-Bestimmung und Prozesskostensatz-Berechnung

Kostentreiber sind die Bezugsgrößen der prozessorientierten Gemeinkostenverrechnung. Sie sind die Maßgröße der Kostenverursachung bzw. der Inanspruchnahme der Gemeinkosten durch das Kalkulationsobjekt (i.d.R. das IT-Produkt). Mit der Identifikation der Kostentreiber werden die Ursachen der Gemeinkostenentstehung dokumentiert. Die Ermittlung der Kostentreiber wird am Beispiel des Hauptprozesses „IT-Einkauf" veranschaulicht (vgl. auch Abbildung 260)

	a	b	c
	Teilprozesse	**Kostentreiber**	**Leistungs-mengen**
1	Einkaufsanforderung für IT-Bedarfe bearbeiten	Anforderungen an IT-Leistungen	abhängig
2	Lieferantenauswahl treffen	Anzahl IT-Lieferanten	abhängig
3	Einkaufsauftrag erstellen	IT-Bestellungen	abhängig
4	Lieferantenrechnung prüfen	IT-Bestellungen	abhängig
5	Zahlungsfreigabe veranlassen	IT-Bestellungen	abhängig
6	Abteilung leiten	alle	neutral

Abbildung 254: Hauptprozess IT-Einkauf und seine Teilprozesse

Die Teilprozesse eins bis sechs werden zum Hauptprozess »IT-Einkauf« zusammengefasst. Die Kapazitäten und Gemeinkosten werden addiert. Eine Homogenität bezüglich eines bestimmenden Kostentreibers ist gegeben, da die Bestellungen Hauptgemeinkostenverursacher sind. Hierbei wird unterstellt, dass der Prozess zwei (Lieferantenauswahl) monetär von geringerer Bedeutung ist und dass bezüglich Prozess eins (Einkaufsanforderungen) eine hohe Korrelation zur Anzahl der Bestellungen besteht. Im Teilprozess vier bzw. fünf kann der eigentliche Kostentreiber „Rechnung" durch „Bestellung" ersetzt werden, da jeder Rechnung eine Bestellung zugrunde liegt.

Nach Auszählung der Anzahl der Kostentreiber (Bestellungen) werden Prozesskostensätze, getrennt nach leistungsmengeninduzierten und -neutralen Gemeinkosten des Hauptprozesses, errechnet und zu einem Gesamtprozesskostensatz addiert. Der leistungsmengeninduzierte (lmi) Prozesskostensatz errechnet sich:

$$\text{Prozesskostensatz}\,(lmi) = \frac{\text{Prozesskosten (lmi)}}{\text{Prozessmenge (lmi)}}$$

Der leistungsmengenneutrale Prozesskostensatz (nach Horváth/Mayer = Umlagesatz) ergibt sich:

$$\text{Umlagesatz (lmn) je Prozess} = \frac{\sum_{lmn} \text{Pr}\,ozesskosten}{\sum_{lmi} \text{Pr}\,ozesskosten} * \text{Prozesskostensatz}$$

Daraus ergibt sich für die Errechnung des Gesamtprozesskostensatzes:

Gesamtprozesskostensatz = Prozesskostensatz + Umlagesatz

Die Bildung der Prozesskostensätze dient vornehmlich zwei Zwecken:

- im Rahmen der Kalkulation (Kostenträgerstückrechnung) wird die Inanspruchnahme der Leistungen der indirekten Gemeinkostenbereiche durch die Kostenträger verursachungsgerecht zugerechnet,

- in der Kostenträgerzeitrechnung lässt sich durch Bildung von Plan- und Kennzahlen eine Kostenkontrolle und -steuerung auf Prozessebene durchführen.

Prozessbasierende Kalkulation

Die Weiterverrechnung der Prozesskosten auf Produkte ist nicht das einzige Ziel der Unternehmen. Oft dient die PZKR einer transparenten und besseren Gemeinkostenplanung und –kontrolle. Für die Prozesskalkulation ist die Kenntnis der Inanspruchnahme der Prozesse durch die Kalkulationsobjekte Voraussetzung. Umfang der Inanspruchnahme eines Prozesses multipliziert mit dem Prozesskostensatz ergibt den Wert der Inanspruchnahme der Gemeinkostenressourcen durch den Kostenträger. Die Gemeinkosten werden diesem verursachungsgerecht zugeordnet.

Sofern für alle Kalkulationsobjekte (z. B. einzelne Softwareprodukte) die Inanspruchnahme jedes einzelnen Prozesses bekannt ist, lässt sich die Kalkulation problemlos durchführen. In der Praxis ist der Kostentreiber und damit der Prozesskostensatz nicht immer einem Produkt direkt zurechenbar (joint costs), wenn die Aktivität zwei oder mehr Produkte gleichzeitig betrifft (z. B. eine Bestellung umfasst Beratungsleistungen, die in zwei IT-Produkten eingesetzt wird). In diesem Falle ist zu untersuchen, ob entweder eine weitere Untergliederung der Kostentreiber oder der Produkte möglich ist. Im Fallbeispiel wird aus diesem Grund eine Zerlegung der Kostenträger (IT-Produkte A und B) in Komponenten vorgenommen (vgl. das Fallbeispiel auf S. 529 ff.).

Prozessbasierende Gemeinkostenkontrolle

Für die Gemeinkostenplanung und -kontrolle bietet es sich an, sie auf der Ebene der Hauptprozesse durchzuführen, weil dann das Konzept eines Prozess-Managements realisiert wird. Die Übertragung der Prozessdurchführung auf einen prozessverantwortlichen Manager („Process Owner") ermöglicht ein „Management-by-Objectives": Gemeinkostenplanung, Abweichungsanalyse und Steuerung für die Hauptprozesse liegen in einer Hand. Der Prozessmanager muss die Plan- und Istkosten steuern können. Die Beschäftigungsabweichungen, die aufgrund des Fixkostencharakters der Prozesskosten bei rückläufiger Beschäftigung »Leerkosten« darstellen, werden wie folgt ermittelt:

	Plan-Prozesskosten	= Planprozess-kostensatz	x	Planprozess-menge
-	Soll-Prozesskosten	= Planprozess-kostensatz	x	Istprozess-menge
=	Beschäftigungsab-weichung	= Leerkosten		

Abbildung 255: Ermittlung der prozesskostenbezogenen Beschäftigungsabweichung (nach Freidank)

Die Beschäftigungsabweichung signalisiert eine Überprüfung der Ressourcenplanung und des Ressourceneinsatzes. Kapazitätsanpassung (Abbau von Gemeinkosten), Ressourcenumschichtung oder Effizienzsteigerung (z. B. durch flexiblen Ressourceneinsatz) sind Maßnahmen, die der Prozessverantwortliche (Process Owner) veranlassen muss.

Strategische Informationsvorteile durch die Prozesskostenrechnung

Die Prozesskostenrechnung ermöglicht strategische Preis- und Programmentscheidungen auf der Basis zuverlässiger Produktkosteninformationen. Dies betrifft insbesondere strategische Entscheidungssituationen wie Differenzierung bzw. Volumenmaximierung.

Produktkalkulation bei Produktdifferenzierung

Produktdifferenzierung (Variantenvielfalt) als strategisches Konzept zur Erzielung von Erlösvorteilen (Differentialrenten) bewirkt grundsätzlich eine Zunahme der Komplexität im Wertschöpfungsprozess. Diese führt zu einem Anstieg gemeinkostentreibender Aktivitäten. Die damit verbundene Erhöhung der Stückkosten differenzierter Produkte im Vergleich zu Standardprodukten ist in traditionellen Kostenrechnungssystemen aufgrund volumenbasierender Bezugsgrößen der Gemeinkostenverrechnung oft nicht erkennbar. Dies veranschaulicht folgendes Beispiel:

Produkt	Menge	Direkte Lohnstunden	Maschinenstunden	Material	Rüstvorgänge	Bestellungen	Versandvorgänge
A	10	8	8	100	1	1	1
B	10	12	12	120	5	3	3
Verbrauch (Menge)		20	20	220	6	4	4
Verbrauch (Gemeinkosten)		100	200	20	600	200	80

Abbildung 256: Beispiel Produktdifferenzierung

(1) Traditionelle Kostenrechnung: Gemeinkostenverrechnung auf der Basis der direkten Lohnstunden (DLh) in €

Gemeinkosten	1200,—
Verbrauchte Einheiten	20
Gemeinkostenverrechnungssatz (/DLh)	60,—

Produkt	A	B
Verrechnete Gemeinkosten		
(8/12 direkte Lohnstunden x 60,–)	480,—	720,—
Verrechnete Stückkosten		
(80/720 : 10 Einheiten)	48,—	72,—

(2) Gemeinkostenverrechnung in der Prozesskostenrechnung:

Prozesskostensätze (in €):

1	Direkte Lohnstunde (320:20)	16,—
1	Rüstvorgang	100,—
1	Bestellung	50,—
1	Versandvorgang	20,—

Gemeinkostenverrechnung (in €):

Produkt A/B	Lohnstundenabhängig-	Rüstvorgänge	Bestellungen	Versandvorgänge
Prozesskostensatz	16	100	50	20
Produkt A Kostentreiber	8	1	1	1
Produkt B Kostentreiber	12	5	3	3
Gemeinkosten A	128	100	50	20
Gemeinkosten B	192	500	150	60

Verrechnete Produktkosten (in €):

Produkt A	29,80
Produkt B	90,20

Differenz (%) zur traditionellen Kalkulation

A	−37,92
B	+25,28

Die Produkte A und B werden in gleicher Stückzahl (10 Einheiten) hergestellt. Das differenzierte Produkt nimmt jedoch gemeinkostentreibende Unterstützungsleistungen in bedeutend höherem Maße in Anspruch. Dies kommt zwar in den direkten Lohnstunden, die die Bezugsgröße des traditionellen Kostenrechnungssystems darstellen, zum Ausdruck (Verbrauch 8:12), erfasst jedoch nicht die wichtigen Servicefunktionen wie Rüstvorgänge, Bestellungen, Versandvorgänge in ausreichendem Maße.

Die Prozesskostenkalkulation zeigt, dass die Gemeinkostenzurechnung beim Standardprodukt A um 37,92 % verringert, beim Variantenprodukt B jedoch um 25,28 % erhöht werden muss.

Produktkalkulation bei Volumenunterschieden

Volumenmaximierung als Ergebnis einer Marktführerstrategie zielt auf Wettbewerbsvorteile durch Kostenführerschaft. Die mit einer derartigen Strategie verbundenen Gemeinkostenvorteile sind im Mehrproduktunternehmen beim Einsatz traditioneller Kostenrechnungssysteme nicht oder nicht in ihrem tatsächlichen Umfang erkennbar. Der Kostendegressionseffekt wird, wie folgendes Beispiel zeigt, erst durch eine Prozesskostenrechnung offenbar:

Pro-dukt	Menge	Direkte Lohn-stunden	Maschi-nen-stunden	Material in €	Rüst-vor-gänge	Bestel-lungen	Ver-sand-vor-gänge
A	10	5	5	20	1	1	1
B	100	50	50	200	3	3	3
Verbrauch (Menge)		55	55	220	4	4	4
Verbrauch (Ge-meinkosten)		100	200	20	600	200	80

Abbildung 257: Beispiel bei Volumenunterschieden

(1) Traditionelle Kostenrechnung: Gemeinkostenverrechnung auf der Basis der direkten Lohnstunden (DLh) in €

Gemeinkosten	1200,—		
Verbrauchte Einheiten	55		
Gemeinkosten verrechnungssatz (/DLh)	21,821		
Produkt		A	B
Verrechnete Gemeinkosten		109,09	1090,90
(5/50 direkte Lohnstunden 21,82)			
Verrechnete Stückkosten		10,91	10,91

(2) Gemeinkostenverrechnung in der Prozesskostenrechnung:

Prozesskostensätze (in €):

1 Direkte Lohnstunde (320:55)	5,821
1 Rüstvorgang	150,—
1 Bestellung	50,—
1 Versandvorgang	20,—

Gemeinkostenverrechnung (in €):

Produkt A/B	Lohnstun- denabhängig	Rüstvor- gänge	Bestellun- gen	Versand- vorgänge
Prozesskostensatz	5,82	150,-	50,-	20,-
Produkt A Kostentreiber	5	1	1	1
Produkt B Kostentreiber	50	3	3	3
Gemeinkosten A	29,09	150,-	50,-	20,-
Gemeinkosten B	290,91	450,-	150,-	60,-

Verrechnete Produktkosten (in €):

Produkt A	24,91
Produkt B	9,51

Differenz (%) zur traditionellen Kalkulation

A	+128,23
B	− 12,83

Die Produkte A und B sind beide homogene Standardprodukte, werden aber in unterschiedlicher Stückzahl gefertigt (10 bzw. 100 Einheiten). Das bedingt, dass die Produktions- und Logistikprozesse bei dem in geringeren Stückzahlen produzierten Produkt A gemeinkostentreibend wirken und die Stückkosten erhöhen. Die Prozesskostenkalkulation zeigt, dass beim geringvolumigen Produkt A die Gemeinkostenzurechnung um 128,32 % erhöht, beim Produkt B aufgrund der hohen Stückzahlen um 12,83 % verringert werden muss (bekannt als „Allokationseffekt", „Komplexitätseffekt" und „Degressionseffekt").

In der traditionellen Kostenrechnung sind die verrechneten Gemeinkosten mit 10,91 € je Stück für beide Produkte A und B scheinbar gleich, da sie aufgrund ihrer Homogenität die Maschinen- und Lohnstundenkapazität in proportionalen Umfang (5 bzw. 50 zur Herstellung von 10 bzw. 100 Stück) beanspruchen.

7.3   Fallbeispiel zur Prozesskostenrechnung

Ausgangsdaten

Die E-Lux GmbH produziert und verkauft PC-Zubehör, und zwar u.a. DVD-Brenner in Form von zwei Produkttypen, A und B. Jeder Brenner besteht aus zwei Haupt-Komponenten, die mit 1, 2, 3 und 4 bezeichnet werden. Die E-Lux plant, jeweils 300 000 Einheiten von A und B abzusetzen. Produkt A ist allerdings ein Standardprodukt, das in 12 monatlichen Losgrößen in Form von hochvolumigen Produktionsdurchläufen (je 25 000 Einheiten) gefertigt wird, während das differenzierte Produkt B in kleinen Losgrößen von 25 Produktionsdurchläufen pro Monat (je 1 000 Einheiten) produziert wird, um auf spezielle Kundenwünsche eingehen zu können. Zwei Produktionsbereiche (Fertigung und Montage) sind erforderlich. Folgende Daten liegen vor:

(Innes u. Mitchell modifiziert)	Produkt A	Produkt B
Komponente Nr.	1, 2	3, 4
Produzierte Menge (Stück)	300 000	300 000
Direkte Lohnstunden (DLh)		
Fertigung DLh	500 000	600 000
Montage DLh	150 000	200 000
Einzelkosten (EK/ pro LE)	4,50 €	5,50 €

Fertigungs-/Materialgemeinkosten (FMGK)	15 000 000 €
Verwaltungsgemeinkosten (VwGK)	1 800 000 €
Vertriebsgemeinkosten (VtGK)	2 700 000 €

Traditionelle Zuschlagskalkulation – Zuschlagskalkulation auf der Basis der Einzelkosten –

Zur Ermittlung der Selbstkosten werden als Zuschlagsbasis der Fertigungs- und Materialgemeinkosten (FGK + MGK) die Einzelkosten (EK), für die Verwaltungs- und Vertriebsgemeinkosten (VVtGK) die Herstellkosten angesetzt. Es ergibt sich folgende Selbstkostenkalkulation:

Zuschlagssatz für die Fertigungs- und Materialgemeinkosten (in %):

$$\frac{15.000.000€*100}{300.000*4,50€+300.000*5,50€}=500\%$$

Zuschlagssatz für Verwaltungsgemeinkosten (in %):

$$\frac{1.800.000€*100}{300.000*4,50€+300.000*5,50€+15.000.000€}=10\%$$

Zuschlagssatz für Vertriebsgemeinkosten (in %):

$$\frac{2.700.000€*100}{300.00*4,50€+300.000*5,50€+15.000.000€}=15\%$$

	a	b	c	d	e	f
		Produkte	Gesamtkosten (T)	Stückkosten ()		
	Kosten (in €)	A	B	Summe	A	B
1	Einzelkosten	1 350	1 650	3 000	4,50	5,50
2	Fertigungs-/Materialgemeinkosten (500 %)	6 750	8 250	15 000	22,50	27,50
3	Herstellkosten	8 100	9 900	18 000	27,—	33,—
4	Verwaltungsgemeinkosten (10 %)	810	990	1 800	2,70	3,30
5	Vertriebsgemeinkosten (15 %)	1 215	1 485	2 700	4,05	4,95
6	Selbstkosten	10 125	12 375	22 500	33,75	41,25

Abbildung 258: Zuschlagskalkulation (Basis: Einzelkosten)

Im System der Zuschlagskalkulation (auf Einzelkostenbasis) werden die Gemeinkosten von T 19 500 Verhältnis von etwa 45:55 (T 8 775:T 10 725) auf das differenzierte Produkt B und das in großen Losgrößen gefertigte homogene Produkt A verteilt. Dies entspricht dem Verhältnis der Einzelkosten.

Zuschlagskalkulation auf der Basis direkter Lohnstunden (DLh)

Der Leiter Kostenrechnung der E-Lux GmbH zweifelt, ob bei der unterschiedlichen Fertigungsstruktur der Produkte A und B die Einzelkosten eine verursachungsgerechte Zuschlagsbasis darstellen. Er beschließt daher, die Fertigungs-/Materialgemeinkosten auf der Basis der direkten Lohnstunden zu verrechnen (Lohnstundensatzkalkulation). Nach der Durchführung der innerbetrieblichen Leistungsverrechnungsrechnung ergibt sich für die Zuordnung der gesamten Fertigungs-/Materialgemeinkosten von T 15 000 zu den Fertigungshauptstellen:

Fertigung   T€ 9 000,

Montage   T€ 6 000

Hieraus errechnen sich folgende Gemeinkostenverrechnungssätze je direkter Lohnstunde:

Hauptkostenstelle	Fertigung	Montage
Gemeinkosten T€	9 000	6 000
Direkte Lohnstunden (DLh)	1 100 000	350 000
Verrechnungssatz /DLh	8,1818	17,1429

Für die Produktkalkulation ergibt sich:

	Produkt A	Produkt B
Fertigung:		
500 000 DLh 8,1818	4 090 900	
600 000 DLh 8,1818		4 909 080
Montage:		
150 000 DLh 17,1429	2 571 435	
200 000 DLh 17,1429		3 428 580
Gesamte Fertigungs-/Materialgemeinkosten (in €)	6 662 3351	8 337 660
Produzierte Menge	300 000	300 000
Stückgemeinkosten (in €)	22,21	27,79

Die Kalkulation ergibt sich wie folgt:

a	b	c	d	e	f
	Produk-te	**Gesamtkos-ten (T€)**	**Stückkos-ten (€)**		
Kosten	A	B	Summe	A	B
1 Einzelkosten	1 350	1 650	3 000	4,50	5,50
2 Fertigungs-/Material-gemeinkosten (DLh-Bezugsbasis)	6 662	8 338	15 000	22,21	27,79
3 Herstellkosten	8 012	9 988	18 000	26,71	33,29
4 Verwaltungsgemein-kosten (10 %)	801	999	1 800	2,67	3,33
5 Vertriebsgemeinkosten (15 %)	1 202	1 498	2 700	4,01	4,99
6 Selbstkosten	10 015	12 485	22 500	33,39	41,61

Abbildung 259: Zuschlagskalkulation (Basis: Direkte Lohnstunden), Werte in €

Als Fazit ergibt sich, dass die Produktselbstkosten durch Änderung der Bezugsgröße (Direkte Lohnstunden anstatt Einzelkosten, vgl. Abbildung 258) sich nur unwesentlich ändern. Auch hier werden die gesamten Gemeinkosten von T 19 500 im Verhältnis von 44:56 (T 8 665:T 10 835) dem homogenen Großserienprodukt A und dem differenzierten Kleinserienprodukt B zugerechnet.

Durchführung einer Prozesskostenrechnung (Analyse)

Die Kostenstellenrechnung der E-Lux GmbH weist folgende Zahlen aus, wobei nur die Fertigungs-/Materialgemeinkosten sowie die Vertriebsgemeinkosten in die Prozesskostenrechnung einbezogen werden. Bezüglich der Verwaltungskosten ist E-Lux der Ansicht, dass aufgrund der relativ geringeren Bedeutung dieses Kostenblocks und der Schwierigkeit der Definition geeigneter Kostentreiber (repetetive Tätigkeiten) der Aufwand einer Prozessanalyse sich nicht lohnt.

Kostenstellenrechnung der E-Lux GmbH (FGK/MGK und VtGK sind kostenstellenmäßig wie folgt verteilt):

Kostenstelle	Gemeinkosten	T€
Material		3 500
Produktion		
Fertigung	2 500	
Montage	2 000	4 500
Fertigungshilfskostenstelle		7 000
Σ Fertigungs-/Materialgemeinkosten		15 000
Σ Vertriebsgemeinkosten		2 700

Bei der Prozessanalyse definiert die E-Lux GmbH Hauptprozesse und ordnet diesen Gemeinkosten wie folgt (T€) zu:

1	Materialhandling	1 500
2	Materialbeschaffung (Einkauf)	2 000
3	Maschineneinrüstung	1 500
4	Wartung	2 500
5	Qualitätskontrolle	3 000
6	Fertigung (Energie, Abschreibung etc.)	2 500
7	Montage (Energie, Abschreibung etc.)	2 000
Σ		*15 000*
8	Auftragsbearbeitung (Kunde)	1 000
9	Versanddurchführung	1 700
Σ		*2 700*

Prozessanalyse und Hauptprozessdefinition

Die Vorgehensweise wird am Beispiel des 2. Hauptprozesses (Cost Pools) Materialbeschaffung (Einkauf) dargestellt. Die hier vorgestellte Methode ist analog auf alle betrachteten Gemeinkostenbereiche anwendbar.

Folgende Aktivitäten der Abteilung (Kostenstelle) »Materialbeschaffung« werden durch den Controllerdienst in Zusammenarbeit mit dem Kostenstellenleiter und seinen Mitarbeitern ermittelt, um einen Beschaffungs- (Einkaufs-)vorgang vollständig durchzuführen:

	a	b	c	d	e
	Aktivität (Bearbeitung von:)	Mengenverbrauch		Summe Gemein- kosten T€	Kostentreiber Anzahl
		Personal Perso- nenjahre	Sachmittel in %		
1	Einkaufsanforderung	1,0	5	90	Anforderungen
2	Lieferantenauswahl	1,5	15	333	Lieferanten, Neuteile, Bestellungen
3	Einkaufsauftrag	2,5	45	891	Bestellungen, Positionen, Lieferanten
4	Wareneingangsmel- dung/Rechnung	0,5	10	172	Lieferungen
5	Zahlungsfreigabe	0,5	10	194	Lieferungen
6	Abteilungsleitung	1,0	15	320	Mengenneutral
7	Summe	7,0	100[1]	2 000	

Abbildung 260: Prozesskostenanalyse Hauptprozess Materialbeschaffung

Sechs Aktivitäten bzw. Teilprozesse können zum Hauptprozess »Materialbeschaffung« (Einkauf) zusammengefasst werden. Zur Ermittlung der Gemeinkosten ist es erforderlich, den Hauptkostenblock »Personal« bzgl. seiner Ressourcenbindung bei den Teilprozessen 1–6 zu erfassen. Insgesamt sieben Mitarbeiter sind mit der Aufgabe »Materialbeschaffung« befasst. Bezüglich der Zuordnung der Sachkosten bietet sich in der Praxis eine prozentuale Verrechnung an, wobei die gesamten Sachkosten gleich 100 % zu setzen sind und in ihrem Prozentanteil dann den Prozessen zugeordnet werden. Dies entspricht i.a. dem Grundsatz der Zweckgenauigkeit, da diese Sachkosten (PC's, Telefon, Büroausstattung, etc.):

- in der Regel eine hohe Korrelation zu der Anzahl der Mitarbeiter ausweisen (»Arbeitsplatzkosten«),

- gegenüber den Personalkosten weniger bedeutsam sind.

Bestimmung der Kostentreiber

Die Prozesskostenanalyse zeigt, dass sechs Kostentreiber (Anzahl der Anforderungen, Lieferanten, Positionen, Bestellungen, Lieferungen, Neuteile) infrage kommen. Alle Kostentreiber zu verwenden, würde eine hohe, kostentreibende Komplexität für das Kostenrechnungssystem bedeuten. Es ist daher zu untersuchen, ob – ohne wesentliche Beeinträchtigung der Zweckgenauigkeit des Systems – die Anzahl der Kostentreiber reduziert werden kann. Ziel sollte es sein, nicht mehr als ein bis zwei Kostentreiber je (Haupt-) Prozess zu verwenden.

Im Fallbeispiel bietet es sich an, die Anzahl der Bestellungen als Kostentreiber des Hauptprozesses »Materialbeschaffung« (Einkauf) anzusetzen. Hierfür spricht, dass:

- die Anzahl der Bestellungen bei den wichtigsten Aktivitäten 2 und 3 (Lieferantenauswahl und Einkaufsaufträge), die etwa 73 % der leistungsmengeninduzierten Gemeinkosten ausmachen (333 + 891):(2 000 – 320), bestimmender Kostentreiber ist,

- anzunehmen ist, dass die Anzahl der Lieferungen (Aktivitäten 4 und 5) eine hohe Korrelation zu den Bestellungen aufweist. Ist das der Fall, dann werden durch den Kostentreiber »Bestellungen« sogar 95 % dieser Gemeinkosten erfasst (333 + 891 + 172 + 194):(2 000 – 320).

Errechnung der Prozesskostensätze

Zur Errechnung der Prozesskostensätze ist zunächst die mengenmäßige Erfassung der Bezugsgrößen der Prozesskostenrechnung, der Kostentreiber erforderlich. Dies setzt in der Praxis häufig eine Erweiterung der Datenerfassung voraus, die computerunterstützt erfolgen muss. Möglichkeiten hierzu bietet u. a. der Einsatz von Workflow-Management-Systemen, da diese die Mengeninformationen als Plan- und Istwerte vorhalten (vgl. hierzu ausführlich Gadatsch, 2004).

Es wird unterstellt, dass für dieses Beispiel im Planungszeitraum folgende Bestellungsvorgänge anfallen:

Bestellungen:	Anzahl
1. Komponente	200
2. Komponente	300
3. Komponente	2 000
4. Komponente	4 000
Summe kostentreibender „Bestellungen"	6 500

Zur Erinnerung: Da die Produkte A und B zwar in gleicher Stückzahl (300 000 Einheiten) gefertigt werden, jedoch das homogene Großserienprodukt (A) bzw. das differenzierte Kleinserienprodukt (B) die Gemeinkostenressourcen unterschiedlich beanspruchen, ist eine getrennte Erfassung der Bestellungen für A und B erforderlich, sollen die Gemeinkosten verursachungsgerecht als Produktkosten erfasst werden. Um sicherzustellen, dass die Prozesskostensätze alle Gemeinkosten des betrachteten Hauptprozesses (Cost Pools) enthalten, müssen die Kosten nicht repetetiver Aktivitäten, für die keine messbaren Kostentreiber ermittelt werden können (Aktivität Nr. 6 Abbildung 260, „Abteilungsleitung"), hinzugerechnet werden. Dies geschieht, indem ein Umlagesatz errechnet und dieser dem leistungsmengeninduzierten Prozesskostensatz hinzuaddiert wird. Der Umlagesatz wird durch Änderungen der Anzahl der in der Periode anfallenden Kostentreiber nicht beeinflusst (»fixe Gemeinkosten«, leistungsmengenneutral).

Der Prozesskostensatz „Bestellung" errechnet sich daher wie folgt:

(1) leistungsmengeninduzierter Prozesskostensatz =

$$\frac{\sum \text{leistungsmengeninduzierte Gemeinkosten aller Teilaktivitäten des Hauptprozesses}}{\text{Prozessmenge der Hauptaktivität}}$$

$$oder: \frac{1.680.000}{4.000 + 2.000 + 300 + 200} = 258,46 \text{ €}$$

(2) leistungsmengenneutraler Prozesskostensatz = Prozesskostensatz

$$\frac{\sum \text{leistungsmengenneutrale Gemeinkosten des Hauptprozesses}}{\sum \text{leistungsmengeinduzierte Gemeinkosten aller Teilaktivitäten des Hauptprozesses}}$$

$$oder: \; € 258,46 * \frac{320.000}{1.680.000} = 49,23 \;\; €$$

(3) Gesamtprozesskostensatz = Prozesskostensatz + Umlagesatz

oder: 258,46 + 49,23 = 307,69 €

Bestimmung und Messung der Kostentreiber der sonstigen Hauptprozesse

In dem dargestellten Verfahren werden nunmehr alle Kostentreiber definiert und mengenmäßig erfasst. Die Kostentreiberanalyse der auf S. 534 dargestellten Hauptprozesse ergibt folgende Informationen:

	Hauptprozess	Kostentreiber	Anzahl Kostentreiber pro Komponente			
			1	2	3	4
1	Materialhandling	Materialbewegungen	180	160	1 000	1 200
2	Materialbeschaffung	Bestellungen	200	300	2 000	4 000
3	Produktionsdurchlauf	Rüstvorgänge	12	12	300	300
4	Wartung	Wartungsstunden	7 000	5 000	10 000	8 000
5	Qualitätskontrolle	Prüfungen	360	360	2 400	1 000
6	Fertigung	Direkte Lohnstunden	150 000	350 000	200 000	400 000
7	Montage	Direkte Lohnstunden	50 000	100 000	60 000	140 000
			pro Produkt			
			A		B	
8	Auftragsbearbeitung	Kundenaufträge	300		3 600	
9	Versanddurchführung	Auslieferungen	200		2 200	

Abbildung 261: Kostentreiberanalyse (Mengengerüst)

Während sich bei den Hauptprozessen eins bis fünf sowie acht und neun variantenabhängige Kostentreiber ermitteln lassen, werden bezüglich der Prozesse sechs und sieben volumenabhängige Kostentreiber unterstellt, da die Gemeinkosten (Abschreibungen, Energie) maßgeblich von der Ausbringungsmenge abhängen, was in den direkten Lohnstunden zum Ausdruck kommt. Es wird unterstellt, dass die Komponenten auf allen Maschinen gefertigt bzw. montiert werden.

Die Vertriebsgemeinkosten gliedern sich in die Hauptprozesse Auftragsbearbeitung und Versanddurchführung. Die Kostentreiber werden aber den Produkten A und B und nicht den Komponenten zugeordnet, da der Kunde nur fertige Produkte bezieht. Da mehrere zeitnahe Bestellungen des gleichen Kunden sich manchmal zu einer Auslieferung zusammenfassen lassen, ist die Anzahl der Auslieferungen geringer als die der Bestellungen.

Analyse des mengenmäßigen Verbrauchs gemeinkostenverursachender Tätigkeiten

Stellt man den mengenmäßigen Verbrauch der Kostentreiber je Produkt (ausgedrückt in %) nebeneinander, so ergibt sich folgende Aussage:

	a	b	c
	Hauptprozess	Mengenverbrauch	
		gemeinkostentreibender Aktivitäten (in % pro Produkt)	
		A	B
1	Materialhandling[1]	13,4	86,6
2	Materialbeschaffung	7,7	92,3
3	Produktionsdurchlauf	3,8	96,2
4	Wartung	40,0	60,0
5	Qualitätskontrolle	17,5	82,5
6	Fertigung	45,5	54,5
7	Montage	42,9	57,1
8	Auftragsbearbeitung	7,7	92,3
9	Versanddurchführung	8,3	91,7

Abbildung 262: Prozentualer Mengenverbrauch pro Produkt

Bei der Anwendung traditioneller Kalkulationsmethoden (auf Einzelkosten bzw. Lohnstunden basierende Zuschlagskalkulation) ergab sich eine Verteilung der gesamten Gemeinkosten auf die Produkte A und B in Verhältnis von 44:56 (bzw. 45:55). Die Gegenüberstellung des mengenmäßigen Verbrauchs der gemeinkostenverursachenden Aktivitäten zeigt aber, dass dieses Verhältnis annähernd nur für die (Produktions-) volumenabhängigen Prozesse (Fertigung, Montage) richtig ist. Dies ist in einer weitgehend automatisierten Produktion verständlich, da die Gemeinkosten des Fertigungsprozesses (Abschreibungen, Energie, Wartung) weitgehend laufzeitabhängig sind und der Output bei den Produkten A und B gleich ist. Das gilt unabhängig davon, ob die Serie (Laufzeit) groß oder klein ist.

Die logistischen und ingenieurtechnischen Maßnahmen (Handling, Beschaffung, Rüstvorgänge, Versandvorgänge) verursachen jedoch ereignisabhängige Gemeinkosten.

Da das differenzierte Kleinserienprodukt B gemessen an der Anzahl der produzierten und verkauften Einheiten bedeutend mehr Ereignisse dieser Art auslöst, nimmt es auch mehr Kostentreiber in Anspruch und verursacht insofern auch höhere Gemeinkosten.

Errechnung der Prozesskostensätze

Auf der Basis der Gemeinkosten je Hauptprozess sowie des Mengengerüstes (Abbildung 262) werden die Prozesskostensätze (Kostentreibersätze oder Cost Driver Rates) ermittelt. Zur Vereinfachung wird hier auf eine Trennung in leistungsmengeninduzierte und leistungsmengenneutrale Gemeinkosten verzichtet.

	a	b	c	d	
	Hauptprozess	Summe	Kostentreiber	Prozesskostensatz	
		T€	Anzahl	€/LE	
1	Materialhandling	1 500	2 540	590,55	Materialbewegung
2	Materialbeschaffung	2 000	6 500	307,69	Bestellung
3	Produktionsdurchlauf	1 500	624	2 403,85	Rüstvorgang
4	Wartung	2 500	30 000	83,33	W-stunde
5	Qualitätskontrolle	3 000	4 120	728,16	Prüfung
6	Fertigung	2 500	1 100 000	2,27	DLh
7	Montage	2 000	350 000	5,71	DLh
8	Auftragsbearbeitung	1 000	3 900	256,41	Kundenauftrag
9	Versanddurchführung	1 700	2 400	708,33	Auslieferung

Abbildung 263: Errechnung der Prozesskostensätze

Die Fertigungs-/Materialgemeinkosten werden nun über Komponenten den Produkten A und B wie folgt zugerechnet:

	a	b	c	d	e
	Hauptprozess		**Komponente**		
11	1. Materialhandling				
12	Anzahl Kostentreiber	180	160	1 000	1 200
13	Prozesskosten T€ (Anzahl x 590,55)	106,30	94,49	590,55	708,66
14	Produkt A	200,79 €			
15	Produkt B				1 299,21 €
21	2. Materialbeschaffung				
22	Anzahl Kostentreiber	200	300	2 000	4 000
23	Prozesskosten T€ (Anzahl x 307,69)	61,54	92,31	615,38	1 230,76
24	Produkt A		153,85 €		
25	Produkt B				1 846,14 €
31	3. Produktionsdurchlauf				
32	Anzahl Kostentreiber	12	12	300	300
33	Prozesskosten T€ (Anzahl x 2 403,85)	28,85	28,85	721,16	721,16
34	Produkt A		57,70 €		
35	Produkt B				1 442,32 €
41	4. Wartung				
42	Anzahl Kostentreiber	7 000	5 000	10 000	8 000
43	Prozesskosten T€ (Anzahl x 83,33)	583,31	416,65	833,30	666,64
44	Produkt A		999,96 €		
45	Produkt B				1 499,94 €
51	5. Qualitätskontrolle				
52	Anzahl Kostentreiber	360	360	2 400	1 000
53	Prozesskosten T€ (Anzahl x 728,16)	262,14	262,14	1 747,58	728,16
54	Produkt A		524,28 €		
55	Produkt B				2 475,74 €
61	6. Fertigung				
62	Anzahl Kostentreiber	150 000	350 000	200 000	400 000
63	Prozesskosten T€ (Anzahl x 2,27)	340,50	794,50	454,00	908,00
64	Produkt A		1 135,00 €		
65	Produkt B				1 362,00 €
71	7. Montage				
72	Anzahl Kostentreiber	50 000	100 000	60 000	140 000
73	Prozesskosten T€ (Anzahl x 5,71)	285,50	571,00	342,60	799,40
74	Produkt A		856,50 €		
75	Produkt B				1 142,00 €

Abbildung 264: Verteilung der Fertigungs-/Materialgemeinkosten

Für die Produktkalkulation ergibt sich folgendes:

	Produkt A	Produkt B
Fertigungs-/Materialgemeinkosten (T€ 15 000; Rundungsdifferenz 4,57 T€	T€ 3 928,08	T€ 11 067,35
Fertigungsmenge	300 000	300 000
Gemeinkostenverrechnungssatz je Stück	13,09 €	36,89 €

Die Vertriebsgemeinkosten werden mittels der Hauptprozesse Kunden-Auftragsbearbeitung (Kostentreiber: Kundenaufträge) und Versanddurchführung (Kostentreiber: Auslieferungen) den Produkten A und B wie folgt zugerechnet:

	a	b	c
	Hauptprozess	Produkt	
		A	B
81	8. Auftragsbearbeitung		
82	Anzahl Kostentreiber	300	3 600
83	Prozesskosten T€ (Anzahl x 256,41)	76,92	923,08
91	9. Versanddurchführung		
92	Anzahl Kostentreiber	200	2 200
93	Prozesskosten T€ (Anzahl x 708,33)	141,67	1 558,33

Abbildung 265: Verteilung der Vertriebsgemeinkosten

Für die Produktkalkulation ergibt sich:

	Produkt A	Produkt B
Vertriebsgemeinkosten (T€ 2 700)	T€ 218,59	T€ 2 481,41
Verkaufsmenge	300 000	300 000
Gemeinkostenverrechnungssatz je Stück	0,73 €	8,27 €

Prozesskostenrechnung im Vergleich zur traditionellen Produktkalkulation

Die Produktkalkulation der Prozesskostenrechnung belastet die Herstellkosten (Abbildung 266, Zeile 3) fiktiv mit 10 %.

	a	b	c	d	e	f
	Produkte	Gesamt-kosten (auf volle T€ aufge-rundet)	Stück-kosten in €			
	Kosten	A	B	Sum-me	A	B
1	Einzelkosten	1 350	1 650	3 000	4,50	5,50
2	Fertigungs-/ Materialgemein-kosten					
	(prozess-orientiert)	3 930	11 070	15 000	13,10	36,90
3	Herstellkosten	5 280	12 720	18 000	17,60	42,40
4	Verwaltungsge-meinkosten (10 %)	528	1 272	1 800	1,76	4,24
5	Vertriebsge-meinkosten (prozessorien-tiert)	219	2 481	2 700	0,73	8,27
6	Selbstkosten	6 027	16 473	22 500	20,09	54,91

Abbildung 266: Selbstkostenkalkulation mit Prozesskosten

Ein Vergleich der Stückkosten ergibt:

	Produkt A/€	Produkt B/€
Traditionelle Kalkulation		
Bezugsgröße EK (vgl. Abbildung 258	33,75	41,25
Bezugsgröße DLh (vgl. Abbildung 259)	33,39	41,61
Prozesskostenrechnung	20,09	54,91

Während in der traditionellen Kalkulation der Unterschied in den Selbstkosten zwischen dem homogenen Großserienprodukt A und dem differenzierten Kleinserienprodukt B etwa 8,— (genau 7,50 (41,25–33,75) bzw. 8,22 (41,61–33,39)) beträgt, weist die Prozesskostenrechnung eine Selbstkostendifferenz von 34,82 aus, d. h. Produkt B verbraucht etwa 2,7 mal soviel Ressourcen wie A.

Die traditionelle Kostenrechnung »subventioniert« das differenzierte B zu Lasten des einfachen Standardproduktes. Die Komplexität der Produktdifferenzierung veranlasst notwendigerweise Tätigkeiten (Activities), die wiederum Gemeinkosten verursachen. Die traditionellen Bezugsgrößen sind jedoch volumenbezogen (wert- oder zeitabhängig) und können diese gemeinkostenverursachenden Aktivitäten bzw. Prozesse nicht erfassen. Die Prozesskostenrechnung dagegen spiegelt die Komplexität der differenzierten Produkte wider, erfasst die heterogenen Aktivitäten, aggregiert diese zu Prozessen, misst diese durch die Bezugsgröße »Kostentreiber« und vermittelt Informationen über den Wertverzehr, den diese Aktivitäten im Unternehmen verursachen.

7.4   Folgerungen für das strategische Kostenmanagement

Unterstellt man in Erweiterung des Fallbeispiels einen Gewinnzuschlag der E-Lux GmbH von 10 % auf die Selbstkosten der traditionellen Kostenrechnung (vgl. S. 530), so ergibt sich ein Gesamterlös von T€ 24 750,0 und zwar für Produkt A von T€ 11 137,5 (p = 37,125) und für Produkt B von T€ 13 612,5 (p = 45,375). Die graphische Darstellung dieser Entwicklung bei der E-Lux GmbH zeigt folgendes:

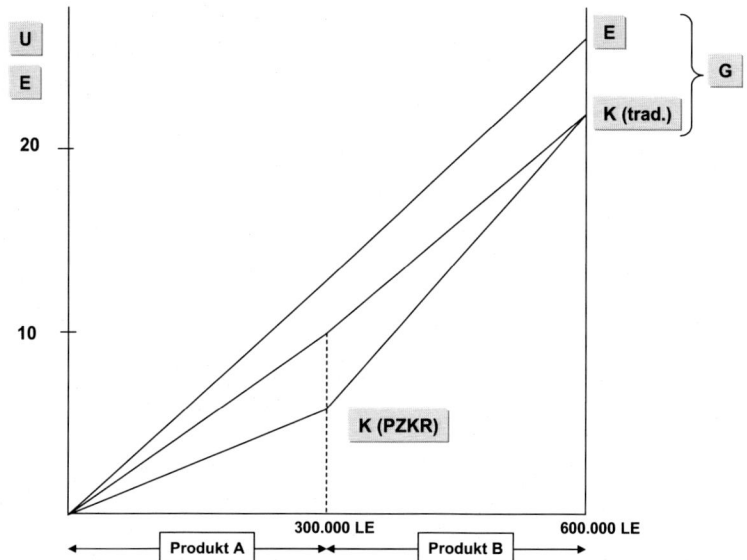

Abbildung 267: Gesamtkostenverlauf Zuschlagskalkulation

E: Erlöse T€ 24 750 (110 % der SK, Abbildung 267)

K(trad.): Gesamtkosten T€ 22.500 (T€ 10.125 bzw. T€ 12.375, vgl. Abbildung 258)

K(PZKR): Gesamtkosten T€ 22. 500 (T€ 6. 027 bzw. T€ 16.473, vgl. Abbildung 266)

G: Gesamtgewinn T€ 2.250 (vgl. Abbildung 258 bzw. Abbildung 266)

Das differenzierte Produkt (Halbleiter Typ B) verursacht erheblich höhere Gemeinkosten. Die Gesamtkostenkurve steigt nach dem Punkt 300. 000 Einheiten (Typ A) steil an, der Gewinn des Produktes A wird durch die Gemeinkostendynamik, die die Produktdifferenzierung auslöst, stark reduziert.

Bei einem Gewinnzuschlag in Höhe von 10 % nach der traditionellen Zuschlagskalkulation auf die Selbstkosten wird ein Gesamtgewinn von T€ 2.250 erwirtschaftet, der sich auf die Produkte wie folgt verteilt:

Produkt	Gesamtgewinn	Stückgewinn
Prozessorchip Typ A	1012,5 €	3,375 €
Prozessorchip Typ B	1237,5 €	4,125 €
10 % von T€ 10 125 bzw. 12 375 (SK von Produkt A bzw. B) vgl. Abbildung 258		

Die Information der traditionellen Kostenrechnung besagt, dass:

• beide Produkte gewinnbringend sind,

• das differenzierte Produkt B einen höheren Stück- und Gesamtgewinn erwirtschaftet als das Standardprodukt Prozessorchip Typ A.

Auch bei Anwendung der Deckungsbeitragsrechnung wird diese Managementinformation bestätigt, wie folgende Rechnung zeigt:

Produkt	A/T	B/T	S/T
Erlöse (E) in €	11 137,5	13 612,5	24 750,0
Einzelkosten (EK) in € vgl. Abbildung 257	1 350,0	1 650,0	3 000,0
Deckungsbeitrag (DB) in €	9 787,5	11 962,5	21 750,0
Rangfolge in €	II	I	
Preis (p in)[1] in €	37,125	45,375	
Einzelkosten (EK/Stück in €)	4,500	5,500	
Deckungsbeitrag (db/Stück in €)	32,625	39,875	
Rangfolge	II	I	
110 %[1] von 33,75 € bzw. 41,25 € vgl. Abbildung 258			

Die Prozesskostenrechnung weist jedoch nach, dass der Gesamtgewinn von T€ 2 250 wie folgt erwirtschaftet wird:

Produkt	A/T	B/T	S/T
Erlöse	11 137,5	13 612,5	24 750,0
Einzelkosten	1 350,0	1 650,0	3 000,0
Gemeinkosten nach PZKR	4 677,0	14 823,0	19 500,0
Gewinn	5 110,5	–	2 250,0
Verlust	–	2 860,5	

Die verursachungsgerechte Gemeinkostenzuordnung der Prozesskostenrechnung zeigt, dass das differenzierte Produkt B bei gegebenem Preisniveau Verluste verursacht und etwa 56 % des durch das Standardprodukt A erwirtschafteten Gewinns vernichtet. Dies ist aus der Graphik in Abbildung 267 ebenfalls ersichtlich.

7.5   Kritische Würdigung

Vor- und Nachteile der Prozesskostenrechnung beim Transfer in die Praxis lassen sich wie folgt zusammenfassen (vgl. dazu Innes/Mitchell):

Einsatzfelder

Das Activity Based Costing (ABC) ist primär auf fertigungsnahe Gemeinkostenbereiche und -funktionen ausgerichtet („Product Focus"). Es geht nicht von Kostenstellen und deren Teilprozessen aus. Horváth/Mayer betonen, dass bei Unternehmen im US-amerikanischen Raum eine ausgeprägte Stellenrechnung nicht üblich ist. Die Prozesskostenrechnung strebt dagegen die prozessorientierte Zurechnung aller Unterstützungs- und Dienstleistungsbereiche des Unternehmens an. Sie ist durchaus gezielt in ausgewählten wichtigen Gemeinkostenbereichen (z. B. in der Kommunikations- und Informationstechnik) einsetzbar unter Vernachlässigung oder konventioneller Betrachtung anderer indirekter Unterstützungs- und Servicefunktionen des Unternehmens, d. h. beide Kostenrechnungssysteme bestehen nebeneinander.

Bezugsgrößendifferenzierung

Aus praktischen Gründen ist selbst bei modernen, informationsgestützten Kostenrechnungssystemen die Anzahl der eingesetzten Bezugsgrößen zur Weiterverrechnung der Gemeinkosten auf Kostenträger einzuschränken.

Das bedingt, dass auch in der Prozesskostenrechnung pragmatische Kompromisse zwischen der Anzahl der in das System eingehenden Hauptprozesse und Kostentreiber der Prozessgemeinkosten und dem Kostenverursachungsprinzip erforderlich sind. So werden z. B. die Sachkosten, sofern eine enge Korrelation zum Arbeitsplatz besteht (z. B. PC, Schreibtisch, Raumkosten), pauschal den Personalkosten zugerechnet und die leistungsmengenneutralen Prozesse (z. B. Abteilungsleitung) in Form des Umlagesatzes verrechnet (vgl. Kap. 7.2). Aktivitätskosten geringerer Bedeutung oder von hoher Korrelation zum Hauptkostentreiber werden diesem oft pauschal zugerechnet. Der grundsätzliche Vorteil der Prozesskostenrechnung, die Abkehr vom System der volumenabhängigen Bezugsgrößen (Zeit, Wert), bleibt erhalten, da er keine Gemeinkostenabhängigkeit erklärt.

Ziele der Prozesskostenrechnung

Die Prozesskostenrechnung liefert Informationen für ein strategisches Kostenmanagement mit folgenden Zielsetzungen:

1	Preispolitik bei Markt-/Kostenführer-, Differenzierungs- und Spezialisierungsstrategien,
2	Optimierung von Volumen, Produktmix, Differenzierungsbreite und -intensität durch Förderung, Reduzierung oder Einstellung bestehender Produktlinien,
3	Produktentwicklungsentscheidungen, insbesondere bei Innovationen und Innovationszyklen (oft in Verbindung mit dem *Target Costing*),
4	Optimierung innerbetrieblicher, gemeinkostentreibender Prozesse in Produktion und Distribution (Losgrößen, Einkaufs- und Beschaffungsmaßnahmen, Distributionsverfahren und -kanäle, Materialbewegungen),
5	Gemeinkostenplanung und -kontrolle,
6	Ergebnisanalysen, insbesondere Break-Even-Analysen, Kunden- und Segmentserfolgsrechnungen u.a.

Abbildung 268: Ziele der Prozesskostenrechnung

Praktische Umsetzungsprobleme

Obwohl die Vorteile der Prozesskostenrechnung als Informationsinstrument für das Management evident sind, darf nicht übersehen werden, dass bei der praktischen Umsetzung des Konzeptes Schwierigkeiten auftreten, insbesondere bei der:

Kritik

- ***Zurechnung zeitabhängiger Fixkosten***

  Da die Basis der Gemeinkostenermittlung das traditionelle Rechnungswesen darstellt, ist bezüglich der periodenbezogenen Erfassung und Verteilung der Gemeinkosten zu beachten, dass diese oft nicht »objektiv«, sondern nur willkürlich erfolgen (z. B. Abschreibungen, Entwicklungskosten). Dies beeinflusst die Prozesskostenkalkulation.

- ***Definition der Aktivitäten, Zusammenfassung zu Teil- und Hauptprozessen***

  Auch hier sind, wie dargestellt, Kompromisse erforderlich, um die Prozesskostenrechnung praktisch einsatzfähig zu gestalten. Oft müssen Zusammenfassungen erfolgen, obwohl bekannt ist, dass nicht alle Aktivitäten eines Prozesses z. B. leistungsmengenproportional anfallen. Hier gilt, wie in traditionellen Kostenrechnungssystemen, das Prinzip der »Zweckgenauigkeit«.

- ***Kostentreiberfestlegung***

  Die Ausführungen zum vorstehenden Punkt gelten hier sinngemäß. Nicht alle Gemeinkosten sind eindeutig Aktivitäten zuzuordnen, die durch die Herstellung oder Distribution des Produktes unmittelbar ausgelöst werden (z. B. Imagewerbung, Revision, Abschreibung eines Firmenwertes, usw.).

Mitarbeiterführung und -motivation

Die Prozesskostenrechnung vermittelt den Führungskräften und Mitarbeitern in den indirekten Dienstleistungsbereichen transparente Informationen über:

- ***die Kosten, die durch die eigene Tätigkeit entstehen,***

- ***die Abhängigkeit dieser Kosten von der Gestaltung der eigenen Arbeitsprozesse und Arbeitsorganisation,***

- ***die Wirkung der durch die eigene Tätigkeit verursachten Gemeinkosten auf die Produktkosten, auf Gewinne, Preispolitik, Wettbewerbslage, usw.***

Daher ist die Prozesskostenrechnung ein wichtiges Personalführungsinstrument und eine Voraussetzung für die Motivation von Mitarbeitern bei der Effizienz- und Leistungssteigerung der Gemeinkostenfunktionen. Bei modernen Rationalisierungs- und

Effizienzsteigerungsprogrammen (Kaizen, KVP Kontinuierlicher Verbesserungsprozess u.a.) ist die PZKR unverzichtbar.

Sie birgt jedoch auch Gefahren, wenn z. B. die Mitarbeiter das Leistungsprofil durch Manipulation der vorgegebenen Kostentreiber »verbessern«. Folgendes Beispiel demonstriert den Vorgang:

Der Einkauf plant, 5 000 Einkaufsanforderungen für IT-Zubehör pro Jahr zu bearbeiten. Die Prozessgemeinkosten wurden mit T€ 150,0 ermittelt. Jede Einkaufsanforderung verursacht 3,- € Grenzkosten (Telefon, Formular, u.a.). Für die Planung ergibt sich:

$$\text{Prozesskostensatz} = \frac{150.000 \ \text{Gemeinkosten}}{5.000 \ \text{Einkaufsanforderungen}}$$

$$= 30,\text{-} \ € + 3,\text{-} \ € \ \text{Grenzkosten}$$

$$= 33,\text{-} \ € \ \text{je Einkaufsanforderung}$$

Plan-Gesamtkosten:

Kostenstelle Einkauf (€) = 150.000 + 5.000 x 3,— = 165.000 €

Die Mitarbeiter werden durch die Planvorgaben beeinflusst, zur (scheinbaren) Effizienzsteigerung die Anzahl der Kostentreiber zu erhöhen. Dies ist möglich, indem sie die Anzahl der Einkaufsanforderungen auf 6 000 Einheiten steigern und weniger Positionen aufgenommen werden. Obwohl das Einkaufsvolumen nicht verändert wird, weist die Abteilung Einkauf nun eine Kostenunterschreitung auf, die allerdings zu Lasten des Unternehmens geht:

Plankosten (€)= (5.000 x 30)   + (5.000 x 3) = 165.000 €

Sollkosten (€) = (6.000 x 30)   + (6.000 x 3) = 198.000 €

Istkosten (€)   = 150.000   + (6.000 x 3) = 168.000 €

Die Abteilung betreibt eine Art Selbstbeschäftigung. Am Ende des Jahres weist sie eine Kostenunterschreitung von   30.000 (Soll- zu Istkosten) aus, obwohl das Einkaufsvolumen sich nicht geändert hat. Es entstehen Mehrausgaben in Höhe von   3.000 durch überflüssigerweise verursachte Grenzkosten.

Termini	Erläuterung und/oder Formel
1. Aktivität	Vorgang (Tätigkeit) auf einer Kostenstelle, durch die ein Verzehr von Produktionsfaktoren verursacht wird
2. Homogene Aktivitäten	Aktivitäten, die nach Struktur, Arbeitsablauf und –aufwand, Zeitbeanspruchung usw. sehr ähnlich sind
3. Prozess	ist eine auf die Erbringung einer bestimmten (Service) Leistung ausgerichtete Kette von homogenen Aktivitäten
4. Teilprozess	ist nach Horváth/Mayer in einer Kostenstelle eine Kette homogener Aktivitäten, die sich einem oder mehreren Hauptprozessen zuordnen lässt und für die den Prozesskosten ermittelt werden
5. Hauptprozess	Aggregation von zwei oder mehreren Teilprozessen, die denselben Kosteneinflussfaktor haben und für die sich Prozesskosten ermitteln lassen
6. Leistungsmengeninduzierte Prozesskosten (lmi)	Prozesskosten, die sich (proportional) zur Menge der in Anspruch genommenen Kostentreiber verhalten
7. Leistungsmengenneutrale Prozesskosten (lmn)	Prozesskosten, die unabhängig von der Menge der in Anspruch genommenen Kostentreiber entstehen (z. B. Abteilungsleitung)
8. Kostentreiber	Haupteinflussfaktor der Kostenentstehung, der die Abhängigkeit der Gemeinkosten bestimmt, Maßstab für Kostenverursachung und Kostenzurechnung auf Kostenträger
9. Cost Driver	Kostentreiber, vgl. Nr. 8.

10. Prozesskos-tensatz (lmi)	ergibt sich durch Division der Prozesskosten durch die (geplante) Prozessmenge: $$\text{Prozesskostensatz (lmi)}=\frac{\text{Prozesskosten (lmi)}}{\text{Plan}-\text{Prozessmenge}}$$
11. Umlagesatz (lmn)	verrechnet die leistungsmengenneutralen Prozesskosten wie folgt: $$\text{Umlagesatz(lmn) je Prozess}=\frac{\text{Prozesskosten (lmn)}}{\text{Prozesskosten (lmi)}}\text{ x Prozesskostensatz}$$
12. Gesamt-prozess-kostensatz	Prozesskostensatz + Umlagesatz
13. Hauptpro-zesskosten-satz	Summe der Teilprozesskostensätze
14. Cost Pool	Aggregation homogener Aktivitäten im ABC, vergleichbar einem Hauptprozess in der PZKR, vgl. Nr. 5
15. Prozess-sollkosten	Istprozessmenge x Planprozesskostensatz (gesamt)

Abbildung 269: Glossarium Prozesskostenrechnung

8 Anhang

8.1 Musterklausur

Die Klausur IT-Controlling wurde im Schwerpunkfach Controlling des Diplomstudienganges Betriebswirtschaftslehre der Hochschule Bonn-Rhein-Sieg, Fachbereich Wirtschaftswissenschaften Sankt Augustin gestellt. Die anteilige Bearbeitungszeit für die aufgeführten Aufgaben betrug 90 Minuten.

AUFGABEN

Aufgabe 1 (IT-Budget)

Der IT-Manager eines Konzerns fragt sie als IT-Controller um Rat, wie er für die nächste Budgetierungsrunde sein im Vergleich zu den Vorjahren sehr hohes IT-Budget im Unternehmen verantworten soll. Er sieht sich ständig permanenten Rechtfertigungsbedarf ausgesetzt, obwohl große Teile der budgetierten Kosten aus Anforderungen der Geschäftsbereiche (z.B. Einführung eines neuen Personalwirtschaftssystems), der Unternehmensleitung (Nutzung moderner Technologien wie Web 2.0) und steigender Wartungskosten für laufende Systeme resultieren. Welche Rechtfertigungsstrategie können sie ihm empfehlen?

Aufgabe 2 (Software für IT-Controller)

Skizzieren sie in Stichworten den Funktionsumfang typischer Softwaresysteme, die primär für das IT-Controlling konzipiert wurden.

Aufgabe 3 (IT-Kosten)

Viele Unternehmen klagen über zu hohe IT-Kosten, können jedoch keine genaueren Angaben machen, z. B. über die Höhe der IT-Kostenanteile in ihren Endprodukten. Welche Ursache kann diese Situation haben und welche Maßnahmen können sie als IT-Controller grundsätzlich ohne nähere Analyse des Einzelfalls empfehlen?

Aufgabe 4 (TCO)

Ein IT-Leiter beauftragt ein externes Beratungshaus damit, Maßnahmen zur Reduzierung der Total-Cost-of-Ownership (TCO) der
Informationssysteme des Unternehmens zu erarbeiten. Das Beratungshaus empfiehlt u.a. folgende Maßnahmen:

- Streichung der IT-Schulungen für alle Mitarbeiter,

- Verlängerung der Nutzungsdauer für Personal-Computer von
  3 auf 5 Jahre sowie für Bildschirme von 4 auf 6 Jahre,

- Zukünftig nur noch Beschaffung von gebrauchten Laptops
  die mindestens 2 Jahre alt sind, da deren Anschaffungskosten deutlich geringer sind,

- Verzicht auf tägliche Datensicherungen, da diese nur Speicherplatz belegen, der für anderen Zwecke besser genutzt
  werden kann,

- Reduzierung der Störungshotline-Inanspruchnahme durch
  Einführung einer „Beratungsgebühr" von 10 Euro je Anruf
  zzgl. 2 Euro/Minute Beratungszeit.

Der IT-Leiter fragt sie als Werkstudent mit dem Studienschwer-
punkt Wirtschaftsinformatik um ihre Meinung. Nehmen Sie zur
Tauglichkeit der jeweiligen Maßnahmen Stellung.

Aufgabe 5 (IT-Kennzahlen)

a) Definieren sie mindestens vier Kriterien, die eine sinnvolle IT-
Kennzahl erfüllen soll.

b) Beurteilen sie die Tauglichkeit der Kennzahl: Ausbildungskosten / IT-Mitarbeiter

c) Beurteilen sie die Tauglichkeit der Kennzahl: Verfügbarkeit (h)
/ Kapazität (h)

Aufgabe 6 (SLA)

Ein IT-Dienstleister hat mit einem Unternehmen folgendes Servi-
ce-Level-Agreement (SLA) vereinbart: „Das Rechenzentrum wird
mit einer garantierten Verfügbarkeit von 95% bezogen auf einen
Leistungszeitraum von einem Jahr in der Zeit von Montag bis
Sonntag, jeweils 24 h am Tag betrieben. Bei Unterschreiten der
Verfügbarkeit ist eine Vertragsstrafe fällig." Der Geschäftführer
des Unternehmens ist von dieser Regelung positiv beeindruckt.
Wie beurteilen Sie als IT-Controller diese Vereinbarung aus Sicht
des Maschinenbauunternehmens? Ist dieser Vorschlag sinnvoll,

wenn man unterstellt, dass das Unternehmen möglichst unterbrechungsfrei arbeiten möchte?

Aufgabe 7 (TCO)

Weshalb ist die Bestimmung der „exakten" Total Cost of Ownership für Informationssysteme in der Praxis nicht möglich?

Aufgabe 8 (Schwachstellenanalyse Rechenzentrum)

Ein Bonner Unternehmen betreibt ein Rechenzentrum mit 20 Mitarbeitern. Die hauseigene IT-Abteilung mit 70 Personen entwickelt Individualsoftware und betreut die seit Jahren eingesetzte betriebswirtschaftliche Standardanwendungssoftware „PAS", welche aber bisher nur die Aufgaben des Rechnungswesens und der Personalabteilung abdeckt. Obwohl die Standardsoftware über umfangreiche Logistikfunktionen (Einkauf, Lager, Produktion, Vetrieb, Versand u.a.) verfügt, werden sie nicht genutzt. Stattdessen werden diese Aufgaben von selbst entwickelter Software unterstützt.

- Die Wartung von PC-Arbeitsplätzen gehört auch zum Aufgabenumfang der IT-Mitarbeiter. Die Beschaffung von PCs obliegt allerdings den Endanwendern, die bei unterschiedlichen Quellen einkaufen, d.h. dort wo die Geräte am preisgünstigsten zu beschaffen sind.

- Unterjährig ist das Rechenzentrum nicht gleichmäßig ausgelastet, weil die Produkte des Unternehmens überwiegend in den Wintermonaten verkauft werden. In den Monaten Oktober bis Januar reichen die Rechnerkapazitäten selten aus, lange Antwortzeiten verärgern viele Anwender. In den Sommermonaten sind die Mitarbeiter des Rechenzentrums und der Entwicklungsabteilung häufig nicht ausgelastet.

- Die Eigenentwicklungen blockieren durch ihren hohen Wartungsaufwand über 90% des Personals und beanspruchen fast 70% des IT-Budgets. Für neue innovative IT-Lösungen bleibt wenig Raum.

- Die Anwender verhalten sich mangels verwertbarer Kosteninformationen im Hinblick auf IT-Leistungen wenig kostenbewusst und ordern IT-Leistungen nach Bedarf. IT-Kosten werden im Unternehmen nur grob erfasst und dem Anwender nicht transparent gemacht. Informationen liegen, sofern vorhanden, nur dem IT-Leiter vor.

- Anwenderschulungen im IT-Bereich (PC-Software, Betriebs-wirtschaftliche Software) werden nur selten durchgeführt, da die Geschäftsführung eine Senkung der IT-Kosten in Höhe von 10% „angeordnet" hat.

- Die Leiter„Rechenzentrum" und „Software-Entwicklung" sind dem Leiter „Organisation" zugeordnet. Dieser berichtet dem Bereichsleiter „Finanzen", der auch der Controllingabteilung vorsteht.

Fragestellung   Die Geschäftsführung beauftragt Sie als neuen Junior-IT-Controller mit einer Schwachstellenanalyse und erwartet konkrete Vorschläge zur Verbesserung der Lage. Analysieren Sie systematisch die vorliegende Situation und erstellen einen strukturieren Maßnahmenkatalog. Begründen Sie hierbei ausführlich jede Position des Maßnahmenkataloges, wie die von Ihnen vorgeschlagenen Maßnahmen auf die Situation wirken. Erwähnen Sie auch ggf. in Kauf zu nehmende Risiken. Verwenden Sie hierzu bitte das folgende Raster.

Schwachstelle	Gegen-maßnahmen	Begründung / Wirkung	Evtl. Risiken / Nachteile der Maßnahme
1)			
2)			
3)			
...			

LÖSUNGSHINWEISE

Zu Aufgabe 1 (IT-Budget)

Es sind unterschiedliche Lösungen denkbar. In der Lösung muss ein strategischer Ansatz erkennbar sein, der das Problem grundsätzlich, d.h. vom Einzelfall abstrahiert, löst. Möglich ist z.B. eine „Dezentralisierungsstrategie", d.h. die Trennung des IT-Budgets nach Verantwortlichen. Hierdurch ist der IT-Leiter nicht mehr der alleinige Budgetverantwortliche. Die Verantwortung wird auf betroffene Verantwortungsträger verlagert. IT-Wartungsprojekte (z.B. Software-Releasewechsel,) lassen sich dem IT-Leiter zuordnen, da sie der Aufrechterhaltung des Betriebes dienen. Neuprojekte der Geschäftsbereiche werden den Leitern der Geschäftsbereiche (z. B. Vertrieb) zugeordnet, wenn sie fachspezifische Lösungsvorschläge enthalten. Neuprojekte der IT, wie z.B. die Einführung von Web 2.0-Techniken, ändern die technische Leistungsfähigkeit des gesamten Unternehmens. Daher übernimmt die Unternehmensleitung die Verantwortung.

Zu Aufgabe 2 (Software für IT-Controller)

Der Softwaremarkt bietet eine Reihe von Produkten, die für Aufgaben im IT-Controlling konzipiert wurden. Die angebote Funktionalität ist heterogen. Folgende Schwerpunkte sind erkennbr:

- IT-Kosten- und Leistungsrechnung,

- IT-Kennzahlen und Reporting,

- Erstellung, Darstellung und Monitoring der IT-Strategie (z.B. Balanced Scorecard),

- Administration und Management von Hardwarekomponenten und Softwarelizenzen,

- Geschäftspartner-Management, als Verwaltung und Überwachung von Verträgen mit externen Geschäftspartnern, Service-Level-Agreements (SLA), Konditionen, Beschwerdemanagement.

Hinweis: Aspekte der IT-Kosten- und Leistungsrechnung, IT-Kennzahlen und Reporting sind in der Lösung aufzuführen.

Zu Aufgabe 3 (IT-Kosten)

Zahlreiche Unternehmen können ohne IT-Einsatz nicht existieren. Hieraus resultiert ein hoher Anteil der IT-Kosten.

Wichtiger ist die Frage, ob das Unternehmen die IT-Ressourcen (Personal, Hardware, Software, Beratung u.a.) zielführend einsetzt. Diese Frage lässt sich nur beantworten, wenn aussagefähige Daten vorliegen. Daher ist zu prüfen, ob eine leistungsfähige IT-Kosten- und Leistungsrechnung existiert, die entstehende IT-Kosten verursachungsgerecht auf die Abnehmer verrechnen kann.

Zu Aufgabe 4 (TCO)

Die empfohlenen Maßnahmen sind einseitig ausgerichtet und senken nur die direkten IT-Kosten. Leider steigen die indirekten, nicht sichtbaren Kosten weiter an. Sie können höher ausfallen, als die Senkung der direkten Kosten beträgt. Die TCO steigen dann insgesamt.

- IT-Schulungen: Hier besteht die Gefahr von Arbeitszeitverlusten durch Hey-Joe-Effekte (Schulung durch fachfremde Kollegen) und Trial-and Error-Schulungen der Mitarbeiter.

- Nutzungsdauer und Altgeräte: Hier können höhere Wartungskosten durch Totalausfälle oder Betriebsstörungen anfallen, da ältere Geräte oft störanfälliger sind.

- Fehlende Datensicherungen führen bei Datenverlust zu Arbeitszeitverlusten, z. B. durch die manuelle Neuerfassung von Daten.

- Die Beratungsgebühr verhindert die Hotline in berechtigten Fällen anzurufen. Dies induziert Folgekosten, z.B. Bedienungsfehler.

Zu Aufgabe 5 (IT-Kennzahlen)

a) Sinnvoll sind z.B. folgende Merkmale:

- Was soll mit der Kennzahl gesteuert werden?

- Misst die Kennzahl den richtigen Effekt?

- Sind die Kennzahlen für den Empfänger verständlich?

- Analysierbarkeit: Lassen sich Ziel- und Sollwerte sowie Ist-Werte definieren bzw. ermitteln?

- Wirtschaftlichkeit: Ist eine Ermittlung von Basisdaten für einen Soll-/Ist-Vergleich wirtschaftlich gerechtfertigt?

b) Ausbildungskosten / IT-Mitarbeiter

Die Interpretation dieser Kennzahl kann unterschiedlich ausfallen. Je höher der Aufwand für die Ausbildung, desto besser ist i. d. R. der Ausbildungsstand. Folgende Probleme sind zu beachten:

- Die IT-Ausbildungskosten hängen stark von der Aussagefähigkeit des Rechnungswesens ab. Hier ist zu prüfen, ob diese Kosten zuverlässig erfasst und weiterverrechnet worden sind. Indirekte Ausbildungskosten (Hey-Joe-Effekte) lassen sich nicht ermitteln, sondern nur schätzen. IT-Outsourcing verfälscht die Kennzahl.

- Die Anzahl der IT-Mitarbeiter (Nenner) ist nicht immer zu ermitteln. Sie hängt vom Automatisierungs- und Outsourcinggrad ab. Ein weiterer häufig anzutreffender Effekt sind in den Fachabteilungen „versteckte" IT-Mitarbeiter (z.B. Makroprogrammierer in der Finanzabteilung).

c) Bearbeitete Störmeldungen / Gesamtstörmeldungen

Die Kennzahl dokumentiet welche Störungen durch die IT-Abteilung erfolgreich bearbeitet wurden. Sie lässt sich gut erfassen, wenn das Unternehmen über ein Ticket-System im Rahmen einer Hotline verfügt, das alle Fehlermeldungen erfasst. Allerdings können IT-Störungen unterschiedlich ausfallen. Störungsmeldungen sind nach Auswirkungen (z.B. Schönheitsfehler, Fehlfunktion) oder Dringlichkeit (Einplanung der Änderung beim nächsten Releasewechsel, Sofortreaktion wegen Betriebsstillstand) zu untergliedern. Die Kennzahl lässt sich bei vorhandenem Datenmaterial leicht analysieren, nach Herkunft der Störung (Abteilung, Anwendungssystem) und für die Führungskräfte verdichten

Zu Aufgabe 6 (SLA)

Das Hauptproblem dieser SLA ist der Bezugszeitraum. Bei 52 Wochen zu 7 Tagen werden 342 Arbeitstage Verfügbarkeit garantiert. D.h. das Rechenzentrum kann ohne Vertragsverletzung des Dienstleisters bis zu 18 Tagen ohne Unterbrechung abgeschaltet werden. Dies ist sicher vom nicht Unternehmen gewollt.

Zu Aufgabe 7 (TCO)

TCO unterscheiden in direkte und indirekte Kosten. Im Gegensatz zu den direkten Kosten, die grundsätzlich dem Rechnungswesen entstammen, sind die indirekten Kosten meist nur schätzbar. Die Kollegenhilfe lässt sich mangels Aufschreibung i. d. R. nicht ermitteln. Folgekosten von Störungen, wie z.B. ein nicht erreichbarer Server und ein Ausfall des Mailsystems sind nicht quantifizierbar.

Zu Aufgabe Nr. 8 (Schwachstellenanalyse Rechenzentrum)

Folgende Aspekte in der Lösung dokumentiert:

- Einrichtung eines IT-Controlling-Bereiches oder einer Abteilung. Diese hat an den Controlling-Bereich oder direkt an die Geschäftsführung zu berichten.

- Prüfung, ob Outsourcing ein Mittel ist, um die asynchrone Belastung der Mitarbeiter auszugleichen. Feststellung, ob strategische Bereiche betroffen sind.

- Kostenbewusstsein ist zu erhöhen. Hierbei kann eine IT-Kosten- und Leistungsrechnung oder ein Service-Level-Agreements mit dem IT-Dienstleiter helfen.

- Eine Total Cost of Ownership Analyse (TCO) kann aufzeigen, ob indirekte Kosten (z.B. durch Schulungen) reduziert werden können.

- Minimierung des Wartungsaufwandes durch verstärkten Einsatz von Standardsoftware, z.B. durch Ablösung der selbst entwickelten Logistiklösungen durch die bereits gekaufte Standardsoftware „PAS".

- Standardisierungen der PC-Arbeitsplätze einschließlich Hardware bzw. Software-Beschaffung.

- Prüfung ob die Auslagerung von Teilen oder der gesamten IT-Bereiche Vorteile bringt (IT-Outsourcing).

- Organisatorische Einordnung der IT-Abteilung und des Rechenzentrums prüfen. Möglicherweise wird der IT oft zu wenig Beachtung geschenkt (IT-Manager sind auf der 3. Führungsebene angesiedelt.

MÖGLICHE FEHLERQUELLEN

Bei der Beantwortung der 1. Aufgabe (IT-Budget) wird auf der Ebene von Einzelfällen argumentiert. Beispiel: Wir planen dieses Jahr zahlreiche innovative Projekte mit hohem Nutzen für das Unternehmen. Solche Argumente lösen die Problematik nicht dauerhaft. Im Rahmen der 2. Aufgabe (IT-Controlling-Software) werden z. T. nur ERP-Systeme und deren Finanzfunktionen genannt, nicht aber spezielle Softwaresysteme für IT-Controller. In der 7. Aufgabe (SLA) wird oft das zentrale Problem der langen Bezugszeiten für den Leistungsprozentsatz nicht berücksichtigt.

8.2   Literaturverzeichnis

Albayrak, C. A.; Gadatsch, A.: Multi-Merger-Szenarien als Herausforderung für das IT-Controlling – Checklisten zur IT-Integration. In: Controller Magazin 1/2006, S. 59– 66

Albayrak, C.; Gadatsch, A., Olufs, D.: IT-Outsourcing im Kontext global tätiger Unternehmen, in: Praxis der Wirtschaftsinformatik, HMD 254, Heft April 2007, S. 27-38.

Albayrak, C. A.; Olufs, D.: Innovatives IT-Controlling im Konzernverbund, in: Horvath, P. (Hrsg.): Die Strategieumsetzung erfolgreich steuern, Stuttgart 2004, S. 107-123

Albrecht, A. J.: Measuring application development productivity, in: Guide/Share Proceedings of the IBM application development Symposium, 1979

Aldag, U.: Menschliches Bewusstsein als Software, in: Frankfurter Allgemeine Zeitung, o. Jg., 2000, Nr. 139 vom 17.06.2000, S. 37

Allweyer, T.; Besthorn, T.; Schaaf, J.: IT-Outsourcing: Zwischen Hungerkur und Nouvelle Cuisine. In: Frank, H.-J. (Hrsg.): Deutsche Bank Research Nr. 43 vom 6.4.04, Frankfurt, 2004

Antoni, M.: Unternehmenskultur im Spannungsfeld von Geschichte und Lebenszyklus der Unternehmung, in: Der Controlling Berater, Nr. 3, 1998

Antonoff, R.: Corporate-Identity-Report 1986/87, FAZ (Hrsg.), Frankfurt 1986

Appel, D.; Brauner, S., Preuss, P.: Einsatz von SAP Strategic Enterprise Management als IT-gestütztes Balanced Scorecard-System, in: Information Management & Consulting, 17. Jg., Heft 2, 2002, S. 88-94

Asma, J.: Entwicklung von Kennzahlensystemen, Kongress der TüV-Akademie „Professioneller Aufbau eines IT-Kennzahlensystems" Düsseldorf, 30.03.2004, Vortragsunterlagen

Bacher, M. R.: Outsourcing als strategische Marketing-Entscheidung, Wiesbaden, 2000

Balzert, H.: Lehrbuch der Softwaretechnik, Band 1, Software-Entwicklung, 2. Aufl. Heidelberg et al. 2001

Balzert, H.: Lehrbuch der Softwaretechnik, Band 2, Software-Management, Software-Qualitätssicherung, Unternehmensmodellierung, Heidelberg et al. 1998

Barcklow, D.: Prozesscontrolling im Projektmanagement, in: Projekt Management, Heft 1, 2008, s. 20-22

Bartel, D. H.: Strategisches Controlling im Klinikmanagement. In: Controller-Magazin, Heft 5, 2003, S. 471-480

Baschin, Anja: Die Balanced Scorecard für Ihren Informations-Technologie Bereich, Frankfurt 2001

Baschin, A.; Steffen, A.: IT-Controlling mit der Balanced Scorecard. In: Kostenrechungspraxis 45 (2001) 6, S. 367-371

Bauer, H.: Innovative Leistungsverrechnung am Fallbeispiel der Glasklar AG, in: Controller Magazin, Heft 3, 2005a, S. 290-292

Bauer, H.: IT-Budgetierung: Tauziehen im Jahresrhytmus, in: Information Management, Band 20, Heft 2, 2005b, S. 91-94

Bauer, M.: Controllership in Deutschland, Wiesbaden 2001-11-28

Bauer, M.: IT-Controlling unter gesetzlichen Aspekten, in: Controller Magazin, 31. Jg., Heft 3, 2006a, S. 264-265

Bauer, M.: IT-Controlling und Chargeback. Automatisiertes IT-Service-Management, in: Controller-Magazin, 31. Jg., Heft 6, 2006b, S. 592-594

Bauer, U.: Controlling in der virtuellen Unternehmung 2010, in: Controller Magazin, 25. Jg. (2000), S. 219

Baum, H.G./Coenenberg, A.G./Günther, T.: Strategisches Controlling, 3. Aufl., Stuttgart 2003

Baumgartner, B.: Die Controller-Conzeption, Bern/Stuttgart 1980

Baumöl, U.; Hoffmann, N.; Stettler, J.-C.: Koordination von Projekt- und Liniencontrolling in IT-Bereichen am Beispiel der Swiss Life AG, in: ZfCM, 51 Jg., 2007, Heft 4, S. 258-263

Baumöl, U.; Reichmann, Th.: Kennzahlengestütztes IV-Controlling. In: Controlling, Heft 4, 1996, S. 204-211

Bayer AG (Hrsg.): Nervensignale aus dem Netzwerk. Sensorchips für die Pharmaforschung, in: Research, Nr. 11, 2000, S. 14 ff

Bayer AG (Hrsg.): 1000 neuen Werkstoffen auf der Spur, in: Research, Nr. 11, 2000, S. 38

Bayer AG (Hrsg.): Partner in der Biotechnologie. Bayer und Millenium (USA), in: Research, Nr. 11, 2000, S. 43

Bayer AG (Hrsg.): Aufbruch in den Nanokosmos, in: Research, Nr. 15, 2004, S. 22-44

Bearingpoint GmbH (Hrsg.): IT-Portfoliomanagement, Programm-Planung in der deutschen Industrie – Stand und Perspektiven 2003, online im Internet: http://www.bearingpoint.de, Abruf am 03.06.2004

Bechtolsheim, M. v.; Brabandt, M.; Driller, J.: Was macht eigentlich ein CIO, in: Computerwoche, 29. Jg., Heft 36, 2002, S. 38

Becker, A.; Gruber, W.; Wohlert, D. (Hrsg.): Handbuch banken-aufsichtsrechtliche Entwicklung: MaH, Grundsatz I, MaK, MaIR, Basel II, Stuttgart 2004

Becker, W.; Fischer, S.; Mika, S.: Implementierungsstand des IT-Controlling, - Ergebnisbericht einer empirischen Untersuchung, Bamberger Betriebswirtschaftliche Beiträge, Band 144, Bamberg, 2006

Becker, J./Winkelmann, A.: IV-Controlling, in: Wirtschaftsinformatik, 46 Jg. (2004), S. 213-221

Beißel, J.; Steinke, K.-H.; Wirth, M.: Investitions- und Projektcontrolling im Lufthansa Konzern, in: Controlling & Management (ZfCM), Sonderheft 1, 2004, S. 64

Bennicke, M.; Hofmann, A.; Lewerentz, C.; Wichert, K.-H.: Software Controlling, Qualitätsbezogene Projektsteuerung, in: Informatik Spektrum, Band 31, Heft 6, 2008, S. 556-565

Bernroider, E.; Koch, S.: Entscheidungsfindung bei der Auswahl betriebswirtschaftlicher Standartsoftware – Ergebnisse einer empirischen Untersuchung in österreichischen Unternehmen, in: Wirtschaftsinformatik, 42 Jg., 2000, S. 329-338

Bereszweski, M.: Von der Kostenkontrolle zur Kostensteuerung. Informationweek, Nr. 28, 20.12.2001

Bereszewski, M.: Trendwende: IT-Budgets steigen wieder, in: InformationWeek Nr. 3/4, 11.03.2004, S. 30-32

Berkau, C.: Instrumente der Datenverarbeitung für das effiziente Prozesscontrolling, in: Kostenrechnungspraxis, Sonderheft 2, 1998, S. 27-32

Bernhard, M. G.; Lewandowski, W.: (Hrsg.) Service-Level-Management in der IT, Wie man erfolgskritische Leistungen definiert und steuert, 4. Aufl., Düsseldorf 2002

Bernhard, M. G.; Mann, H.; Lewandowski, W.; Schrey, J. (Hrsg.): IT-Outsourcing und Service-Management, Düsseldorf, 2003

Betschart, A: Konzeption, Einführung und Nutzung eines IT-Kennzahlensystems – auf was kommt es wirklich an, Tagungsunterlagen COST IT, Bad Homburg, 21-24.11.2005

Bienert, P.: Weg mit der defensiven Sparlogik!, Portfoliomanagement ermöglich eine IT-Führung, die sich an Werten statt an Kosten orientiert, in: Computerwoche, Heft 51-52, 2005, S. 26

Biethahn, J.; Mucksch, H.; Ruf, W.: Ganzheitliches Informationsmanagement, Band I: Grundlagen, 5. Aufl., München und Wien 2000

Binder, B.; Schäffer, U.: Zur Entwicklung des deutschsprachigen Controlling als akademische Disziplin, Vortragsunterlagen, 3.

Controller-Tagung, 09/10.09.2004, Wissenschaftliche Hochschule für Unternehmensführung (WHU)

Blazek, A.: The role of controller, in Management Accounting, March, 1994

Blazek, A.: Controlling, in Management-Praxis: Handbuch soziale Dienstleistungen, Köln, 1997

Blazek, A.: Strategie – zwei Beispiele, in Controller Magazin, Heft 5, 2006, S. 453-455

Blomer, R.; Bernhard, M. G. (Hrsg.): Report Balanced Scorecard in der IT, Praxisbeispiele – Methoden – Umsetzung, Düsseldorf 2002

Bohlen, F. v.: Lion Bioscience AG „Unser Schicksal hängt von Akquisitionen und Allianzen ab", in: Frankfurter Allgemeine Zeitung, o. Jg., 2000, Nr. 139 vom 17.06.2000, o. S.

Boes, A.; Schwemmle, M.: Herausforderung Offshoring, Internationalisierung und Auslagerung von IT-Dienstleistungen, edition der Hans-Böckler Stiftung, Düsseldorf, 2004

Boot, J.; Bachmann, R.; Sobottka, G.: Prozeßkostenrechnung - pragmatische Ansätze in SAP R/3 CO bei einem Handelsunternehmen. In: Controlling, Heft 4, Juli/August, 1995, S. 228-233

Bothe, W./Engel, M.: Neurobionik, Zukunftsmedizin mit mikroelektronischen Implantaten, Frankfurt 1998

Bräuer, H.: Schlafende IT-Potenziale, in: Informationweek, 17/18, 2006, 5.10.2006, S. 22-28

Bramsemann, R.: Handbuch Controlling, 3. Aufl., München 1993

Braunstein, R.: Beiträge zur Geschichte des deutschsprachigen Controlling – Die Controllingpioniere (R. Bramsemann, A. Deyhle, G. Ebert, R. Eschenbach, P. Horvath´, D. Hahn, R. Mann, E. Mayer, Th. Reichmann) , Diss. WU Wien, 2004 (elektronische Publikation)

Brenner, W.; Witte, C.: Erfolgsrezepte für CIOs, Was gute Informationsmanager ausmacht, Müchen, 2007

Britzelmaier, B.: Informationsverarbeitungscontrolling, Stuttgart und Leipzig 1999

Brugger, R.: Der IT-Business Case, Berlin und Heidelberg, 2005

Brun, R.: Planen – Messen – Steuern: Die Kernprozesse von IT-Governance und IT-Controlling, in: Information Management & Consulting, 23. Jg. (2008), Heft 2; S. 60-68

Brun, R.; Jansen, J.: IT-Controlling: Leistungen und Kosten effektiv steuern, in: Der Controlling Berater, Heft 5/2006, S. 623 - 650

Buchner, H., Maurer, Ch.: Schlankes Prozeßkostenmanagement für den Mittelstand am Beispiel des Maschinen-Zulieferers Ringspann GmbH. In: Controlling, Heft 2, 1999, S. 81-86

Buchta, D.; Eul, M.; Schulte-Croonenberg, H.: Strategisches IT-Management, Wiesbaden 2004

Buchta, D.; Klatt, M.; Kannegieser, M.: Performance Management zur strategischen Steuerung der Informationstechnologie, in: Controller Magazin, Heft 3/2003, S. 277-282

Buchta, D.; Eul, M.; Schulte-Croonenberg, H.: Green IT – Gesellschaftlicher Verantwortung durch IT gerecht werden, 3. Aufl., Wiesbaden, 2009

Buhl, H. U.; Laartz, J.; Löffler, M.; Röglinger, M.: Green IT reicht nicht aus. In: Wirtschaftsinformatik & Management 1. Jg. (2009), Heft 1, S. 54-58

Bundschuh, M.; Fabry, A.: Aufwandsschätzung von IT-Projekten, Bonn 2000

Bundschuh, M.: Einsatz und Nutzen der Function-Point-Methode, in: Projekt Management, Heft 1, 2005, S. 23-30

Burr, M.: Kategorien, Funktionen und strategische Bedeutung von Service Level Agreements, in: BFuP, 54. Jg. (2002), Heft 5, S. 510-523

CA Controller Akademie AG (Hrsg.): Controller & Controlling, Festschrift für Dr. Albrecht Deyhle zum 70. Geburtstag, Offenburg 2004

Carr, N. G.: IT Doesn't Matter, in: Harvard business review, 5, 2003, S. 41-58

Carr, N. G.: Does it matter? Information Technology and the Corrosion of Competitive Advantage, Harvard Business School Press, 2004

Carr, N. G.; The End of Corporate Computing, MIT sloan management review, Cambridge, Mass, vol. 46, 3, 2005, p. 67-74

Catenic (Hrsg.): Catenic IT billing solutions ag: Mehr Transparenz – weniger Kosten! ➔ *IT-Controlling mit Catenic Anafee, Bad Tölz, o. J.*

Clement, R.; Gadatsch, A.; Juszczak, J. (Hrsg.): IT-Controlling in Forschung und Praxis, Tagungsband zur Fachtagung IT-Controlling 19.03.2004, in: Schriftenreihe des Fachbereiches Wirtschaft Sankt Augustin, Fachhochschule Bonn-Rhein-Sieg, Band 11, Sankt Augustin 2004

Clement, R.; Gadatsch, A.; Juszczak, J., Kütz, M. (Hrsg.): IT-Controlling in Forschung und Praxis, Tagungsband zur zweiten Fachtagung IT-Controlling 21+22.02.2005, in: Schriften-

reihe des Fachbereiches Wirtschaft Sankt Augustin, Fachhochschule Bonn-Rhein-Sieg, Band 13, Sankt Augustin 2005

Clement, R.; Gadatsch, A.; Juszczak, J., Krupp, A.; Kütz, M.
(Hrsg.): IT-Controlling in Forschung und Praxis, Tagungs-
band zur dritten Fachtagung IT-Controlling 03.03.2006, in:
Schriftenreihe des Fachbereiches Wirtschaft Sankt Augustin,
Fachhochschule Bonn-Rhein-Sieg, Band 16, Sankt Augustin
2006

Clement, R.; Gadatsch, A.; Juszczak, J., Krupp, A.; Kütz, M.
(Hrsg.): IT-Controlling in Forschung und Praxis, Tagungsband zur vierten Fachtagung IT-Controlling 21+22.02.2007,
in: Schriftenreihe des Fachbereiches Wirtschaft Sankt Augustin, Fachhochschule Bonn-Rhein-Sieg, Band 19, Sankt Augustin 2007

CIO-Magazin (Hrsg.): DAX30 Die IT-Strategien der Top-
Unternehmen", Heft 1, 2004

Coenenberg, A.: Jahresabschluss und Jahresabschlussanalyse, 19.
Aufl., Landsberg 2003

Conti, C., Mastering the Total Cost of Ownership, Vortragsunterlagen, Chief Information Officer Meeting der IMG AG, Zürich
1.3.2000

Coenenberg, A.; Fischer, T. M.: Prozesskostenrechnung – Strategische Neuausrichtung in der Kostenrechnung, in: DBW 51. Jg.
(1991), Heft 1, S. 21-28

Cooper, R.; Kaplan, R.S.: Measure Costs Right: Make the Right
Decisions, in: Harvard Business Review, Sept./Okt. 1988, S. 96-
103

Cooper, R.; Kaplan, R.S.: Profit Priorities from Activity Based Costing, in: Harvard Business Review, May/June 1991, S. 130-135

Cooper, R.: Activity Based Costing, in: Männel, W. (Hrsg.): Handbuch Kostenrechnung, Wiesbaden 1992, S. 360-383

Corporate Planning AG: Der Erfolgskompass für Ihr Unternehmen, CD-ROM (Firmenpräsentation und Softwaredemonstra-
tion), Hamburg 2003

Cotta, D.: Lohnbuchhaltung outsourcen?. Entscheidend ist der
richtige Partner, in: DSWR, Heft 3, 2004, S. 73

Curley, M.: Managing Information Technology for Business
Value, Practical Strategies for IT and Business Managers, Intel
Press, 2004

Davidson, W./Davis, St.: Vision 2020, Freiburg 1992

Deloitte & Touche: Outsourcing und Offshoring mit indischen IT-
Unternehmen. Die IT-Welt im Wandel, 2003

Deutsche Bank Research: Offshoring Report 2005, Ready for take off, Nr. 52, Frankfurt, 14.06.2005

Deyhle u.a.: Controller und Controlling, in: Die Orientierung Nr. 93, Bern 1988

Deyhle, A.: Controller-Handbuch, 5. Bde., 5. Aufl., Gauting 2003

Deyhle, A.: Controller-Verein e.V., Controller Statements, Philosophie, Leitbild Controller, Gauting 2001

Deyhle, A.: Management und Controlling-Brevier, 7. Aufl., Wörthsee-Etterschlag 1997

Deyhle: A: "Heute schon tun - woran andere erst morgen denken" Professor Dr. Elmar Mayer 80, in: cm, Heft 1, 2004

Diebold Deutschland GmbH (Hrsg.): Diebold Kennzahlensystem, 3. Aufl., Frankfurt am Main 1984

Diedrich, G.. Integrierte Nutzenanalyse zur differenzierenden Auswahl von Realisierungsalternativen, Band 1: Die Nutzenanalyse im Kontext computerunterstützter Informationssysteme und des IT-Controlling, in: Arbeitsberichte des Lehrstuhls für Wirtschaftsinformatik, Ruh-Universität Bochum, Heft 05-57, Bochum 2005

Diethelm, G.: Projektmanagement, Band 2: Sonderfragen, Herne und Berlin 2001

Dietrich, L.: Die ersten 100 Tage des CIO – „Quick Wins" und Weichenstellung, in: Dietrich, L.; Schirra, W. (Hrsg.): IT im Unternehmen, Berlin et al. 2004, S. 45-82

Dietrich, L.; Schirra, W. (Hrsg.): IT im Unternehmen, Berlin et al. 2004

Dinter, H.-J.: Führung mit ROI-Kennzahlen und Shareholder Value. In: Mayer, E., Liessmann K.; Freidank, C. (Hrsg.): Controlling-Konzepte, Wiesbaden, 4. Aufl. 1999, S. 255-292

Dittrich, J.; Braun, M.: Business Process Outsourcing. Entscheidungsleitfaden für das Out- und Insourcing von Geschäftsprozessen, Stuttgart 2004

Dobschütz, von, L.; Barth, M.; Kütz, M.; Möller, H.-P. (Hrsg.): IV-Controlling, Wiesbaden 2000

Dobiéy, D.; Köplin, Th.; Mach, W.: Programm-Management. Projekte übergreifend koordinieren und in die Unternehmensstrategie einbinden, Weinheim 2004

Dreher, F.; Mahrenholz, O.: IT-Controlling als Brücke zwischen CFO und CIO, in: Controller Magazin, Heft 1, 2004, S. 81-85

Ebbeken, M.; Puchleitner, A.: DV-Umsetzung einer flexiblen Plankostenrechnung mit differenzierter Abweichungsanalyse am Beispiel PSIPENTA.COM, Beiträge zum Controlling, Nr. 65, Universität Dortmund, Dortmund 2003

Ebert, G.: Kosten- und Leistungsrechnung, 10. Aufl., Wiesbaden 2004

Ehrmann, H.: Kompakt-Training Balanced Scorecard, 3. Aufl. Ludwigshafen (Rhein) 2004

Ellermann, H.: Exclusiv-Umfrage, Make or Buy, in: CIO-Magazin, Heft 03/3003a, S. 52-60

Ellermann, H.: Shelfware, Lizenz zum Entrümpeln, in: CIO-Magazin, Heft 10/2003b, S. 44-51

Engstler, M.; Dold, C.: Einsatz der Balanced Scorecard im Projektmanagement, in: Kerber et al. (Hrsg.): Zukunft im Projektmanagement, Heidelberg 2003, S. 127-141

Ennemoser, H.: Der IV-Dienstleistungskatalog – Kommunikationsmedium und Abbild der Komplexität im IV-Bereich, in: Dobschütz, von, L.; Barth, M.; Kütz, M.; Möller, H.-P. (Hrsg.): IV-Controlling, Wiesbaden 2000, S. 513-524

Eschenbach, R., (Hrsg.): Controlling, 3. Aufl., Stuttgart 2003

Eschenbach, R.; Braunstein, R..: Prof. Dr. Elmar Mayer achtzig. Aus dem Leben und von von den Wirkungen eines Controlling-Pioniers, in: Controller-News, Nr. 6, Wien 2003

Everling, O. (Hrsg.): Rating – Chance für den Mittelstand nach Basel II, Wiesbaden 2001

Fahn, M.; Köhler, O.: Praxisbericht: IT-Steuerung und IT-Controlling im Lufthansa-Konzern, in: Bichler, M.; Hess, Th.; Krcmar, H.; Lechner, U.; Matthes, F.; Picot, A.; Speitkamp, B.; Wolf, P.: Multikonferenz Wirtschaftsinformatik 2008, Berlin 2008, Tagungsband, S. 925-937 (online im Internet, http://www.mkwi2008.de, Abruf am 5.3.2008a)

Fahn, M.; Köhler, O.: Aufbau eines strategischen IT-Controllings zur Unterstützung übergreifender IT-Steuerung im Lufthansa-Konzern, in: Controlling, Heft 10, 2008b, S. 535-541

Fichtl, G.: Zitate für besondere Anlässe, Freiburg 2001

Fiedler, R. Controlling von Projekten, Braunschweig/Wiesbaden, 2001

Fiedler, R. Controlling von Projekten, Braunschweig/Wiesbaden, 2005

Form, St.; Hüllman, U.: Chance- und Risk-Scorecarding. Umsetzungsaspekte eines IT-gestützten strategischen Reporting, in: Controlling, Heft 12, 2002, S. 691-700

Francome, P.: Test Outsourcing – Benefits and Costs (A Practical Approach), in: Best Knowledge for Best Practice in Quality, SQS-Konferenz, Düsseldorf, 10.05.2006, Vortragsunterlagen

Franken, R.; Gadatsch, A. (Hrsg.): Integriertes Knowledge-Management. Konzepte, Methoden, Instrumente und Fallbeispiele. Braunschweig/Wiesbaden 2002

Fraunhofer-ISI, in: o. V. Computer Zeitung, 34. Jg., Heft 45, 03.11.2003, S. 3

Freidank, C.-C.: Kostenmanagement, in: WiSt, Heft 9, 1999, S. 462-457

Freidank, C.-C.: Kostenrechnung, 7. Aufl., München und Wien 2001

Freidank, C.-C. (Hrsg.): Die deutsche Rechnungslegung und Wirtschaftsprüfung im Umbruch, München 2001

Freidank, C.-C.: Elmar Mayer 80 Jahre, in: Controlling und Management, 47. Jg. (2003), Heft 6, S. 361f.

Freidank, C.-Chr./Fischback, S.: Übungen zur Kostenrechnung, 5. Aufl, München 2002

Freidank, C.-C./Mayer, E. (Hrsg.): Controlling Konzepte, 5. Aufl., Wiesbaden 2001

Freidank, C.-C./Mayer, E. (Hrsg.): Controlling Konzepte, 6. Aufl., Wiesbaden 2003

Freidank, C.-C.; Schreiber O. R.: Unternehmensüberwachung und Rechnungslegung im Umbruch, Hamburg 2002

Friedag, H.; Schmidt,W.: Balanced Scorecard, Einführung, Entwicklung, Umsetzung, 2. Aufl., Freiburg 2004

Friedrich, D.: Top-Nearshoring-Standorte im Vergleich, in: CIO-Magazin, online im Internet http://www.cio.de, Abruf am 03.03.2005a

Friedrich, D.: Forrester Research fordert globale Lieferketten. Deutsche Unternehmen sind beim Offshoring zögerlich, in: CIO-Magazin, online im Internet http://www.cio.de, Abruf am 10.07.2005b

Friedrich, P.: Allgemeine TCO-Betrachtungen zum aktuellen IBM Mainframe, System z10. In: e-Journal of Practical Business Research, Ausgabe 6 (12/2008), http://www.e-journal-of-pbr.de/downloads/tcomainframefriedrich.pdf

Fryba, M.; Bereszewski, M.: Outsourcing: Des einen Freud, des anderen Leid? In: Informationweek, Heft 13, 20.06.2002, S. 28-31

Gadatsch, A.: Der interne Zinsfuß für das Investitionscontrolling, in: Kostenrechnungspraxis, Heft 6, 1993, S. 405 - 407

Gadatsch, A.: Geschäftsprozeßoptimierung im Finanz- und Rechnungswesen, in: Praxis des Rechnungswesens, Heft 6, 1995, Gruppe 13, S. 105-116

Gadatsch, A.: Outsourcing, in: Erfolgreiche Computerpraxis, Heft 4, 1997, Gruppe 2, S. 1-4

Gadatsch, A.: Finanzbuchhaltung und Gemeinkostencontrolling mit SAP, Braunschweig/Wiesbaden 2001a

Gadatsch, A.: Einsatz von Standardsoftware im Controlling mittelständischer Unternehmen, in: Bilanzbuchhalter und Controller, Heft, 7, 2001b, S. 150-153

Gadatsch, A.: IT-gestütztes Controlling-Konzept mit SAP R/3, in: Controller-Magazin, Heft 4, Juli 2001c, S. 402-410

Gadatsch, A.: IT-gestütztes Prozessmanagement im Controlling, in: Freidank, C.-Ch.; Mayer, E. (Hrsg.): Controlling Konzepte. Werkzeuge und Strategien für die Zukunft, 5. Auflage, Wiesbaden 2001d

Gadatsch, A.: Prozesskostenrechnung als Element des Workflow-Life-Cycle, in: EMISA-Forum, Heft 2, 2001e, S. 13-20

Gadatsch, A.: Arbeitsplatzmanagement mit Hilfe IT-gestützter Controlling-Konzepte, in: Freidank, C.-C.; Mayer, E. (Hrsg.) Controlling-Konzepte, 6. Auflage, Wiesbaden 2003, S. 331-362

Gadatsch, A.: Grundkurs Geschäftsprozess-Management, 3. Aufl., Wiesbaden 2010

Gadatsch, A.: IT-Controlling und Service Level Agreements – Nutzen im Unternehmensalltag, in: Wissen Heute, 57. Jg. (2004b), Heft 7, S. S. 391-398

Gadatsch, A.: Einführung IT-Management. Vom Kosten- zum Leistungsmanagment, in: USU AG (Hrsg.): Unterwegs zum IT-Value Management, Ein IT-Controlling Kompendium, Möglingen 2005a, S. 20-41

Gadatsch, A.: Grundkurs Geschäftsprozessmanagement, 4. Aufl., Wiesbaden 2005b

Gadatsch, A.: IT-Controlling realisieren, Wiesbaden, 2005c

Gadatsch, A: IT-Controlling, in: WISU, Das Wirtschaftsstudium, Heft 04, 2005d, S. 520-529

Gadatsch, A.: Auswirkungen von Green IT auf das IT-Controlling, in: Keuper, F.; Hamidian, K.; Verwaayen, E.; Kalinowski, T. (Hrsg.): Business IT, Wiesbaden, 2010a, S. 357-373

Gadatsch, A.: Green IT – Ein Thema für den Controller!, in: Controller Magazin, Heft 01, 2010b, S. 87-92

Gadatsch, A.: Grundkurs Geschäftsprozessmanagement, 6. Aufl., Wiesbaden 2010c

Gadatsch, A.; Frick, D.: SAP®-gestütztes Rechnungswesen, 2. Aufl., Wiesbaden 2005

Gadatsch, A.; Gerick, T.; Rauh, C. IT-Kosten- und Leistungsver-
rechnung in der Praxis, in: Controller Magazin, Heft 04,
2005, S. 331-335

Gadatsch, A.; Juszczak, J, Kütz, J.: Ergebnisse der Umfrage zum
Stand des IT-Controlling im deutschsprachigen Raum, in:
Schriftenreihe des Fachbereiches Wirtschaft Sankt Augustin,
Fachhochschule Bonn-Rhein-Sieg, Band 12, Sankt Augustin
2005

Gadatsch, A.; Juszczak, J, Kütz, J.: Ergebnisse der 2. Umfrage zum
Stand des IT-Controlling im deutschsprachigen Raum, in:
Schriftenreihe des Fachbereiches Wirtschaft Sankt Augustin,
Fachhochschule Bonn-Rhein-Sieg, Band 20, Sankt Augustin,
2007

Gadatsch, A.; Juszczak, J, Kütz, J.; Theisen, A.: Ergebnisse der 3.
Umfrage zum Stand des IT-Controlling im deutschsprachigen
Raum, in: Schriftenreihe des Fachbereiches Wirtschaftswissen-
schaften Sankt Augustin, Hochschule Bonn-Rhein-Sieg, Band
29, Sankt Augustin, 2010

Gadatsch, A.; Juszczak, J.: Ergebnisse der Kurzumfrage zum
Stand von Green IT im deutschsprachigen Raum 2009, in:
Schriftenreihe des Fachbereiches Wirtschaftswissenschaft Sankt
Augustin, Hochschule Bonn-Rhein-Sieg, Band 24, Sankt Au-
gustin, 2009

Gadatsch, A.; Mayer, E.: Grundkurs IT-Controlling, Wiesbaden
2004

Gadatsch, A.; Mayer, E.: Masterkurs IT-Controlling, 3. Aufl.,
Wiesbaden 2006

Gadatsch, A.; Maucher, I.: IT-Controlling als Management und
Steuerungssystem, in: Clement, R.; Gadatsch, A.; Juszczak, J.
(Hrsg.): IT-Controlling in Forschung und Praxis, Tagungs-
band zur Fachtagung IT-Controlling 19.03.2004, Schriften-
reihe des Fachbereiches Wirtschaft Sankt Augustin, Fachhoch-
schule Bonn-Rhein-Sieg, Band 11, Sankt Augustin 2004, S. 6-
16

Gadatsch, A.; Mayr, R. (Hrsg.): Best-Practice mit SAP, Braun-
schweig und Wiesbaden 2002

Gadatsch, A.; Uebelacker, H.: Return-on-Investment (RoI) in IT-
Projekten. Ist ein RoI ausserhalb von Konsolidierungsprojekten
darstellbar?, in: Controller-Magazin, Heft 11, 2004, S. 519-
522

Gadatsch, A.; Uebelacker, H.: Wirtschaftlichkeitsbetrachtungen
für IT-Security-Projekte, in: Praxis der Wirtschaftsinformatik,
HMD248, 26.04.2006, S. 44-50

Gates, B.: Der Weg nach vorn, Die Zukunft der Informationsgesellschaft, 2. Aufl., Hamburg 1995

Gehring, H.; Gadatsch, A.: Ein Architekturkonzept für Workflow-Management-Systeme, In: Information Management & Consulting, Heft 2, 2000, S. 68-74

Gehring, H., Gadatsch, A.: Ein Rahmenkonzept für die Prozeßmodellierung, in: Information Management & Consulting, Heft 4, 1999, S. 69-74

Gerbich, S.: Warten auf ROSI, in: Informationweek, o. Jg., Heft 22, 2002, 24.10.2002, S. 28

Gerick, T.; Wagner, B.: Transparente IT-Assets: TCO contra RoI. In: Controller-Magazin, Heft 9, 2003, S. 495-501

Gerick, T.: IT-Controlling - Brücke zwischen Betriebswirtschaft und Informationstechnologie, Sonderdruck 3/03, Österreichisches Controller-Institut

Gladen, W.: Performance Measurement, Controlling mit Kennzahlen, 4. Aufl., Wiesbaden, 2008

Glaser, H.: Prozeßkostenrechnung - Darstellung und Kritik. In: Zeitschrift für betriebswirtschaftliche Forschung 44 (1992), S. 275-288

Gleich, R.: Balanced Scorecard, in: Die Betriebswirtschaft, 57 Jg. (2001), Heft 3, S. 432-435

Glinder, P.: Prüfungsschema für Outsourcing-Entscheidungen in der öffentlichen Verwaltung - am Beispiel ärztlicher Gutachten im Sozialrecht. In: Controller-Magazin, Heft 6, 2003, S. 554-561

Glohr, C.: Der CIO als Kostenmanager, in: Informatik Spektrum, Bank 26, Heft 2, 2003, S. 134-139

Gora, W.; Steinke, B. IT-Controlling von ganz oben anstoßen. Die Kosten auf dem Kieker, in: Computerwoche, 29. Jg., Heft, 36, 2002, S. 40

Gora, W.; Schulz-Wolfgramm (Hrsg.): Informationsmanagement, Handbuch für die Praxis, Berlin et al. 2003

Goeken, M.; Patas, J.: Wertbeitrag der IT als Gegenstand der IT-Governance und des IT-Controllings, in: Controlling, Zeitschrift für erfolgsorientierte Unternehmenssteuerung, 21 Jg., 2009, Heft 12, S. 650-655

Grauer, M., Blasius, I.; Berger, G.: Risiko-Controlling und Risikomonitoring in Softwareprojekten, in: Controller Magazin, Heft 1, 2004, S. 62-65

Grohe, M.; Gentsch, P.: Business Intelligence, Aus Informationen Wettbewerbsvorteile gewinnen, München 2001

Grohmann, H. H.: Prinzipen der IT-Governance, in: Praxis der Wirtschaftsinformatik, HMD 232, Heft 8/2003, S. 17-43

Groening, Y.; Toschläger, M.: Die Project Balanced Scorecard als Controllinginstrument in IT-Projekten, in: Kerber et al. (Hrsg.): Zukunft im Projektmanagement, Heidelberg 2003, S. 183-197

Grow, J.: Interview with Nick Carr: The tech advantage is over-rated, in: Business Week, 25.08.2003, S. 48-50

Gruner, K.; Jost, Ch.; Spiegel, F.: Controlling von Softwareprojek-ten, Erfolgsorientierte Steuerung in allen Phasen des Lifecycles, Wiesbaden 2003

Gründer, T. (Hrsg.): IT-Outsourcing in der Praxis, Strategien, Projektmanagement, Wirtschaftlichkeit, Berlin 2004

Gründer, T./Bereszewski, M.: Vom internen Betrieb zu flexiblen IT-Sourcing, in: Informationweek, Nr. 9/10 2004, 10.06.2004, S. 14-15

Günther, J. (Hrsg.), Leistungsvereinbarungen, Ein Instrument zur Vereinbarung von Dienstleistungen, in: Heft. 24 der Schriften-reihe Betriebswirtschaft und Finanzen, Hrsg. Verband der Chemischen Industrie e.V., Frankfurt am Main 1998

Gysler, T.: Informatik-Controlling im Bankbetrieb, Bern, 2005

Hackmann, J.; IT-GmbHs sind selten erfolgreich, in: Computer-woche, 29. Jg., Heft 4, 25.01.2002, S. 38-39

Hackmann, J.: Worthülsen verunsichern Anwender, in Compu-terwoche, Heft 8, 2005, S. 40

Hadjicharalambous, E.; Bachmann, P.; Paschke, J.: IT-Service-Management. Trends und Perspektiven der IT Infrastructure Library (ITIL) in Deutschland, DETECON Detecon&Diebold Consultants, Bonn 15.04.2004, http://www.detecon.de, Abruf am 28.05.2004

Hahn, A.; Zwerger, G.: Performance Measurement Software Tools, in: Praxis der Wirtschaftsinformatik, HMD 227, Heft 10/2002, S. 97-102

Hahn, D.: PUK (Planung und Kontrolle),-Controllingkonzepte, 6. Aufl., Wiesbaden 2002

Hahn, D.: Strategische Unternehmensplanung, 8. Aufl., Heidel-berg 1999

Hauser, M.: Profit, Centers – Center Controlling, Offenburg 2003

Heinrich, C.; Bernhard, M.: Eine erfolgreiche IT-Ausgründung – Die ALBA EDV Beratungs- und Service GmbH, in: Bernhard, M. G.; Lewandowski, W.: (Hrsg.) Service-Level-Management in der IT, Wie man erfolgskritische Leistungen definiert und steuert, 4. Aufl., Düsseldorf 2000, S. 105-118

Heinrich, L.: Informationsmanagement, Informationsmanagement, 4. Aufl., München und Wien 1992

Heinrich, L.: Informationsmanagement, 7. Auflage, München und Wien 2002

Henrich, A.: Management von Softwareprojekten, München und Wien, 2002

Heinzl, A.: Die Rolle des CIO in der Unternehmung, in: Wirtschaftsinformatik, 43. Jg., 2001, Heft 4, S. 408-420

Henselmann, G./Wenzel, T.: Systematische Aufwandsschätzung für IT-Projekte: Planung reduziert Druck und Kosten. In Computerwoche, Heft 36/2002, S. 39

Herbolzheimer, C.: Software für das Multiprojektmanagement, in: Projektmanagement, o. Jg. (2004), Heft 2, S. 26

Herold, J. T.: Neuausrichtung der Informationsverarbeitung bei Unternehmensakquisitionen. Eine strategische Controlling-Konzeption, Aachen 2003, zugl. Braunschweig, Technische Universität, Diss.

Herrmann, S.; Falk, J.: Konzept für ein Vorgehensmodell zur Projektorganisation am Beispiel der Softwareentwicklung im Personalwesen der Otto Handelsgruppe, in: 16. WI-MAW-Rundbrief, 9. Jg., Heft 2, Fachausschuss Management der Anwendungsentwicklung und –wartung (WI-MAW) im FB Wirtschaftsinformatik der GI e.V., Bonn 2003, S. 3-11

Herzwurm, G.; Pietsch, W.: Management von IT-Produkten, Heidelberg, 2009

Hindel, B.; Hörmann, K.; Müller, M.; Schmied, J.: Basiswissen Software-Projektmanagement, 2. Aufl., Heidelberg, 2006

Hochstein, A.; Hunziker, A.: Serviceorientierte Referenzmodelle des IT-Managements, in: Praxis der Wirtschaftsinformatik, HMD 232, Heft 8/2003, S. 45-56

Hodel, M.; Berger, A.; Risi, P.: Outsourcing realisieren, Wiesbaden 2004

Höhnel, W.; Krahl, D.; Schreiber, D.: Workshop: IT-Controlling im Mittelstand, in:Clement, R.; Gadatsch, A.; Kütz, M.; Juszczak, J. (Hrsg.): IT-Controlling in Forschung und Praxis, Tagungsband zur 2. Fachtagung IT-Controlling, Sankt Augustin, 21. und 22.02.2005, Schriftenreihe des Fachbereiches Wirtschaft Sankt Augustin, Fachhochschule Bonn-Rhein-Sieg, Band 13, S. 157-164

Hölzle, P.; Grünig, C.: Projektmanagement, Freiburg et al. 2002

Hofmann, J.; Schmidt, W. (Hrsg.): Masterkurs IT-Management, Wiesbaden 2007

*Hoffmann, G.: (Hrsg.): Auf dem Weg zu Basel II: Konzepte, Mo-
delle, Meinungen, Frankfurt a. M. 2001*

*Hoffmann, K.: IT-Projektmanagement in der modernen Software-
entwicklung, in: Projektmanagement, Heft 1, 2003, S. 18-28*

*Holtz, B.; Gadatsch, H.: Key Performance Indicators (KPI) als
Werkzeuge im IT-Controlling-Konzept, in: Schriftenreihe des
Fachbereiches Wirtschaft Sankt Augustin, Fachhochschule
Bonn-Rhein-Sieg, Band 10, Sankt Augustin 2004*

Horváth, P.: Controlling, 8. Aufl., München 2002

*Horváth, P.: Jahrbuch-Controlling 1998, 6. Jahrbuch, Hrsg. Lehr-
stuhl Controlling, Universität Stuttgart*

*Horváth, P.; Mayer, R.: Prozesskostenrechnung – Der neue Weg
zu mehr Kostentransparenz und wirkungsvolleren Unterneh-
mensstrategien, in: ZfC, 1. Jg. (1979), Heft 4, S. 214-219*

*Horváth, P.; Mayer, R.: Konzeption und Entwicklungen der Pro-
zesskostenrechnung, in: Männel, W. (Hrsg.): Prozesskostenrechnung – Bedeutung – Methoden – Branchenerfahrungen –
Softwarelösungen, Wiesbaden 1995, S. 59-86*

*Huppertz, P.: SLAs rechtssicher gestalten, in: Informationweek,
Heft 17/18, 5.10.2006, S. 36-37*

*IABG (Hrsg.):V-Modell, Entwicklungsstandard für IT-Systeme des
Bundes, Vorgehensmodell, Kurzbeschreibung http://www.v-
modell.iabg.de, Abruf am 05.06.2004*

*IDS-Scheer AG: ARIS-Methode, ARIS Collaborative Suite, Version
6.1, Saarbrücken, 2003*

*IEEE Institute of Electrical and Electronics Engineers, Inc. (Ed.):
IEEE Std. 1045-1992, 1993, S. 9 ff.*

*Ilg, P.: Business-Ziele lassen sich auf die IT-Ebene herunter bre-
chen - Wenige Messgrößen genügen. Festo steuert auch die DV
mit einer Balanced Scorecard, in: Computer Zeitung, 35 Jg.,
Heft 15, 11.04.2005, S. 11*

*Innes, J.; Mitchell, F.: Activity Based costing, A Review with Case
Studies, The Gresham Press, Surrey 1991*

*IT Governance Institute (Hrsg.): CobiT 4.1 – Framework, Control
Objectives, Management Guidelines, Maturity Model. IT Governance Institute, 2007.*

*itSMF (Autorenteam): IT Service Management, eine Einführung,
Zeewolde,2002*

*Int. Group of Controlling (Hrsg.): Controller-Wörterbuch
(Deutsch-Englisch und Englisch-Deutsch), 2. Aufl., Stuttgart
2000, 471 S.*

*Jaeger, F.: Prozeßorientiertes Controlling der Informationsverar-
beitung, in: Kostenrechnungspraxis, Heft 9, 1999*

Jaeger, F. Portfolio-Management: Entscheidungsgrundlage für zukünftige IV-Vorhaben, in: Der Controlling Berater, Heft 4, 2002, S. 47-70

Jäger-Goy, H.: Führungsinstrumente für das IV-Management, Frankfurt/Main et al. 2002

Jantzen, K.: Verfahren der Aufwandsschätzung für komlexe Softwareprojekte von heute, in: Informatik Spektrum, Band 31, Heft 1, Februar 2008, S. 35-49

Jerger, M.; Mitev, M.: Wirtschaftlichkeit von E-Mail-Verschlüsselung, in: HMD 248, Heft 04/2006, S. 77-85

Jouanne-Diedrich, H. von: 15 Jahre Outsourcing-Forschung: Systematisierung und Lessons Learned, in: Zarnekow/Brenner/Grohmann (2005), S. 125-133

von Jouanne-Diedrich, H.: Die ephorie.de IT-Sourcing-Map. Eine Orientierungshilfe im stetig wachsenden Dschungel der Outsourcing- Konzepte. In: ephorie.de – Das Management-Portal; http://www.ephorie.de/it-sourcing-map.htm, Abruf am 7.4.2007

Jonen, A.; Lingnau, V.; Müller, J., Müller, P.: Balanced IT-Decision-Card, Ein Instrument für das Investitionscontrolling von IT-Projekten, in: Wirtschaftsinformatik, 46. Jg. (2004a), Heft 3, S. 196-203

Jonen, A.; Weinmann, P. Lingnau, V.: Lysios: Auswahl von Software-Lösungen zur Balanced Scorecard, in: Beiträge zur Controlling-Forschung, herausgegeben von Volker Lingnau, Lehrstuhl für Unternehmensrechnung und Controlling, TU Kaiserslautern, Kaiserslautern 2004b

Jopp, K.: Nanotechnologie – Aufbruch ins Reich der Zwerge, Wiesbaden 2003

Kallus, M.: Bundesrechnungshof fordert mehr IT-Controlling, in: Newsletter CIO-Magazin, http://www.cio-magazin.de, Abruf am 07.07.2004

Kalthoff, C.; Kunz, S.: Projektmanagement bei der Wicklung kritischer Softwaresysteme, in: Projektmanagement, Heft 2, 2004, S. 33-35

Kaplan, R. S.: One Cost System Is Not Enough, in: Harvard Business Review, Jan./Febr. 1988, S. 61-66

Karer, A.: Optimale Prozessorganisation im IT-Management, Ein Prozessreferenzmodell für die Praxis, Berlin et al., 2007

Kaplan, R. S.; Norton, D.P.: The Balanced Scorecard – Measures that drive performance. In: Harvard Business Review 70 (1992) January-February, S. 71-79

Kaplan, R./Norton, D.: Balanced Scorecard, Stuttgart 1997

Kargl, H.: Controlling im DV-Bereich, 3. Aufl., München und Wien 1996

Kargl, H.; Kütz, M.: IV-Controlling, 5. Aufl., München, 2007

Kaufmann, L. Der Feinschliff für die Strategie. Balanced Scorecard, in: Harvard Business Manager, Heft 6, 2002, S. 35-41

Kaufmann, T.; Schlitt, M.: Effektives Management der Geschäftsbeziehung im IT-Outsourcing, in: Praxis der Wirtschaftsinformatik, Heft 237, Juni 2004, S. 43-53.

Kaup, B.; Voelckens, C.; Wibelitz, H.H. (Bayer AG): IT relevant Cost Elements for IT REPORT, Bayer AG, Leverkusen 2003

Keller, R.: Ist RoSI berechenbar? Return on Security Invest. In: CIO-Magazin, Heft 5, 2002, S. 58-61

Kerber, K.; Marrè, G.: Zukunft im Projektmanagement, Beiträge zur gemeinsamen Konferenz "Management und Controlling von IT-Projekten" und "interPM", Heidelberg, 2003

Kesten, R.: Operatives IT-Controlling: Prozess- und produktorientierte Leistungsverrechnung interner Dienste, in: Controller Magazin, Heft 03/2007, S. 249-256

Kesten, R.; Müller, A.; Schröder, H.: IT-Controlling, Messung und Steuerung des Wertbeitrags der IT, München, 2007

Kilger, W.: Flexible Plankostenrechnung und Deckungsbeitragsrechnung, 11. Aufl., Wiesbaden 2002

Klasen, P.; Zimmermann, L.: IT Portfolio Management - Prozesse rücken in den Mittelpunkt, in: Information Management, Band 20, Heft 2, 2005, S. 79-84

Kleinebeckel, H.: Finanz- und Liquiditätssteuerung, 5. Aufl., Freiburg 1998, mit Software

Klostermeier, J.: Stephen McGuckin, DHL, Der Pragmatiker, in: CIO-Magazin, Heft 6, 2004a, S. 68-70

Klostermeier, J.: Prozessunterstützung im Allfinanzkonzern. Zweimal IT im Vorstand, in: CIO-Spezial, Heft 1, 2004b, S. 18-19

Klotz, M.; Dorn, D.: Controlling von IV-Beschaffungsverträgen – Bedeutung, Ziele und Aufgaben, in: Praxis der Wirtschaftsinformatik, Heft 241, Februar 2005, S. 97-106

Knermann, C.: Kostenseitig haben Thin Clients die Nase vorn, in: Computer Zeitung, 37. Jg., Heft 44, 2006, S. 22

Knöll, H.-D.; Busse, J.: Aufwandsschätzung von Software-Projekten in der Praxis, Mannheim et al. 1991

Knolmayer, G. F.; Mittermayer, M.-A.: Outsourcing, ASP und Managed Services, in: Wirtschaftsinformatik, 45 Jg. (2003),Heft 6, S. 621-634

Knop, C..: Indischen Programmierern wird die Arbeit nicht ausgehen, in: Frankfurzer Allgemeine Zeitung, Nr. 166, 20.07.2004, S. 18

Knopp, K.: Krankenhaus Dresden lagert Applikationen aus. Nach Neuanschaffung wurde externes Know-how erforderlich, in: Computerwoche, Heft 40, 2003 (30. Jg.), S. 46-47

Köcher, K.: Vertragsmanagement. Der richtige Dreh, in: CIO-Magazin, Heft 5, 2004, S. 54-55

Kolisch, R.; Veghes-Ruff, O. A., Offshore-Software-Projekte, in: WISU, Heft 07, 2005, S. 917-923

Kotler, Ph./Bliemel, F.: Marketing-Management, 10. Aufl. Stuttgart 2001

KPMG: Lizenzmanagement in Deutschen Unternehmen, Ergebnisse einer Umfrage von KPMG, o. O., Juni 2002

Kralicek, P.: Kennzahlen für den Geschäftsführer, 4. Aufl., Wien 2001

Kramer, W.: IT-Projekte wirtschaftlich initiieren und führen am Beispiel einer "strategischen Neuausrichtung der IT-Landschaft eines mittelständischen Unternehmens", Vortrag, Kongress „Strategisches IT-Kostenmanagement, TÜV-Akademie, Düsseldorf, 18.09.2002

Kratz, J.: Vereinheitlichung des IuK-Systems bei der T-Systems International GmbH, in: Controlling, Heft 11, 2003, S. 641-645

Kraus, H.: Controlling als Steuerungsinstrument, in: Controlling-Konzepte, 2. Aufl., Wiesbaden 1987

Kraus, H.: Controlling-Konzept in einem Unternehmen des Maschinenbaus, in: Controlling-Konzepte im internationalen Vergleich, Hrsg.: Mayer, E., Landsberg, v. G., Thiede, W., Freiburg 1986

Kraus, H.: Operatives Controlling, in: Handbuch Controlling, Hrsg: Mayer, E./Weber J., Stuttgart 1990

Krcmar, H.; Buresch, A., Reb, M. (Hrsg.): IV-Controlling auf dem Prüfstand, Wiesbaden 2000

Krcmar, H.; Son, S.: IV-Controlling, in: Wirtschaftsinformatik, 46. Jg. (2004), Heft 3, S. 165-166

Krcmar, H.: Informationsmanagement, 4. Aufl., Berlin, 2005

Krick, R.; Voß, S.: Outsourcing nach Mittel- und Osteuropa – neue Chancen für kleine und mittlere Unternehmen, in: Praxis der Wirtschaftsinformatik, HMD 245, Heft 10/2005, S. 37-47

Kudernatsch, D.: Performance Measurement im IT-Management, in: Praxis der Wirtschaftsinformatik, HMD 227, Heft 10/2002, S. 56-66

Kück, U.: Schnelleinstieg Controlling, Freiburg 2003

Kück, U.: Schnelleinstieg Controlling, 3. Aufl., Freiburg 2009

Küpper, H.-U.: Controlling, 3. Aufl., Stuttgart 2001

Kütz, M. (Hrsg.): Kennzahlen in der IT, Heidelberg 2003

Kütz, M. (Hrsg.): Kennzahlen in der IT, 2. Aufl., Heidelberg 2006

Kütz, M.: Kennzahlen in der IT, Werkzeuge für Controlling und Management, 3. Aufl., Heidelberg 2009

Kütz, M.: IT-Controlling für die Praxis, Heidelberg 2005

Kütz, M.: IT-Steuerung mit Kennzahlensystemen, Heidelberg 2006

Kütz, M.: Grundelemente des IT-Controllings, in: Praxis der Wirtschaftsinformatik, HMD 254, Heft April 2007, S. 6-15.

Laabs, K.: Offshore Outsourcing und Co-Sourcing, in: Gründer, T. (Hrsg.): IT-Outsourcing in der Praxis, Berlin 2004, S. 117-129

Lacity, M.; Willcocks, L.: IT sourcing refelctions, Lessons for customers and suppliers, in: Wirtschaftsinformatik, 45 Jg. (2003), Heft 2, S. 115-125)

Langmaack, T.: IT-Management in Airline Allianzen, Entwicklung und Durchführung einer Strategischen-Portfolio-Simulation, Frankfurt am Main et al., 2005

Leciejewski, K.-D.: Lemminge im deutschen Management. Ausgliederung der IT?, in: FAZ Nr. 267, vom 17.11.2003

Lehner, F.: Organisation und Controlling der Informationsverarbeitung, in: WISU, Heft 1, 2000, S. 95-103

Leichsenring, K.: Flatrate oder Einzelnachweis?, in: Controller Magazin, Heft 06, 2007, S. 610-612

Lienemann, G.: ITIL – Change Management, Hannover, 2006

Liessmann, K.: Controlling im Datenverarbeitungsbereich in einem Dienstleistungsunternehmen, in: Gebera-Schriften, Band 11, Köln, 1981, S. 345-415

Liessmann, K.: Beständig ist nur der Wandel, Gedanken zum Management der 90er Jahre, in: Der Controlling-Berater, Nr. 5, 1988

Liessmann, K.: Kennzahlensysteme in der Controller-Praxis, in: Der Controlling-Berater, Nr. 5, 1988

Liessmann, K.: Bestimmungsfaktoren und Varianten der Controller-Organisation, in: Mayer, E./Weber, J. (Hrsg.), Handbuch Controlling, Stuttgart 1990, S. 511 ff.

Liessmann, K.: Strategisches Controlling, in: Mayer, E.; Freidank, C. (Hrsg.): Controlling Konzepte – Perspektiven der 90er Jahre, Wiesbaden, 3. Aufl., 1993

Liessmann, K.: (Hrsg.): Controlling-Konzepte für den Mittelstand, Freiburg 1993 (Festschrift E. Mayer, 20 Autoren)

Liessmann, K.: (Hrsg.): Gabler Lexikon „Controlling und Kostenrechnung", Wiesbaden 1997

Liessmann, K.: Bestimmungsfaktoren und Varianten der Controller-Organisation, in: Handbuch Controlling, Hrsg. Mayer, E./Weber, J., Stuttgart 1990, S. 511 ff.

Liessmann, K.: Strategisches Controlling, in: Controlling-Konzepte für das 21. Jahrhundert, Hrsg.: Freidank/Mayer, 5. Aufl., Wiesbaden 2001, S.3 – 102

Liessmann, K.: Strategisches Controlling, in: Gablers Wirtschaftslexikon, 14. Aufl., Wiesbaden 1997, S. 3641

Liessmann, K.: Strategisches Controlling, in: Gablers Wirtschaftslexikon, 15. Aufl., Wiesbaden 2000, S. 2952

Liessmann, K.: Strategisches Kostencontrolling – Wettbewerbsvorteile durch effiziente Kostenstruktur, in: Mayer, E.; Freidank, C. (Hrsg.): Controlling Konzepte – Perspektiven der 90er Jahre, Wiesbaden, 3. Aufl., 1993

Linssen, O.: Die Earned Value Analyse als Kennzahlensystem zur Projektüberwachung, in: Pütz, M.; Böth, Th.; Arendt, V. (Hrsg.): Controllingbeiträge im Spannungsfeld offener Problemstrukturen und betriebspolitischer Herausforderungen, Lohmar und Köln, 2008, S. 87-114.

Lippold, H.: Kennzahlensysteme zur Steuerung und Analyse des DV-Einsatzes, HMD – Praxis der Wirtschaftsinformatik, Heft 121, 1985, S. 109-121

Litke, D., Projektmanagement, 3. Aufl, München 1995, S. 106-107

Littmann, H.-E.: Organisation und Wirtschaftlichkeit bei Maschineller Datenverarbeitung, in: HMD, Heft 1, Oktober 1964, Rubrik 1/6/1

Lorson, P.: Prozeßkostenrechnung versus Grenzplankostenrechnung. In: Kostenrechnungspraxis, (o. J.), Heft 1, 1992, S. 7-12

Lubig, Ch.: TCO: Was kostet es, Software zu besitzen?, in: Controller Magazin, Heft 4, 2004, S. 301-304

Männel, W. (Hrsg.): Prozesskostenrechnung, Wiesbaden 1995

Mai, J.: Konzeption einer controllinggerechten Kosten- und Leistungsrechnung für Rechenzentren, Frankfurt et al. 1996, zugl. Diss., Univ. Marburg 1995

Mann, R.; Mayer, E.: Controlling für Einsteiger (Rezeptbuch), 7. Aufl., mit Software, erschienen in 11 Sprachen, Freiburg 2000, ausverkauft, mehr als 100.000 Exemplare mit Lizenzen

Mann, R.; Mayer, E.: Controlling für Einsteiger, Rezeptbuch zum Aufbau eines Gewinnsteuerungssystems im Mittelstand, 8. Aufl., Mannheim 2004

Mann, R.: Praxis strategisches Controlling, 5. Aufl., Landsberg 1989

Masak, D.: IT-Alignment, Berlin und Heidelberg, 2006

Matiaske, W./Mellewigt, T.: Motive, Erfolge und Risiken des Outsourcing, Befunde und Defizite der empirischen Forschung, in: ZfB, 72. Jg. (2002), Heft 6, S. 641-659

Marx Gómez, J.; Junker, H.; Odebrecht, S.: IT-Controlling, Strategien, Werkzeuge, Praxis, Berlin, 2009

Martin, R.; Mauterer, H.; Gemünden, H. G.: Nutzenorientierte Implementierung integrierter Standardsoftware, in: Kerber, K.; Marrè, G.: Zukunft im Projektmanagement, Beiträge zur gemeinsamen Konferenz "Management und Controlling von IT-Projekten" und "interPM", Heidelberg, 2003, S. 153-165

Martin, R.; Mauterer, H.; Gemünden, H.-G.: Systematisierung des Nutzens von ERP-Systemen in der Fertigungsindustrie, in: Wirtschaftsinformatik, 44. Jg., 2002, Heft 2, S. 109-116

Matousek, M.; Schlienger, T., Teufel, S.: Metriken und Konzepte zur Messung der Informationssicherheit, in: Möricke, M. (Hrsg.): IT-Sicherheit, Heidelberg 2004 (HMD Heft 236/2004), S. 33-41.

Mauch, Ch.: Ungenutzte Potenziale in der IT-Leistungsverrechnung, in: HMD 264, Dezember 2008, S. 104-114

Mauterer, H.: Der Nutzen von ERP-Systemen, Eine Analyse am Beispiel von SAP R/3, Wiesbaden 2003

Mayer, E., et Autorenteam AWW KÖLN: Entwicklungen und Erfahrungen aus der Praxis des Controlling (I) als Band 7 (1979) der GEBERA - Schriftenreihe und Band 11 (1982), Hrsg. G. Sieben, Köln 1979 und 1982

Mayer, E., (Hrsg).: Der Controlling-Berater (CB), Loseblatt-Zeitschrift, Rudolf Haufe Verlag 1983, mit Rudolf Mann gemeinsam von 1983 bis 1989, 1990 bis Ende 1994 Allein-Herausgeber

Mayer, E.: Sonderdruck (88 S.) „Controlling als Denk- und Steuerungssystem" der AWW KÖLN (1971), in CB, Freiburg 1984, 1985, 1989, 1990, 1994, 5. Aufl., überarbeitet, 20.000 Exemplare in Russisch, Moskau 1993 und 1994, Sonderausgabe in Deutsch, Englisch und Französisch für Referate in Paris und London, Freiburg 1986, 20.000 Exemplare in chinesisch, Peking 1990

Mayer, E.: Arbeitsgemeinschaft Wirtschaftswissenschaft und Wirtschaftspraxis im Controlling und Rechnungswesen, AWW KÖLN (1971) ,in: Buchreihe „Meilensteine im Management", Bd. III, Management Controlling, Hrsg.: Siegwart/Mahari/Caytas/Sander, Basel 1990

Mayer, E: Controllerdienst und Biokybernetik im Krankenhaus, in: Management und Controlling im Krankenhaus, Hrsg. Mayer/Walter, Stuttgart 1996, S. 267-302

Mayer, E.: Controlling-Führungskonzept, in: Gabler Wirtschaftslexikon, 13. Aufl. 1992, 14. Aufl. Wiesbaden 1997

Mayer, E.: Deckungsbeitragsrechnung für den Controllerdienst im Hotel, in: cm Nr. 2, Gauting/München 1997, S. 96-98

Mayer, E.: Was den Controllerdienst im 21. Jahrhundert erwartet, in: CB Nr. 5, Freiburg 1998

Mayer, E.: Ideen zur Herausforderung für deutsche Unternehmen im 21. Jahrhundert, in: cm Nr. 2, Gauting/München 1998, S. 138-140

Mayer, E.: Botschaft an die Controller aus dem alten Jahrhundert, in: Controller Magazin, 24. Jg., Heft 5 (1999), S. 393-397

Mayer, E.: Herausforderungen für den Controller im 21. Jahrhundert, Offenburg 1999

Mayer, E.: Leitbildcontrolling als Denk- und Steuerungskonzept in der Informations- und Bionik-Wirtschaft, in: Freidank/Mayer, Hrsg. Controlling-Konzepte, 5. Aufl., Wiesbaden 2001, S. 103-144

Mayer, E: Ein Blick in die Zukunft: Von der Informations- zur Bionik-Wirtschaft, in: Telekom-Unterrichtsblätter, Nr. 5/2001, S. 294 ff., 54. Jahrgang

Mayer, E: Controlling-Konzept und Deckungsbeitragsrechnung, in: Telekom-Unterrichtsblätter, Nr. 10/2003, S. 570-583, 56. Jahrgang

Mayer, E.: Gewinnmanagement – ein Nutzen für Studenten und Praktiker, in: Controller & Controlling, Festschrift für Dr. Albrecht Deyhle zum 70. Geburtstag, mit 21 Beiträgen, Offenburg 2004, S. 97-104

Mayer, E./Freidank, C.-C., (Hrsg.): Controlling-Konzepte, 5. Aufl., Wiesbaden 2001, 662 Seiten, Geleitwort von Albrecht Deyhle

Mayer, E./Freidank, C.-C., (Hrsg.): Controlling-Konzepte, 6. Aufl., Wiesbaden 2003, 738 Seiten, Geleitwort von Albrecht Deyhle

Mayer, E.; Gadatsch, A..: Grundkurs IT-Controlling, Wiesbaden 2004

Mayer, E., Liessmann, K. (Hrsg.): F+E-Controllerdienst, Stuttgart 1994

Mayer, E.; Liessmann, K.; Mertens, H.-W.: Kostenrechnung, 7. Aufl., Stuttgart 1997

Mayer, E./Liessmann K.; Freidank, /C.-C. Controlling-Konzepte, Wiesbaden, 4. Aufl. 1999

Mayer, E., Neunkirchen, P.: Deckungsbeitragsrechnung im Handwerk, 4. Aufl. mit Software, Stuttgart 1995

Mayer, E./Thiede, W./v. Landsberg : Controlling-Konzepte im internationalen Vergleich, Tagungsband für das Kölner Kolloquium zum 15-jährigen Bestehen der AWW KÖLN (1971), Freiburg 1987

Mayer, E., Walter B. (Hrsg.): Management und Controlling im Krankenhaus, Stuttgart 1996 mit 15 Autoren, Nachdruck 1997, ausverkauft

Mayer, E./Weber, J. (Hrsg.): Handbuch Controlling, Stuttgart 1990, (1047 S., 53 Autoren)

Mayer, E./Liessmann, K./Freidank, C.-Ch. (Hrsg.): Controlling-Konzepte im 21. Jahrhundert, 4. Aufl., Wiesbaden 1999

Mayer/Walter/Bellingen (Hrsg.): Vom Krankenhaus zum Medizinischen Leistungszentrum (MLZ), Köln und Stuttgart 1997 mit 24 Autoren, Nachdruck 1997, ausverkauft

Mayer, G.: KAIZEN: Erfolgreiche Prozessverbesserung im Industriebetrieb, in: Der Controlling Berater, Heft 1, 1999, Gruppe 13, S. 149-166

McAfee, A.: Keine Angst vor IT-Management, in: Harvard Business Manager, Heft 1, 2007, S. 84-98

Melis, A.: Grüner Energiequell (Wasserstoffgas), in: GEO, o. Jg., 2000, S. 182

Mellis, W.: Projektmanagement der SW-Entwicklung. Eine umfassende und fundierte Einführung, Wiesbaden, 2004

Mertens, P.: Informationstechnik in Deutschland - ein Auslaufmodell?, in: Informatik Spektrum, Band 27, Juni 2004, S. 255-259

Mertens, P.; Große-Wilde, J.; Wilkens, I.: Die (Aus-)Wanderung der Softwareproduktion – Eine Zwischenbilanz, Arbeitsberichte des Instituts für Informatik, Band 38, Nummer 3, Juli 2005, Friedrich-Alexander-Universität Erlangen-Nürnberg

Mertens, P.: Moden und Nachhaltigkeit in der Wirtschaftsinformatik, Arbeitspapier Nr. 1/2006, Universtität Erlangen-Nürnberg, Bereich Wirtschaftsinformatik I

Michels, J. K.: Pricing für SAP-Dienste, Verfahren, Methoden und Arbeitshilfen zur Kostensrechnung und Preisbildung für die SAP-Infrastruktur, Düsseldorf 2003

Michels, J. K.: IT-Betriebsabrechnung, Neuss 2004

Michels, J. K.: IT-Benchmarking, 5. Aufl., Neuss 2008

Michels, J. K.: IT-Benchmarking, 3. Aufl., Sonderdruck, Düsseldorf 2005

Miller, J. G.; Vollmann, T.E.: The Hidden Factory, in: Harvard Business Review, Sept./Okt. 1985, S.142-150

Moll, K.-R.; Broy, M.; Pizka, M.; Seifert, T.; Bergner, K.; Rausch, A.: Erfolgreiches Management von Software-Projekten, in: Informatik Spektrum, Band 27, Heft 5, 18.10.2004, S. 419-432

Müßig, S.: Haben Sicherheitsinvestitionen eine Rendite?, in: HMD 248, Heft 04/2006, S. 35-43

MTU München, Unternehmenskommunikation (Hrsg.): Operation Zukunft, in: Report-Spezial, o. Jg., 2000, o. S.

Müller, A.; Thienen, L. von; Schröder, H.: IT-Controlling: So messen Sie den Beitrag der Informationstechnologie zum Unternehmenserfolg, in: Der Controlling Berater, Heft 01, 2005, S. 99-122

Neukam, H.: IT-Cost & Performance – Praxisbeispiel aus einem Unternehmen der chemischen Industrie, Vortragsunterlagen, IT-Kennzahlensysteme erfolgreich aufbauen, Konferenz der TüV-Akademie, Köln 16.09.2004

Niekut, M.; Friese, P.: Erfahrungen mit dem Serviceorientierten IT-Management & IT-Controlling in der HUK-COBURG, in: Bichler, M.; Hess, Th.; Krcmar, H.; Lechner, U.; Matthes, F.; Picot, A.; Speitkamp, B.; Wolf, P.: Multikonferenz Wirtschaftsinformatik 2008, Berlin 2008, Tagungsband, S. 913-924 (online im Internet, http://www.mkwi2008.de, Abruf am 5.3.2008)

Niemand, S.; Stoi, R.: Niemand, S.; Stoi, R.: Die Verbindung von Prozeßkostenrechnung und Workflow-Management zu einem integrativen Prozeßmanagementsystem. In: Zeitschrift für Organisation, Heft 3, 1996, S. 159-164

Niroumand, K.: Dienstleister senken die Kosten der Desktop-Systeme, in: Computer Zeitung, 33. Jg., Heft 32, 2002, 5.8.2002

Nissen, V.; Müller, I.: Strategische Bewertung von IV-Projekten, in: HMD 256, S. 55-63

Nüttgens, M.; Keller, G.; Scheer, A.-W.: Informationsmodell für ein integriertes Informationscontrolling, in: Handbuch der modernen Datenverarbeitung (HMD) - Theorie und Praxis der Wirtschaftsinformatik, 29(1992)166, S. 114-127

Oehler, K.: IAS / IFRS, Controlling und IT – worauf geachtet warden sollte. In: Controller-Magazin, Heft 3, 2003, S. 209-214

Oehler, K.: Business Process Outsourcing: Betriebswirtschaftlicher Rahmen und Prozessauswahl, in: Controller Magazin, Heft 3, 08.06.2005, S. 365-400

OGC (Autorenteam): ITIL - Planning to Implement Service Management, Norwich 2002a

OGC (Autorenteam): ITIL - Best Practice of Service Delivery, Norwich 2002b

OGC (Autorenteam): ITIL - Best Practice of Service Support, Norwich 2002c

Olbrich, A.: ITIL kompakt und verständlich, Wiesbaden, 4. Aufl. 2008

Ortelbach, B.; Heim, P.: Einsatz des Target Costing bei der DaimlerCrysler GmbH, Wissenschaft und Praxis im Vergleich, in: Controller Magazin, Heft 06, 2005, S. 572-576

o.V.: IT-Kosten bleiben ein Dschungel, in: Informationweek, 02.11.2000

o.V.: Roboter erschaffen sich selbst, in: Welt am Sonntag, 2000a, Nr. 25 vom 18.06.2000, S. 68

o.V.: Für Oetker ist die Rendite nicht das Maß aller Dinge, in: Frankfurter Allgemeine Zeitung, o. Jg., 2000b, Nr. 169 vom 24.07.2000, S. 27

o.V.: Ein supraleitender Transistor, in: Frankfurter Allgemeine Zeitung, o. Jg., 2000, Nr. 131 vom 07.06.2000c, o. S.

o.V.: SAP-Projekt bringt Stromversorger in Not, in: Computerwoche, 28. Jg., Nr. 46, 16.11.2001

o.V.:Gartner: Macs sind TCO-Günstiger als PC, Computerwoche, 29. Jg., 13.06.2002a

o.V.: Drahtlossysteme. Mobilkosten laufen leicht aus dem Ruder, Computer Zeitung, 33. Jg., 17.06.2002, 2002b

o.V.: Asset Management. Tools ordnen IT-Ausgaben ihrem Verursacher zu, in: Computer Zeitung, 33. Jg., Nr. 35, 2002c vom 26.08.2002, S. 14

o.V.: R/3-Auslagerung bringt keine messbaren Kostenvorteile, in: Computer-Zeitung, 33. Jg.., Heft 50, 2002d, S. 14

o.V.: Betreiber richten ihre Abläufe an ITIL aus. Der Controller erobert den Helpdesk, in: Computerwoche, 29. Jg.., Heft 49, 2002e, S. 34

o.V.: Kostenreduktion durch IT-Outsourcing, in: zfo, 72. Jg. (2003a), Heft 6, S. 362-364

o. V. ITIL noch zu wenig genutzt, in: Informationweek, Nr. 26, 18.12.2003b, S. 6

o. V.: Finanzgesetze fordern deutsche IT-Leiter heraus. In: Computer Zeitung, 35 Jg. (2004a), Heft 24, 07.06.2004, S. 9

o. V. 260 SAP-Systeme im Griff, in: Computer Zeitung, 37. Jg., Heft 44, 2006a, S. 16

o. V. CIO-Agenda: Sicherheit fehlt. Priorisierung der wichtigsten Akitivitäten, die die CIOs in den jeweiligen Jahren umsetzen müssen, in: Computer Zeitung, 37. Jg., Heft 46, 2006b, S. 3

Palme, K.: Handlungsanleitung für Moderatoren, in: Handbuch Controlling, Hrsg. Mayer/Weber, Stuttgart 1990, S. 443-476

Paul-Zirvas, J.; Bereszewski, P.: Gründlich verrechnet, in: Informationweek 5/6 2004, 08.04.2004, S. 12-14

Peters, P.; Bloch, M.: Business Process Outsourcing, in: Informatik Spektrum, 25. Jg., Heft 6, 2002, S. 524-526

Petry, F. , Der Weg zu mehr Transparenz für IT-Kosten: Vom TCO zum Benchmarking - ein Praxisbericht ,Kongress der TüV-Akademie „Professioneller Aufbau eines IT-Kennzahlensystems" Düsseldorf, 30.03.2004, Vortragsunterlagen

Poensgen, B.; Bock, B.: Function-Point-Analyse, Ein Praxishandbuch, Heidelberg, 2005

Pohlmann, N.: Wie wirtschaftlich sind IT-Sicherheitsmaßnahmen?, in: HMD 248, Heft 04/2006, S. 26-34

Pomberger, G.; Blaschek, G.: Software-Engineering, München und Wien 1993

Pütter, Ch.: Desktop-Management bereitet CIOs Kopfzerbrechen , in: CIO-Magazin, www.cio.de, Abruf am 02.02.2007

Pütz, M.; Böth, Th.; Arendt, V. (Hrsg.): Controllingbeiträge im Spannungsfeld offener Problemstrukturen und betriebspolitischer Herausforderungen, Lohmar und Köln, 2008

Quack, K.: Die große Outsourcing-Kontroverse, in: Computerwoche, 30. Jg., Heft 7, 2003, S. 12-13

Reichmann, T.: Controlling mit Kennzahlen, 6. Aufl., München 2001

Remenyi, D.; Bannister, F.; Money, A.: The Effective Measurement and Management of ICT Cost & Benefits, 3rd ed., Amsterdam et al., 2007

Riebel, P.: Einzelkosten- und Deckungsbeitragsrechnung, 7. Aufl., Wiesbaden 1994

Rieckhoff, H.-Ch. (Hrsg.): Beschleunigung von Geschäftsprozessen. Wettbewerbsvorteile durch Lernfähigkeit, Stuttgart 1997

Riedl, R.: Begriffliche Grundlagen des Business Process Outsourcing, in: Information Management & Consulting, 18. Jg., Heft 3, 2003, S. 6-10

Riedl, R.; Kobler, M.; Roithmayr, F.: Zur personellen Verankerung der IT-Funktion im Vorstand börsennotierter Unternehmen:

Ergebnisse einer inhaltsanalytischen Betrachtung, in: Wirtschaftsinformatik, Heft 2, 2008, S. 111-128

Rieg, R.; Teichert, L. G.: Prozesskostenmanagement und Electronic Business. In: Controlling, Heft 2, 2000, S. 95-100

Risak, J./Deyhle A. (Hrsg.): Controlling, 2. Aufl., Wiesbaden 1992

Roewenkamp, R.: Von Total-Outsourcing haben wir nie geredet. Joachim Depper, CIO bei E-Plus, in: CIO-Magazin, Heft 01/02, 2006, S. 18-19

Ruiz Ben, E.; Claus, R.: Offshoring in der deutschen IT-Branche, in: Informatik Spektrum, Band 28, Heft 1, 2005, S. 34-39

Rittweger, Ch.: Service-Level-Agreements sind entscheidend für den Erfolg, in: Computer Zeitung, 34. Jg., Nr. 32, 11.08.2003, S. 19

Röwekamp, R.: Servicemanagement bei der Stadt Köln, ITIL Prozesse nach Plan, in: CIO Magazin, Heft 9, 2003, S. 52-55

Roosen, P.: Entwicklung eines IT-Kennzahlensystems für die ThyssenKrupp AG, Diplomarbeit, FH-Bonn-Rhein-Sieg, Fachbereich Wirtschaft Sankt Augustin, Sankt Augustin 2003

Rosemann, M.; Rotthove, Th.: Der Lösungsbeitrag von Prozessmodellen bei der Einführung von SAP R/3 im Finanz- und Rechnungswesen, in: Handbuch der modernen Datenverarbeitung, HMD, Heft 182, 1995, S. 8-25

Saleck, T.: Chefsache IT-Kosten, Wiesbaden 2004

Samtleben, M., Müller, A..; Hess Th.: Unterstützung der Balanced Scorecard durch Informationstechnologie: eine Bestandsaufnahme für den deutschsprachigen Raum, in: ZfCM, 49. Jg., 2005

Santihanser, H.: IT-Controlling statt IT Cost Cutting, in: Informationweek, Nr. 1/2, 2004, S. 16-19

SAPINFO: Offshoring der Zukunft, in: SAPINFO, Ausgabe 125, März 2005, S. 94-97.

Scheeg, J.; Pilgram, U.: Integrierte Kostenbetrachtung für IT-Produkte, in: Praxis der Wirtschaftsinformatik, HMD 232, Heft 8/2003, S. 89-97

Schelp, J.; Schmitz, O.; Schulz, J.; Stutz, M.: Governance des IT-Sourcing bei einem Finanzdienstleister, in: Praxis der Wirtschaftsinformatik, HMD250, August 2006, S. 88-98

Scherf, A.: IT-Controlling, Das Beispiel der Deutschen Telekom, Kongress IT-Controlling, Köln, 11.04.2002, Vortragsunterlagen

Schink, M. A.: Die Informationsgesellschaft, Charakterisierung eines neuen gesellschaftlichen Konzeptes anhand quantitati-

ver Indikatoren und qualitativer Veränderungen, Frankfurt am Main et al. 2004

Schirmer, H.: Krankenhaus-Controlling, 2. Aufl., Rennigen 2003

Schmalenbach, E.: Pretiale Wirtschaftslenkung, 2 Bände, Bremen-Horn 1948

Schmid-Kleemann, M.: Balanced Scorecard im IT-Controlling, Ein Konzept zur Operationalisierung der IT-Strategie bei Banken, Zürich 2004 (zugleich Diss. Der wirtschaftswissenschaftlichen Fakultät der Universität Zürich, 2003)

Schmitt, Matthias ; Bechtolsheim, Matthias von ; Brabandt, Mark ; Little, Arthur D.: IT-Controlling an einem Beispiel aus der Energiewirtschaft, in: IM, Bd. 18 (2003), 2, S. 46-50

Schröder, E.F.: Modernes Unternehmenscontrolling, 8. Aufl., Ludwigshafen 2003

Schröder, J.; Späne, A.; Schröder, G.: Wertorientiertes IT-Controlling. Herr über die Zahlen, in: CIO-Magazin, Sonderheft 01, 2005, S. 34-37

Schröder, J.; Schröder, G.; Späne, A.: Verbesserte Steuerung durch IT-Controlling, in: Dietrich, L.; Schirra, W. (Hrsg.): IT im Unternehmen, Berlin et al. 2004, S. 325-344

Schröder, H.; Kesten, R.; Hartwich, Th.: Produktorientierte IT-Leistungsverrechnung bei der K+S-Gruppe, in: Praxis der Wirtschaftsinformatik, HMD245, Heft April 2007, S. 50-60

Schwarz, R.: Controlling-Systeme, Wiesbaden 2002

Schwarze, L.: Ausrichtung des IT-Projektportfolios an der Unternehmensstrategie, in: Praxis der Wirtschaftsinformatik, HMD250, August 2006, S. 49-58

Schulze, S.; Hundt, I.: Die Balance Scorecard als Instrument zur strategiefokussierten und wertorientierten Steuerung bei einem Energieversorger, in: Controller-Magazin, Heft 3/2003, S. 224-228

Schüle, H.: Effizientes Geschäftsprozessmanagement im DV-Bereich: Outsourcing der Informationsverarbeitung, in: Rieckhoff, H.-Ch. (Hrsg.): Beschleunigung von Geschäftsprozessen. Wettbewerbsvorteile durch Lernfähigkeit. Stuttgart 1997, S. 167-186

Schulte-Zurhausen, M.: Organisation, München, 3. Aufl. 2000

Schumann, M.: Wirtschaftlichkeitsbeurteilung für IV-Systeme, in: Wirtschaftsinformatik, 35 Jg. (1993), Heft 2, S. 167-178

Schwarze, J.: Einführung in die Wirtschaftsinformatik, Herne und Berlin, 5. Aufl. 2000

Schweizerische Vereinigung für Datenverarbeitung (Hrsg.): EDV-Kennzahlen, Bern/Stuttgart 1980

Seicht, G., Moderne Kosten- und Leistungsrechnung,11. Aufl., Wien 2001

Sieben, G.; Potthoff, E.; Tillmann, : Leben und Werk Eugen Schmalenbachs, in: Universitätsarchiv der Universität Köln, WISO-Fakultät, 1998

Siebertz, J.: IT-Kostencontrolling, Düsseldorf 2004

Siegwart, H. u.a.: Meilensteine im Management, Bd. 1-3, Basel und Düsseldorf 1990

Siemens AG (Hrsg.): New World – Siemens-Magazin., o. J., 2000, S. 46-48

Siemers, H.-H.: Was kostet ein Kunde? TCO-Betrachtungen im Umfeld von Customer Relationship Management, in: SAP IN-FO, Ausgabe 115, Heft April 2004, S. 30-33

Sietmann, R. Nordrhein-Westfalen will einen CIO, Online im Internet unter http://www.heise.de/newsticker/meldung/52945, Abruf am 05.11.2004

Simon, A.: Basic Scorecard kann IT-Projekte vor Misserfolgen schützen, in: Controller-Magazin, Heft 06/2004, S. 570-574

Simon, S.: Übernahme von Personal und Einrichtungen, in: Gründer, T. (Hrsg.): IT-Outsourcing in der Praxis, Strategien, Projektmanagement, Wirtschaftlichkeit, Berlin 2004, S. 358-374

Smith, H.; Fingar, P.: IT Doesn't Matter. Business Process Do, A Critical Analysis of Nicholas Carrs's I. T. Article in the Harvard Business Review, Tampa, Florida, USA, 2003 (Meghan-Kiffer Press, http://www.mkpress.com)

Sneed, H. M.: Aufwandsschätzung von Software-Reengineering-Projekten, in: Wirtschaftsinformatik, 45 Jg. (2003), Heft 6, S. 599-610

Sneed, H. M.: Der Function-Point hat ausgedient, in: Fachaus-schuß Management der Anwendungsentwicklung und – wartung (WI-MAW) im FB Wirtschaftsinformatik, 13 Jg. (2007), Heft 2, S. 73-81

Söbbing,T.: IT-Outsourcing, Recht, Strategie, Prozesse, IT, Steuern, samt Business Process Outsourcing, 3. Auflage, Augsburg 2006

Sommerville, I.: Software Engineering, München, 6. Aufl. 2001

Son, S.: IT-Kennzahlen beim IT-Outsourcing, Controlling von Outsourcing-Beziehungen mit Hilfe eines IT-Kennzahlen-systems, Kongress der TüV-Akademie „Professioneller Aufbau eines IT-Kennzahlensystems" Düsseldorf, 30.03.2004, Vortragsunterlagen

Son, S.; Gladyszewski, T.: Return on IT-Controlling 2005, eine empirische Untersuchung zum Einfluss des IT-Controllings auf die unternehmensweite IT Performance, Institut für Wirtschaftsinformatik, Universität Frankfurt 2005

Sowa, A.: IT-Revision in der Bankenpraxis, in: Praxis der Wirtschaftsinformatik, HMD 254, Heft April 2007, S. 82-93

Spitta, Th.: IV-Controlling in mittelständischen Industrieunternehmen – Ergebnisse einer empirischen Studie, in: Wirtschaftsinformatik, 40. Jg., Heft 5, 1998, S. 424-433

Spitta, Th.; Schmidpeter, H.: IT-Controlling in einem Systemhaus. Eine Fallstudie, in: Wirtschaftsinformatik, 44. Jg., 2002, Heft 2, S. 141-150

Spitz, M.; Kammerer, Ch.: Neue Ansätze im IT-Kostenmanagement, Kosteneffiziente IT mit ITIL-orientierten Chargingkonzepten bei der Hugo Boss AG, in: Controller Magazin, Heft 04/2006, S. 331-336

Stadtmann, G.; Wissmann, M.: Sarbanes-Oxley Act - Auswirkungen auf das Risikomanagement und die Risikoberichterstattung deutscher Emittenten in den USA, in: Controller-Magazin, 31. Jg., Heft 6, 2006, S. 559-580

Stannat, A.; Petri, C.: Trends in der Unternehmens-IT. Mittelfristige Entwicklungen in der Informationstechnologie und in IT-Organisationen aus Sicht von Unternehmen und öffentlichen Organisationen, in: Informatik Spektrum, Band 27, Heft 3, Juni 2004, S. 227-237

Stelzer, D.; Bratfisch; W.: Earned-Value-Analyse – Controlling-Instrument für IT-Projekte und IT-Projektportfolios, in: HMD 254, Praxis der Wirtschaftsinformatik, April 2004, S. 61-70

Stelzer, D.; Büttner, M.; Kahnt, M.: Erfahrungen mit der Earned-Value-Analyse: eine explorative empirische Untersuchung im IT-Bereich von Unternehmen in Deutschland, Arbeitbericht Nr. 2007-02, Technische Universität Ilmenau, Institut für Wirtschaftsinformatik, Ilmenau, Juni 2007a

Stelzer, D.; Büttner, M.; Kahnt, M.: Erfahrungen mit der Earned-Value-Analyse in deutschen IT-Projekten, in: ZfCM, 51. Jg., 2007b, Heft 4, S. 251-256

Stemmer, M.: IT Evaluation Management, Technical Due Diligence für die Informationstechnologie, in: VentureCapital Magazin, Sonderausgabe "Software" vom Dezember 2003, S. 58

Stemmer, M.: Bestimmung des Geschäftswerts der IT mit der ITEM-Methodik, Vortragsunterlagen, Konferenz Strategisches IT-Budgeting, Stuttgart, 12.07.2005

Steinke, B.: Total Cost of Ownership in der IT-Praxis: Mythos oder Methode?, in: Gora, W.; Schulz-Wolfgramm (Hrsg.): Informationsmanagement, Handbuch für die Praxis, Berlin et al. 2003, S. 246-276

Strecker S.: "IT-Performance-Management: Zum gegenwärtigen Stand der Diskussion", Controlling, Band 20, Nr. 10, 2008, S. 518-523.

Strecker, S.: Wertorientierung des Informationsmanagements, in: Praxis der Wirtschaftsinformatik, HMD 269, Oktober, 2009, S. 27-33

Stoi, R.: Organisatorische Aspekte des Prozeßkostenmanagements. In: ZfO, 5/1999, S. 278-283

Stührenberg, I.: IT-Controlling aus betriebswirtschaftlicher Sicht, Diplomarbeit, Carl von Ossietzky Universität Oldenburg, Fakultät II, Wirtschafts- und Rechtswissenschaften, Oldenburg 30.04.2004

Sure, M.: Vorbereitung, Planung und Realisierung von Business Process Outsourcing bei kaufmännischen und administrativen Backoffice-Prozessen, in: Wullenkord, A.: Praxishandbuch Outsourcing, Strategisches Potenzial, Aktuelle Entwicklung, Effiziente Umsetzung, München 2005, S. 261-282

Sury, U.: Outsourcing – Gut durchdacht?, in: Informatik Spektrum, Band 26, Heft 1, 2003, S. 45-46

Susen, A.: Handel mit „gebrauchten Softwarelizenen", in: Clement, R.; Gadatsch, A.; Juszczak, J., Krupp, A.; Kütz, M. (Hrsg.): IT-Controlling in Forschung und Praxis, Tagungsband zur vierten Fachtagung IT-Controlling 21+22.02.2007, in: Schriftenreihe des Fachbereiches Wirtschaft Sankt Augustin, Fachhochschule Bonn-Rhein-Sieg, Band 19, Sankt Augustin 2007, S. 67-83

Tepker, K.-H.: IT-Controlling: So erzielen Sie Transparenz in der IT-Leistungsverrechnung, in: Der Controlling-Berater, o. Jg., Heft 6, 16.06.2002, S. 51-74

Tiemeyer, E.: IT-Controlling kompakt, München, 2005a

Tiemeyer, E.: IT-Servicemanagement kompakt, München, 2005b

Treber, U.; Teipel, P.; Schwickert, A. C.: Total Cost of Ownership - Stand und Entwicklungstendenzen 2003, Arbeitspapiere Wirtschaftsinformatik, Heft 1, 2004, Justus-Liebig-Universität Giessen

T-Systems: IT-Outsourcing – Entscheidung zum Erfolg, Tagungsunterlagen, Bonn, 24.04.2002

Ullerich, T.: TCO-Modell für SAP®-Systeme am Beispiel mySAP®CRM mit SAP® Enterprise Portal, Bonn 2004

Ulmer, C. D.: IT-Outsourcing und Datenschutz bei der Erfüllung öffentlicher Aufgaben, in: Computer und Recht, Heft 9, 15.09.03, S. 701-707

UMSICHT (Hrsg.): PC vs. Thin Client, Wirtschaftlichkeitsbetrachtung, Version 1.2008, o.O., 2008, http://cc-asp.fraunhofer.de/docs/PCvsTC-de.pdf, Abruf am 04.12.2009

USU AG (Hrsg.): Unterwegs zum IT-Value Management, Ein IT-Controlling Kompendium, Möglingen 2005

van Grembergen, W./van Bruggen,R.: Measuring and Improving Corporate Information Technologie through the Balanced Scorecard, The Electronic j: Of Information Systemss Evalualtion, 1. Jg., Heft 1, 1998, Artikel 3

Vellmann, K.H.: Organisation des Controlling in einem Konzern, in: Mayer, E./Weber. J. (Hrsg.): Handbuch Controlling, Stuttgart 1990, S. 535-563

Versteegen, G.: (Hrsg.): Risikomanagement in IT-Projekten, Berlin et al. 2003

Vester, F.: Wenn ich als Biologe Controller wäre, in: Der Controlling Berater, Nr. 3, Freiburg 1984

Vester, F.: Leitmotiv vernetztes Denken, 2. Aufl., München 1988

Vester, F.: Neuland des Denkens, 9. Aufl., Stuttgart 1997

Vester, F.: Denken, Lernen, Vergessen, 21. Aufl., München 1998

Victor, F.; Günther, H.: Optimiertes IT-Management mit ITIL, Wiesbaden 2004

Vögele, A.; Borstell, Th.; Engler, G.: Handbuch der Verrechnungspreise, 2. Aufl., München, 2004

Vogel, M.: IT-Leistung am Geschäftsergebnis messen. Sogar den CIO outsourcen, in: CIO Spezial, Heft 01, 2004, S. 28

Vogel, M.: Gegen den Outsourcing-Trend, in: CIO-Magazin, Heft 11/2002

Vogel, M.: Standardisieren mit Druck. Globales Netzwerk bei Heidelberger, in: CIO-Magazin, Heft 1-2/2003, S. 30-31

Vogel, M.: Offshore Outsourcing, Einmal Indien und zurück, in: CIO-Magazin, Heft 02, 2005, S. 12-18

Weber, J./Schäffer, U.: Balanced Scorecard & Controlling, 3. Aufl. Wiesbaden 2000

Weber, J./Tylkowski (Hrsg.) Controlling in öffentlichen Verwaltungen und Unternehmen, Stuttgart 1998

Weber, J.: Einführung in das Controlling, 9. Aufl., Stuttgart 2002, Sammlung Poeschel, Band 133

Weber, J.; Neumann-Giesen, A.; Jung, S.: Steuerung interner Servicebereiche, Ein Praxisleitfaden, Advanced Controlling, Band 53, Weinheim, 2006

Wehrmann, A.; Heinrich, B.; Seifert, F.: Quantitatives IT-Portfoliomanagement, Risiken von IT-Investitionen wertorientiert steuern, in: Wirtschaftsinformatik, 48 Jg. (2006), Heft 4, S. 234-245

Wehrmann, A.; Zimmermann, St.: Integrierte Ex-ante-Rendite-/Risiko-Bewertung von IT-Investitionen, in: Wirtschaftsinformatik, 47. Jg. (2005), Heft 4, S. 247-258

Weiß, D.: Wie kann das Workflow Management die Prozeßkostenrechnung unterstützen? In: Controlling, Heft 11, 1999, S. 543-549

Weiß, D.; Zerbe, S.: Verbindung von Prozeßkostenrechnung und Vorgangssteuerung. In: Controlling, 7. Jg., 1995, Heft 1, S. 42-46

Werkmeister, C.: Fallstudie zum Controlling innovativer Projekte mit dem Earned-Value-Ansatz, in WiSt, Heft 3, März 2008, S. 171-174

Wild, M.; Herges, S.: Total Cost of Ownership (TCO) – Ein Überblick, Arbeitspapier Nr. 1/2000, http://geb.uni-giessen.de /geb/volltexte/2004/1577/pdf/Apap_WI_2000_01.pdf

Winkler, H.: Prüfungsbericht von Kredit- und Finanzdienstleistungsunternehmen, Wiesbaden 2004

Winkler, M.: Mit dem Dual Shore Delivery Model, Sprach- und Kulturbarrieren bei IT-Offshoreprojekten überwinden, in: Clement et al. (2004, S. 127-136)

Winkler, M.: Inkrementelle Softwareentwicklung bei Offshore Projekten, in: Clement et al. (2006)

Wischnewski, E.: Modernes Projektmanagement, Braunschweig und Wiesbaden, 7. Aufl., 2001

Wolf, K., Holm, C.: Total Cost of Ownership: Kennzahl oder Konzept?, in: Information Management & Consulting, Heft 2/1998, S. 19-23

Welge, M.K./Amshoff, B.: Controlling, Wiesbaden 1999

Wienhold, K.: Prozess- und controllingorientiertes Projektmanagement für komplexe Projektfertigung, Frankfurt, 2004

Wirth, R.: IT-Controlling im betrieblichen Finanzwesen, in: Gora, W.; Schulz-Wolfgramm (Hrsg.): Informationsmanagement, Handbuch für die Praxis, Berlin et al. 2003, S. 276-292

Wullenkord, A. (Hrsg.): Praxishandbuch Outsourcing, Strategisches Potenzial, Aktuelle Entwicklung, Effiziente Umsetzung, München, 2005

Zahrnt, C.: Richtiges Vorgehen bei Verträgen über IT-Leistungen. Ein Ratgeber für Auftragnehmer und Auftraggeber, Heidelberg, 2. Aufl. 2005

Zarnekow, R.; Scheeg, J.; Brenner, W.: Untersuchungen der Lebenszykluskosten von IT-Anwendungen, in: Wirtschaftsinformatik, 46 Jg. (2004), Heft 3; S. 181-187

Zarnekow, R.; Brenner, W.; Grohmann, H. H. (Hrsg.): Informationsmanagement. Konzepte und Strategien für die Praxis, Heidelberg, 2005

Zeppelin Silo- und Apparatetechnik GmbH (Hrsg.): Unternehmensleitbild, Friedrichshafen 2002

Zilahi-Szabó, M. G.: Leistungs- und Kostenrechnung für Rechenzentren, Wiesbaden 1988

Zimmermann, G.; Jöhnk, T.: Die Projekt-Scorecard als Erweiterung der Balanced Scorecard-Konzeption. In: Controlling 15 (2003) 2, S. 73-78

Zimmermann, S.: IT-Portfoliomanagement. Ein Konzept zur Bewertung und Gestaltung von IT, in: Informatik Spektrum, Band 31, Heft 5, Oktober 2008, S. 460-468

Zischg, K.; Franceschini, M.: Benchmarking im IT-Controlling, in: Controller Magazin, Heft 04/2006, S. 326-330

8.3   Glossar der IT-Begriffe

Die Informations- und Kommunikationstechnik bringt laufend neue Fachbegriffe hervor. Das vorliegende IT-Glossar richtet sich in erster Linie an nichttechnisch ausgebildete Leser, die eine kurze Erklärung zu häufig vorkommenden Fachbegriffen aus der Informationstechnik suchen. Die Erläuterungen sind daher möglichst einfach gehalten.

Begriff	Definition
1st-Level-Support	Abkürzung für ➜ First-Level-Support
2nd-Level-Support	Abkürzung für ➜ Second-Level-Support
3rd-Level-Support	Abkürzung für ➜ Third-Level-Support
Apple-PC	Personalcomputer der US-amerikanischen Firma Apple. Gelten als Alternative mit geringem Marktanteil zu Rechnern auf der Basis von Intel-Prozessoren und Microsoft-Betriebssystemen (➜ Wintel-PC).
ASAP®	Abkürzung für „AcceleratedSAP®": Werkzeuggestütztes Vorgehensmodell der Firma SAP®, das die Einführung der betriebswirtschaftlichen Standardsoftware SAP® R/3® durch Muster, Vorlagen, Checklisten u. v. m. unterstützt.
ASP	Abkürzung für „Application Service Providing". Vermietung von Software über das Internet einschließlich Einführungsunterstützung und Anwendungsbetreuung.
AWW Köln (1971)	Arbeitsgemeinschaft Wirtschaftswissenschaft und Wirtschaftspraxis im Controlling und Rechnungswesen, gegründet von E. Mayer als Institut der Fachhochschule Köln.
BAPI®	Abkürzung für: „Business Application Programming Interface". Konventionen der Firma SAP AG zur Beschreibung von Schnittstellen.

	Hierdurch wird der Datenaustausch von und zu Produkten der SAP AG, wie z. B. SAP® R/3®, ermöglicht.
Basel II	Verschärfung der Eigenkapitalvorschriften für Kreditinstitute als Folge der durch den Basler Ausschuss für Bankenaufsicht 1999 eröffneten Diskussion. Ziel von Basel II ist die bessere Erfassung der Risiken im Bankengeschäft und adäquatere Eigenkapitalvorsorge der Kreditinstitute.
Batch-Job	Fester Aufgabenumfang im Rahmen der ➔ Batch-Verarbietung, z. B. Übernahme der Provisionen für den Monat Mai, Druck der Rechnung für die 23 Kalenderwoche.
Batch-Verarbeitung	Bedienerlose Durchführung von computergestützten Aufgaben. Meist als Nachtverarbeitung geplante Aufgaben, die eine längere Computerlaufzeit benötigen, z. B. Provisionsabrechnung, Rechnungsdruck, Zahlungslauf für Lieferantenrechnungen, Übernahme von Daten. Das Gegenteil der Batch-Verarbeitung ist die ➔ Online-Verarbeitung, bei der ein Anwender im Dialog mit dem Computer arbeitet, z. B. Auftragserfassung, Anlegen eines neuen Kundenstammsatzes, Änderung einer Gehaltsgruppe.
Benchmarking	Werkzeug des Controlling-Konzeptes, bei dem Unternehmen oder Teilbereiche (z. B. die Informationsverarbeitung) anhand von Kennzahlen mit Wettbewerbern verglichen werden. Vergleiche mit Spitzenunternehmen (Best in Class-Wettbewerber) zeigen die eigene Position und den Handlungsbedarf auf, um in die Spitzengruppe aufzurücken. Größere Unternehmen bzw. Konzerne verwenden das Konzept für ein „internes" Benchmarking, in dem die Leistungen mehrerer Niederlassungen, Rechenzentren, IT-Projektgruppen, Führungspersönlichkeiten u.a. verglichen werden.
Best Practice	Praxiserfahrungen, die durch Wettbewerber, Branchenverbänden, Standardisierungsgre-

	mien, Berater u.a. bereits in konkreten Lösungen realisiert wurden. Best Practices werden in Standardanwendungssoftware in Form von Referenzprozessen hinterlegt.
BI	Abkürzung für: "Business Intelligence". Begriff der durch die Gartner Group Anfang der 1990er Jahre geprägt wurde. Er beschreibt alle technischen Komponenten und Werkzeuge zur unternehmensweiten Analyse von Informationen aus Datenbanken.
Big-Bang	Kurzwort für die stichtagsorientierte Einführung eines neuen Softwaresystems. Bei dieser Vorgehensweise werden am Tag vor der Umstellung die Daten des alten Systems ausgelesen und in das bereits vorbereitete neue System übertragen. Zum Umstellungstag wird das alte System abgeschaltet und das neue System in Betrieb genommen. Der Big-Bang gilt als sehr risikoreich und wird häufig durch risikoärmere, dafür aber meist aufwendigere schrittweise Umstellungsverfahren ersetzt.
Bit	Binary digit. Abkürzung für eine Binärziffer, die den Wert „0" oder „1" annehmen kann. Ein Bit ist die kleinste Informationseinheit, die ein Computer verarbeiten kann.
Bootstrap	Methode zur Bewertung von Softwareentwicklungsprojekten.
BSC	Abkürzung für: "Balanced Scorecard". Kennzahlengestütztes Managementsystem, das über mehrere monetäre und nichtmonetäre Steuerungssichten ein langfristiges und nachhaltiges Gleichgewicht des Unternehmens anstrebt. Es vernetzt in der (erweiterbaren) Grundform die Finanzsicht, die Markt- und Kundensicht, die interne Prozess-Sicht und die Humanressourcen in der Lern- und Innovationssicht.
Business Modelling	Englischer Begriff für Geschäftprozessmodellierung. Hierunter ist die strukturierte Analyse und Restrukturierung von Geschäftsprozessen zu verstehen. In der Praxis werden

	häufig zur Prozessmodellierung grafische Methoden, wie z. B. die Ereignisgesteuerte Prozesskette nach A.-W. Scheer eingesetzt.
Bug	Englischer Begriff (Käfer) der für einen Softwarefehler verwendet wird. In frühen Jahren der Computerära haben sich angeblich Motten in den Relais der Computer verflogen und Störungen verursacht.
Byte	Abkürzung für „binary term", eine aus acht ➜ Bit bestehende Informationseinheit. Ein Byte stellt z. B. einen Buchstaben oder Ziffer dar.
B2B	Abkürzung für: „Business to Business". Form des Electronic Business, der die Geschäftsprozesse zwischen Unternehmen betrifft (z. B. elektronischer Markt).
B2C	Abkürzung für: „Business to Consumer". Form des Electronic Business, der die Geschäftsprozesse zwischen Unternehmen und Privatkunden betrifft (z. B. Internet-Shop).
B2E	Abkürzung für: „Business to Employee". Form des Electronic Business, der sich zwischen dem Unternehmen und seinen Mitarbeitern abspielt (z. B. Job-Börse)
Call-Time	Zeitdauer eines Anrufes in einem IT-Call-Center bzw. Help-Desk, die zwischen Annahme und Dokumentation des Vorfalls vergeht.
CIO	Chief Information Officer, Leiter des Bereiches Informationsmanagement.
Client/Server	Dreistufiges Architekturkonzept Computer. Unterschieden wird in die Ebenen der Daten, Anwendungen (Programme) und Client (Endgeräte).
Cost Center	Englischer Begriff für Kostenstelle. Der Leiter eines Cost Centers hat nur Kosten-, aber keine Ergebnisverantwortung.
CRM	Abkürzung für: "Customer-Relationship-Management": Computergestützte ganzheitliche Unterstützung von Kundenorientierten Geschäftsprozessen.

DB	Abkürzung für „Datenbank". Softwaresystem, welches keine Anwendungsfunktionen ausführt, sondern für die Verwaltung (Anlegen, Ändern, Löschen, Suchen und Anzeigen) ausgewählter Daten verantwortlich ist. In der Regel werden Datenbanken für bestimmte Ausschnitte des Unternehmens gebildet: Kunden-DB, Artikel-DB. Mehrere Datenbanken werden durch eine ➜ „DBMS" verwaltet.
DBMS	Abkürzung für: "Datenbank Management System". Software zur anwendungsunabhängigen Verwaltung von Datenbanken (➜ „DB").
Desaster Recovery Konzept	Organisatorische und technische Datenwiederherstellungsmaßnahmen im Rechenzentrum
Druckserver	Spezieller Rechner mit einem oder mehreren angeschlossenen Druckern höherer Leistung, auf den Personalcomputer mit Hilfe eines Netzwerkes zugreifen können. Der Druckserver puffert zunächst die zu druckenden Datenbestände und leitet sie dann bei freien Kapazitäten an die angeschlossenen Drucker weiter.
EDI	„Electronic Data Interchange": Traditionelle und langjährig bewährte Form der elektronischen Geschäftsabwicklung (z. B. in der Automobilzulieferindustrie), die durch die Nutzung des Internet verdrängt wird und zunehmend stark an Bedeutung verlieren kann.
EFQM	European Foundation for Quality Management. Eine von mehreren Unternehmen gegründete Organisation zur Verbesserung der Qualität eines Untenehmens bzw. Unternehmensteiles. Das EFQM-Modell beschreibt die Qualitätsstufe in neun Kriterien mit 33 Unterkriterien.
Electronic-Commerce	Elektronischer Verkauf von Waren und Dienstleistungen über das Internet. Wird auch als E-Commerce bezeichnet.
E-Business	Weiterentwicklung des E-Commerce zu vollständig elektronisch unterstützten Geschäfts-

	prozessen, von der Anbahnung, der Vereinbarung und Abwicklung des Prozesses.
E-Government	Pendant des E-Business im öffentlichen Bereich. Der Begriff umfasst die elektronischen Beziehungen der staatlichen Einrichtungen untereinander, zu seinen Bürgern als Einzelpersonen und Gruppen sowie zu Unternehmen.
E-Procurement	Durchgängige elektronische Beschaffung von Gütern vom Arbeitsplatz mit Hilfe spezieller Softwaresysteme, welche die Bestellungen direkt in die operativen Systeme des Lieferanten übergeben. Die Produktauswahl des Bestellers erfolgt über elektronische Produktkataloge, in denen die vom Einkauf freigegebenen und mit Rahmenverträgen hinterlegten Produkte verzeichnet sind.
ERP	Abkürzung für: "Enterprise Ressource Planning". Betriebswirtschaftliche Standardsoftware, welche die wesentlichen Grundfunktionen eines Unternehmens in einer integrierten Softwarearchitektur mit einer gemeinsamen Datenbasis vereint. Unterstützt werden insbesondere die Funktionen Vertrieb, Produktion, Logistik, Rechnungswesen und Controlling sowie Personal.
Fileserver	Spezieller Rechner mit großer Festplattenkapazität, auf dem Personalcomputer mit Hilfe eines Netzwerkes zugreifen können. Anwender können dort Ihre Datenbestände ablegen oder den Fileserver zur Sicherung ihrer lokal auf dem Personalcomputer abgelegten Daten verwenden.
First Level Support	Unmittelbare Unterstützung von Endanwendern bei allen Fragen des IT-Einatzes, insb. bei Störungen und Problemen. Aufgaben, die der First Level Support (➜ 1st Level Support) nicht lösen kann, delegiert er an den ➜ Second Level Support (➜ 2nd Level Support).
Futzing	Nutzung der IT-Infrastruktur des Unterneh-

	mens für private Zwecke (z.B. „Surfen" im Internet, Computerspiele, Datenspeicherung).
Gigabyte	Abgekürzt: „GB". Ein GB ist die Informationsmenge von 1024 → Megabyte, also etwa eine Milliarde Zeichen.
Host	Großrechner bzw. Server, an denen Clients, also dezentralen Arbeitsstationen angeschlossen sind. Auf dem Host werden zentrale Daten und Programme vorgehalten, die den Clients für die Nutzung zur Verfügung stehen.
HTML	Abkürzung für „Hypertext Markup Language". HTML ist eine Sprache zur Programmierung und Beschreibung von Internet-Seiten, die mittlerweile technisch überholt ist und zukünftig möglicherweise durch die Sprache XML erweitert wird.
HW	Abkürzung für „Hardware" (Computer, Tastatatur, Bildschirm, Maus, Brenner u.a.)
Intangible Assets	Immaterielle Vermögensgegenstände eines Unternehmens, die in der Regel nicht in der Bilanz ausgewiesen sind. Im IT-Umfeld kann z. B. das IT-Know-how der eigenen Mitarbeiter, die Beherrschung der Prozessunterstützung durch selbst entwickelte Softwaresysteme gezählt werden.
Intranet	Unternehmensinternes Netz für Mitarbeiter, das nach den gleichen technischen Prinzipien aufgebaut ist, wie das Internet. Dies ermöglicht die Nutzung von so genannten Browsern, um auf Informationen zuzugreifen. Allerdings haben nur Mitarbeiter Zugang zu den Informationen.
IP-basiertes Telefonnetzes	IP = Internet Protocol. Ein IP-basiertes Telefonnetz ermöglicht den Betrieb von Telefondienstleistungen (Telefon, Fax, Anrufbeantworter) über ein digitales Computernetzwerk. Der Übergang zwischen Telephonie und Computereinsatz ist fließend.
IS	Abkürzung für „Informationssystem", z. B.

	Buchhaltungssystem, Lohn- und Gehaltsabrechnung, Fakturierungssystem.
IT	Abkürzung für Informationstechnik.
IT-Asset-management	Mengen- und ggf. auch wertmäßige Bestandsführung aller IT-Komponenten (Hardware, Hardwareteilkomponenten wie Speichererweiterungen, Software und Services wie z. B. Benutzerkennungen) aus nutzerorientierter Sicht. Ziel ist die möglichst vollständige Inventarisierung aller IT-Leistungen zur Abrechnung und Informationsbereitstellung.
IT-Governance	Zusammenfassung von Grundsätzen, Verfahren, Vorschriften und Maßnahmen zur Ausrichtung der Informationstechnik auf die Geschäftstätigkeit eines Unternehmens. Weitere Ziele sind der wirtschaftliche Einsatz der Informationstechnik zur Verbesserung der Wettbewerbsfähigkeit eines Unternehmens und die Minderung bzw. Vermeidung von Risiken, die durch den IT-Einsatz ausgehen. Das Referenzmodell CobiT des IT-Governance Instituts (http://www.itgi.org) stellt eine Grundlage für die Einführung von IT-Governance in Unternehmen dar.
ITIL	Abkürzung für: "Information Technologie Infrastructure Library". Toolgestütze Methode für das IT-Service-Management. ITIL wurde Ende der 1980er Jahre für die britische Regierung entwickelt und hat sich international als Quasi-Standard im Bereich IT-Service-Management etabliert. Kein generisches Modell, muss für jedes Unternehmen angepasst und umgesetzt werden.
IT-KLR	Abkürzung für: "IT-Kosten- und Leistungsrechnung". Eine IT-KLR ermöglicht die Planung, Steuerung und Kontrolle von IT-Kosten. Sie ist Teil des operativen IT-Controlling-Werkzeugkastens.
IV	Abkürzung für: "Informationsverarbeitung".
Kennzahlen	Messgrößen, die aus dem betrieblichen Rech-

	nungswesen, insb. der Kostenrechnung sowie weiteren Datenquellen gebildet und als Werkzeuge des Controlling-Konzeptes dienen. IT-Kennzahlen betrachten den Bezugsbereich der Informationsverarbeitung.
KontraG	Gesetz zur Kontrolle und Transparenz im Unternehmensbereich. Seit 01.05.1998 für Kapitalgesellschaften sowie börsen bzw. amtlich notierte Aktiengesellschaften relevant.
LAN	Abkürzung für: "Local Area Netzwork". Computernetzwerk an einem Standort oder Gebäude eines Unternehmens.
Legacy-Anwendungen	Software, die vor vielen Jahren (oft sogar Jahrzehnte) selbst entwickelt oder gekauft wurde und meist unternehmenskritische Funktionen unterstützt. Legacy-Software ist sehr oft teuer im Unterhalt, da die Wartungsarbeiten unverhältnismäßig aufwendig sind. Gründe hierfür sind fehlende Dokumentationen, Mangel an Spezialisten für die meist veralteten Programmiersprachen und Softwarekonzepte. Eine Ablösung hat ebenfalls hohe Kosten zur Folge, da vielfach komplexe Systeme in den Kernprozessen der Unternehmen abzulösen sind. Führungskräfte schrecken oft wegen der unkalkulierbaren Risiken einer Migration vor der Ablösung von Legacy-Software zurück, bis schließlich esterne Zwänge einen Wechsel erfordern (z. B. EURO-Umstellung, Jahr2000-Wechsel, Konkurs des Softwareherstellers oder Werkzeuglieferanten).
Mainframe	Alternativer Begriff für „host".
Maintenance	Englischer Begriff für Wartungs- und Pflegekosten in der IT. Sie fallen an für die Beseitigung von Fehlern (Fixed Maintenance) und Verbesserungen / Erweiterungen (Variable Maintenance).
MIPS	Millions Instructions Per Second. Maßzahl für die Geschwindigkeit eines Computers. Der MIPS-Wert gibt nur einen Anhaltswert, da die

	Gesamtleistung eines Computers auch wesentlich durch seine Komponenten beeinflusst wird (Betriebssystem, Speichereinheiten u.a.). Der Rechner „IBM System 2064 (zSeries) der Firma IBM hat z. B. je nach Ausbaustufe eine Leistung von etwa 300-3200 MIPS.
Megabyte	Abgekürzt: „MB". Ein MB ist die Informationsmenge von 2^{20} (=1048576) Bytes, meist unscharf mit einer Million Bytes umschrieben. Eine Diskette umfasst ein Speichervolumen von etwa 1,44 MB.
Mobile Commerce	Variante des Electronic Business, bei der Geschäftsprozesse über mobile Endgeräte abgewickelt werden.
Online-Verarbeitung	Interaktiver Dialog eines Anwenders mit dem Computer. Dient meist der Erfassung von Stammdaten oder Abruf von aktuellen Informationen und Berichten. Das Gegenteil der Online-Verarbeitung ist die ➜ Batch-Verarbeitung für länger laufende bedienerlose Aufgaben.
PC	Abkürzung für: "Personal Computer". Oberbegriff für endbenutzerorientierte Computer, die stationär (Desktop Computer) oder mobil (Notebook bzw. Laptop) zum Einsatz kommen.
PDA	Abkürzung für: "Personal Digital Assistant": Persönlicher Assistent in Form eines Miniaturcomputers mit eingeschränkter Funktionalität. Ermöglicht werden grundlegende Funktionen wie Kalender, Adressbuch, Notizbuch, Aufgabenliste, eingeschränkter Internet-Zugang und E-Mail und zum Teil Textverarbeitung, Tabellenkalkulation und Grafik.
PDF	Abkürzung für: "Portable Document Format". Format zur Speicherung von elektronischen Dokumenten der Firma Adobe, das durch den weit verbreiteten „Adobe Acrobat Reader" gelesen und je nach Sicherheitseinstellungen im Dokument gedruckt werden kann. PDF-

	Dokumente können nicht mehr verändert und leicht weitergegeben werden.
Portal	Über das Internet oder Intranet erreichbare Software, von der aus unterschiedliche Computerleistungen abgerufen werden können.
Repository	Entwicklungsdatenbank bzw. elekronisches Verzeichnis mit Beschreibungen über Objekte eines Informationssystems oder die Informationssysteme eines ganzen Unternehmens. Beschreibungsinhalte sind z. B. Funktion, Auftraggeber, Einführungszeitpunkt, Deaktivierungszeitpunkt, Datenquellen und –senken, Feldnamen, Feldbeschreibungen.
Roll Out	Neue Softwaresysteme werden zunächst entwickelt und getestet. Anschließend folgt der so genannte Roll Out, d. h. die produktive Inbetriebnahme der Software im gesamten Unternehmen. Der Roll Out kann zu einem Zeitpunkt (alle Niederlassungen oder Standorte gleichzeitig) oder in Schritten (z. B. zunächst kleine Niederlassungen, dann größere oder nach Standorten, Produkten u.a.) durchgeführt werden.
RZ	Abkürzung für: "Rechenzentrum". Organisatorische Einheit innerhalb der Informationsverarbeitung, in der die zentrale Hardware des Unternehmens sowie die NetzwerkAdministration betreut werden.
SAP®	Europas größtes Softwarehaus und weltweiter Marktführer für betriebswirtschaftliche Standardsoftware. Unternehmenssitz ist Walldorf, Deutschland.
SAP® AFS®	Apparel and Footware. Branchensoftware der Firma SAP AG für die Bekleidungsindustrie.
SAP® APO®	Advanced Planner and Optimizer. Standardsoftware der Firma SAP AG für die Optimierung zwischenbetrieblicher Geschäftsprozesse
SAP® R/2®	Marktführende betriebswirtschaftliche Standardsoftware für Großrechner der 80er Jahre.

	Das Produkt wird derzeit noch von vielen großen deutschen Industrieunternehmen eingesetzt, jedoch sukzessive durch das Nachfolgeprodukt SAP R/3 oder andere Standardsoftware ausgetauscht, da die Wartung im Jahr 2004 endet.
SAP® R/3®	Derzeit weltweit marktführende betriebswirtschaftliche Standardsoftware für Client/Server-Rechner unterschiedlicher Größenklassen.
Second Level Support	Bearbeitung von. Aufgaben, die der First Level Support (➔ 1st Level Support) nicht lösen kann. Hierunter fallen insbesondere Applikationsspezifische Aufgaben (Installationsarbeiten, Fehler- und Problembeseitigung, Endanwenderberatung). Aufgaben, die nicht bearbeitet werden können, werden an den Hersteller weitergegeben, dem ➔ Third Level Support (➔ 3rd Level Support).
Shelfware	Software, die ungenutzt im Schrank oder Regal eines Unternehmens verstaubt. Beispiele finden sich in vielen Fällen, wenn Software dezentral beschafft wird und kein zentrales Lizenzmanagement vorhanden ist.
SCM	Supply Chain Management: Schlagwort für die computergestützte Abwicklung von Geschäftsprozessen zwischen Lieferant und Kunden. Im Vordergrund steht der automatisierte überbetriebliche Logistikprozess.
SFA	Sales Force Automation: Computerunterstützung der Vertriebsmitarbeiter (z. B. Laptopgestützter Außendienst im Geschäftskundenvertrieb). Kann als Teil des Customer-Relationship-Managements aufgefasst werden.
Single-Sign-On	Zentraler Anmeldedienst für das Login an mehrere IT-Anwendungen (Personal-Computer, Intranet, E-Mail, Großrechner, SAP-Systeme, u.a.) Die Benutzerdaten werden von Single-Sign-On-System an das jeweilige „Zielsystem" durchgereicht. Vorteil: Der Benutzer muß sich nur einen Benutzernamen und ein

	einziges Kennwort „merken".
Spam	Unerwünschte E-Mails oder Short-Message-Services (SMS) auf ein Mobiltelefon.
SW	Abkürzung für „Software".
Tangible Assets	Materielle und in der Regel in der Bilanz ausgewiesene Vermögensgegenstände eines Unternehmens.
Terabyte	Abgekürzt: „TB". Ein TB ist die Informationsmenge von etwa einer Billion Zeichen. Diese Maßeinheit wird für die Speicherkapazität größerer Computer oder Rechenzentren verwendet.
Thin-Client	Kostengünstige Personalcomputer ohne Festplatte, Disketten- und CD-Laufwerk usw., die über einen Netzanschluss betrieben werden.
Third Level Support	Bearbeitung von. Aufgaben, die der Second Level Support (➔ 2nd Level Support) nicht lösen kann, z. B. Fehlerkorrekturen, Beratung von IT-Personal des 2nd Level Support-Personal, Weiterentwicklung und Wartung der Software. Diese Aufgabe wird vom Hersteller der Software wahrgenommen (➔ 3rd Level Support).
UHD	User Help Desk. Zentrale Annahme und Problemverfolgungsstelle für IT-Probleme der Anwender.
Unix	Betriebssystem, das auf Computern unterschiedlicher Herstellern eingesetzt werden kann. Der Einsatz von Unix-Systemen hat in den 90er Jahren dem System SAP® R/3® u.a. zum Durchbruch verholfen, da Unix-Systeme u.a. skalierbar sind, d. h. sich dem Größenwachstum von Unternehmen anpassen und sehr wirtschaftlich eingesetzt werden können.
WAN	Abkürzung für: "Wide Area Netzwork", unternehmensstandortübergreifendes Computernetzwerk.
WAP	Wireless Application Protocol: Technologie zur drahtlosen Übertragung von Internet-Inhalten

	über Mobilfunknetze auf unterschiedliche Endgeräte wie Mobiltelefone (Handys), Organizer oder Pager.
WFMS	Workflow-Management-System: Anwendungsneutrale Standardsoftware zur Modellierung, Simulation, Ausführung und Analyse von Geschäftsprozessen unter Einbindung unterschiedlicher Hardware- und Softwarearchitekturen. Bietet dem Controller vielfältige Möglichkeiten zur Analyse der Effizienz von Geschäftsprozessen.
Wintel-PC	**Wintel** ist ein Kunstwort, bestehend aus den Anfangs- bzw. Endbuchstaben von **Win**dows (grafisches marktführendes Betriebssystem der US-amerikanischen Firma Microsoft für Personalcomputer = PC) und In**tel** (US-amerikanischer Chipproduzent mit marktbeherrschender Stellung für Computerchips). Der Begriff bezeichnet Personalcomputer, die mit Chips der Firma Intel und dem Betriebssystem der Firma Microsoft betrieben werden. In dieser Kombination beherrschen beide Hersteller derzeit den Weltmarkt für Personalcomputer. Als Alternativplattform gelten Rechner der Firma Apple mit einem Betriebssystem der gleichnamigen Firma (➜Apple-PC).
WLAN	Abkürzung für „Wireless Local Area Network". Hierunter sind drahtlose Computer-Netzwerke zu verstehen, die firmenintern oder lokal begrenzt (z. B. an Flughäfen, in Hotels oder Cafes) betrieben werden.
XML	Engl. Abkürzung für extended Markup Language, eine vom World Wide Web-Consortium standardisierte Erweiterung der klassischen Internet-Seitenbeschreibungssprache HTML. XML hat sich als Standard etabliert, um Informationen im Internet auszutauschen.

8.4   Abkürzungsverzeichnis

ABC	Activity Based Costing
Abw.	Abweichung
A_b	Beschäftigungsabweichung
A_g	Gesamtabweichung
A_v	Verbrauchsabweichung
AWW Köln 1971	Arbeitsgemeinschaft Wirtschaftswissenschaft und Wirtschaftspraxis im Controlling & Rechnungswesen (1971) der FH Köln
Ah	Arbeitsstunde
AktG	Aktiengesetz
AllgKStB	Allgemeiner Kostenstellenbereich
BAB	Betriebsabrechnungsbogen
BFuP	Zeitschrift Betriebswirtschaftliche Forschung und Praxis
BG	Beschäftigungsgrad
BPK	Basisplankosten
BPB	Basisplanbeschäftigung
BSC	Balanced Scorecard
BVÄ	Bestandsveränderung
CB	Loseblattzeitschrift »Der Controllingberater«, erscheint seit 1983 (Haufe Verlag)
DB	Deckungsbeitrag oder Datenbank.
DLh	direkte Lohnstunde
EUR	Euro (Währung)
e	Stückerlös
E	Gesamterlös
EStG	Einkommensteuergesetz

EStR	Einkommensteuerrichtlinien
Fh	Fertigungsstunde
FE	Fertigerzeugnis
FHiKStB	Fertigungshilfskostenstellenbereich
h	Stunde
IP	Internet Protocol.
IT-BSC	IT-Balanced Scorecard
ITIL	IT Infrastructure Library
IV	Informationsverarbeitung
kalk.	kalkulatorisch
KAR	Kostenartenrechnung
KMU	Kleinere und mittlere Unternehmen
KStR	Kostenstellenrechnung
KTrR	Kostenträgerrechnung
KTrStR	Kostenträgerstückrechnung
KTrZR	Kostenträgerzeitrechnung
KRG	Kostenrechnungsgrundsätze von 1939
KRR	Kostenrechnungsrichtlinien von 1942
kWh	Kilowattstunde
K_{gi}	Gesamtkosten-Ist
K_{gp}	Gesamtkosten-Plan
K_{gs}	Gesamtkosten-Soll
K_{pv}	Verrechnete Plankosten
K_{vp}	Proportionale (variable) Plankosten
K_f	Gesamtfixkosten
K_g	Gesamtkosten
K_l	Leerkosten
K_n	Nutzkosten

K_v	Gesamtvariable Kosten
k_f	Stückfixkosten
k_g	Stückkosten/Durchschnittskosten
k_v	Stückvariable Kosten
KRP	Kostenrechnungspraxis, Zeitschrift für Kostenrechnung und Controlling, ab 2003 Zeitschrift für Management und Controlling
LE	Leistungseinheit (Kostenträger, Kalkulationsobjekt)
LSÖ/1938	Leitsätze für die Preisermittlung aufgrund von Selbstkosten
LSP/1953	Leitsätze für die Preisermittlung aufgrund von Selbstkosten
MA	Mitarbeiter / Mitarbeiterin
Mh	Maschinenstunde
MIPS	Million Instructions Per Second
MKStB	Materialkostenstellenbereich
MM	Maschinenminute
NE-Metall	Nichteisenmetall
p.a.	per anno, per Jahr
p.d.	per dies, per Tag
PZKR	Prozesskostenrechnung
RKW	Rationalisierungs-Kuratorium der deutschen Wirtschaft e.V.
RZ	Rechenzentrum
SK	Selbstkosten
TEUR	Tausend EURO
TK	Telekommunikation
UFE	Unfertigerzeugnis
V	Variator (Kostenveränderungsfaktor)

VA	Verein Deutscher Maschinenbau-Anstalten e.V.
VE	Verrechnungseinheit
VPÖA	Verordnung PR 30/53 über die Preise bei öffentlichen Aufträgen
VtKStB	Vertriebskostenstellenbereich
VwKStB	Verwaltungskostenstellenbereich
W	Gewinnrate
WLAN	Wireless Local Area Network
ZfB	Zeitschrift für Betriebswirtschaft
§§	Paragraph
Σ	Summenzeichen

8.7 Sachwortverzeichnis

Curriculum Vitae

Prof. Dr. rer. pol. Elmar Mayer

Professor em. für BWL, insb. Controlling, Management und Rechnungswesen (Accounting)

University of Applied Sciences (FH Köln), Fakultät für Wirtschaftswissenschaften

Gründer der AWW KÖLN (1971),

Entwickler des 1. Lehrstuhls für Controlling, Management und Rechnungswesen in Deutschland (1971-1994) an der FH Köln

(Jahrgang 1923), Abitur, dreieinhalb Jahre Kriegsdienst, dreimal verwundet, als Leutnant viereinhalb Jahre in russischer Kriegsgefangenschaft. November 1949 im Spätheimkehrerlazarett für Malaria – Tropica - Kranke in Gütersloh/Westfalen. Lehrabschluss als Industriekaufmann 1951, anschließend dreieinhalb Jahre Tätigkeit in der Finanzbuchhaltung und Kostenrechnung.

Studium der Wirtschaftswissenschaften an der Universität zu Köln, Diplomexamen als Diplom-Handelslehrer im Jahre 1959, Berufsbildender Schuldienst, 1964 Lehramt an der HWF Köln, 1968 Promotion zum Dr. rer.pol. an der Universität zu Köln (Prof. Dr. Gerhard Weisser). 1971 Umwandlung der Höheren Wirtschaftsfachschule (HWF) in den Fachbereich Wirtschaft der FH Köln.

1974 Ernennung zum Professor im Fachbereich Wirtschaft der FH Köln mit dem Lehrauftrag „Betriebswirtschaftslehre, insbesondere Controlling und Rechnungswesen". Anwendungsbezogene Lehre und Forschung auf dem Gebiet der Deckungsbeitragsrechnung mit operativen Controllingwerkzeugen im Leitbild-Controlling-konzept, Entwicklung operativer und strategischer Regelkreise mit entsprechender Terminologie.

Gründer der „Arbeitsgemeinschaft Wirtschaftswissenschaft und Wirtschaftspraxis im Controlling und Rech-

nungswesen" (AWW KÖLN 1971), als Institut der FH Köln, Ende WS 1988/89 emeritiert.

Durch zahlreiche Publikationen > 106, davon 21 Bücher (Nr. 21 im Jahre 2010). Vorträge und Seminare im EG-Raum (AIX-EN-PROVENCE 1984, PARIS, LONDON; SCHWEIZ, AUSTRIA).Im Monat März 1986 – Organisation und Moderation (gemeinsam durch AWW Köln (1971), DLH AG Köln, IW Köln) des Kolloquiums „Controlling-Konzepte im internationalen Vergleich" im Hause der Deutschen Industrie, dreisprachig simultan, 198 Teilnehmer.

Aktive Mitarbeit an der Entwicklung eines Leitbild-Controllingkonzeptes für den deutschsprachigen Raum in Westeuropa, insbesondere für mittelständische Unternehmen, ab dem Jahre 1990 auch für den osteuropäischen und asiatischen Raum.

Gründer und Herausgeber (1982-1994) der ***Loseblatt-Zeitschrift „Der Controllingberater" (CB)***, in Freiburg, 2008 im 26. Jg. (Mann/Mayer 1983:) ***„Controlling für Einsteiger"***, 8.Aufl. 2004, insgesamt ***mehr als 100.000 verkaufte Exemplare mit Lizenzen in elf Sprachen***. 1.-7. Auflage in Freiburg, ab 8. Auflage 2004 in Mannheim, (ISBN 3-929 839–18-0), Mayer, E. (Hrsg.): ***Controlling-Konzepte***, Wiesbaden 1983, 6. Aufl. Mayer/Freidank (Hrsg.), Wiesbaden 2003, Mitherausgeber (Mayer, E./Weber J.) ***„Controlling-Handbuch"***, Stuttgart 1990, (1074 Seiten, 53 AWW-Autoren, ausverkauft), Mitautor (Mayer, E./Neunkirchen, P.) ***„Deckungsbeitragsrechnung im Handwerk als dv-gestütztes Controlling-Werkzeug"***, 4. Auflage Stuttgart 1995, mit CD-ROM, Mitherausgeber (Mayer/Walter) ***„Management und Controlling im Krankenhaus"*** (Köln,1996), Nachdruck 1997, Festvortrag „Leitbildcontrolling als Denk- und Steuerungskonzept im Krankenhaus-Controllerdienst" am 03./04. April 2003 in Berlin, 10. Deutscher Krankenhaus-Controller-Tag, > 400 Teilnehmer (Medizinal-Controller und Verwaltungsdirektoren), (Mayer/Walter/Bellingen) ***„Vom Krankenhaus zum Medizinischen Leistungszentrum (MLZ)"***, Köln 1996, Nachdruck 1997. Das Buch **„Kostenrechnung"** (Mayer/Liessmann/Mertens), Stuttgart 1997 in der 7. Auflage erschienen, bietet das Basiswissen für Praktiker, Ingenieure und Wirtschaftswissenschaftler im Controllerdienst an, ausverkauft.

Mitautor (Gadatsch/Mayer) *„Grundkurs IT-Controlling", Wiesbaden 2004, 2. verbesserte, erweiterte Auflage, als "Masterkurs IT-Controlling 2005, 3. Aufl. verbessert und erweitert, Wiesbaden 2006, 4. Aufl. verbessert und erweitert, Wiesbaden 2010, 636 Seiten.*

- Inhaber der Ehrenmedaille der IHK Paris (1987)
- Träger des Bundesverdienstkreuzes am Bande der Bundesrepublik Deutschland (1988)
- Inhaber der Verdienstmedaille der FH Köln (1989)
- Inhaber der Eugen Schmalenbach Ehrenmedaille (1998)
- Inhaber der Ehrenmedaille der FH Köln in Gold (2000).

Arbeitsgemeinschaft
Wirtschaftswissenschaft und Wirtschaftspraxis
im Controlling und Rechnungswesen
der Fachhochschule Köln im Fachbereich Wirtschaft

AWW KÖLN 1971

Gründer
und Ehrenvorsitzender:
Prof. Dr. Elmar Mayer
Ruf (02204) 53 58 90

Leiter:
Prof. Dr. Klaus Hagen
und
Prof. Dr. Konrad Liessmann
Claudiusstraße 1 · 50678 Köln
Ruf (0221) 8275-3437/3438

Die Erfahrungen der anderen sind kostbar,
die eigenen Erfahrungen sind kostspielig!

25 JAHRE AWW KÖLN (1971)

FACHHOCHSCHULE
ERFAHRUNGSAUSTAUSCH
WIRTSCHAFTSPRAXIS

HEUTE SCHON TUN,
WORAN ANDERE ERST MORGEN DENKEN!

ORGANISATION DER ARBEITSGEMEINSCHAFT AWW KÖLN 1971

Die Arbeitsgemeinschaft AWW Köln 1971 stützt sich auf die anwendungs-bezogenen Forschungen und Veröffentlichungen von Prof. Dr. Elmar Mayer, Prof. Dr. Konrad Liessmann und Prof. Dr. Klaus Hagen in Zusammenarbeit mit dem Beirat und auf

• die in das Schwerpunktstudium „Controlling" integrierten Veranstaltungen der „Arbeitsgemeinschaft Wirtschaftswissenschaft und Wirtschaftspraxis im Controlling und Rechnungswesen der Fachhochschule Köln im Fachbereich Wirtschaft" seit dem Jahre 1971.

• die freiwillige, aktive Mitarbeit aller an einem Praxisbezug des Studiums interessierten Unternehmen, insbesondere der Beiratsmitglieder.

Leitung	Dr. rer. pol. Klaus Hagen und Dr. rer. pol. Konrad Liessmann Professoren der Betriebswirtschaftslehre (Controlling und Rechnungswesen) an der Fachhochschule Köln
Beirat	Dr. Holger Heiland, Bundesanstalt für vereinigungsbedingte Sonderaufgaben, Berlin Klaus R. Leineweber, Zanders Feinpapiere AG, Bergisch Gladbach Walter Menz, Aachener & Münchener Lebensversicherung AG, Aachen Wilfried Pütz, VAW Aluminium AG, Bonn Ingo Reibert, Flughafen Köln/Bonn GmbH Helmut Schmidt, Sprint System GmbH, Holding, Düsseldorf Werner Soßna, Klinikum der Justus-Liebig-Universität Gießen Dr. Ernst Schröder, Dr. August Oetker, Bielefeld Wolfgang Thiede, Deutsche Lufthansa Consulting GmbH, Köln Dr. Dieter Truxius, Heraeus Holding GmbH, Hanau
Mitwirkung	Zur Zeit über 800 aktiv mitarbeitende Unternehmen aus dem Raum Köln - Aachen - Bielefeld - Bremen - Düsseldorf - Frankfurt - Freiburg - Hamburg - Hannover - Mannheim - München - Stuttgart - Wuppertal
Nutzen	Die Beteiligung am Erfahrungsaustausch der Arbeitsgemeinschaft ist gebührenfrei. Eine aktive Mitarbeit – als Gastgeber, Gastdozent, Lehrbeauftragter, Autor – an der Programmgestaltung und der Verstärkung des Praxisbezuges des Studiums fördert die Ziele und den gegenseitigen Nutzenaustausch in der Arbeitsgemeinschaft AWW Köln 1971
Loseblatt-zeitschrift	Der Controlling-Berater (CB), 79098 Freiburg i. Br., Grundwerk 1983, Rudolf Haufe Verlag GmbH, Universitätsstraße 10

ANGEWANDTE WIRTSCHAFTSWISSENSCHAFT IN DER AWW KÖLN 1971

Wenn die Fachhochschule ihrer praxisorientierten Zielvorstellung gerecht werden will, muß sie sich an den Zielgruppen und Problemstellungen der Wirtschaftspraxis ausrichten.

Diese Aufgabe unterstützt die im Jahre 1971 von Prof. Dr. Elmar Mayer und dem Beirat gegründete „Arbeitsgemeinschaft Wirtschaftswissenschaft und Wirtschaftspraxis im Controlling und Rechnungswesen der Fachhochschule Köln im Fachbereich Wirtschaft".

Die Arbeitsgemeinschaft bemüht sich, durch Verknüpfung und Rückkopplungen die Lernprozesse der Seminaristen, Hochschullehrer und Wirtschaftspraktiker zu optimieren und einen gegenseitigen Nutzenaustausch einzuleiten:

● Die Seminaristen   erkennen: Nur wer fähig ist, ziel- und problemorientiert gesicherte wissenschaftliche Erkenntnisse in die Wirtschaftspraxis zu übertragen, kann auf Erfolg hoffen.

● Die Wirtschaftspraktiker   halten den Informationskontakt zur Wirtschaftswissenschaft, geben und erhalten in den Fachdiskussionen Anregungen, erkennen, daß auch die anderen Probleme haben.

● Die Hochschullehrer   halten Verbindung zur Wirtschaftspraxis, der sie entstammen. Sie empfangen für die Lehre und Forschung wertvolle Hinweise und Anregungen, die nur die Wirtschaftspraxis liefern kann.

Im Sinne dieser Nutzenstiftung wurden seit dem Jahre 1971 in enger Zusammenarbeit mit den Unternehmen mehr als 120 Tagesseminare und 100 Gastvorlesungen für die Darstellung von Engpaßproblemen organisiert und in den Stoffplan des Schwerpunktstudiums integriert.

Jeder Seminarist erhält im Rahmen seines Schwerpunktstudiums „Controlling" die Möglichkeit, an zwei Tagesseminaren in der Wirtschaftspraxis und an vier Gastvorlesungen teilzunehmen.

ZIELE UND AUFGABEN DER ARBEITSGEMEINSCHAFT AWW KÖLN 1971

1 ERFAHRUNGSAUSTAUSCH

ZIEL: Gegenseitiger Nutzenaustausch zwischen Wirtschaftswissenschaft und den aktiv beteiligten Unternehmen der AWW KÖLN 1971.

AUFGABEN: Die im Jahre 1971 offiziell begonnenen Aktivitäten werden mit folgenden Schwerpunkten fortgesetzt und intensiviert:

● Tagesseminare   in Unternehmen mit Vorstellung ausgewählter betriebswirtschaftlicher Problemlösungen für Praktiker und Studenten,

● Gastvorlesungen   von erfahrenen Wirtschaftspraktikern an der Fachhochschule vor Studenten und Praktikern,

● Diplomarbeiten   in Unternehmen, die nach operationalen Lösungsvorschlägen streben,

● Fallstudien   die von Wirtschaftspraktikern auf ihre Einsatzmöglichkeiten überprüft werden.

2 KONTAKTSTUDIUM

ZIEL: Kenntnisse von Führungskräften über aktuelle Entwicklungen in Wirtschaftswissenschaft und Wirtschaftspraxis ergänzen, Lehrveranstaltungen durch praxisnahe Diskussionen beleben.

AUFGABEN: Die Arbeitsgemeinschaft AWW KÖLN 1971 bietet:

● für Führungskräfte
● der
● Wirtschaftspraxis   Informationsveranstaltungen, Gastvorlesungen sowie die Teilnahme an Seminaren im Schwerpunktstudium als eingeschriebene Gasthörer

Prof. Dr. rer. pol. Andreas Gadatsch

Professor für Betriebswirtschaftslehre, insb. Wirtschaftsinformatik

Hochschule Bonn-Rhein-Sieg (University of Applied Sciences)

Grantham-Allee 20

D-53757 Sankt Augustin

(Jahrgang 1962), abgeschlossene Berufsausbildung zum Industriekaufmann, Erwerb der Fachhochschulreife, Studium der Betriebswirtschaftslehre mit Schwerpunkt Controlling und Rechnungswesen bei *Prof. Dr. Elmar Mayer* an der *Fachhochschule Köln*, Abschluss als Diplom-Betriebswirt. Anschließend nebenberuflich Studium der Wirtschaftswissenschaften an der *FernUniversität Hagen*, Abschluss als Diplom-Kaufmann, Promotion als externer Doktorand zum Dr. rer. pol. am Lehrstuhl für Wirtschaftsinformatik bei *Prof. Dr. Hermann Gehring*.

Von 1986 bis 2000 in verschiedenen Unternehmen *(Jean Walterscheid GmbH, Lohmar; Uni Cardan Informatik GmbH, Rösrath; Klöckner Humboldt Deutz AG, Köln und Deutsche Telekom AG, Bonn)* als Berater, Projektleiter und IT-Manager tätig. Zuletzt als Leiter Arbeitsplatzsystem-Management und IT-Sicherheit im zentralen Informationsmanagement der Deutschen Telekom AG.

Zum WS 2000/2001 Berufung als Professor für Betriebswirtschaftslehre, insb. Organisation und Datenverarbeitung an die *FH Köln*. Zum SS 2002 Wechsel auf die Professur für Betriebswirtschaftslehre, insb. Wirtschaftsinformatik am Fachbereich Wirtschaftswissenschaften der *Hochschule Bonn-Rhein-Sieg* in St. Augustin. Er lehrt primär im Bachelorstudiengang Betriebswirtschaftslehre (Bachelor of Science) und im konsekutiven Masterstudiengang Informationsmanagement (Master of Arts).

Seine Schwerpunkte in Forschung und Lehre sind IT-Controlling und IT-Management, Geschäftsprozess- und Workflow-Management, Medizincontrolling sowie Einsatz betriebswirtschaftlicher Standardsoftware (insb. ERP-Systeme). Aktueller Fokus: Nachhaltigkeit im Informationsmanagement / Green IT.

Zahlreiche Beratungs- und Coachingprojekte, Machbarkeits-
analysen, Reviews von IT-Projekten, Vorträge, Seminare, Work-
shops und Konferenzleitungen auf den vorgenannten Fachgebie-
ten. Gutachter, Moderator und Referent auf zahlreichen Fachkon-
ferenzen. Mitveranstalter der jährlichen Sankt Augustiner
Controlling-Fachtagungen und dort verantwortlich für IT-
Controlling und Prozesscontrolling. Mitherausgeber einer Schriftenreihe zur anwendungsorientierten Wirtschaftsinformatik.
Wahrnehmung von Lehraufträgen an weiteren Hochschulen (FH
Giessen-Friedberg, FH Köln, Uni Siegen u.a.), z. T. über mehrere
Jahre hinweg.

Seit 2004 zusammen mit Prof. Dr. Alfred Krupp Leitung und Organisation der Sankt Augustiner Controlling Tagungen. Infos
über den aktuellen Stand und Termine sind im Internet unter
www.controlling-tagung.de abrufbar.

Mitherausgeber der Zeitschrift WIRTSCHAFTSINFORMATIK und
Autor von über 180 Publikationen, davon 14 Bücher, z. T. in
mehreren Auflagen und Sprachen erschienen.

Kontakt: Andreas.Gadatsch@hochschule-bonn-rhein-sieg.de

Internet: www.wis.h-brs.de/gadatsch

IT-Management und -Anwendungen

Detlev Frick | Andreas Gadatsch | Ute G. Schäffer-Külz
Grundkurs SAP® ERP
Geschäftsprozessorientierte Einführung mit durchgehendem Fallbeispiel
2008. XXX, 352 S. mit 442 Abb. und Online-Service
Br. EUR 39,90 ISBN 978-3-8348-0361-0

Frank Lampe (Hrsg.)
Green-IT, Virtualisierung und Thin Clients
Mit neuen IT-Technologien Energieeffizienz erreichen, die Umwelt schonen
und Kosten sparen
2010. XIV, 196 S. mit 33 Abb. und 32 Tab.
Geb. EUR 39,90 ISBN 978-3-8348-0687-1

Rudolf Fiedler
Controlling von Projekten
Mit konkreten Beispielen aus der Unternehmenspraxis - Alle Aspekte der
Projektplanung, Projektsteuerung und Projektkontrolle
5., erw. Aufl. 2010. XVI, 280 S. mit 215 Abb. und und Online-Service.
Br. EUR 34,95 ISBN 978-3-8348-0889-9

Wolfgang Riggert
ECM - Enterprise Content Management
Konzepte und Techniken rund um Dokumente
2009. X, 186 S. mit 39 Abb. und 17 Tab. und und Online-Service und Online-
Service. Br. EUR 24,90 ISBN 978-3-8348-0841-7

**VIEWEG+
TEUBNER**

Abraham-Lincoln-Straße 46
65189 Wiesbaden
Fax 0611.7878-400
www.viewegteubner.de

Stand Januar 2010.
Änderungen vorbehalten.
Erhältlich im Buchhandel oder im Verlag.

Wirtschaftsinformatik

Paul Alpar | Heinz Lothar Grob | Peter Weimann | Robert Winter

Anwendungsorientierte Wirtschaftsinformatik

Strategische Planung, Entwicklung und Nutzung von Informations- und Kommunikationssystemen

5., überarb. u. akt. Aufl. 2008. XV, 547 S. mit 223 Abb. und Online-Service

Br. EUR 29,90   ISBN 978-3-8348-0438-9

Andreas Gadatsch

Grundkurs Geschäftsprozess-Management

Methoden und Werkzeuge für die IT-Praxis: Eine Einführung für Studenten und Praktiker

6., akt. Aufl. 2010. XXII, 448 S. mit 351 Abb. und und Online-Service.

Br. EUR 34,90   ISBN 978-3-8348-0762-5

Dietmar Abts | Wilhelm Mülder

Grundkurs Wirtschaftsinformatik

Eine kompakte und praxisorientierte Einführung

6., überarb. und erw. Aufl. 2009. XVI, 532 S. mit 297 Abb. und Online-Service

Br. EUR 19,90   ISBN 978-3-8348-0596-6

Dietmar Abts / Wilhelm Mülder (Hrsg.)

Masterkurs Wirtschaftsinformatik

Kompakt, praxisnah, verständlich - 12 Lern- und Arbeitsmodule

2010. XVIII, 726 S. mit 339 Abb. und und Online-Service.

Br. EUR 29,90   ISBN 978-3-8348-0002-2

**VIEWEG+
TEUBNER**

Abraham-Lincoln-Straße 46
65189 Wiesbaden
Fax 0611.7878-400
www.viewegteubner.de

Stand Januar 2010.
Änderungen vorbehalten.
Erhältlich im Buchhandel oder im Verlag.